Die Theorie der Wasserturbinen

Ein kurzes Lehrbuch

von

Rudolf Escher
Professor an der eidgenössischen Technischen Hochschule in Zürich

Zweite, vermehrte und verbesserte Auflage

Mit 357 Figuren im Text und auf 1 Tafel

Springer-Verlag Berlin Heidelberg GmbH 1921

Additional material to this book can be downloaded from http://extras.springer.com

ISBN 978-3-662-23937-7 ISBN 978-3-662-26049-4 (eBook)
DOI 10.1007/978-3-662-26049-4

Ursprünglich erschienen bei Julius Springer in Berlin 1921.
Softcover reprint of the hardcover 2nd edition 1921

Vorrede zur ersten Auflage.

Das vorliegende kleine Buch hat sich zur Aufgabe gestellt, über alle wichtigeren Fragen Auskunft zu geben, die sich auf die hydraulischen Vorgänge in der Turbine, auf die Berechnung der Abmessungen, auf die Betriebseigenschaften, das Regeln und die Prüfung der Turbinen beziehen. Es ist in erster Linie dazu bestimmt, den Anfänger in den Stoff einzuführen. Ich hoffe, daß auch der erfahrene Ingenieur, der über den ihm sonst ferne liegenden Gegenstand sich belehren will, das Buch mit Vorteil benutzen, und daß selbst der Fachmann es nicht unbefriedigt aus der Hand legen wird; bei der Abfassung habe ich aber doch stets den Standpunkt der Studierenden im Auge gehabt, die sich in das Wesen der Turbinen hineinarbeiten wollen, nachdem sie zwar ihren Kurs über Mechanik gehört haben, aber noch im vollen Ringen mit deren Grundsätzen begriffen sind, ein Zustand, der sich zumeist noch längere Zeit hinzieht. Es wurden darum nicht nur die Elemente der Hydraulik, sondern auch die Grundbegriffe der Mechanik in den Text aufgenommen, damit der Leser alles unter der Hand habe, was zum Verständnis notwendig ist, und nicht zum Nachschlagen erst nach anderen Büchern greifen müsse.

Mit Rücksicht auf diesen Leserkreis wurde mit den einfachsten Hilfsmitteln gearbeitet und vor allem nach möglichster Anschaulichkeit gestrebt. Es wurde darum die alte Wasserfadentheorie beibehalten, die einen viel deutlicheren Einblick in die Wechselwirkung zwischen dem strömenden Wasser und den Turbinenschaufeln vermittelt als die neuere Theorie nach Prášil und Lorenz, nach der die strömende Wassermasse als Ganzes behandelt wird, die aber auch ihrerseits mit Voraussetzungen arbeitet, die der Wirklichkeit nicht genau entsprechen, so daß auch sie kein ganz zutreffendes Bild gibt.

Mit dem Streben nach Anschaulichkeit hängt die Verwendung graphischer Konstruktionen in allen denjenigen Fällen zusammen, wo ihre Anwendung für den Studierenden, der ohnehin vor dem Reißbrett sitzt, bequemer ist als die Rechnung. Um die Übersichtlichkeit zu fördern, wurde der Stoff in möglichst kleine, eng umschriebene Abschnitte geteilt. Minder wichtige Partien, deren Studium ohne Schaden für das Verständnis des Folgenden zurückgestellt werden kann, sind in kleinerer Schrift gehalten.

Bei der Theorie der Turbinen bietet die Berücksichtigung der hydraulischen Widerstände die größten Schwierigkeiten. Führt man sie einzeln in die Rechnung ein, soweit dies überhaupt möglich ist, so erhält man verwickelte Formeln, bei denen die Übersicht verloren geht und aus denen sich der Einfluß der einzelnen Größen nur noch schwierig erkennen läßt. Es wurde darum der Weg eingeschlagen, für die Widerstände von vornherein einen Abzug am Gefälle zu machen und mit dem übrigbleibenden Teil, dem sogenannten wirksamen Gefälle, so zu rechnen, als ob überhaupt keine Widerstände vorhanden wären. Man bekommt hierbei verhältnismäßig einfache Formeln, die ein deutliches Bild der Vorgänge geben und namentlich auch besser erkennen lassen, welchen Anteil die einzelnen Größen daran haben. Dieser Einblick ist namentlich darum wichtig, weil man die Wahl derjenigen Größen, die bei der Berechnung einer Turbine von vornherein angenommen werden müssen, mit offenen Augen treffen kann. Der Leser wird sich freilich stets daran erinnern müssen, daß jede Theorie nur ein vereinfachtes Bild der unendlich verwickelten Wirklichkeit geben kann. Ich habe keine Gelegenheit versäumt, darauf hinzuweisen, daß man die Sicherheit hinter sich läßt und sich mit der Wahrscheinlichkeit begnügen muß, sobald man von der mathematischen Abstraktion zur Wirklichkeit übergeht.

Die Neuzeit hat unter den verschiedenen Bauarten der Turbine, wie sie im Laufe der Zeit entstanden sind, so gründlich aufgeräumt, daß im gegenwärtigen Augenblick nur noch zwei Formen, die Francis-Turbine und das Löffelrad, in allgemeinerem Gebrauche stehen. Ich habe dennoch die älteren Formen in den Rahmen des Buches aufgenommen, da es mir zweckmäßig schien, den Anfänger sich erst an den einfacheren Formen der Axialturbine einüben zu lassen, bevor er sich an einer Francis-Turbine versucht. Es bietet namentlich die Jonval-Turbine, für die sich die Theorie des mittleren Fadens und die Konstruktion der Schaufeln besonders einfach gestaltet, ein treffliches Beispiel, um sich in die Grundsätze hineinzuleben.

Der Schwerpunkt des ganzen Gebietes liegt in den Gesetzen, nach denen das Wasser durch die Turbinenkanäle hindurchfließt. Sind diese vollständig erfaßt worden, so ergibt sich die Bestimmung der Abmessungen einer Turbine für gegebene Verhältnisse für den geübten Ingenieur so gut wie von selbst; denn es handelt sich hierbei ja nur darum, den Turbinenkanälen diejenigen Querschnitte zu erteilen, die für den Durchgang einer gegebenen Wassermenge erforderlich sind. Er wird nach kurzer Überlegung einen brauchbaren Weg durch die unbegrenzten Möglichkeiten finden. Nicht so der Anfänger, der sich nirgends unbehaglicher fühlt, als der absoluten Freiheit gegenüber. Ich habe darum für alle behandelten Typen bis ins einzelne gehende Vorschriften aufgestellt, an denen der Anfänger sicher und verhältnismäßig schnell zum Ziele klettern kann. Er bleibe sich nur dessen bewußt, daß derartige Vorschriften oder Rechnungsschemata nie Anspruch darauf erheben können, unter allen Umständen brauchbar zu sein, daß sie überhaupt nur als Vorschläge aufzufassen sind, an die man sich halten kann oder nicht, wie es gerade zweckmäßig zu sein scheint. Er bekommt auf diesem Wege doch etwas aufs Reißbrett, an dem er seine Kritik üben kann; gefällt es ihm nicht, so möge er es abändern. Übrigens möchte ich den Nutzen dieser „Eselsbrücken" selbst für den Fachmann doch nicht zu tief anschlagen; denn ihre Anwendung sichert den Konstruktionen eine gewisse Stetigkeit. Es hat keinen Sinn, dem Leitrad einer gewissen Turbinennummer am Samstagabend 18 Leitschaufeln zu geben, während man ihm vielleicht am Montag früh 24 zuteilen würde.

In der Nomenklatur habe ich mir einige Abweichungen vom allgemeinen Gebrauche erlaubt. Anstatt von Reaktions- und von Aktionsturbinen spreche ich von Turbinen mit gestautem Durchfluß und von solchen mit staufreiem Durchfluß oder abgekürzt von Stauturbinen und von staufreien Turbinen. Es sei mir ein Wort zur Rechtfertigung gestattet. Ein Gegensatz zwischen Reaktion und Aktion besteht im Grunde gar nicht. In beiden Fällen hat man es mit der Rückwirkung des abgelenkten Wasserstromes gegen die ablenkenden Schaufeln zu tun; es findet denn auch diese Rückwirkung in beiden Fällen genau denselben analytischen Ausdruck. Wenn die beiden Namen aber genau genommen dasselbe besagen, so sind sie ungeeignet, die bestehenden Gegensätze zwischen den beiden Turbinenformen zu bezeichnen. Diese Gegensätze werden durch die Formeln $p_1 > p_2$ und $p_1 = p_2$ ausgedrückt, und die neuen Bezeichnungen sind nichts anderes als Übersetzungen dieser Formeln in die Umgangssprache. Die alten Bezeichnungen sind wie geschaffen, um schwere Verwirrung in den Köpfen der Anfänger hervorzurufen, und je eher man sie durch wirklich zutreffende ersetzt, desto besser ist es.

Für die Bezeichnung sind die Vorschläge von Camerer zur Anwendung gekommen.

Zürich, im März 1908.

Rudolf Escher.

Vorrede zur zweiten Auflage.

Bei der wohlwollenden Aufnahme, die dieses Buch bei den Fachgenossen gefunden hat, lag für den Verfasser keine Veranlassung vor, wesentliche Änderungen an der Anlage des Buches vorzunehmen. Wenn auch die älteren Bauarten der Turbinen seither noch viel mehr an praktischer Bedeutung verloren haben, so wurde ihre Behandlung dennoch im früheren Umfang beibehalten, da sie als Einführung zu den neueren Formen kaum entbehrt werden kann. Daß die Francis Turbine entsprechend ihrer inzwischen stark gewachsenen Bedeutung noch eingehender behandelt wurde, ist wohl selbstverständlich. Der Umstand, daß man bei Hochdruckturbinen zur Verwendung immer höherer Gefälle übergegangen ist, hat Veranlassung gegeben, den Erscheinungen in langen Druckleitungen eine vermehrte Aufmerksamkeit zu widmen und ihnen ein besonderes Kapitel einzuräumen. Daneben hat das Buch unter Verwendung der Winke, die dem Verfasser von fachmännischer Seite zugeflossen sind, eine gründliche Überarbeitung in redaktioneller Richtung erfahren, durch die, wie der Verfasser hofft, das Buch an Klarheit und Verständlichkeit gewonnen haben sollte.

Seit dem Erscheinen der ersten Auflage hat die Literatur über den Gegenstand einen bedeutsamen Zuwachs erfahren. Wir besitzen mehrere Handbücher über den Gegenstand, in denen auch die konstruktive Seite zu ihrem vollen Rechte kommt, und auf die derjenige Leser verwiesen werden kann, der sich in dieser Beziehung unterrichten will. Es mögen hier nur genannt werden die Bücher von Pfarr (zweite Auflage, Julius Springer, Berlin 1912), Thomann (Wittwer, Stuttgart 1908) und Camerer (Engelmann, Leipzig und Berlin 1914).

Zürich, im Oktober 1920.

Rudolf Escher.

Inhaltsverzeichnis.

Einleitung.

Hydraulik.

I. Elemente der Mechanik.

1. Kapitel.

Mechanik des materiellen Punktes.

II. Hydrostatik.

2. Kapitel.

Gleichgewicht im ruhenden Wasser.

III. Hydrodynamik.

A. Strömende Bewegung in der gefüllten Leitung.

3. Kapitel.

Reibungsfreie Bewegung.

4. Kapitel.
Bewegung mit Widerständen.

B. Mechanische Wirkungen des strömenden Wassers bei der Ablenkung.

5. Kapitel.
Ablenkung im ruhenden System.

6. Kapitel.
Ablenkung im gleichförmig bewegten Kanal.

7. Kapitel.
Sonderfälle.

Die Turbinen.

IV. Allgemeines.

Seite

V. Die Turbinen mit gestautem Durchfluß.

A. Gemeinsames.

12. Kapitel.
Grundgleichungen.

13. Kapitel.
Geschwindigkeiten, Schaufelwinkel und Stauung.

14. Kapitel.
Energie- und Wasserverluste in der Turbine.

15. Kapitel.
Zwanglose Übergänge.

Seite

B. Die älteren Bauarten.

16. Kapitel.
Die Jonval-Turbine.

17. Kapitel.
Die Fourneyron-Turbine.

C. Die Francis-Turbine.

18. Kapitel.
Wesen und Berechnung der Francis-Turbine.

19. Kapitel.
Die Schaufelung des Leitrades.

Seite

20. Kapitel.

Die Schaufelung des Laufrades mit radialem Austritt.

21. Kapitel.

Die Schaufelung des Laufrades mit axialer Ablenkung.

VI. Die staufreien Turbinen.

22. Kapitel.

Die Girard-Turbine.

23. Kapitel.

Das Tangentialrad.

VII. Verhalten der Turbinen unter veränderten Betriebsverhältnissen.

24. Kapitel.

Verhalten einer gegebenen Turbine unter veränderten Bedingungen.

25. Kapitel.

Das Regeln der Geschwindigkeit.

Seite

VIII. Die Verwendung der verschiedenen Bauarten.

26. Kapitel.

Eignung der verschiedenen Bauarten für gegebene Verhältnisse.

IX. Die Druckleitung.

27. Kapitel.

Die Druckleitung im Beharrungszustand.

28. Kapitel.

Dynamische Wirkungen in der Druckleitung bei gestörtem Durchfluß.

X. Der Spurzapfen.

29. Kapitel.

Die Belastung und Bemessung des Spurzapfens.

XI. Die experimentelle Untersuchung.

30. Kapitel.

Prüfung auf die Betriebseigenschaften.

Einleitung.

Zur Gewinnung von mechanischer Arbeit aus Wasserläufen für den Betrieb von Mahl- und Sägemühlen, Hämmern u. dgl. benutzte man in Mittel- und Nordeuropa von alters her die Wasserräder, als deren gemeinsame Eigentümlichkeit vor allem die wagrechte Lage der Achse in die Augen springt.

Es lassen sich je nach der Wirkungsweise des Wassers zwei Hauptarten der Wasserräder unterscheiden. Bei der einen Bauart versieht man das Rad am ganzen Umfange mit Kammern oder Zellen. Das Wasser wird mittels einer Rinne derart zugeführt, daß sich die Zellen auf der einen Seite des Rades füllen. Es entsteht so ein einseitiges Übergewicht, das die Drehung herbeiführt. Da die Zellen sich unten fortwährend entleeren und oben wieder aufs neue füllen, wird das Übergewicht und damit auch die Drehung dauernd erhalten. Das Wasser bleibt einige Zeit in den Zellen liegen und wirkt durch sein Gewicht. Diese Räder werden Zellen- oder Kübelräder genannt. Wird ihnen das Wasser im Scheitel zugeführt, so bezeichnet man sie als oberschlächtig.

Bei andern Rädern ist der Umfang mit frei herausstehenden flachen Schaufeln besetzt. Entweder wird das Rad mit wenig Spielraum in ein Gerinne eingesetzt, in welchem das Wasser mit großer Geschwindigkeit herbeiströmt, oder man stellt das Rad frei in einen rasch fließenden Strom. In beiden Fällen kommt die Drehung durch den Stoß zustande, den das Wasser auf die Schaufeln ausübt. Derartige Räder heißen unterschlächtig.

Eine Zwischenform, die im Gebirge zur Erzielung größerer Geschwindigkeiten für den Betrieb von Sägemühlen allgemein Verwendung findet, besteht aus einem Zellenrad von kleinem Durchmesser, dem man das Wasser aus einer gewissen Höhe mittels einer steilen Rinne zuleitet. Das Wasser wirkt zuerst durch Stoß und hernach noch durch sein Gewicht.

In den Mittelmeerländern sind zum unmittelbaren Antrieb von Mahlgängen kleine, rasch laufende Stoßräder mit senkrechter Achse gebräuchlich. Das Wasser wird aus einem seitlich stehenden Schacht mittels eines hölzernen Mundstückes schräg von oben her auf den mit schrägstehenden Schaufeln besetzten Radumfang geleitet; das Wasser wirkt durch Stoß. Man erspart bei dieser Anordnung die

Zahnradübersetzung, die beim Antrieb des Mahlganges durch ein Wasserrad mit liegender Welle nicht zu umgehen ist.

Als im zweiten und dritten Jahrzehnt des vorigen Jahrhunderts nach den langen Kriegsjahren die Industrie wieder aufzuleben begann, machte sich ein größeres Bedürfnis nach Wasserkräften geltend. Zunächst erfuhren die Wasserräder eine bedeutende Vergrößerung bei sorgfältigerem Ausbau. Indessen fand man sich dabei sowohl hinsichtlich des verwendbaren Gefälles als auch in bezug auf die Größe der Zuflußmenge stark beschränkt; es ließen sich mit einem einzigen Rade nicht wohl mehr als 60 bis 80 Pferdestärken gewinnen. Diese Schranke wurde indessen bald durch die Erfindung von Fourneyron beseitigt, der Ende der zwanziger Jahre die ersten brauchbaren Turbinen baute und damit die Möglichkeit bot, beliebig große Gefälle und Wassermengen zu benutzen.

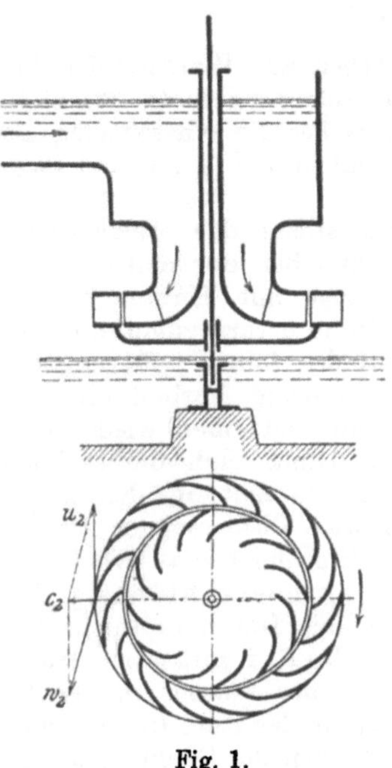

Fig. 1.

Die Einrichtung der Turbine von Fourneyron geht aus Fig. 1 hervor. Das eigentliche Turbinen- oder Laufrad besteht aus zwei flachen Kränzen mit dazwischenliegenden gekrümmten Schaufeln, die eine kreisförmige Folge von gekrümmten Kanälen bilden. Der untere Kranz steht durch gebogene Arme mit der senkrechten Welle in Verbindung. Im Innern des Laufrades liegt das feste Leitrad mit ähnlichen, aber entgegengesetzt gekrümmten Kanälen. Diese führen das Wasser dem Laufrad auf dessen innerem Umfang in angenähert tangentialer Richtung zu. Im Laufrad wird es durch die Schaufeln derart abgelenkt, daß es am äußeren Umfang beinahe in entgegengesetzter Richtung austritt. Da aber das Wasser das Bestreben hat, einen einmal angenommenen Bewegungszustand beizubehalten, setzt es dieser Ablenkung einen gewissen Widerstand entgegen; es übt daher auf die Schaufeln einen entsprechenden Gegendruck aus, und dieser ist es, der das Rad in Drehung versetzt. Kennzeichnend für die Turbine (von lat. turbo = Wirbel, Kreisel) ist, daß das Wasser stetig den Schaufeln entlang fließt und durch die stetige Ablenkung, die es dabei erfährt, einen Gegendruck auf die Schaufeln hervorbringt. Auch bei den Stoßrädern wird das Wasser durch die Schaufeln abgelenkt; der große Unterschied liegt darin, daß dort die Ablenkung plötzlich eintritt und daher mit großen Energieverlusten verbunden ist. Hier wird dagegen die

Ablenkung allmählich und darum ohne wesentliche Arbeitsverluste durchgeführt.

Die senkrechte Lage der Welle ist wohl für die vorliegende Turbinenform als gegeben anzusehen, kann aber nicht als ein allgemeines Merkmal der Turbinen überhaupt gelten.

Damit das Wasser seine Arbeit möglichst vollständig abgebe, soll die absolute Geschwindigkeit c_2, mit der es das Rad verläßt (vgl. Fig. 1), so klein werden, als irgend angeht. Zwar fällt die Geschwindigkeit w_2, die das Wasser beim Austritt gegenüber der Schaufel besitzt, ziemlich groß aus. Da aber das Wasser noch die Umfangsgeschwindigkeit u_2 mit dem Rade gemeinsam hat, ergibt sich nach dem Parallelogramm der Geschwindigkeiten ein recht kleiner Wert für die absolute Austrittsgeschwindigkeit c_2, sobald die Geschwindigkeiten w_2 und u_2 einander annähernd gleich sind und die Schaufeln den äußeren Umfang unter flachem Winkel treffen. Indem man noch für einen stetigen, stoßfreien Eintritt ins Laufrad und für eine schonende Ablenkung in den Radkanälen sorgt, sind alle Bedingungen für eine gute Ausnutzung der Wasserkraft erfüllt.

Der Anwendungsbereich der Turbinen hat in den letzten Jahren eine sehr starke Erweiterung erfahren. Bis vor kurzer Zeit richtete sich die größte Leistung einer Turbinenanlage nach dem Bedarfe einer einzelnen Fabrik und überstieg nicht leicht einen Betrag von 200 bis 300 Pferdestärken. Heute, wo die elektrische Kraftübertragung die Möglichkeit bietet, Energie in beliebigen Mengen über große Entfernungen fortzuleiten und zu verteilen, bestehen keine Grenzen mehr. Man schreckt nicht davor zurück, Gefälle von weit über 1000 m auszunützen, und die Leistung einer einzelnen Turbine hat schon öfters den Betrag von 15000 Pferdestärken überschritten. Größere Anlagen mit mehreren Turbinensätzen bringen ganz gewaltige Leistungen auf.

Die Theorie der Turbinen hat die Aufgabe, die Vorgänge, die sich in der Turbine vollziehen, soweit als möglich rechnungsmäßig zu beschreiben und die Zusammenhänge zwischen Gefälle, Geschwindigkeiten, Durchflußmengen, Abmessungen und Leistungen darzustellen. Sie kann dazu verwendet werden, eine bestehende Turbine zu beurteilen, also zu untersuchen, ob sie richtig gebaut und demgemäß imstande ist, ihre Aufgabe zu erfüllen. Ein weit wichtigerer Zweck aber ist die Berechnung einer neu zu bauenden Turbine, die unter gegebenen Bedingungen möglichst vorteilhaft arbeiten soll. Diese Bedingungen werden in erster Linie durch das Gefälle und die Zuflußmenge und sodann durch die Forderung umschrieben, daß die Energie des Wassers gut ausgenützt werde. Es sind daher vor allem die Bedingungen des günstigsten Wirkungsgrades aufzustellen. Aus diesen erhält man den Zusammenhang zwischen den Durchflußgeschwindigkeiten und dem Gefälle. Die Geschwindigkeiten und die Wassermenge bestimmen die Querschnitte der Kanäle, und aus diesen ergeben sich endlich die Abmessungen der Turbine. Dabei stellt übrigens die ganze Aufgabe keineswegs ein eindeutiges mathematisches Problem dar; zu einer befriedigenden Lösung, namentlich aber zur Anpassung an die besonderen Bedingungen des gegebenen Falles sind Geschick und Erfahrung unentbehrlich.

Die Turbinentheorie ist ein Zweig der Mechanik der tropfbarflüssigen Körper oder der Hydraulik (von griech. hydor = Wassér). Wir haben uns zuerst mit den Elementen der Hydraulik zu befassen, um hernach aus dieser Grundlage die Theorie der Turbine zu entwickeln. Da sich die Flüssigkeiten aus einzelnen leicht verschiebbaren Teilchen zusammensetzen, sollen vor allem die wichtigsten Sätze der Mechanik des materiellen Punktes zusammengestellt werden.

Hydraulik.

I. Elemente der Mechanik.

1. Kapitel.

Mechanik des materiellen Punktes.

1. Geschwindigkeit und Beschleunigung. Legt ein Punkt, der in Bewegung begriffen ist, in der unendlich kurzen Zeit dt den Weg ds zurück, so heißt das Verhältnis

$$\frac{ds}{dt} = w \quad \text{. . . . .} \quad (1)$$

die Geschwindigkeit des Punktes.

Ändert sich die Geschwindigkeit w in der unendlich kleinen Zeit dt um den Betrag dw, so stellt der Ausdruck

$$q = \frac{dw}{dt} \quad \text{. . . . .} \quad (2)$$

die Beschleunigung der Bewegung dar. Mit Rücksicht auf Gl. (1) kann man auch schreiben

$$q = \frac{d^2 s}{dt^2} \quad \text{. . . . .} \quad (3)$$

2. Kraft und Masse. Jede Änderung im Bewegungszustand eines Körpers ist auf die Einwirkung von Kräften zurückzuführen. Die Kräfte können durch die Änderungen des Zustandes gemessen werden; die Wirkungen sind den Ursachen proportional. Wenn ein materieller Punkt vom Gewichte G in einer gewissen Richtung eine Beschleunigung q erfährt, so ist diese Beschleunigung das Ergebnis einer in jener Richtung wirksamen Kraft P, deren Größe sich durch den Vergleich mit der Schwerkraft oder dem Eigengewicht ergibt. Wenn dieses dem Punkte in einer Sekunde die Beschleunigung g erteilt, so ist

$$\frac{G}{g} = \frac{P}{q}$$

oder

$$P = q\frac{G}{g}.$$

Das Verhältnis

$$m = \frac{G}{g} \quad \ldots\ldots\ldots\ldots \quad (4)$$

wird als die **Masse** des materiellen Punktes bezeichnet. Dieselbe ist unabhängig von der Größe der Schwerkraft. Für unsere Breite ist, auf m und sek bezogen,

$$g = 9{,}81.$$

Als Ausdruck für die Kraft erhält man

$$P = mq \quad \ldots\ldots\ldots\ldots \quad (5)$$

oder mit Rücksicht auf Gl. (2)

$$P = m\frac{dw}{dt} \quad \ldots\ldots\ldots\ldots \quad (5\text{a})$$

Eine Kraft ist für sich allein nicht denkbar; jede Kraft ruft eine zweite, ebenso große, aber entgegengesetzt gerichtete Kraft hervor. Der Magnet, der ein Eisenstück anzieht, wird von diesem mit einer ebenso großen Kraft angezogen. Ist eine Last mittels einer Schnur an einem Haken aufgehängt, so übt der Haken auf die Schnur einen aufwärts gerichteten Zug aus, der gerade so groß ist als die Last. Um einen Wagen vorwärts zu schieben, muß man sich gegen den Boden stemmen usw. Man stellt die beiden zusammengehörigen Kräfte einander als **Kraft und Gegenkraft** oder als **Aktion und Reaktion** gegenüber („Nulla actio sine reactio").

3. Prinzip von d'Alembert. Wenn ein Teilchen von der Masse m unter dem Einflusse einer Kraft P eine Beschleunigung q erfährt, so setzt es dieser Änderung seines Bewegungszustandes infolge seines Beharrungsvermögens einen Widerstand entgegen, der gerade so groß wie die Kraft, jedoch umgekehrt gerichtet ist. Dieser Widerstand

$$(mq) = -P$$

wird als **Trägheits- oder Beharrungskraft** bezeichnet[1]). Ohne diesen Widerstand wäre eine Kraftäußerung auf die Masse gar nicht denkbar[2]).

Die obenstehende Gleichung, in die Form gebracht

$$P + (mq) = 0 \quad \ldots\ldots\ldots\ldots \quad (6)$$

besagt, daß die **wirksame Kraft** P mit der **Trägheitskraft** (mq)

---

[1]) Man bekommt eine deutliche Vorstellung von diesem Widerstand, wenn man versucht, eine schwere Flügeltüre rasch zu öffnen.

[2]) Jedermann kennt die unangenehme Empfindung, die sich einstellt, wenn man einen stark überschätzten Widerstand unerwartet leicht überwindet.

im Gleichgewicht steht. Dieser Satz ist unter dem Namen des Prinzips von d'Alembert bekannt[1]).

4. Arbeit und Leistung. Die beiden Gleichungen (1) und (2)

$$\frac{ds}{dt} = w \quad \text{und} \quad q = \frac{dw}{dt}$$

ergeben, wenn man sie miteinander multipliziert,

$$q\,ds = w\,dw \quad \ldots\ldots\ldots\ldots \quad (7)$$

Fügt man beiderseits den Faktor m hinzu, so erhält man mit Rücksicht darauf, daß nach Gl. (5) $P = mq$ ist,

$$\left.\begin{aligned} P\,ds &= m\,w\,dw \\ \text{oder} \quad P\,ds &= d\left(\frac{mw^2}{2}\right) \end{aligned}\right\} \quad \ldots\ldots\ldots\ldots \quad (8)$$

Die Größe $P\,ds$ stellt die von der Kraft P über die Strecke ds verrichtete Arbeit dar. Der Gegenwert für diese geleistete Arbeit liegt in der Zunahme der Größe

$$A = \frac{mw^2}{2} \quad \ldots\ldots\ldots\ldots \quad (9)$$

Diese bedeutet die Arbeit, die in der Geschwindigkeit w der Masse m verkörpert ist; man nennt sie die lebendige Kraft oder besser die kinetische Energie einer Masse m, die die Geschwindigkeit w besitzt.

Unter der Leistung einer Kraft versteht man die in der Zeiteinheit von ihr verrichtete Arbeit

$$L = \frac{P\,ds}{dt} = P\,w \quad \ldots\ldots\ldots\ldots \quad (10)$$

Aus der Gl. (2)

$$q = \frac{dw}{dt}$$

erhält man durch Multiplikation mit m unter Rücksichtnahme auf Gl. (5)

$$P\,dt = m\,dw \quad \ldots\ldots\ldots\ldots \quad (11)$$

Diese Größe $P\,dt$ wird als der Antrieb der Kraft P während der Zeit dt bezeichnet.

Als Maß für die Arbeit benützt man in der Maschinentechnik gewöhnlich das Meterkilogramm (mkg). Die Leistung wird entweder durch das Sekundenmeterkilogramm (mkg/sek) oder durch die

[1]) Wir werden die Trägheitskräfte jeweilen durch Einklammern als solche kennzeichnen.

Pferdestärke (PS) gemessen. Letztere ist gleich einer Leistung von 75 mkg/sek[1]).

Die Elektrotechnik verwendet als Leistungseinheit das Voltampère (VA) oder Watt (W) und für größere Leistungen das Kilowatt (KW) gleich 1000 Watt. Der Zusammenhang zwischen den mechanischen und den elektrischen Einheiten ist der folgende:

$$1\,\text{mkg/sek} = 9{,}81\,\text{VA}.$$
$$1\,\text{PS} = 736\,\text{VA} = 0{,}736\,\text{KW}.$$
$$1\,\text{KW} = 1{,}36\,\text{PS}.$$

5. Gleichförmig beschleunigte Bewegung ist vorhanden, wenn in der Bewegungsrichtung eine unveränderliche Kraft wirkt. Es ist in diesem Falle nach Gl. (5) auch $q = \text{const.}$ Nach Gl. (2) ist

$$q = \frac{dw}{dt}$$

oder

$$q\,dt = dw\,.$$

Da hier $q = \text{const.}$, kann man die Integration leicht durchführen, und wenn die Geschwindigkeit im Anfangspunkt gleich null war, so findet sich

$$w = q\,t \quad \ldots\ldots\ldots\ldots \quad (12)$$

Die Gl. (7)

$$q\,ds = w\,dw$$

liefert beim Integrieren

$$w^2 = 2\,q\,s \quad \ldots\ldots\ldots\ldots \quad (13)$$

Beim Einsetzen von w aus Gl. (12) erhält man

$$\left.\begin{aligned} q &= \frac{2\,s}{t^2} \\ s &= \tfrac{1}{2}\,q\,t^2 \end{aligned}\right\} \quad \ldots\ldots\ldots\ldots \quad (14)$$

oder

6. Drehbewegung. Ein Punkt von der Masse m sei nach Fig. 2 fest mit einer Drehachse verbunden und führe unter dem Einflusse einer tangential gerichteten Kraft P eine kreisförmige Bewegung vom Halbmesser r aus. Die Schnelligkeit seiner Bewegung kann durch die Umfangsgeschwindigkeit

$$u = r\,\frac{d\varphi}{dt} \quad \ldots\ldots\ldots \quad (15)$$

gemessen werden. Oft ist es bequemer, als Maß die Winkelgeschwindigkeit

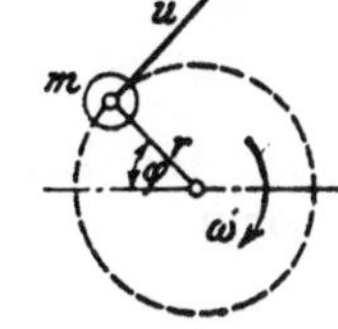

Fig. 2.

[1]) Diese Zahl beruht auf einem Versuche mit besonders kräftigen Pferden. Die dauernde Leistung eines gewöhnlichen Arbeitspferdes dürfte den Betrag von 0,8 PS nicht überschreiten.

$$\omega = \frac{d\varphi}{dt} \quad \ldots \ldots \ldots \ldots (16)$$

zu verwenden, für die sich nach Gl. (15) die Beziehung ergibt

und

$$\left.\begin{aligned} u &= r\omega \\ \omega &= \frac{u}{r} \end{aligned}\right\} \quad \ldots \ldots \ldots \ldots (17)$$

Nach Gl. (5a) ist

$$P = m\frac{du}{dt} \quad \ldots \ldots \ldots \ldots (18)$$

Durch Multiplikation mit r wird daraus unter Beachtung von Gl. (17)

$$Pr = mr^2\frac{d\omega}{dt} \quad \ldots \ldots \ldots \ldots (19)$$

Die Größe

$$\mathfrak{M} = Pr$$

ist das **Drehmoment** der Kraft P am Hebelarm r. Die Größe

$$J = mr^2 \quad \ldots \ldots \ldots \ldots (20)$$

heißt man das **Trägheitsmoment** der Masse m hinsichtlich der Drehachse. Unter Einführung dieser Bezeichnungen schreibt sich Gl. (19)

$$\mathfrak{M} = J\frac{d\omega}{dt} \quad \ldots \ldots \ldots \ldots (21)$$

Das Verhältnis $d\omega : dt$ wird die **Winkelbeschleunigung** genannt.

Die **Arbeit**, die während der Drehung um den Winkel $d\varphi$ verrichtet wird, ist

$$dA = P\,ds = Pr\,d\varphi = \mathfrak{M}\,d\varphi,$$

oder nach Gl. (8) und Gl. (20)

$$dA = d\left(\frac{mu^2}{2}\right) = d\left(\frac{mr^2\omega^2}{2}\right),$$

$$dA = d\left(\frac{J\omega^2}{2}\right).$$

Die **kinetische Energie** des rotierenden Massenpunktes ist somit

$$A = \frac{J\omega^2}{2} \quad \text{[1]} \quad \ldots \ldots \ldots \ldots (22)$$

[1]) Hat man es statt mit einem einzelnen Punkte mit einem System starr miteinander verbundener Punkte zu tun, so ist als Trägheitsmoment einzuführen

$$J = \Sigma(mr^2).$$

Die augenblickliche Leistung ist

$$L = \frac{dA}{dt};$$

mit Rücksicht darauf, daß

$$dA = \mathfrak{M}\, d\varphi$$

und

$$\frac{d\varphi}{dt} = d\omega$$

ergibt sich

$$L = \mathfrak{M}\,\omega \;{}^{1)} \quad \ldots \ldots \ldots \quad (23)$$

Bei der **gleichförmigen Drehbewegung** benützt man als Maß der Geschwindigkeit die **Umlauf-** oder **Drehzahl** n, d. h. die Anzahl der Umläufe oder Drehungen in der Minute. Der Zusammenhang mit der Winkelgeschwindigkeit ω ergibt sich aus der Beziehung

$$\left.\begin{aligned} \omega &= \frac{2\pi n}{60} = \frac{n}{9{,}55} = 0{,}117\,n \\ \text{oder}\quad n &= 9{,}55\,\omega \end{aligned}\right\} \quad \ldots \ldots \quad (24)$$

Zwischen der Umlaufzahl n und der Umfangsgeschwindigkeit u im Durchmesser d besteht folgender Zusammenhang:

$$\left.\begin{aligned} u &= \frac{\pi n d}{60} = \frac{n d}{19{,}1} \\ n &= \frac{19{,}1\,u}{d} \\ d &= \frac{19{,}1\,u}{n} \end{aligned}\right\} \quad \ldots \ldots \ldots \quad (25)$$

Bezeichnet N die Leistung in Pferdestärken zu je 75 mkg/sek, so ist sie, in mkg ausgedrückt,

$$L = 75\,N.$$

Nach Gl. (23) und (24) kann man auch schreiben

$$L = \frac{\mathfrak{M}\,n}{9{,}55}.$$

Beim Gleichsetzen dieser beiden Ausdrücke für L erhält man

$$\left.\begin{aligned} \mathfrak{M} &= 716{,}2\,\frac{N}{n}\ \text{mkg} \\ N &= \frac{\mathfrak{M}\,n}{716{,}2}\ \text{PS} \end{aligned}\right\} \quad \ldots \ldots \ldots \quad (26)$$

---

[1]) Die Analogie zwischen den Gl. (21), (22) und (23) einerseits und den Gl. (5a), (9) und (10) andererseits ist in die Augen fallend.

7. Krummlinige Bewegung. Wenn die wirksamen Kräfte bzw ihre Resultante in die Richtung der Bewegung fallen, so geht diese nach einer geradlinigen Bahn vor sich. Wo die Voraussetzung nicht zutrifft, entsteht eine krummlinige Bewegung.

Da man sowohl die Kräfte als auch die Geschwindigkeiten und die Beschleunigungen nach dem Parallelogramm zusammensetzen und zerlegen kann, läßt sich jede ebene krummlinige Bewegung in zwei, und jede Bewegung mit räumlich gekrümmter Bahn in drei geradlinige Bewegungen auflösen, für die die betreffenden Komponenten der wirksamen Kräfte maßgebend sind.

Wirken auf einen Punkt von der Masse m verschieden gerichtete Kräfte $P_1, P_2, P_3 \ldots$, von denen jede für sich die Beschleunigungen $q_1, q_2, q_3 \ldots$ hervorbrächte, denen also der Massenpunkt die Trägheitskräfte $(m\,q_1)$, $(m\,q_2)$, $(m\,q_3) \ldots$ entgegensetzt, so ist nach dem Prinzip von d'Alembert

$$P_1 + (m\,q_1) = 0\,, \qquad P_2 + (m\,q_2) = 0\,, \qquad P_3 + (m\,q_3) = 0$$

usw. Daher ist auch die Resultante sämtlicher wirksamen und Trägheitskräfte gleich null, also

$$\mathrm{Res}\,[P_1, P_2, P_3 \ldots (m q_1), (m\,q_2), (m\,q_3) \ldots] = 0 \quad . \quad . \quad . \quad (27)$$

Es ist, anders ausgedrückt, jede Kraft gleich der negativ genommenen Resultanten aller übrigen Kräfte[1]).

8. Gezwungene Bewegung längs einer festen, gekrümmten Rinne. Gezwungen nennt man eine Bewegung, der durch feste Körper eine bestimmte Bahn vorgeschrieben wird. Es soll der Zwang durch eine ebene gekrümmte Rinne ausgeübt werden, längs der sich ein Massenteilchen m bewegen muß. Die Rinne sei in einer wagrechten Ebene enthalten, so daß die Schwerkraft nicht zur Wirkung gelangt; weitere Kräfte seien nicht vorhanden und die Bewegung soll reibungsfrei sein.

Das Teilchen m bewegt sich in der Zeit dt um den Betrag ds längs der Rinne. Wäre diese nicht vorhanden, so würde sich das Teilchen mit der Geschwindigkeit w, die es augenblicklich besitzt, geradlinig in der Richtung der Tangente weiterbewegen und sich in der Zeit dt um die Strecke a (s. Fig. 3) von der Bahn nach außen entfernen. Um den Massenpunkt tatsächlich auf der Bahn zu erhalten, muß die Rinne dem Ausbrechen des Teilchens einen gewissen Widerstand N entgegensetzen, den man als Bahnwiderstand bezeichnet. Da nach der Voraussetzung die Reibung fehlt, muß derselbe normal zur Rinnen-

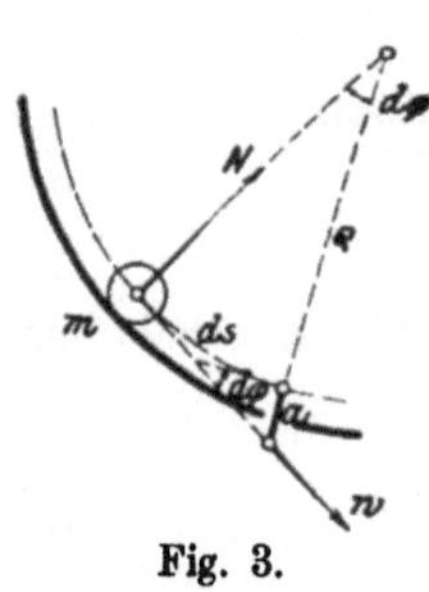

Fig. 3.

[1]) Fügt man zu den wirksamen Kräften noch die Trägheitskräfte hinzu, so läßt sich jede dynamische Aufgabe gerade so behandeln, als ob statisches Gleichgewicht bestände.

wand gerichtet sein, da die Rinne keine anders gerichteten Kräfte auszuüben vermag; es sind also keine tangentialen Komponenten vorhanden, und die Bewegung längs der Rinne erfolgt mit unveränderlicher Geschwindigkeit.

Die Größe des Bahnwiderstandes ergibt sich aus folgender Betrachtung. Man kann die Bewegung, die sich in der Zeit dt tatsächlich vollzieht, in zwei unabhängige Bewegungen zerlegen, von denen die erste tangential verläuft, während durch die zweite das Teilchen in radialer Richtung auf die wirkliche Bahn zurückgeführt wird. Diese zweite Bewegung stellt sich als die Wirkung des Bahnwiderstandes N dar, und da dieser für die unendlich kleine Zeit dt als unveränderlich gelten kann, ist er als die konstante Kraft bestimmt, die die Masse m von der Anfangsgeschwindigkeit null aus in der Zeit dt längs der Strecke a bewegt. Nach Gl. (14) ergibt sich für die konstante Beschleunigung dieser Bewegung, indem man a für s und dt für t einsetzt, der Ausdruck

$$q = \frac{2a}{dt^2} \quad \ldots\ldots\ldots\ldots \quad (28)$$

Die Strecke a, um die das Teilchen von der gradlinigen Bahn abgelenkt wird, heißt die Deviation (von lat. via = Weg); nach Fig. 3 läßt sich dafür der Ausdruck ableiten

$$a = \tfrac{1}{2}\, ds\, d\varphi\,.$$

Damit erhält man aus Gl. (28)

$$q = \frac{ds}{dt}\frac{d\varphi}{dt}\,.$$

Da nach der Definitionsgleichung (1)

$$\frac{ds}{dt} = w\,,$$

und da ferner nach Fig. 3

$$d\varphi = \frac{ds}{\varrho}\,,$$

wo ϱ den Krümmungshalbmesser bedeutet, erhält man schließlich

$$q = \frac{w^2}{\varrho} \quad \ldots\ldots\ldots\ldots \quad (29)$$

Der Bahnwiderstand ist somit

$$N = m\,q = m\frac{w^2}{\varrho} \quad \ldots\ldots\ldots \quad (30)$$

Diese Kraft, die nach dem Krümmungsmittelpunkt gerichtet ist und darum die Zentripetalkraft genannt wird (von lat. petere = zustreben), hält das Teilchen auf der Bahn. Mit einer ebenso großen Kraft sucht das Teilchen vermöge seiner Trägheit der Ablenkung durch die Rinne zu widerstreben. Da diese Gegenkraft vom Krümmungsmittelpunkt nach außen gerichtet ist, wird sie die Zentrifugalkraft genannt (von lat. fugere = fliehen). Die Zentrifugalkraft ist eine Trägheitskraft; sie ist die Reaktion des abgelenkten Teilchens gegen die ablenkende Rinne.

9. Allgemeiner Fall. Die Rinne habe eine beliebige doppelte Krümmung, und der Massenpunkt stehe unter dem Einflusse beliebiger äußerer Kräfte. Findet die Bewegung unter Reibung statt, so steht der Bahnwiderstand nicht mehr rechtwinklig zur Bahntangente; denn er setzt sich zusammen aus dem Normaldruck N und der rückwärts gerichteten Reibung R.

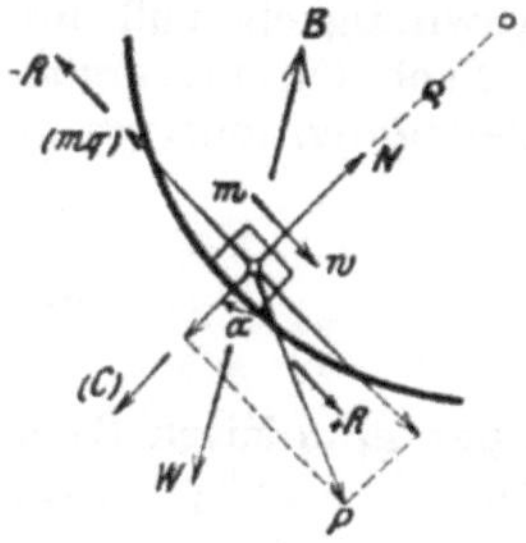

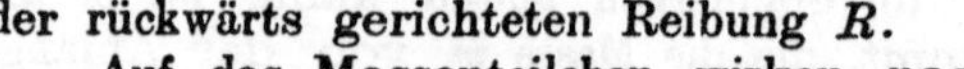

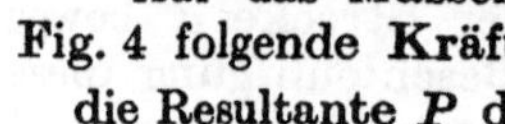

Fig. 4.

Auf das Massenteilchen wirken nach Fig. 4 folgende Kräfte:

die Resultante P der sämtlichen äußeren Kräfte;

der Bahnwiderstand B.

An Beharrungskräften sind zu verzeichnen:

der Widerstand $(m\,q)$, der sich der tatsächlichen Beschleunigung q entgegensetzt;

die Zentrifugalkraft (C).

Nach dem Prinzip von d'Alembert stehen diese Kräfte alle im Gleichgewicht.

$$\text{Res}\,[P, B, (m\,q), (C)] = 0\,.$$

Daraus ergibt sich für den Bahnwiderstand

$$B = -\,\text{Res}\,[P, (m\,q), (C)]\,.$$

Die Rückwirkung aber, die das bewegte Teilchen auf die Rinne ausübt, ist

$$W = -B$$

oder

$$W = \text{Res}\,[P, (m\,q), (C)] \quad \ldots\ldots\ldots \quad (31)$$

Die Rückwirkung des bewegten Massenteilchens auf die Rinne ist gleich der Resultanten der äußeren Kräfte und der Beharrungskräfte.

Es befremdet, daß in dem Ausdrucke für die Rückwirkung auf die Rinne die Reibung R nicht vorkommt, da diese doch einen entsprechenden Schub in der Bewegungsrichtung darauf ausüben muß. Der scheinbare Widerspruch läßt sich indessen leicht erklären. Da die tangentiale Komponente von P gleich $P \sin\alpha$ ist, wenn unter α der Winkel verstanden wird, den P mit der Bahnnormalen einschließt, erhält man für die beschleunigende Kraft:

$$m\,q = P \sin\alpha - R\,.$$

Man erkennt, daß in Gl. (31) der Einfluß der Reibung indirekt in der Größe $(m q)$ zur Geltung kommt.

Für die Untersuchung der Bewegung längs der Rinne ergäbe die Gleichung

$$q = \frac{ds}{dt} = \frac{P \sin \alpha - R}{m}$$

den Ausgangspunkt.

10. Schiefe Ebene. Als Beispiel soll die gleitende Bewegung eines materiellen Punktes auf einer schiefen Ebene behandelt werden, die nach Fig. 5 mit dem Horizont den Winkel α einschließt. Als äußere Kraft kommt nur das Eigengewicht des Punktes

$$P = m g$$

in Betracht. Die einzige Beharrungskraft ist $(m q)$, wenn q die Beschleunigung der Gleitbewegung und m die Masse des Punktes bezeichnet. Die Rückwirkung auf die Unterlage ist somit nach Gl. (31)

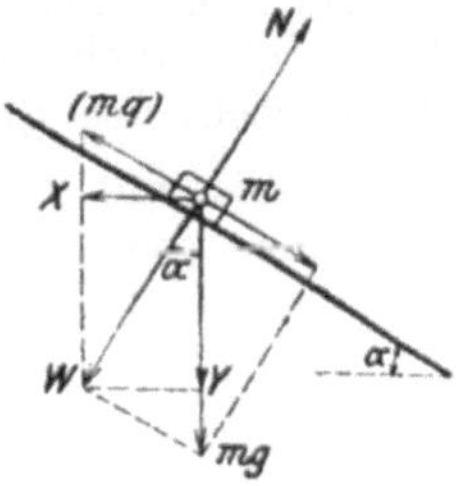

$$W = \text{Res}\,[P, (m q)]\,.$$

Fig. 5.

Für die wagrechte und die senkrechte Komponente derselben erhält man nach Fig. 5

$$\left.\begin{aligned} X &= m q \cos \alpha \\ Y &= m g - m q \sin \alpha \end{aligned}\right\} \quad \ldots\ldots\ldots \quad (32)$$

Die senkrechte Komponente Y ist um den Betrag der entsprechenden Komponente des Beharrungswiderstandes **kleiner** als das Eigengewicht. Es wird eben ein Teil der Schwerkraft für die Beschleunigung verbraucht, so daß nur der Rest als Belastung wirksam bleibt. Auffällig ist, daß die Ebene einen rückwärts gerichteten Horizontalschub X erfahren soll, obwohl nur die senkrecht wirkende Schwerkraft vorhanden ist. Auch diese Erscheinung hängt mit der Beschleunigung zusammen. Wäre der Massenpunkt fest mit der Ebene verbunden, so entstünde kein Horizontalschub und die Ebene würde durch das volle Gewicht belastet. Sobald aber die Verbindung gelöst würde, träte alsbald der rückwärts gerichtete Schub und die senkrechte Entlastung auf.

Für die beschleunigende Kraft erhält man mit Rücksichtnahme auf die Reibung R

$$m q = m g \sin \alpha - R\,.$$

Bezeichnet N den Normaldruck und μ den Koeffizienten der Reibung zwischen dem gleitenden Körper und der schiefen Ebene, so wäre nach den gebräuchlichen Anschauungen über das Wesen der Reibung

$$R = \mu N = \mu m g \cos \alpha\,,$$

und daher

$$m\,q = m\,g\,(\sin\alpha - \mu\cos\alpha)\,.$$

Setzt man diesen Ausdruck in Gl. (32) ein, so erhält man für die beiden Komponenten der Rückwirkung auf die schiefe Ebene

$$\left.\begin{aligned} X &= m\,g\,(\sin\alpha - \mu\cos\alpha)\cos\alpha \\ Y &= m\,g\,[1 - (\sin\alpha - \mu\cos\alpha)\sin\alpha] \end{aligned}\right\} \quad \ldots\ldots \quad (33)$$

Ist der Reibungskoeffizient konstant, so sind es auch die beiden Komponenten. Wenn die Reibung mit der Geschwindigkeit wächst, so kommt der Augenblick, wo die Beschleunigung null wird. Damit verschwindet auch der Horizontalschub, und die Unterlage hat das volle Gewicht des gleitenden Körpers zu tragen.

11. Absolute und relative Bewegung in einer rotierenden Rinne. Eine Rinne von beliebiger Krümmung drehe sich mit der Winkelgeschwindigkeit ω um eine feste Achse; ein Punkt m bewege sich nach Fig. 6 mit der Geschwindigkeit w längs der Rinne. Da er daneben noch in dem gegebenen Augenblick mit der Rinne gemeinsam die Geschwindigkeit $u = r\,\omega$ besitzt, wobei r den augenblicklichen Abstand von der Achse bedeutet, so ist seine absolute Geschwindigkeit c nach Größe und Richtung die Resultante der relativen Geschwindigkeit w und der Geschwindigkeit u des System- oder Rinnenpunktes.

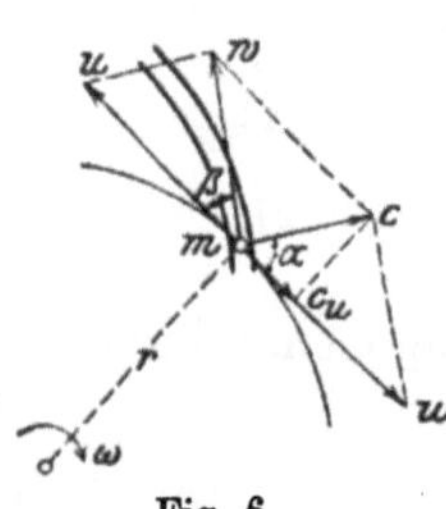

Fig. 6.

Will man umgekehrt aus der absoluten Geschwindigkeit c die relative Geschwindigkeit w finden, so hat man zu der absoluten Geschwindigkeit nur noch die Umfangsgeschwindigkeit des Systempunktes im umgekehrten Sinne hinzuzufügen.

Sind α und β nach Fig. 6 die Winkel, die die Richtungen der absoluten und der relativen Bewegung mit der Umfangstangente einschließen, und wird α von $+u$, β von $-u$ aus gemessen, so ergeben sich die beiden Beziehungen

$$c^2 = u^2 + w^2 - 2\,u\,w\cos\beta\,,$$

$$w^2 = c^2 + u^2 - 2\,c\,u\cos\alpha\,.$$

Für die Umfangskomponente der absoluten Geschwindigkeit c erhält man die beiden Ausdrücke

$$c_u = u - w\cos\beta\,,$$

und

$$c_u = c\cos\alpha\,.$$

Mit letzterem kann man die zweite der beiden obenstehenden Gleichungen schreiben

$$w^2 = c^2 + u^2 - 2\,u\,c_u \quad \ldots\ldots\ldots \quad (34)$$

12. Satz von Coriolis. Auf der in Fig. 7 und 8 angedeuteten, ebenen Rinne AA', die sich mit der Winkelgeschwindigkeit ω um eine feste Achse normal zu ihrer Ebene dreht, befindet sich augenblicklich in A ein Punkt von der Masse m, der längs der Rinne die relative Geschwindigkeit w und mit ihr gemeinsam die Umfangsgeschwindigkeit $u = r\,\omega$ besitzt. Vermöge dieser beiden Geschwindigkeiten würde er ohne die Ablenkung durch die Rinne nach der Zeit dt eine Stellung O erreichen, die man findet, indem man $AB = u\,dt$ in der Richtung der Umfangstangente und $BO = w\,dt$ in der Richtung parallel zur Bahntangente aufträgt. Tatsächlich gelangt er aber in eine Stellung R, die sich ergibt, wenn man die

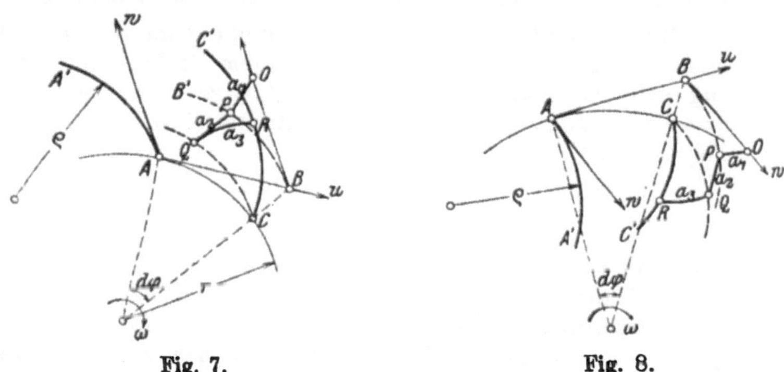

Fig. 7. Fig. 8.

Rinne eine Drehung um die Achse im Betrage von $d\varphi = \omega\,dt$ machen läßt, wobei sie in die Lage CC' gelangt, und von C aus den Bogen $CR = w\,dt$ abmißt. Der Punkt erfährt somit durch die Rinne gegenüber der freien Bewegung eine Deviation $a = OR$, der nach Gl. (28) eine Beschleunigung

$$q = \frac{2\,a}{dt^2}$$

und ein Bahnwiderstand

$$B = mq = 2\,m\,\frac{a}{dt^2}$$

entspricht.

Die Deviation a läßt sich nicht wohl als Ganzes ausdrücken; sie läßt sich aber in einzelne Teile zerlegen, die man leicht bestimmen kann[1]). Diese ergeben sich aber, indem man die ganze Bewegung selbst in folgende Teile zerlegt.

1. Die Rinne AA' wird durch eine Parallelverschiebung in der Richtung der Umfangstangente im Betrage von $u\,dt$ in die Lage BB' gebracht.

[1]) Da die Deviationen den Kräften proportional sind und mit ihnen dieselbe Richtung haben, geht ihre Zerlegung und Zusammensetzung in derselben Weise vor sich wie für die Kräfte.

2. Der Massenpunkt erhält eine Bewegung in der Richtung der Bahntangente um den Betrag $w\,dt$. Er befindet sich jetzt in der Stellung O, die er nach der Zeit dt einnähme, wenn er nicht durch die Rinne abgelenkt würde.

3. Das Massenteilchen wird von O in der Richtung des Krümmungshalbmessers der Bahn nach P auf der Rinne verschoben. Dies gibt eine Deviation $a_1 = OP$. Die zugehörige Beschleunigung ist nach Gl. (29)
$$q_1 = \frac{w^2}{\varrho}, \quad \ldots\ldots\ldots\ldots \quad (35)$$
wobei ϱ den Krümmungshalbmesser der Bahn bedeutet.

4. Die Rinne wird samt dem Massenpunkt parallel zu sich selbst derart verschoben, daß B einem Halbmesser entlang nach C gelangt. Es entsteht hierbei eine Deviation $a_2 = PQ = BC$, und dieser entspricht nach Gl. (29) die Beschleunigung
$$q_2 = \frac{u^2}{r} = r\,\omega^2 \quad \ldots\ldots\ldots \quad (36)$$

5. Durch eine Schwenkung um den Punkt C im Betrage von $d\varphi$ im Sinne der Drehung des Systems wird der Kanal in die Endstellung CC' gebracht. Hierbei wird eine Deviation $a_3 = QR = CQ\,d\varphi = w\,dt\,d\varphi$ erzeugt, die man, da $d\varphi = \omega\,dt$ ist, auf die Form bringen kann
$$a_3 = \omega\,w\,dt^2.$$
Sie ist nach Gl. (28) das Ergebnis einer Beschleunigung
$$q_3 = \frac{2\,a_3}{dt^2} = 2\,\omega\,w \quad \ldots\ldots\ldots \quad (37)$$

Von diesen drei Teilbeschleunigungen (35), (36) und (37) wird die erste
$$q_1 = \frac{w^2}{\varrho}$$
als die Zentripetalbeschleunigung der relativen Bewegung bezeichnet. Sie ist in der Schmiegungsebene der Rinne enthalten und steht normal zur Bahn mit der Richtung nach dem Krümmungsmittelpunkt. Die zweite Beschleunigung
$$q_2 = \omega^2\,r,$$
die radial einwärts gerichtet ist, heißt die Zentripetalbeschleunigung des System- oder Rinnenpunktes.

An der Entstehung der dritten Beschleunigung
$$q_3 = 2\,\omega\,w$$

ist sowohl die relative als auch die Drehbewegung um die Achse beteiligt; sie wird darum — nicht sehr glücklich — als die **zusammengesetzte Zentripetalbeschleunigung** bezeichnet. Sie steht normal zur Rinne und ist in der Parallelkreisebene enthalten. Gegenüber der Stellung, die der Massenpunkt unmittelbar zuvor einnahm, ergibt sie einen Drehungssinn, der mit demjenigen des Systems übereinstimmt.

Diesen drei Beschleunigungen setzt das Massenteilchen die entsprechenden Beharrungs- oder Zentrifugalkräfte entgegen

$$\left.\begin{aligned}(P_1) &= m\frac{w^2}{\varrho}\\(P_2) &= m\,\omega^2 r\\(P_3) &= 2\,m\,\omega\,w\end{aligned}\right\} \quad \ldots\ldots\ldots \quad (38)$$

Die Richtungen derselben sind in Fig. 9 für den Fall eingetragen, wo das Teilchen sich auswärts bewegt und in Fig. 10 für die einwärtsgehende Bewegung.

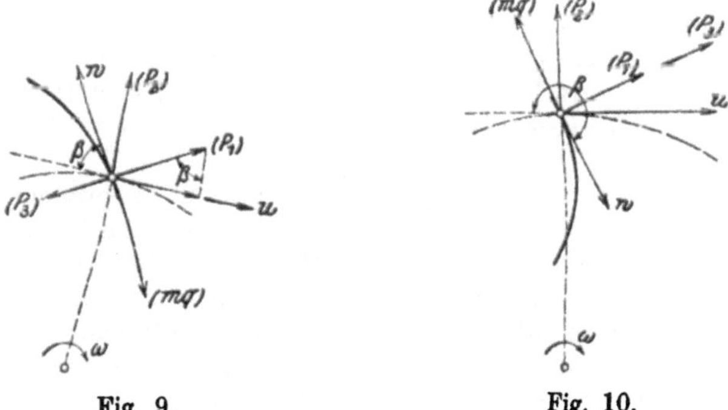

Fig. 9. Fig. 10.

Wirken auf den Massenpunkt noch weitere Kräfte ein, die die Resultante P ergeben mögen, so läßt sich nach Gl. (31) die Rückwirkung auf die Rinne durch das Symbol ausdrücken

$$W = \text{Res}\,[P, (P_1), (P_2), (P_3), (m\,q)] \quad \ldots\ldots \quad (39)$$

Dabei ist der Einfluß der Reibung bereits in $(m\,q)$ enthalten, braucht also nicht mehr besonders eingeführt zu werden.

Für die Bewegung längs der Rinne fallen nur die Kraftkomponenten in der Richtung der Bahntangente in Betracht; daher hat man sich mit den Beharrungskräften (P_1) und (P_3), die normal dazu stehen, gar nicht mehr zu befassen. Bezeichnet α den Winkel zwischen w und P, und β denjenigen zwischen w und (P_2), bedeutet ferner R die Reibung des Teilchens auf der Rinne, so ist

$$m\,q = P\cos\alpha + (P_2)\cos\beta - R \quad \ldots\ldots \quad (40)$$

und damit läßt sich die Bewegung des Punktes auf der Rinne verfolgen.

Stünde die Rinne still, so fielen die Beharrungskräfte (P_2) und (P_3) dahin und es verblieben nur noch die Kräfte P, (P_1), $(m\,q)$ und die Reibung R übrig. Die beiden Gl. (39) und (40) nähmen dann die Gestalt an

$$W = \text{Res}\,[P, (P_1), (m\,q)]\,,$$

$$m\,q = P\cos\alpha - R\,.$$

In den Beharrungskräften (P_2) und (P_3) kommt also der Einfluß der Drehung des ganzen Systems zum Ausdruck und es ergibt sich folgender Satz, der als der Satz von Coriolis bekannt ist:

Wenn man zu den wirkenden Kräften P, (P_1), $(m\,q)$ und R noch die beiden fingierten, scheinbaren oder ergänzenden Kräfte

$$(P_2) = m\,\omega^2\,r\,,$$

$$(P_3) = 2\,m\,\omega\,w$$

hinzufügt, so geht die Bewegung längs der stillstehenden Rinne gerade so vor sich, wie wenn sich die Rinne drehen würde.

Zieht man diese fingierten oder scheinbaren Beharrungskräfte mit in Betracht, so gilt nach Gl. (39) auch hier der in Abschn. 9 entwickelte Satz, daß die Rückwirkung des Massenteilchens auf die Rinne gleich der Resultanten sämtlicher äußeren und Beharrungskräfte ist.

Sind also die wirklichen Kräfte bekannt, so braucht man nur noch die Ergänzungskräfte (P_2) und (P_3) hinzuzufügen und kann dann gerade so rechnen, als ob die Rinne in Ruhe wäre.

Wenn die wirklichen Kräfte nur von der Lage des Massenpunktes im System abhängen, so ist die Untersuchung leicht zu führen. Die Rechnung wird aber schwierig, wenn diese Bedingung nicht erfüllt ist. Wenn z. B. die Bewegung unter dem ausschließlichen Einflusse der Schwerkraft bei wagrechter Lage der Drehachse vor sich geht, so hat zwar die Schwerkraft, absolut genommen, stets dieselbe Richtung; sie ändert aber ihre Richtung gegenüber dem beweglichen System fortwährend. (Ponceletrad.)

Der Fall, wo die Rinne doppelt gekrümmt ist, wird am übersichtlichsten in der Weise behandelt, daß man die Bewegung in eine Parallelkreisebene und auf die Achse projiziert. Für die Bewegung in der Parallelkreisebene ist der Satz von Coriolis ohne weiteres anwendbar. Die axiale Bewegung wird uns in der Regel nicht weiter interessieren, da sie keinen Beitrag zum Drehmoment der Rückwirkung auf die Rinne liefert.

13. Sonderfall. Längs der in Fig. 11 gezeichneten ebenen Rinne, die sich in ihrer Ebene gleichförmig um eine feste Achse dreht, bewegt sich ein Massenteilchen reibungsfrei einwärts ohne die Einwirkung irgendwelcher äußeren Kräfte. Es soll die Bewegung desselben untersucht werden.

Nach dem Satz von Coriolis hat man zu den wirkenden Kräften nur noch die Ergänzungskräfte (P_2) und (P_3) hinzuzufügen, um gerade so rechnen zu können, als ob die Rinne in Ruhe wäre. An wirkenden Kräften kommt nur

$$W = -(P_1)$$

in Betracht. Da indessen sowohl diese als auch (P_3) normal zur Rinne stehen, bleibt nur die Projektion von (P_2) auf die Richtung der Rinnentangente in der Rechnung. Die Bewegung längs der Rinne steht also nur unter dem Einflusse von

$$T = (P_2)\cos\beta\,,$$

wenn β den Winkel zwischen w und (P_2) bedeutet. Nach Gl. (8) ist

$$T\,ds = m\,w\,dw\,,$$

und da nach Gl. (38)

$$(P_2) = m\,\omega^2\,r$$

und ferner

$$ds\cos\beta = dr\,,$$

erhält man aus diesen drei Beziehungen

$$\omega^2\,r\,dr = w\,dw$$

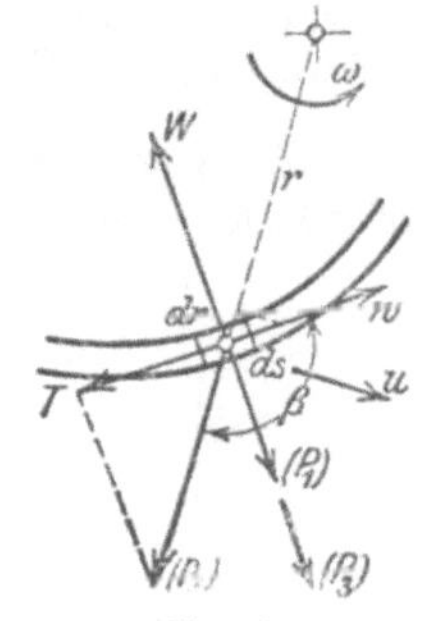

Fig. 11.

als Differenzialgleichung der Bewegung längs der Rinne.

Integriert man zwischen einem äußeren und einem inneren Punkte, für die die Halbmesser und die relativen Geschwindigkeiten mit r_1 und w_1 bzw. r_2 und w_2 bezeichnet sein mögen, so erhält man

$$\omega^2(r_1{}^2 - r_2{}^2) = w_1{}^2 - w_2{}^2$$

oder

$$u_1{}^2 - u_2{}^2 = w_1{}^2 - w_2{}^2\,,$$

wobei u_1 und u_2 die Umfangsgeschwindigkeiten der betreffenden Punkte bedeuten.

Die Bewegung, die unter dem Einflusse von (P_2) verzögert verläuft, hört ganz auf, wenn $w_2 = 0$ wird, also wenn

$$r_2{}^2 = r_1{}^2 - \frac{w_1{}^2}{\omega^2}$$

oder

$$r_2{}^2 = r_1{}^2\left(1 - \frac{w_1{}^2}{u_1{}^2}\right) \quad . \; . \; . \; . \; . \; . \; . \; . \quad (41)$$

Von dort an kehrt der Massenpunkt wieder längs der Rinne zurück und passiert den äußeren Punkt mit der anfänglichen Geschwindigkeit w_1 in umgekehrter Richtung. Wenn $w_1 = u_1$ ist, kommt der Körper erst im Mittelpunkte zur Ruhe. Ist aber $w_1 > u_1$, so wird r_2 imaginär, d. h. die Bewegung hört nicht auf.

Es ist übrigens leicht einzusehen, daß diese Betrachtungen ohne weiteres auch für eine beliebige doppelt gekrümmte Rinne gelten.

II. Hydrostatik.

2. Kapitel.

Gleichgewicht im ruhenden Wasser.

14. Oberfläche einer ruhenden Wassermasse. Steht eine gefaßte, ruhende Wassermasse unter dem ausschließlichen Einflusse der Schwerkraft, so stellt sich ihre Oberfläche wagrecht ein. Wenn dem nicht so wäre, so müßten die höher liegenden Teilchen so lange über die andern herunterfließen, bis alle gleich tief stehen[1]).

15. Kommunizierende Röhren. An dieser Tatsache wird nichts geändert, wenn man nach Fig. 12 einen festen Körper teilweise in die Wassermasse eintaucht. Es wird auch dann nichts daran geändert, wenn man sich den eingetauchten Körper nach vorn und nach hinten bis zur Berührung mit den Gefäßwänden ausgedehnt denkt. Es stellt sich somit der Wasserspiegel in den beiden Schenkeln der kommunizierenden Röhren (Fig. 13) auf dieselbe Höhe ein.

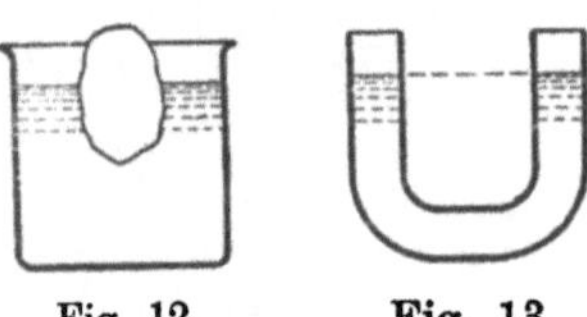

Fig. 12. Fig. 13.

16. Druck im Innern einer ruhenden Wassermasse. Denkt man sich in den einen senkrechten, zylindrischen Schenkel der kommunizierenden Röhren (Fig. 14) einen gewichtlosen Kolben von verschwindend kleiner Dicke reibungsfrei eingebaut, so wird hierdurch das Gleichgewicht nicht gestört. Man kann nunmehr die über dem

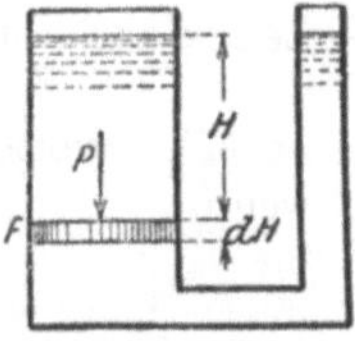

Fig. 14.

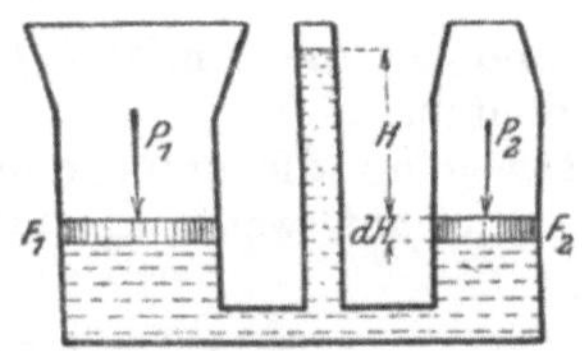

Fig. 15.

Kolben stehende Wassersäule entfernen und das Gleichgewicht dadurch bewahren, daß man an ihrer Stelle eine Kraft P von geeigneter Größe senkrecht auf den Kolben drücken läßt. Die weggenommene Wassermasse ruhte offenbar nur auf dem Kolben, indem ihr ja die senkrechten Wände keine Stütze bieten konnten. Daraus geht hervor, daß die Kraft P gleich dem Gewichte der Wassermasse sein muß, die sie ersetzen soll.

---

[1]) Wirken irgendwelche beliebig gerichteten Kräfte auf das Wasser, so nimmt der Spiegel eine Lage normal zu ihrer Resultanten ein.

Bezeichnet man mit γ das Gewicht der Volumeneinheit oder das spezifische Gewicht des Wassers[1]) und bedeutet F die Kolbenfläche, so hat man

$$P = F H \gamma \quad \ldots\ldots\ldots\ldots \quad (42)$$

Auf die Flächeneinheit wirkt in einer Tiefe H unter dem Wasserspiegel in senkrechter Richtung der spezifische Druck

$$p = H \gamma \quad \ldots\ldots\ldots\ldots \quad (43)$$

Es seien in die beiden äußeren der drei kommunizierenden Röhren in Fig. 15 in derselben Höhe zwei unendlich dünne, gewichtlose Kolben eingesetzt und durch Kräfte P_1 und P_2 gegenüber dem gefüllten Mittelschenkel im Gleichgewicht gehalten. Sind F_1 und F_2 die Kolbenflächen, so bestehen nach dem vorigen die Beziehungen

$$P_1 = F_1 H \gamma \quad \text{und} \quad P_2 = F_2 H \gamma .$$

Nimmt man die Kräfte weg und füllt man die Außenschenkel bis auf die Höhe H des Mittelschenkels mit Wasser auf, so muß nach Abschn. 15 wieder Gleichgewicht vorhanden sein; die Kräfte P_1 und P_2 sind also durch die Auffüllung vollständig ersetzt worden. Die Wirkung der Auffüllung ist unabhängig von der Gestalt des Gefäßes und hängt nur von der Größe der Kolbenfläche und von der Tiefe unter dem Wasserspiegel ab. Somit ist der spezifische Druck in senkrechter Richtung unabhängig von der Gestalt des Gefäßes; er wird nur durch die Tiefe unter dem Spiegel und durch das spezifische Gewicht der Flüssigkeit bestimmt.

17. Prinzip von Pascal. In dem kreisförmig gebogenen Teil einer kommunizierenden Röhre nach Fig. 16 denke man sich den zwischen den Schenkeln des Winkels φ eingeschlossenen Teil der Wassermasse fest geworden, dabei aber als Ganzes beweglich geblieben. Unter der Voraussetzung, daß man das Eigengewicht dieser Wassermasse als verschwindend klein ansehen könne, besteht Gleichgewicht, wenn

$$P_1 r = P_2 r$$

oder

$$P_1 = P_2 .$$

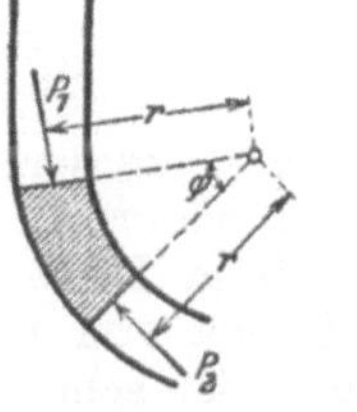

Fig. 16.

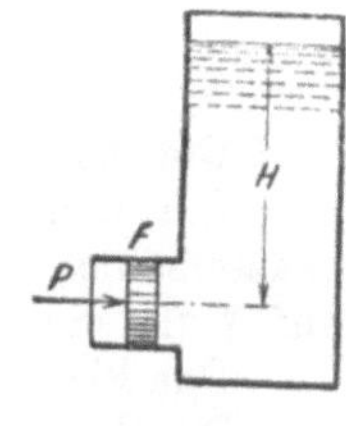

Fig. 17.

Da nun tatsächlich Gleichgewicht besteht, ist daraus der Schluß zu ziehen, daß der Wasserdruck auf die beiden Endflächen derselbe

[1]) Bei einer Temperatur von 4° Celsius hat das Wasser seine größte Dichte. Es besitzt in diesem Zustand ein Gewicht von 1 kg auf 1 cdm oder von 1000 kg auf 1 cbm. Der Einfluß der Ausdehnung durch die Wärme ist gering; es beträgt z. B. bei 20° die Abnahme des spezifischen Gewichtes nur 1,8 Tausendstel. Man nimmt daher bei technischen Rechnungen keine Rücksicht darauf und rechnet mit $\gamma = 1000$ kg pro 1 cbm.

ist oder daß sich der Druck im Wasser nach allen Richtungen gleichmäßig fortpflanzt. Dieser Satz ist unter dem Namen des Prinzips von Pascal bekannt.

Der Druck auf den Kolben F in Fig. 17 ist somit immer

$$P = F H \gamma,$$

wie auch seine Achse gerichtet sein möge.

18. Maß des Druckes. Der Druck im Innern einer ruhenden Wassermasse wird durch die Tiefe des betreffenden Punktes unter dem Wasserspiegel gemessen. Wo dieser nicht zugänglich ist oder wo ein freier Wasserspiegel gar nicht besteht, wie bei einem allseitig geschlossenen Gefäße, benutzt man besondere Meßinstrumente, um den Druck zu bestimmen.

Das Piezometer (von griech. piezo = ich drücke) besteht nach Fig. 18 aus einer oben offenen, heberförmigen Röhre, die unten an das Gefäß angeschlossen ist und nach oben soweit empor geführt wird, daß sich darin ein freier Wasserspiegel bilden kann. Die Piezometerhöhe H mißt ohne weiteres den Druck im Gefäß. Es ist

$$p = H\gamma \quad . \quad . \quad . \quad . \quad . \quad . \quad (44)$$

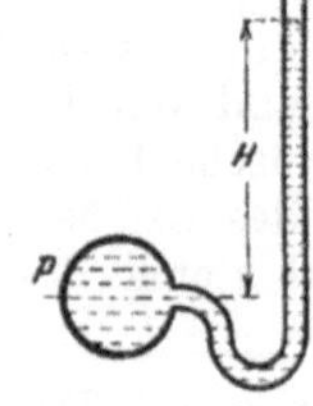

Fig. 18.

Mißt man H in Zentimeter, so ist, da das Gewicht von 1 ccm gleich 1 g ist,

$$p = H \text{ g/qcm}$$

oder

$$p = \frac{H}{1000} \text{ kg/qcm}.$$

Man wird es meistens vorziehen, H in Meter zu messen; dann ist

$$p = \frac{H}{10} \text{ kg/qcm} \quad . \quad . \quad . \quad . \quad . \quad . \quad . \quad . \quad . \quad (44\text{a})$$

Der Druck von 1 kg/qcm wird als Atmosphäre bezeichnet[1]).

Ein Druck von einer Atmosphäre entspricht dem Drucke einer Wassersäule von 10 m Höhe. Eine Wassersäule von 1 mm bringt auf 1 qm einen Druck von 1 kg hervor.

Das Piezometer ist sehr geeignet, eine deutliche Vorstellung von den Druckverhältnissen zu geben. Für wirkliche Messungen ist es nur verwendbar, wenn es nicht zu hoch wird, wenn also die Drücke klein sind. Für höhere Drücke verwendet man verschiedene Formen des Manometers (von lat. manus = Hand, hier im Sinne von Kraft).

---

[1]) Der mittlere Atmosphärendruck in Meereshöhe wird durch eine Quecksilbersäule von 760 mm bei 0° gemessen. Dies ergibt bei einem spezifischen Gewicht des Quecksilbers von 13,596 einen Druck von 1,0336 kg/qcm. Die Technik setzt der Bequemlichkeit wegen für die Atmosphäre einen Druck von 1 kg/qcm in ihre Rechnungen. Der technischen Atmosphäre entspräche eine Quecksilbersäule von 735,5 mm bei 0°.

Das **Quecksilbermanometer** (Fig. 19). An die Stelle der Wassersäule tritt eine Quecksilbersäule. Die Höhe H, mit dem spezifischen Gewichte des Quecksilbers multipliziert, gibt den Piezometerstand. Auch dieses Instrument ist für größere Drücke unhandlich und zudem schwer transportabel; es wird daher selten gebraucht.

Das **Federmanometer** besteht aus einem elastischen Metallgefäß, das mit dem Druckraum in Verbindung gebracht wird und je nach dem Drucke seine Form etwas verändert. Diese Änderung wird durch ein Zeigerwerk in stark vergrößertem Maßstab zur Anschauung gebracht. Die Skala muß durch den Versuch bestimmt

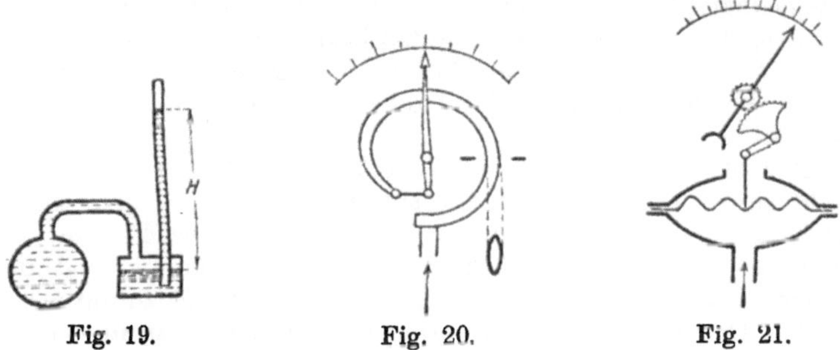

Fig. 19. Fig. 20. Fig. 21.

werden, wobei ein Quecksilbermanometer zur Kontrolle zu benutzen ist. Das Manometer von **Bourdon** (Fig. 20) besitzt als elastisches Gefäß eine gebogene Röhre von flachem Querschnitt. Bei zunehmendem Drucke strebt der Querschnitt der Kreisform zu und dabei streckt sich die Röhre. Beim Manometer von **Schäffer & Budenberg** (Fig. 21) wird die Durchbiegung einer kreisförmig gewellten Platte zum Messen des Druckes benutzt.

Die Manometerfedern ändern sich beim Gebrauch wie alle Federn. Ihren Angaben ist daher Vorsicht entgegenzubringen, und eine häufige Kontrolle, am besten mittels Quecksilbermanometers, ist unerläßlich. Wird das Federmanometer zur Bestimmung des wirklichen Gefälles einer Hochdruckturbine gebraucht, so lassen sich seine Angaben bei geschlossener Turbine durch den Vergleich mit dem gemessenen Gefälle nachprüfen[1]).

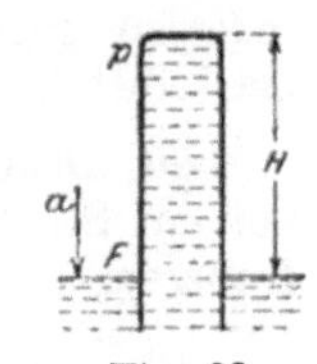

Fig. 22.

19. Negativer Druck. Füllt man ein Gefäß durch Eintauchen ins Wasser und zieht man es nach Fig. 22 in umgestürzter Lage wieder heraus, doch so, daß der Rand noch eingetaucht bleibt, so wird man finden, daß das Wasser nicht ausläuft. Die Erscheinung ist auf den Druck der äußeren Luft zurückzuführen. Ist a der Druck der Atmosphäre auf

[1]) Die im Handel vorkommenden Federmanometer besitzen in der Regel zum Anschluß ein Gasgewinde von $^1/_2''$ englisch (äußerer Durchmesser = 21 mm).

die Flächeneinheit und p der Druck an der höchsten Stelle, so wirkt auf den Querschnitt F in der Höhe des Wasserspiegels von oben der Druck $F(p+H\gamma)$ und von unten der Druck Fa, und da sich diese beiden Drücke im Gleichgewicht halten, ergibt sich

$$p=a-H\gamma \quad \text{(45)}$$

Die Höhe H kann nicht größer werden, als daß

$$H\gamma=a$$

oder

$$p=0.$$

Zöge man das Gefäß noch weiter heraus, so bliebe die Flüssigkeit stehen, da p nicht negativ werden kann, und über der Flüssigkeit würde sich ein luftleerer Raum bilden. Wenn der Atmosphärendruck 1 kg/qcm beträgt, so kann für Wasser die Höhe H den Wert von 10 m nicht überschreiten.

Bei hydraulischen Vorgängen steht das Wasser mit seltenen Ausnahmen zu Beginn unter atmosphärischem Druck und fließt zuletzt wieder in einen Raum, der unter demselben Druck steht. Hierbei fällt der Atmosphärendruck ganz aus der Rechnung, und darum zieht man es meistens vor, ihn gar nicht erst einzuführen; man zählt den Druck erst von der atmosphärischen Pressung an; man rechnet also mit dem „Überdruck" (über die Atmosphäre)[1].

Zählt man in dieser Weise, so erhält man für den Druck im Scheitel des Gefäßes den negativen Wert

$$p=-H\gamma \quad \text{(46)}$$

und man spricht von einem negativen Druck, obwohl das für Flüssigkeiten eigentlich keinen Sinn hat. Es ist damit ein Druck gemeint, der kleiner als der atmosphärische ist.

Wenn es sich um Höhenunterschiede von einigen hundert Metern zwischen Anfangs- und Endpunkt des hydraulischen Vorganges handelt, so treten in den Luftdrücken oben und unten allerdings schon recht merkliche Unterschiede auf; in Wassersäulen ausgedrückt, sind sie indessen gegenüber dem ganzen Gefälle so unbedeutend, daß man sie selbst in solchen Fällen herzhaft vernachlässigen darf.

20. Druck auf ebene Gefäßwände. Der Druck, den das Wasser auf ein Stück F der wagrechten Bodenfläche ausübt, ist nach früherem

$$P=FH\gamma.$$

Er ist also gleich dem Gewichte der über F stehenden Wassersäule, ganz gleichgültig, ob diese vollständig vorhanden sei oder nicht (vgl. Fig. 23).

[1]) Bei den käuflichen Metallmanometern steht unter atmosphärischem Druck der Zeiger auf null; die Zahlen bedeuten Überdruck.

Dieser Satz gilt auch für **schräge Wandflächen**; nur muß das Volumen der Wassersäule nach Fig. 24 bestimmt werden.

Den **Druckmittelpunkt**, d. h. den Punkt, in dem man sich den ganzen Wasserdruck vereinigt denken kann, oder in dem man die aus dem Verbande der Gefäßwand losgelöste Fläche unterstützen müßte, um das Gleichgewicht zu erhalten, findet man, wenn man vom Schwerpunkte der drückenden Wassersäule ein Lot auf die Fläche fällt. Diese Aufgaben laufen also auf Volumen- und Schwerpunktsbestimmungen eben abgeschnittener Zylinder und Prismen hinaus.

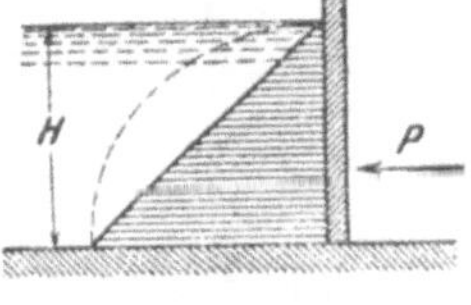

Fig. 23. Fig. 24. Fig. 25.

In dem Sonderfalle Fig. 25 ist ein Schützenbrett gedacht, das senkrecht in einen Kanal von der Breite B und der Wassertiefe H eingesetzt ist. Das Gewicht der darüber stehenden Wassersäule und also auch der horizontal wirkende Wasserdruck hat die Größe

$$P = \tfrac{1}{2} B H^2 \gamma \quad \ldots \ldots \ldots \ldots \quad (47)$$

Der Druckmittelpunkt liegt im untern Drittel der Wassertiefe.

21. Druck auf gekrümmte Wände. Es soll zunächst der Fall behandelt werden, wo nach dem Drucke in einer bestimmten Richtung gefragt wird. Man wählt nach Fig. 26 in passender Lage eine Hilfsebene normal zur Druckrichtung und projiziert die Fläche F darauf. Der gesuchte Druck ist gleich der Summe des Gewichtes der über der Projektion stehenden Wassersäule und der Komponente des Gewichtes der Wassermasse zwischen Hilfsebene und Wand, genommen in der Druckrichtung. Die Angriffsrichtungen dieser beiden Teildrücke gehen durch die Schwerpunkte der betreffenden Wasserkörper. Sind diese ermittelt, so läßt sich auch die Resultante nach Größe und Lage bestimmen.

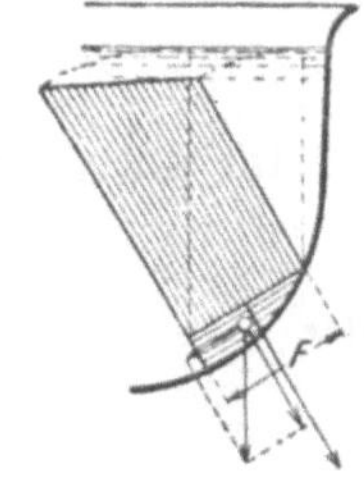

Fig. 26.

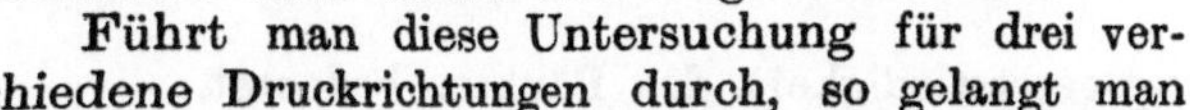

Führt man diese Untersuchung für drei verschiedene Druckrichtungen durch, so gelangt man schließlich dazu, den resultierenden Druck nach Größe, Richtung und Angriffspunkt als Resultante der drei Einzelresultanten zu finden.

Der Druck auf das ganze Gefäß ist senkrecht gerichtet und gleich dem Gewichte des ganzen Inhaltes. Die Angriffsrichtung geht durch den Schwerpunkt der Wassermasse.

22. Oberfläche in einem rotierenden Gefäße mit senkrechter Achse. Der Wasserspiegel nimmt nach Fig. 27 die Gestalt einer hohlen Drehfläche ein. Auf ein Teilchen von der Masse m, das in der Oberfläche liegt und einen Abstand r von der Achse hat, wirken folgende Kräfte:

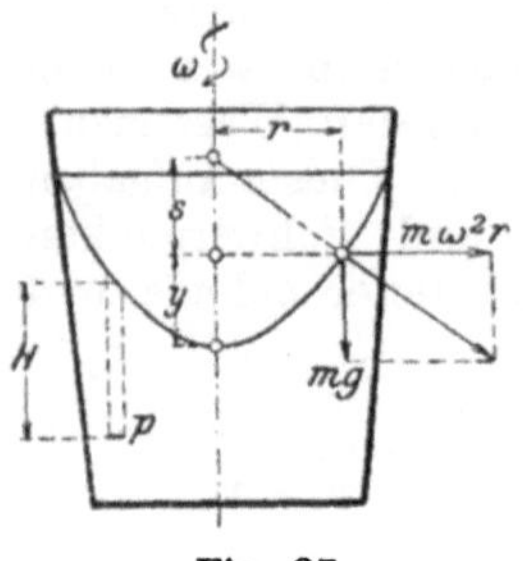

Fig. 27.

senkrecht die Schwerkraft $m g$,
radial die Beharrungskraft $(m \omega^2 r)$,
normal zur Oberfläche der Gegendruck N der Flüssigkeit.

Nach d'Alembert stehen diese Kräfte unter sich im Gleichgewicht, oder es ist der Gegendruck der Flüssigkeit

$$N = -\operatorname{Res}\,[m g, (m \omega^2 r)]\,.$$

Somit steht auch die Resultante von $m g$ und $m \omega^2 r$ normal zur Oberfläche.

Man findet aus der Ähnlichkeit der Dreiecke

$$\frac{s}{r} = \frac{m g}{m \omega^2 r}\,.$$

Für die Subnormale s der Meridiankurve ergibt dies den Wert

$$s = \frac{g}{\omega^2} = \text{const}\,.$$

Daraus, daß dieser Wert konstant ist, geht hervor, daß die Meridiankurve eine Parabel ist, deren Achse mit der Drehachse zusammenfällt. Die Gleichung der Parabel findet sich übrigens sofort aus der Beziehung

$$\frac{s}{r} = \frac{dr}{dy}$$

oder

$$r\,dr = s\,dy\,.$$

Die Integration ergibt für den Scheitel als Anfangspunkt

$$r^2 = 2\,s\,y$$

oder

$$y = \frac{(r\,\omega)^2}{2\,g} = \frac{u^2}{2\,g}\,, \quad \ldots\ldots\ldots \quad (48)$$

wobei u die Umfangsgeschwindigkeit des Punktes bedeutet.

Für den Höhenunterschied zwischen zwei Punkten des Wasserspiegels, deren Umfangsgeschwindigkeiten u_1 und u_2 sind, bekommt man

$$y_1 - y_2 = \Delta H = \frac{u_1^2 - u_2^2}{2\,g} \quad \ldots\ldots \quad (48\,\text{a})$$

Der Druck an irgend einem Punkte im Innern der Wassermasse wird auch hier durch die senkrechte Tiefe unter der Oberfläche gemessen. Er ist

$$p = H\gamma.$$

23. Umlaufzeiger. In dem zylindrischen, oben zugeschmolzenen Glasgefäß nach Fig. 28 steigt beim Rotieren die Oberfläche der Flüssigkeit am Rande um ebensoviel über die Ruhelage hinauf, als sie in der Mitte sinkt, da der Querschnitt des Paraboloides dem Abstande vom Scheitel proportional ist. Es ergibt sich für die Senkung in der Mitte

$$h = \frac{1}{2} H = \frac{1}{2} \frac{u^2}{2g},$$

wobei

$$u = \frac{d\,n}{19{,}1}$$

die Geschwindigkeit am Umfange des Gefäßes vom Durchmesser d und n die Zahl der Umdrehungen in der Minute bedeutet. Ist die Flüssigkeit durchsichtig, so kann man die Umlaufzahl aus der Senkung an einer festen Skala ablesen, deren Nullpunkt in die Höhe der Mittellage fällt.

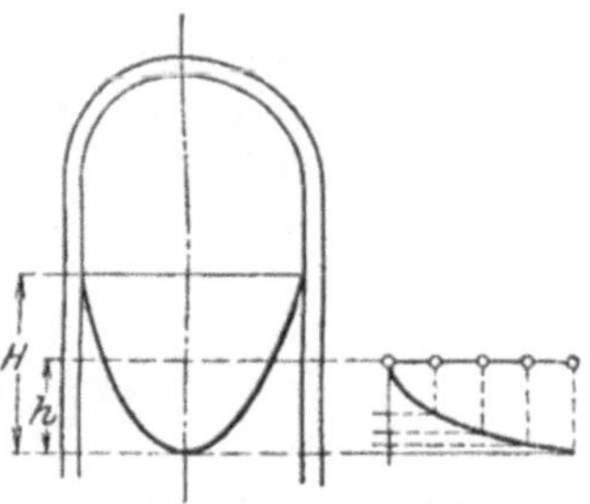

Fig. 28.

Bei einem Durchmesser von 0,03 m und einer Umlaufzahl von 400 ist z. B. die Senkung 10 mm.

Fig. 28 läßt erkennen, wie man mit Hilfe einer Parabel die Skala konstruieren kann, wenn ein Punkt derselben berechnet wurde.

Das spezifische Gewicht der Flüssigkeit spielt keine Rolle.

24. Oberfläche in einem rotierenden Gefäße mit wagrechter Achse. Wenn sich nach Fig. 29 ein Gefäß (eine Wasserradzelle) mit konstanter Winkelgeschwindigkeit ω um eine wagrechte Achse dreht, so stellt sich der Flüssigkeitsspiegel nach einer Zylinderfläche ein, deren Erzeugende parallel zur Achse liegen. Die Leitlinie dieser Zylinderfläche ergibt sich aus folgender Betrachtung. Die Rückwirkung N der Flüssigkeit selber auf ein Massenteilchen m in der Oberfläche ist gleich und entgegengesetzt der Resultanten R der beiden Kräfte $m\,g$ und $(m\,w^2\,r)$, und steht normal auf der Oberfläche. Es ergibt sich aus der Ähnlichkeit der Dreiecke

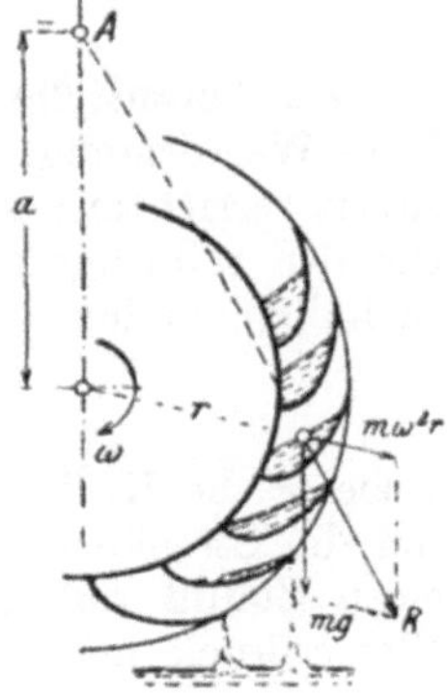

Fig. 29.

$$\frac{a}{r} = \frac{m g}{m w^2 r}$$

oder

$$a = \frac{g}{\omega^2} = \text{const.}$$

Daraus folgt, daß alle Normalen der Leitlinie durch m sich in demselben Punkte A der senkrechten Mittellinie schneiden. Die Leitlinie ist also ein Kreis mit A als Mittelpunkt und die Oberfläche ein gerader Kreiszylinder. Die Frage hat mit Rücksicht auf die vorzeitige Entleerung der Zellen der Wasserräder eine gewisse Bedeutung.

Ein Wasserrad habe z. B. einen Durchmesser von 6 m und eine Umfangsgeschwindigkeit von 2 m in der Sekunde. Es ist also $\omega = \frac{2}{3}$ und es findet sich der Abstand

$$a = \frac{9{,}81}{\left(\frac{2}{3}\right)^2} = 22{,}07 \text{ m}.$$

Für eine Umfangsgeschwindigkeit von 3 m würde a schon auf 9,81 m zurückgehen, was bereits einer recht starken Neigung des Wasserspiegels entspräche.

Das Wasser bleibt übrigens in der Zelle nicht in Ruhe, sondern verschiebt sich darin. Der Einfluß dieser Bewegung auf die Gestaltung der Oberfläche verschwindet indessen.

III. Hydrodynamik.

A. Strömende Bewegung in der gefüllten Leitung.

3. Kapitel.

Reibungsfreie Bewegung.

25. Potentielle Energie des gefaßten Wassers. Wenn eine gefaßte Wassermenge unter Druck ausfließt, so kann sie eine gewisse Arbeit verrichten; sie enthält also vorrätige oder potentielle Energie. Um den reibungsfrei gedachten Kolben in Fig. 30 im Gleichgewicht zu halten, bedarf es einer Kraft

$$P = F H \gamma,$$

wobei F die Kolbenfläche bedeutet. Läßt man den Kolben (langsam) um die Strecke s zurückweichen, während der Wasserspiegel durch einen Zufluß auf derselben Höhe erhalten wird, so verrichtet der Wasserdruck hierbei die Arbeit

$$A = P s = F s \gamma H.$$

Der Ausdruck Fs bedeutet nichts anderes als das Volumen des Wassers, das aus dem Gefäß austritt. Schreibt man $Fs = V$, so nimmt die Gleichung die Form an

$$A = V\gamma H \quad \text{. . . . . (49)}$$

Es bedeutet aber $V\gamma = G$ das austretende Wassergewicht; also wäre auch

$$A = GH \quad \text{. . . . . (49a)}$$

Ferner ist $\gamma H = p$ der Druck, unter dem das Wasser austritt; dies führt auf die Form

$$A = Vp \quad \text{. . . . . (49b)}$$

Ändert man den Vorgang nach Fig. 31 ab, so ist augenscheinlich

$$P = FH_1\gamma - FH_2\gamma = F\gamma(H_1 - H_2)$$

oder

$$P = FH\gamma.$$

Es kommt also nur auf den Höhenunterschied oder auf das **Gefälle** zwischen beiden Wasserspiegeln an.

Die potentielle oder Spannungsenergie einer gefaßten Wassermenge, auf die Gewichtseinheit Wasser bezogen, wird durch die

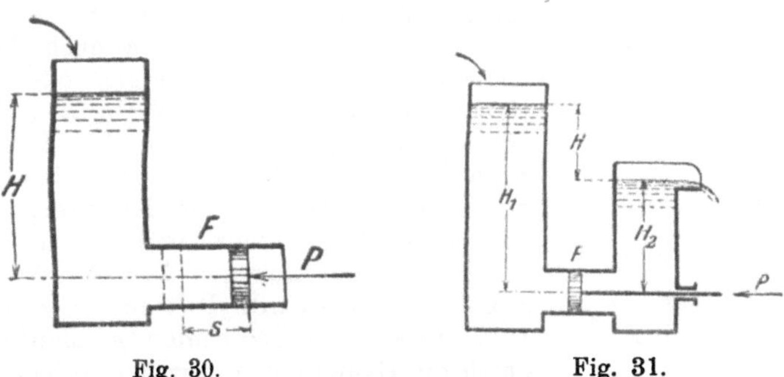

Fig. 30. Fig. 31.

Druckhöhe gemessen, unter der der Ausfluß sich vollzieht. Die ganze potentielle Energie ist gleich dem Produkt aus dem Gefälle und dem Gewicht der Wassermenge.

Steht das Wasser in beiden Gefäßen gleich hoch und wird dieser Zustand dauernd unterhalten, so wird, da $H = 0$ ist, keine Arbeit umgesetzt, wenn man den Kolben bewegt. So läßt sich auch ein im Innern einer Wassermasse befindliches Teilchen (oder eine Summe von solchen Teilchen) in beliebiger Richtung ohne jede Anstrengung verschieben; es steht im indifferenten Gleichgewicht[1]).

[1]) Es ist hierbei immerhin vorausgesetzt, daß es sich um **langsame** Bewegungen handle.

Wird der Vorgang stetig fortgesetzt, indem man die in der Sekunde ausfließende Wassermenge Q durch einen ebenso großen Zufluß immer wieder ersetzt, so ist die sekundliche Arbeit oder die Leistung, die diese Wassermenge beim Ausfließen verrichten kann,

$$L = Q \gamma H.$$

Davon wird indessen ein Teil durch Reibungen und andere Verluste aufgezehrt, so daß die gewonnene wirkliche oder effektive Leistung nur den Betrag erreicht

$$L_e = e Q \gamma H.$$

Die Zahl e, die stets kleiner als eins ist, wird als Wirkungsgrad oder auch wohl als Nutzeffekt[1]) bezeichnet.

Somit ist die effektive Leistung in Pferdestärken

$$N_e = e \frac{Q \gamma H}{75} \qquad (50)$$

26. Druckunterschiede als Bewegungsursache; Stromlinien, Wasserfäden. In einer ruhenden Wassermasse steht jedes Teilchen allseitig unter demselben Drucke. Tritt in irgendeinem Punkte eine Änderung des Druckes ein, so entsteht in den benachbarten Flüssigkeitsteilchen ein einseitiger Überdruck; sie setzen sich in Bewegung und diese ergreift sofort auch weiter abliegende Teilchen.

Eine solche Druckänderung tritt auf, wenn man nach Fig. 32 zwei Räume verschiedenen Druckes durch eine Leitung oder einen Kanal miteinander verbindet. In dem Raume höheren Druckes entsteht in der Nähe der Stelle, wo die Verbindung angeschlossen ist, eine Druckentlastung; die Flüssigkeit strömt auf die Anschlußstelle zu und ergießt sich in den Raum des kleineren Druckes; es stellt sich eine strömende Bewegung ein. Die Druckzustände in den beiden Gefäßen werden durch die Höhenlagen bzw. die Höhenunterschiede der beiden Wasserspiegel gemessen. Erhält man diese Druckzustände unveränderlich, so darf man annehmen, daß sich in der strömenden Bewegung ein bestimmter Beharrungszustand einstelle, d. h. daß in jedem Punkte der Druck und die Geschwindigkeit nach Größe und Richtung stets dieselben bleiben.

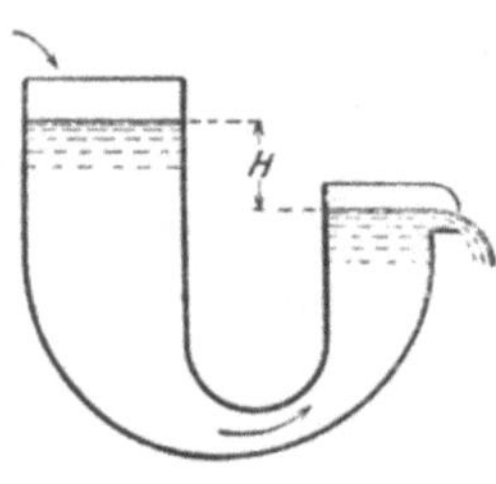

Fig. 32.

Die Bahn, die ein einzelnes Wasserteilchen beschreibt, wird Stromlinie genannt. Die auf derselben Stromlinie hintereinander herlaufenden Teilchen bilden in ihrer Gesamtheit einen Wasserfaden. Stromlinien und Wasserfäden haben das Bestreben, sich

[1]) Dieser Ausdruck kann zu Mißverständnissen Veranlassung geben, da man unter Effekt gewöhnlich eine Arbeitsmenge versteht.

parallel zueinander zu legen, soweit das Längsprofil des Kanales es gestattet[1]).

Ist der Druck im Verbindungskanal von demjenigen der Atmoshpäre verschieden, so muß die Leitung ringsum geschlossen sein. Ist dagegen der Druck gleich demjenigen der Atmosphäre, so kann sie offen sein. Steht die Leitung unter einem Druck, der größer als der atmosphärische ist, so nimmt in der Regel das Wasser den ganzen Querschnitt ein; die Leitung ist gefüllt.

27. Kontinuitätsbedingung. Unter Querschnitt eines Kanales ist die Fläche zu verstehen, die die Wasserfäden unter rechtem Winkel schneidet. Aus Gründen der Bequemlichkeit pflegt man diese Fläche in der Regel durch eine Ebene zu ersetzen, die sich derselben möglichst anschließt. Bei Kanälen von gleichbleibender Weite fallen die beiden Flächen zusammen. Um rechnen zu können, geht man von der Annahme aus, daß in allen Punkten eines Querschnittes dieselbe Geschwindigkeit herrsche. Unter dieser Voraussetzung würden alle Teilchen, die in einem gegebenen Augenblick in einem ebenen Querschnitt enthalten sind, sich auch weiter in ebenen Querschnitten bewegen[2]).

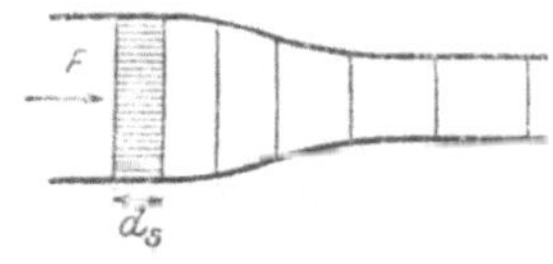

Fig. 33.

Fig. 33 stelle ein Stück einer gefüllten Leitung vor, in der eine beliebige (elastische oder tropfbare) Flüssigkeit stetig dahin strömt. Wenn das Teilchen, das zwischen zwei Querschnitten im Abstande ds voneinander eingeschlossen ist, sich in der Zeit dt um seine eigene Länge fortschiebt, so besitzt es die Geschwindigkeit

$$w = \frac{ds}{dt}.$$

Seine Masse ist

$$dm = \frac{F\gamma}{g} ds,$$

wenn F den Querschnitt bedeutet. Da Beharrungszustand vorausgesetzt ist und die Flüssigkeit den Raum vollständig erfüllt, kann in keinem Punkte mehr oder weniger Flüssigkeit zutreten als abfließt. Es muß also in der Zeit dt eine andere ebensogroße Flüssigkeitsmenge an die Stelle der fortgeflossenen treten; es ist somit dm die

[1]) Dieses regelmäßige Hintereinanderherlaufen findet in Wirklichkeit so wenig statt wie in einer dichten Menschenmenge, die sich in einer Straße vorwärts schiebt. Neben einer ziemlich stetigen Bewegung in der Stromrichtung beobachtet man vielmehr noch unregelmäßige Querbewegungen, die im allgemeinen um so schwächer sind, je größer die Strömungsgeschwindigkeit ist und umgekehrt.

[2]) Tatsächlich ist die Geschwindigkeit in ein und demselben Querschnitt recht verschieden und zwar an den Wänden am kleinsten, in der Mitte am größten.

in der Zeit dt an irgendeinem Punkte durchfließende Masse; daher ist die in der Zeiteinheit passierende Flüssigkeitsmasse

$$M = \frac{dm}{dt} = \frac{F\gamma}{g}\frac{ds}{dt} = \frac{F\gamma}{g}w.$$

Oder für verschiedene Querschnitte erhält man als Kontinuitätsbedingung

$$F_1 \gamma_1 w_1 = F_2 \gamma_2 w_2 = F_3 \gamma_3 w_3 \quad \ldots\ldots \quad (51)$$

Für tropfbare Flüssigkeiten ist das spezifische Gewicht γ als unveränderlich anzusehen und es nimmt die Kontinuitätsbedingung die vereinfachte Gestalt an

$$\left.\begin{aligned} &Q = F_1 w_1 = F_2 w_2 = \ldots = \text{const.} \\ \text{oder}\quad &\frac{w_1}{w_2} = \frac{F_2}{F_1}; \quad \frac{w_2}{w_3} = \frac{F_3}{F_2} \ldots \end{aligned}\right\} \quad \ldots\ldots \quad (52)$$

Die Geschwindigkeiten sind den Querschnitten umgekehrt proportional.

Schreibt man

$$Fw = \frac{F\,ds}{dt} = \text{const.},$$

so kann man, da $F\,ds$ sowohl die in der Zeit dt an irgendeinem Punkte vorüberfließende Wassermenge als auch das Volumen bedeutet, das der Querschnitt F in derselben Zeit dt beschreibt, die Kontinuitätsbedingung auch so ausdrücken, daß man sagt, das Wasser schiebe sich in gleichen Zeiten um gleiche Volumina vorwärts. Teilt man eine Röhre oder Leitung durch Querschnitte in gleichgroße Volumina, so messen die Entfernungen dieser Querschnitte voneinander die Durchflußgeschwindigkeiten; die einzelnen Wasserteile schieben sich in gleichen Zeiten um ihre eigene Länge vorwärts.

Diese Beziehungen gelten bei tropfbaren Flüssigkeiten für einen gegebenen Zeitpunkt auch dann, wenn die Bewegung keinen Beharrungszustand zeigt.

Mit der Tatsache, daß die Geschwindigkeit in Wirklichkeit nicht in allen Punkten eines Querschnittes dieselbe ist, kann man sich dadurch abfinden, daß man den Wert

$$w = \frac{Q}{F}$$

als mittlere Geschwindigkeit auffaßt.

28. Schiefe Querschnitte. Es kann uns unter Umständen bei den Turbinenkanälen dienen, den Querschnitt nicht normal zu den Wasserfäden, sondern schief unter dem Winkel α (Fig. 34) zu messen. Führt man als Geschwindigkeit die Komponente in der Richtung normal zu dem betreffenden schiefen Querschnitt ein, so bleibt die

Kontinuitätsgleichung unverändert bestehen. Da

$$F_u = \frac{F_w}{\cos\alpha}$$

und

$$u = w\cos\alpha,$$

wird tatsächlich

$$F_u u = F_w w,$$

und ebenso

$$F_v v = F_w w.$$

Wendet man diese Betrachtung auf eine trichterförmige, zylindrisch auslaufende Mündung nach Fig. 35 an, so ist der schiefe Querschnitt auf dem Berührungszylinder der Mündung zu messen.

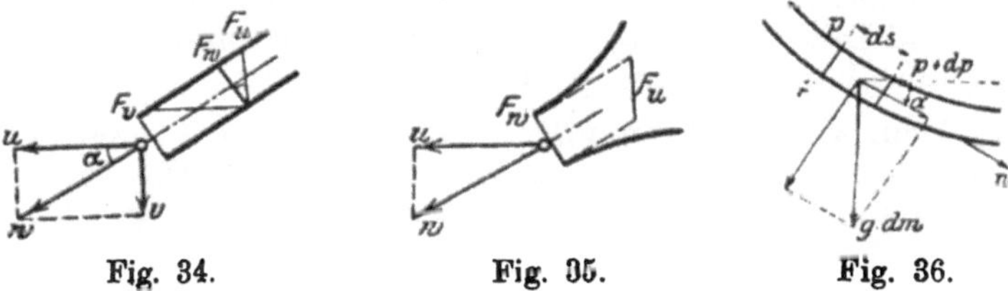

Fig. 34. Fig. 35. Fig. 36.

29. Zusammenhang zwischen Überdruck und Geschwindigkeit bei beliebigen Flüssigkeiten. Wenn das Vorhandensein eines einseitigen Überdruckes als Bewegungsursache anzusehen ist, so muß sich zwischen Überdruck und Geschwindigkeit ein bestimmter Zusammenhang nachweisen lassen.

In der Röhre (Fig. 36) vom Querschnitt F bewege sich eine Flüssigkeit reibungsfrei derart, daß sich ein Teilchen von der Länge ds in der Zeit dt um seine eigene Länge verschiebt. Es ist demnach $F\,ds\,\gamma$ das Flüssigkeitsgewicht, das in der Zeit dt an dem betreffenden oder auch an irgend einem andern Punkte vorbeifließt; es ist ferner

$$dm = \frac{F\,ds\,\gamma}{g}$$

die Masse dieser Flüssigkeitsmenge. Schließt die Röhre mit dem Horizonte den Winkel α ein, so ist $g\,dm\sin\alpha$ die in der Richtung der Rohrachse wirkende Komponente der Schwerkraft. Es herrsche hinter dem Teilchen der Druck p und vorne daran der Druck $p + dp$[1]), so daß das Teilchen unter dem Überdruck $-F\,dp$ steht. In der Richtung der Rohrachse wirkt somit auf das Flüssigkeitsteilchen die Resultierende

$$dP = g\,dm\sin\alpha - F\,dp.$$

[1]) Die Druckänderung dp ist in der Regel negativ.

Nach Gl. (8) Abschn. 4 erhält man

$$d\,P\,d\,s = d\,m\,w\,d\,w = (g\,d\,m \sin\alpha - F\,d\,p)\,d\,s.$$

Führt man für das Gefälle der Röhre auf eine Länge $d\,s$ den Ausdruck ein

$$d\,H = d\,s \sin\alpha,$$

so wird

$$w\,d\,w = g\left(d\,H - \frac{F\,d\,s}{g\,d\,m}\,d\,p\right).$$

Daraus erhält man mit obigem Ausdruck für $d\,m$:

$$w\,d\,w = g\left(d\,H - \frac{d\,p}{\gamma}\right) \quad . \quad . \quad . \quad . \quad . \quad . \quad . \quad . \quad . \quad (53)$$

Diese Gleichung ist für alle Arten von Flüssigkeiten, also auch für Gase und Dämpfe, gültig; sie ist indessen nur integrierbar, wenn der Zusammenhang zwischen p und γ bekannt ist.

30. Prinzip von Bernoulli. Für tropfbare Flüssigkeiten kann das spezifische Gewicht γ als konstant gelten. Die Integration der Gl. (53) zwischen den beiden Punkten A und B (Fig. 37) ergibt unter dieser Voraussetzung:

$$\frac{w_2^2 - w_1^2}{2\,g} = H + \frac{p_1 - p_2}{\gamma} \quad . \quad . \quad . \quad . \quad . \quad . \quad . \quad . \quad (54)$$

Führt man die Piezometerstände

$$\frac{p_1}{\gamma} = h_1 \quad \text{und} \quad \frac{p_2}{\gamma} = h_2$$

in die Gleichung ein, so erhält man auf der rechten Seite

$$H + \frac{p_1 - p_2}{\gamma} = H + h_1 - h_2 = H_p;$$

also wird

$$\frac{w_2^2 - w_1^2}{2\,g} = H_p \quad . \quad . \quad . \quad . \quad . \quad . \quad . \quad . \quad . \quad (55)$$

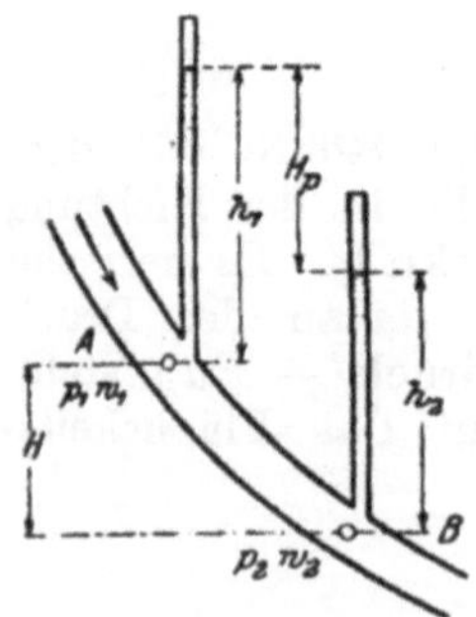

Fig. 37.

Der Höhenunterschied H_p der beiden Piezometerstände wird als das **piezometrische Gefälle** bezeichnet. Die Bedeutung der Gl. (55) ist leicht erkennbar, wenn man sie mit dem Gewichte G der in der Zeiteinheit durchfließenden Wassermenge multipliziert. Man erhält

$$\frac{G}{g}\,\frac{w_2^2 - w_1^2}{2} = G\,H_p,$$

und kann den Satz aussprechen: die **Zunahme**

an Bewegungsenergie ist gleich der Arbeit des piezometrischen Gefälles; oder auch: die Zunahme an kinetischer Energie ist gleich der Abnahme an potentieller Energie.

Diese Beziehungen wurden von Daniel Bernoulli aufgefunden und 1738 in seiner Hydromechanik veröffentlicht. Der Satz ergibt sich als eine unmittelbare Folge des Prinzips von der Erhaltung der Energie.

31. Ausfluß aus einer Gefäßmündung; Geschwindigkeitshöhe. In dem Sonderfalle, wo nach Fig. 38 eine tropfbare Flüssigkeit, also z. B. Wasser, aus einem größeren Gefäße ausströmt, hat man sowohl an der Oberfläche als auch an der Mündung den Druck null; die Geschwindigkeit in der Oberfläche kann ebenfalls gleich null gesetzt werden. Man erhält daher für die Ausflußgeschwindigkeit c nach Gl. (55)

$$\frac{c^2}{2g} = H \quad \text{oder} \quad c = \sqrt{2gH} \quad \ldots\ldots \quad (56)$$

Die Geschwindigkeit, mit der das Wasser unter dem Gefälle H ausströmt, ist also gerade so groß wie diejenige eines Körpers, der frei um die Höhe H herabfällt. Beim Ausfluß hat sich die ganze potentielle Energie in kinetische umgesetzt.

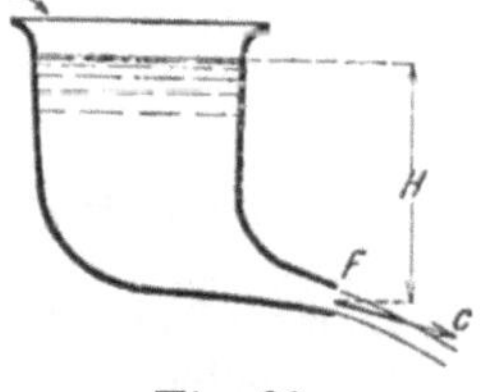

Fig. 38.

Man bezeichnet das Gefälle, durch das die Geschwindigkeit c erzeugt wird, als deren Geschwindigkeitshöhe. Mit diesem Begriff läßt sich das Prinzip von Bernoulli nach Gl. (55) auch so aussprechen: Die Zunahme der Geschwindigkeitshöhe ist gleich der Abnahme der Druckhöhe; oder: die Summe der Geschwindigkeits- und der Druckhöhe ist konstant.

Einen Überblick über die Ausflußgeschwindigkeit bei verschiedenen Gefällen gibt folgende kleine Tabelle:

$H =$		$c =$	
	0,01 m,		0,443 m/sek,
	0,10 „		1,401 „
	1,00 „		4,429 „
	10,00 „		14,006 „
	100,00 „		44,292 „
	1000,00 „		140,06 „

Bedeutet F den Querschnitt der Mündung, so ist das in der Sekunde ausfließende Wasservolumen

$$Q = Fc = F\sqrt{2gH} \quad \ldots\ldots\ldots \quad (57)$$

32. Statischer und dynamischer Druck. In einem gewissen Punkte der in Fig. 39 dargestellten Ausflußröhre werde ein Piezometerstand h_2 beobachtet; w_2 sei die Geschwindigkeit des Wassers an jener Stelle. Für die Oberfläche im Gefäß sind der Druck und die Geschwindigkeit gleich null zu setzen. Das piezometrische Gefälle ist also

$$H_p = H - h_2 .$$

Nach Gl. (55) wird für den vorliegenden Fall

$$\frac{w_2^2}{2g} = H_p \quad . \quad . \quad . \quad . \quad . \quad . \quad . \quad . \quad . \quad . \quad . \quad (58)$$

Das piezometrische Gefälle ist also gleich der Geschwindigkeitshöhe von w_2.

Hält man die Ausflußöffnung zu und stellt man dadurch den statischen Zustand her, so steigt das Piezometer auf die Höhe H. Diese möge als der statische Piezometerstand bezeichnet werden; im Gegensatz dazu heiße die während des Ausfließens beobachtete Höhe der dynamische Piezometerstand. Mit diesen Bezeichnungen kann man das Prinzip von Bernoulli in der Form aussprechen: Der dynamische Piezometerstand ist um die Geschwindigkeitshöhe kleiner als der statische Piezometerstand.

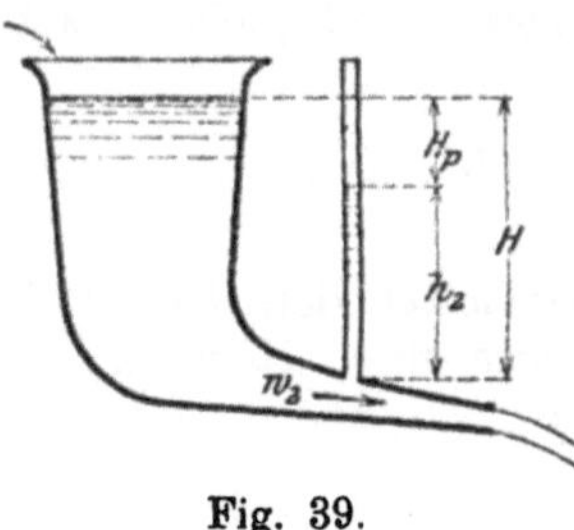

Fig. 39.

Die potentielle Energie, die in dem beobachteten Punkte ursprünglich (bei geschlossener Mündung) vorhanden war und durch die Höhe H gemessen wird, hat sich zum Teil in eine kinetische Energiemenge umgesetzt, deren Maß H_p ist; dagegen hat ein anderer Teil, der durch h_2 ausgedrückt wird, seine ursprüngliche Form beibehalten. Da nach unseren Voraussetzungen keine Energie verloren gehen soll, muß die Summe dieser beiden Energiemengen gleich der ursprünglichen sein.

33. Ausfluß unter Wasser. Auch wenn der Ausfluß nicht in die freie Luft erfolgt, sondern in einen mit Wasser gefülltem Raum, kann man den Vorgang

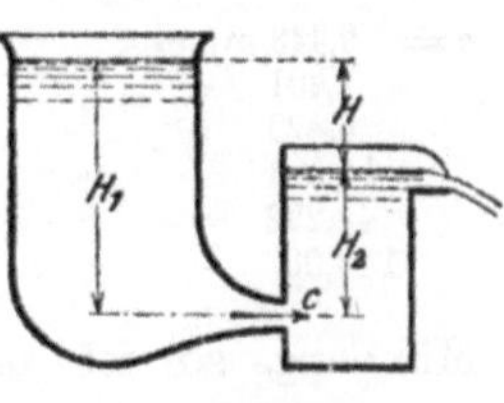

Fig. 40.

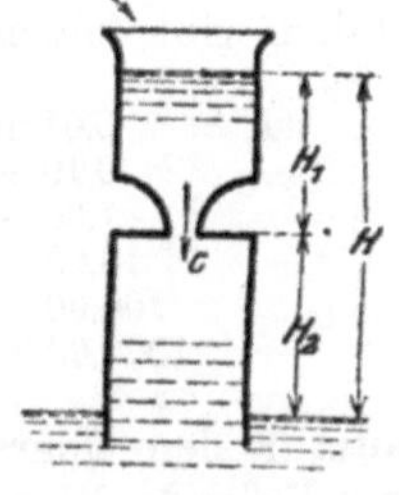

Fig. 41.

dennoch leicht verfolgen, sobald man voraussetzen darf, daß der Druck in der Mündung gleich demjenigen im auffangenden Gefäße sei[1]).

[1]) Diese Annahme ist bei tropfbaren Flüssigkeiten zulässig. Bei elastischen Flüssigkeiten kann der Druck in der Mündung ganz bedeutend größer sein.

Hält man in den beiden Gefäßen Fig. 40 und 41 den Ausfluß zu, so ist im ersten Falle

der statische Piezometerstand H_1,
" dynamische " H_2.

Daher ergibt sich für die Ausflußgeschwindigkeit

$$\frac{c^2}{2g} = H_1 - H_2 = H.$$

Im zweiten Falle ist

der statische Piezometerstand H_1,
" dynamische " $-H_2$,

und daher ergibt sich

$$\frac{c^2}{2g} = H_1 + H_2 = H$$ [1].

Es darf indessen H_2 nicht größer als die Wassersäule werden, die dem Atmosphärendruck entspricht.

Die Ausflußgeschwindigkeit hängt somit nur vom Höhenunterschiede beider Wasserspiegel ab.

34. Ausfluß von Gasen. Die Ausflußformel

$$c = \sqrt{2\,g\,H}$$

darf bei geringem Überdrucke auch auf den Ausfluß von Gasen angewendet werden, weil man unter diesen Umständen das Volumen als unveränderlich ansehen kann. Die Größe der Ausflußhöhe ist dabei nach Gl. (43)

$$H = \frac{p}{\gamma},$$

wenn p den Überdruck des Gases gegenüber dem äußeren Drucke und γ dessen spezifisches Gewicht bedeutet. Es ist z. B. für atmosphärische Luft von mittlerer Feuchtigkeit bei 730 mm Barometerstand und 15^0 das Gewicht pro Kubikmeter

$$\gamma = 1{,}17\ \text{kg}.$$

Steht die eingeschlossene Luft unter einem Drucke von 100 mm Wassersäule, so ist

$$p = 100\ \text{kg/qm}$$

und somit

$$H = \frac{100}{1{,}17} = 85{,}5\ \text{m}.$$

Es würde also die Luft mit einer Geschwindigkeit von

$$c = \sqrt{2 \cdot 9{,}81 \cdot 85{,}5} = 41\ \text{m/sek}$$

ausströmen. Durch eine Mündung von 4 cm Durchmesser, deren

---

[1]) Dieser Fall liegt bei Turbinen mit Saugrohr vor.

Querschnitt 12,6 qcm mißt, würde somit in der Sekunde eine Luftmenge von

$$0{,}126 \cdot 410 = 51\ \mathrm{l/sek}$$

oder von rund 3 cbm in der Minute ausströmen.

35. Umsatz von Geschwindigkeit in Druck. Das Prinzip von Bernoulli ist nur anwendbar, wenn das Wasser eine stetige Bewegung mit gleichmäßig verlaufenden Wasserfäden besitzt. Dies trifft im allgemeinen zu, wenn das Wasser ohne zu rasche Änderungen von einer kleineren Geschwindigkeit in eine größere übergeht, wenn sich also der Querschnitt allmählich zusammenzieht. Hierbei findet man tatsächlich, daß sich der Umsatz von potentieller Energie in Bewegungsenergie ohne wesentliche Verluste vollzieht.

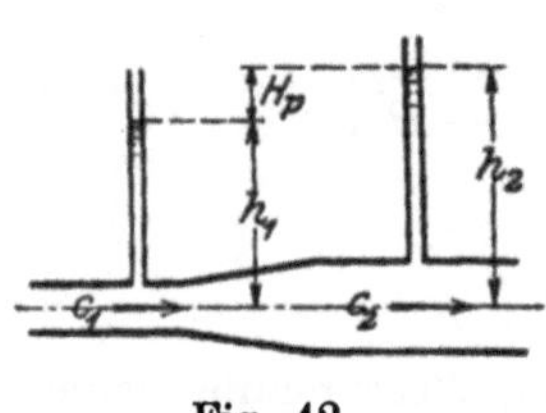

Fig. 42.

Wäre das Prinzip auch auf den Fall anwendbar, wo die Geschwindigkeit von einem größeren Werte in einen kleineren übergeht, weil sich der Querschnitt erweitert, so ergäbe sich für die in Fig. 42 dargestellte Rohranordnung jenseits der Erweiterung eine Druckzunahme im Betrage von

$$H_p = \frac{c_1^2 - c_2^2}{2g} \quad \ldots \ldots \ldots \quad (59)$$

Es findet allerdings eine Druckzunahme statt; dieselbe erreicht aber nicht diesen Betrag, sondern bleibt nicht unerheblich darunter. Der Ausfall rührt daher, daß der Übergang des Wassers in die Erweiterung nicht stetig, sondern unter Sprüngen und Wirbeln vor sich geht (vgl. Abschn. 43 und 44).

Schnürt sich die Rohrleitung an der Übergangsstelle zusammen, so kann der Druck an jener Stelle negativ werden. Darauf beruht die Wirkung der Wasserstrahlpumpe, Fig. 43, gewöhnlich Ejektor genannt. Wo Druckwasser zur Verfügung steht, kann dieser Apparat bequem zum Entwässern von Kellern u. dgl. gebraucht werden. Der Wirkungsgrad ist freilich recht gering.

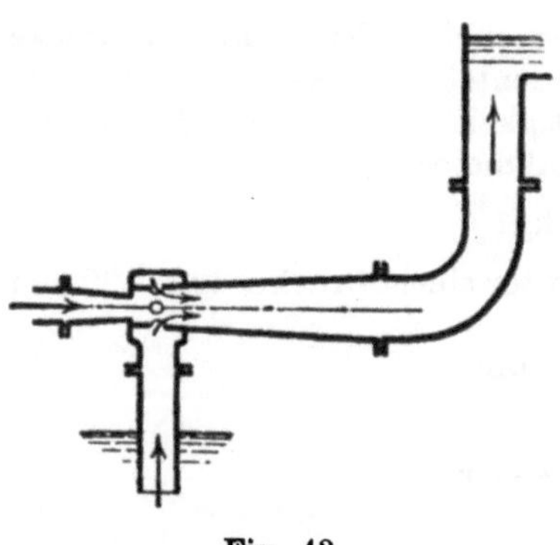
Fig. 43.

36. Saugrohr. Von Bedeutung ist die Umsetzung von Geschwindigkeit in Druck, die sich in dem Saugrohr der Francis-Turbine vollzieht, wenn man es nach unten erweitert. Man kann hierbei einen großen Teil der kinetischen Energie zurückgewinnen, die beim

Austritt aus der Turbine im Wasser enthalten ist und sonst verloren ginge. Der Gewinn wird in Fig. 44 durch die Piezometerhöhe H_p dargestellt.

Hat das Wasser beim Eintritt in allen Punkten des Querschnittes F_1 die Geschwindigkeit c_1 und verläßt es das Saugrohr mit der gleichmäßigen Geschwindigkeit c_2, so wäre nach dem Prinzip von Bernoulli die gewonnene Druckhöhe

$$H_p = \frac{c_1^2 - c_2^2}{2g}$$

oder, wenn man die Querschnitte einführt,

$$H_p = \frac{c_1^2}{2g}\left[1 - \left(\frac{F_1}{F_2}\right)^2\right].$$

Der Umsatz vollzieht sich aber nur dann einigermaßen vollständig, wenn das Wasser wirbelfrei durch das Saugrohr fließt. Es darf keine drehende Bewegung darin vorhanden sein, und das Saugrohr muß ein bestimmtes Profil haben, für das Prašil[1]) die Gleichung aufstellt

$$z r^2 = \text{const.},$$

wobei r den Halbmesser des Saugrohrquerschnittes in der Höhe z über dem Boden der Turbinenkammer bezeichnet.

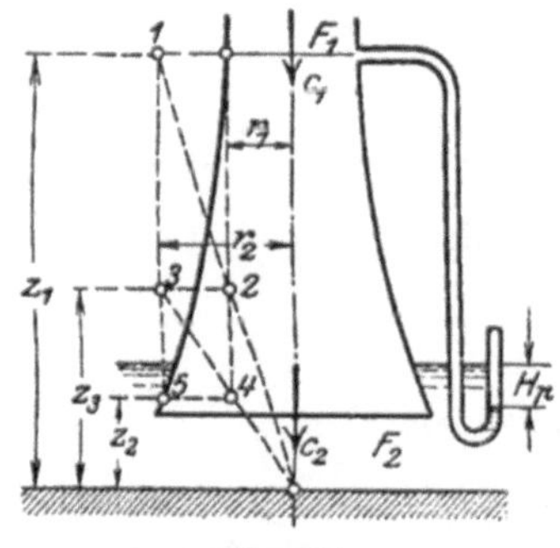

Fig. 44.

Man kann diese Gleichung aus folgenden Annahmen ableiten. Je größer die Geschwindigkeit einer Wassermasse ist, desto stetiger wird diese ihren Weg verfolgen; sie wird umgekehrt um so leichter in Unordnung geraten, je langsamer sie sich bewegt. Das Wasser muß also im Saugrohre um so vorsichtiger verzögert werden, je kleiner die Geschwindigkeit bereits geworden ist. Wir setzen darum die Verzögerung der Geschwindigkeit proportional und schreiben

$$\frac{dw}{dt} = a w,$$

wo w die Geschwindigkeit und a eine Konstante bedeutet. Bezeichnet z die Höhenkoordinate, so ist

$$w = -\frac{dz}{dt}$$ [2]).

[1]) Prašil, Über Flüssigkeitsbewegungen in Rotationshohlräumen. Schweiz. Bauzeitung 1903, Bd. 41, S. 207.

[2]) Dies gilt freilich nur so lange, als der Kosinus des Winkels, den w mit der Achse einschließt, nicht wesentlich verschieden von eins ist.

Setzt man diesen Ausdruck für w oben ein, so erhält man

$$dw = -a\,dz.$$

Mißt man z vom Boden der Turbinenkammer aus, wo $w = 0$ ist, so ergibt die Integration

$$w = a\,z.$$

Die Geschwindigkeit w ist dem Saugrohrquerschnitt, also dem Quadrate des Halbmessers, umgekehrt proportional. Daher erhält man wie oben als Gleichung des Saugrohrprofiles

$$z\,r^2 = \text{const.} \qquad \text{(60)}$$

Die Kurve ist eine kubische Hyperbel, die die z- und die r-Achse zu Asymptoten hat. Die in Fig. 44 angegebene Konstruktion stellt sich als eine Erweiterung der bekannten Bestimmung der gleichseitigen Hyperbel dar. Die Richtigkeit ergibt sich aus den beiden Proportionen

$$\frac{r_1}{z_2} = \frac{r_2}{z_3}$$

und

$$\frac{r_1}{z_3} = \frac{r_2}{z_1};$$

bei der Multiplikation dieser Gleichungen miteinander erhält man

$$\frac{r_1^2}{z_2} = \frac{r_2^2}{z_1}$$

oder wie oben

$$z\,r^2 = \text{const.}$$ [1]).

Es ist selbstverständlich, daß man mit dem unteren Rande des Saugrohres so weit vom Boden wegbleiben muß, daß das Wasser ungehindert seitlich entweichen kann.

Als Wirkungsgrad des Saugrohres ist das Verhältnis anzusehen, das sich zwischen dem wirklich erreichten Druckumsatz H_u und demjenigen einstellt, der nach dem Prinzip von Bernoulli überhaupt möglich ist. Er beträgt

$$\eta = \frac{2\,g\,H_u}{c_1^2 - c_2^2} \qquad \text{(61)}$$

Bei gut ausgeführten Saugrohren kann er nahe an die Einheit heranrücken.

Die Höhe des Saugrohres darf unter keinen Umständen diejenige der Wassersäule überschreiten, die dem Atmosphärendruck entspricht. Mit Rücksicht darauf, daß sich unter stark vermindertem Druck die im Wasser aufgelöste Luft in großen Mengen ausscheidet

[1]) Die genaue Herstellung des Profils in Gußeisen bietet keine Schwierigkeiten. Bei der Ausführung in Blech muß das Saugrohr aus einigen kegelförmigen Schüssen zusammengesetzt werden.

und die Kontinuität des Wassers unterbricht, darf man in Wirklichkeit nicht über etwa 7 m hinausgehen und bleibt besser bei höchstens 5 bis 6 m stehen.

37. Ausfluß aus großen Öffnungen; Überfall. Bei den bisherigen Betrachtungen über den Ausfluß wurde stillschweigend angenommen, daß die Ausflußhöhe für alle Punkte des Ausflußquerschnittes als gleichgroß anzusehen sei. Dies trifft genau zu, wenn der Ausflußquerschnitt horizontal liegt, also wenn die Öffnung im Gefäßboden angebracht ist. Für irgendeine andere, z. B. für die senkrechte Lage kann die Bedingung als angenähert erfüllt angesehen werden,

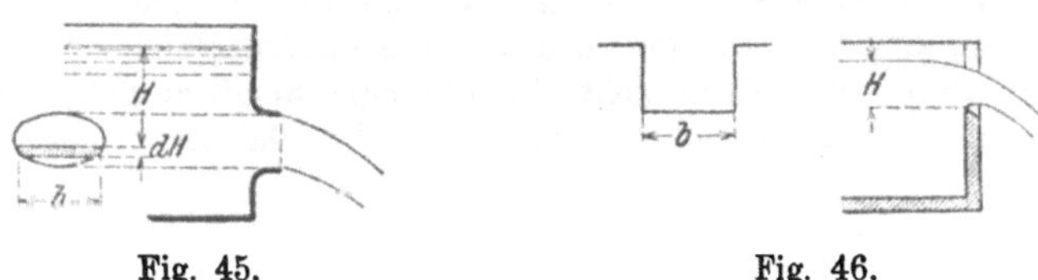

Fig. 45. Fig. 46.

wenn die Ausflußhöhe gegenüber den Abmessungen der Mündung groß ist. Trifft dies nicht zu, so läßt sich die Ausflußmenge auf folgendem Wege bestimmen.

Für das schmale, horizontale Streifchen von der Höhe dH und der Breite b, das nach Fig. 45 aus der Öffnung herausgeschnitten ist, ergibt sich eine Ausflußmenge

$$dQ = b\,dH\sqrt{2gH}.$$

Um die ganze Ausflußmenge zu erhalten, hat man die Integration über die ganze Mündung auszuführen.

Von praktischer Bedeutung ist der rechteckige Überfall nach Fig. 46. Hierbei ist die Breite b konstant und daher erhält man die Überfallmenge

$$a = \int b\sqrt{2g}\,H^{\frac{1}{2}}\,dH = \tfrac{2}{3}\,b\,H\sqrt{2gH} \quad . \; . \; . \; . \; . \quad (62)$$

Die Erfahrung zeigt allerdings, daß in Wirklichkeit nur etwa zwei Drittel dieser Menge überfließen (s. Abschn. 50). Die Ursache liegt darin, daß sich der Wasserspiegel nach dem Überfall hin stark senkt, so daß der Ausflußquerschnitt eine größere Verminderung erfährt.

4. Kapitel.

Bewegung mit Widerständen.

38. Rohrreibung. Bei allen strömenden Bewegungen treten Widerstände auf. Es handelt sich hierbei um Verluste an kinetischer Energie, die zur Aufrechthaltung der Bewegung immer wieder aufs neue aus der vorrätigen Spannungsenergie gedeckt werden müssen; sie äußern sich als Druckverluste und werden als solche gemessen. Bei der Bewegung längs einer Kanalwand werden die anliegenden Teilchen durch die Adhäsion und durch die Rauhigkeiten zurückgehalten und verzögert. Durch die Berührung mit den weiter abliegenden, rascher strömenden Wasserteilchen werden sie in eine wirbelnde Bewegung versetzt. Die Wirbel lösen sich ab und verlieren sich im Strom, der sie mitreißt und neu beschleunigt[1]. So erfährt ein Teil des Wassers eine abwechselnde Verzögerung und Beschleunigung: an den Wänden wird Bewegungsenergie vernichtet; der Verlust wird weiter innen auf Rechnung der Energie des Wasserstromes wieder ersetzt; was aber dem Strom an kinetischer Energie verloren geht, muß aus dem Vorrat an Spannungsenergie oder Druck immer wieder ergänzt werden, wenn der Beharrungszustand aufrecht erhalten werden soll. Zwar geht die Energie insofern nicht verloren, als sie in Form von Wärme umgesetzt wird. Da aber diese Wärme-

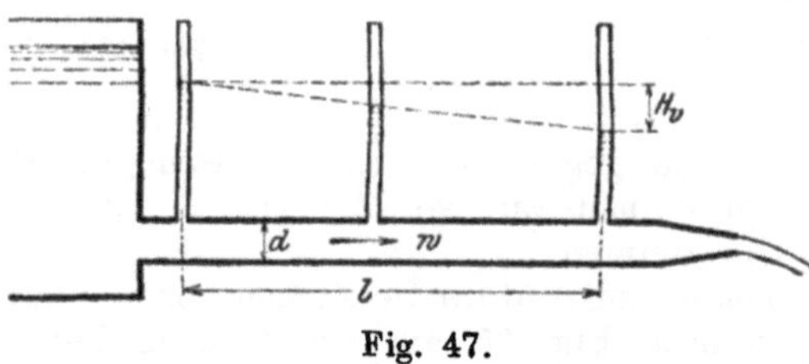

Fig. 47.

bildung für hydraulische Aufgaben durchaus wertlos ist, ist die in der beschriebenen Weise umgesetzte Energie als Verlust anzusehen.

In dem geraden zylindrischen Rohrstrang, der sich nach Fig. 47 wagrecht an einen größeren Behälter anschließt, herrscht unmittelbar hinter dem Eintritt ein gewisser Piezometerstand, der etwas niedriger als der Wasserspiegel im Behälter ist. Setzt man auf die Rohrleitung der Länge nach noch weitere Piezometer, so wird man finden, daß ihre Stände nach außen in einer geraden Linie abnehmen, obwohl die Geschwindigkeit des Wassers in der Leitung überall dieselbe bleibt. Es kommt in dieser Abnahme der Piezometerstände der Widerstand zum Ausdruck, der durch die stetige Wiederbeschleunigung des an den Wänden hängenbleibenden Wassers entsteht. Dieser Widerstand wird als **Rohrreibung** bezeichnet, ein Name, der insofern unzutreffend ist, als der Vorgang mit der Reibung zwischen festen Körpern nichts gemein hat. So ist die Rohrreibung ganz unabhängig von dem Druck, unter dem die Flüssigkeit steht; sie hängt von der Zähigkeit der letzteren und von der Oberflächenbeschaffenheit der Rohrwände ab.

---

[1]) Ganz ähnliche, nur umgekehrte Vorgänge kann man bei einer Wasserfahrt beobachten, namentlich im Meerwasser. Man sieht, wie Teile des Wassers von der Schiffshaut mitgerissen werden, sich wirbelnd ablösen und im ruhenden Wasser verlieren.

Es ist von vornherein anzunehmen, daß der Rohrreibungsverlust im geraden Verhältnis zur Länge l der Leitung stehe und da er auf der Zerstörung von Bewegungsenergie beruht, ist vorauszusetzen, daß er ungefähr der zweiten Potenz der mittleren Geschwindigkeit w proportional sei, mit der das Wasser die Leitung durchströmt. Ferner wird der Verlust um so geringer, je kleiner die Wassermenge am äußeren Umfange, die abwechselnd verzögert und wieder beschleunigt werden muß, im Verhältnis zur ganzen vorhandenen Wassermenge ist. Die erste wird dem Umfange U, die zweite dem Querschnitt F der Leitung ungefähr proportional sein. So erhält man schließlich für den Rohrreibungsverlust, als verlorene Druckhöhe gemessen, die Formel

$$H_v = \zeta \frac{U}{F} l \frac{w^2}{2g} \quad \ldots \ldots \ldots \ldots \quad (63)$$

worin ζ eine Erfahrungszahl bedeutet[1]).

Für den gewöhnlichen Fall, daß die Röhre kreisförmigen Querschnitt besitzt, ist $U = \pi d$ und $F = \frac{1}{4}\pi d^2$, wenn d die Lichtweite bezeichnet. Die Formel nimmt die Gestalt an

$$H_v = 4\zeta \frac{l}{d} \frac{w^2}{2g} = \lambda \frac{l}{d} \frac{w^2}{2g} \quad \ldots \ldots \ldots \quad (64)$$

Die Zahl $\lambda = 4\zeta$ wird als Koeffizient der Rohrreibung bezeichnet; sie muß durch Versuche bestimmt werden. Da die Frage der Rohrreibung von großer praktischer Bedeutung ist, sind viele solcher Versuche angestellt worden. Es hat sich aus denselben ergeben, daß λ nicht ganz konstant ist. Man versteht sofort, daß der Widerstand von der Glätte oder Rauhigkeit der Wände abhängen muß. Viele Autoren nehmen an, daß der Koeffizient mit wachsender Geschwindigkeit kleiner werde. Das ließe sich etwa darauf zurückführen, daß bei größeren Geschwindigkeiten die Wirbel, die am Umfange ihren Ursprung haben, nicht so weit ins Innere dringen, da sie schneller weggespült werden. Andere schreiben wiederum dem Durchmesser einen Einfluß in dem Sinne zu, daß der Widerstand mit abnehmendem Durchmesser wachse. Auch das läßt sich erklären; denn es wird wohl die außenliegende gestörte Wasserschicht, die doch eine gewisse Dicke haben muß, bei kleinerem Durchmesser einen verhältnismäßig größeren Teil des ganzen Querschnittes einnehmen. Übrigens hat auch die Temperatur des Wassers einen merklichen Einfluß; warmes Wasser ist dünnflüssiger als kaltes. Da indessen die Temperatur bei den meisten Aufgaben sich nur in engen Grenzen ändert, verlohnt es sich nicht, diesen Einfluß in Betracht zu ziehen. Von den vielen vorgeschlagenen Formeln für λ folgen hier einige der bekanntesten; der Durchmesser d und die Geschwindigkeit w sind in m einzusetzen.

[1]) Den Divisor $2g$ fügt man hinzu, damit ζ eine reine Zahl werde. Als Durchflußgeschwindigkeit gilt der Wert $w = Q : F$.

Weisbach[1]) stellt auf Grund zahlreicher eigenen und fremden Versuche mit Röhren von 27 bis 490 mm Durchmesser und mit Geschwindigkeiten von 0,0436 bis 4,6 m/sek die Formel auf

$$\lambda = 0{,}01439 + \frac{0{,}00947}{\sqrt{w}} \quad . \; . \; . \; . \; . \; . \; . \; . \; (65)$$

Darcy gibt für Geschwindigkeiten über 0,2 m/sek

$$\lambda = 0{,}01989 + \frac{0{,}0005078}{d} \quad . \; . \; . \; . \; . \; . \; . \; (66)$$

Nach Sonne[2]) wäre zu setzen

$$\lambda = 0{,}0171 + \frac{0{,}00235\sqrt{d} + 0{,}000589}{d} \quad . \; . \; (67)$$

Eine einfach gebaute Formel gibt Christen[3])

$$\lambda = \frac{0{,}01867}{\sqrt[4]{d}} \quad . \; . \; . \; . \; . \; . \; . \; . \; . \; . \; . \; . \; . \; (68)$$

Lang[4]) gibt für neue gußeiserne Röhren den Wert

$$\lambda = 0{,}02 + \frac{0{,}0018}{\sqrt{w\,d}} \quad . \; . \; . \; . \; . \; . \; . \; . \; . \; . \; . \; (69)$$

Nach Biel[5]) ist für neue Gußröhren mit Wasser von 12° zu setzen

$$\lambda = 0{,}00942 + \frac{0{,}00565}{\sqrt{d}} = \frac{0{,}000895}{w\sqrt{d}} \quad . \; . \; (70)$$

Zum Vergleiche folgen hier einige Werte von λ, nach den Formeln berechnet, die nur einen Einfluß der Rohrweite in Anschlag bringen.

Werte von λ

	Darcy	Sonne	Christen
d = 25 mm	0,0402	0,0555	0,0470
50	0,0300	0,0394	0,0395
100	0,0250	0,0304	0,0332
200	0,0224	0,0253	0,0279
400	0,0212	0,0223	0,0235
600	0,0207	0,0211	0,0212
800	0,0205	0,0205	0,0197
1000	0,0204	0,0200	0,0187
1500	0,0202	0,0194	0,0168
2000	0,0201	0,0191	0,0157

[1]) Ingenieurmechanik, 5. Aufl., Bd. I, S. 1015.

[2]) Zeitschr. d. Vereins deutscher Ingenieure, 1907, S. 1617. Die Formel ist dort in etwas anderer Gestalt gegeben.

[3]) Das Gesetz der Translation des Wassers. Leipzig 1903.

[4]) Taschenbuch der Hütte, 20. Auflage, Bd. I, S. 272.

[5]) Mitteilungen über Forschungsarbeiten, herausgegeben vom Verein deutscher Ingenieure, Heft 44.

Die Formel (63) kann auch zur Berechnung der Gefällsverluste in **offenen Kanälen** benutzt werden, wenn man unter U den benetzten Umfang des Kanalprofiles vom Querschnitt F versteht. Für den Koeffizienten ζ hat man nach **Bazin** zu setzen

$$\zeta = 2\,g\left(\frac{1 + c\sqrt{U:F}}{87}\right)^2 \quad \ldots\ldots\ldots \quad (71)$$

Die Zahl c hängt von der Rauigkeit der Wände ab und es wäre etwa zu nehmen

$c = 0{,}06$ für Zement
$0{,}16$ „ Quadermauerwerk
$0{,}47$ „ Bruchsteinmauerwerk
$1{,}30$ „ Erde.

Für Erde muß die Wassergeschwindigkeit unter 1 m/sek bleiben, damit die Kanalwände nicht angefressen werden.

39. Bestimmung der Rohrweite für gegebene Verhältnisse. Beim Entwerfen einer neuen Leitung handelt es sich in der Regel darum, die Rohrweite so zu wählen, daß für eine gegebene Durchflußmenge der Druckverlust ein gewisses Maß nicht überschreitet. Für diese Aufgabe kann man sich die Formel (64) etwas bequemer zurechtlegen. Schreibt man

$$1000\,\frac{H_v}{l} = i \quad \text{oder} \quad H_v = \frac{l\,i}{1000},$$

wobei also i den Druckverlust in Tausendsteln der Rohrlänge bedeuten würde, so nimmt Gl. (64) die Gestalt an

$$i = 51\,\frac{\lambda}{d}\,w^2,$$

oder, wenn man die Geschwindigkeit w durch die Wassermenge Q und den Querschnitt $F = 0{,}25\,\pi\,d^2$ ausdrückt,

$$i = 82{,}6\,\lambda\,\frac{Q^2}{d^5}.$$

Es wächst also der Druckverlust in umgekehrtem Sinne mit der fünften Potenz des Durchmessers oder eigentlich noch stärker, da ja auch λ mit abnehmendem Durchmesser größer wird. Man muß daher sehr vorsichtig sein, wenn man an der Rohrweite sparen will!

Für den Rohrdurchmesser findet sich somit

$$d^5 = 82{,}6\,\lambda\,\frac{Q^2}{i} \quad \ldots\ldots\ldots\ldots \quad (72)$$

Dabei sind alle Größen auf m und sek bezogen. Auf *dm* und *l*/min umgerechnet, ist

$$d^5 = 22{,}94\,\frac{\lambda}{i}\left(\frac{Q}{100}\right)^2 \quad \ldots\ldots\ldots \quad (72\,\text{a})$$

Da indessen λ selbst eine Funktion des zu bestimmenden Durchmessers ist, ergäbe sich eine sehr mühsame Rechnung. Weil man sich aber ohnehin an gewisse Durchmesser halten muß, z. B. bei Gußröhren an die handelsgebräuchlichen Weiten, kann man näherungsweise vorgehen. Man rechnet mit einem versuchsweise gewählten Werte von λ den Durchmesser aus, ermittelt für diesen den entsprechenden Wert von λ nach irgendeiner der angegebenen Formeln und wiederholt mit diesem die Rechnung. Eine Tabelle der fünften Potenzen der gebräuchlichen Rohrweiten wird die Rechnung sehr erleichtern.

Weitaus am bequemsten aber ist die Benutzung der graphischen Tabelle Fig. 48, die folgendermaßen entstanden ist. Für eine passend abgestufte Reihe von Rohrweiten d wurden nach der Formel von Lang die Druckverluste i berechnet, die sich für verschiedene Wassermengen Q ergeben. Indem man diese Werte von i über dem Durchmesser d im rechtwinkligen Koordinatensystem aufträgt, erhält man eine Schar von Kurven, die als die Q-Kurven bezeichnet werden mögen. In ähnlicher Weise bestimmt man die Schar der w-Kurven, indem man die Druckverluste i für jene Durchmesser und gewisse gewählte Geschwindigkeiten w berechnet und aufträgt. Jedem Punkte der Ebene entspricht je eine Q- und eine w-Kurve, eine Abszisse und eine Ordinate und es ergeben sich daraus je vier zusammengehörige Werte von Q, w, d und i. Zu zwei beliebig gewählten Größen lassen sich mit Hilfe der Tabelle die zugehörigen beiden anderen Größen finden. Will man z. B. die Rohrweite für eine gegebene Wassermenge und einen gewählten Druckverlust ermitteln, so geht man von dem auf der senkrechten Koordinatenachse abgelesenen Werte von i wagrecht bis zur betreffenden Q-Kurve hinüber. Während die durch diesen Punkt laufende w-Kurve gleich die betreffende Geschwindigkeit angibt, liest man senkrecht darunter den Durchmesser ab.

Anstatt d und i selbst wurden ihre Logarithmen aufgetragen. Wäre λ konstant, so würden die Q- und w-Kurven geradlinig verlaufen. Dies ist nun freilich nicht der Fall; immerhin sind sie so stark gestreckt, daß dadurch die Interpolation sehr erleichtert wird.

Im Laufe der Jahre können sich in den Röhren durch Rosten, Ansetzen von Algen und von Wasserstein starke Krusten bilden, die nicht nur den Querschnitt verengen, sondern auch die Rauigkeit der Wände vermehren und so eine Steigerung der Widerstände herbeiführen. Wo man Wert darauf legen muß, daß der Druckverlust auch nach Jahr und Tag ein gewisses Maß nicht überschreite, hat man den Durchmesser etwas größer zu wählen als die Rechnung ergibt. Dieser Zuschlag wird bei engen Röhren verhältnismäßig größer sein müssen, weil bei kleinem Durchmesser eine gegebene Krustendicke den Querschnitt verhältnismäßig stärker vermindert.

Additional information of this book

(Die Theorie der Wasserturbinen; 978-3-662-23937-7)

is provided:

http://Extras.Springer.com

Es hängt übrigens vor allem von der Beschaffenheit des betreffenden Wassers ab[1]).

40. Drucklinie. Durch eine Rohrleitung (Fig. 49) ströme in der Zeiteinheit eine gegebene Wassermenge. Darf man den Längenunterschied zwischen der Leitung und ihrer Horizontalprojektion als verschwindend ansehen, so stellen sich die Piezometerstände nach einer geraden Linie ein, die mit dem Horizonte einen gewissen Winkel α einschließt und zwar ist

$$\operatorname{tang} \alpha = \frac{H_v}{l} = \frac{\lambda}{d} \frac{w^2}{2g}.$$

Diese Linie bestimmt durch ihren Abstich bis auf die Röhre herab den in dieser herrschenden Druck; man nennt sie daher die **Drucklinie**. Dieselbe darf die Leitung nirgends schneiden, wenn nicht der Druck stellenweise negativ, d. h. kleiner als der Atmosphärendruck werden soll.

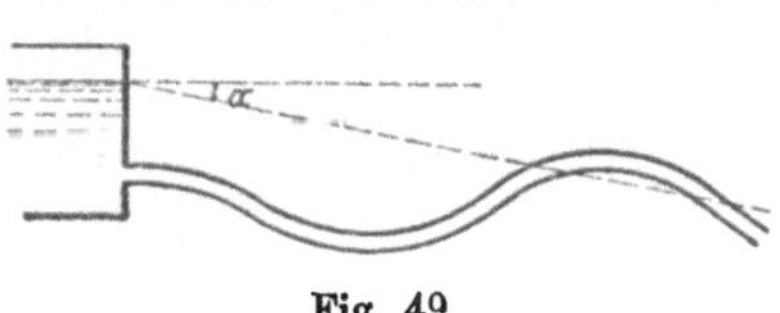

Fig. 49.

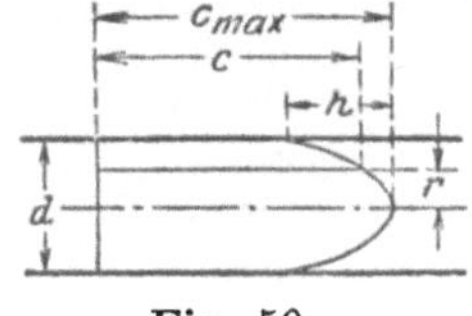

Fig. 50.

41. Mittlere Geschwindigkeit und mittlere kinetische Energie. Bedeutet

$$w = \frac{Q}{F}$$

die mittlere Geschwindigkeit in irgendeinem Leitungsquerschnitt, so pflegt man die entsprechende kinetische Energie der Flüssigkeitsmasse durch

$$L = \frac{M w^2}{2} \quad \ldots \ldots \ldots \ldots \quad (73)$$

auszudrücken, wobei M die in der Zeiteinheit durchströmende Flüssigkeitsmasse bezeichnet. Camerer[2]) macht darauf aufmerksam, daß dieser Ausdruck für die kinetische Energie ungenau ist. Die Geschwindigkeit ist in der Mitte am größten und nimmt nach den Wänden hin stark ab. Versteht man unter c die Geschwindigkeit eines Wasserfadens vom Querschnitt df im Abstande r von der Achse einer Röhre von kreisförmigem Querschnitt, so ist die ganze kinetische Energie

$$L' = \int \frac{\gamma\, c\, df}{g} \frac{c^2}{2} \quad \ldots \ldots \ldots \ldots \quad (74)$$

Nimmt man an, daß die Geschwindigkeit von der Mitte aus nach einem parabolischen Gesetze abnehme, so wäre unter Verwendung der aus Fig. 50 sich ergebenden Bezeichnungen

$$c = c_{max} - a\, r^2 \quad \ldots \ldots \ldots \ldots \quad (75)$$

die Geschwindigkeit im Abstande r von der Achse; dabei ist unter a eine

---

[1]) Man wird übrigens wohl daran tun, dessen eingedenk zu bleiben, daß allen diesen Widerstandsberechnungen stets eine große Unsicherheit anhaftet, da die Beschaffenheit der Wände, die von großem Einfluß ist, sehr verschiedenartig sein kann. Die Ausdehnung der graphischen Tabelle bis 2 m Durchmesser ist etwas unsicher, da für so große Durchmesser wenig Erfahrungen vorliegen.

[2]) Vorlesungen über Wasserkraftmaschinen, Leipzig, 1914.

Konstante zu verstehen, für die sich aus

$$h = \frac{a}{4} d^2$$

der Wert

$$a = \frac{4h}{d^2}$$

ergibt. Die mittlere Geschwindigkeit aber ist

$$w = c_{max} - \tfrac{1}{2} h = c_{max} - \tfrac{1}{8} a d^2 \quad \ldots\ldots\ldots \quad (76)$$

Setzt man die Werte aus (75) und (76) in (74) und (73) ein, so ergibt sich schließlich

$$\frac{L' - L}{L'} = \frac{1}{8} \frac{h^2}{w^2}; \quad \ldots\ldots\ldots\ldots \quad (77)$$

d. h. die wirkliche kinetische Energie ist etwas größer als diejenige, die sich aus der mittleren Geschwindigkeit nach (73) ergäbe. Wir werden indessen die Rechnung aus Bequemlichkeit stets nach (73) ausführen.

42. Luftsäcke, Heber. Liegt eine Leitung nicht im stetigen Gefälle und zeigt sie nach Fig. 51 Gegensteigungen, so können Lufteinschlüsse darin zurück-

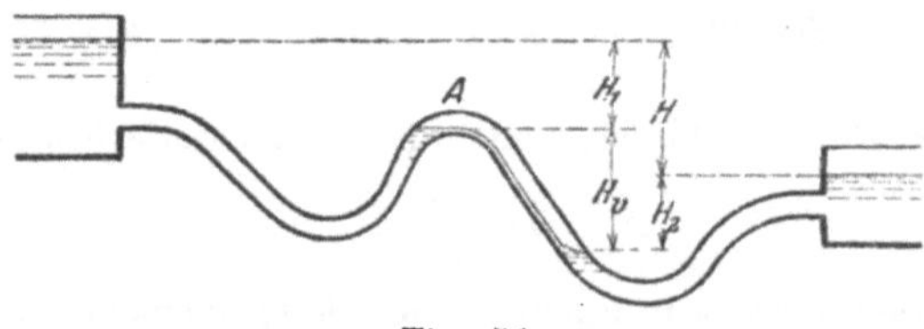

Fig. 51.

bleiben und den Durchfluß erheblich erschweren, wenn nicht gar vollständig verhindern. Der bei A liegende Luftsack verschiebt sich so lange, bis das Wasser über den Scheitel wegfließt. Das Gefälle H_v geht verloren und kommt nicht mehr für die Überwindung der Widerstände in Betracht. Wird die Luftansammlung so groß, daß $H_v = H$ ist, so hört der Durchfluß überhaupt auf. In diesem Falle wäre $H_2 = H_1$.

Wo sich Gegensteigungen der Bodenverhältnisse wegen nicht vermeiden lassen, ist für Entlüftung der Scheitel durch selbsttätige Vorrichtungen zu sorgen. Liegen die Verhältnisse so, daß sich beim Füllen der Leitung der Durchfluß von selbst einstellt, so kann man durch kräftiges Spülen die Luft wegschaffen.

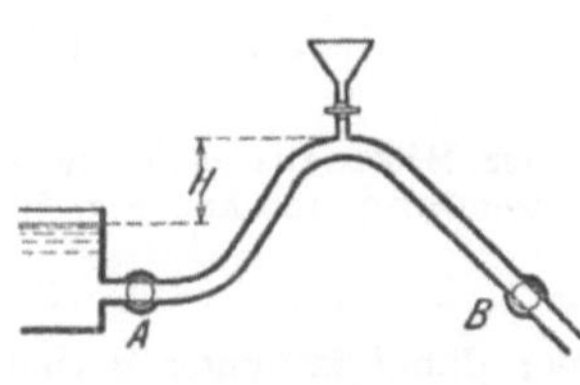

Fig. 52.

Bei heberförmigen Leitungen nach Fig. 52 muß die Luft aus dem Scheitel (etwa durch einen Ejektor) ausgepumpt werden, oder es ist dafür zu sorgen, daß man den Heber mit Hilfe der Abschlüsse A und B durch den Füllhahn im Scheitel anfüllen kann. Unter dem verminderten Drucke scheidet sich Luft aus, und zwar um so reichlicher, je größer die Höhe H ist. Wird die Luft nicht stetig oder wenigstens in kurzen Zeiträumen weggeschaft, so hört der Durchfluß bald auf.

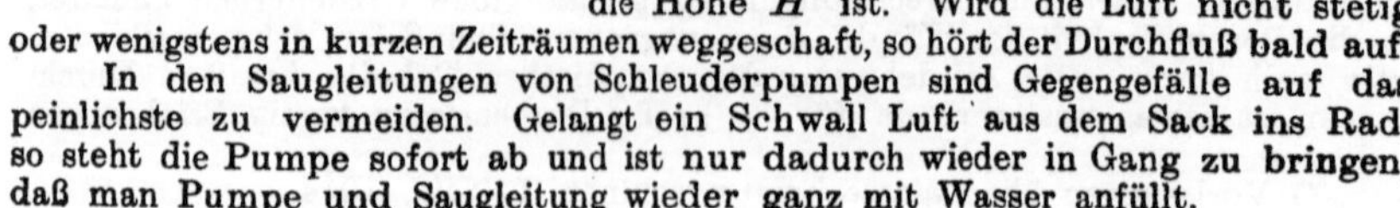

In den Saugleitungen von Schleuderpumpen sind Gegengefälle auf das peinlichste zu vermeiden. Gelangt ein Schwall Luft aus dem Sack ins Rad, so steht die Pumpe sofort ab und ist nur dadurch wieder in Gang zu bringen, daß man Pumpe und Saugleitung wieder ganz mit Wasser anfüllt.

43. Druckverlust bei plötzlicher Erweiterung. Geht der Querschnitt einer Leitung nach Fig. 53 unvermittelt von einem Werte F_1 in einen größeren F_2 über, so beobachtet man, daß der Piezometerstand im weiteren Teil um einen gewissen Betrag H_u höher ist als im engeren; es findet also ein Umsatz von Bewegungsenergie in Spannungsenergie statt. Vollzöge sich dieser Umsatz verlustfrei, so ergäbe sich nach dem Prinzip von Bernoulli für die umgesetzte Druckhöhe der Wert

$$H_u = \frac{w_1^2 - w_2^2}{2g}.$$

In Wirklichkeit ist aber der Betrag erheblich kleiner, da bei diesem Übergange ein Verlust auftritt. Derselbe läßt sich nach Borda dadurch berechnen, daß man den Satz von Carnot über den Stoß unelastischer Massen auf den vorliegenden Fall anwendet, wie folgt. Das Wasser besitzt anfänglich die Geschwindigkeit w_1; beim Übergange stößt dasselbe auf die vordere Wassersäule, die sich mit der Geschwindigkeit w_2 fortbewegt. Der Stoß vollzieht sich mit der relativen Geschwindigkeit $w_1 - w_2$, und da das Wasser als unelastisch anzusehen ist, geht die entsprechende Energiemenge verloren, die durch eine Druckhöhe im Betrage von

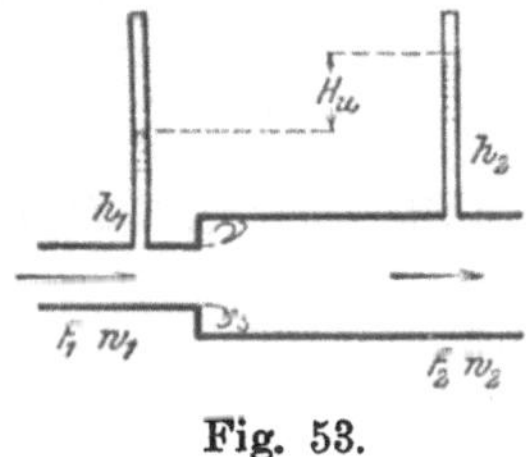

Fig. 53.

$$H_v = \frac{(w_1 - w_2)^2}{2g} \quad \ldots\ldots\ldots \quad (78)$$

gemessen wird. Diese Formel ist der Ausdruck für den Satz von Carnot-Borda.

Da die zufließende Energie gleich der Menge der wegfließenden und der verlorenen Energie sein muß, ergibt sich die Beziehung

$$\frac{w_1^2}{2g} + h_1 = \frac{w_2^2}{2g} + h_2 + H_v.$$

Für die in Druck umgesetzte Geschwindigkeitshöhe $H_u = h_2 - h_1$ findet sich daraus

$$H_u = \frac{w_1^2 - w_2^2}{2g} - H_v,$$

und wenn man für H_v seinen Wert aus Gl. (78) einsetzt, wird

$$H_u = 2\,\frac{(w_1 - w_2)\,w_2}{2g} \quad \ldots\ldots\ldots \quad (79)$$

Will man H_v und H_u auf die anfängliche Geschwindigkeit w_1 beziehen, so hat man nur den Ausdruck

$$w_2 = \frac{F_1}{F_2} w_1$$

einzuführen und erhält alsdann

$$H_v = \frac{w_1^2}{2g}\left(1 - \frac{F_1}{F_2}\right)^2 \quad \ldots\ldots\ldots\ldots (78\,a)$$

$$H_u = 2\frac{w_1^2}{2g}\left[\frac{F_1}{F_2} - \left(\frac{F_1}{F_2}\right)^2\right] \quad \ldots\ldots (79\,a)$$

Die Bedingung dafür, daß die umgesetzte Druckhöhe ein Maximum wird, ergibt sich, wenn man den Differentialquotienten des Klammerausdruckes nach $F_1 : F_2$ gleich null setzt. Man findet

$$F_2 = 2\,F_1\,, \quad \text{also} \quad w_2 = \tfrac{1}{2} w_1\,.$$

Für diesen Fall wird die umgesetzte Druckhöhe

$$H_u = \frac{1}{2}\,\frac{w_1^2}{2g}\,,$$

und die verlorene Druckhöhe

$$H_v = \frac{1}{4}\,\frac{w_1^2}{2g}\,.$$

Es setzt sich also die Hälfte der Bewegungsenergie des zufließenden Wassers in Druck um; ein Viertel geht beim Übergang durch Stoß verloren, und das letzte Viertel ist noch im wegfließenden Wasser als Bewegungsenergie vorhanden; denn es ist

$$\frac{w_2^2}{2g} = \frac{1}{4}\,\frac{w_1^2}{2g}\,.$$

44. Allmähliche Erweiterung. Geht der enge Querschnitt nach Fig. 54 allmählich in den weiteren über, so setzt sich keineswegs der ganze Überschuß an kinetischer Energie in Druck um; es tritt vielmehr auch hier ein gewisser Verlust auf, da sich der Übergang in ähnlicher Weise wie im vorigen Falle vollzieht. Man muß daraus schließen, daß auch in diesem Falle der Strahl zunächst seinen ursprünglichen Querschnitt beizubehalten sucht und sich erst später mehr oder minder plötzlich über den erweiterten Querschnitt ausbreitet. Auf Grund seiner Versuche empfiehlt Fliegner[1]) sicherheitshalber den Verlust gerade wie für die plötzliche Erweiterung zu berechnen, also den Einfluß der Allmählichkeit gar nicht in Anschlag zu bringen. Nach Fliegners Versuchen gibt das Taschenbuch der „Hütte“[2]) eine Formel, die lautet

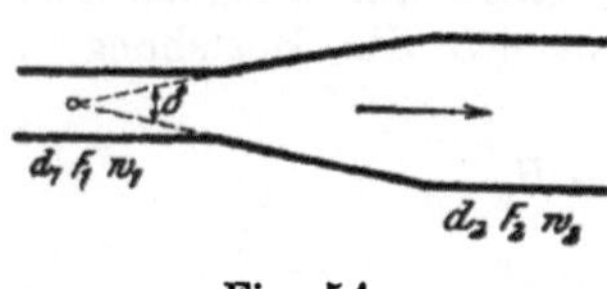

Fig. 54.

[1]) Civilingenieur 1875, S. 98.

[2]) 22. Auflage, Bd. I, S. 302. Fliegner lehnt übrigens die Verantwortlichkeit für diese Formel ausdrücklich ab.

$$H_v = \frac{(w_1 - w_2)^2}{2g} \sin\delta, \quad \ldots\ldots\ldots \quad (80)$$

wobei δ nach Fig. 54 den Divergenzwinkel bedeutet.

Jedenfalls darf man den Winkel δ nicht zu groß (nicht über 10^0) wählen, wenn man mit der allmählichen Erweiterung noch etwas gewinnen will.

Für $\delta = 10^0$ und $F_2 = 2\,F_1$ erhält man aus Gl. (80)

$$H_v = 0{,}0435 \frac{w_1^2}{2g}.$$

Ferner wird die im wegfließenden Wasser enthaltene Energie durch die Höhe

$$H_w = 0{,}2500 \frac{w_1^2}{2g}$$

gemessen. Die umgesetzte Druckhöhe wäre somit

$$H_u = \frac{w_1^2}{2g} - (H_v + H_w) = 0{,}7065 \frac{w_1^2}{2g}.$$

Vollzöge sich der Übergang verlustfrei, so wäre die umgesetzte Druckhöhe nach dem Prinzip von Bernoulli

$$H_u' = \frac{w_1^2 - w_2^2}{2g} = 0{,}750 \frac{w_1^2}{2g}.$$

Der Wirkungsgrad der vorliegenden Erweitung wäre somit

$$\eta = \frac{0{,}7065}{0{,}750} = 0{,}94.$$

Durch sorgfältige Ausgestaltung des Überganges läßt sich die Güte des Umsatzes noch weiter verbessern (vgl. Abschn. 36).

Bei Turbinen-Saugrohren sucht man etwa die Divergenzverhältnisse durch Einbauen von längslaufenden Scheidewänden günstiger zu gestalten; nur darf man dabei nicht übersehen, daß durch diese Wände der benetzte Umfang und damit die Reibung wieder etwas gesteigert wird.

45. Plötzliche Verengung. Beim unvermittelten Übergang von einem größeren zu einem kleineren Querschnitt bildet sich nach Fig. 55 eine Einschnürung, da das Wasser wegen seiner Trägheit nicht scharf um die Ecke biegt. Es muß sich dort eine größere Geschwindigkeit w_x ausbilden, und da das Wasser weiterhin mit der Geschwindigkeit w_2 wegfließt, entsteht nach dem Satze von Carnot-Borda ein Druckhöhenverlust

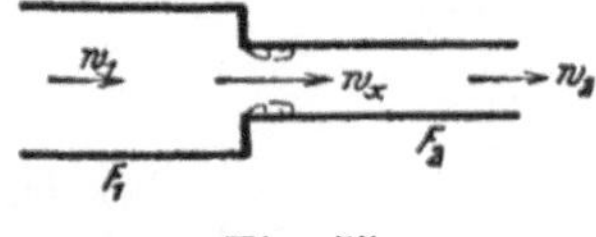

Fig. 55.

$$H_v = \frac{(w_x - w_2)^2}{2g}.$$

Da indessen die Geschwindigkeit w_x nicht bestimmbar ist, schreibt man

$$H_v = \zeta \frac{w_2^2}{2g}$$

und leitet den Widerstandskoeffizienten ζ aus Versuchen ab. Es ist nach Weisbach

	$\zeta =$ 0,50	0,50	0,42	0,33	0,25	0,15
für						
	$\frac{F_2}{F_1} =$ 0,01	0,1	0,2	0,4	0,6	0,8 .

Es liegt auf der Hand, daß die Einschnürung und damit auch der Verlust um so kleiner wird, je weniger die Querschnitte von einander verschieden sind.

Schon eine mäßige Abrundung des Überganges nach Fig. 56 bringt den Verlust zum Verschwinden.

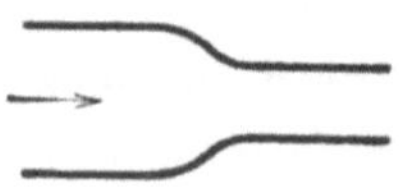

Fig. 56.

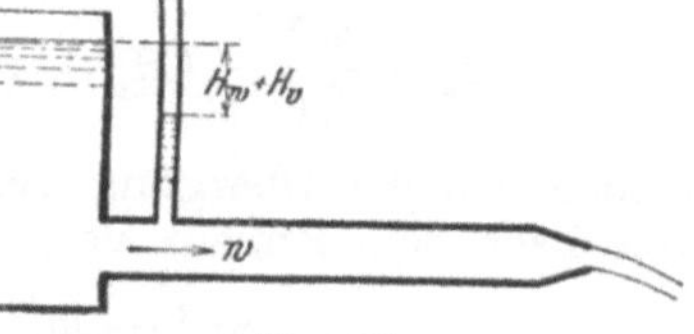

Fig. 57.

Ganz gleicher Art sind die Verluste, die beim Übergange aus einem Behälter in eine Rohrleitung auftreten, die man als die **Eintrittsverluste** bezeichnet. Die Druckhöhenabnahme, die nach Fig. 57 unmittelbar nach dem Eintritt in die Leitung beobachtet wird, setzt sich zusammen aus der Höhe, die zur Erzeugung der Geschwindigkeit w verbraucht wird und aus dem Eintrittsverluste. Dieser ist je nach der Art des Übergangs recht verschieden. Man stellt ihn in der Form dar

$$H_v = \zeta \frac{w^2}{2g}.$$

Dabei kann für Röhren von rundem Querschnitt etwa gesetzt werden

Fig. 58 a und b $\quad \zeta = 0,5$,
c $\quad \zeta \gtreqless 1$[1]),
d und e $\quad \zeta = 0,06$ bis $0,08$.

Ist der Rohransatz mit einem Seiher versehen, so läßt sich der Eintrittsverlust etwa folgendermaßen über-

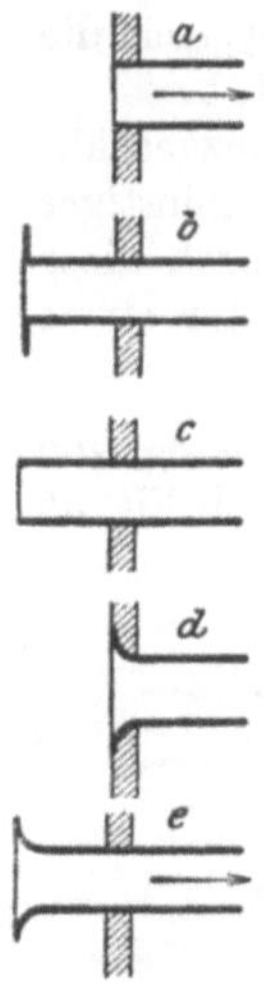

Fig. 58.

[1]) Je dünner und schärfer der Rand ist, desto größer ist der Widerstand.

schlagen. Bedeutet F_s den Querschnitt aller Löcher zusammen, so kann die Durchflußgeschwindigkeit w_s nach Abschn. 50 etwa gesetzt werden

$$w_s = \frac{3}{2}\frac{Q}{F_s}.$$

Die entsprechende Geschwindigkeitshöhe

$$H_v = \frac{w_s^2}{2g}$$

stellt den Eintrittsverlust dar; denn sie ist als vollständig verloren zu betrachten, weil das Wasser im Innern des Seihers beinahe zur Ruhe kommt.

46. Druckverlust bei Richtungsänderung. Beim Rohrkrümmer oder Bogen löst sich nach Fig. 59 der Wasserstrom auf der konkaven Seite von der Wand ab, und es entsteht ein von wirbelndem Wasser erfüllter Raum[1]). Dadurch wird der Durchgang verengt und das Wasser muß eine erhöhte Geschwindigkeit w_x annehmen. Wenn sich dann beim Übergang in den geraden Strang das Wasser über den ganzen Querschnitt ausbreitet, tritt ein Stoß ein, der einen Druckhöhenverlust

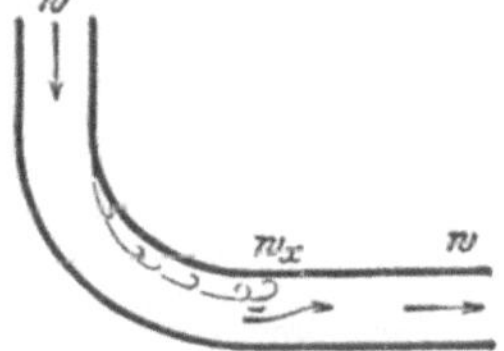

Fig. 59.

$$H_v = \frac{(w_x - w)^2}{2g}$$

herbeiführt. Da sich die Größe von w_x nicht ermitteln läßt, ist mit dieser Formel nichts gewonnen; man schreibt daher kurzweg

$$H_v = \zeta \frac{w^2}{2g}$$

und muß den Wert von ζ durch den Versuch bestimmen. Nach Weisbach ist für einen Bogen vom mittleren Krümmungshalbmesser ϱ und von der lichten Weite d zu nehmen

$$\zeta = 0{,}131 + 0{,}163\left(\frac{d}{\varrho}\right)^{3,5} \quad \ldots \ldots \quad (81)$$

Nach dieser Formel ist folgende Tabelle berechnet.

$d:\varrho$	ζ	$d:\varrho$	ζ
0,2	0,132	0,9	0,243
0,3	0,133	1,0	0,294
0,4	0,137	1,1	0,359
0,5	0,145	1,2	0,436
0,6	0,158	1,3	0,539
0,7	0,179	1,4	0,606
0,8	0,205	1,5	0,805

[1]) Vgl. Abschn. 72, 8. Kapitel.

In der Formel kommt der Ablenkungswinkel nicht vor. Hat sich der Strahl infolge Richtungsänderung des Rohres von der Wand abgelöst, so bleibt er in diesem Zustande, bis er sich in der geraden Fortsetzung wieder über den ganzen Querschnitt verteilt. Da sich der Verlust erst in diesem Augenblick vollzieht, tritt er auch nur einmal auf, ob der Ablenkungswinkel größer oder kleiner sei. Wird die Röhre nach Fig. 60 zweimal nacheinander in verschiedenen Richtungen abgebogen, so kommt die Ablösung und damit auch der Verlust zweimal zustande; der Gesamtverlust ist also doppelt so groß.

Wenn die Röhre in der Krümmung so stark verjüngt wird, daß die Ablösung sich nicht bilden kann, tritt auch der Verlust nicht auf. Nicht die Krümmung an sich ist schädlich, sondern die nachfolgende plötzliche Erweiterung.

Beim Knierohr (Fig. 61) hat der Ablenkungswinkel einen großen Einfluß, weil mit wachsender Ablenkung der wirbelerfüllte Raum und

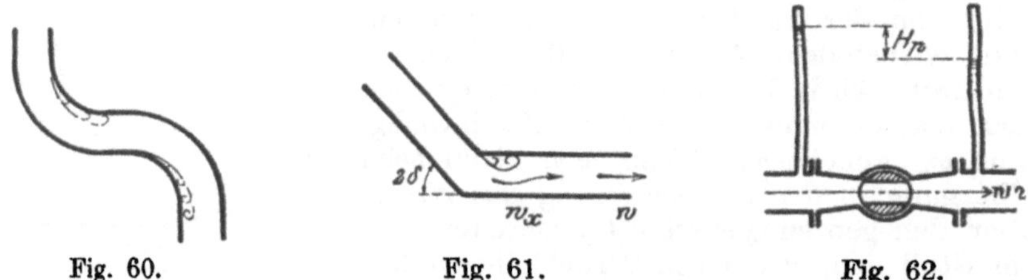

Fig. 60. Fig. 61. Fig. 62.

daher auch w_x größer wird. Weisbach gibt für den Widerstandskoeffizienten die Formel

$$\zeta = 0{,}9457 \sin^2 \delta + 2{,}047 \sin^4 \delta\,, \quad \ldots\ldots \quad (82)$$

woraus sich folgende kleine Tabelle ergibt:

$2\delta =$	20°	40°	60°	80°	90°
$\zeta =$	0,0416	0,139	0,364	0,740	0,984 [1]).

Die plötzliche Ablenkung erzeugt beträchtliche Verluste und muß darum vermieden werden.

47. Widerstandskoeffizient. Es wurde bereits wiederholt ein hydraulischer Widerstand als Energieverlust durch eine Zahl ζ gemessen, die wir als Widerstandskoeffizient bezeichneten. Der Maßstab, in dem diese Zahl den Widerstand mißt, ergibt sich aus folgender Betrachtung.

Bei irgendeinem hydraulischen Vorgang, z. B. beim Durchfluß durch einen Hahn nach Fig. 62 verschwindet ein piezometrisches Gefälle H_p. Für die Durchführung des Vorganges steht von Anfang an eine Höhe im Betrage von

$$H = H_p + \frac{w_1^2}{2g}$$

[1]) „Hütte", 20. Aufl., Bd. I, S. 274.

zur Verfügung. Aus dieser wird der Druckverlust H_v bestritten, und nach dem Durchgang ist noch die Geschwindigkeitshöhe

$$H_w = \frac{w_2^2}{2g}$$

vorhanden. Da es in der Regel die Geschwindigkeit w_2 ist, auf die es uns ankommt, so daß also die Wirkung des ganzen Vorganges sich in der Geschwindigkeit w_2 ausdrückt, bezeichnet man sie als die wirksame Geschwindigkeit und H_w als die wirksame Druckhöhe. Wenn die Widerstände nicht vorhanden wären, würde die wirksame Druckhöhe genügen, um die wirksame Geschwindigkeit w_2 zu erzeugen. Zur Überwindung der Widerstände bedarf es indessen noch eines gewissen Überschusses. Die Druckhöhe H, die von Anfang an zur Verfügung stehen muß, ist also gleich der Summe der verlorenen und der wirksamen Druckhöhe

$$H = H_v + H_w \quad \ldots \ldots \ldots \ldots (83)$$

Es ist üblich, den Druckverlust auf die wirksame Druckhöhe zu beziehen und zu schreiben

$$H_v = \zeta H_w \quad \ldots \ldots \ldots \ldots (84)$$

Diese Gleichung kann zur Definition des Widerstandskoeffizienten ζ benutzt werden; es ist

$$\zeta = \frac{H_v}{H_w} \quad \ldots \ldots \ldots \ldots (85)$$

Der Widerstandskoeffizient ζ ist gleich dem Verhältnis zwischen der verlorenen Druckhöhe H_v und der wirksamen Druckhöhe H_w Setzt man den Ausdruck für H_v in Gl. (83) ein, so erhält man

$$\left.\begin{aligned} H &= (1 + \zeta) H_w \\ \text{oder} \quad H_w &= \frac{H}{1 + \zeta} \end{aligned}\right\} \quad \ldots \ldots \ldots (86)$$

48. Ausfluß aus gut abgerundeten Mündungen. Man bezeichnet als abgerundet eine Mündung, die nach Fig. 63 stetig in ein kurzes zylindrisches Rohrstück ausläuft und darum die Wasserfäden parallel entläßt. Der Querschnitt des austretenden Strahles stimmt mit demjenigen der Mündung überein. Ist der Mündungsquerschnitt F ausgemessen und durch den Versuch die in der Zeiteinheit ausströmende Wassermenge Q bestimmt worden, so findet sich daraus für die mittlere Ausflußgeschwindigkeit

$$c = \frac{Q}{F}.$$

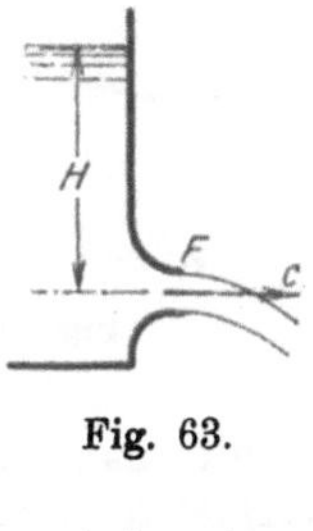

Fig. 63.

Dieselbe ist wegen der vorhandenen Reibungen stets etwas kleiner als die Fallgeschwindigkeit, die der Ausflußhöhe H entspricht.

Da man auch hier annehmen darf, daß der Reibungsverlust in demselben Verhältnis zunehme wie das Quadrat der Geschwindigkeit, also wie die erste Potenz der Ausflußhöhe, kann man schreiben

$$c = \varphi \sqrt{2\,g\,H} \quad \ldots \ldots \ldots \quad (87)$$

wobei φ stets kleiner als eins ist. Diese Zahl φ, die man den **Ausflußkoeffizienten** nennt, findet sich aus dem Ausflußversuch. Man nimmt an, daß sie nur von der Gestalt der Mündung, nicht aber von deren Abmessungen oder von der Geschwindigkeit abhängig sei[1]).

Man könnte auch den Druckverlust nach Abschn. 47 durch den Widerstandskoeffizienten ausdrücken. Da hier c als wirksame Geschwindigkeit anzusehen ist, hätte man

$$\frac{c^2}{2g} = \frac{H}{1+\zeta}$$

oder

$$c = \sqrt{\frac{2\,g\,H}{1+\zeta}} \quad \ldots \ldots \ldots \quad (88)$$

Vergleicht man die beiden Ausdrücke für c aus den Gl. (87) und (88) miteinander, so ergibt sich zwischen den beiden Koeffizienten der Zusammenhang

$$\varphi^2 = \frac{1}{1+\zeta} \quad \text{und} \quad \zeta = \frac{1}{\varphi^2} - 1\,.$$

Da φ nicht viel kleiner als die Einheit ist, kann man sich die Rechnung noch etwas bequemer machen. Schreibt man

$$\varphi = 1 - a\,,$$

so fällt a klein genug aus, daß man die höheren Potenzen vernachlässigen darf. Entwickelt man den Ausdruck

$$\zeta = \frac{1}{(1-a)^2} - 1$$

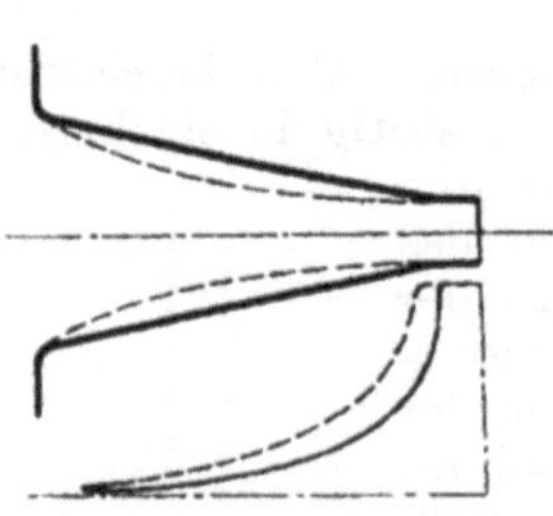

Fig. 64.

nach einer Reihe und läßt man die höheren Potenzen von a weg, so erhält man als Näherungswerte

$$\left.\begin{aligned} \zeta &= 2\,a = 2\,(1-\varphi) \\ \varphi &= 1 - \tfrac{1}{2}\zeta \end{aligned}\right\} \quad . \; . \quad (89)$$

und

Bei einer Mündung von gegebenem Längenprofil und von beliebigem Querschnitt nach Fig. 64 könnte man es wohl unternehmen, den Druckverlust zu berechnen und zwar auf folgendem Wege. Für irgendeinen

[1]) Diese Annahme trifft doch wohl nur annähernd zu.

auf der Achse gewählten Punkt ist nach Gl. (63) der Druckverlust pro Längeneinheit

$$\frac{d H_v}{d l} = \zeta \frac{U}{F} \frac{w^2}{2 g}.$$

Drückt man die Geschwindigkeit w durch den Querschnitt F und die Durchflußmenge Q aus, so wird

$$\frac{d H_v}{d l} = \zeta \frac{Q}{2 g} \frac{U}{F^3}.$$

Unter der Voraussetzung, daß ζ als Funktion der Geschwindigkeit und des Querschnittes bekannt sei, lassen sich einzelne Werte berechnen und indem man diese als Ordinaten über der Achse als Abszissen aufträgt, erhält man eine Kurve etwa wie in Fig. 64 angedeutet. Die Fläche, die diese Kurve mit der Achse einschließt, stellt offenbar das Integral

$$H_v = \int\limits_{w=0}^{w=c} \frac{d H_v}{d l} d l$$

dar, also den ganzen Druckverlust.

In Fig. 64 wurde ein runder Querschnitt angenommen. In diesem Falle ist

$$\zeta = \tfrac{1}{4} \lambda,$$

und zwar wurde für λ ein konstanter Wert eingesetzt. Man erkennt, daß der Verlust in der Hauptsache erst im vorderen Teil der Mündung entsteht, wo der Querschnitt bereits stark verengt ist und die Geschwindigkeit sich ihrem Größtwert nähert. Dagegen kommt es auf die Ausgestaltung des hinteren weiteren Teiles nicht stark an. Will man eine Mündung von möglichst kleinem Widerstand haben, so muß man die engeren Teile möglichst kurz halten, oder in anderen Worten, die Mündung soll so stark und so rasch als möglich zusammengezogen werden[1]). Dabei hat man sich besonders davor zu hüten, den vordersten zylindrischen Teil der Mündung unnötig zu verlängern, wie in Fig. 65 angenommen ist. Bei kreisförmigem Querschnitt ist

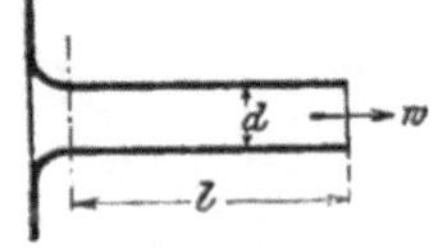

Fig. 65.

$$H_v = \lambda \frac{l}{d} \frac{w^2}{2 g}.$$

Die Größe $w^2 : 2 g$ mißt den Vorrat an kinetischer Energie im ausfließenden Wasser. Wäre z. B. $\lambda = 0{,}03$, so verlöre man für jede

[1]) Gewöhnlich glaubt man, daß man das Wasser nur langsam und sachte beschleunigen oder die Mündung nur allmählich zusammenziehen dürfe. Gerade das Gegenteil ist richtig! Fig. 64 zeigt in punktierten Linien, wie der Reibungsverlust größer wird, wenn man die Mündung schlank auszieht.

Verlängerung des zylindrischen Teils der Mündung um eine Länge $l=d$ ganze 3 v. H. der Energie. Es ist also Gewicht darauf zu legen, daß die Mündung im zylindrischen Teil nicht länger genommen werde, als zur Parallelführung der austretenden Wasserfäden durchaus notwendig ist.

Bei abgerundeten Mündungen von kreisförmigem Querschnitt liegt der Ausflußkoeffizient etwa zwischen den Grenzen

$$\varphi=0{,}95 \text{ bis } 0{,}99,$$

je nach der Sorgfalt der Formgebung und besonders auch nach der Glätte der Wandungen. Kürze ist vorzuziehen; von den beiden Mündungen in Fig. 66 ist *a* schlechter als *b*.

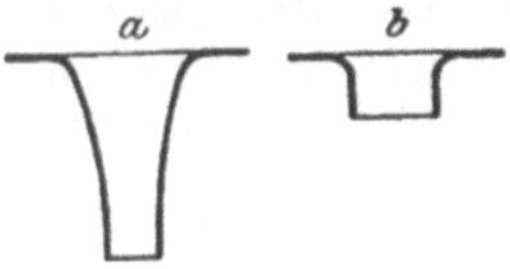

Fig. 66.

Hansen[1]) fand für sechs zylindrische Mündungen von 100 mm Durchmesser und 70 mm Länge, deren Innenkanten mit 30 mm Halbmesser abgerundet waren,

$$\varphi=0{,}9938 \text{ bis } 0{,}9986.$$

Bei rechteckigen Mündungen liegen die Verhältnisse etwas ungünstiger. Bei sorgfältig ausgeführten Turbinenkanälen rechnet man etwa mit

$$\varphi=0{,}95 \text{ bis } 0{,}97$$

entsprechend

$$\zeta=0{,}10 \text{ bis } 0{,}06.$$

49. Ausfluß aus konvergenten Mündungen; Kontraktion. Setzt sich die Verjüngung einer Mündung bis in den Austrittsquerschnitt fort, fehlt also der zylindrische Auslauf, so treten die Wasserfäden nicht mehr parallel aus. In ihrem Beharrungsvermögen drängen sie sich vielmehr nach der Mitte zusammen und der Strahlquerschnitt vermindert sich nach Fig. 67 noch außerhalb der Mündung F bis auf einen Betrag F_k; der Strahl zeigt eine Zusammenziehung oder Kontraktion. Da sich das Wasser von außen nach der Mitte zusammendrängt, erhält sich in der Achse ein etwas höherer Druck. Der Umsatz von potentieller in kinetische Energie ist dort noch unvollständig und die Geschwindigkeit kleiner als außen. Erst wenn die axiale Ablenkung der Wasserfäden überall eingetreten ist, also im kontrahierten Querschnitt F_k hat sich der Druck und damit auch die Geschwindigkeit ausgeglichen. Die Geschwindigkeit entspricht der Ausflußhöhe und für die Ausflußmenge ist der kontrahierte Querschnitt F_k maßgebend.

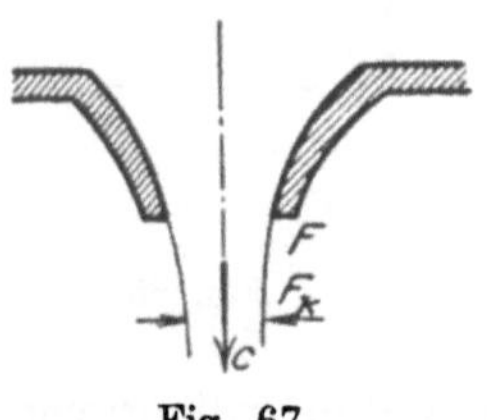

Fig. 67.

Die Erscheinungen verlaufen übrigens nur bei kreisförmigem Querschnitt regelmäßig. Bei jeder anderen Gestalt der Öffnung ver-

[1]) Zeitschrift des Vereins deutscher Ingenieure 1892, S. 1061.

schwindet der innere Überdruck nicht gleichzeitig für alle Wasserfäden in ein und demselbem Querschnitt. Daraus entstehen Unregelmäßigkeiten; der Strahl wird durcheinander geworfen und geht gleich jenseits des zusammengezogenen Querschnittes besenförmig auseinander, während er bei runden Mündungen dank der allseitig vorhandenen Symmetrie noch auf eine längere Strecke geschlossen und durchsichtig bleibt. Man geht darum bei Mündungen von unrunder Form, z. B. bei den Turbinenkanälen, der Kontraktion sorgfältig aus dem Wege.

Die für den kontrahierten Querschnitt F_k berechnete Ausflußgeschwindigkeit c ist nach früherer Schreibweise

$$c = \varphi \sqrt{2 g H},$$

wenn H die Druckhöhe bedeutet, unter der der Ausfluß erfolgt. Die Erfahrungszahl φ mag hier als Geschwindigkeitskoeffizient bezeichnet werden. Die Ausflußmenge wäre

$$Q = F_k c.$$

Schreibt man

$$\frac{F_k}{F} = \alpha,$$

welches Verhältnis Kontraktionskoeffizient genannt wird, so ergibt sich für die Ausflußmenge der Ausdruck

$$Q = \alpha \varphi F \sqrt{2 g H}.$$

Aus dem Ausflußversuch mit Bestimmung der Wassermenge findet sich zunächst nur die Zahl

$$\mu = \alpha \varphi = \frac{Q}{F \sqrt{2 g H}},$$

die Ausflußkoeffizient genannt wird[1]). Aus diesem läßt sich von den beiden Koeffizienten α und φ der eine nur berechnen, wenn der andere direkt gemessen wurde. Gewöhnlich wird man den kontrahierten Querschnitt ausmessen und dann den Geschwindigkeitskoeffizienten durch Rechnung ermitteln. Man findet, daß er sich bei kreisrundem Querschnitt etwa in denselben Grenzen bewegt, wie der Ausflußkoeffizient bei abgerundeten Mündungen; er ist

$$\varphi = 0{,}95 \text{ bis } 0{,}98,$$

und hängt hauptsächlich von der Glätte der Wandungen ab. Der Kontraktionskoeffizient steht dagegen unter dem Einflusse des Längsprofiles: stärkere Konvergenz erzeugt größere Kontraktion.

---

[1]) Für die gut abgerundete Mündung von kreisförmigem Querschnitt wird $\alpha = 1$; die Begriffe Geschwindigkeits- und Ausflußkoeffizient fallen zusammen, da $\mu = \varphi$ ist.

Für die kegelförmige Mündung nach Fig. 68 läßt sich aus Versuchen von **Weisbach**[1]) innerhalb der Grenzen $\delta = 0$ bis 45^0 die Formel ableiten

$$\mu = 0{,}966 - 0{,}213 \operatorname{tang} \delta \quad \ldots \ldots \quad (90)$$

Für $\delta = 0$ geht die Mündung in die abgerundete Form über und es wird

$$\mu = \varphi = 0{,}966 .$$

Nimmt man an, daß dieser Wert von φ auch für alle anderen Winkel δ gültig sei, so erhält man für den Kontraktionskoeffizienten α den Ausdruck

$$\alpha = 1 - 0{,}22 \operatorname{tang} \delta \quad \ldots \ldots \quad (91)$$

Bei stärkerer Konvergenz der Mündung hat übrigens auch die Geschwindigkeit einen Einfluß in dem Sinne, daß die Zunahme der Geschwindigkeit eine stärkere Kontraktion herbeiführt.

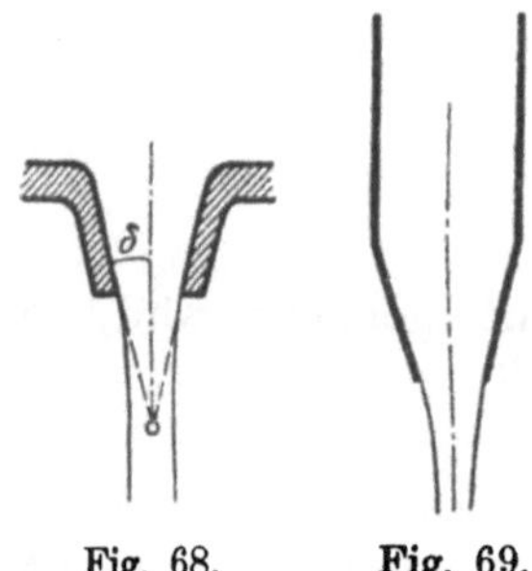

Fig. 68. Fig. 69.

Die Kontraktion bedeutet keinen Geschwindigkeits- und somit auch keinen Energieverlust. Löst sich freilich der Strahl im weiteren Verlaufe auf, geht er besenförmig auseinander, so verliert er beim Vermischen mit der Luft rasch einen großen Teil seiner Energie.

Ist die Mündung nicht an ein größeres Gefäß, sondern nach Fig. 69 an das Ende einer Röhre angeschlossen und besitzt daher das Wasser schon vor dem Eintritt in die Mündung eine gewisse Geschwindigkeit c_0, so entwickelt sich die Kontraktion nicht ganz frei; sie wird schwächer und daher die Ausflußmenge größer. Man spricht in diesem Falle von **unvollkommener Kontraktion.** Ihr Einfluß ist nicht näher bekannt, indessen nicht sehr bedeutend und zwar um so geringer, je kleiner c_0 ist.

50. Mündung in dünner Wand; Überfall. Steigert man die Konvergenz bis zu einem Werte von $\delta = 90^0$, so erhält man die Mündung in der ebenen Wand. Damit die Wände des Loches ja nicht mit dem Strahl in Berührung kommen und die Erscheinungen verwirren, pflegt man nach Fig. 70 die Öffnung nach außen stark auszuschneiden und es entsteht so die Form, die als **Mündung in dünner Wand** bezeichnet wird, da sie dieselben Verhältnisse wie eine Mündung in einer ebenen Wand von verschwindend kleiner Dicke zeigt. Da sich diese Mündungen leicht in übereinstimmender Be-

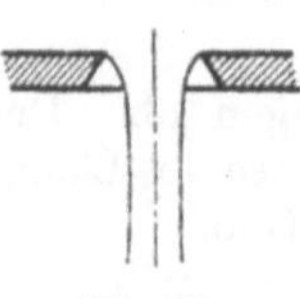

Fig. 70.

[1]) Ingenieurmechanik, 5. Aufl.; Bd. I, S. 985.

schaffenheit herstellen lassen, verwendet man sie oft zum Wassermessen.

Auf die Kontraktion, die naturgemäß sehr stark ist, haben die Geschwindigkeit und die Größe der Abmessungen einen merklichen Einfluß. So fand Weisbach bei runden Mündungen für den Ausflußkoeffizienten μ folgende Werte

	$d =$ 10	20	30	40 mm
$H = 0{,}60$ m	$\mu = 0{,}628$	0,621	0,614	0,607
$H = 0{,}25$ m	$\mu = 0{,}637$	0,629	0,622	0,614.

Der Geschwindigkeitskoeffizient φ wird wohl nahezu derselbe bleiben, so daß diese Ziffern eine Vorstellung von der Veränderlichkeit des Kontraktionskoeffizienten geben. Da φ etwas kleiner als die Einheit ist, kann der Kontraktionskoeffizient durchschnittlich etwa auf $\alpha = \frac{2}{3}$ geschätzt werden.

Besonders wichtig ist für die Messung größerer Wassermengen die Mündung in dünner Wand in der Gestalt des rechteckigen

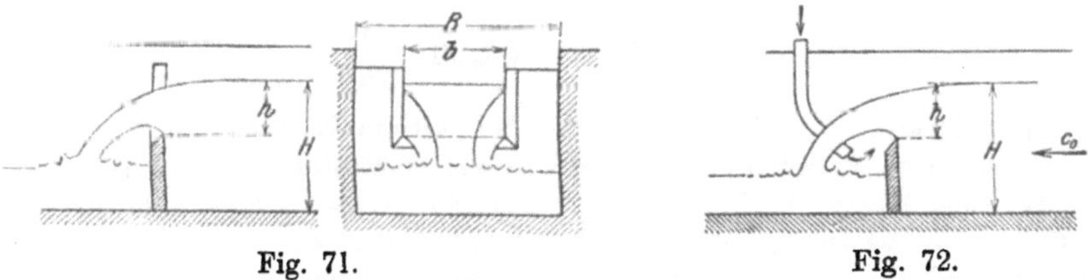

Fig. 71. Fig. 72.

Überfalles nach Fig. 71 und 72. Der Überfall wird in ein möglichst regelmäßiges Kanalstück eingebaut und zwar genau senkrecht und rechtwinklig zum Stromstrich. Er reicht entweder über die ganze Breite, was senkrechte Kanalwände voraussetzt, oder er ist schmaler als der Kanal und weist daher Seitenkontraktion auf. Damit sich der Strahl frei ausbilden könne, muß die Überfallskante höher stehen als der Unterwasserspiegel. Beim Überfall über die ganze Breite ist dafür zu sorgen, daß nach Fig. 72 der Raum hinter dem Strahl mit der Atmosphäre in Verbindung bleibt. Anderen Falles wird die Luft bald weggespült; das Unterwasser steigt bis zur Kante empor und hindert die Ausbildung der Kontraktion. Die Überfallhöhe h muß auf einen Punkt bezogen werden, wo der Wasserspiegel noch keine Senkung zeigt.

Wegen der Kontraktion und wegen der starken Senkung des Wasserspiegels am Überfall ist der wirkliche Ausflußquerschnitt bedeutend kleiner als sich aus der Überfallshöhe h und der Breite b ergäbe. In dem Ausdruck für die Überfallsmenge Gl. (62) Abschn. 37 hat man daher noch einen Ausflußkoeffizienten μ beizufügen und zu schreiben

$$Q = \frac{2}{3}\mu\, b h \sqrt{2gh} \quad \ldots\ldots\ldots \quad (92)$$

Die Zahl μ muß durch Versuche bestimmt werden. Da sie je nach den Umständen sehr verschieden ausfällt, sucht man sie durch empirische Formeln als Funktion der maßgebenden Abmessungen darzustellen, so daß man sie ohne Interpolationen für jeden einzelnen Fall berechnen kann.

Solcher Formeln sind eine große Zahl aufgestellt worden. Streng genommen sind sie nur für die Verhältnisse gültig, unter denen die ihnen zugrunde liegenden Versuche ausgeführt wurden. Wendet man sie auf andere Fälle an, so ergeben sich stets kleinere oder größere Unterschiede. Bei Verträgen über die Lieferung von Turbinen wird darum meistens verabredet, daß die Wassermenge nach einer bestimmten Formel berechnet werden soll, damit nicht hinterher Meinungsverschiedenheiten entstehen.

Nach **Braschmann** ist für den *m* als Einheit und für $h \gtreqless 0{,}1$ m: beim Überfall mit Seitenkontraktion

$$\frac{2}{3}\mu = 0{,}3838 + 0{,}0386\,\frac{b}{B} + 0{,}000\,53\,\frac{1}{h} \quad \ldots \quad (93)$$

also beim Überfall über die ganze Breite, für den $b = B$ ist,

$$\frac{2}{3}\mu = 0{,}4224 + 0{,}000\,53\,\frac{1}{h} \quad \ldots\ldots \quad (93\,\mathrm{a})$$

In diesen Formeln kommt die Kanaltiefe H nicht vor. Nun hat diese aber augenscheinlich einen gewissen Einfluß auf die Wassermenge. Es hat z. B. bei geringer Kanaltiefe das Wasser schon im Zufluß eine gewisse beträchtliche Geschwindigkeit c_0 und um so größer wird die Geschwindigkeit sein, mit der das Wasser über die Kante wegfließt; daher ist die wirkliche Durchflußmenge größer als die berechnete. Die **Braschmann**sche Formel setzt eine große Kanaltiefe, d. h. einen verschwindend kleinen Wert von c_0 voraus. Wendet man sie daher auf einen Fall an, wo H einen kleineren, bzw. c_0 einen größeren endlichen Wert hat, so ergibt sie zu kleine Wassermengen. Man kann die Rechnung nach **Weisbach** in folgender Weise richtig stellen:

Bezeichnet man mit μ' und Q' die Werte, die man nach der Formel ohne Rücksicht auf die vorhandene Kanaltiefe bekommt, so kann für die Zuflußgeschwindigkeit genau genug gesetzt werden

$$c_0 = \frac{Q'}{BH};$$

man findet damit die richtige Wassermenge nach der Formel

$$Q = \frac{2}{3}\mu' b \sqrt{2g}\left[\left(h + \frac{c_0^2}{2g}\right)^{\frac{3}{2}} - \left(\frac{c_0^2}{2g}\right)^{\frac{3}{2}}\right] \quad \ldots \quad (94)$$

Besonderes Zutrauen wird den Formeln von **Frese**[1]) entgegengebracht, in denen der Kanaltiefe H bereits Rechnung getragen ist.

[1]) Zeitschrift des Vereins deutscher Ingenieure 1890, S. 1285. „Hütte", 22. Aufl. Bd. I, S. 272 u. 273.

Für den Überfall über die ganze Breite ist zu nehmen

$$\mu = \left(0{,}615 + \frac{0{,}0021}{h}\right)\left[1 + 0{,}55\left(\frac{h}{H}\right)^2\right], \quad \ldots \quad (95)$$

gültig für

$$h = 0{,}1 \text{ bis } 0{,}6 \text{ m}$$
$$b \gtreqless h.$$

Beim Überfall mit Seitenkontraktion ist

$$\left.\begin{aligned} \mu &= \mu_0\left\{1 + \left[0{,}25\left(\frac{b}{B}\right)^2 + \zeta'\right]\left(\frac{h}{H}\right)^2\right\}, \\ \text{worin} \quad \mu_0 &= 0{,}5755 + \frac{0{,}017}{h + 0{,}18} - \frac{0{,}075}{b + 1{,}2}, \\ \text{und} \quad \zeta' &= 0{,}025 + \frac{0{,}0375}{\left(\frac{h}{H}\right)^2 + 0{,}02}; \end{aligned}\right\} \quad \ldots \quad (96)$$

gültig für

$$h = 0{,}1 \text{ bis } 0{,}6 \text{ m}$$
$$b \gtreqless 0{,}1 \text{ m für } h = 0{,}2 \text{ m}$$
$$b \gtreqless 0{,}5 \text{ m für } h = 0{,}6 \text{ m}$$
$$\frac{h}{H} \lesseqgtr 0{,}1 \quad \text{für} \quad \frac{b}{B} = 0{,}9$$

0,2	0,8
0,3	0,7
0,4	0,5
0,5	0,3.

51. Wassermesser. Es ist in gewissen Fällen von praktischer Bedeutung, den Durchfluß eines unter Druck stehenden Rohrstranges fortlaufend messen zu können. Zu diesem Behufe baut man in die Leitung besondere Wassermesser ein. Es sind verschiedene Arten davon im Gebrauch.

Die Kolbenmesser sind Kolbenmotoren, bei denen das durchfließende Wasser den Kolben hin und her treibt. Das vom Kolben beschriebene Volumen mißt die Durchflußmenge recht genau und zuverlässig; man hat nur die Zahl der Kolbenspiele zu registrieren. Die Kolbenmesser sind teuer und werden darum nur dort angewandt, wo es auf Genauigkeit ankommt, wie z. B. beim Speisewasser von Dampfkesseln. Sie kommen nur für kleine Wassermengen in Betracht.

Die am häufigsten gebrauchten Wasseruhren können als Wirbelmesser bezeichnet werden. Das Wasser wird nach Fig. 73 durch eine Anzahl schräger Bohrungen in das Innere eines zylindrischen

Gehäuses geleitet und aus demselben durch eine axiale Öffnung wieder abgeführt, so daß es in dem Gehäuse eine wirbelnde Bewegung annimmt. In diesen Wirbel wird ein leicht bewegliches Flügelrädchen gesetzt, dessen Geschwindigkeit wenigstens annähernd diejenige des Durchflusses und damit auch die Wassermenge selber mißt. In bezug auf die Anordung des Zählwerkes, durch das die Umläufe des Rädchens angezeigt werden, trifft man zwei Arten. Entweder liegt das Zählwerk im Trocknen; dann muß eine Achse durch eine Stopfbüchse ins Freie geführt werden; unter der Stopfbüchsenreibung leidet aber die Zuverlässigkeit des Apparates. Oder das Zählwerk steht unter Wasser; dann muß die davor liegende Glasscheibe stark genug sein, um dem Drucke zu widerstehen.

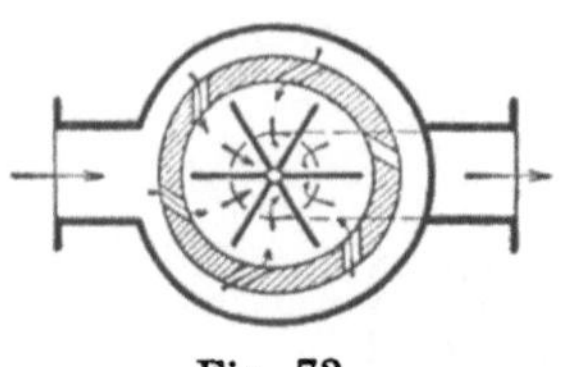

Fig. 73.

Die Wirbelmesser bedürfen auf alle Fälle einer besonderen Eichung; dennoch können sie auf Genauigkeit keinen Anspruch erheben. Im besonderen geben sie kleine Durchflußmengen zu klein an. Sie sind billig und werden vielfach zur Kontrolle des Wasserbezuges aus öffentlichen Leitungen gebraucht, also auch nur für relativ kleine Mengen.

Beide Arten von Wassermessern erzeugen nicht unwesentliche Druckverluste. Die im Handel vorkommenden Wasseruhren ergeben für den größten nominellen Durchfluß einen Druckverlust von 10 m.

Der **Venturi-Wassermesser**[1]) von **C. Herschel** ist dazu bestimmt, die Durchflußmenge von größeren Rohrsträngen ohne wesent-

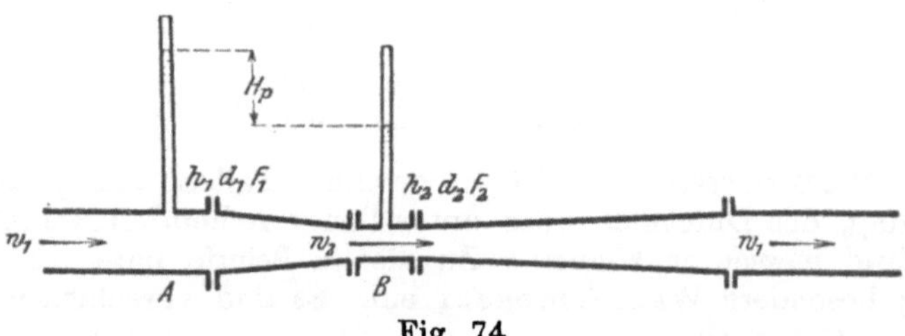

Fig. 74.

liche Druckverluste zu messen. Es wird nach Fig. 74 eine allmähliche Verengung in die Leitung eingebaut. Der Höhenunterschied der Piezometerstände vor und in der Verengung gibt ein Maß für die augenblicklich vorhandenen Geschwindigkeiten. Die Geschwindigkeit in der Verengung wird sodann durch eine allmähliche Erweiterung wieder in Druck umgesetzt, so daß keine wesentlichen Druckverluste entstehen.

[1]) Von seinem Erfinder zu Ehren des italienischen Hydraulikers **Venturi** so benannt.

Darf man den Reibungsverlust zwischen den Punkten A und B außer acht lassen, so erhält man die Energiebilanz

$$h_1 + \frac{w_1^2}{2g} = h_2 + \frac{w_2^2}{2g}.$$

Daraus erhält man für das piezometrische Gefälle $H_p = h_1 - h_2$ zwischen A und B:

$$H_p = \frac{w_2^2 - w_1^2}{2g}.$$

Drückt man w_2 durch w_1 und das Verhältnis $F_1 : F_2$ aus, so erhält man für die Berechnung der Durchflußgeschwindigkeit

$$w_1^2 = \frac{2 g H_p}{\left(\frac{F_1}{F_2}\right)^2 - 1}.$$

Die Durchflußmenge selbst ist

$$Q = F_1 w_1.$$

In der Erweiterung geht nach Abschn. 13 eine Druckhöhe verloren

$$H_v \gtreqless \frac{(w_2 - w_1)^2}{2g},$$

oder

$$H_v \gtreqless H_p \frac{\frac{F_1}{F_2} - 1}{\frac{F_1}{F_2} + 1}.$$

Es sei z. B.

$$d_2 = 0{,}4\, d_1; \qquad \frac{F_1}{F_2} = \frac{100}{16} = 6{,}25;$$

man findet

$$w_1 = 0{,}718 \sqrt{H_p}$$

$$H_v \gtreqless 0{,}724\, H_p.$$

Wurde beobachtet $H_p = 0{,}210$ m, so wäre

$$w_1 = 0{,}329 \text{ m/sek}$$

$$H_v \gtreqless 0{,}152 \text{ m}.$$

Für die Durchmesser $d_1 = 250$ mm und $d_1 = 100$ mm wäre der Durchfluß $Q = 16$ l/sek.

Der Venturi-Messer wird mit totalisierenden Registriervorrichtungen versehen, an denen man ablesen kann, wieviel Wasser in einem gewissen Zeitraum durchgeflossen ist.

Es kann sich auch bei diesem Wassermesser nicht sowohl um eine genaue Bestimmung als viel mehr nur um eine ungefähre Kontrolle des Durchflusses handeln.

B. Mechanische Wirkungen des strömenden Wassers bei der Ablenkung.

5. Kapitel.

Ablenkung im ruhenden System.

52. **Die Wirkung des Wassers in den Turbinen** beruht darauf, daß das strömende Wasser in den Kanälen des Laufrades eine starke Ablenkung erfährt. Diese Ablenkung stellt sich als das Ergebnis der Kräfte dar, die die Turbinenschaufeln auf das Wasser ausüben. Mit ebenso großen Gegenwirkungen preßt das Wasser gegen die Schaufeln und indem diese zurückweichen, wird vom Wasser Arbeit verrichtet.

Das Wasser besitzt beim Eintritt ins Laufrad einen gewissen Vorrat an Energie; die Untersuchung darüber, wie sich dieser Energieinhalt in den Kanälen ändert, wie er auf das Laufrad übertragen wird und unter welchen Bedingungen diese Übertragung am vollständigsten erfolgt, bildet die Grundlage der Turbinentheorie.

Die Größe der Rückwirkung des Wassers auf die Turbinenkanäle steht offenbar mit der in der Zeiteinheit durchfließenden Wassermasse im direkten Verhältnis. Die Durchflußmenge hängt für einen gegebenen Kanal von dessen Querschnitten und von den Geschwindigkeiten und diese wieder von der Druckverteilung im Kanal ab. Daher müssen in erster Linie die Durchflußverhältnisse, d. h. der Zusammenhang zwischen der Druckverteilung und den Geschwindigkeiten, untersucht werden. Es lassen sich alsdann die Querschnitte bestimmen, wenn eine gewisse Wassermenge durchfließen soll.

Weiterhin hängt aber die Rückwirkung des Wassers auf die Schaufeln noch von der Stärke der Ablenkung, also von der Größe und der Richtung der Verzögerungen ab, die die Wassermasse während ihrer Bewegung längs des Kanales erleidet. Somit sind in 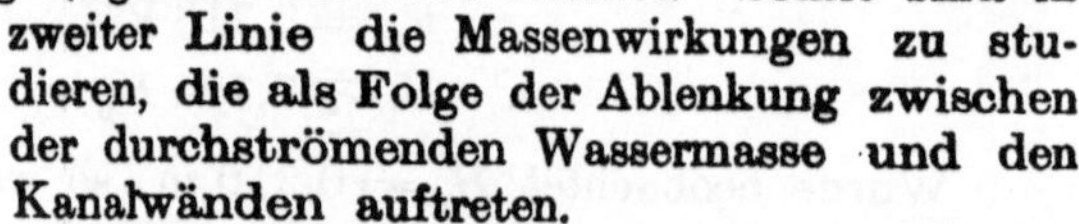
zweiter Linie die Massenwirkungen zu studieren, die als Folge der Ablenkung zwischen der durchströmenden Wassermasse und den Kanalwänden auftreten.

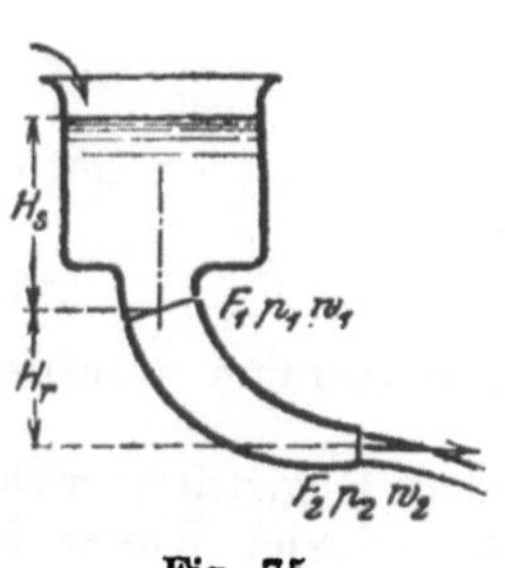

Fig. 75.

Diese Untersuchungen sollen zunächst am ruhenden Kanal durchgeführt werden, da hier die Dinge in der einfachsten Form auftreten.

53. **Durchfluß.** Es sei nach Fig. 75 ein gekrümmter Kanal an die Mündung eines festen Gefäßes dicht aber völlig frei angesetzt. Der Kanal verjünge sich nach unten so stark, daß der Druck p_1 an der Anschlußstelle größer ist als derjenige am Austritt des Kanals, also $p_1 > p_2$; das Wasser staue sich somit im Kanal.

Führt man für den Druckhöhenverlust durch die Reibung im Kanal die Größe H_v ein, so ergibt sich auf Grund des Prinzips von Bernoulli die Energiebilanz

$$\frac{p_1}{\gamma}+\frac{w_1^2}{2g}+H_r=\frac{p_2}{\gamma}+\frac{w_2^2}{2g}+H_v \quad \ldots \ldots \quad (97)$$

Da die Geschwindigkeiten den Querschnitten umgekehrt proportional sind, ergibt diese Gleichung einen eindeutigen Zusammenhang zwischen den verschiedenen Größen, sobald die Drücke p_1 und p_2 bekannt sind und die verlorene Druckhöhe H_v als Funktion der Geschwindigkeit eingeführt wird. Da man die Turbinenkanäle möglichst stark zu verjüngen pflegt, ist der Druckverlust durch Reibung nach Abschn. 48 in der Hauptsache von der größen Geschwindigkeit w_2 abhängig, so daß man schreiben kann

$$H_v=\zeta\frac{w_2^2}{2g},$$

wobei für sorgfältig ausgestaltete Kanäle gesetzt werden darf

$$\zeta=0{,}08 \text{ bis } 0{,}10 .$$

Mit diesem Ausdruck für H_v nimmt die Gleichung die Form an

$$(1+\zeta)\frac{w_2^2}{2g}=H_r+\frac{w_1^2}{2g}+\frac{p_1-p_2}{\gamma}, \quad \ldots \ldots \quad (97\text{a})$$

die als die Durchflußgleichung bezeichnet werden mag.

Für den Druck p_1 gilt die Beziehung

$$\frac{p_1}{\gamma}=H_1-(1+\zeta_1)\frac{w_1^2}{2g},$$

wenn ζ_1 den Widerstandskoeffizienten für die Mündung des feststehenden Gefäßes bedeutet.

54. Rückwirkung des strömenden Wassers. Der in Fig. 76 angedeutete Kanal möge in einer senkrechten Ebene enthalten sein. Denkt man sich die ganze Flüssigkeitsmasse in lauter gleichgroße Teilchen von der Masse dm zerlegt, so erhält man die Rückwirkung des ganzen Kanalinhaltes als Summe der Wirkung der einzelnen Teilchen. Nach Abschn. 27 ergibt sich die Kontinuitätsbedingung

$$dm=M\,dt,$$

wobei M die in der Zeiteinheit und dm die in der Zeit dt an irgendeinem Punkte des Kanals vorbeiströmende Flüssigkeitsmenge bedeutet.

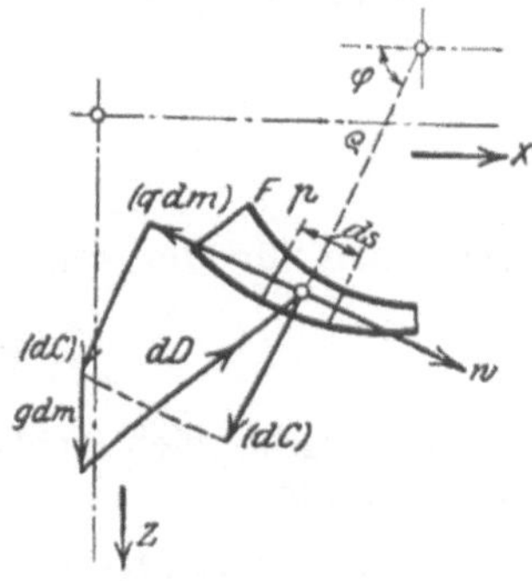

Fig. 76.

Nach Fig. 76 sind an dem Flüssigkeitsteilchen folgende Kräfte wirksam: in der Richtung der Bahntangente rückwärts die Beharrungskraft $(q\,dm)$, vom Krümmungsmittelpunkt weg ebenfalls als Beharrungskraft die Zentrifugalkraft (dC), in senkrechter Richtung das Eigengewicht mg und endlich noch der Flüssigkeitsdruck dD, von dessen Richtung sich einstweilen nichts sagen läßt, als daß er in der Kanalebene liegt und eine Komponente in der Durchflußrichtung besitzen muß. Dieser Flüssigkeitsdruck ist es, der schließlich die Rückwirkung der strömenden Flüssigkeiten auf den Kanal überträgt. Die Reibung braucht nicht besonders in die Rechnung gesetzt zu werden, da sie schon in der Größe $(q\,dm)$ zur Geltung gelangt.

Dem Prinzipe von d'Alembert gemäß stehen alle diese Kräfte miteinander im Gleichgewicht (vgl. Abschn. 9); es ist also

$$\operatorname{Res}[g\,dm, (q\,dm), (d\,C), d\,D] = 0 .$$

Daraus ergibt sich für den Flüssigkeitsdruck

$$d\,D = -\operatorname{Res}[g\,dm, (q\,dm), (d\,C)] .$$

Ebenso groß, aber entgegengesetzt gerichtet, ist die Rückwirkung auf den Kanal

$$d\,W = -d\,D = \operatorname{Res}[g\,dm, (q\,dm), (d\,C)] .$$

Bezeichnet man mit α den Winkel, den die Bahntangente mit dem Horizonte einschließt, so erhält man unter Rücksichtnahme auf die in Fig. 76 gewählten Koordinatenrichtungen für die wagrechte Komponente

$$d\,X = -(q\,dm)\cos\alpha - (d\,C)\sin\alpha .$$

Darin ist $(q\,dm) = \dfrac{dw}{dt}\,dm .$

Ferner ist

$$(d\,C) = \frac{w^2}{\varrho}\,dm ,$$

wobei ϱ den Krümmungshalbmesser bedeutet. Schließt dieser mit dem Horizonte den Winkel φ ein, so hat man

$$\varrho\,d\varphi = ds \quad \text{und} \quad d\varphi = -d\alpha .$$

Da im weiteren

$$ds = w\,dt ,$$

also

$$\varrho = -\frac{w\,dt}{d\alpha} ,$$

erhält man für die Zentrifugalkraft

$$(d\,C) = -\frac{w\,d\alpha}{dt}\,dm .$$

Es ergibt sich schließlich für die wagrechte Komponente der Rückwirkung

$$d\,X = -(dw\cos\alpha - w\sin\alpha\,d\alpha)\frac{dm}{dt} = -d(w\cos\alpha)\frac{dm}{dt}$$

oder, wenn man $w \cos \alpha = w_x$, d. h. gleich der wagrechten Komponente der Geschwindigkeit im Kanal setzt,

$$dX = -dw_x \frac{dm}{dt},$$

eine Beziehung, die in dieser Schreibweise als eine Selbstverständlichkeit erscheint.

In analoger Weise erhält man die senkrechte Komponente, nur daß die Schwerkraft noch dazu kommt; man kann sofort anschreiben

$$dZ = -dw_z \frac{dm}{dt} + g\,dm.$$

Da bei stetigem Durchfluß

$$\frac{dm}{dt} = M$$

die in der Zeiteinheit durchströmende Flüssigkeitsmasse bedeutet, ergibt die Integration über den ganzen Kanal innerhalb der in Fig. 77 angegebenen Grenzen für die beiden Komponenten der Rückwirkung die Werte

$$\left.\begin{aligned} X &= -M(w_{x2} - w_{x1}) \\ Z &= -M(w_{z2} - w_{z1}) + G \end{aligned}\right\} \quad \ldots\ldots \quad (98)$$

Darin bedeutet G das Eigengewicht des Kanals samt Inhalt.

Zu diesen Kräften tritt noch der statische Flüssigkeitsdruck auf die Anschlußfläche hinzu, der unter Verwendung der in Fig. 75 enthaltenen Bezeichnung den Wert hat

$$P = F(p_2 - p_1).$$

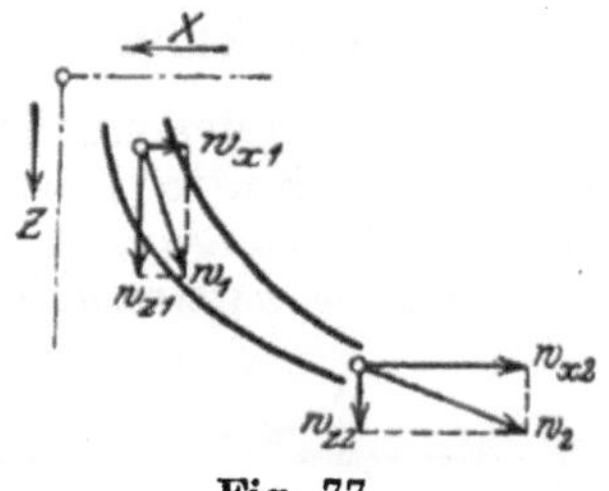

Fig. 77.

Man überzeugt sich von der Notwendigkeit dieser Ergänzung am einfachsten, wenn man sich zuerst den Ausfluß des Kanals verschlossen denkt. Es stellt sich dabei ein bestimmter Druck auf die Anschlußfläche ein. Gibt man den Ausfluß wieder frei, so tritt freilich alsbald eine andere Verteilung des Druckes auf; man muß aber nach wie vor mit einem entsprechenden Druck auf die Anschlußfläche rechnen.

Läßt man diesen statischen Druck und das Eigengewicht des Kanals und der darin enthaltenen Flüssigkeit aus dem Spiel, so bleiben nur die dynamischen Rückwirkungen des strömenden Wassers übrig. Ihre Komponenten sind

$$X = -M(w_{x2} - w_{x1}),$$
$$Z = -M(w_{z2} - w_{z1}).$$

Setzt man die in diesen beiden Gleichungen übereinander stehenden Größen zusammen und beachtet man, daß

$$\text{Res}\,[w_{x2}, w_{z2}] = w_2$$

und

$$\text{Res}\,[w_{x1}, w_{z1}] = w_1\,,$$

so erhält man für die ganze dynamische Rückwirkung

$$R = \text{Res}\,[M w_1\,, M w_2]\,; \quad \ldots\ldots\ldots \quad (99)$$

d. h. diese Rückwirkung ist gleich der Resultanten zweier Kräfte

$$P_1 = M w_1 \quad \text{und} \quad P_2 = M w_2\,, \quad \ldots\ldots \quad (99\,\text{a})$$

die nach Fig. 78 im Anfangs- und im Endpunkt des Kanals in der Richtung der Tangente wirksam sind.

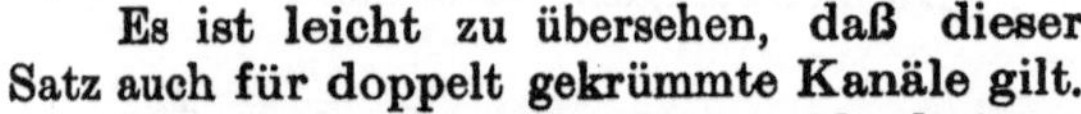

Es ist leicht zu übersehen, daß dieser Satz auch für doppelt gekrümmte Kanäle gilt.

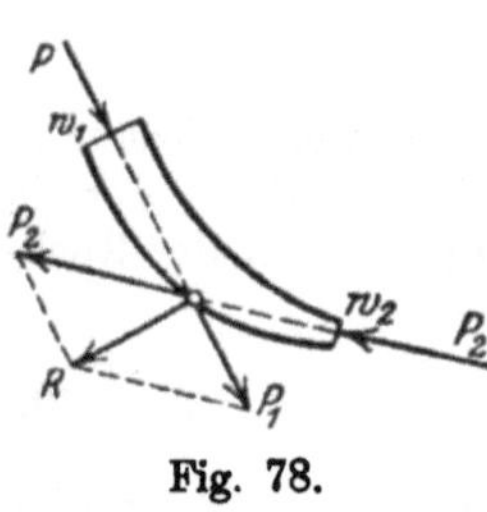

Fig. 78.

Die Betrachtungen dieses Abschnittes sind auf Flüssigkeiten jeder Art, also auch auf Gase und Dämpfe anwendbar; denn es wurde nirgends konstantes Volumen vorausgesetzt.

Es sei nochmals daran erinnert, daß der Einfluß der Reibung bereits in den Geschwindigkeiten zum Ausdruck gelangt und daher nicht besonders einzuführen ist.

6. Kapitel.

Ablenkung im gleichförmig bewegten System.

55. Parallelverschiebung. Die Ergebnisse der Untersuchung im vorigen Abschnitte behalten ihre Gültigkeit, auch wenn die Rinne eine gleichförmige geradlinige Bewegung parallel zu sich selbst besitzt; denn es entstehen hierbei offenbar keine neuen Beschleunigungen, also auch keine weiteren dynamischen Rückwirkungen. Ein genaueres rechnerisches Eintreten ergibt die Bestätigung.

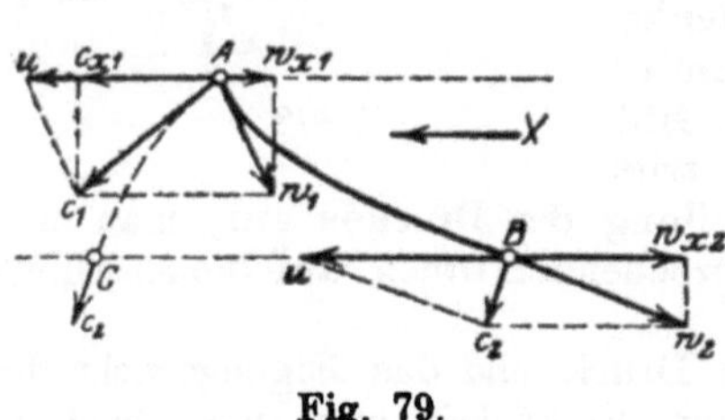

Fig. 79.

Es führe z.B. die in Fig. 79 angedeutete Rinne $A\,B$ eine Bewegung mit der Geschwindigkeit u in der Richtung der X-Achse aus[1]). Damit die Bewegung möglich sei, muß die Anschlußfläche an die Mündung wagrecht liegen; daher wird der statische Druck auf dieselbe so wenig wie die Schwerkraft einen direkten Beitrag an die Kraftkomponente X liefern. Indirekt trägt er allerdings dadurch bei, daß er die Beschleunigung des Wassers im Kanal unterstützt; sein

[1]) Etwa wie bei einer Jonval-Turbine von unendlich großem Durchmesser.

Einfluß ist aber bereits in Anschlag gebracht, wenn man die Beschleunigung in die Rechnung eingeführt hat.

Die Bewegung längs des Kanales setzt sich mit der Eigenbewegung desselben zu einer absoluten Bewegung zusammen, deren Bahn etwa dem Linienzug $A\,C$ entspricht. Diese absolute Bewegung zeigt beim Ein- und beim Austritt in wagrechter Richtung die Geschwindigkeitskomponenten

$$c_{x2} = w_{x2} + u \quad \text{und} \quad c_{x1} = w_{x1} + u \text{ [1]}.$$

Ginge die Bewegung längs eines festen Kanals von der Gestalt $A\,C$ von statten, so wäre die dynamische Rückwirkung in der Richtung der X-Achse nach Abschn. 54, Gl. (98)

$$X = -M(c_{x2} - c_{x1}).$$

Es kann nun aber augenscheinlich nicht darauf ankommen, in welcher Weise der Übergang vom Anfangs- in den Endzustand sich vollzieht, und was für die Bewegung längs eines festen Kanals $A\,C$ gilt, muß auch richtig sein, wenn diese selbe Bewegung sich aus der Verbindung zweier anderen Bewegungen ergibt. Setzt man in den obenstehenden Ausdruck für X die beiden Ausdrücke für c_{x2} und c_{x1} ein, so erhält man in der Tat aus Gl. (98)

$$X = -M(w_{x2} - w_{x1}),$$

und die Eigengeschwindigkeit u der Rinne fällt aus der Rechnung.

Bei der angenommenen Parallelverschiebung wird in der Zeiteinheit eine Arbeit im Betrage von

$$L = u\,X = M\,u\,(c_{x1} - c_{x2}) \quad \ldots\ldots \quad (100)$$

vom Wasser auf den Kanal übertragen.

56. Durchflußgleichung für einen rotierenden Kanal. Es soll die Strömung eines Flüssigkeitsfadens durch einen Kanal untersucht werden, der sich gleichförmig um eine feste Achse dreht. Der Einfachheit wegen sei angenommen, die Achse stehe senkrecht. Unter dieser Annahme behält die Schwerkraft gegenüber dem rotierenden System ihre Richtung unveränderlich bei und läßt sich leicht in die Rechnung einführen.

Aus dem Faden werde durch zwei Querschnitte ein Flüssigkeitsteilchen herausgeschnitten, dessen Größe nach Abschn. 27 mit Rücksicht auf die Kontinuität so gewählt wird, daß es sich in der Zeit dt um seine eigene Länge ds fortschiebt. Es bezeichne dm die Masse des Teilchens, F den Querschnitt des Flüssigkeitsfadens, p den Druck an jener Stelle und q die Beschleunigung des Teilchens. Bei stillstehender Rinne wäre das Element unter dem Einfluß der Schwerkraft $g\,dm$, der tangentialen Komponente $-F\,dp$ des Flüssigkeitsüberdruckes, der Flüssigkeitsreibung und der Beharrungskräfte $(-q\,dm)$

---

[1]) Nach der in Fig. 79 getroffenen Anordnung wären die Geschwindigkeiten w_{x1} und w_{x2} als negativ anzusehen.

und (dC). Fügt man nach dem Satze von Coriolis (Abschn. 12) noch die Ergänzungskräfte

$$(d P_2) = \omega^2 r\, dm$$

und

$$(d P_3) = 2\,\omega\, w\, dm$$

hinzu, so kann man die Bewegung längs der Rinne in Anlehnung an Abschn. 53 gerade so behandeln, als ob keine Drehung stattfände.

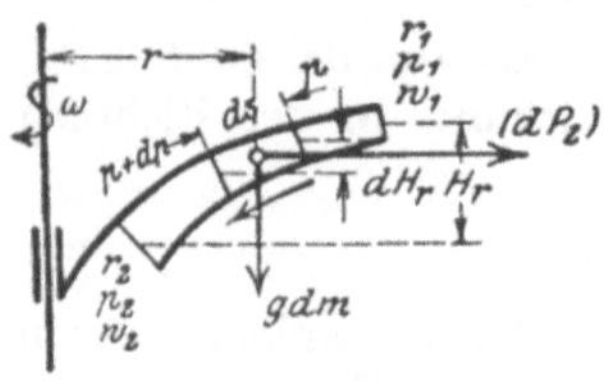

Fig. 80.

Für den Durchfluß fallen die Kräfte (dC) und (dP_3), die normal zur Rinne gerichtet sind, außer Betracht, und es bleiben nur die Kräfte in der Rechnung, die Komponenten in der Richtung der Tangente an den Kanal liefern. Diese Kräfte müssen sich das Gleichgewicht halten, oder die Summe der Arbeiten, die sie in der Zeit dt verrichten, muß gleich null sein. Es ergibt sich an Hand von Fig. 80 folgende Liste der einzelnen Arbeiten:

von den wirklichen Kräften

Schwerkraft	$g\, dm\, dH_r$,
Flüssigkeitsdruck	$-F\, dp\, ds$,
Flüssigkeitsreibung	$-g\, dm\, dH_{vr}$;

von den scheinbaren Kräften

(dP_2)	$\omega^2 r\, dm\, dr$ [1]),
$(q\, dm)$	$-\dfrac{dw}{dt} dm\, ds = -w\, dw\, dm$.

Die Gleichgewichtsbedingung ergibt

$$F\, dp\, ds = -w\, dw\, dm + \omega^2 r\, dm\, dr + g(dH_r - dH_{vr})\, dm$$

oder, da $F\, ds = \dfrac{g}{\gamma} dm$ ist,

$$g\frac{dp}{\gamma} = -w\, dw + \omega^2 r\, dr + g(dH_r - dH_{vr}) \quad . \quad . \quad (101)$$

Diese Gleichung gilt für alle Flüssigkeiten ohne Unterschied. Ihre Integration setzt voraus, daß der Zusammenhang zwischen dem Druck p und dem spezifischen Gewicht γ bekannt sei. Für tropfbare Flüssigkeiten ist γ als konstant anzusehen, und in diesem Fall ergibt die Integration zwischen den in Fig. 80 angedeuteten Grenzen

$$\frac{p_1 - p_2}{\gamma} = \frac{w_2^2 - w_1^2}{2g} - \omega^2 \frac{r_2^2 - r_1^2}{2g} - H_r + H_{vr},$$

wobei H_{vr} den ganzen Druckhöhenverlust im Kanal bedeutet.

[1]) Man beachte, daß bei der gewählten Durchflußrichtung dr und also auch die Arbeit negativ ist.

Führt man die Umfangsgeschwindigkeit $u = r\,\omega$ ein, so nimmt die Gleichung die Form an

$$\frac{p_1 - p_2}{\gamma} = \frac{w_2^2 - w_1^2}{2g} - \frac{u_2^2 - u_1^2}{2g} - H_r + H_{vr} \quad . \; . \; . \; (102)$$

Dies ist eine der Hauptgleichungen der Turbinentheorie; sie gibt Auskunft über die Geschwindigkeit, mit der das Wasser für gegebene Verhältnisse, d. h. unter bestimmten Werten von p_1 und p_2, u_1 und u_2 durch die Rinne fließt, und werde daher als die Durchflußgleichung bezeichnet. Sie gilt für jede Durchflußrichtung, sobald man den Zeiger 1 auf den Eintritt und 2 auf den Austritt bezieht; ihre Gültigkeit ist aber auf tropfbare Flüssigkeiten beschränkt.

Bei den Turbinen ist stets $p_1 - p_2 \geqq 0$; es besteht zumeist ein Überdruck im Sinne des Durchflusses. Gibt man der Gl. (102) eine leichte Abänderung in der Anordnung:

$$\frac{p_1 - p_2}{\gamma} = \frac{w_2^2 - w_1^2}{2g} + \frac{u_1^2 - u_2^2}{2g} + (H_{vr} - H_r), \quad . \; . \; (102\,\mathrm{a})$$

und bleibt man nach Fig. 80 bei der Annahme, der Durchfluß erfolge von außen nach innen, so kann man die Gleichung folgendermaßen lesen: Der Überdruck vom Eintritt nach dem Austritt wird dazu verwendet: erstens die Flüssigkeit längs der Rinne von der Geschwindigkeit w_1 auf w_2 zu beschleunigen, zweitens die Zentripetalbeschleunigung zu erzeugen und drittens den Radwiderstand H_{vr} (abzüglich der Radhöhe H_r) zu überwinden; sie stellt sich somit als Ausdruck für das Prinzip von der Erhaltung der Energie dar, und kann demgemäß sofort angeschrieben werden.

Je kleiner die Umfangsgeschwindigkeit u_2 nach innen wird, desto größer muß der Überdruck $p_1 - p_2$ sein, um die Bewegung aufrecht zu erhalten. Umgekehrt wird bei unverändertem Überdruck der Durchfluß desto langsamer vor sich gehen, je mehr die Umfangsgeschwindigkeit nach innen abnimmt, d. h. je kleiner der innere Halbmesser wird.

Hätte man den Eintritt innen, so wäre $u_2 > u_1$; das zweite Glied rechts, das die Zentripetalbeschleunigung mißt, würde negativ, d. h. es wirkt diese fördernd auf den Durchfluß; die Gleichung wäre also ein wenig anders zu lesen.

57. Rückwirkung eines Flüssigkeitsfadens auf eine gleichförmig rotierende Rinne. Zur Vereinfachung der Untersuchung sei angenommen, daß die Drehachse senkrecht stehe und ferner, daß die Rinne in einer wagrechten Ebene enthalten sei.

Nach Abschn. 9 Gl. (31) übt ein einzelnes Teilchen des Flüssigkeitsfadens, das die Masse dm besitzt, auf die Rinne eine Rückwirkung aus, die gleich der Resultanten sämtlicher Beharrungs- und Außenkräfte ist. Die Schwerkraft, die im vorliegenden Falle die einzige Außenkraft ist, fällt außer Betracht, da sie normal zur

Ebene der Rinne gerichtet ist und daher keinen Einfluß auf die Bewegung haben kann. Es bleiben daher nur die Beharrungskräfte übrig, und da diese alle in der Rinnenebene liegen, böte die Zusammensetzung derselben keine Schwierigkeiten. Was uns hier aber vor allem interessiert, ist nicht die Resultante als solche, sondern das resultierende Drehmoment der Rückwirkung, das auf die Rinne übertragen wird und Arbeit zu verrichten imstande ist. Dasselbe wird erhalten als die algebraische Summe der Momente der einzelnen Kräfte.

Als einzelne Kräfte sind nach Abschn. 12 wirksam (vgl. Fig. 9 bzw. 10):

1. Die Zentrifugalkraft der relativen Bewegung

$$(d\,P_1) = \frac{w^2}{\varrho}\,d\,m$$

am Hebelarm

$$r \sin\beta,$$

2. die tangentiale Beharrungskraft

$$(q\,dm) = \frac{d\,w}{d\,t}\,dm$$

in der Richtung entgegengesetzt zur relativen Bewegung längs der Rinne, am Hebelarm $r\cos\beta$,

3. die zusammengesetzte Zentrifugalkraft

$$(d\,P_3) = 2\,\omega\,w\,d\,m$$

am Hebelarm $r\sin\beta$.

Dagegen fällt die radial gerichtete Zentrifugalkraft $(d\,P_2)$ des Systempunktes aus der Betrachtung, da sie kein Drehmoment liefert.

In Fig. 81 sind die Kräfte ihrer Richtung nach für den Fall eingetragen, wo die Bewegung von außen nach innen vor sich geht, entsprechend der Strömung bei Francisturbinen. Für die gewählten Durchfluß- und Krümmungsverhältnisse ergeben sich lauter positive Teilmomente. Wie sich die Vorzeichen gestalten, wenn die Strömung oder die Krümmung des Kanals anders verläuft, ist leicht zu überblicken.

Für das resultierende Drehmoment erhält man

$$d\,\mathfrak{M} = (d\,P_1)\,r\sin\beta + (p\,dm)\,r\cos\beta + (d\,P_3)\,r\sin\beta \,. \quad . \quad . \quad (103)$$

Um dasselbe zu bestimmen, hat man die Einzelglieder zu berechnen. Für das erste Glied

$$(d\,P_1)\,r\sin\beta = r\,\frac{w^2}{\varrho}\,dm\sin\beta$$

ist vor allem der Krümmungshalbmesser ϱ zu bestimmen. Das

Teilchen, das sich nach Fig. 82 augenblicklich in A befindet, gelangt nach der Zeit dt nach B. Würde sich der Winkel β, den die Rinne mit dem Radumfang einschließt, beim Übergange von A nach B nicht ändern, so wäre der Winkel $d\mu$, den die Bahntangenten in A und B miteinander bilden, gleich dem Winkel $d\psi$ zwischen den

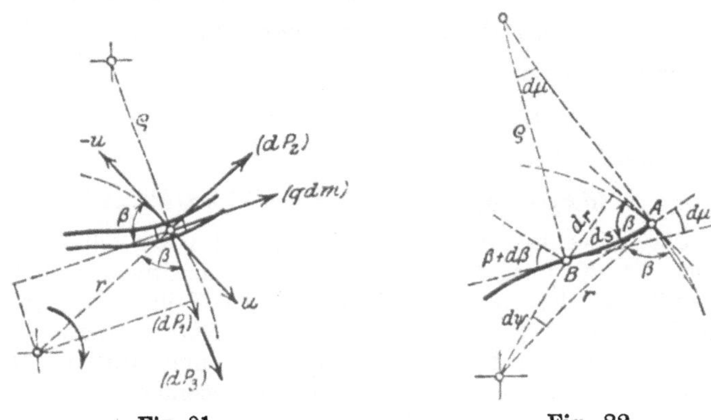

Fig. 81. Fig. 82.

Strahlen nach A und B. Wächst aber beim Übergange der Winkel β um den Betrag $d\beta$, so wird augenscheinlich der Winkel $d\mu$ um ebensoviel kleiner; es ist also

$$d\mu = d\psi - d\beta.$$

Diesen selben Winkel $d\mu$ schließen aber auch die beiden Krümmungshalbmesser in A und B miteinander ein; daraus ergibt sich

$$\varrho = \frac{ds}{d\mu} = \frac{ds}{d\psi - d\beta}.$$

Multipliziert man Zähler und Nenner mit $r \sin\beta$, so erhält man

$$\varrho = \frac{r\,ds \sin\beta}{r\,d\psi \sin\beta - r \sin\beta\, d\beta}.$$

Da aber $r\,d\psi = ds \cos\beta$ und $ds \sin\beta = dr$, kann man schreiben

$$\varrho = \frac{r\,ds \sin\beta}{dr \cos\beta - r \sin\beta\, d\beta}.$$

oder

$$\varrho = \frac{r\,ds \sin\beta}{d(r\cos\beta)}.$$

Führt man diesen Wert in den Ausdruck für das erste Teilmoment ein, so nimmt er die Gestalt an

$$(dP_1)\, r \sin\beta = w \frac{dm}{dt}\, d(r\cos\beta).$$

Nach der Kontinuitätsbedingung ist $dm:dt = M$ die in der Zeiteinheit durchströmende Flüssigkeitsmasse; man erhält daher schließlich für das erste Teilmoment

$$(dP_1) r \sin\beta = M w\, d(r\cos\beta) \quad \ldots \ldots \quad (104)$$

Für das zweite Teilmoment kann man sofort anschreiben

$$(q\, dm) r \cos\beta = M r\, dw \cos\beta \quad \ldots \ldots \quad (105)$$

Das dritte Teilmoment ist

$$(dP_3) r \sin\beta = 2\,\omega\, w\, r\, dm \sin\beta$$

oder, da $w = ds:dt$ und $ds \sin\beta = dr$

$$(dP_3) r \sin\beta = 2 M \omega\, r\, dr = M\omega\, d(r^2) \quad \ldots \ldots \quad (106)$$

Bei der gewählten Durchflußrichtung, also bei abnehmendem Halbmesser, ist $d(r^2)$ negativ; da aber (dP_3) ein positives Drehmoment ergeben muß, ist der Ausdruck für das dritte Teilmoment mit dem negativen Vorzeichen in die algebraische Summation einzusetzen.

Führt man die Werte aus Gl. (104), (105) und (106) in Gl. (103) ein, so erhält man für das resultierende Drehmoment

$$d\mathfrak{M} = M[w\, d(r\cos\beta) + r\, dw \cos\beta - \omega\, d(r^2)].$$

Da ω nach der Voraussetzung konstant ist, kann man für das letzte Glied auch schreiben

$$\omega\, d(r^2) = d(\omega r^2) = d(u r),$$

wenn $u = r\omega$ die Umfangsgeschwindigkeit des Rinnenpunktes bedeutet. Die beiden ersten Glieder bilden das vollständige Differential von $r w \cos\beta$, und es ergibt sich somit für das resultierende Drehmoment

$$d\mathfrak{M} = M[d(r w \cos\beta) - d(u r)]$$
$$= M d[r(w\cos\beta - u)].$$

Es ist aber nach Fig. 83

$$u - w\cos\beta = c_u$$

oder gleich der Umfangskomponente der absoluten Geschwindigkeit c des Flüssigkeitsteilchens, und wenn man dieselbe einführt, so erhält man schließlich

$$d\mathfrak{M} = -M d(r c_u).$$

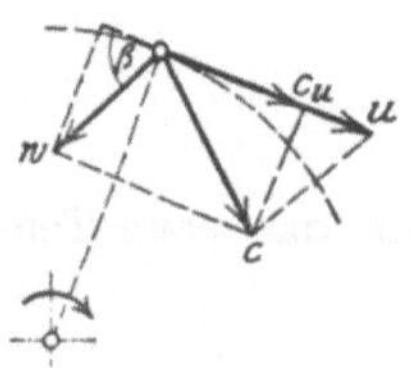

Fig. 83.

Die Integration über die ganze Rinne zwischen den Grenzen r_1 und r_2 für Ein- und Austritt, denen die Werte c_{u1} und c_{u2} entsprechen, ergibt endlich für die dynamische Wirkung des strömenden Flüssigkeitsfadens

$$\mathfrak{M} = M(r_1 c_{u1} - r_2 c_{u2}) \quad \ldots \quad (107)$$

Diese Beziehung wurde von **Leonhard Euler** aufgefunden und im Jahre 1754 veröffentlicht. Sie bildet mit der Durchflußgleichung (102) die Grundlage der Turbinentheorie. Für die meisten Anwendungen wird sie zweckmäßiger noch etwas umgeformt. Multipliziert man sie mit ω, so erhält man eine Beziehung für die vom Flüssigkeitsfaden auf die Rinne übertragene Leistung $L = \mathfrak{M}\,\omega$. Da $r\,\omega = u$ die Umfangsgeschwindigkeit des Rinnenpunktes bedeutet, erhält man als Ausdruck für die Leistung

$$L = \mathfrak{M}\,\omega = M(u_1\,c_{u1} - u_2\,c_{u2}) \quad \ldots \ldots \quad (108)$$

Man bezeichnet diese Gleichung wohl als die Eulersche Arbeitsgleichung.

Der statische Druck auf die Anschlußfläche der Rinne liefert keinen Beitrag zum Drehmoment; denn er ist radial gerichtet, da die Anschlußfläche wegen der Beweglichkeit der Rinne in die Richtung des Umfanges fallen muß.

Da über die Natur der Flüssigkeit keine besonderen Annahmen getroffen wurden, gilt die Eulersche Gleichung für jede Art von Flüssigkeit; sie gilt auch, wenn die Bewegung mit Reibung behaftet ist, da deren Einfluß sich in den Geschwindigkeiten geltend macht.

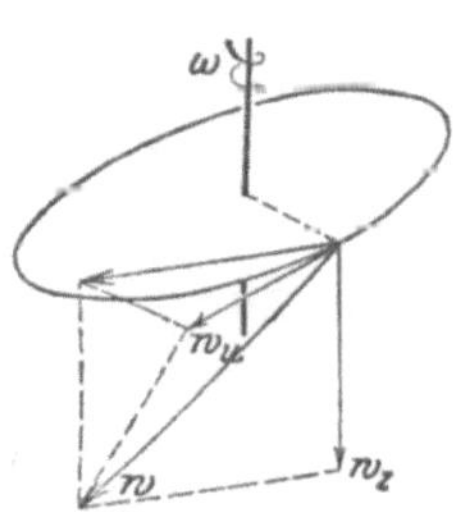

Fig. 84.

Ist die Rinne nicht in einer Parallelkreisebene enthalten, sondern beliebig doppelt gekrümmt, so gelangt man auf folgendem Wege zu einem deutlichen Einblick. Projiziert man nach Fig. 84 die Bewegung auf eine Parallelkreisebene, so ist auf diese Projektion die Eulersche Gleichung ohne weiteres anwendbar. Da die relative Geschwindigkeit w längs der Rinne und ihre Projektion dieselbe Umfangskomponente w_u ergeben, erhält man aus der Eulerschen Gleichung dieselben Werte, ob man mit w oder mit der Projektion w_u rechnet. Die senkrechte Bewegungskomponente w_z aber kann keinen Einfluß auf das Drehmoment ausüben; allfällige Rückwirkungen derselben kommen nur als Axialschübe zur Geltung.

58. Bemerkungen zur Eulerschen Gleichung. Die Analogie zwischen der Gl. (108) und der Gl. (100), die die Leistung des Wasserfadens bei Parallelverschiebung der Rinne darstellt, ist in die Augen fallend. In der Tat ergibt sich die letztere als Sonderfall der ersteren, indem man den Halbmesser unendlich groß setzt. In diesem Falle geht die Drehung in eine geradlinige Parallelverschiebung über und die Umfangsgeschwindigkeit wird für alle Punkte dieselbe. Es geht Gl. (107) in die Form über

$$L = M\,u\,(c_{u1} - c_{u2})$$

was mit Gl. (100) identisch ist.

Aus der Eulerschen Gleichung läßt sich der Schluß ziehen, daß die Leistung nur vom Anfangs- und vom Endzustand der Flüssigkeit abhängt. Wie sich der Übergang vollzieht, ist ohne Bedeutung, sobald er nur möglichst reibungs- und verlustfrei vor sich geht. Wichtig ist aber, daß das negative Glied in der Klammer möglichst klein werde. Man kann sich so einrichten, daß nach Fig. 85 die absolute Austrittsgeschwindigkeit c_2 radial gerichtet ist, daß also ihre Umfangskomponente null wird. In diesem Falle geht die Eulersche Gleichung in die Form über

$$L = M u_1 c_{u1}.$$

Zur Erzielung einer erheblichen Leistung ist unbedingt erforderlich, daß die Flüssigkeit beim Eintritt eine größere vorwärtsgerichtete Komponente c_{u1} besitze. Darum muß die Flüssigkeit annähernd tangential auf die Turbine geleitet werden. Das austretende Wasser aber soll keine Umfangskomponente mehr besitzen.

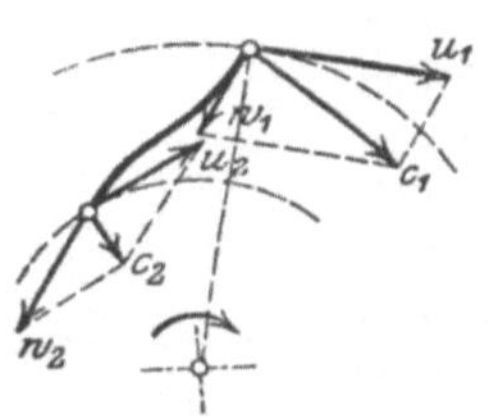

Fig. 85.

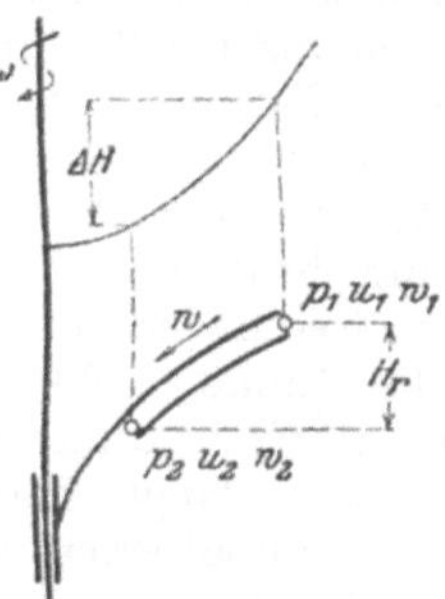

Fig. 86.

59. Summarische Ableitung der Grundgleichungen. Die beiden Gl. (102) und (108), die die Grundlagen der Turbinentheorie bilden, lassen sich sehr einfach in folgender Weise ableiten. Fig. 86 stellt einen gekrümmten Kanal dar, der sich um eine feste senkrechte Achse mit der konstanten Winkelgeschwindigkeit ω dreht und vom Wasser z. B. in der Richtung von außen nach innen durchflossen wird. Denkt man sich die Rinne außen und innen abgeschlossen, so stellen sich an beiden Enden Piezometerstände ein, die nach Abschn. 22 auf einem Paraboloid liegen und nach Gl. (48a) einen Höhenunterschied von

$$\Delta H = \frac{u_1^2 - u_2^2}{2g}$$

aufweisen. Zwischen Ein- und Austritt besteht somit ein Druckunterschied von

$$\Delta H - H_r.$$

Um das Gleichgewicht auch ohne die Verschlüsse aufrecht zu erhalten, müßte ein Druckunterschied in eben dieser Höhe vorhanden sein. Soll aber nicht nur Gleichgewicht bestehen, sondern überdies das Wasser von der Geschwindigkeit w_1 auf w_2 beschleunigt werden, so bedarf es dazu noch eines weiteren Überdruckes im Betrage von

$$\frac{w_2^2 - w_1^2}{2g}.$$

Rechnet man endlich noch eine Überdruckhöhe H_v für die Überwindung der hydraulischen Widerstände hinzu, so erhält man für die im ganzen erforderliche Überdruckhöhe

$$\frac{p_1 - p_2}{\gamma} = \frac{w_2^2 - w_1^2}{2g} - \frac{u_2^2 - u_1^2}{2g} - H_r + H_v.$$

Dies ist die Durchflußgleichung in der früher aufgestellten Form (102). Die Ableitung ist aber insofern nicht ganz überzeugend, als man im Zweifel darüber sein kann, ob bei der Berechnung des Überdruckes für die Beschleunigung des Wassers nicht statt der relativen die absoluten Geschwindigkeiten maßgebend seien.

Die Eulersche Arbeitsgleichung läßt sich aus der Energiebilanz ableiten. Bis zum Austritt hat man an eingehender Energie

$$Mg\left(\frac{c_1^2}{2g} + \frac{p_1}{\gamma} + H_r\right),$$

wobei c_1 die absolute Eintrittsgeschwindigkeit bezeichnet. An austretender und verlorener Energie ist zu buchen

$$Mg\left(\frac{c_2^2}{2g} + \frac{p_2}{\gamma} + H_{vr}\right),$$

wobei c_2 die absolute Austrittsgeschwindigkeit bedeutet. Der Unterschied zwischen Ein- und Ausgang muß die auf den Kanal übertragene Arbeit sein; man erhält dafür

$$L = Mg\left(\frac{c_1^2 - c_2^2}{2g} + \frac{p_1 - p_2}{\gamma} + H_r - H_{vr}\right).$$

Setzt man für $(p_1 - p_2) : \gamma$ den Wert aus der Durchflußgleichung (102) ein, so bekommt man als Leistung

$$L = \frac{M}{2}(c_1^2 - c_2^2 + w_2^2 - w_1^2 + u_1^2 - u_2^2).$$

Es ist aber nach Abschn. 11, Gl. (34)

$$w_1^2 = c_1^2 + u_1^2 - 2\,u_1\,c_{u_1}$$

und

$$w_2^2 = c_2^2 + u_2^2 - 2\,u_2\,c_{u_2}$$

Setzt man dies ein, so erhält man die Arbeitsgleichung in der früheren Form (108)

$$L = M(u_1\,c_{u_1} - u_2\,c_{u_2}).$$

Es lassen sich somit die beiden Grundgleichungen auch ohne Zuhilfenahme des Coriolisschen Satzes aufstellen. Die auf dem weiteren Wege gewonnene Vertiefung der Begriffe und des Einblickes in die Einzelheiten der Vorgänge dürfte für den Mehraufwand an Zeit und Arbeit reichlich entschädigen[1]).

60. Die Ableitung der Eulerschen Gleichung nach Zeuner[2]) zeichnet sich durch ihre Einfachheit aus und mag daher hier auch noch folgen.

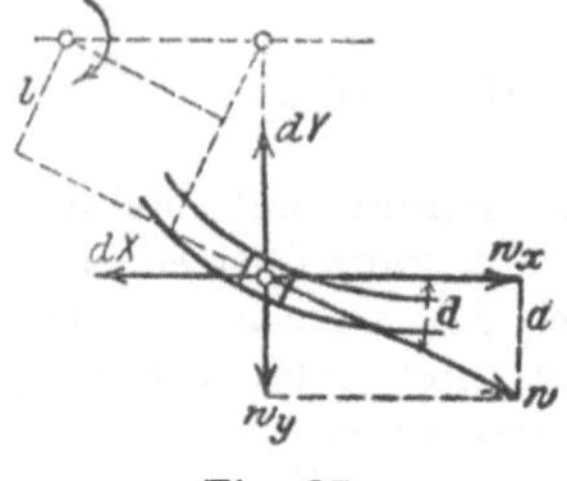

Fig. 87.

Die in Fig. 87 dargestellte ebene Rinne ist drehbar um eine Achse, die normal zur Ebene der Rinne steht. Sie werde zunächst festgehalten. Zerlegt man die Bewegung längs der Rinne in ihre Komponenten in der Achsenrichtung eines rechtwinkligen Koordinatensystems, dessen Anfangspunkt in der Drehachse liegen soll, so ergeben sich für die dynamischen Rückwirkungen des fließenden Wasserteilchens von der Masse dm auf die Rinne die beiden Komponenten

$$dX = -\frac{dw_x}{dt}\,dm,$$

$$dY = -\frac{dw_y}{dt}\,dm.$$

Wenn x und y die Koordinaten des Punktes bedeuten, in welchem das betrachtete Teilchen sich eben befindet, so erzeugen diese dynamischen Rückwirkungen ein Drehmoment *hinsichtlich* der Achse

$$d\mathfrak{M} = (x\,dw_x - x\,dw_y)\,\frac{dm}{dt}.$$

In der Klammer kann man, ohne die Gleichung zu stören, den Ausdruck

$$w_x\,dy - w_y\,dx = \frac{dx}{dt}\,dy - \frac{dy}{dt}\,dx = 0$$

addieren und dadurch den Klammerausdruck zu einem vollständigen Differential machen. Da $dm:dt = M$ die in der Zeiteinheit durch die Rinne fließende Wassermasse bedeutet, erhält man die Gleichung

$$d\mathfrak{M} = M\,d\,(y\,w_x - x\,w_y).$$

---

[1]) Es gibt bis auf den heutigen Tag noch genug Leute, die im Ernste glauben, es lasse sich aus der Zentrifugalkraft Arbeit gewinnen. Sie vergessen, daß die Zentrifugalkraft als Rückwirkung der Trägheit erst durch die Drehung hervorgerufen wird und somit nicht wieder fördernd auf die Drehbewegung zurückwirken kann. Man denkt beinahe unwillkürlich an den Herrn Baron von Münchhausen, der sich selbst am Zopfe aus dem Sumpfe herauszieht.

[2]) Vorlesungen über die Theorie der Turbinen, Leipzig 1899.

Mit Rücksicht darauf, daß nach Fig. 87

$$w_x = w \cos\alpha\,; \qquad w_y = w \sin\alpha$$

und

$$y \cos\alpha - x \sin\alpha = l\,,$$

kann man sie in der Form schreiben

$$d\,\mathfrak{M} = M\,d\,(w\,l)\,.$$

Nach Fig. 88 ist aber $l = r\cos\beta$, wobei r den Abstand von der Drehachse und β den Winkel bezeichnet, den die Rinne mit der Umfangsrichtung einschließt; somit geht die Gleichung in die Form über

$$d\,\mathfrak{M} = M\,d\,(r\,w\cos\beta)$$

oder, da $w\cos\beta = w_u$

$$d\,\mathfrak{M} = M\,d\,(r\,w_u)\,.$$

Wenn sich die Rinne um die Achse dreht, so entsteht eine absolute Bewegung als Resultante der relativen Bewegung längs der Rinne und der Drehbewegung der letzteren. Bedeutet c_u die Umfangskomponente der absoluten Bewegung des Wasserteilchens im Achsabstande r, so gibt offenbar auch für diesen Fall die vorstehende Gleichung das Drehmoment der Rückwirkung auf die Rinne an, sobald man c_u für w_u einsetzt; denn es kommt augenscheinlich nicht darauf an, ob eine gewisse absolute Bewegung durch Strömen längs einer stillstehenden oder längs einer rotierenden Rinne zustande kommt. Es ist also

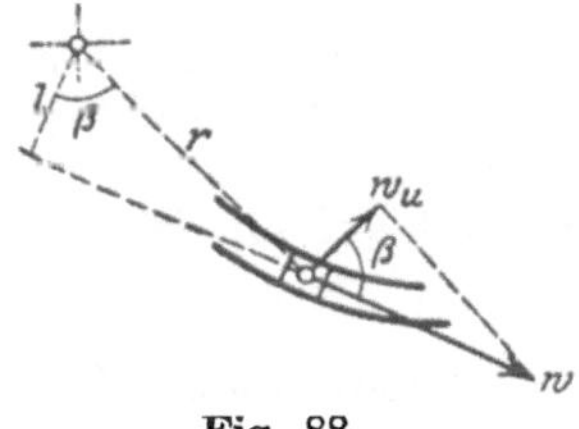

Fig. 88.

$$d\,\mathfrak{M} = M\,d\,(r\,c_u)$$

und wenn man die Integration zwischen den Grenzen r_1 und c_{u_1} einerseits und r_2 und c_{u_2} andererseits vollzieht, die für den Ein- und Austritt der Rinne gelten, so erhält man wie früher für das ganze Drehungsmoment die Gl. (107)

$$\mathfrak{M} = M(r_1\,c_{u_1} - r_2\,c_{u_2})\,.$$

61. Das Segnersche Wasserrad, mit dessen Theorie sich schon Euler wiederholt beschäftigt hat, wurde vor Erfindung des Tangentialrades durch Zuppinger öfters zur Ausnützung größerer Gefälle bei kleineren Wassermengen benutzt und erhielt dabei die in Fig. 89 skizzierte Anordnung. Da das Wasser auf einem kleinen Halbmesser mit geringer Geschwindigkeit angenähert radial in die

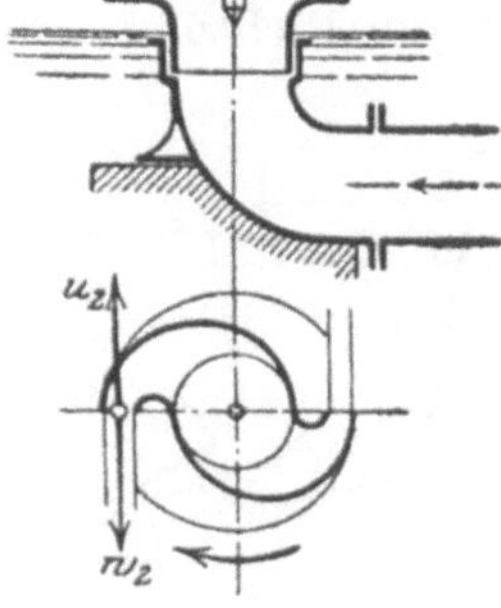

Fig. 89.

gebogenen Arme eintritt, fällt in der Eulerschen Arbeitsgleichung

$$L = M(u_1 c_{u_1} - u_2 c_{u_2})$$

das erste Glied in der Klammer ziemlich klein aus. Setzt man dasselbe der Einfachheit wegen gleich null, so geht die Gleichung in die Form über

$$L = -M u_2 c_{u_2}.$$

Da das Wasser nach Fig. 89 rückwärts in der Richtung des Umfanges austritt, ist

$$c_{u_2} = c_2 = u_2 - w_2.$$

Damit eine gewisse Leistung erzielt werde, muß die absolute Austrittsgeschwindigkeit c_2 eine beträchtliche rückwärts gerichtete Größe besitzen; es darf also das Wasser seine Geschwindigkeit nur ganz unvollständig abgeben und daher ist der Wirkungsgrad schlecht.

7. Kapitel.

Sonderfälle.

62. Reaktion des ausfließenden Wassers. Der Ausfluß aus dem in Fig. 90 dargestellten Gefäße kann als Sonderfall des Durchflusses nach dem 5. Kapitel behandelt werden, indem man den Anfangszustand auf die Oberfläche bezieht und einsetzt

$$p_1 = p_2; \qquad w_1 = 0.$$

Damit nimmt die Durchflußgleichung (97a) die Gestalt an

$$\frac{c^2}{2g} = \frac{H}{1+\zeta} \quad \text{oder} \quad (1+\zeta)\frac{c^2}{2g} = H \quad . \; . \; . \quad (109)$$

Als Rückwirkung auf das Gefäß erhält man nach Gl. (99a)

$$P_1 = 0 \quad \text{und} \quad P_2 = -Mc.$$

Es bleibt also neben dem Eigengewicht als Wirkung des Wassers auf das Gefäß nur die Kraft

$$W = P_2 = -Mc \quad . \; . \; . \; . \; . \; . \; . \; . \; . \quad (110)$$

in der Richtung entgegengesetzt zum Ausfluß übrig. Daniel Bernoulli hat diese Kraft zuerst berechnet und sie als die Reaktion des ausfließenden Wassers bezeichnet.

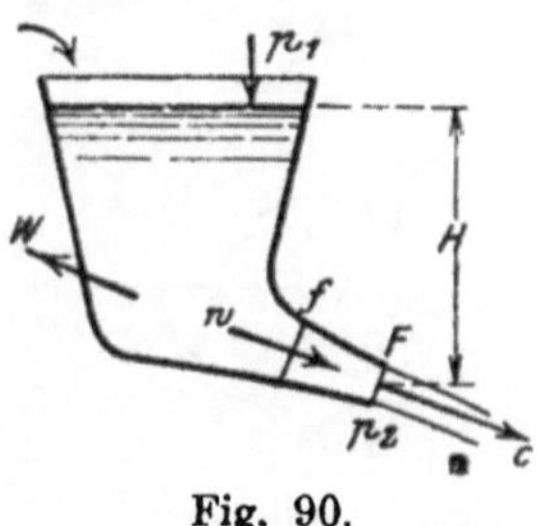

Fig. 90.

Man kann den Ausdruck für W durch eine Umformung noch etwas anschaulicher machen. Bedeutet F den Mündungsquerschnitt, so erhält man als Ausdruck für die ausfließende Wassermasse

$$M = \frac{F c \gamma}{g}.$$

Führt man diesen Wert oben ein, so wird

$$W = -2F\gamma\frac{c^2}{2g}.$$

Unter der Annahme, daß der Ausfluß reibungsfrei vor sich gehe, wäre

$$\frac{c^2}{2g} = H$$

und daher

$$W = 2FH\gamma; \quad \ldots\ldots\ldots \quad (110\text{a})$$

d. h. die Reaktion wäre doppelt so groß als der statische Druck $FH\gamma$ auf die zugeschlossene Mündung.

Wie Pfarr gezeigt hat[1]), besteht das Wesen der Reaktion in der Entlastung der Mündung und der anliegenden Teile der Wandfläche, die dadurch eintritt, daß sich der Druck in Geschwindigkeit umsetzt. Man denke sich die Mündung zunächst geschlossen; das Gefäß befindet sich alsdann im vollständigen Gleichgewicht. Gibt man sodann die Mündung frei, so fällt zunächst der Druck auf diese dahin; es entsteht also ein einseitiger Überdruck in der Richtung entgegengesetzt zum Ausfluß im entsprechenden Betrage von

$$\Delta_1 P = FH\gamma = \tfrac{1}{2}Mc.$$

Damit wäre die eine Hälfte der Reaktion ausgewiesen. Wie die andere Hälfte entsteht, ergibt sich aus folgender Betrachtung. In einem beliebigen Punkte des Ansatzrohres besitze der Querschnitt die Größe f und daher die Geschwindigkeit den Wert

$$w = \frac{Q}{f}.$$

Dem entspricht gegenüber dem statischen Zustand bei geschlossener Mündung eine Druckverminderung um den Betrag der Geschwindigkeitshöhe:

$$\Delta p = \gamma\frac{w^2}{2g} = \gamma\frac{Q^2}{2gf^2}.$$

Schneidet man an jenem Punkte durch zwei unendlich nahe Ebenen normal zur Ausflußrichtung ein Element der Wandfläche heraus, dessen Projektion auf die Ebenen die Größe df besitzen mag, so gibt diese Druckverminderung eine Entlastung in der Richtung entgegengesetzt zum Ausfluß in der Höhe von

$$dP = \Delta p\, df = \gamma\frac{Q^2}{2g}\frac{df}{f^2}.$$

Bei der Integration hat der Mündungsquerschnitt F die untere Grenze zu bilden und da im Gefäße selbst die Entlastung ver-

[1]) Zeitschrift für das gesamte Turbinenwesen, 1908, S. 85.

schwindet, ist die obere Grenze mit ∞ einzusetzen. Somit findet sich für die Entlastung auf den Wänden der Ausdruck

$$\Delta_2 P = \gamma \frac{Q^2}{2g} \frac{1}{F} = \gamma \frac{Q}{2g} \frac{Q}{F} = \frac{1}{2} M c .$$

Die ganze Entlastung ist somit

$$\Delta P = \Delta_1 P + \Delta_2 P = M c ,$$

wie früher gefunden wurde.

63. Staufreier Durchfluß. Ist der Druck in der Rinne überall derselbe, so erfolgt der Durchfluß ungestaut oder staufrei. Man erreicht diesen Zustand am sichersten, wenn man den Auslauf nach Fig. 91 auf der konkaven Seite offen läßt. Da $p_1 = p_2$ ist, nimmt die Durchflußgleichung (97) nach Abschn. 52 die Form an

$$H_r - H_v = \frac{w_2^2 - w_1^2}{2g} ,$$

oder

$$H_r = \frac{(1+\zeta) w_2^2 - w_1^2}{2g} .$$

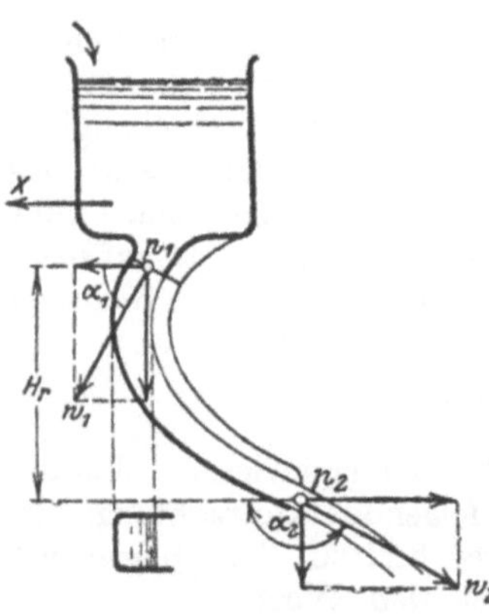

Fig. 91.

Die Rückwirkung des strömenden Wassers auf die Rinne wird nach wie vor durch die Gl. (98) ausgedrückt

$$X = M(w_{x_1} - w_{x_2}) ,$$
$$Z = M(w_{z_1} - w_{z_2}) + G .$$

Unter der Voraussetzung, daß der Einfluß des Gefälles H_r und der Reibung sich aufheben, ist $w_1 = w_2$ und man erhält die beiden Komponenten

$$\left.\begin{aligned} X &= M w (\cos \alpha_1 - \cos \alpha_2) \\ Z &= M w (\sin \alpha_1 - \sin \alpha_2) + G \end{aligned}\right\} \quad . \quad . \quad . \quad . \quad . \quad (111)$$

An der Anschlußstelle tritt kein Überdruck auf.

Sonderbarerweise hat man sich veranlaßt gefunden, die Rückwirkung bei staufreiem Durchfluß als A k t i o n und diejenige bei gestautem Durchfluß nach Abschn. 54 als R e a k t i o n voneinander zu unterscheiden, während es sich doch in beiden Fällen genau um dasselbe handelt, nämlich um die Wirkungen der Beharrungskräfte des strömenden Wassers.

64. Stoß eines freien Strahles gegen eine ebene Fläche. Trifft nach Fig. 92 ein Wasserstrahl, der einer Mündung entströmt, mit der Geschwindigkeit c unter rechtem Winkel auf eine entgegenstehende ebene Fläche von genügender Ausdehnung, so wird das

Wasser nach allen Seiten rechtwinklig abgelenkt. Die Ablenkung erfolgt überaus plötzlich, so daß man von einem **Stoß** spricht.

Die Wirkung, die ein einzelnes Wasserteilchen von der Masse dm in der Stromrichtung auf die Fläche ausübt, ist nach Abschn. 54

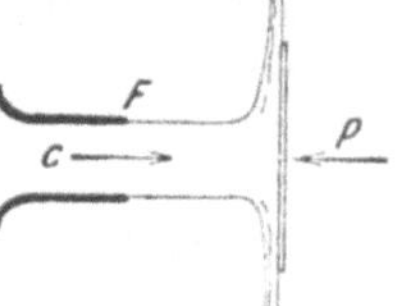

Fig. 92.

$$dP = -\frac{dm\,dw}{dt} = -M\,dw,$$

wobei w die augenblickliche Geschwindigkeitskomponente des Teilchens in der ursprünglichen Richtung und M die in der Zeiteinheit aufschlagende Wassermasse bedeutet. Die Integration zwischen den Grenzen $w=c$ und $w=0$ ergibt für den ganzen Stoßdruck

$$P = Mc.$$

Bedeutet F den Querschnitt des Strahles oder der gut abgerundeten Mündung, der er entströmt, so ist

$$M = \frac{Fc\gamma}{g}.$$

Es ergibt sich somit für die Stoßkraft

$$P = 2F\gamma\frac{c^2}{2g} \quad \ldots\ldots\ldots \quad (112)$$

Unter der Voraussetzung, daß der Ausfluß aus der Mündung verlustfrei vor sich gehe, bedeutet

$$H = \frac{c^2}{2g}$$

die Ausflußhöhe. Führt man diesen Ausdruck in Gl. (112) ein, so findet sich

$$P = 2FH\gamma, \quad \ldots\ldots\ldots \quad (112\text{a})$$

d. h. der Stoßdruck ist zweimal so groß als der statische Druck auf die Mündungsfläche.

Der Versuch zeigt, daß Gl. (112) den Stoßdruck etwas zu groß angibt; man muß noch einen Korrektionsfaktor beifügen und schreiben

$$P = \varphi Mc = 2\varphi F\gamma\frac{c^2}{2g} \quad \ldots\ldots \quad (112\text{b})$$

Weisbach fand sowohl für Wasser als für Luft

$$\varphi = 0{,}92 \text{ bis } 0{,}96.$$

Ist die Stoßfläche im Verhältnis zum Mündungsquerschnitt nicht groß genug, so tritt keine völlige Ablenkung ein und der Stoßdruck fällt daher etwas kleiner aus.

65. Beim **schiefen Stoß** nach Fig. 93 rechnet man gewöhnlich mit der Annahme, daß der Normaldruck N auf die Fläche der Wirkung eines geraden Stoßes entspreche, der mit der Geschwindigkeitskomponente normal zur Stoßfläche erfolgt. Es ergäbe sich also für den Normaldruck auf die Fläche

$$N = M c \cos \alpha ,$$

und für den Druck in der Richtung des Strahles

$$P = N \cos \alpha = M c \cos^2 \alpha .$$

Diese Annahme ist indessen keineswegs zutreffend, und das Ergebnis stimmt daher nicht mit der Erfahrung überein. Die Erscheinung ist ziemlich verwickelt, da die Bedingungen für das Ausweichen des Wassers nach jeder Richtung hin wieder andere sind. Soviel ist indes ohne weiteres zu erkennen, daß die axiale Stoßwirkung kleiner als beim geraden Stoß sein muß, da ein größerer Teil des abgelenkten Wassers noch eine gewisse Geschwindigkeitskomponente in der ursprünglichen Richtung besitzt. Dem gegenüber ist die Tatsache nicht ausschlaggebend, daß ein kleiner Teil des Wassers rückwärts ausweicht, also um mehr als 90^0 abgelenkt wird.

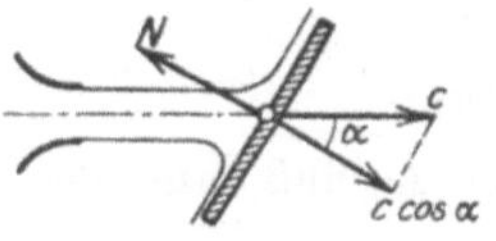

Fig. 93.

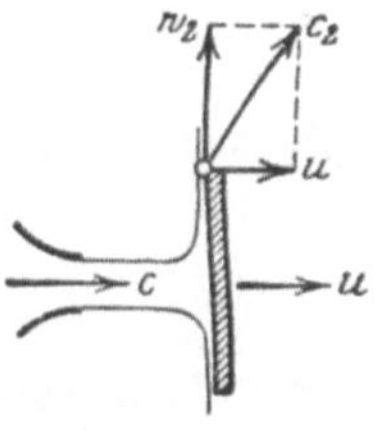

Fig. 94.

66. Arbeitsübertragung beim geraden Stoß. Die getroffene Fläche weiche nach Fig. 94 mit der Geschwindigkeit u zurück. Der Strahl schlägt daher nur mit der Geschwindigkeit $c - u$ auf, und es beträgt der Stoßdruck nur

$$P = M(c - u) .$$

Dieser Druck erreicht seinen größten Wert für $u = 0$; mit zunehmender Geschwindigkeit u nimmt er stetig ab, bis er für $u = c$ verschwindet.

Beim Zurückweichen wird in der Zeiteinheit eine Arbeit verrichtet im Betrage von

$$L = P u = M(c - u) u$$

oder

$$L = M(c u - u^2) \quad . \quad . \quad . \quad . \quad . \quad . \quad . \quad . \quad . \quad . \quad (113)$$

Die Leistung wird null für $u = 0$ und $u = c$. Sie erreicht ihren Größtwert für $u = \frac{1}{2} c$, wie sich leicht ergibt, wenn man den Differentialquotienten des Klammerausdruckes nach u bildet und gleich null setzt. Es wird alsdann

$$L_{max} = \frac{1}{2} \frac{M c^2}{2};$$

Die Leistung, die im besten Falle übertragen wird, ist gerade die Hälfte der im Strahl ursprünglich enthaltenen Energie. Es fragt sich, was aus der anderen Hälfte wird.

Vor dem Stoß besitzt das Wasser gegenüber der Stoßfläche die Geschwindigkeit $c - u$. Nach dem Stoß verlasse das Wasser den Umfang der Scheibe mit einer relativen Geschwindigkeit w_2. Es geht bei der Ablenkung des Wassers bis zum Augenblick, wo es die Fläche verläßt, eine Energie verloren

$$L_s = \tfrac{1}{2} M [(c - u)^2 - w_2^2].$$

Das abgelenkte Wasser besitzt nach dem Verlassen der Scheibe noch eine Geschwindigkeit c_2, die sich nach Fig. 94 aus der Beziehung

$$c_2^2 = w_2^2 + u^2$$

ergibt. Die entsprechende Bewegungsenergie, mit der das Wasser den Rand der Stoßfläche verläßt, wird ausgedrückt durch

$$L_a = \tfrac{1}{2} M (w_2^2 + u^2).$$

Da diese Energie für die Arbeitsübertragung verloren geht, ist der gesamte Verlust

$$L_v = L_s + L_a = \tfrac{1}{2} M [(c - u)^2 + u^2].$$

Unter der Voraussetzung, daß $u = \frac{1}{2} c$ sei, nimmt L_v den Wert an

$$L_v = \frac{1}{2} \frac{M c^2}{2}.$$

Dies ist gerade die andere Hälfte der ursprünglichen Energie.

Bei der Berechnung des Stoßverlustes fällt die relative Austrittsgeschwindigkeit w_2 heraus; es läßt sich somit rechnungsmäßig nicht feststellen, welchen Anteil die kinetische Energie daran hat und wieviel sich beim Stoß in Wärme umgesetzt hat.

Die praktische Ausführung des Vorganges müßte mittels eines Schaufelrades nach Fig. 95 erfolgen. Man erkennt, daß der Strahl zumeist schräg auf die Schaufeln trifft; daher wird die Übertragung noch wesentlich schlechter ausfallen als nach obiger Rechnung[1]).

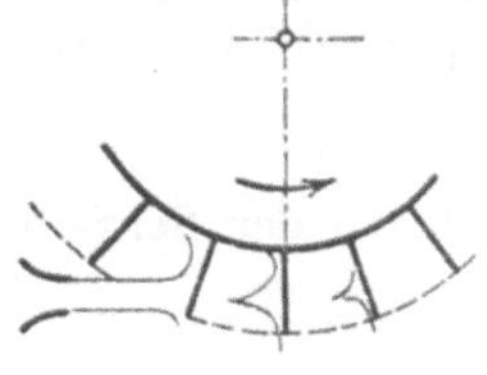

Fig. 95.

Die Verhältnisse beim unterschlächtigen Wasserrad zeigen eine gewisse Ähnlichkeit; doch ist der Strahl durch das Gerinne geführt und das Wasser kann nicht allseitig ausweichen.

---

[1]) Wasserräder nach dieser Art werden als unterschlächtig bezeichnet.

67. Stoß auf eine hohle Fläche. Trifft der Strahl zentrisch auf eine hohle Rotationsfläche nach Fig. 96, so treten alle Wasserfäden am Umfange unter denselben Bedingungen aus und zwar mit einer Geschwindigkeit c_2 und unter dem Winkel α zur Achse. Da für alle Wasserteilchen die axiale Geschwindigkeitskomponente vom Anfangswert c auf den Endwert $c_2 \cos\alpha$ gebracht wird, ergibt sich für den Stoßdruck

$$P = M(c - c_2 \cos\alpha_2) \quad \ldots\ldots\ldots \quad (114)$$

Da nach Fig. 96 $\cos\alpha_2$ negativ ist, fällt der Stoßdruck erheblich größer aus als bei einer ebenen Fläche. Von der Austrittsgeschwindigkeit c_2 läßt sich nur aussagen, daß sie wegen der Reibung längs der Fläche und besonders wegen des Stoßes beim Auftreffen erheblich kleiner als c sein muß.

68. Stoßfreier Aufschlag. Gibt man der stillstehenden Rotationsfläche, auf die der Strahl trifft, ein Profil nach Fig. 97, so wird das

Fig. 96. Fig. 97.

Wasser nur allmählich abgelenkt und somit der Stoß vermieden. Dürfte man die Bewegung längs der Fläche als reibungsfrei ansehen, so wäre $c_2 = c$. In diesem Falle nimmt der Ausdruck (114) den Wert an

$$P = Mc(1 - \cos\alpha_2),$$

und wenn man den Rand der Fläche völlig zurückbiegt, so daß $\alpha_2 = 180^0$ wird, erhält man sogar

$$P = 2\,Mc,$$

oder in der Schreibweise von Gl. (112 a)

$$P = 4\,FH\gamma.$$

Es wäre also der Druck gegen die Fläche viermal so groß als der statische Druck auf den Mündungsquerschnitt.

Weicht die Fläche mit der Geschwindigkeit u zurück, so ist die Geschwindigkeit des Aufschlagens gleich $c - u$, und man erhält für den Druck des Wassers auf die Fläche

$$P = 2\,M(c - u).$$

Die vom Wasser in der Sekunde auf die Fläche übertragene Arbeit ist

$$L = P u = 2 M (c u - u^2).$$

Sie erreicht bei $u = \frac{1}{2} c$ ihren größten Wert

$$L = \frac{M c^2}{2},$$

d. h. die ganze Energie des Wassers würde auf die Stoßfläche übertragen.

Diese Grenze ist in Wirklichkeit unerreichbar, denn wegen der Reibung ist

$$c_2 < c - u.$$

Soll das Wasser den Rand der Fläche mit möglichst kleiner Geschwindigkeit verlassen, so muß annähernd die Bedingung erfüllt sein

$$c_2 = u.$$

Es folgt daraus, daß die günstigste Umfangsgeschwindigkeit

$$u < \tfrac{1}{2} c$$

wird, und dabei fällt die Leistung entsprechend kleiner aus. Zudem darf man, um dem Wasser den Austritt nicht zu erschweren, den Schaufelrand nicht völlig auf sich selbst zurückbiegen; es ist also

$$\alpha < 180^0.$$

Diese Vorgänge sucht man bei den Löffelrädern oder Pelton-Turbinen so genau als möglich nachzuahmen.

69. Messung einer ausströmenden Luftmenge durch Stoß. Die Gesetze der Bewegung des Wassers lassen sich angenähert auch auf die Luft übertragen, sofern es sich um Vorgänge handelt, bei denen sich das Volumen nicht wesentlich ändert, d. h. bei denen nur geringe Druckunterschiede auftreten. So kann auch die Gl. (112b)

$$P = \varphi\, 2 F \gamma \frac{c^2}{2 g}$$

mangels genauerer Methoden zum Messen des Ausflusses von Luft verwendet werden.

Gegenüber der Mündung eines Gebläses, dessen Lieferung bestimmt werden soll, wird nach Fig. 98 eine Platte an einem Winkelhebel aufgehängt und ausgewuchtet. Nachdem das Gebläse in Gang gesetzt ist, belastet man die Wagschale, bis die Platte in die Anfangslage zurückkehrt. Für den Stoßdruck des Luftstromes erhält man

$$P = G \frac{b}{a}.$$

Aus der obenstehenden Gleichung ergibt sich

$$F^2 c^2 = \frac{g}{\varphi \gamma} F P,$$

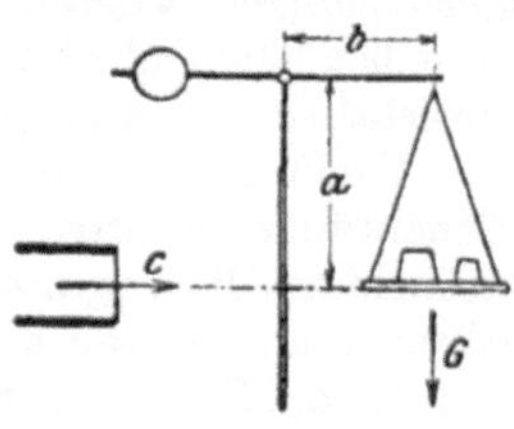

Fig. 98.

wobei F den Mündungsquerschnitt bedeutet. Die Größe Fc ist aber nichts anderes als das Volumen V der Luft, die in der Zeiteinheit austritt; man erhält dafür den Ausdruck

$$V = \sqrt{\frac{g}{\varphi \gamma}} F P \quad . \quad . \quad . \quad . \quad . \quad . \quad . \quad . \quad . \quad . \quad . \quad . \quad (115)$$

Für mittelfeuchte Luft von 15° bei 720 mm Barometerstand kann man etwa nehmen

$$\gamma = 1{,}155 \text{ kg/cbm}.$$

Setzt man ferner etwa $\varphi = 0{,}94$, so nimmt die Formel die Gestalt an

$$V = \sqrt{\frac{FP}{0{,}1107}} = 3\sqrt{FP} \quad . \quad . \quad . \quad . \quad . \quad . \quad . \quad . \quad . \quad . \quad (115\text{a})$$

Für einen Barometerstand von 760 mm wird $\gamma = 1{,}221$ kg/cbm und

$$V = 2{,}923\sqrt{FP} \quad . \quad . \quad . \quad . \quad . \quad . \quad . \quad . \quad . \quad . \quad . \quad (115\text{b})$$

Das beschriebene Verfahren ist zur Bestimmung der Liefermenge von Gebläsen ganz allgemein im Gebrauch, da nur in den seltensten Fällen ein Gasometer für die unmittelbare Messung zur Verfügung steht. Für Wasser hat das Verfahren keinen Wert, da man das austretende Wasser bequemer auffangen und direkt messen kann.

Der Abstand zwischen Mündung und Stoßfläche muß ausprobiert werden; wenn er zu klein ist, wird die Fläche angesaugt.

8. Kapitel.

Kanäle von endlichem Querschnitt.

70. Voraussetzungen. So lange es sich um verhältnismäßig enge Querschnitte handelt, kann man die Vorstellung gelten lassen, daß die in der Ablenkung begriffenen Wasserteilchen, die einen gekrümmten Kanal durchströmen, ihre Drücke unmittelbar auf die Wände übertragen, und daß die Geschwindigkeiten und Drücke in allen Punkten eines Querschnittes dieselben seien. Es wären dann die für einen Wasserfaden entwickelten Beziehungen ohne weiteres auch auf einen engen Kanal von endlichen Querschnitten übertragbar. Bei verhältnismäßig weiteren Kanälen ist indessen eine Wirkung auf die Wände von Seiten der weiter abliegenden Teilchen nur durch die Vermittlung der dazwischenliegenden Wasserteilchen denkbar; der Druck pflanzt sich von einem zum andern fort und wird durch die Wirkung des folgenden verstärkt. Unter diesen Umständen kann aber von einer gleichmäßigen Verteilung des Druckes über alle Punkte eines und desselben Querschnittes nicht mehr die Rede sein, und ebensowenig hinsichtlich der Geschwindigkeit.

Wenn nicht jedes einzelne Wasserteilchen unmittelbar durch die Kanalwände geführt wird, so hört in Wirklichkeit die Stetigkeit der strömenden Bewegung auf. Durch die Reibung der Teilchen an den Wänden und unter sich entstehen wälzende, wirbelnde Bewegungen, und an die Stelle eines stationären Zustandes, wo für jeden Punkt der Druck und die Geschwindigkeit nach Größe und Richtung unverändert bleiben, tritt eine turbulente Strömung ein, wie man leicht an jedem größeren laufenden Gewässer erkennen kann, selbst wenn dieses einen ganz einfachen geraden Verlauf nimmt. Man braucht nur einen Blick auf die an der Oberfläche entstehenden und immer wieder verschwindenden flachen rundlichen Kuppen und wirbelartigen Vertiefungen zu werfen, von denen die ersteren durch aufsteigende, die letzteren durch versinkende Lokalströmungen hervorgerufen werden.

Damit fällt nun eigentlich auch der Begriff der Wasserfäden in sich selbst zusammen; man kann höchstens sagen, die wirkliche Bewegung des Wassers besteht in (unregelmäßigen) Schwingungen um mittlere Gleichgewichtszustände, die sich als Wasserfäden darstellen lassen.

Selbst wenn man an der Vorstellung von den Wasserfäden fest hält, wird man in vielen Fällen finden, daß sich die Verhältnisse unter dem Einfluß der Reibung an den Gefäßwänden auch so noch äußerst verwickelt gestalten[1]). So werden z. B. in dem in Fig. 99 gezeichneten Krümmer die mittleren Teile des Wassers gegenüber den äußeren, die durch die Wandreibung verzögert werden, etwas voreilen und sich vermöge ihres stärkeren Beharrungsvermögens nach außen drängen. Das verdrängte Wasser aber wird nach beiden Seiten ausgequetscht, und so entstehen nebeneinander zwei schraubenförmige Strömungen mit gegenläufigem Drehungssinne.

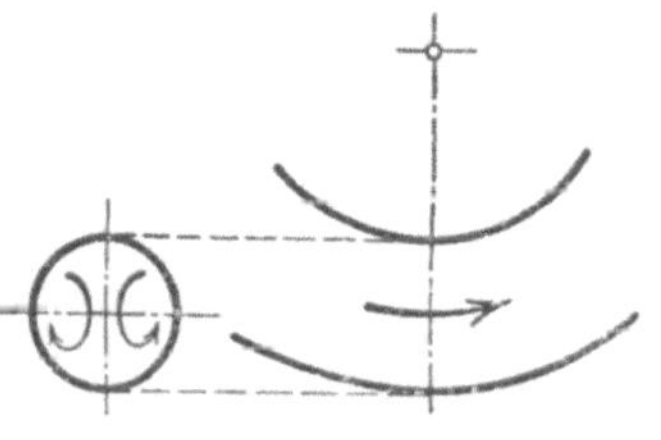

Fig. 99.

Es ist völlig ausgeschlossen, daß man der endlosen Verwicklung, die die Wirklichkeit zeigt, auf dem Wege der Rechnung beikommen könne. Man muß von vorneherein mit weitgehenden Vereinfachungen rechnen, und so knüpfen wir auch bei Kanälen von endlichem Querschnitt an die Vorstellung einer stetigen und reibungsfreien Strömung an. Die Reibung werden wir höchstens in der Weise in die Rechnung einführen, daß wir summarisch einen gewissen Bruchteil der im Wasser vorhandenen Energie als Reibungsverlust in Abzug bringen. Auch so wird es meist nur in besonders günstigen Fällen oder nur unter gewissen mehr oder minder willkürlichen Annahmen möglich sein, sich zu einem einfachen Resultate durchzuringen.

71. Von der **Druckverteilung in einem ruhenden Kanal** kann man sich durch folgende Betrachtung ein Bild verschaffen. Der in Fig. 100 dargestellte Kanal sei in einer senkrechten Ebene enthalten und ziehe sich in der Durchflußrichtung stetig zusammen. An Hand des Prinzips von d'Alembert ergibt sich nach Abschn. 9 und 54, daß die Resultante D des Druckes, den die Umgebung auf ein Wasser-

[1]) Isaachsen, Innere Vorgänge in strömenden Flüssigkeiten. Z. d. V. d. I. 1911, S. 215.

teilchen m ausübt, gleich der der negativ genommenen Resultierenden der sämtlichen äußeren und Trägheits- oder Massenkräfte ist, die auf das Teilchen einwirken. An Trägheitskräften sind vorhanden: der Widerstand

$$(m\,q) = m\,\frac{d\,w}{d\,t}$$

gegen die Beschleunigung in der Flußrichtung und die Zentrifugalkraft

$$(C) = \frac{m\,w^2}{\varrho}.$$

Als Außenkraft kommt nur die Schwerkraft $m\,g$ in Betracht. Der Druck der Umgebung auf das Wasserteilchen m läßt sich daher durch das Symbol

$$D = -\,\mathrm{Res}\,[(m\,q),\,(C),\,m\,g]$$

darstellen. Man sieht gleich, daß die Richtung dieses Druckes um so stärker aus der Bewegungsrichtung heraustritt, je größer die

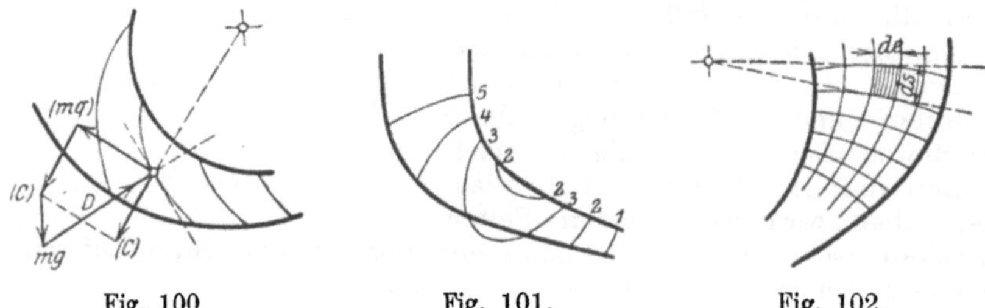

Fig. 100. Fig. 101. Fig. 102.

Zentrifugalkraft im Verhältnis zur Beschleunigung in der Flußrichtung wird.

Die Punkte sämtlicher Wasserfäden, in denen derselbe Druck besteht, bilden zusammen eine **Fläche gleichen Druckes** oder **Isobare** (von griech. isos = gleich und barys = schwer). Die Isobaren stehen normal zur Richtung des Druckes, und da der Druck in der Durchflußrichtung nach dem Prinzip von Bernoulli entsprechend der Geschwindigkeitszunahme abnehmen muß, besteht in einem sich stetig verjüngenden Kanal in jeder folgenden Isobare ein etwas geringerer Druck. Die Figur läßt sofort erkennen, daß der Druck längs eines Krümmungshalbmessers von innen nach außen zunimmt, da man auf Isobaren mit immer höherem Druck trifft, und daraus ergibt sich dann auch die auswärts gerichtete dynamische Wirkung des strömenden Wassers auf den Kanal.

Besitzen die sämtlichen Wasserfäden im Anfangszustand, z. B. beim Eintritt in den Kanal, dieselben Energiemengen, so sind nach dem Prinzip von Bernoulli die Flächen gleichen Druckes zugleich auch **Flächen gleicher Geschwindigkeit** oder **Isotachen** (von griech. isos = gleich und tachys = schnell). Wenn aber der Druck längs des Krümmungshalbmessers von innen nach außen wächst, so muß umgekehrt die Geschwindigkeit von außen nach innen zunehmen. Die inneren Fäden eilen gegenüber den äußeren vor und zwar um so mehr, als überdies der Weg dort am kürzesten ist.

72. Ablösungen. Wenn infolge von ungenügender Verjüngung des Kanales im innersten Wasserfaden die Beschleunigung klein wird oder ganz verschwindet, so kann es vorkommen, daß sich die Druckrichtung rechtwinklig zur Richtung des Wasserfadens einstellt. Dann steht der Wasserfaden ohne Mitwirkung der Kanalwand im Gleichgewicht; er wird unabhängig von der Kanalwand, und wenn diese ausweicht, so trennt er sich von derselben und es entsteht, wie in Fig. 101 angedeutet, eine Ablösung. Kann die Luft hinzutreten, so bildet sich eine freie Wasseroberfläche. Wo dies ausgeschlossen ist, füllt sich die Ablösung mit wirbelndem Wasser, worin sich Blasen von mitgerissener oder aus dem Wasser ausgeschiedener Luft herumtreiben, bis sie endlich weggespült und durch neue ersetzt werden. Bei eisernen Wandungen kann diese Wirbelbildung äußerst schädlich werden. Das Eisen wird durch den Sauerstoff der Luft oxydiert, das entstehende Eisenhydroxyd immer wieder weggespült und neues Eisen bloßgelegt; daher frißt der Rost immer tiefer. Es können auf diesem Wege Ausfressungen oder Korrosionen von unglaublicher Größe entstehen, die zur Zerstörung der betreffenden Teile führen, während hart daneben, wo das Wasser im vollen Strahl über das Eisen fährt, vielleicht nicht einmal der Farbanstrich Schaden genommen hat[1]).

In Fig. 101 sind die andeutungsweise eingezeichneten Isobaren derart numeriert, daß der höheren Ziffer der höhere Druck entspricht. Hinter der Ablösung stellt sich eine lokale Druckzunahme ein, die nach Abschn. 43 auf einer plötzlichen Querschnittserweiterung des Wasserstromes beruht.

Da der ganze Vorgang mit erheblichen Energieverlusten verbunden ist, hat man alle Ursache ihn zu vermeiden. Man erreicht dies durch eine genügende Verjüngung des Kanales, besonders an den Stellen, wo diese stark gekrümmt ist. Es sollen die Verjüngung und der Krümmungshalbmesser im umgekehrten Verhältnis zueinander stehen; je größer der Krümmungshalbmesser ist, desto langsamer braucht der Kanal zusammengezogen zu werden und umgekehrt.

73. Stromflächen und Wasserstraßen. Der in Fig. 102 gezeichnete ebene Kanal möge einen rechtwinkligen Querschnitt haben, dessen Breite B normal zur Bildfläche unveränderlich sei. Wenn

---

[1]) Diese Zerstörungen werden wohl etwa dem Sandgehalt des Wassers zugeschrieben. Wohl kommen auch Abnützungen durch Sand vor; diese sind aber durch eine gewisse Glätte und durch einen eigenen wachsartigen Glanz gekennzeichnet. Die besprochenen Anfressungen deuten dagegen durch ihre zackige Beschaffenheit, die an diejenige eines halb aufgelösten Stückes Zucker erinnert, auf eine chemische Einwirkung hin.

überdies die Wirkung der Schwerkraft ausgeschaltet ist, so lassen sich die Stromlinien oder Wasserfäden bestimmen[1]). Nach unseren Annahmen müssen in allen Punkten einer Normalen zur Bildfläche dieselben Druck- und Geschwindigkeitsverhältnisse bestehen. Legt man also durch einen der in Fig. 102 eingetragenen Wasserfäden eine Zylinderfläche, deren Erzeugende normal zur Bildfläche stehen, so enthält diese Stromfläche lauter kongruente Wasserfäden. Man kann den ganzen Kanal durch eine Anzahl von Stromflächen in Teilkanäle zerlegen, von denen jeder eine gleichgroße Wassermenge führt. Diese Teilkanäle mögen als Wasserstraßen bezeichnet werden. Zieht man die Normaltrajektorien zu den Stromlinien, so stellen die durch dieselben gelegten Zylinderflächen normal zur Bildebene die Querschnitte des Kanales dar. Schneidet man aus einer Wasserstrasse von der Breite de mittels zweier Querschnitte im Abstand ds ein parallelepipedisches Wasserteilchen heraus, das über die ganze Breite B des Kanals reicht, so ist dessen Masse

$$dm = \frac{\gamma}{g} B\, de\, ds\,.$$

Ist ϱ der Krümmungshalbmesser der Bahn und w die Geschwindigkeit des Teilchens, so übt dieses auf das außen anliegende Teilchen der benachbarten Wasserstrasse eine Kraft aus im Betrage von

$$dP = \frac{w^2}{\varrho}\, dm\,,$$

und da sich diese auf eine Fläche

$$df = B\, ds$$

gleichmäßig verteilt, ruft sie im äußeren Teilchen eine Druckvermehrung von der Größe

$$dp = \frac{dP}{df} = \frac{\gamma}{g} \frac{w^2}{\varrho}\, de\,.$$

hervor, woraus sich für die Druckzunahme in der Richtung des Krümmungshalbmessers nach außen findet

$$\frac{dp}{\gamma} = \frac{1}{g} \frac{w^2}{\varrho}\, de\,.$$

Da von einem Wasserfaden zum andern der Energieinhalt derselbe bleibt, entspricht der Druckzunahme im daneben liegenden Wasserfaden eine Geschwindigkeitsabnahme, die sich aus der Gleichung

$$\frac{dp}{\gamma} = -\frac{dw^2}{2g} = -\frac{w\, dw}{g}$$

bestimmt, durch die das Prinzip von Bernoulli ausgedrückt wird. Durch Gleichsetzen der beiden Werte für $dp : \gamma$ erhält man

[1]) Wagenbach, Zeitschr. f. d. ges. Turbinenwesen 1907, S. 273.

$$\frac{de}{\varrho} = -\frac{dw}{w}$$

oder

$$\frac{\varrho + de}{\varrho} = \frac{w - dw}{w}.$$

Addiert man rechts sowohl im Zähler als im Nenner die unendlich kleine Größe dw, so wird dadurch der Wert des Bruches, dessen Zahlwert nahezu gleich eins ist, nur um unendlich wenig geändert; man darf also schreiben

$$\frac{\varrho + de}{\varrho} = \frac{w}{w + dw}.$$

Der Zähler $\varrho + de$ auf der linken Seite ist mit unendlich großer Annäherung gleich dem Krümmungshalbmesser ϱ_1 der außen anliegenden Wasserstraße. Rechts bedeutet $w + dw = w_1$ soviel als die Geschwindigkeit w_1 in eben dieser Wasserstraße. Dies führt zur Schreibweise

$$\frac{\varrho_1}{\varrho} = \frac{w}{w_1}.$$

Nun verhalten sich die Längen ds und ds_1 der beiden nebeneinander liegenden Wasserteilchen wie die betreffenden Krümmungshalbmesser ϱ und ϱ_1; es ergibt sich daher

$$\frac{ds_1}{ds} = \frac{w}{w_1} \quad \ldots \ldots \ldots \ldots (116)$$

Ferner verhalten sich die Geschwindigkeiten w und w_1 in zwei nebeneinanderliegenden Wasserstraßen umgekehrt wie die Breiten de und de_1 der beiden Wasserstraßen, also ist

$$\frac{w}{w_1} = \frac{de_1}{de},$$

und weiter

$$\frac{ds_1}{ds} = \frac{de_1}{de}$$

oder

$$\frac{ds}{de} = \frac{ds_1}{de_1}.$$

Gilt dies für zwei nebeneinander liegende Wasserstraßen in ein- und demselben Querschnitt, so ist auch für alle übrigen Punkte längs ein und derselben Trajektorie

$$\frac{ds}{de} = \text{const}.$$

Da diese Beziehung ohne merklichen Fehler auf nicht zu große endliche Abmessungen e und s übertragen werden darf, liefert sie das Mittel um die Wasserstraßen und die Querschnitte durch Tasten zu bestimmen. Man geht dabei am bequemsten von dem Verhältnis

$$\frac{s}{e} = 1 \quad \ldots\ldots\ldots\ldots (117)$$

aus und ändert nach Fig. 103 die zunächst nach dem Augenmaß gezogenen Stromlinien und Trajektorien so lange ab, bis man lauter Vierecke erhält, in die sich Kreise einschreiben lassen.

Bei der Durchführung dieser Arbeit ist man überrascht, zu sehen, wie streng zwangläufig die Konstruktion ist: jeder Fehler in den Annahmen führt weiterhin zu Unmöglichkeiten und gibt sich dadurch zu erkennen. Freilich kann die Arbeit zu einer scharfen Geduldprobe werden.

Sobald man die Wasserstraßen kennt, erhält man die Isotachen, die zugleich Isobaren sind, indem man mit Hilfe eines Handzirkels die Punkte gleicher Breite der Wasserstraßen aufsucht und miteinander verbindet. Man erkennt, daß im äußersten Wasserfaden die

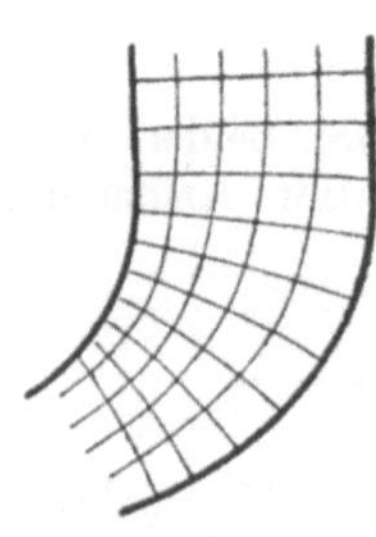

Fig. 103.

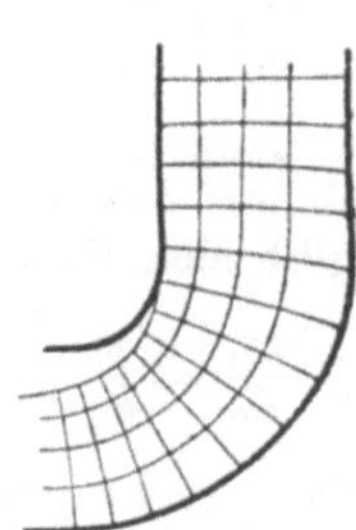

Fig. 104.

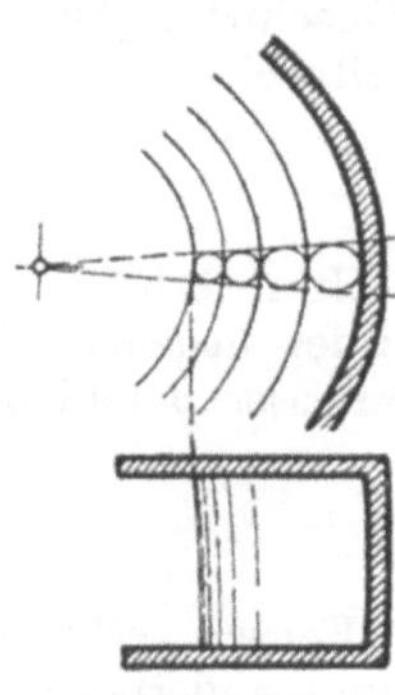

Fig. 105.

Geschwindigkeit nach dem Eintritt in die Krümmung zunächst etwas abnimmt; es bildet dort eine Zone des größten Druckes.

In Fig. 104 sind die Verhältnisse dargestellt, wie sie in einem Rohrkrümmer von rechteckigem Querschnitt mit konstanter Breite auftreten würden. Geht man beim Entwerfen vom geraden Schenkel aus, in welchem die Wasserstraßen in gleicher Breite parallel zu einander dahin ziehen, so kommt man mit zwingender Notwendigkeit darauf, daß sich der Strom im Bug zusammenzieht und daher von der inneren Wand ablöst. Diese Ablösung ließe sich nur dadurch vermeiden, daß man den Kanal noch etwas stärker zusammenzöge, als es der Strom freiwillig täte.

74. Bewegung im offenen Kanal. In Fig. 105 ist ein Stück eines innen offenen Kanals von rechteckigem Querschnitt, kreisförmiger Krümmung und gleichbleibender Breite dargestellt. Der Einfluß der Schwerkraft sei ausgeschaltet. Im Beharrungszustand bewegen sich alle Wasserteilchen auf konzentrischen Kreisen. Die Drücke sind radial gerichtet und es bestehen keine beschleunigenden Kräfte. Es haben also sowohl die Stromflächen als auch die Isobaren die Gestalt konzentrischer Zylinderflächen. Da die Trajektorien radial verlaufen, ist die Weite der Wasserstraße dem Halbmesser proportional, und sie läßt sich daher nach Fig. 105 leicht finden. Dieser Beharrungszustand läßt sich indessen nicht ohne weiteres herstellen, da man das Wasser erst irgendwie in den gekrümmten Kanal einführen muß. Es geschehe dies nach Fig. 106 durch einen gradlinigen tangentialen Ansatz. In diesem besitzt das Wasser zunächst an allen Punkten eines Querschnittes dieselbe Geschwindigkeit, und die Wasserstraßen zeigen überall dieselbe Weite. Im innersten Wasserfaden, der überall unter atmosphärischem Drucke steht, bleibt die Geschwindigkeit auch beim Eintritt in den Krümmer dieselbe. In den äußeren Fäden dagegen stellt sich eine Drucksteigerung ein, die mit dem Halbmesser

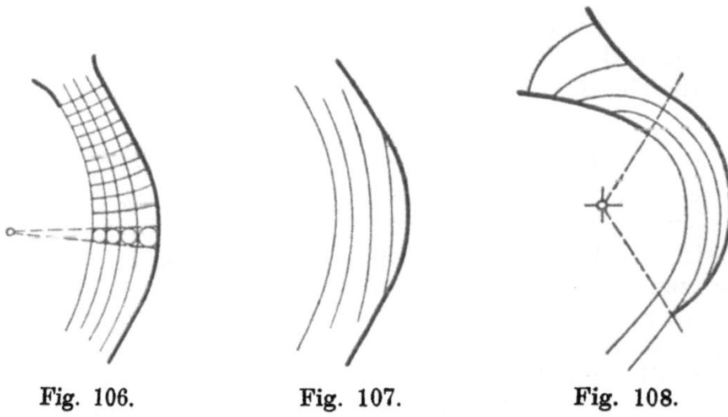

Fig. 106. Fig. 107. Fig. 108.

wächst; daher stauen sie sich; die Geschwindigkeit nimmt ab, und die Weite der Wasserstraßen wird größer. Der Übergang muß sich aber stetig vollziehen. Versucht man die Wasserstraßen nach Abschnitt 73 zu entwerfen, so kommt man notwendigerweise darauf, daß die Anschwellung und Verzögerung der inneren Wasserstraßen einsetzt, bevor die Krümmung erreicht wird. In ähnlicher Weise erstreckt sich der Einfluß der Krümmung noch ein Stück weit in den in Fig. 106 angenommenen tangentialen Auslauf; es entsteht so das angedeutete Strombild. Die Isobaren zeigen etwa die Anordnung, wie sie Fig. 107 darstellt.

Fehlt nach Fig. 108 der tangentiale Anlauf ganz oder ist er zu kurz, so erstreckt sich die Stauung bis in die Mündung zurück, und der Verlauf der Isobaren entspricht etwa den Andeutungen in Fig. 108.

Ist der Auslauf nicht genügend lang, so tritt am Ende des Kanals die Druckausgleichung ein, ehe sich die Fäden parallel gelegt haben: der Strahl wird unregelmäßig auseinander geworfen. Soll das Wasser einerseits frei aus der Mündung austreten und andererseits den Kanal in geschlossenem Strahl verlassen, so dürfen also die tangentialen Anschlüsse nicht fehlen.

In Wirklichkeit gestalten sich die Erscheinungen unter dem Einflusse der Reibung etwas anders. So bildet die freie Oberfläche des Wassers auf der inneren Seite keineswegs eine Zylinderfläche; das Wasser steigt vielmehr an den beiden Seitenwänden in die Höhe.

Bei fehlenden Seitenwänden werden die äußeren Wasserfäden seitlich ausgequetscht; der Strahl breitet sich aus, und zwar um so

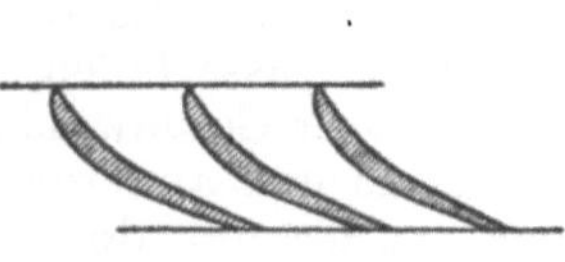

stärker, je schärfer die Krümmung und je größer die Strahldicke ist; dabei ist die Geschwindigkeit ohne Einfluß.

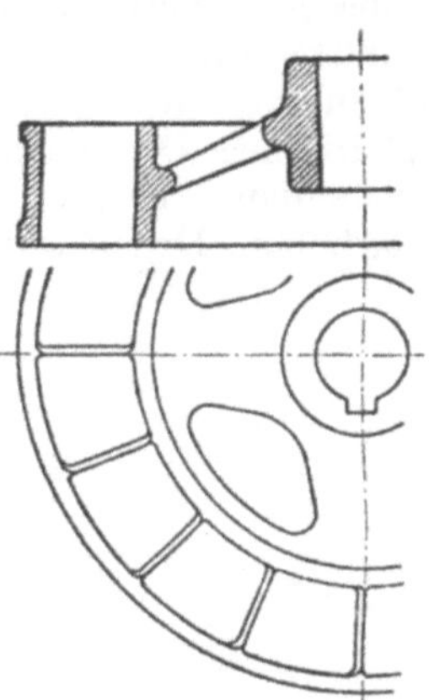

Fig. 109.

75. Die **Turbinenkanäle,** auch Zellen genannt, werden durch gebogene plattenförmige Körper oder Schaufeln gebildet, die zwischen zwei konzentrische Wände oder Kränze eingesetzt sind. Da die Reihe der Kanäle im Kreise herum in sich selbst zurückkehren muß, sind die Kanäle und somit auch die Schaufeln unter sich kongruent. Die Schaufeln bestehen entweder aus gepreßten Blechplatten, die mit ihren schwalbenschwanzförmigen und verzinnten Rändern in die Kränze eingegossen sind, oder sie sind *mit* den Kränzen aus einem Stück gegossen, indem man die Kanäle durch Kerne ausspart.

In Fig. 109 ist das Laufrad einer Jonval-Turbine abgebildet, und es sollen an diesem Beispiel die wichtigsten Grundsätze erörtert werden, die beim Entwerfen einer Turbinenschaufelung zu beachten sind. Im vorliegenden Falle sind die Kränze zylindrisch; der führenden (d. h. der konkaven) Fläche der Schaufeln gibt man der Einfachheit wegen die Gestalt einer Regelfläche, deren Erzeugende in der Verlängerung die Achse rechtwinklich schneiden. Die Schaufel wird durch den zylindrischen Mittelschnitt bestimmt. Die Kanäle haben angenähert trapezförmigen Querschnitt.

Da die Kanäle die Aufgabe haben, dem Wasser eine ganz bestimmte Ablenkung zu erteilen, dürfen sie im Verhältnis zu ihrer Weite nicht zu kurz sein. So würde z. B. eine Schaufelung nach Fig. 110 ihren Zweck nur mangelhaft erfüllen. Eine Verminderung der lichten Weite erzielt man bei gegebener Kanal- oder Schaufellänge durch Engerstellen der Schaufeln. Auf der anderen Seite dürfen aber die Kanäle wiederum nicht länger sein als gerade nötig ist, da sonst mit einer Vermehrung der benetzten Fläche auch eine Erhöhung der Reibungsverluste einträte.

Man darf annehmen, daß geometrisch ähnliche Kanäle annähernd gleiche Reibungsverluste aufweisen; von zwei Kanälen, die dasselbe Längenprofil besitzen, ist also der breitere günstiger, da er im Verhältnis zum Querschnitt einen kleineren benetzten Umfang besitzt. Wird daher das Verhältnis zwischen lichter Weite und Länge beibehalten, so gibt eine engere Schaufelstellung weniger Reibungsverluste als eine weitläufigere. Mit der Zahl der Schaufeln wachsen aber die Stoßverluste an der Eintrittskante und die Wirbelverluste in den toten Räumen hinter den Austrittskanten der Schaufeln, und so ist der Vermehrung der Schaufelzahl um so eher eine gewisse, jedoch nicht bestimmbare Grenze gesetzt, als mit der Verengung der Kanäle die Gefahr des Verstopfens zunimmt. Zur Verminderung des

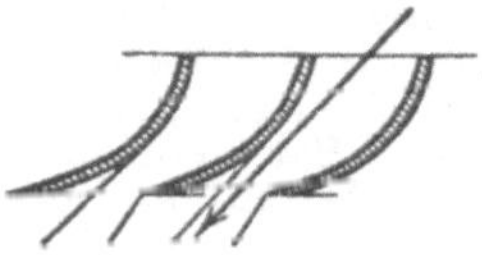

Fig. 110.

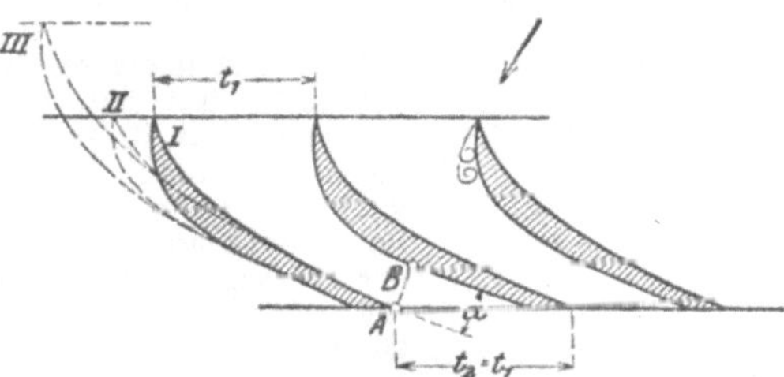

Fig. 111.

benetzten Umfanges der Kanalquerschnitte vermeidet man schiefe Ecken; die Schaufeln sollen also die Kränze ungefähr unter rechten Winkeln treffen. Am wichtigsten ist das Längsprofil. Beim Entwerfen desselben sind der Ansatzwinkel beim Eintritt und der Auslaufwinkel als gegeben zu betrachten. Wie der Übergang beschaffen ist, ist soweit gleichgültig, sobald nur das Wasser eine sichere Führung bei geringsten Widerständen findet, und so kommt alles auf den letzteren Punkt an.

Besondere Sorgfalt ist vor allem auf den äußersten, letzten Teil des Kanals zu verwenden; denn dieser liefert den größten Beitrag zu den Verlusten, da hier die größte Geschwindigkeit herrscht. Damit das Wasser ungezwungen und als geschlossener Strahl austrete, führt man nach Fig. 111 den Schaufelrücken vom Punkte B aus, der der Austrittskante A der benachbarten Schaufel gegenüber liegt, parallel zur Tangente an die vordere Schaufelfläche in A geradlinig bis zum Rande fort. Man unterläßt es aber, diese gerade Linie rückwärts hinter den Punkt B zu verlängern, da dies nach Abschn. 48 die Reibung wesentlich steigern würde. Man beginnt also gleich im Punkte B den Kanal durch Abbiegen des Schaufelrückens so rasch als möglich nach rückwärts zu erweitern, jedoch mit der Vorsicht, die nach Abschn. 72 zur Vermeidung von Ablösungen aufzuwenden ist.

In dem Maße, wie sich der Kanal erweitert (und daher die Wassergeschwindigkeit abnimmt), steigert man die Krümmung, um sie dann in der Gegend der Eintrittskante wieder um so vorsichtiger zu halten, weil an jener Stelle verhältnismäßig leicht Wirbel auftreten, wie in Fig. 111 angedeutet.

Zwischen dem unten zu langsam und dafür oben zu stark abgebogenen Profil II und dem zu sanft gekrümmten und dafür zu lang gezogenen Profil III, das eine übermäßig große Reibungsfläche bietet, wird das Profil I etwa die richtige Mitte halten.

Um die Druckverteilung in einem rotierenden Turbinenkanal zu studieren, hätte man nach Coriolis zu den wirklich vorhandenen Beschleunigungen noch die fingierten Beschleunigungen hinzuzufügen, worauf dann die Betrachtung so geführt werden könnte, als ob der Kanal still stünde. Die Aufgabe ist aber so noch überaus verwickelt, und wenn wir uns später mit ihr beschäftigen, so werden wir starke Vereinfachungen vornehmen müssen.

76. Der meridionale Durchfluß in einem Turbinenprofil, wie es beispielsweise in Fig. 112 aufgezeichnet ist, läßt sich genau verfolgen und man kann die Wasserstraßen konstruieren[1]). Das Problem entbehrt indessen der praktischen Bedeutung; denn dieser Zustand des Wassers wäre nur möglich bei Abwesenheit aller Schaufeln im Leit- und Laufrad, die dem Wasser eine Ablenkung in der Umfangsrichtung geben könnten. Hat man nach Fig. 112 die Wasserstraßen gleicher Mengen und die Querschnitte gezogen, so gilt für alle Punkte eines Querschnittes die Beziehung

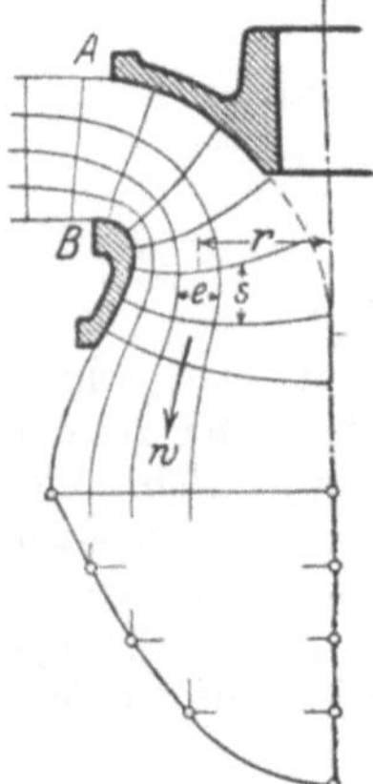

Fig. 112.

$$\frac{s_1}{s} = \frac{w}{w_1}.$$

Ferner ist

$$\frac{w}{w_1} = \frac{r_1 e_1}{r e}.$$

Es gilt somit längs einer und derselben Querschnittsfläche für alle Punkte die Gleichung

$$\frac{r e}{s} = \text{const.} \quad \quad (118)$$

Wenn diese Beziehung streng genommen auch nur für unendlich kleine Größen gilt, so darf man sie doch ohne merklichen Fehler auf nicht zu große endliche Werte übertragen.

Zum Entwerfen der Wasserstraßen werden zunächst unter Benutzung der Anhaltspunkte, die man erhält, indem man die Ein- und Austrittsquerschnitte in inhaltsgleiche Ringflächen teilt, nach dem Augenmaß die Stromlinien und hernach die Trajektorien gezogen. Darauf ändert man die beiden Kurvenscharen so lange ab, bis für alle Vierecke längs einer Trajektorie die Bedingung $r e : s = \text{const.}$ erfüllt ist. Sobald die Wasserstraßen ausprobiert sind, lassen sich die Geschwindigkeiten und aus diesen die Drücke bestimmen, so daß man zu einem vollständigen Bild der Strömung gelangt. Freilich gestaltet sich die Arbeit recht mühsam und langwierig.

---

[1]) Wagenbach, Z. f. d. gesamte Turbinenwesen, 1907, S. 293.

Die Turbinen.

IV. Allgemeines.

9. Kapitel.

Überblick über die verschiedenen Bauarten.

77. Turbinen mit gestautem und mit freiem Durchfluß. Seitdem Fourneyron zu Ende der zwanziger Jahre des vorigen Jahrhunderts die erste brauchbare Turbine (Fig. 113) erfunden hatte, sind eine Reihe von weiteren Bauarten entstanden. Zurzeit werden indessen nur zwei derselben neu gebaut, davon die eine allerdings mit zahlreichen Abänderungen; da aber noch tausende der älteren Bauarten im Betriebe stehen, ist die Kenntnis derselben nicht zu entbehren, ganz abgesehen von der Vertiefung, die der Einblick in das Wesen der Turbinen beim Studium derselben gewinnt.

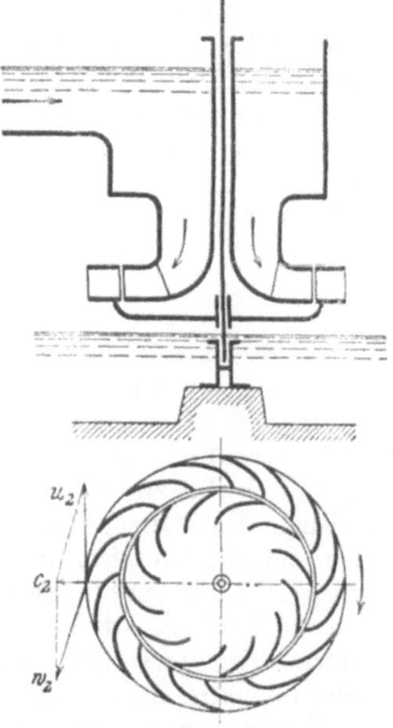

Fig. 113.

Die Richtungen, in denen die Turbinen nach und nach abgeändert wurden, sind aus den Bedürfnissen herausgewachsen und daher so mannigfaltig wie diese. Die Merkmale, durch die diese Richtungen gekennzeichnet werden, lassen sich vielfach miteinander kombinieren, und so steht man einer überaus großen Zahl verschiedener Bauarten gegenüber, deren wichtigste in den nachstehenden Abschnitten ihrem Wesen nach kurz besprochen werden sollen.

Das einschneidendste Merkmal, durch das alle vorkommenden Formen in zwei Gruppen geschieden werden, bezieht sich auf die Druckverhältnisse, unter denen das Wasser durch das Laufrad strömt.

Fourneyron und seine unmittelbaren Nachfolger kamen beim Streben, dem Wasser beim Verlassen der Turbine nur eine geringe absolute Geschwindigkeit zu lassen, von selber darauf, die Schaufeln beim Austritt recht flach zu halten. Da sie die Kranzbreite der Einfachheit wegen konstant nahmen, ergab sich ohne weiteres für die Laufradkanäle eine starke Verjüngung in der Richtung des Durchflusses. Das Wasser staut sich unter diesen Umständen beim Durchfluß; der Druck wächst vom Austritt nach rückwärts, und im

Spalt, d. i. der Spielraum zwischen Leit- und Laufrad, herrscht gegenüber dem Raum, in den das Laufrad ausgießt, ein starker Überdruck, der meistens ungefähr dem halben Gefälle entspricht. Beim Austritt aus dem Leitrad besitzt das Wasser noch eine gewisse Spannungsenergie, und seine Geschwindigkeit ist bedeutend kleiner als diejenige, die dem ganzen Gefälle entspricht. Beim Durchfluß durch das Laufrad setzt sich die Spannung in Geschwindigkeit um, und das Wasser erfährt eine starke Beschleunigung. Die Laufradkanäle sind vollständig mit Wasser gefüllt.

Man hat den Ausfluß des Wassers aus den Laufradkanälen mit demjenigen aus der Mündung eines Gefäßes (nach Abschn. 62, Fig. 90) verglichen und demgemäß die Wirkung des durchströmenden Wassers auf die Kanäle mit dem von Bernoulli geprägten Ausdruck Reaktion belegt; das gab Veranlassung, diesen Turbinenformen den Namen Reaktionsturbinen zu erteilen. Zweckmäßiger, weil an das Wesentliche anknüpfend, dürfte die Bezeichnung Turbinen mit gestautem Durchfluß oder kurz Stauturbinen sein.

Mit gestautem Durchfluß, oder mit Spaltüberdruck, arbeiten die Turbinen von Fourneyron, von Jonval und von Francis. Versteht man unter p_1 den Druck im Spalt und unter p_2 denjenigen am Austritt aus dem Laufrad, so kann man die Gruppe der Stauturbinen mit der Formel kennzeichnen

$$p_1 > p_2 .$$

Die Strömung durch die Laufradkanäle wird nicht gestört, wenn die Turbine taucht, d. h. wenn der Austritt unter Wasser liegt.

Girard fand später, daß es für die Anpassung an einen Wechsel des Wasserzuflusses vorteilhafter sei, den Überdruck im Spalt dadurch zum Verschwinden zu bringen, daß man die Laufradkanäle in der Richtung des Durchflusses erweitert. Gibt man dabei der Luft freien Zutritt, so löst sich der Strahl vom Schaufelrücken ab und legt sich an die hohle Schaufelfläche an. Die Erweiterung erreicht Girard dadurch, daß er den Radkranz beim Austritt stark verbreitert. Er verschafft hierdurch dem Wasserstrahl den nötigen Spielraum, um sich ungezwungen seitlich auszubreiten. Im Kanal sind Wasser und Luft nebeneinander vorhanden; es herrscht im ganzen Kanal derselbe (atmosphärische) Druck, und der Durchfluß geht ungestaut oder staufrei vor sich, wie in einer offenen Rinne. Diese Turbinenform kann daher als staufrei bezeichnet und von der vorigen Gruppe unterschieden werden. Gewöhnlich wird sie nach Girard benannt.

Man hat wohl die Wirkung des Wassers auf die offene Rinne unter dem Namen Aktion in einen Gegensatz zur Reaktion in der geschlossenenen Rinne gestellt und dementsprechend die Bezeichnung Aktionsturbinen gebraucht. In Abschn. 63 wurde indessen gezeigt, daß die Wirkung in der offenen und in der geschlossenen Rinne durchaus wesensgleich ist; jene Bezeichnung hat daher keine Berechtigung.

Gewisse Gründe, die später zu entwickeln sind, führten dazu, diesen Turbinen sackförmige Schaufelprofile nach Fig. 114 zu erteilen. Es ergibt sich somit eine eigenartige Beschaffenheit des Laufrades.

Da der Druck am Anfang und am Ende des Laufradkanals derselbe ist, kann das Wesen der staufreien Turbine durch die Formel

$$p_1 = p_2$$

zum Ausdruck gebracht werden. Beim Austritt aus den Leitkanälen besitzt das Wasser keine Spannungsenergie mehr; die ganze im Gefälle dargebotene Energie ist bereits in die kinetische Form übergegangen, und im Laufrad findet kein Umsatz von Druck in Geschwindigkeit mehr statt.

Wesentlich ist, daß die Luft freien Zutritt habe; diese Turbinen dürfen nicht tauchen, sie müssen vielmehr frei über dem Unterwasser hängen und zwar hoch genug, daß dieses auch bei seinem höchsten Stand nicht hinanreicht. Das Freihängen bedeutet einen entsprechenden Gefällsverlust.

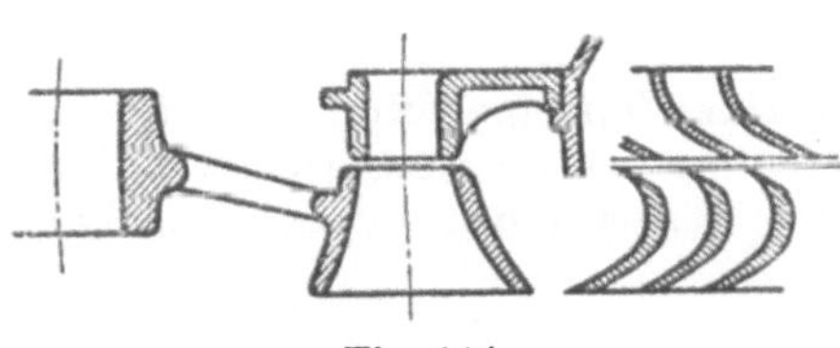

Fig. 114.

Fig. 115.

Eine eigenartige Stellung unter den staufreien Turbinen nimmt das moderne Tangential- oder Löffelrad ein[1]). Das Wasser wird demselben nach Fig. 115 durch eine Düse als einzelner Strahl in tangentialer Richtung zugeführt. Das Rad ist am Umfange mit frei herausstehenden löffelförmigen Schaufeln besetzt, die in der Mitte einen scharfen Grat haben. Der Wasserstrahl trifft mitten auf den Grat; er wird durch denselben in zwei gleiche Teile gespalten und nach beiden Seiten abgelenkt. Seitliche Radkränze fehlen, und von Kanälen kann nicht mehr die Rede sein; die Räume zwischen den einzelnen Schaufeln bieten sehr viel überschüssigen Platz, und der Durchfluß ist nach allen Richtungen frei. Jedes Wasserteilchen trifft in einem anderen Punkt und in einer anderen Richtung auf und beschreibt längs der Schaufel wieder eine andere Bahn, so daß es den Schaufelrand an einem anderen Punkt verläßt.

78. Radial- und Axialturbinen. Mehr äußerlich ist die Unterscheidung nach der Richtung des Durchflusses im Laufrad. Ist die Wasserbahn wenigstens beim Eintritt in einer Ebene normal zur

[1]) Es wird gewöhnlich nach dem kalifornischen Ingenieur Pelton benannt, dessen Löffelrad in Europa zuerst bekannt wurde.

Achse enthalten, so besitzt es eine radiale Geschwindigkeitskomponente; man spricht dann von einer Radialturbine und unterscheidet die in Fig. 116 dargestellte ältere Form der Francis-Turbine als außerschlächtig von der in Fig. 113 skizzierten Fourneyron-Turbine, die als innerschlächtig bezeichnet wird, weil der Eintritt von innen erfolgt[1]). Bei der außerschlächtigen Radialturbine ist der Austritt heutzutage ausnahmslos nach Fig. 117 mehr oder minder stark axial abgelenkt; es liegt in dieser Anordnung ein wichtiges Mittel zur Erhöhung der Drehzahlen.

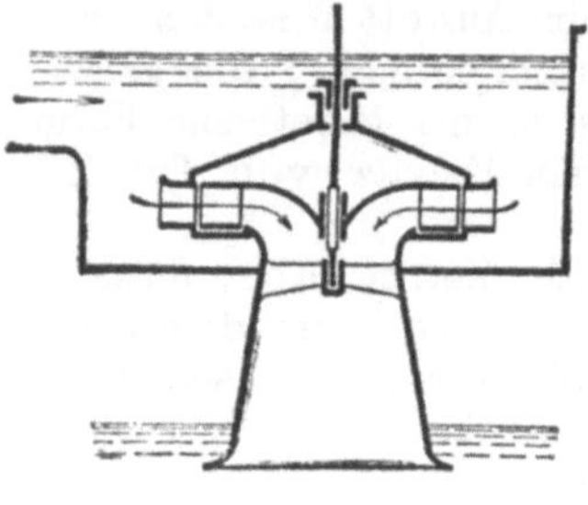

Fig. 116.

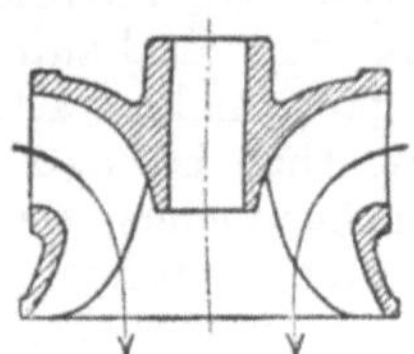

Fig. 117.

Als axial bezeichnet man eine Turbinenform, bei der das Wasser keine radiale, dafür aber eine axiale Geschwindigkeitskomponente annimmt, so daß sich die Wasserfäden auf Zylinderflächen

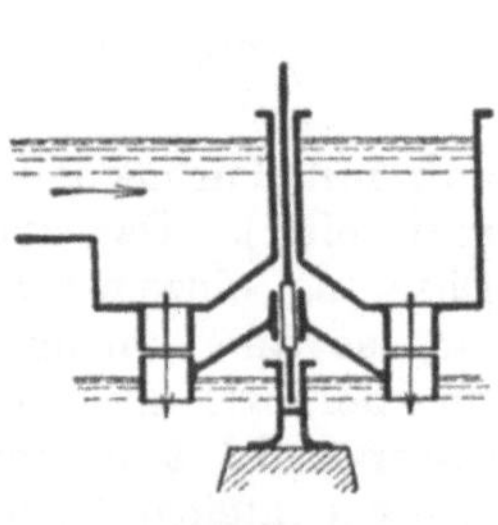

Fig. 118.

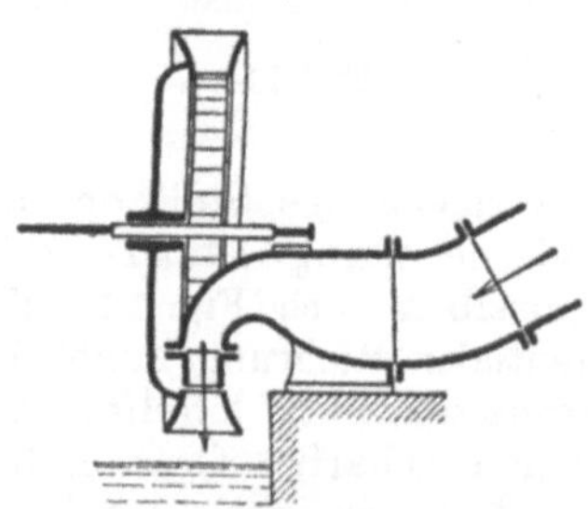

Fig. 119.

bewegen. In Fig. 118 ist als Beispiel die Turbine von Jonval skizziert.

Führt man die Wasserfäden auf Kegelflächen, so erhält man die Konusturbine. Dabei kann die Wasserführung sowohl konvergierend als auch divergierend angeordnet werden.

Diese Merkmale sind sowohl auf staufreie als auch auf Stauturbinen anwendbar.

---

[1]) Der Ausdruck „schlächtig" (von schlagen) dürfte an die alten Wasserräder ankzuknüpfen sein, denen das Wasser durch eine steile geneigte Rinne aus einer gewissen Höhe mit Stoß oder Schlag zugeführt wird.

79. Teil- und vollschlächtige Turbinen. Bei größeren Gefällen und kleinen Wassermengen fielen die Durchmesser der Turbinen leicht zu klein und die Umlaufzahlen zu groß aus, wenn man das Wasser auf dem ganzen Umfang zuführen wollte. Man begnügt sich in diesem Falle damit, den Eintritt nach Fig. 119 nur über einen Teil des Umfanges auszudehnen und spricht von einer teilschlächtigen Turbine im Gegensatz zur vollschlächtigen, die das Wasser auf dem ganzen Umfang zugeführt bekommt. Die teilschlächtigen Turbinen sind immer als staufrei ausgeführt. Umgekehrt sind die Stauturbinen stets vollschlächtig gebaut.

Die in Fig. 119 dargestellte radiale innerschlächtige Anordnung mit liegender Welle ist als die Schwammkrug-Turbine bekannt.

80. Turbinen mit und ohne Saugrohr. Stellt man die Stauturbinen, die eingetaucht arbeiten können, ins Unterwasser, so wird das Gefälle vollständig ausgenützt; allein die Turbine ist schlecht

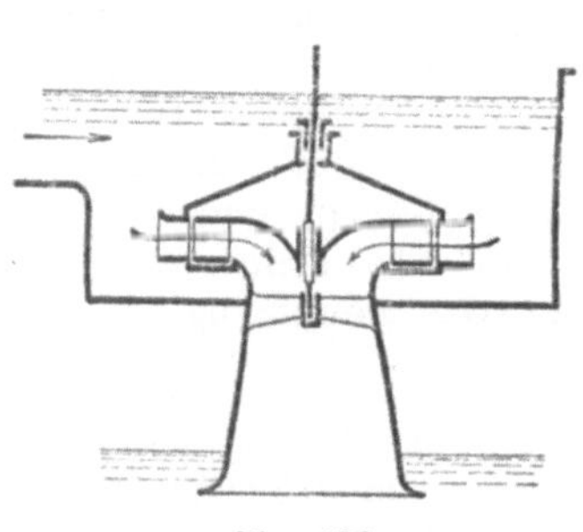
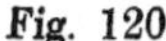

Fig. 120.

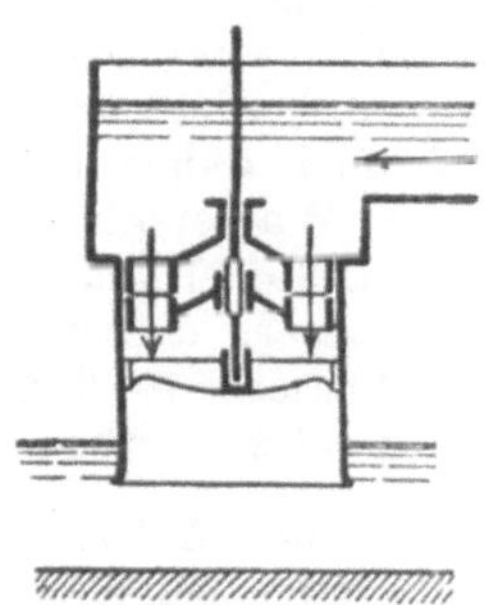

Fig. 121.

zugänglich. Diesen Nachteil vermeidet man, indem man sie über dem Unterwasser aufstellt und ihren Austritt durch ein Saugrohr mit dem Unterwasser verbindet, so daß auch in diesem Falle kein Gefäll verloren geht. Der untere Rand des Saugrohres darf auch beim tiefsten Unterwasserstand niemals austauchen. Die Saughöhe soll 6 bis 7 m nicht überschreiten, wenn man nicht Gefahr laufen will, daß beim Eindringen von Luft die hängende Wassersäule abreißt. Es ist zwecklos, am unteren Ende des Saugrohres einen Verschluß (etwa eine Ringschütze) anzubringen, in der Meinung, denselben zum Füllen des Saugrohres nötig zu haben. Wird der Zulaß geöffnet, so fegt das niederstürzende Wasser ohne weiteres in kurzer Zeit die Luft aus dem Saugrohr fort, und der Druck beim Austritt aus dem Laufrad ist um den Betrag des Sauggefälles kleiner als derjenigen der umgebenden Luft.

Bei der Francis-Turbine läßt sich das Saugrohr an den Austritt der Turbine derart anschließen, daß keine plötzliche Erweiterung des Querschnittes mit ihren Stoßverlusten auftritt. Gibt man dem Saugrohr nach unten eine konische Erweiterung, wie in Fig. 120

angedeutet, so kann ein großer Teil der Austrittsgeschwindigkeit wieder in Druck umgesetzt und das entsprechende Gefälle zurückgewonnen werden.

Bei der Jonval-Turbine läßt sich, wie Fig. 121 zeigt, kein stetiger Anschluß erzielen; die Austrittsgeschwindigkeit geht gleich beim Übergang ins Saugrohr in der starken Erweiterung ziemlich vollständig verloren und darum hätte es keinen Sinn, das Saugrohr nach unten divergieren zu lassen.

Ganz ungeeignet für den Anschluß eines Saugrohres ist die Fourneyron-Turbine; sie wurde aus diesem Grunde sehr bald durch diejenige von Jonval verdrängt.

In Fällen, wo der Unterwasserspiegel stark schwankt, hat man das Saugrohr auch für staufreie Turbinen angeordnet, um sich vom Stand des Unterwassers unabhängig zu machen. Da diese Turbinen nicht eingetaucht arbeiten dürfen, läßt man oben ins Saugrohr soviel Luft eindringen, daß sich dicht unter dem Laufrad ein Luftraum von genügender Höhe bildet. Das stark zersplittert aus dem Laufrad austretende Wasser reißt indessen die Luft sehr energisch fort, und diese muß daher fortwährend ersetzt werden. Der Lufteinlaß wird daher durch ein Schwimmerventil derart geregelt, daß sich der Wasserspiegel unterhalb der Turbine auf einer unveränderlichen Höhe erhält. Im Saugrohr hat man ein Gemisch von Luft und Wasser, dessen spezifisches Gewicht kleiner ist als dasjenige des Wassers; es darf daher nicht das ganze Sauggefälle in die Rechnung gesetzt werden.

81. Lage der Achse im Raum. Anfänglich gab man den Turbinen stets eine senkrechte Welle, und man erblickte darin wohl ein unterscheidendes Merkmal gegenüber den Wasserrädern, die ja immer eine wagrechte Achse haben. Erst später wurden Turbinen mit liegender Welle gebaut[1]). Entscheidend waren dabei sowohl die Bauart der Turbine als auch die Art, wie die Leistung weiter übertragen wurde. So bietet die wagrechte Lage für die Anwendung des Riemen- oder Seilantriebs entscheidende Vorteile und kann auch für die direkte Kupplung mit Arbeitsmaschinen (Dynamobetrieb) zweckmäßig sein.

Bei frei ausgießenden Turbinen trachtet man zur Vermeidung von Gefällsverlusten danach, für alle Punkte des Austrittes einen minimalen Abstand vom Unterwasserspiegel einschalten; daher ist bei einem größeren Austrittsbogen die wagrechte Wellenlage ausgeschlossen[2]). Bei der Schwammkrug-Turbine dagegen ergibt sich die liegende Welle von selbst. Diese ist auch für das Löffelrad das einfachste und natürlichste, da sich hierbei ein symmetrischer zweiseitiger und völlig freier Austritt ergibt, wobei sich die axialen Schübe das Gleichgewicht halten. Das Löffelrad wird etwa auch fliegend auf das Ende einer liegenden Generatorwelle aufgesetzt.

---

[1]) Die schräge Lage bildete stets nur eine seltene Ausnahme.

[2]) So z. B. bei der Fourneyron-Turbine.

Das erfordert indessen ein enges Zusammenarbeiten zwischen dem Turbinenbauer und dem Elektriker. In neuerer Zeit sind mehrfach Löffelräder mit senkrechten Wellen zum direkten Antrieb großer Generatoren gebaut worden. Man eröffnet sich dabei die Möglichkeit, im Kreise herum mehrere Düsen anzubringen, muß aber besondere Ablenker anordnen, um zu verhindern, daß das nach oben austretende Wasser auf das Rad zurückfällt.

Die Turbinen mit Saugrohr, insbesondere die Francis-Turbinen führt man ebensowohl mit liegender als mit stehender Welle aus. Bei liegender Anordnung wird der Anschluß an das Saugrohr durch einen Krümmer vermittelt.

82. Offene und geschlossene Aufstellung. Die einfachste Aufstellung erhält man bei kleinen Gefällen, indem man die Turbine mit senkrechter Welle in den Boden eines offenen Kastens oder Schachtes einbaut, wie z. B. in Fig. 116, 118, 120 und 121 zu sehen ist. Man gebraucht in diesem Falle die Bezeichnung Schachtturbine. Wird dieser Schacht viereckig gehalten, was

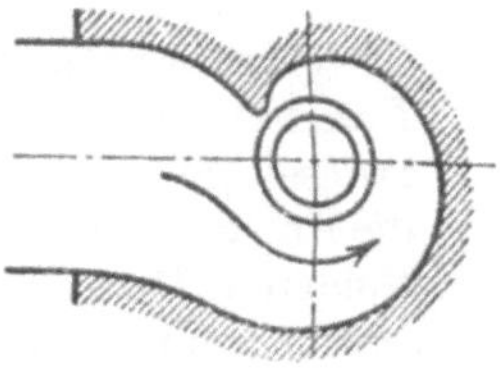

Fig. 122.

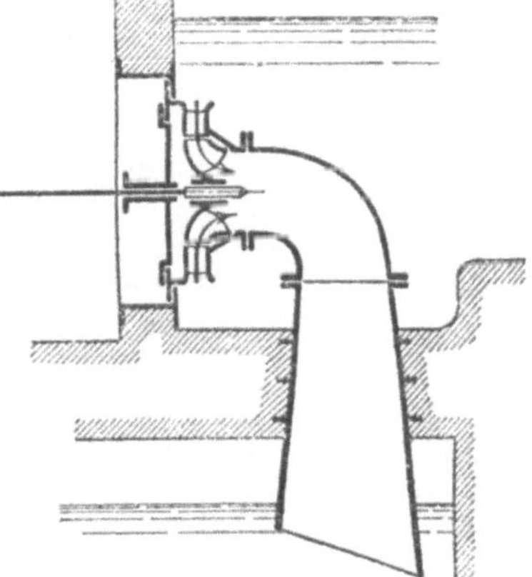

Fig. 123.

meistens zutrifft, so geht die Geschwindigkeit des Zuflusses verloren, da das Wasser im Schacht eine ganz unregelmäßige Bewegung annimmt. Man gibt daher bei Francis-Turbinen öfters dem Schacht das in Fig. 122 skizzierte spiralförmige Profil, durch das ein stetiger Übergang vom Zufluß in die Turbine hergestellt wird. Doch bedarf diese Anordnung im Verhältnis zum Raddurchmesser einer großen Breite des Zuflußkanals. Bei Schachtturbinen mit liegender Achse, die nach der Bauart von Francis vielfach ausgeführt werden, tritt die Welle seitlich durch eine der Schachtwände ins Freie (vgl. Fig. 123).

Handelt es sich um größere Gefälle, so würde die Welle zu lang, wenn man sie bei senkrechter Lage bis über den Oberwasserspiegel führen wollte. In solchen Fällen schließt man die Turbine in ein eisernes Gehäuse von kasten- oder kesselförmiger Gestalt ein, dem man das Wasser durch ein Druckrohr zuführt.

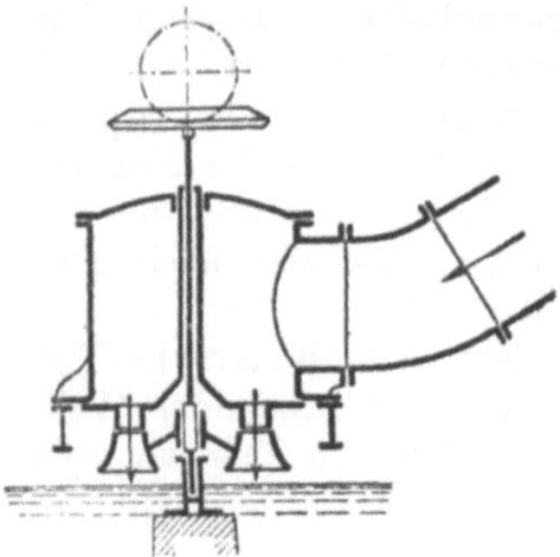

Fig. 124.

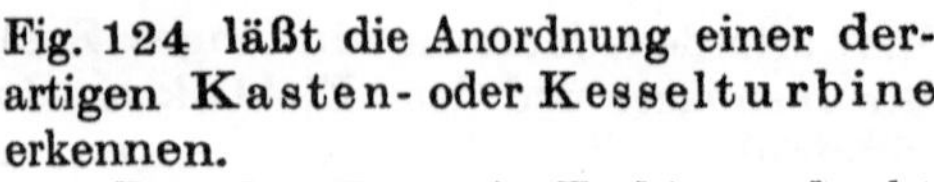

Fig. 124 läßt die Anordnung einer derartigen Kasten- oder Kesselturbine erkennen.

Bei der Francis-Turbine erlaubt der außerschlächtige, radiale Eintritt die Anwendung einer Gehäuseform, die einen stetigen, verlustfreien Übergang des Wassers aus der Druckleitung in die Turbine ergibt. Das Gehäuse ist nach Fig. 125 als Fortsetzung des Druckrohres mit stetig abnehmendem Querschnitt ausgebildet und spiralförmig um das Leitrad herumgelegt. Der Name Spiralgehäuse kennzeichnet diese Konstruktion in zutreffender Weise. Die Welle liegt in der Regel wagrecht. Gibt man der Turbine nach Fig. 126 einen zweiseitigen Ausguß, so wird die ganze Turbine völlig symmetrisch, so daß sich die Axialschübe im Gleichgewicht halten. Daneben macht der zweiseitige Austritt die Anwendung eines kleineren Durchmessers und eine Steigerung der Umlaufszahl möglich.

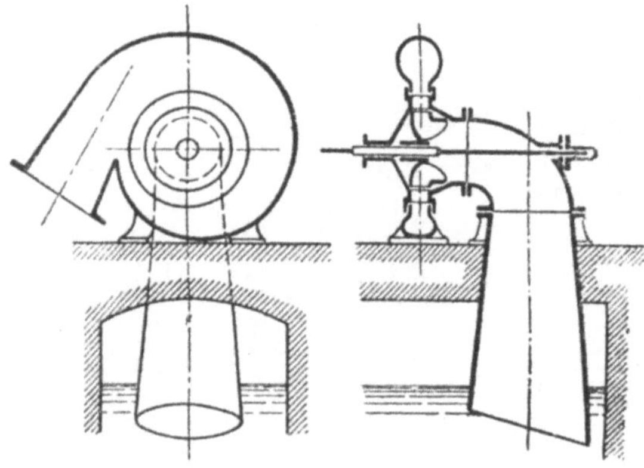

Fig. 125.

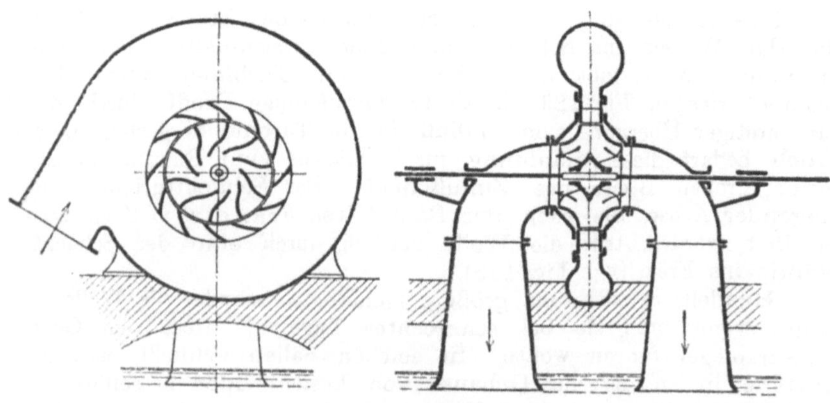

Fig. 126.

Der Gebrauch des Spiralgehäuses ist übrigens keineswegs an das Vorhandensein eines größeren Gefälles geknüpft; dasselbe kann vielmehr gerade bei niedrigen Gefällen besondere Dienste leisten. Wollte man bei den in Fig. 127 angenommenen Gefällverhältnissen mit hochgenommener Turbine eine offene Aufstellung wählen, so würde die Turbine vom Oberwasser ganz ungenügend überdeckt; es würden sich zahlreiche von der Oberfläche ausgehende Wirbel bilden, durch die Luft in großen Mengen in die Turbine eindränge. Das in rechteckigen Querschnitten aus Blech hergestellte Spiralgehäuse verhindert die Wirbelbildung vollständig und gibt eine tadellose Wasserzuführung. Liegt die Turbine immerhin so tief, daß sich der Durchfluß von selbst einstellt, so wird die Luft aus dem oberen Teil des Gehäuses in kürzester Zeit weggesaugt, und das Gehäuse wirkt als Heber.

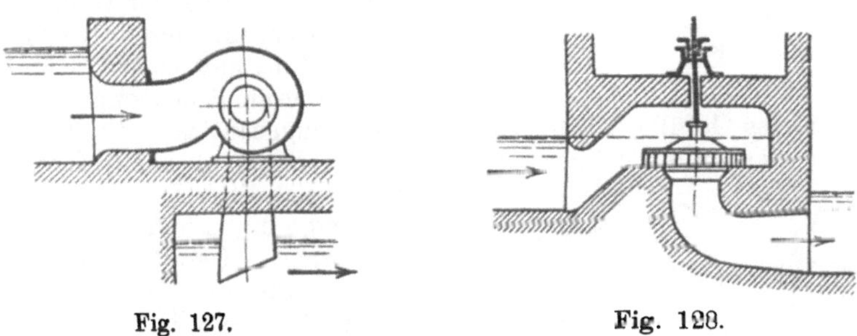

Fig. 127. Fig. 128.

In Fig. 128 ist eine heberförmige Kammer für eine Turbine mit senkrechter Welle angedeutet. Das Saugrohr ist im Betonfundament ausgespart.

In ähnlicher Weise wird neuerdings bei großen Turbinen mit senkrechter Welle das in Fig. 122 angedeutete spiralförmige Schachtprofil als Aussparung im Fundament zu einem vollständig geschlossenen Spiralgehäuse ausgebildet.

83. Mehrfache Turbinen. Es ist besonders die Elektrotechnik, die für den direkten Antrieb der Dynamomaschinen das Streben nach großen Geschwindigkeiten der Turbine geweckt hat. Um hohe Umlaufzahlen auch bei kleinen Gefällen und bedeutenden Wassermengen zu erzielen, werden zwei oder mehr Turbinen auf ein und derselben Welle befestigt und zu einem Ganzen verbunden. Da auf jede Einzelturbine nur ein Bruchteil der ganzen Wassermenge entfällt, werden ihre Abmessungen kleiner und ihre Umlaufzahl in demselben Verhältnis größer. Ordnet man die Turbinen auf derselben Welle symmetrisch an, so halten sich die Axialschübe im Gleichgewicht und der Spurzapfen wird entlastet.

Es kommt hier in erster Linie die Bauart nach Francis in Betracht, weil die Zuführung des Wassers am äußeren Umfang die größte Freiheit in der Anordnung gibt. Übrigens steht natürlich

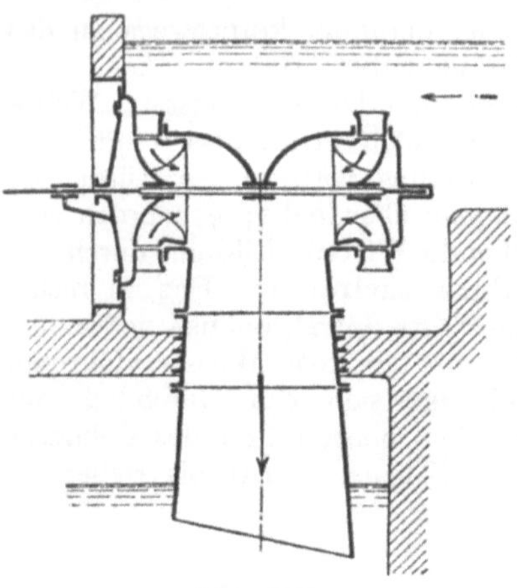

Fig. 129.

nichts im Wege, mehrere Tangential- oder Löffelräder nebeneinander aufzustellen. Man kann bei diesen den Zweck aber auch dadurch erreichen, daß man auf ein und dasselbe Rad mehrere Wasserstrahlen führt. In Wirklichkeit ist bei liegender Achse nicht für mehr als zwei Düsen Platz, wenn man nicht für die einen Strahlen ungünstige Austrittsverhältnisse in den Kauf nehmen will.

In Fig. 129 ist eine Doppelturbine mit liegender Welle und gemeinsamem Saugrohr für offene Aufstellung gezeichnet. Fig. 130 zeigt eine ähnliche Doppelturbine für größeres Gefälle, die in einen Kessel eingebaut ist. In Fig. 131 ist eine vierfache Turbine mit liegender Welle in offener Aufstellung gezeichnet. Die Saugrohre sind im Fundament ausgespart. Derartige Turbinen sind wiederholt an den neuen großen Kraftzentralen am Oberrhein in Anwendung gekommen. So zählt Laufenburg zehn Einheiten von je 5000 PS bei ungefähr 10 m Gefälle. Fig. 132 zeigt die Anordnung der Turbinen der Kraftübertragungswerke Rheinfelden. Jede Einheit enthält zwei mit den Rücken zusammengebaute Doppelturbinen auf einer senkrechten Welle. Die einzelnen Turbinen kommen bei dieser

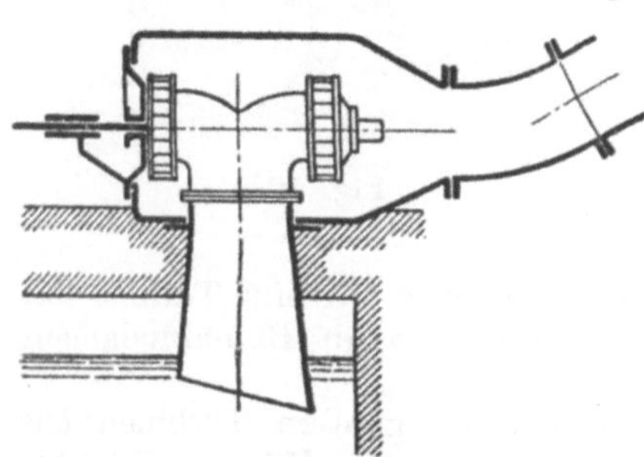

Fig. 130.

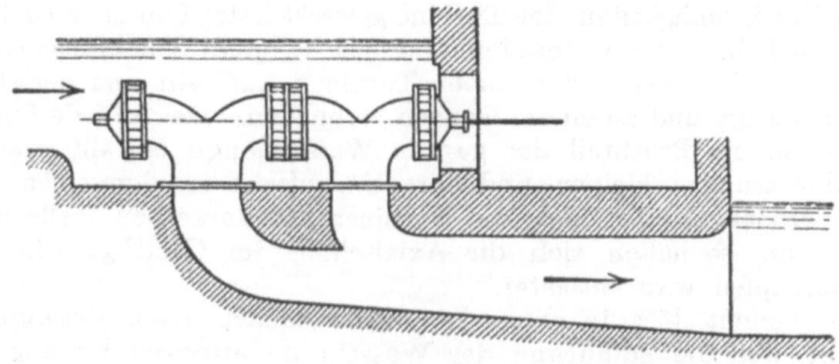

Fig. 131.

Anordnung, wie die Stockwerke in einem Hause, übereinander zu liegen, und man spricht daher von Etagenturbinen. Man spart im Grundriß gegenüber der liegenden Anordnung bedeutend an Platz; dafür wird der Einbau etwas verwickelter und die untere Partie kommt tief ins Unterwasser zu liegen. Rheinfelden zählt zwanzig Einheiten von je 840 PS bei 65 Umläufen in der Minute. Die Laufräder haben 2,350 m Durchmesser bei 1,240 m Breite. Die Generatorwelle ist unmittelbar an das obere Ende der Turbinenwelle angekuppelt. Von

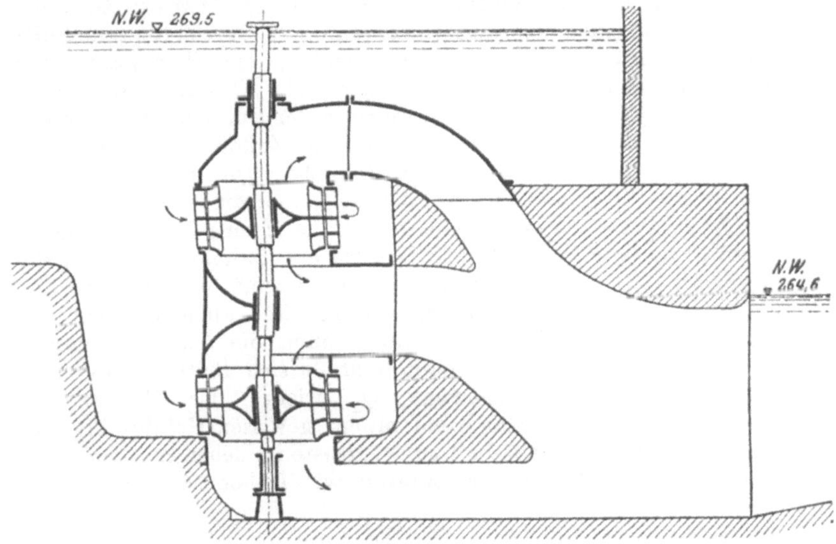

Fig. 132.

dem starken Wechsel im Gefälle und in der Wassermenge, wie sie sich bei Anlagen an großen Flüssen einstellen, geben folgende Zahlen für die Rheinfelder Zentrale eine Vorstellung.

	Hochwasser	Niederwasser
Oberwasserspiegel	273 m	269,5 m ü. M.
Unterwasserspiegel	270 „	264,6 „ „ „
Gefälle	3 „	4,9 „ „ „
Wassermenge pro Turbinensatz	25 cbm	17,0 cbm.

84. Als heute gebräuchliche Bauarten kommen nur noch die Francis-Turbine und das Tangential- oder Löffelrad in Betracht, die erstere für kleinere bis mittlere Gefälle bei größeren Wassermengen, das zweite für höhere Gefälle bei kleineren Wassermengen. Beide zeichnen sich durch hohe Wirkungsgrade von 80 bis über 85 v. H. aus, während die Turbinen älterer Bauart selten über 75 v. H. ergaben. Beide gestatten eine gute Regulierung der Durchflußmenge und damit auch der Geschwindigkeit. Die Francis-Turbine besitzt ein weitgehendes Anpassungsvermögen an die verschiedensten Aufstellungsverhältnisse und an sehr weit auseinanderliegende Anforderungen hinsichtlich der Umlaufzahl.

10. Kapitel.

Das Regeln der Durchflußmenge.

85. Zweck der Abschützung. Unter Abschützung soll die Vorrichtung verstanden sein, mittels der man den Durchflußquerschnitt einer Turbine auf eine veränderte Wasssermenge einstellen kann. Sie wird häufig als die Regulierung bezeichnet. Das Bedürfnis nach einer Verminderung der Durchflußmenge stellt sich z.B. ein, wenn der Zufluß wegen trockener Witterung zurückgeht. Die in Fig. 133 gezeichnete Turbine sei derart beschaffen, daß sie bei einem Gefälle H eine Wassermenge Q durchläßt. Nimmt der Zufluß ab, so sinkt der Oberwasserspiegel, da zunächst der Durchfluß unverändert bleibt. Mit abnehmendem Gefälle sinkt aber auch die Durchflußmenge, und schließlich stellt sich für eine gegebene Zuflußmenge Q_1 wieder der Beharrungszustand bei einem gewissen Gefälle H_1 ein. Dürfte man annehmen, daß die Druckverluste im neuen Zustand zum Gefälle in demselben Verhältnis ständen wie früher, so bestände die Beziehung

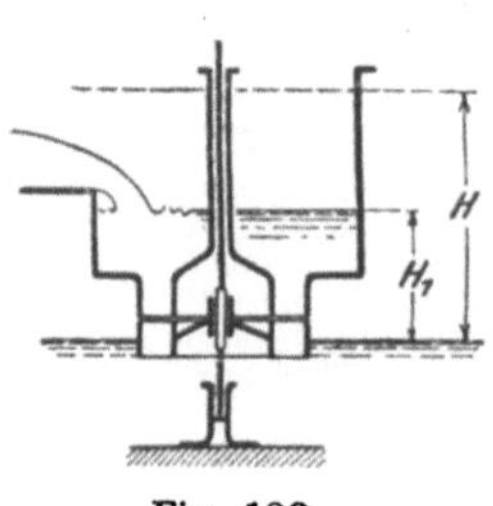

Fig. 133.

$$\frac{Q_1}{Q} = \sqrt{\frac{H_1}{H}}.$$

Bliebe ferner der Wirkungsgrad derselbe, so wäre das Verhältnis zwischen der jetzigen und der früheren Leistung

$$\frac{L_1}{L} = \frac{Q_1 H_1}{Q H} = \frac{Q_1{}^3}{Q^3};$$

die Leistung nähme also mit der dritten Potenz der Wassermenge ab, und man erhielte somit, wenn der Zufluß auf die Hälfte zurückginge, nur noch den achten Teil der früheren Leistung. In Wirklichkeit würde das Verhältnis noch schlechter; da man die ursprüngliche Geschwindigkeit beibehalten muß, die dem Gefälle nicht mehr entspricht, wird der Wirkungsgrad schlechter und die Leistung noch geringer.

Der Verlust rührt in der Hauptsache daher, daß das Wasser um die Höhe $H - H_1$ tot herunterfällt, ohne Arbeit zu verrichten. Man umgeht ihn, indem man den Durchflußquerschnitt der Turbine soweit verengt, daß der Oberwasserspiegel auf der ursprünglichen

Höhe verbleibt; unter der Voraussetzung, daß auch der Unterwasserstand sich nicht ändere und daß der Wirkungsgrad derselbe bleibe, ginge alsdann die Leistung nur im direkten Verhältnis zur Zuflußmenge zurück.

Die Abschützung hat noch eine zweite wichtige Aufgabe zu erfüllen. Wenn sich während des Betriebes die Belastung der Turbine ändert, so muß, damit die Geschwindigkeit dieselbe bleibe, alsbald auch die Leistung entsprechend eingestellt werden. Mit seltenen Ausnahmen geschieht dies dadurch, daß man mittels der Abschützung den Durchfluß nach Maßgabe des Bedarfs verändert. Der Abschützung fällt die wichtige Aufgabe zu, die Leistung und damit auch die Geschwindigkeit der Turbine zu regeln. Dies hat ihr denn auch den Namen Regulierung eingetragen.

Bei Stauturbinen stehen Geschwindigkeiten, Querschnitte und Wassermengen in eindeutigem Zusammenhange unter sich und mit dem Gefälle. Soll daher das Verhältnis zwischen den verschiedenen Geschwindigkeiten nicht gestört werden, so müßte man die sämtlichen Querschnitte zugleich mit der Wassermenge ändern, also sowohl an den Leitkanälen als auch im Laufrad. Da sich aber der Durchführung dieser Aufgabe, soweit sie sich auf das Laufrad bezieht, sehr große Schwierigkeiten entgegenstellen, begnügt man sich immer mit einer Veränderung der Leitkanalquerschnitte, während die Laufradkanäle ihre Beschaffenheit unverändert beibehalten. Es ergibt sich daraus, daß bei eintretender Verengung der Leitkanäle die Querschnitte im Laufrad zum Schaden des Wirkungsgrades zu groß sind.

Anders und günstiger liegen die Verhältnisse bei den staufreien Turbinen, wo die Geschwindigkeiten nur vom Gefälle abhängen, und wo das Laufrad so schon überreichliche Querschnitte bietet, so daß ein weiterer Überschuß nicht viel schaden kann.

Das Abschützen der Turbinen beim Anpassen an eine abnehmende Zuflußmenge bringt fast immer eine Verschlechterung des Wirkungsgrades mit sich und ist als Notbehelf aufzufassen. Enthält die Anlage nur eine einzige Turbine, so muß man verlangen, daß die Abschützung gestatte, noch mit einem stark zurückgegangenen Zufluß verhältnismäßig günstig zu arbeiten. Bei Anlagen mit mehreren Einheiten tritt dieser Gesichtspunkt zurück; wenn nicht mehr genug Wasser zum Betriebe des Ganzen vorhanden ist, so schaltet man so viele Einheiten aus, daß die übrigen angenähert voll arbeiten können. In diesem Falle kann man sich mit geringeren Anforderungen an die Güte der Abschützung zufrieden geben.

86. Zellenregulierung. Enthält das Leitrad einer Turbine eine größere Anzahl von Kanälen, so kann man den Durchfluß dadurch vermindern, daß man eine entsprechende Zahl derselben zudeckt. Da man die Kanäle wohl auch Zellen nennt, spricht man von einer Zellenregulierung. Die Wirkunksweise derselben ist bei Turbinen mit und ohne Stauung etwas verschieden.

Tritt bei den Stauturbinen, die ja stets unter Wasser arbeiten, ein Laufradkanal aus dem offenen Teil des Leitrades in den toten Teil über, so kann er sich nicht entleeren, weil keine Luft nachströmt; die Bewegung des Wassers wird plötzlich unterbrochen und seine kinetische Energie geht verloren. Beim Wiedereintritt in den offenen Teil muß das in den Laufradkanälen ruhende Wasser durch das neu eintretende wieder plötzlich beschleunigt werden; dabei wird abermals Energie zerstört. Fast noch schlimmer sind die Ausfressungen, die nach Abschn. 72 durch die auftretenden Wirbel hervorgerufen werden.

Man kann das Übel nach beiden Richtungen mildern, wenn man die Turbine ventiliert, d. h. Luft in die zugedeckten Leitkanäle einführt; dabei können sich die Kanäle vollständig entleeren und beim Übergang in den offenen Teil findet das eintretende Wasser keinen Widerstand. Die Ventilation ist aber nur bei Turbinen ohne Saugrohr durchführbar, die nicht zu tief im Unterwasser liegen.

Günstigere Verhältnisse bieten die staufreien Turbinen; da sie stets freihängen und die Luft überall Zutritt

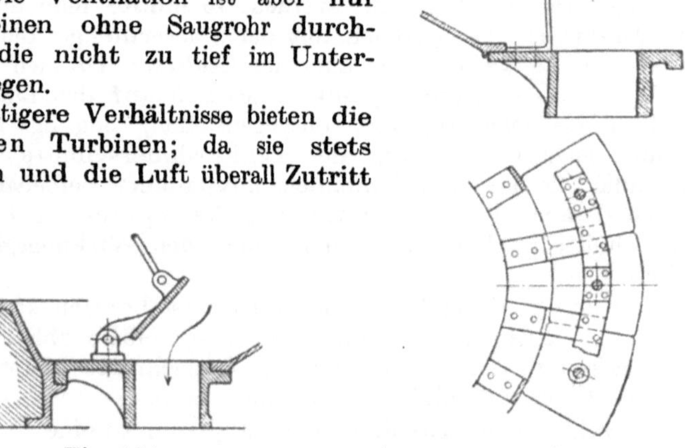

Fig. 134. Fig. 135.

hat, geht die Entleerung der Laufradkanäle ungestört vor sich, auch wenn sie den offenstehenden Teil des Leitrades verlassen. Man hat hier nur mit den Energieverlusten zu rechnen, die infolge der Zersplitterung des Wassers beim Übergang vom offenen Teil des Leitrades zum zugedeckten oder umgekehrt auftreten. Da diese nicht sehr bedeutend sind, geht der Wirkungsgrad beim Abschützen nur wenig zurück, und dieser Eigenschaft verdankte die staufreie Turbine früher ihre Bevorzugung in allen Fällen, wo man einen starken Wechsel in der Zuflußmenge zu erwarten hatte. Aus denselben Gründen gab man den teilschlächtigen Turbinen einen ungestauten Durchfluß.

Die Zahl der Übergänge von den offenen zu den geschlossenen Teilen des Leitrades soll so viel als möglich eingeschränkt werden; man wird daher die Zellen der Reihe nach zuschließen. Der Symmetrie der Kräfte halber pflegt man indessen die abzuschützenden Leitkanäle in zwei einander diametal gegenüber liegende Gruppen zu teilen, innerhalb deren dann die Kanäle der Reihe nach geschlossen werden.

Die Regulierung erfolgt nicht stetig, sondern stufenweise, da immer mindestens ein ganzer Leitkanal ein- oder ausgeschaltet werden muß; ist die Zahl der Zellen nicht zu klein, so wird die Abstufung dennoch fein genug[1]).

Bei axialer Anordnung werden unter kleinen Drücken zum Zudecken der Leitkanäle verschiedenartige Teller und Klappen nach

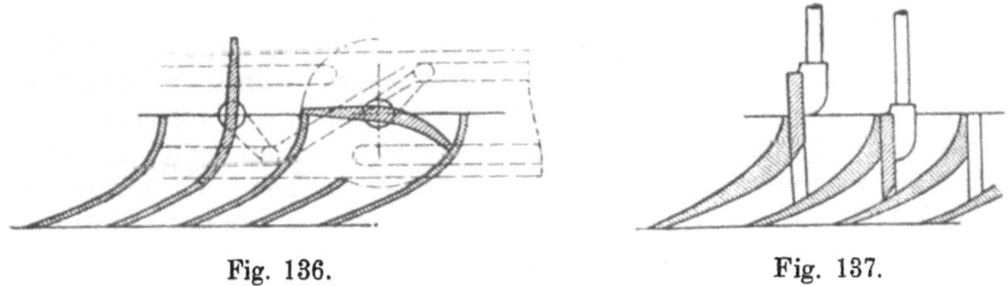

Fig. 136. Fig. 137.

Fig. 134 und 135 gebraucht, die jeweilen eine oder mehrere Zellen zugleich decken. Die Drehklappen nach Fig. 136 schließen je zwei Zellen ab; die Dichtigkeit läßt aber zu wünschen übrig; etwas besser

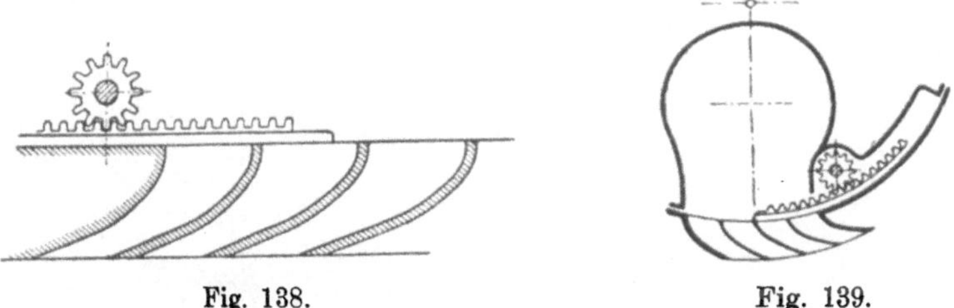

Fig. 138. Fig. 139.

sind die kleinen Schützen nach Fig. 137. Beide Organe können durch den in Fig. 136 punktiert gezeichneten Zweinutenring mechanisch betrieben werden.

Bei allen derartigen Vorrichtungen, die von oben her durch Zugstangen betätigt werden, kann man die letzteren in röhrenförmiger Ausführung zur Ventilation benützen.

Bei mehrkränzigen Jonval-Turbinen deckt man wohl die einzelnen Kränze ganz mit ringförmigen Tellern zu. Das gibt freilich

---

[1]) Wenn bei teilweiser Öffnung einer Zelle sich ein unregelmäßiger Wassereintritt ergibt, so kann es vorkommen, daß die Vermehrung des Zuflusses mehr Energie verbraucht als abgibt. Darin kann eine bedeutende Erschwerung der automatischen Geschwindigkeitsregulierung liegen.

nur eine ganz grobe Abstufung; die offen bleibenden Kränze arbeiten dafür in einwandfreier Weise.

Bei teilschlächtigen Turbinen kommt selbst für höhere Gefälle der in der Umfangsrichtung bewegliche Schieber nach Fig. 138 bis 140 zur Anwendung. Fig. 141 zeigt übrigens, wie sich der Drehschieber auch bei vollschlächtigen Turbinen anwenden läßt. Dadurch, daß beim Eintritt die Leitkanäle auf der einen Hälfte nach außen und auf der anderen nach innen gedrängt werden, gewinnt man den freien Platz für den ganz zurückgezogenen Schieber.

Fig. 140.

Die Zellenregulierungen, die einen mechanischen Antrieb besitzen, wurden früher vielfach auch für die automatische Geschwindigkeitsregulierung gebraucht. Den jetzigen Anforderungen genügen sie indessen nicht mehr, da sie zu langsam wirken. Es fallen für diesen Zweck nur die in den folgenden Abschnitten zu behandelnden

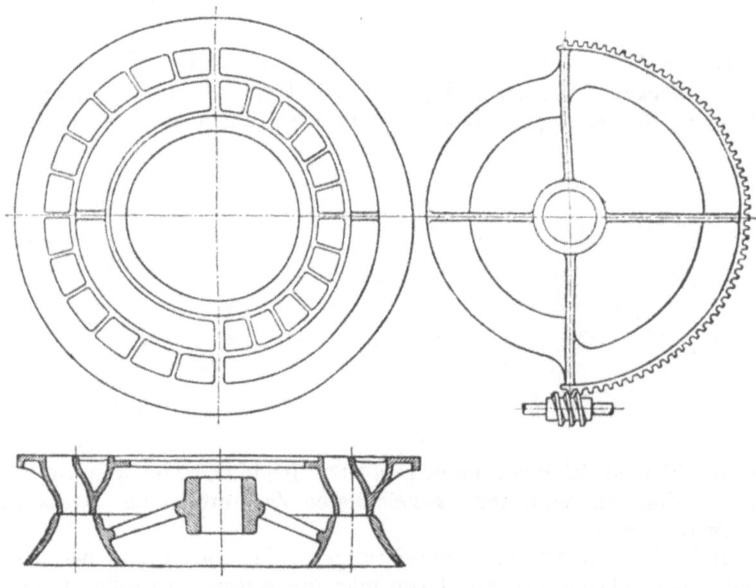

Fig. 141.

Vorrichtungen in Betracht, bei denen alle Leitkanäle zugleich durch eine verhältnismäßig geringfügige Bewegung beherrscht werden.

87. Spaltschieber. Ein einfaches, wenn auch rohes Mittel ist für radiale Vollturbinen der in den Spalt zwischen Leit- und Laufrad eingeschobener Spaltschieber nach Fig. 142 und 143. Daß der Wirkungsgrad unter dem Einflusse der plötzlichen Erweiterung hinter dem Schieber notleiden muß, liegt auf der Hand, und zwar werden die Verhältnisse um so schlimmer, je weiter der Schieber vorgeschoben wird, d. h. je kleiner der Zufluß geworden ist. Verschlechtert wird die Wirkung noch dadurch, daß die Wasserfäden, die an der Kante des Schiebers streifen, eine Ablenkung nor-

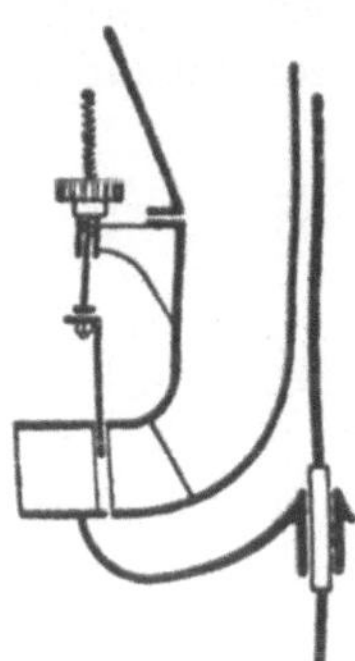

Fig. 142.

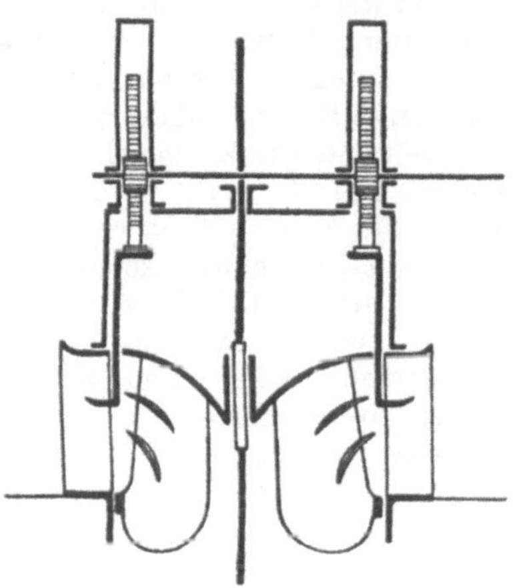

Fig. 143.

mal zur Kante erleiden, wenn man nicht die Kante durch Ansätze, die ins Leitrad zurückreichen, stark verbreitert. Die in Fig. 143 nach amerikanischen Mustern auf die Schaufeln gesetzten Kämme sollen die Führung des Wassers hinter dem vorgeschobenen Spaltschieber verbessern.

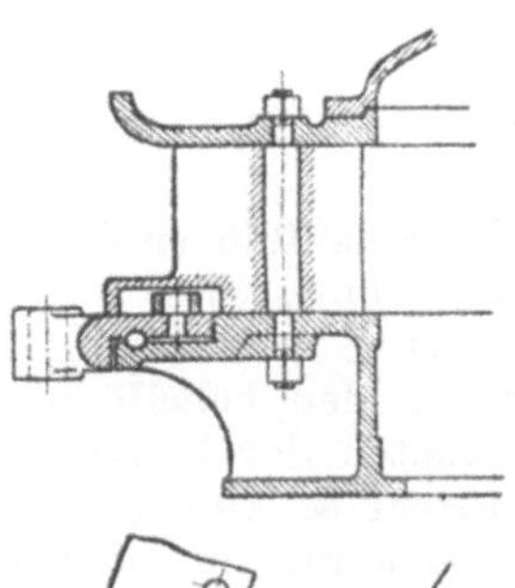

Der Verwendung des Spaltschiebers für die automatische Geschwindigkeitsregulierung stehen keine Bedenken entgegen.

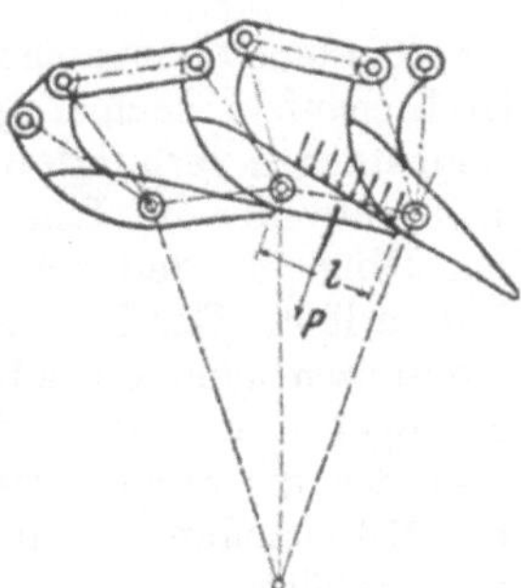

Fig. 144.

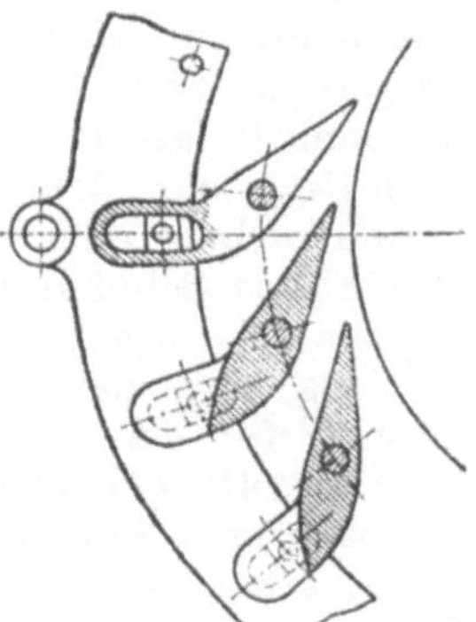

Fig. 145.

88. Die Finksche Drehschaufel nach Fig. 144 und 145 ist die beste Vorrichtung, um bei vollschlächtigen Radialturbinen die sämtlichen Leitkanäle gleichzeitig zu verengen. Sie hat Ähnlichkeit mit den Jalousiefensterläden; sämtliche Leitschaufeln lassen sich um eine feste Achse drehen, und dadurch werden sowohl die Querschnitte als auch die Winkel der Leitkanäle verändert. Die Seitenränder der Schaufeln müssen mit den Radkränzen in steter Berührung bleiben. Diese Bedingung wird erfüllt, wenn die Radkränze die Gestalt von konzentrischen Kugelflächen erhalten und die Drehachsen der Schaufeln auf den Kugelmittelpunkt gerichtet sind. Von größerer praktischer Bedeutung ist nur der Fall, wo der Kugelhalbmesser unendlich groß wird, wo also die Kränze flach sind; die Finksche Drehschaufel kommt daher nur für die Radialturbine in Betracht und zwar tatsächlich nur für die außerschlächtige Form, da es bei der innerschlächtigen an Platz gebräche.

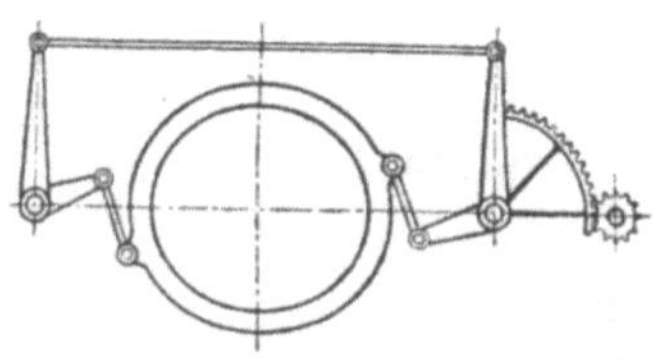

Fig. 146.

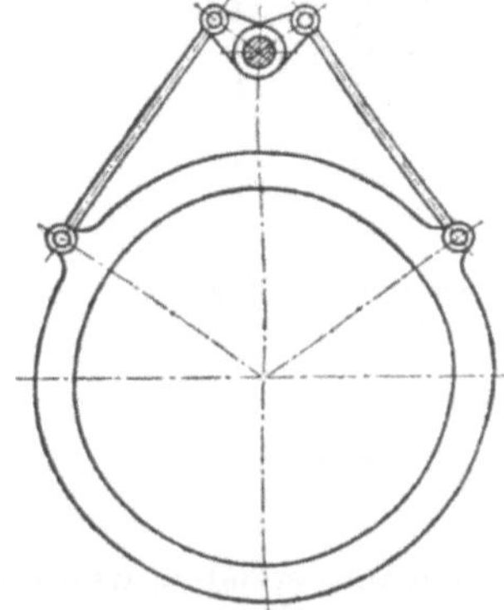

Fig. 147.

Die Schaufeln sind unter sich derart verbunden, daß die gleichzeitige Drehung aller gesichert ist. In Fig. 144 wird der Zusammenhang nach Foresti durch Gelenkstangen hergestellt, deren Angriffspunkte an den hebelförmigen Verlängerungen der Schaufeln mit den Drehpunkten der letzteren lauter kongruente Parallelogramme bilden. Es entsteht so eine in sich selbst geschlossene Gliederkette, die von zwei diametral einander gegenüberliegenden Punkten aus in Bewegung gesetzt wird.

Gewöhnlich legt man um das Leitrad herum einen konzentrischen drehbaren Ring, mit dem die einzelnen Drehschaufeln nach Fig. 145 durch Schubkurbeln oder durch kurze Gelenkstangen verbunden sind. Der Schlitz des Schubkurbelgetriebes kann entweder im Ring oder in der Schaufel liegen. Man sichert dem Ring oft dadurch einen leichten Gang, daß man ihn auf Kugeln laufen läßt. Der Bewegungsmechanismus für den Ring sollte streng zentrisch symmetrisch sein, wie in Fig. 146 gezeichnet. Aus Platzmangel wird öfters die in Fig. 147 skizzierte Einrichtung gewählt, bei der die Symmetrie verloren geht, sobald die Vorrichtung aus der Mittelstellung heraustritt; ein Klemmen läßt sich indessen dadurch verhüten, daß man der Antriebswelle etwas Spiel in ihrem Lager läßt.

Zumeist gibt man den Leitschaufeln eine Drehung um feste Bolzen, denen zugleich die Aufgabe zufällt, die beiden Kränze des Leitrades miteinander zu verbinden. Den Platz für die Drehbolzen gewinnt man durch eine starke Verdickung der Schaufeln in der Mitte, die zu der bekannten Fischbauchform führt. Die Leitkanäle erhalten infolge dieser Verdickung leicht ein ungünstiges Profil; sie müssen sich zu früh verjüngen und der zusammengezogene Teil fällt zu lang aus.

Die vielen Gelenke sind einer ziemlich starken Abnützung unterworfen, so daß der ganze Mechanismus leicht schlotterig wird. Das kann am Sande liegen, den das Wasser mit sich führt. Einen stärkeren Anteil dürfte indessen die schütternde Bewegung haben, die die Schaufel im strömenden Wasser annimmt, ähnlich wie die Fahne, die im Winde flattert. Bestehen die Gelenkflächen teilweise oder ganz aus Eisen, so tritt noch der Einfluß des Abrostens hinzu. Die Abnützung fällt um so stärker aus, als die Schmierung schwer durchzuführen ist, da der ganze Mechanismus im Wasser liegt und somit unzugänglich ist (vgl. übrigens Fig. 237, Abschn. 173).

89. Die Regulierungen von Schaad und von Zodel verfolgen ähnliche Zwecke mit etwas anderen Mitteln. Schaad baut nach Fig. 148 in jeden Kanal eine drehbare Zunge ein und bewegt alle diese Zungen miteinander. Zodel legt, wie Fig. 149 zeigt, innerhalb des Leitrades einen Gitterschieber an, der beim Drehen alle Kanalausgänge gleichzeitig mehr oder weniger schließt. Zur Verbesserung der Wasserführung beim Austritt wird der Schaufelrücken durch eine aufgeschraubte Blechplatte verlängert. Beide haben den Nachteil, daß sie das austretende Wasser in lauter einzelne nicht zusammenhängende Strahlen auflösen, deren Wiedervereinigung im Laufrad nicht ohne Unregelmäßigkeiten und Energieverlusten vor sich geht.

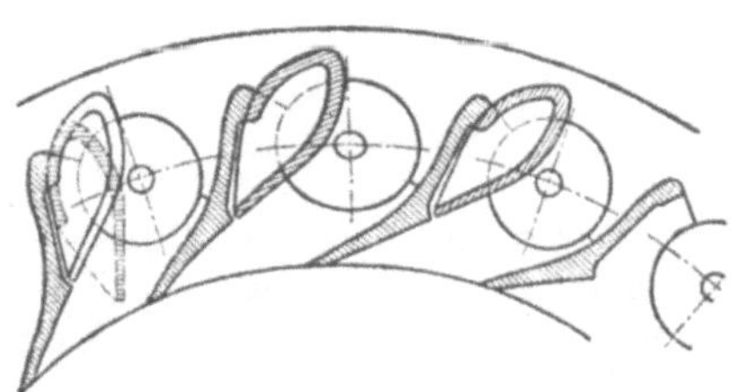

Fig. 148.

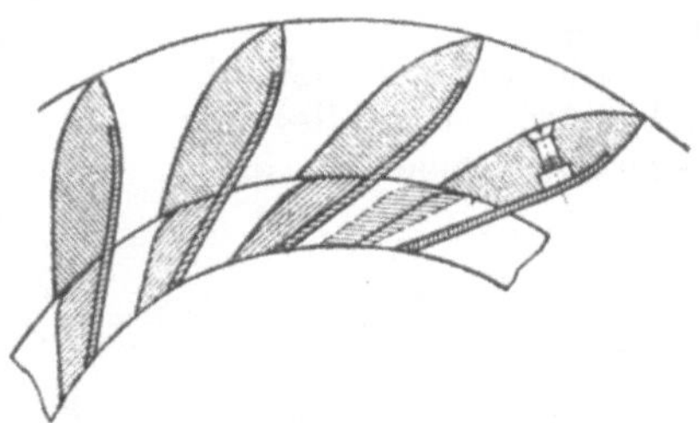

Fig. 149.

90. Das Regeln vereinzelter Leitkanäle. Enthält der Leitapparat nur einen einzigen Kanal, wie z. B. bei den Tangentialrädern, so wird die Regulierung durch eine Veränderung des Austrittsquerschnittes erzielt. Hat der Kanal einen rechteckigen Querschnitt, so wird die eine Wand, und zwar am besten diejenige, die dem Rade zugekehrt ist, beweglich gemacht, indem man sie z. B. nach Fig. 150 als drehbare Zunge ausbildet. Das Öffnen geschieht von selbst unter dem Einflusse des Wasserdruckes; zum Schließen ist eine gewisse Kraft aufzuwenden, die ihren Größtwert bei vollendetem Abschluß erreicht. Ein Fehler dieser Vorrichtung ist, daß sie nur bei einer ganz bestimmten Zungenstellung einen parallelen Austritt ergibt; bei verkleinerter Öffnung wird der Strahl zum Schaden seiner Energie in die Breite gequetscht.

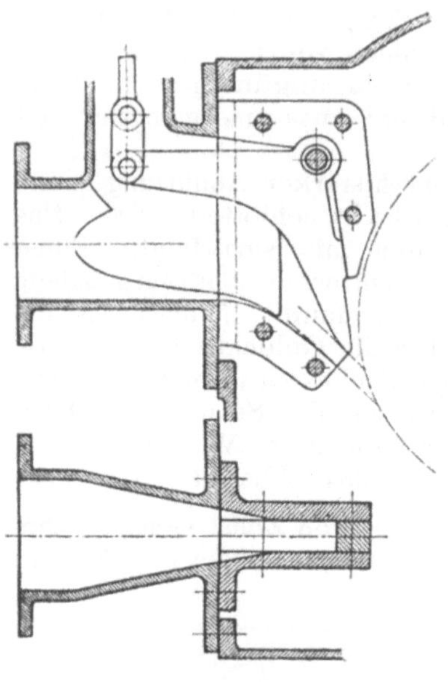

Fig. 150.

Frei von diesem Fehler ist der ebenfalls für Tangentialräder bestimmte Schiebereinlauf nach Fig. 338. Da der Schieber mit Ausnahme seines untersten Teiles ganz entlastet ist und überdies mit Starrschmiere gefettet werden kann, spielt er sehr leicht.

Für Tangentialräder kommt heute ausschließlich die stark konvergierende **kegelförmige Düse** nach Fig. 151 und 152 zur Anwendung, deren Querschnitt sich durch eine von hinten eingehobene spitze Reguliernadel beliebig verändern läßt (vgl. Abschnitt 207). Die von W. A. Doble in San Francisco eingeführte Nadeldüse[1]) hat alle übrigen Vorrichtungen in kürzester Zeit aus dem Felde geschlagen.

Die in Fig 153 abgebildeten außenliegende Schwinge (bascule exté-

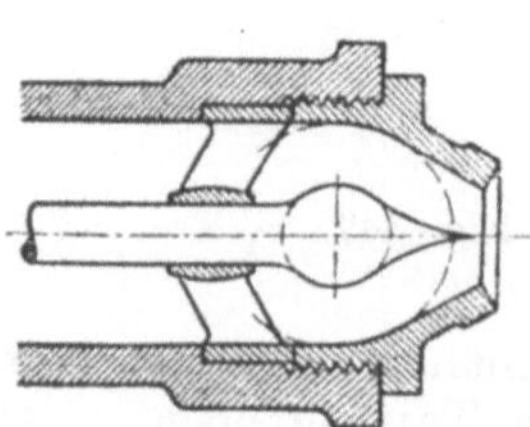

Fig. 151.

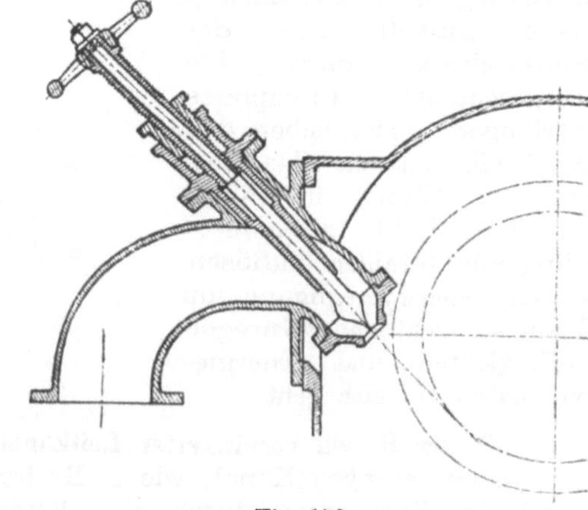

Fig. 152.

[1]) H. Homberger, Z. d. V. d. I. 1904, S. 1901.

rieure) von Piccard in Genf ist für innerschlächtige Radialturbinen in der Schwammkrugschen Aufstellung bestimmt. Der Strahl nimmt unter der Kante der Schwinge eine starke Kontraktion an; seine Richtung wird wesentlich durch die der Kante gegenüberliegende Fläche bestimmt und ändert sich daher kaum beim Verstellen der Schwinge. Der Wasserdruck auf diese letztere ist völlig ausgewuchtet; die Vorrichtung spielt daher leicht, hält aber wohl nicht auf die Dauer dicht.

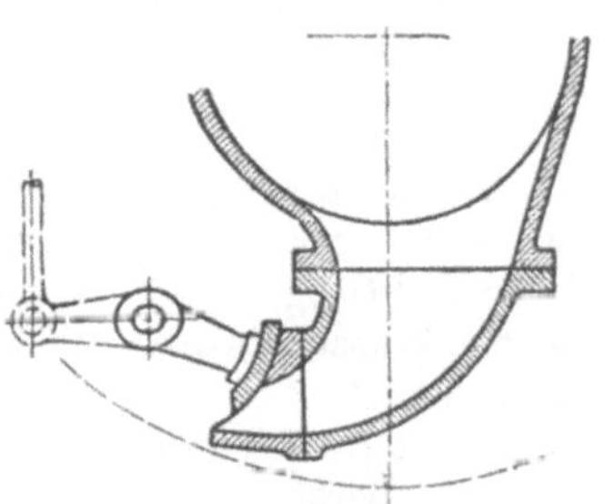

Fig. 153

91. Drosselvorrichtungen. In sehr einfacher Weise läßt sich der Durchfluß dadurch regeln, daß man ihn durch eine Drosselkappe im Druckrohr oder durch eine Ringschütze am unteren Ende des Saugrohres mehr oder minder abdrosselt. Da die Wirkung auf der Einschaltung eines Widerstandes, also auf einer teilweisen Vernichtung des Gefälles beruht, ist der Vorgang gerade dann am wenigsten ökonomisch, wenn der Zufluß am stärksten zurückgegangen ist; er ist also hinsichtlich der Anpassung an den verminderten Zufluß mit den in Abschn. 85 geschilderten Erscheinungen an der nicht abgeschützten Turbine zu vergleichen. Die Drosselvorrichtungen sind somit für das Sparen von Wasser untauglich.

Wo es nur darauf ankäme, zum Zwecke der Einhaltung einer bestimmten Geschwindigkeit einen Überschuß an Leistung abzudrosseln und wo ein Ansammeln von erspartem Wasser ausgeschlossen ist, könnte man sich diesen Fehler noch gefallen lassen. Die Drosselvorrichtungen sind aber auch für die Geschwindigkeitsregulierung ungeeignet, da ihr Einfluß anfangs nur sehr langsam, dann aber gegen das Ende der Schließbewegung außerordentlich rapid ansteigt.

Die Drosselklappe wird hie und da noch als Abschlußorgan der Druckleitung gebraucht, hat aber in dieser Verwendung den Fehler, daß sie nicht dicht abschließt. Ihr Vorteil ist darin zu sehen, daß sie zur Bewegung verhältnismäßig geringer Kräfte bedarf, da der auf ihr liegende Wasserdruck annähernd ausgeglichen ist.

11. Kapitel.

Rechnungsunterlagen.

92. Gefälle bei einer bestehenden Anlage[1]). Bei der Beurteilung einer ausgeführten Anlage kommt es in erster Linie darauf an, zu

[1]) Die heutige Technik hat gelernt, selbst die größten Gefälle, die die Natur bietet, zu bezwingen. So beträgt z. B. das Gefälle der Wasserwerke

am Adamello (Prov. Brescia) 920 m,
bei Vouvry (Kanton Wallis) 923 „
bei Orla (Pyrenäen) . . . . 941 „
bei Fully (Kanton Wallis) . 1650 „

erfahren, in welchem Verhältnis die gewonnene Leistung an der Turbinenwelle zu der ganzen in der Wasserkraft enthaltenen Energie steht. Dieses Verhältnis wird als Wirkungsgrad bezeichnet.

Ist N die Leistung in Pferdestärken, bedeutet $Q\gamma$ das in der Sekunde zufließende Wassergewicht in kg und H das Gefälle in m, so ist der Wirkungsgrad

$$e = \frac{75\,N}{Q\,\gamma\,H} \quad \ldots\ldots\ldots \quad (119)$$

Die Größen Q und N sind eindeutig; dagegen kann die Frage nach dem Gefälle verschieden beantwortet werden, je nachdem sich die Betrachtung über die ganze Anlage oder über die einzelnen Teile, wie die Wasserfassung, die Zu- und Ableitung und die Motoren, erstrecken soll.

Durch die Grundeigentumsverhältnisse oder durch die Konzession sind der oberste und der unterste Punkt des Wasserlaufes, zwischen denen die Ausnützung der Wasserkraft erfolgen soll, genau bestimmt. Der Höhenunterschied bildet das geodätische Gefälle H_g. Das Wasser fließt beim obersten Punkt mit einer gewissen Geschwindigkeit c' herbei und muß am untersten Punkt mit einer Geschwindigkeit c'' entlassen werden. Es wird alsdann die der Ausbeutung entgegengeführte Energie durch das rohe oder Bruttogefälle

$$H_b = H_g + \frac{c'^2 - c''^2}{2\,g}\ ^{1)} \quad \ldots\ldots \quad (120)$$

gemessen. Da indessen der Unterschied zwischen c' und c'' zumeist gering ist, können das geodätische und das Bruttogefälle als identisch angesehen werden.

Von dem Bruttogefälle geht ein Teil in der Zuleitung verloren. Dieser Verlust setzt sich zusammen aus der Geschwindigkeitshöhe, die aufzuwenden ist, um das Wasser zum Eintritt in den Kanal zu zwingen, aus dem Verlust im Grobrechen, im Oberwasserkanal, im Feinrechen, und bei größeren Gefällen aus dem Verlust im Wasserschloß und in der Druckleitung.

Ein anderer Teil kommt in der Ableitung abhanden. Nach dem Austritt aus der Turbine besitzt das Wasser in der Turbinenkammer eine unruhige turbulente Bewegung ohne bestimmte Richtung. Das Wasser muß alsdann wieder auf die Geschwindigkeit gebracht werden, mit der es im Unterwasserkanal fortfließen soll. Um die entsprechende Geschwindigkeitshöhe muß sich das Wasser in der Kammer stauen. Des weiteren geht im Unterwassergraben das Reibungsgefälle verloren.

Für den Betrieb der Turbine bleibt nur noch das reine oder Nettogefälle H_n übrig, das durch den Höhenunterschied zwischen dem Oberwasserspiegel im Turbinenschacht oder dem Piezometerstand

---

[1]) Genau genommen käme noch der Unterschied des Luftdruckes am untern und am obern Punkt in Abzug. Derselbe ist aber so unbedeutend, daß man ihn stets außer acht lassen darf.

vor der Turbine einerseits und dem Wasserspiegel in der Turbinenkammer andererseits ausgedrückt wird.

Ist das Saugrohr nach Fig. 154 heberförmig abgebogen, so übt es im Unterwasser eine ejektorartige Wirkung aus; in diesem Falle ist das reine Gefälle bis auf den Punkt zu messen, wo sich der Sprung im Unterwasser vollzogen hat.

Um die Energie zu messen, die der Turbine wirklich zugeführt oder dargeboten wird, hat man zum reinen Gefälle noch die Höhe zuzuschlagen, die der Geschwindigkeit c_e entspricht, mit der das

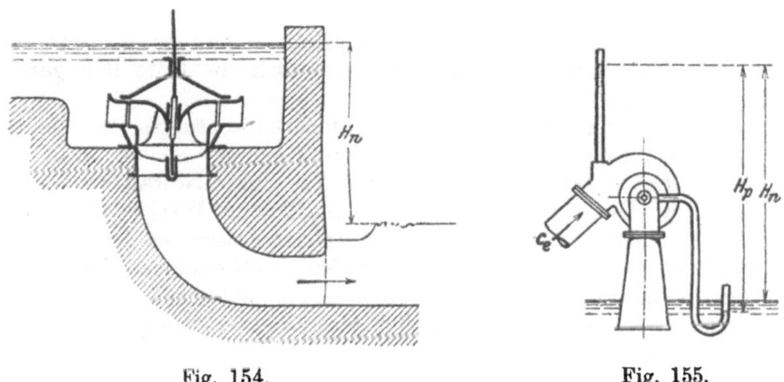

Fig. 154. Fig. 155.

Wasser zur Turbine herbeifließt. Es wird das dargebotene, rechnungsmäßige oder disponible Gefälle H ausgedrückt durch

$$H = H_n + \frac{c_e^2}{2g}.^{1)} \quad \ldots \ldots \ldots \quad (121)$$

Für den Durchfluß des Wassers durch die eigentliche Turbine (Leit- und Laufrad) ist der Höhenunterschied der Piezometerstände unmittelbar vor und hinter der Turbine oder das piezometrische Gefälle H_p maßgebend, und zwar unter Zuschlag der Geschwindigkeitshöhe $c_e^2 : 2g$, wenn diese wie in Fig. 155 der Turbine zugute kommt. Bei der Turbine mit Saugrohr ist das piezometrische Gefälle H_p merklich größer als das reine Gefälle H_n; der Unterschied stellt die im Saugrohr zurückgewonnene Energie dar.

Endlich pflegt man noch zwei rechnungsmäßige Begriffe einzuführen. Als wirksames Gefälle H_w bezeichnet man die Größe

$$H_w = H - \Sigma(H_v), \quad \ldots \ldots \ldots \quad (122)$$

[1]) Bei einer offenen Turbine nach Fig. 154 geht allerdings die Geschwindigkeit c_e verloren, während sie der Turbine mit Spiralgehäuse nach Fig. 155 zugute kommt. Es ist indessen kein Grund vorhanden, sie im ersteren Falle nicht zu rechnen. Fällt das Urteil etwas ungünstiger aus, so ist das nur gerecht; denn es liegt hier ein Mangel vor, der der betreffenden Bauart anhaftet, und der ihr belastet werden muß.

wobei $\Sigma(H_v)$ die Summe aller Druckverluste in der Turbine unter Abrechnung eines allfälligen Druckgewinnes im Saugrohr bedeutet. Es wäre also H_w dasjenige Gefälle, das den tatsächlichen Durchfluß bewirken würde, wenn keine Druckverluste bestünden.

Bezeichnet c_2 die absolute Austrittsgeschwindigkeit des Wassers aus dem Laufrad, so mißt das Nutzgefälle

$$H' = H_w - \frac{c_2^{\ 2}}{2\,g} \quad \text{. . . . .} \quad (123)$$

die Energie, die tatsächlich in der Turbine in nützliche Arbeit umgesetzt wird.

Für die Beurteilung der Turbine allein kommt es auf das dargebotene Gefälle an; dagegen berechnet sich die Güte der ganzen Anlage nach dem Bruttogefälle.

Es ergibt sich nach den vorstehenden Betrachtungen von selbst, daß für die Beurteilung der staufreien Turbinen an sich das dargebotene Gefälle bis auf den Austritt aus dem Laufrad zu messen ist. Bei der Einschätzung des wirtschaftlichen Wertes darf aber natürlich das Freihängen nicht außer acht gelassen werden.

Bei Lieferungsverträgen mit scharfen Bestimmungen ist es ratsam, bereits im Vertrage festzulegen, wie das Gefälle zu messen bzw. zu rechnen ist, damit nicht hinterher Meinungsverschiedenheiten entstehen können.

Wenn man bei einer Turbine, in der die Eintrittsgeschwindigkeit c_e ausgenützt wird, das Gefälle vom Piezometerstand vor der Turbine aus mißt, so hat es der Konstrukteur in der Hand, der Turbine durch Steigerung jener Geschwindigkeit einen kleinen Rechnungsvorteil zuzuwenden.

Die Gefälle, die man zu unterscheiden hat, sind also die folgenden:

H_g das geodätische Gefälle,
H_b das Brutto- oder rohe Gefälle,
H_n das reine Gefälle,
H das dargebotene, rechnungsmäßige oder verfügbare Gefälle,
H_p das piezometrische Gefälle,
H_w das wirksame Gefälle,
H' das Nutzgefälle.

93. Leistung und Wirkungsgrad. Ist das dargebotene Gefälle H und die Wassermenge Q aus dem Versuch bekannt, so ist die der Turbine dargebotene Leistung

$$L = Q\,\gamma\,H.$$

Die wirkliche oder effektive Leistung, die an der Turbinenwelle gemessen wird, werde mit L_e bezeichnet. Wird für die Überwindung der Reibung in den Lagern und im umgebenden Mittel eine Leistung L_r verbraucht, so ist die vom Wasser auf die Turbine übertragene oder die hydraulische Leistung

$$L_t = L_e + L_r \quad \text{. . . . .} \quad (124)$$

Als gesamten Wirkungsgrad der Turbine bezeichnet man das Verhältnis

$$e = \frac{L_e}{L} \quad \ldots\ldots\ldots\ldots (125)$$

Der hydraulische Wirkungsgrad ist

$$\varepsilon = \frac{L_\varepsilon}{L} \quad \ldots\ldots\ldots\ldots (126)$$

Unter dem mechanischen Wirkungsgrad versteht man das Verhältnis

$$\eta = \frac{L_e}{L_\varepsilon} \quad \ldots\ldots\ldots\ldots (127)$$

Nach dieser Definition ist

$$\left.\begin{aligned} e &= \varepsilon\,\eta \\ \text{und} \quad \varepsilon &= \frac{e}{\eta} \end{aligned}\right\} \quad \ldots\ldots\ldots\ldots (128)$$

Den wirtschaftlichen Wertmesser für die Turbine bildet der gesamte Wirkungsgrad e; an diesen Wert denkt man, wenn man vom „Nutzeffekt" spricht.

Die Ermittlung der Reibungsarbeit L_r ist nur ausnahmsweise möglich; daher läßt sich auch der hydraulische Wirkungsgrad ε nur ausnahmsweise bestimmen.

Der gesamte Wirkungsgrad bewegt sich je nach Bauart, Größe und Sorgfalt der Ausführung zwischen etwa 75 und 85 v. H. und selbst darüber. Was darunter ist, ist vom Übel.

Werden Q und H auf den m bezogen, so ist die effektive Leistung der Turbine in Pferdestärken zu 75 mkg/sek

$$N = e\,\frac{Q\,\gamma\,H}{75}\ \text{PS}, \quad \ldots\ldots\ldots\ldots (129)$$

wobei für das Gewicht γ von 1 cbm Wasser der Wert 1000 kg einzusetzen ist.

Für einen gesamten Wirkungsgrad von 75 v. H. wird

$$N = \frac{Q\,\gamma}{100}\,H;$$

d. h. für je 100 l/sek Zufluß und 1 m Gefälle kann man auf eine Pferdestärke rechnen.

94. Gefälle einer Neuanlage. Bei einer Hochdruckanlage ist das geodätische Gefälle von vornherein als gegeben anzusehen, da der Wechsel der Wasserstände an der oberen und unteren Grenze von geringem Einfluß ist. Es sind nun auf Grund besonderer Vorstudien die Verluste bei der Wasserfassung, im Oberwasserkanal, in der Druckleitung und in der Ableitung zu bestimmen und vom geodätischen Gefälle in Abzug zu bringen.

Die Größe dieser Verluste hängt in erster Linie von den gewählten Wassergeschwindigkeiten ab. Kleine Geschwindigkeiten ergeben kleine Verluste, bedingen aber große Querschnitte und somit auch große Anlagekosten. Ist das Gefälle an und für sich sehr bedeutend, so kann man sich einen größeren Verlust gefallen lassen, wenn man dadurch eine erhebliche Ersparnis an den Kosten der Anlage erreicht.

Besondere Aufmerksamkeit hat man auf das Studium der Druckleitung zu richten. Während man bei kurzen Druckleitungen und niedrigem Druck mit der Wassergeschwindigkeit nicht über 1 m/sek geht, wählt man für hohen Druck Geschwindigkeiten von 3 m/sek und mehr, da man damit eine bedeutende Ersparnis am Gewicht der Röhren erzielen kann[1]).

Bei Anlagen mit niedrigen Gefällen an großen Flüssen wird die Bestimmung des Gefälles noch verwickelter, da schon das geodätische Gefälle je nach der Wassermenge, die der Fluß gerade führt, sehr verschieden sein kann. Bei Hochwasser steigt nämlich der Unterwasserspiegel stärker als das Oberwasser. Es gestalten sich im Zufluß die Reibungsverhältnisse günstiger, und die Geschwindigkeit wächst stärker als der Wasserstand. Da im Unterwasser beim Austritt aus den Turbinen nur eine sehr geringe Anfangsgeschwindigkeit vorhanden ist, tritt dort dafür eine um so stärkere Stauung ein, bis das Abwasser die erforderliche größere Abflußgeschwindigkeit annimmt. Das Gefälle wird bei Hochwasser am kleinsten und bei Niederwasser am größten. Dieser Umstand ist deswegen von Bedeutung, da er eine gewisse Ausgleichung der Leistung ergibt. Dem Turbinenbauer erwächst freilich die schwierige Aufgabe, seine Turbinen so einzurichten, daß sie bei unveränderlicher Umlaufzahl mit Gefällen und Wassermengen, die im umgekehrten Sinne stark wechseln,

---

[1]) Bei einer gegebenen Spannung in den Rohrwänden ist die Blechstärke dem Durchmesser D direkt proportional; da der Umfang in demselben Verhältnis steht, ist das Gewicht der Rohre pro Längeneinheit dem Quadrate des Durchmessers proportional, also

$$G = a\,D^2,$$

wo a eine nicht näher zu bestimmende Konstante bedeutet. Der Querschnitt steht aber zu der Wassergeschwindigkeit im umgekehrten Verhältnis und zu der zweiten Potenz des Durchmessers im direkten Verhältnis; also ist

$$D^2 = \frac{b}{v},$$

wo b eine andere Konstante, v die Wassergeschwindigkeit bezeichnen soll. Es ergibt sich

$$G = \frac{a\,b}{v},$$

d. h. das Rohrgewicht ist der Geschwindigkeit umgekehrt proportional.

doch möglichst günstig arbeiten. Diese Gefällsverhältnisse klar zu legen und mit einiger Sicherheit vorauszubestimmen, bedarf es eines umständlichen und gründlichen Studiums des Einflusses, den die Wehr- und Kanalbauten bei verschiedenen Wassermengen auf die Stauung ausüben.

95. Wassermenge für eine neu anzulegende Turbine. Es gibt Fälle, wo man aus dem Vollen schöpfen kann, z. B. bei kleinen Turbinen, die an eine öffentliche Wasserleitung angeschlossen sind; wird eine bestimmte Leistung verlangt, so schätzt man den Wirkungsgrad ab und berechnet die für das vorhandene Gefälle erforderliche Wassermenge. Ist die Anlage an einen Gewerbekanal angeschlossen, der aus einem größeren Strom gespeist wird, so steht eine ganz bestimmte Wassermenge, wie sie der Fassungsfähigkeit des Kanals entspricht, zur Verfügung. Zumeist wird es sich aber darum handeln, einen natürlichen Wasserlauf möglichst vorteilhaft auszunützen; die fließenden Gewässer aber zeigen je nach der Witterung, der Jahreszeit und selbst nach dem Jahrgang einen sehr starken Wechel in der Wassermenge. Es hätte offenbar keinen Sinn, die Anlage für die größte vorkommende Wassermenge auszubauen; denn man erhielte eine große, teure Anlage, die man die meiste Zeit über wegen Wassermangel nicht voll betreiben könnte. Wollte man umgekehrt mit der kleinsten Wassermenge rechnen, so ergäben sich, auf die Leistungseinheit bezogen, wiederum hohe Anlagekosten, und während des größten Teiles des Jahre ginge ein größerer oder kleinerer Wasserüberschuß über das Wehr verloren. Somit wird man von einer mittleren Wassermenge ausgehen, hat sich aber darauf gefaßt zu machen, daß während eines Teiles des Jahres Wassermangel herrscht. Entweder muß dann der Betrieb eingeschränkt werden, oder man hat eine Reservekraft (Dampfmaschine, Dieselmotor) zu beschaffen. Wie groß diese mittlere Wassermenge anzusetzen sei, läßt sich nur auf Grund mehrjähriger Beobachtungen der Wassermenge im Flußlauf und gestützt auf eingehende Studien der Betriebsverhältnisse entscheiden. Abgesehen von der Größe des Kraftbedarfs und seiner Verteilung über die Tages- und Jahreszeiten spielen eine ganze Reihe von Umständen mit, wie z. B. die Dauer und die zeitliche Verteilung der Niederwasserperioden, die Kosten der Reservekraft und ganz besonders der Wert der erzeugten Kraft. Weiterhin kommt es auf die Zahl der nebeneinander aufzustellenden Turbinen an, die bei großen Werken sehr beträchtlich werden kann. Tritt eine Abnahme der Wassermenge ein, so bricht man zunächst an einer Turbine ab, während die übrigen voll arbeiten. Erst wenn der Zufluß stärker sinkt, wird eine Turbine nach der andern ausgeschaltet. Man kann sich so unter Erhaltung guter Wirkungsgrade einem stärkeren Wechsel der Wassermenge leicht anpassen, und darf die im Maximum auszunützenden Wassermengen höher ansetzen. Stellt man aber für eine Wasserkraft nur eine einzige Turbine auf, so wird man bei der Wahl der grundlegenden Wassermenge etwas mehr zurückhalten; da der Wirkungsgrad der

Turbinen auch im günstigsten Falle merklich abnimmt, wenn der Zufluß sinkt, bekäme man gerade dann einen schlechten Wirkungsgrad, wenn das Wasser knapp wird.

Von der größten Wichtigkeit ist die Möglichkeit, einen augenblicklichen Wasserüberschuß in Sammelbecken aufzufangen, die mit dem Oberwasser in Verbindung stehen, da man in diesem Falle für kürzere Zeit größere Wassermengen beziehen kann. Legt man diese Sammler so groß an, daß sie den Jahreszufluß ausgleichen können, so kann man den letzten Wassertropfen ausnützen, und dabei spielt die Verteilung des Kraftbedarfs über Tages- und Jahreszeiten gar keine Rolle[1]). Die Wasserkräfte mit hohem Gefälle und kleineren Wassermengen haben einen bedeutenden Vorsprung, da sie mit weit kleineren Sammelbecken auskommen.

Diese Art der Akkumulation ist undurchführbar, wo der untere Anstößer Anspruch auf den ungeschmälerten Zufluß hat[2]).

Wird dem Sammelbecken längere Zeit mehr Wasser entnommen als ihm zufließt, so sinkt der Wasserspiegel. Daraus ergibt sich eine Abnahme des Gefälles, die unter Umständen so bedeutend wird, daß man nicht unterlassen darf, ihr Rechnung zu tragen.

So setzt die Feststellung der rechnungsmäßigen Wassermenge unter Umständen sehr eingehende Untersuchungen und Berechnungen voraus.

96. Günstigste Geschwindigkeit. Eine gegebene Turbine, die unter einem gewissen Gefälle arbeitet, besitzt keineswegs von vorneherein eine bestimmte Geschwindigkeit; sie kann vielmehr in weiten Grenzen jede beliebige Geschwindigkeit annehmen. Setzt man die Turbine in unbelastetem Zustand in Gang, so nimmt sie die größte Geschwindigkeit an, deren sie bei dem vorliegenden Gefälle fähig ist. Dieser Zustand wird als Leergang bezeichnet. Hier wird offenbar keine nützliche Arbeit geleistet; die ganze Energie wird dazu verbraucht, das Wasser durch die Turbine und diese selbst umzutreiben; der Wirkungsgrad ist null.

Wird nunmehr die Turbine mehr und mehr belastet, so nimmt ihre Geschwindigkeit immer mehr ab, bis endlich die Turbine stecken bleibt. Auch in diesem Falle wird keine nützliche Arbeit verrichtet, und der Wirkungsgrad ist abermals null. Zwischendrin muß es aber eine Geschwindigkeit geben, bei der der Wirkungsgrad einen Größtwert annimmt, und dies ist die vorteilhafteste oder die günstigste Geschwindigkeit.

---

[1]) Bei Turbinenanlagen für Licht- und Kraftbetrieb, deren Sammelbecken groß genug für den Jahresausgleich ist, darf man etwa das Dreifache der mittleren Kraft verkaufen.

[2]) Wo es die Bodenverhältnisse erlauben, kann man selbst in diesem Falle die Energie ansammeln. Während der Tageszeit des geringsten Kraftbedarfes fördert man mittels Zentrifugalpumpen Wasser in ein hochliegendes Sammelbecken, um dasselbe mittels Hochdruckturbinen zum Ausgleich der „Spitzen" heranzuziehen, d. h. der auf kurze Zeit über das Gewöhnliche hinausgehenden Kraftbedürfnisse. Hat auch die ganze Anlage einen ziemlich geringen totalen Wirkungsgrad (vielleicht 50 %), so kann sie unter Umständen doch recht gute Dienste leisten.

Bei einer anderen mittleren Geschwindigkeit wird die Leistung der Turbine zu einem Größtwert; das wäre die Geschwindigkeit der größten Leistung, die mit derjenigen des besten Wirkungsgrades keineswegs immer zusammenfällt[1]).

Jede neue Turbine wird für eine bestimmte vorteilhafteste Geschwindigkeit gebaut, die im voraus festgesetzt wird. Beim Betrieb muß diese Geschwindigkeit dauernd eingehalten werden. Dies geschieht dadurch, daß man je nach der jeweiligen Belastung der Turbine mittels der Regulierung oder Abschützung mehr oder weniger Wasser zutreten läßt, um so die Leistung der Turbine mit der Belastung im Gleichgewicht zu halten.

Spricht man von der Geschwindigkeit einer Turbine, so ist darunter die Geschwindigkeit des höchsten Wirkungsgrades zu verstehen, wenn nicht ausdrücklich etwas anderes verabredet wird.

97. Wirksames Gefälle; Wirkungsgrad. Überschlagsweise kann man für die verschiedenen Bauarten etwa folgende Zahlen annehmen. Dabei sind die Angaben über das wirksame Gefälle und die Austrittsenergie in Bruchteilen des dargebotenenen Gefälles, der Wirkungsgrad in v. H. ausgedrückt.

	H_w	$\frac{c_2^2}{2g}$	ε
Jonval-Turbine	0,85	0,05 bis 0,06	75
Girard-Turbine[2])	0,9 bis 0,92	0,05 bis 0,06	75
Francis-Turbine			
Langsamläufer	0,88	0,05	82
Normalläufer	bis 0,91	bis 0,065	bis 86
Schnelläufer	bis 0,79	bis 0,20	bis 74
Löffelrad[2])	0,92 bis 0,95	—	85

Große Ausführungen zeigen übrigens stets etwas bessere Wirkungsgrade als kleine. Wesentlichen Einfluß hat der sorgfältige Entwurf der Schaufelprofile und die saubere und glatte Ausführung der Schauleln usw.

Es ist ratsam, eher mit einem etwas zu kleinem wirksamen Gefälle zu rechnen, damit man sicher ist, daß die Turbine die vorgeschriebene Wassermenge tatsächlich schlucken kann. Der Einfluß eines kleinen Fehlers im Gefälle auf die Umlaufzahl ist belanglos.

98. Ähnliche Turbinen bei verschiedenen Gefällen. Es ist wertvoll, daß man die Rechnungs- oder auch die Erfahrungsergebnisse verschiedener geometrisch ähnlichen Turbinen[3]) in sehr einfacher

[1]) Je nachdem die Geschwindigkeit einen fördernden, gar keinen oder einen hemmenden Einfluß auf die durchströmende Wassermenge hat, ist die Geschwindigkeit der größten Leistung größer, gleich oder kleiner als die Geschwindigkeit des besten Wirkungsgrades.

[2]) Dabei ist das Gefälle bis auf den Austritt aus dem Leitapparat zu beziehen.

[3]) Von einer strengen Änlichkeit zwischen verschieden großen Turbinen kann eigentlich im allgemeinen nicht gesprochen werden, und zwar schon wegen der Anzahl und der Dicke der Schaufeln.

Weise aufeinander beziehen und übertragen kann, sobald es sich um **ähnliche Zustände** handelt, d. h. sobald die verschiedenen Geschwindigkeiten in demselben Verhältnis zueinander stehen.

Zwei ähnliche Turbinen, deren Abmessungen durch die Zeichen D_x und D dargestellt sein mögen, arbeiten unter zwei verschiedenen Gefällen H_x und H in ähnlichen Zuständen. Die Geschwindigkeiten verhalten sich offenbar wie die Quadratwurzeln aus den Gefällen, also ist

$$\frac{v_x}{v} = \left(\frac{H_x}{H}\right)^{\frac{1}{2}}.$$

Für die Querschnitte hat man

$$\frac{F_x}{F} = \left(\frac{D_x}{D}\right)^2.$$

Somit erhält man für die Durchflußmengen

$$\frac{Q_x}{Q} = \frac{F_x v_x}{F v} = \left(\frac{D_x}{D}\right)^2 \left(\frac{H_x}{H}\right)^{\frac{1}{2}} \quad \ldots \ldots \ldots (130)$$

Setzt man für beide Turbinen denselben Wirkungsgrad voraus[1]), so sind die Leistungen den Wassermengen und den Gefällen direkt proportional:

$$\frac{N_x}{N} = \frac{Q_x H_x}{Q H} = \left(\frac{D_x}{D}\right)^2 \left(\frac{H_x}{H}\right)^{\frac{3}{2}} \quad \ldots \ldots \ldots (131)$$

Daraus ergibt sich für die Abmessungen der beiden Turbinen:

$$\frac{D_x}{D} = \left(\frac{N_x}{N}\right)^{\frac{1}{2}} \left(\frac{H_x}{H}\right)^{-\frac{3}{4}} = \left(\frac{Q_x}{Q}\right)^{\frac{1}{2}} \left(\frac{H_x}{H}\right)^{-\frac{1}{4}} \quad \ldots \ldots (132)$$

Die Drehzahlen stehen im geraden Verhältnis zu den Geschwindigkeiten und im umgekehrten zu den Abmessungen; also ist

$$\left.\begin{aligned} \frac{n_x}{n} &= \frac{v_x}{v}\left(\frac{D_x}{D}\right)^{-1} = \left(\frac{N_x}{N}\right)^{-\frac{1}{2}} \left(\frac{H_x}{H}\right)^{\frac{5}{4}} \\ \text{oder} \quad \frac{n_x}{n} &= \left(\frac{Q_x}{Q}\right)^{-\frac{1}{2}} \left(\frac{H_x}{H}\right)^{\frac{3}{4}} \end{aligned}\right\} \quad \ldots \ldots (133)$$

Stehen zwei **identische** Turbinen unter zwei verschiedenen Gefällen H_1 und H_2, so verhalten sich für ähnliche Zustände ihre

[1]) Auch diese Annahme trifft nicht genau zu; die größere Turbine wird einen höheren Wirkungsgrad aufweisen.

Geschwindigkeiten

$$\frac{n_1}{n_2} = \left(\frac{H_1}{H_2}\right)^{\frac{1}{2}}.$$

In demselben Verhältnis stehen auch die Durchflußmengen

$$\frac{Q_1}{Q_2} = \left(\frac{H_1}{H_2}\right)^{\frac{1}{2}},$$

und daher besteht für die Leistungen das Verhältnis

$$\frac{N_1}{N_2} = \frac{Q_1}{Q_2}\frac{H_1}{H_2} = \left(\frac{H_1}{H_2}\right)^{\frac{3}{2}}.$$

99. Einheitsturbinen; spezifische Größen. Wenn man die Turbinen der verschiedenen Bauarten für einerlei Gefälle und für dieselbe Leistung berechnet, so gewinnt man einen Maßstab, mit dem man die verschiedenen Bauarten selbst hinsichtlich ihrer Abmessungen und Umlaufzahlen miteinander vergleichen kann. Nach dem Vorschlage von Camerer legt man der Berechnung ein Gefälle von 1 m und eine Leistung von 1 PS zugrunde[1]). Diese Einheitsturbinen können als die Vertreter aller ähnlichen Turbinen angesehen werden. Ihre Abmessungen und Umlaufzahlen werden daher als die spezifischen Größen der betreffenden Bauart bezeichnet und sollen als solche durch den Zeiger s unterschieden werden. Von Bedeutung ist namentlich die spezifische Drehzahl n_s als Maß für die Schnelligkeit einer Turbinenform.

Kennt man das Verhalten einer Turbine bei einem gewissen Gefälle, so lassen sich mit Hilfe der im vorigen Abschnitt entwickelten Beziehungen die spezifischen Größen der betreffenden Bauart berechnen. Dabei nehmen jene Beziehungen eine etwas einfachere Gestalt an, da $H_x = 1$ m und $N_x = 1$ PS.

Man erhält

$$\frac{n_s}{n} = N^{\frac{1}{2}} H^{-\frac{5}{4}} \quad \text{. . . . . (134)}$$

$$\frac{D}{D_s} = N^{\frac{1}{2}} H^{-\frac{3}{4}} \quad \text{. . . . . (135)}$$

Umgekehrt läßt sich mit diesen Gleichungen aus der bekannten Einheitsturbine jede ähnliche Turbine rasch berechnen, die bei einem Gefälle H eine Leistung N hervorbringen soll. Die Rechnung läßt

[1]) Man könnte auch daran denken, die Rechnung auf eine bestimmte Wassermenge, z. B. auf 100 l/sek zu beziehen. Doch käme dabei die Bauart, die weniger Wasser zu schlucken braucht, weil sie einen besseren Wirkungsgrad besitzt, schlechter weg. Für einen Wirkungsgrad von 75 v. H. wäre das Ergebnis dasselbe.

sich bequem mit dem Rechenschieber durchführen; man hat nur zu schreiben

$$H^{\frac{5}{4}} = H H^{\frac{1}{4}}$$

und

$$H^{\frac{3}{4}} = H : H^{\frac{1}{4}}.$$

Man darf indessen nicht vergessen, daß die Bedingung der geometrischen Ähnlichkeit zweier verschieden großen Turbinen auch der selben Bauart nie streng erfüllt ist. Die Ergebnisse dieser Rechnungen dürfen nur als Annäherungen gelten. Der Wert liegt darin, daß man schnell zu einen Überschlag kommt.

V. Die Turbinen mit gestautem Durchfluß.

A. Gemeinsames.

12. Kapitel.

Grundgleichungen.

100. Durchflußgeschwindigkeit und Gefälle. Wenn eine neue Turbine zu berechnen ist, so hat man zweierlei ins Auge zu fassen. Erstens muß die Turbine fähig sein, eine gegebene Wassermenge durchzulassen oder zu schlucken. Kennt man die Durchflußgeschwindigkeiten, die vor allem vom Gefälle abhängig sind, so ergeben sich die Querschnitte, die nötig sind, um jener Wassermenge Durchgang zu gewähren. Zweitens soll möglichst viel Energie vom Wasser auf das Laufrad übertragen werden. Zu diesem Zwecke hat man alle Energieverluste auf das erreichbare Mindestmaß zurückzuführen. Es ergibt sich als die zunächst zu lösende Aufgabe, den Zusammenhang zwischen dem Gefälle und den Durchflußgeschwindigkeiten zu berechnen, und zwar unter der Voraussetzung, daß die Bedingungen des besten Wirkungsgrades erfüllt seien.

Für den Durchfluß eines Wasserfadens durch einen rotierenden Kanal wurde in Abschn. 56 die Gl. (102) aufgestellt

$$\frac{p_1 - p_2}{\gamma} = \frac{w_2^2 - w_1^2}{2g} - \frac{u_2^2 - u_1^2}{2g} - H_r + H_{vr}.$$

Dabei bezeichnen p_1, w_1 und u_1 den Druck, die Durchflußgeschwindigkeit des Wassers und die Umfangsgeschwindigkeit beim Eintritt und die Buchstaben mit dem Zeiger 2 die entsprechenden Größen beim Austritt. Sodann bedeutet H_r den Höhenunterschied zwischen Ein- und Austritt, und H_{vr} den Druckverlust im Kanal.

Wäre bei Kanälen von endlichen Querschnitten der Zustand beim Ein- und beim Austritt für alle Wasserfäden je derselbe, so wäre diese Gleichung auch in diesem Falle ohne weiteres anwendbar. Obwohl diese Voraussetzung keineswegs streng zutrifft, darf man die Gleichung dennoch anwenden, indem man von gewissen mittleren Zuständen ausgeht. Es muß dann durch passende Annahmen über die Druckverluste die Übereinstimmung zwischen Rechnung und Erfahrung herbeigeführt werden.

Um Gl. (102) anwenden zu können, hat man vor allem die Pressungen p_1 und p_2 durch das Gefälle und die Geschwindigkeiten auszudrücken. Unter Hinweis auf Fig. 156 ergibt sich nach dem Prinzip von **Bernoulli** für den Zustand beim Austritt aus dem Leitrad

$$\frac{c_e^2}{2g} + H_d = H_{v0} + \frac{p_0}{\gamma} + \frac{c_0^2}{2g},$$

wobei H_{v0} die sämtlichen Druckverluste vom Eintritt des Wassers in die Turbinenkammer bis zum Austritt aus dem Leitrad[1]) und c_0 die Geschwindigkeit an diesem Punkte bedeutet.

Findet ein stetiger Übergang vom Leitrad ins Laufrad statt, was eine wesentliche Bedingung für einen guten Wirkungsgrad ist, so besteht keine Verschiedenheit zwischen dem Druck p_0 beim Austritt aus dem Leitrad und dem Druck p_1 beim Eintritt ins Laufrad. Es ist also

$$p_1 = p_0.$$

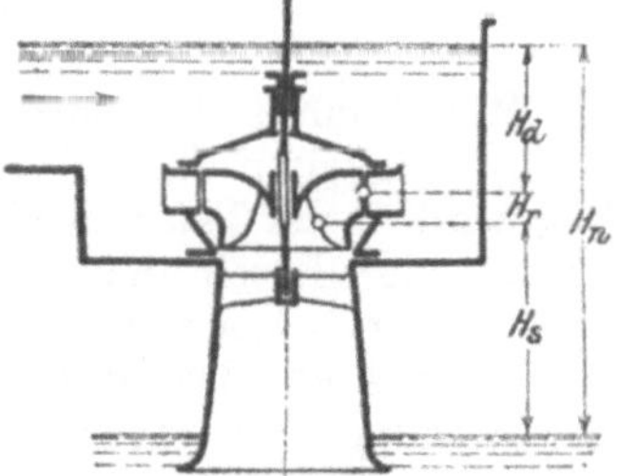

Fig. 156.

Dieser Druck wird **Spaltdruck** genannt, weil der Spielraum zwischen Leit- und Laufrad **Spalt** heißt[2]).

Vollzieht sich auch der Übergang vom Laufrad in das Saugrohr in stetiger Weise, so ist der Druck beim Austritt aus dem Laufrad

$$\frac{p_2}{\gamma} = -H_s + H_{vs},$$

worin H_{vs} den Druckverlust im Saugrohr mit Abzug des Druckgewinnes bedeutet, den man in einem trichterförmig sich erweiternden Saugrohr erzielt. In der Regel ist der Druckgewinn größer als der Reibungsverlust, so daß H_{vs} negativ wird.

Es ergibt sich aus diesen Ausführungen für den Druckunterschied zwischen Ein- und Austritt des Laufrades

---

[1]) Geht wie bei der Aufstellung nach Fig. 156 die Eintrittsgeschwindigkeit c_e verloren, so ist dieser Verlust in H_{v0} einzurechnen.

[2]) Unter **Spaltüberdruck** versteht man den Unterschied zwischen dem Spaltdruck und dem Druck außerhalb des Spaltes.

$$\frac{p_1 - p_2}{\gamma} = H_d + H_s + \frac{c_e^2}{2g} - \frac{c_0^2}{2g} - (H_{v0} + H_{vs}) \quad . \quad . \quad (136)$$

und wenn man diesen Ausdruck in die Durchflußgleichung (102) einsetzt, findet sich

$$(H_d + H_r + H_s) + \frac{c_e^2}{2g} - (H_{v0} + H_{vr} + H_{vs}) - \frac{c_0^2}{2g}$$
$$= \frac{u_1^2 - u_2^2}{2g} + \frac{w_2^2 - w_1^2}{2g}.$$

Der Ausdruck in der ersten Klammer ist nach Fig. 156 nichts anderes als das reine Gefälle H_n; wird dieses um die Geschwindigkeitshöhe $c_e^2 : 2g$ vermehrt, so ergibt dies das dargebotene oder disponible Gefälle H. Die zweite Klammer stellt die Summe aller Druckverluste vom Eintritt in die Kammer bis zum Austritt aus dem Saugrohr dar. Wird sie durch das Symbol $\sum(H_v)$ wiedergegeben, so kann man schreiben

$$H - \sum(H_v) - \frac{c_0^2}{2g} = \frac{u_1^2 - u_2^2}{2g} + \frac{w_2^2 - w_1^2}{2g}.$$

Man könnte die einzelnen Druckverluste als Funktionen der Geschwindigkeiten darstellen und in die Rechnung einführen. Dieser Weg wird in der Tat von vielen Schriftstellern eingeschlagen, immerhin mit der Beschränkung, daß die einen Verluste eingesetzt, die andern aber beiseite gelassen werden, wenn sie für die Berechnung unbequem sind. Damit ist nicht viel gewonnen. Dafür fallen dann die Gleichungen so verwickelt und unübersichtlich aus, daß es äußerst schwer ist, den Einfluß der einzelnen Größen zu erkennen. Nun hat man aber stets zum Beginn gewisse Größen zu wählen. Wenn sich aber die Tragweite nicht überblicken läßt, so ist es sehr schwer, zweckmäßige Wahlen zu treffen. Es ist daher ein anderes Vorgehen zu empfehlen, das zu einer sehr einfachen Gleichung führt und darum gestattet, die ersten Annahmen mit vollem Bedacht zu machen. Dieses Verfahren besteht darin, daß man vom dargebotenen Gefälle gleich von vornherein einen Abzug für die sämtlichen Druckverluste macht und mit dem Reste gerade so rechnet, als ob gar keine Verluste stattfänden. Dieses wirksame Gefälle

$$H_w = H - \sum(H_v)$$

ist für die verschiedenen Bauarten der Turbine genau genug bekannt, daß man dasselbe ohne großen Fehler schätzungsweise einsetzen kann. Die Durchflußgleichung nimmt damit die Form an

$$2gH_w - c_0^2 = u_1^2 - u_2^2 + w_2^2 - w_1^2 \quad . \quad . \quad . \quad . \quad (137)$$

Diese Gleichung ist natürlich nur soweit richtig, als das wirksame Gefälle H_w richtig eingeschätzt wurde. Da man für die neu zu bauende Turbine möglichst günstige Verhältnisse anstrebt, ist die

Einschätzung unter der Voraussetzung vorzunehmen, daß jene günstigsten Bedingungen tatsächlich erfüllt seien. Es wird übrigens immer ratsam sein, das wirksame Gefälle nach Abschn. 97 eher etwas zu klein zu wählen.

Ist der Entwurf der Schaufelung durchgeführt, so empfiehlt es sich, die einzelnen Verluste so weit als möglich nachzurechnen, um so eine gewisse Kontrolle über die Richtigkeit der Annahmen zu bekommen.

Die Gl. (137) läßt sich leicht mit Hilfe von rechtwinkligen Dreiecken konstruieren, und man kann so, wenn H_w gegeben ist, eine jede der fünf Geschwindigkeiten bestimmen, wenn die vier andern innerhalb der Grenzen der Möglichkeit und der Zweckmäßigkeit gewählt worden sind. Dabei ist Rücksicht darauf zu nehmen, daß sich die Umfangsgeschwindigkeiten u_1 und u_2 wie die Halbmesser r_1 und r_2 verhalten. Soll z. B. die Geschwindigkeit w_2 ermittelt werden, so ordnet man die Gleichung derart, daß w_2 links für sich allein steht:

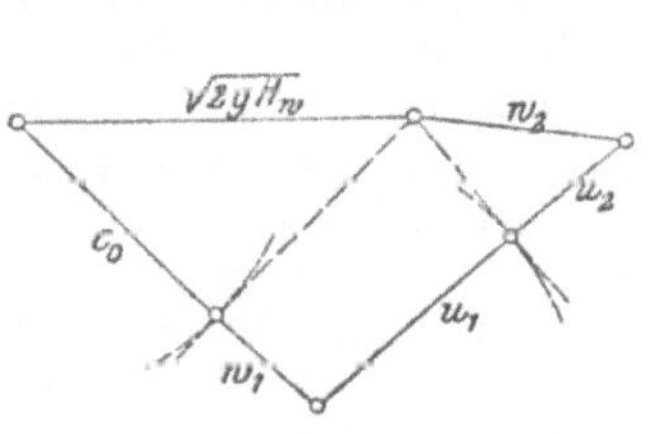

Fig. 157.

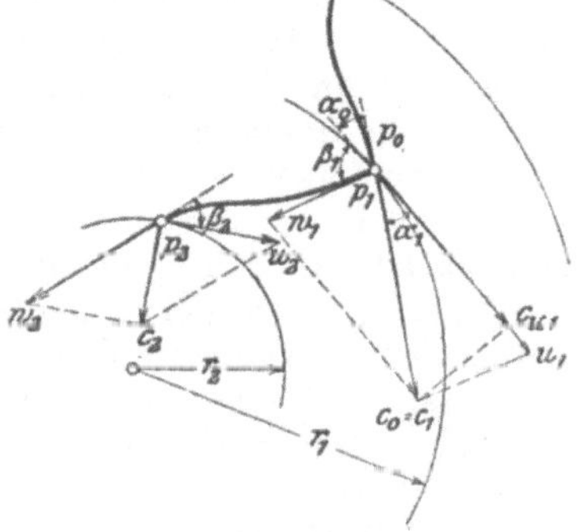

Fig. 158.

$$w_2^2 = 2\,g\,H_w - c_0^2 + w_1^2 - u_1^2 + u_2^2.$$

Fig. 157 läßt ohne weiteres erkennen, wie die Gleichung auf zeichnerischem Wege zu lösen ist.

101. Stoßfreier Eintritt; meridionaler Austritt. Es sind sodann die Bedingungen einzuführen, unter denen die Verluste sich auf das Unvermeidliche beschränken. Vermeidlich sind die Verluste, die entstünden, wenn das Wasser mit Stoß, d. h. mit einer plötzlichen Änderung der Geschwindigkeit nach Größe und Richtung aus dem Leitrad ins Laufrad träte.

Besitzt ein Wasserteilchen nach Fig. 158 längs des Schaufelansatzes im Laufrad eine Geschwindigkeit w_1 und ist u_1 die Umfangsgeschwindigkeit des Laufrades, so ist die absolute Geschwindigkeit des Teilchens gleich der Resultanten c_1 der beiden Geschwindigkeiten w_1 und u_1. Ist α_1 der Winkel, den c_1 mit dem Radumfange einschließt, so besteht die Beziehung

$$w_1^2 = c_1^2 + u_1^2 - 2\,u_1 c_1 \cos \alpha_1.$$

Soll das Wasser beim Übergang keine plötzliche Änderung seines Bewegungszustandes erleiden, so muß seine Austrittsgeschwindigkeit c_0 aus dem Leitrad nach Größe und Richtung mit c_1 übereinstimmen; es ist also

$$\alpha_0 = \alpha_1; \quad c_0 = c_1.$$

Somit ergibt sich für den stoßfreien Übergang

$$w_1^2 = c_0^2 + u_1^2 - 2\,u_1 c_0 \cos\alpha_0.$$

Es ist aber $c_0 \cos\alpha_0 = c_1 \cos\alpha_1$ die Umfangskomponente von c_0, die mit c_{u0} bezeichnet werden mag. Dann kann man schreiben

$$w_1^2 = c_0^2 + u_1^2 - 2\,u_1 c_{u0} \quad \ldots\ldots \quad (138)$$

Nicht zu vermeiden ist, daß das Wasser beim Verlassen des Laufrades noch eine gewisse Geschwindigkeit besitzt. Das bedeutet einen Verlust an Energie, von dem allerdings unter Umständen ein großer Teil im Saugrohr wieder eingebracht wird. Die absolute Austrittsgeschwindigkeit c_2 ist nach Fig. 158 die Resultante der Umfangsgeschwindigkeit u_2 und der relativen Geschwindigkeit w_2 längs des Schaufelauslaufes. Soll c_2 möglichst klein ausfallen, so muß vor allem der Winkel β_2, den der Schaufelauslauf mit dem Radumfang einschließt, klein gewählt werden. Man darf aber dabei nicht zu weit gehen: man muß dem austretenden Wasser noch eine gewisse Geschwindigkeit lassen, damit es vom Rad wegfließt und Platz macht. Jedenfalls führt man es aber so direkt als möglich vom Rade fort; d. h. man läßt es rechtwinklig zum Radumfang austreten, oder der Austritt erfolgt in der Richtung des Meridians der Rotationsfläche, in der der betreffende Wasserfaden enthalten ist[1]). Unter dieser Voraussetzung wird

$$w_2^2 - u_2^2 = c_2^2 \quad \ldots\ldots\ldots \quad (139)$$

102. Hauptgleichung. Führt man in die Durchflußgleichung (137)

$$2\,g H_w - c_0^2 = u_1^2 - u_2^2 + w_2^2 - w_1^2$$

zunächst die Bedingungsgleichung für den stoßfreien Eintritt nach (138) ein, so nimmt sie die Form an

$$2\,g H_w = w_2^2 - u_2^2 + 2\,u_1 c_{u0} \quad \ldots\ldots \quad (140)$$

Durch Einsetzen der Gl. (139) für die Bedingung des meridionalen Austrittes kann man sie endlich auf die höchst einfache Form bringen

$$2\,g H_w - c_2^2 = 2\,u_1 c_{u0} \quad \ldots\ldots\ldots \quad (141)$$

Diese Gleichung bildet die Grundlage für die Berechnung einer neuen Turbine und mag daher als die Hauptgleichung bezeichnet

[1]) Man vermeidet also das Auftreten einer schraubenförmigen Bewegung des Wassers im Saugrohr, die für eine gute Wirkung sehr unerwünscht ist.

werden. Sie gilt natürlich nur unter den Voraussetzungen, unter denen sie aufgestellt wurde, also für stoßfreien Eintritt[1]) und meridionalen Austritt. Die Erfüllung dieser Bedingungen ist an gewisse Schaufelwinkel und an eine ganz bestimmte Geschwindigkeit der Turbine geknüpft, die im allgemeinen mit der günstigsten Geschwindigkeit zusammenfällt. Unerläßliche Voraussetzung für die Anwendbarkeit der Gleichung ist, daß das wirksame Gefälle H_w richtig eingeschätzt wurde.

Die linke Seite der Gleichung hat eine besondere Bedeutung. Es ist H_w das wirksame Gefälle oder das Gefälle, das nach Einrechnung aller Energieumsätze (Stoß- und Reibungsverluste, abzüglich Druckgewinn im Saugrohr) im Durchflusse des Wassers durch die Turbine zur Wirkung kommt und für die Arbeitsleistung übrig bleibt. Ferner bedeutet $c_2^2 : 2g$ das Gefälle, das in der Geschwindigkeit des austretenden Wassers enthalten ist; somit wäre

$$H' = H_w - \frac{c_2^2}{2g}$$

dasjenige Gefälle, das in der Turbine nützlich zur Arbeitsleistung verwendet wird und darum das Nutzgefälle heißen mag. Unter Verwendung dieses Begriffes könnte man der Hauptgleichung die Form geben

$$2gH' = 2u_1 c_{u0} \quad . \; . \; . \; . \; . \; . \; . \quad (141\,a)$$

Durch die Einführung des hydraulischen Wirkungsgrades ε geht, da $H' = H\varepsilon$ ist, die Form über in

$$2gH\varepsilon = 2u_1 c_{u0} \quad . \; . \; . \; . \; . \; . \; . \quad (141\,b)$$

Wenn auch die Hauptgleichung in diesen Gestalten noch einfacher erscheint, so ist damit im Grunde nichts gewonnen, da die Größen ε oder H' keineswegs leichter und sicherer einzuschätzen sind als das wirksame Gefälle H_w. Zudem ist es zweckmäßig, die absolute Austrittsgeschwindigkeit c_2 in der Wahl zu lassen, damit man sie je nach den Umständen passend ansetzen könne.

Multipliziert man die Form (141b) der Hauptgleichung mit der Wassermasse M, die in der Zeiteinheit durch die Turbine strömt, so nimmt sie die Gestalt an

$$MgH\varepsilon = Mu_1 c_{u1},$$

wenn man bedenkt, daß bei stoßfreiem Eintritt $c_{u0} = c_{u1}$.

Die linke Seite stellt die wirkliche Leistung L der Turbine dar, so daß man schreiben kann:

$$L = M(u_1 c_{u1}).$$

---

[1]) Es wird später gezeigt werden, daß wegen der endlichen Dicke der Schaufeln die Bedingung des stoßfreien Eintrittes sich nicht genau erfüllen läßt; doch ist dieser Umstand nicht von großem Belang.

Die Eulersche Gleichung (108) im Abschn. 57

$$L = M(u_1 c_{u1} - u_2 c_{u2})$$

ergibt in der Tat für meridionalen Austritt, d. h. für $c_{u2} = 0$, die obige Form[1]).

103. Geschwindigkeit des halben Nutzgefälles. Es bedeutet

$$H' = H_w - \frac{c_2^2}{2g}$$

das Nutzgefälle. Schreibt man

$$2g \tfrac{1}{2} H' = v^2,$$

so bedeutet

$$v = \sqrt{2g \tfrac{1}{2} H'}$$

oder

$$v = \sqrt{2g \tfrac{1}{2}\left(H_w - \frac{c_2^2}{2g}\right)} \quad . \; . \; . \; . \; . \; . \; . \quad (142)$$

die Geschwindigkeit des halben Nutzgefälles.

Mit Anwendung von v kann man der Hauptgleichung schließlich noch die Form geben

$$v^2 = u_1 c_{u1} \quad . \; . \; . \; . \; . \; . \; . \; . \; . \quad (143)$$

Sie besagt, daß bei stoßfreiem Ein- und meridionalem Austritt die Geschwindigkeit v des halben Nutzgefälles die mittlere geometrische Proportionale zwischen der Umfangsgeschwindigkeit u_1 und der Umfangskomponente c_{u1} der absoluten Eintrittsgeschwindigkeit ist.

13. Kapitel.

Geschwindigkeiten, Schaufelwinkel und Stauung.

104. Austritt aus dem Laufrad. Als Grundlage für die Berechnung einer neuen Turbine dient die Gl. (141)

$$2g H_w - c_2^2 = 2 u_1 c_{u2}$$

oder an deren Stelle Gl. (143)

$$v^2 = u_1 c_{u1}$$

worin nach Gl. (142)

$$v = \sqrt{2g \tfrac{1}{2}\left(H_w - \frac{c_2^2}{2g}\right)}$$

die Geschwindigkeit des halben Nutzgefälles bedeutet, während unter u_1 die Umfangsgeschwindigkeit des Laufrades und unter c_{u1} die Umfangskomponente der absoluten Eintrittsgeschwindigkeit c_1 zu ver-

[1]) Man kann also die Hauptgleichung (141) auch unmittelbar aus der Eulerschen Arbeitsgleichung ableiten.

stehen ist. Die Anwendung der Gleichung setzt die Kenntnis des wirksamen Gefälles H_w und die Annahme eines Wertes für die absolute Austrittsgeschwindigkeit c_2 voraus. Die erstere Größe ist vom verfügbaren Gefälle und von der Bauart der Turbine abhängig und muß an Hand der Erfahrung in jedem Falle besonders eingeschätzt werden; dagegen kann man über die Geschwindigkeit c_2 innerhalb der Grenzen der Zweckmäßigkeit frei verfügen. Da sie einen Verlust bedeutet, soweit ihre Energie nicht in einem trichterförmigen Saugrohr wieder in Druck umgewandelt wird, hat man ein Interesse daran, sie möglichst niedrig anzusetzen. Eine Grenze ergibt sich nach Fig. 159 daraus, daß für kleine Werte von c_2 die Ausläufe der Laufradschaufeln zu flach verlaufen, oder die Winkel β_2 zu klein werden. Das hätte einen großen benetzten Umfang der Radkanäle und somit erhöhte Reibung zur Folge, und weiter ergäben sich große Abmessungen der Turbine.

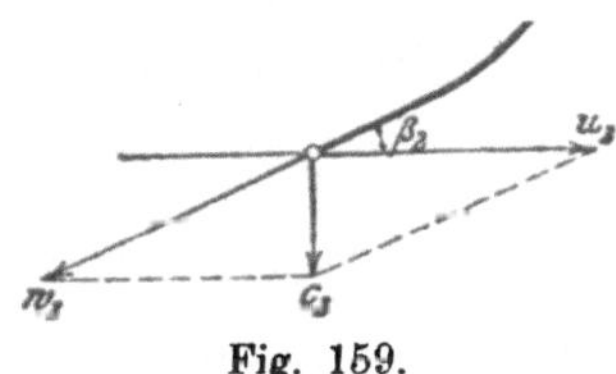

Fig. 159.

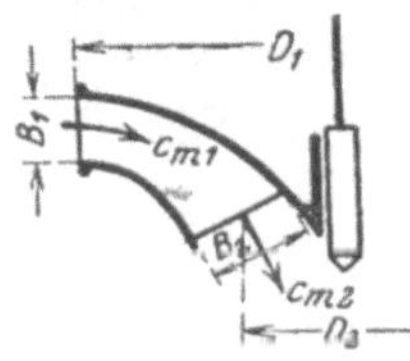

Fig. 160.

Bedeutet nämlich nach Fig. 160 c_m die meridonale Geschwindigkeit des durchfließenden Wassers im Laufrad, so ergibt sich, wenn man auf die Dicke der Schaufeln und die von derselben hervorgerufenen Verengung der Querschnitte keine Rücksicht nimmt, aus der Kontinuitätsbedingung die Beziehung für die Durchflußmenge

$$Q = \pi D B c_m \quad \text{. . . . . (144)}$$

Für den Austritt aus dem Laufrad findet sich

$$B_2 D_2 = \frac{Q}{\pi c_{m2}};$$

je kleiner c_{m2} gewählt wird, desto größer fällt das Produkt $B_2 D_2$ aus und desto größer wird die Turbine.

Man pflegt die Energie, die im austretenden Wasser enthalten ist, in ein gewisses Verhältnis zur dargebotenen Energie zu setzen, und wenn die Austrittsenergie geopfert werden soll, d. h. wenn man sie nicht teilweise mittels eines Saugrohres zurückgewinnen kann, nimmt man etwa

$$\left.\begin{aligned} \frac{c_2^2}{2g} &= 0{,}04 \text{ bis } 0{,}06\,H \\ &= 0{,}05 \text{ im Mittel} \\ c_2 &= 0{,}89 \text{ bis } 1{,}09\sqrt{H} \end{aligned}\right\} \quad \text{. . . . . . . (145)}$$

d. h. es wird ein Verlust von 4 bis 6 v. H. zugelassen. Besitzt die Turbine dagegen ein stetig anschließendes Saugrohr, das sich kegelförmig erweitert und den größten Teil der Austrittsenergie in Form von Druck zurückgewinnt, so darf man erheblich höher greifen. Man macht davon Gebrauch, wenn man kleine Durchmesser für die Laufräder herausschlagen will, um die Umlaufzahl in die Höhe zu treiben; man geht in diesem Falle bis auf

$$\left.\begin{aligned}\frac{c_2^2}{2g} &= 0{,}10 \text{ bis } 0{,}15\, H\\ c &= 1{,}4 \text{ bis } 1{,}72\, \sqrt{H}\end{aligned}\right\} \quad \ldots\ldots\ldots (145\,\text{a})$$

und selbst noch höher[1]).

Mit c_2 und u_2 ist nach Fig. 159 der Austrittswinkel β_2 und die relative Austrittsgeschwindigkeit w_2 bestimmt, sobald man noch die Umfangsgeschwindigkeit u_2 kennt; diese ergibt sich aus der Umfangsgeschwindigkeit u_1 am äußeren Radumfang und aus dem Verhältnis $r_2 : r_1$ des Austritts- und des Eintrittshalbmessers, und zwar ist

$$u_2 = \frac{r_2}{r_1}\, u_1 .$$

Bei innerschlächtigen Turbinen ist $r_2 > r_1$, also auch $u_2 > u_1$; es ergibt sich daraus ein verhältnismäßig größerer Wert der relativen Austrittsgeschwindigkeit w_2, also auch eine größere Wasserreibung in den Radkanälen. Dies wäre somit ein Nachteil der innerschlächtigen Anordnung.

105. Eintrittsdiagramm. Mit Hilfe der Gl. (143)

$$v^2 = u_1\, c_{u1}$$

lassen sich zu jedem beliebigen Werte der Umfangsgeschwindigkeit u_1 die zugehörigen Werte der Umfangskomponente c_{u1} der absoluten Eintrittsgeschwindigkeit c_1 berechnen, sobald v bekannt ist. In dem Ausdruck (142)

$$v = \sqrt{2\, g\, \tfrac{1}{2} \left(H_w - \frac{c_2^2}{2g}\right)}$$

hat neben der absoluten Austrittsgeschwindigkeit c_2, die als gewählt anzusehen ist, das wirksame Gefälle H_w das entscheidende Wort. Die Größe H_w hängt aber außer vom Gefälle H noch von den Reibungsverlusten in der Turbine ab, und diese sind außer von der Bauart noch von den Durchflußgeschwindigkeiten abhängig. Diese aber stehen alle mit der Umfangsgeschwindigkeit in einem gewissen Zusammenhang. Wird daher für einen gegebenen Fall die Umfangsgeschwindigkeit geändert, so wirkt diese Änderung auf H_w und somit

---

[1]) Vgl. die Angaben in Abschn. 97.

auch auf v zurück. Immerhin treten diese Einflüsse nicht so stark hervor, daß man nicht, sofern es sich nur um die Gewinnung eines Überblickes handelt, die Größe v als unveränderlich ansehen dürfte.

Unter diesen Voraussetzungen läßt sich die Gl. (143) durch eine sehr übersichtlichen Konstruktion darstellen, die wir als das Eintrittsdiagramm bezeichnen wollen.

Zieht man nach Fig. 161 im Punkte A des Radumfanges eine Tangente und schlägt man von A aus mit v einen Kreisbogen, nimmt man sodann auf diesem einen beliebigen Punkt B an, so werden durch die Tangente in B und die Projektion von B auf der Radtangente zwei Strecken abgeschnitten, zu denen v die mittlere geometrische Proportionale ist und die daher nach Gl. (143) die beiden Geschwindigkeiten u_1 und c_{u1} in demselben Maßstabe messen, in dem v aufgetragen wurde. Wird nun noch z. B. der Winkel $\alpha_1 = \alpha_0$ angenommen, unter dem das Wasser das Leitrad verläßt, so kann man das ganze Geschwindigkeitsparallelogramm sofort zeichnen und demselben alle vorkommenden Geschwindigkeiten und Winkel entnehmen.

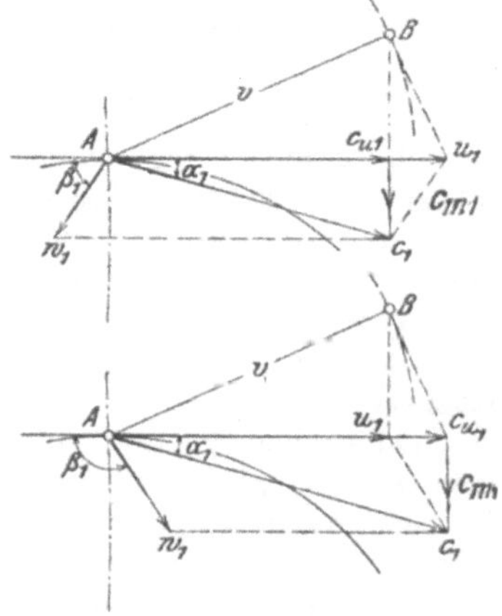

Fig. 161a und b.

Von den beiden Abschnitten auf der Radtangente kann offenbar jeder nach Belieben für u_1 oder für c_{u1} genommen werden, da der Gl. (143) stets genügt wird. Somit ergeben sich zu einem gewählten Winkel α_1 für jeden Punkt B zwei Parallelogramme, die sich dadurch unterscheiden, daß im einen der Ansatzwinkel β_1 der Laufradschaufel kleiner (a) und im andern (b) größer als 90^0 ist.

Hat man von den beiben Geschwindigkeiten u_1 und c_{u1} die eine angenommen, so läßt sich die andere konstruieren. Durch Annahme einer weiteren Winkel- oder Geschwindigkeitsgröße[1]) ist sodann das ganze Parallelogramm festgelegt.

Mit Hilfe des Eintrittsdiagrammes läßt sich bequem der Einfluß der verschiedenen Größen aufeinander verfolgen; es ist leicht zu erkennen, wie die einen Größen abzuändern sind, um auf die andern einen Einfluß in bestimmtem Sinne auszuüben. In den folgenden Abschnitten sollen einige dieser Zusammenhänge besonders behandelt werden.

106. Umfangs- und Eintrittsgeschwindigkeit. Mit wachsender Umfangsgeschwindigkeit u_1 sinkt die Umfangskomponente c_{u1} der absoluten Eintrittsgeschwindigkeit c_1 und damit die letztere selbst.

[1]) In vielen Fällen empfiehlt es sich, von der sachgemäß gewählten meridionalen Eintrittsgeschwindigkeit c_{m1} auszugehen.

Es drückt sich darin eine Zunahme der stauenden Wirkung des Laufrades oder eine Steigerung des Spaltdruckes aus. Je kleiner die Umfangsgeschwindigkeit ist, desto freier tritt umgekehrt das Wasser aus dem Leitrad und desto ungestauter strömt es durch das Laufrad. Die Grenze bildet der völlig freie Austritt aus dem Leitrad, bei dem

$$\frac{c_1^2}{2g} = H_w.$$

Auch der Winkel α_1 und die Meridionalgeschwindigkeit c_{m1} haben einen Einfluß auf die Eintrittsgeschwindigkeit und zwar in dem Sinne, daß ihre Vergrößerung eine Zunahme von c_1 herbeiführt und umgekehrt; doch ist dieser Einfluß nicht sehr groß.

107. Schluckfähigkeit und gesteigerte Umlaufzahl. Nach Gl. (144)

$$Q = \pi D B c_m$$

ist für eine Turbine von gegebenen Abmessungen die Aufnahmefähigkeit hinsichtlich der Wassermenge oder die Schluckfähigkeit von der Meridiangeschwindigkeit c_m abhängig; will man große Wassermengen durchsetzen, so ist c_m groß zu wählen, und dies führt auf große Austrittswinkel α_0 aus dem Leitrad.

Soll die Turbine eine möglichst hohe Umlaufzahl erhalten, so trachtet man vor allem danach, durch Wahl einer großen Meridiangeschwindigkeit c_m und einer beträchtlichen Radbreite B den Durchmesser D möglichst einzuschränken, während man zugleich die Umfangsgeschwindigkeit u_1 durch die Annahme eines kleinen Ansatzwinkels β_1 nach Tunlichkeit steigert.

108. Umfangsgeschwindigkeit und Schaufelform. Die Veränderung der Umfangsgeschwindigkeit u_1 hat einen starken Einfluß auf die Größe des Ansatzwinkels β_1 der Laufradschaufeln und damit auch auf die Schaufelform selbst. Wenn u_1 kleiner als die Geschwindigkeit v des halben Nutzgefälles ist, so wird nach Fig. 161 b der Winkel β_1 größer

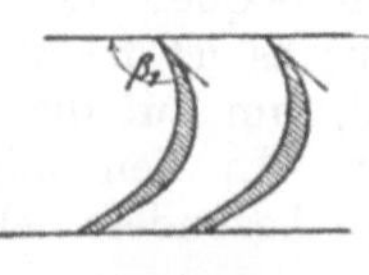

Fig. 162.

Fig. 163.

als 90°. Die Schaufeln nehmen alsdann nach Fig. 162 eine sackförmige Gestalt an. Durch Verdickung der Schaufeln in der Mitte läßt sich ja wohl eine stetige Verjüngung des Kanals erzielen. Bei der starken Krümmung wird man indessen trotz aller Sorgfalt in der

Ausbildung dieser Rückschaufeln dem Auftreten von Ablösungen nicht leicht entgehen. Derartige Schaufeln sollten daher nicht ohne Not, d. h. nur dort angewandt werden, wo man um jeden Preis kleine Umlaufzahlen erhalten will[1]).

Wächst dagegen die Umfangsgeschwindigkeit u_1 mehr und mehr über v hinaus, so wird der Schaufelansatz flacher und flacher, Bei außerschlächtigen Radialturbinen kann man damit sehr weit gehen, da hier das Zusammenlaufen der Kanäle nach der Mitte hin trotzdem noch immer eine genügende Verjüngung der Kanäle und eine sichere Führung des Wassers ergibt. Die Schaufeln nehmen schließlich nach Fig. 163 eine entgegengesetzte Krümmung an, d. h. die führende Fläche wird konvex. Das Beharrungsvermögen (P_1) gegen die relative Zentripetalbeschleunigung[2]) liefert hier ein negatives Drehmoment. Ein positives Moment kommt durch die Rückwirkung (P_3) gegen die zusammengesetzte Zentripetalbeschleunigung zustande.

109. Günstigste Verhältnisse. Ist die Umfangsgeschwindigkeit u_1 gegenüber v groß, so wird auch die Umfangsgeschwindigkeit u_2 beim Austritt beträchtlich; es ist dann nach Fig. 159 eine große relative Geschwindigkeit w_2 erforderlich, um den meridionalen Austritt herbeizuführen; das bedingt große Reibungsverluste im Laufrad. Wird die Umfangsgeschwindigkeit u_1 dagegen wesentlich kleiner als v, so tritt das Wasser mit größerer Geschwindigkeit $c_0 = c_1$ aus dem Leitrad, und es werden damit die Reibungsverluste in dem letzteren um so größer. Es geht daraus hervor, daß man unter mittleren Verhältnissen, d. h. etwa für $u_1 = v$ die geringsten Reibungsverluste und daher den besten Wirkungsgrad erzielen wird. Für diesen Fall, also für

$$u_1 = c_{u1} = v,$$

wird $\beta = 90^0$.

Ist beispielsweise das wirksame Gefälle

$$H_w = 0{,}9\,H$$

und wählt man

$$\frac{c_2^2}{2g} = 0{,}05\,H \text{ oder } c = 0{,}99\,\sqrt{H}.$$

so erhält man als Geschwindigkeit des halben Nutzgefälles

$$v = \sqrt{2\,g\,\tfrac{1}{2}\,(0{,}9 - 0{,}05)\,H} = 2{,}88\,\sqrt{H}.$$

Es ist somit die beste Umfangsgeschwindigkeit

$$u_1 = 2{,}88\,\sqrt{H} \qquad (146)$$

Setzt man

$$c_{m1} = c_2 = 0{,}99\,\sqrt{H},$$

[1]) Sie leisten dagegen bei staufreien Turbinen gute Dienste.

[2]) Siehe Abschn. 12.

so erhält man nach **Fig. 164**

$$\operatorname{tang} \alpha_0 = \frac{c_{m1}}{u_1} = 0{,}343$$

$$\alpha_0 = 19^0.$$

Man findet in der Tat, daß bei ausgeführten Turbinen der Winkel α_0 etwa zwischen 18 und 19^0 liegt.

Eine Vergrößerung der Umfangsgeschwindigkeit in mäßigem Betrage hat keinen üblen Einfluß auf den Wirkungsgrad; dagegen wird eine Verminderung unter den Betrag von $u_1 = v$ wegen der Sackform der Schaufeln, die sie herbeiführt, alsbald etwas bedenklich, und soll nur zu bestimmtem Zwecke, d. h. zu möglichster Verminderung der Umfangsgeschwindigheit zugelassen werden, es wäre denn, es handle sich um staufreie Turbinen.

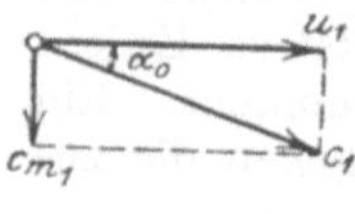

Fig. 164.

110. Kleinste Umfangsgeschwindigkeit. Die Frage, wie weit man mit der Herabsetzung der Umfangsgeschwindigkeit gehen könne, hat eine praktische Bedeutung bei hohen Gefällen, wo man die Umlaufzahl zu vermindern sucht. Nach Abschn. 106 wird mit abnehmender Größe von u_1 der Austritt aus dem Leitrad immer freier. Die Grenze liegt dort, wo er sich völlig frei vollzieht, d. h. wo

$$c_0 = c_1 = \sqrt{2 g H_w}.$$

Es ist alsdann die kleinste Umfangsgeschwindigkeit

$$u_1 = \frac{v^2}{c_0 \cos \alpha_0},$$

wobei

$$v^2 = 2 g \tfrac{1}{2} \left(H_w - \frac{c_2^2}{2g} \right)$$

Es sei z. B. für eine außerschlächtige Radialturbine

$$H_w = 0{,}87\, H, \qquad \alpha_0 = 22^0$$

$$\frac{c_2^2}{2g} = 0{,}05\, H \qquad \cos \alpha_0 = 0{,}927, \quad \sin \alpha_0 = 0{,}375.$$

Man findet

$$c_0 = \sqrt{2 g \cdot 0{,}87\, H_w} = 4{,}13 \sqrt{H} = c_1.$$

$$c_{u1} = c_0 \cos \alpha_0 = 0{,}927 \cdot 4{,}13 \sqrt{H} = 3{,}83 \sqrt{H}$$

$$v^2 = 2 g \tfrac{1}{2} (0{,}87 - 0{,}05)\, H = 8{,}04\, H$$

$$v = 2{,}84 \sqrt{H}$$

$$u_1 = \frac{v^2}{c_{u0}} = \frac{8{,}04}{3{,}83} \sqrt{H} = 2{,}10 \sqrt{H} \quad \ldots \ldots \ldots (147)$$

Dies wird so ziemlich der niedrigste Wert der Umfangsgeschwindigkeit sein. Es wird ferner

$$c_{m0} = c_0 \sin \alpha_0 = 0{,}375 \cdot 4{,}13 \sqrt{H} = 1{,}55 \sqrt{H}$$

$$\operatorname{tang} \beta_1 = \frac{c_{m1}}{u_1 - c_{u1}} = \frac{1{,}55}{2{,}10 - 3{,}83} = -\,0{,}892$$

$$\beta_1 = 180 - 42 = 138^0.$$

Der Spaltüberdruck wird hierbei gleich null. Mit Rücksicht auf die sichere Führung des Wassers in den Laufradkanälen erscheint es indessen zweckmäßig, von dieser Grenze einen gewissen Abstand einzuhalten und stets mit einem kleinen Spaltüberdruck zu arbeiten, da man dabei weniger Gefahr läuft, Ablösungen zu bekommen. Dagegen erlangt jene Grenze ihre Gültigkeit, sobald man zum staufreien Durchfluß übergeht.

111. Gesteigerte Umfangsgeschwindigkeit. Eine bedeutende Erhöhung der Umfangsgeschwindigkeit läßt man dann eintreten, wenn es sich darum handelt, bei niedrigen Gefällen und großen Turbinen tunlichst hohe Umlaufzahlen zu erhalten. Eine große Umfangsgeschwindigkeit bedingt aber nach Abschn. 106 einen flachen Ansatz der Laufradschaufeln. Unter diesen Umständen läßt sich ein übermäßig flacher Auslauf der Schaufeln mit sehr ungünstigen Austrittsverhältnissen nur vermeiden, wenn der Austrittsumfang kleiner ist als der Umfang beim Eintritt; die stark gesteigerten Umfangsgeschwindigkeiten sind in Wirklichkeit nur bei außerschlächtigen Turbinen anwendbar.

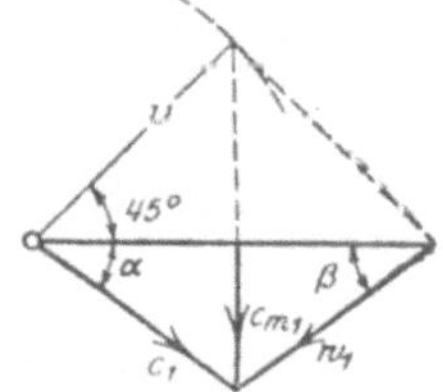

Fig. 165.

Setzt man als (willkürliche) Grenzbedingung, daß

$$\beta_1 = \alpha_0,$$

so nimmt das Eintrittsdiagramm die Gestalt nach Fig. 165 an. Es wird

$$u_1 = \sqrt{2}\, v = 1{,}412\, v.$$

Damit die Winkel nicht allzuflach ausfallen, ist c_{m1} ziemlich groß zu wählen. Es sei z. B.

$$H_w = 0{,}83\, H,$$

$$\frac{c_2^2}{2g} = 0{,}12\, H.$$

Damit ergibt sich

$$v = \sqrt{2g \tfrac{1}{2}(0{,}83 - 0{,}12)\, H} = 2{,}64 \sqrt{H},$$

$$u_1 = 1{,}412 \cdot 2{,}64 \sqrt{H} = 3{,}74 \sqrt{H} \quad \ldots\ldots\ldots \quad (148)$$

Mit

$$c_{m1} = 1{,}4\sqrt{H}$$

wird

$$\operatorname{tang}\alpha_0 = \frac{c_{m1}}{\frac{1}{2}u_1} = 0{,}75 \quad \text{und} \quad \alpha_0 = \beta_1 = 37^0.$$

Man geht bei den modernen schnellaufenden Turbinen mit der Umfangsgeschwindigkeit u_1 noch sehr weit über den berechneten Wert hinaus; doch geschieht dies stets auf Kosten des Wirkungsgrades. Es zeigt sich bei derartigen Turbinen regelmäßig, daß der beste Wirkungsgrad bei einer Geschwindigkeit auftritt, die wesentlich unter derjenigen liegt, die dem stoßfreien Eintritt und dem meridionalen Austritt entspricht. Daher wird man derartige Verhältnisse nur zulassen, wo die erhöhte Geschwindigkeit von besonderem Werte ist und ein Opfer am Wirkungsgrade gerechtfertigt erscheint, um dieses Ziel zu erreichen.

112. Vergleichung mit der Gefällsgeschwindigkeit. Wir haben die verschiedenen maßgebenden Geschwindigkeiten mit der Quadratwurzel aus dem Gefälle verglichen, weil sich so die erhaltenen Zahlen leicht auf beliebige Gefälle umrechnen lassen. Jene Zahlen stellen unmittelbar die betreffenden Geschwindigkeiten für ein Gefälle $H = 1$ m dar. Es ist vielfach üblich, die Geschwindigkeiten mit der Gefällsgeschwindigkeit

$$c = \sqrt{2\,g\,H}$$

zu messen. Der Umrechnungsmaßstab wird durch die Zahl

$$\varphi = \sqrt{2\,g} = 4{,}43$$

gebildet, durch die unsere Zahlen zu dividieren sind. So erhält man für die kleinste Geschwindigkeit

$$u_1 = \frac{2{,}10}{4{,}43}\sqrt{2\,g\,H} = 0{,}474\sqrt{2\,g\,H}.$$

Für mittlere Verhältnisse wäre

$$u_1 = \frac{2{,}88}{4{,}43}\sqrt{2\,g\,H} = 0{,}65\sqrt{2\,g\,H}.$$

113. Numerische Berechnung des Eintrittsdiagrammes. Wer ohnehin am Reißbrett sitzt, wird nicht leicht zur numerischen Rechnung greifen, wenn das zeichnerische Verfahren so leicht zum Ziele führt. Immerhin soll hier noch der Rechnungsweg angedeutet werden. Man beginnt wieder mit der Berechnung des halben Nutzgefälles

$$v = \sqrt{2\,g\,\frac{1}{2}\left(H_n - \frac{c_2^2}{2\,g}\right)}.$$

Von den Größen u_1, c_1, c_{m1}, w_1, α_0 und β_1 können je zwei angenommen und die übrigen berechnet werden. Am passendsten ist es wohl immer, von den Größen u_1 und c_{m1} auszugehen, weil diese für die Umlaufzahl bzw. Schluckfähigkeit maßgebend sind. Man findet zunächst

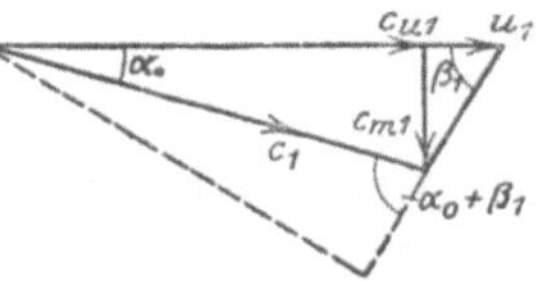

Fig. 166.

$$c_{u1} = \frac{v^2}{u_1},$$

so daß nach Fig. 166

$$\operatorname{tang} \alpha_0 = \frac{c_{m1}}{c_{u1}},$$

$$c_1 = \frac{c_{u1}}{\cos \alpha_1} = \frac{c_{m1}}{\sin \alpha_1},$$

$$\operatorname{tang} \beta = \frac{c_{m1}}{u_1 - c_{u1}},$$

$$w_1 = \frac{c_{m1}}{\sin \beta_1}.$$

Geht man, wie es früher allgemein üblich war, von den Winkeln α_0 und β_1 aus, so benützt man am einfachsten die aus Fig. 166 sich ergebende Beziehung

$$u_1 \sin \beta_1 = c_1 \sin (\alpha_0 + \beta_1),$$

indem man darin einsetzt

$$c_1 = \frac{c_{u1}}{\cos \alpha_0}.$$

Man findet mit $u_1 c_{u1} = v^2$

$$u_1^2 = v^2 \frac{\sin (\alpha_0 + \beta_1)}{\cos \alpha_0 \sin \beta_1};$$

sodann ist $c_{u1} = \frac{v^2}{u_1}$

$$c_1 = \frac{c_{u1}}{\operatorname{tang} \alpha_0}; \qquad c_{m1} = c_1 \sin \alpha_0; \qquad w_1 = \frac{c_{m1}}{\sin \beta_1}.$$

114. Spaltüberdruck. Je nach den gewählten Geschwindigkeiten und Winkeln stellt sich im Laufrad eine gewisse Stauung ein, die den freien Austritt des Wassers aus dem Leitrad mehr oder weniger hemmt. Den unmittelbaren Ausdruck findet diese stauende Wirkung im Spaltüberdruck. Nach Abschn. 100, Gl. (136), besteht zwischen den Drücken p_1 und p_2 im Spalt und beim Austritt aus dem Laufrad ein Unterschied

$$\frac{p_1 - p_2}{\gamma} = H_d + H_s + \frac{c_e^2}{2g} - \frac{c_0^2}{2g} - (H_{v0} + H_{vs}).$$

Außerhalb des Spaltes ist der Druck p_a um die Radhöhe H_r kleiner als p_2, und somit ist der Spaltüberdruck, in Wassersäulen gemessen,

$$\frac{\Delta p}{\gamma} = \frac{p_1 - p_a}{\gamma} = H_d + H_r + H_s + \frac{c_e^2}{2g} - \frac{c_0^2}{2g} - (H_{v0} + H_{vs}).$$

Nach den in Abschn. 100 getroffenen Vereinbarungen über die Bezeichnungen ist

$$H = H_d + H_r + H_s + \frac{c_e^2}{2g}$$

und

$$H_w = H - (H_{v0} + H_{vr} + H_{vs}).$$

Daher nimmt der Ausdruck für den Spaltüberdruck Δp die Gestalt an

$$\frac{\Delta p}{\gamma} = H_w - \frac{c_0^2}{2g} + H_{vr} \quad \ldots \ldots \quad (149)$$

Läßt man den Druckverlust H_{vr} im Laufrad außer Betracht[1]), so hat man

$$\frac{\Delta p}{\gamma} = H_w - \frac{c_0^2}{2g} \quad \ldots \ldots \ldots \quad (149\text{a})$$

115. Gefällsausscheidung; Stauverhältnis. Es wurde zur Erlangung einer deutlichen Vorstellung mit Vorteil angenommen, daß ein besonderer Teil des Gefälles für die Überwindung der Widerstände verwendet werde. Man kann mit dieser Ausscheidung einzelner Teile des Gefälles für bestimmte Zwecke noch weiter gehen. Schreibt man die Durchflußgl. (137) in der Form

$$H_n = \frac{c_0^2}{2g} + \frac{u_1^2 - u_2^2}{2g} + \frac{w_2^2 - w_1^2}{2g},$$

und zieht man auf beiden Seiten $c_2^2 : 2g$ ab, so erhält man

$$H_n - \frac{c_2^2}{2g} = \frac{c_0^2 - c_2^2}{2g} + \frac{u_1^2 - u_2^2}{2g} + \frac{w_2^2 - w_1^2}{2g}.$$

Die linke Seite stellt nach Abschn. 103 das Nutzgefälle H' dar. Das erste Glied rechts

$$H_k = \frac{c_0^2 - c_2^2}{2g}$$

bedeutet denjenigen Teil des Gefälles, der dem Wasser beim Durchfluß durch das Laufrad in Form von kinetischer Energie entzogen wird und darum das kinetische Gefälle heißen soll. Das zweite Glied

$$H_z = \frac{u_1^2 - u_2^2}{2g}$$

stellt das Gefälle dar, das zur Erzeugung der Zentripetalbeschleunigung aufgewendet wird und als Zentripetalgefälle bezeichnet werden mag[2]). Endlich drückt das letzte Glied

$$H_b = \frac{w_2^2 - w_1^2}{2g}$$

denjenigen Teil des Gefälles aus, der zur Beschleunigung des Wassers während des Durchganges durch das Laufrad verbraucht wird und der somit das Beschleunigungsgefälle genannt werden soll. Es ist also das Nutzgefälle gleich der Summe

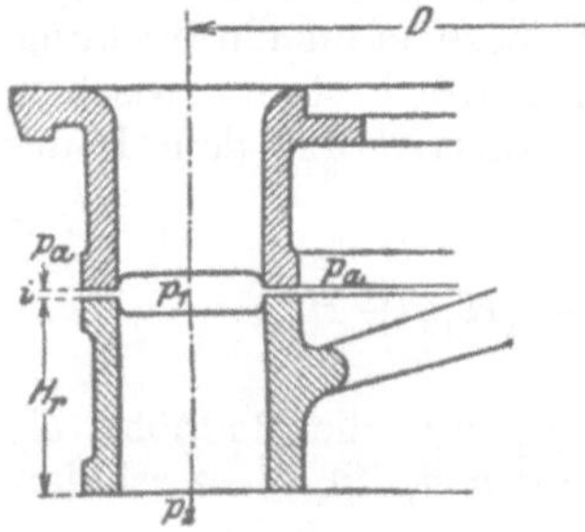

Fig. 167.

[1]) Er beträgt in Wirklichkeit nicht leicht weniger als 4 bis 5 v. H. des Gefälls!

[2]) Es ist positiv für außerschlächtige und negativ für innerschlächtige Turbinen.

des kinetischen, des Zentripetal- und des Beschleunigungsgefälles;

$$H' = H_k + H_z + H_b .$$

Die beiden Teile H_z und H_b treten als wirkliche Druckhöhen auf, und daher könnte man ihre Summe

$$H_p = H_z + H_b$$

als das potentielle Gefälle bezeichnen, das dem Laufrad zugeführt wird. Somit läßt sich schreiben

$$H' = H_k + H_p .$$

Man ist überein gekommen, als Maß für die Stauung des Wassers im Laufrad das Verhältnis

$$\sigma = \frac{H_p}{H'} = \frac{H' - H_k}{H'}$$

oder

$$\sigma = 1 - \frac{c_0^2 - c_2^2}{2\,g\,H'} \quad \ldots\ldots\ldots\ldots \quad (150)$$

zu gebrauchen. Das Verhältnis gibt an, der wievielte Teil des Nutzgefälles beim Eintritt ins Laufrad noch als Überdruckhöhe vorhanden ist. Es wird gewöhnlich das Reaktionsverhältnis genannt. Da indessen dieser Name dazu geeignet ist, unklare Vorstellungen zu erwecken, mag die Bezeichnung Stauverhältnis an seine Stelle treten.

Unter der Voraussetzung, daß der Druckverlust durch Reibung im Laufrad verschwindend klein sei, ist das potentielle Gefälle gleich dem Spaltüberdruck Δp. Es wäre also das Stauverhältnis gleich dem Verhältnis zwischen dem Spaltüberdruck und dem Nutzgefälle, oder

$$\sigma = \frac{\Delta p}{H'} .$$

116. Stauverhältnis und Geschwindigkeit. Nach Fig. 168 ist

$$u_1 = c_0 \frac{\sin(\alpha_0 + \beta_1)}{\sin \beta_1} .$$

Setzt man diesen Ausdruck in die Durchflußgl. (141 a)

$$2\,g\,H' = 2\,u_1\,c_{u0}$$

oder

$$2\,g\,H' = 2\,u_1\,c_0 \cos \alpha_0 \quad \ldots\ldots\ldots\ldots \quad (141\,\mathrm{c})$$

ein, leitet man daraus den Ausdruck für c_0 ab und setzt man diesen in Gl. (150), so erhält man für das Stauverhältnis

$$\sigma = 1 - \frac{1}{2} \frac{\sin \beta_1}{\sin(\alpha_0 + \beta_1) \cos \alpha_0} + \frac{c_2^2}{2\,g\,H'} .$$

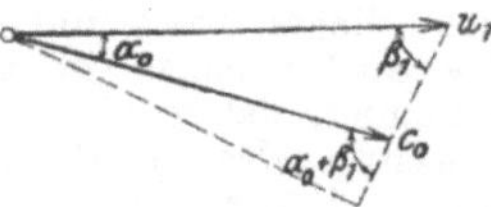

Fig. 168.

Der Zusammenhang des Stauverhältnisses mit der Geschwindigkeit c_0 beim Austritt aus dem Leitrad und der Umfangsgeschwindigkeit u_1 des Laufrades läßt sich leichter überblicken, wenn man schreibt

$$c_0 = i\sqrt{2\,g\,H}$$

und

$$u_1 = k\sqrt{2\,g\,H},$$

wobei H das der Turbine dargebotene Gefälle bedeutet.

Die Durchflußgleichung nimmt unter Benutzung dieser Schreibweise die Form an

$$c_0 = \frac{H'}{H} \frac{1}{2\,k \cos \alpha_0} \sqrt{2\,g\,H}$$

oder

$$i = \frac{H'}{H} \frac{1}{2\,k \cos \alpha_0}\,.$$

Für das Stauverhältnis ergibt sich mit obigem Werte von c_0 nach Gl. (141c)

$$\sigma = 1 - \frac{H'}{H} \frac{1}{4\,k^2 \cos^2 \alpha_0} + \frac{c_2{}^2}{2\,g\,H'} \quad \ldots \ldots \ldots (151)$$

Mit den besonderen Werten $H_w = 0{,}9\,H$, $c_2{}^2 : 2\,g = 0{,}05\,H$, $H' = 0{,}85\,H$ und $\alpha_0 = 20^0$ wurden die in der graphischen Tabelle Fig. 169 eingetragenen Werte von i und k berechnet. Das Stauverhältnis wird gleich null, wenn $i = 0{,}949$ und $k = 0{,}477$; hierbei erfolgt der Durchfluß staufrei.

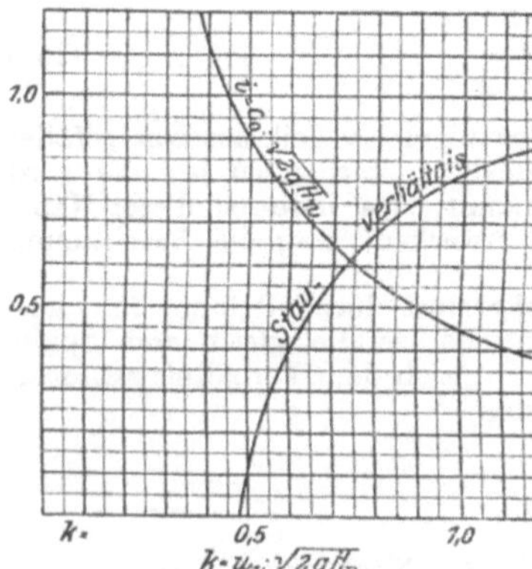

Fig. 169.

Für mittlere Verhältnisse ist i etwas größer als k, und es liegt σ etwa zwischen 0,5 und 0,65; d. h. es ist beim Übergang ins Laufrad die größere Hälfte der Energie noch als Druck vorhanden.

Negative Werte von σ ergäben Ausflußgeschwindigkeiten aus dem Leitrad, die größer als die Gefällsgeschwindigkeit wären. Das Laufrad würde in diesem Falle eine ansaugende Wirkung ausüben und müßte (wenigstens im Schaufelansatz) Energie auf das Wasser übertragen. Das hätte natürlich für Turbinen keinen Sinn, ist aber die Grundlage der Wirkung der Zentrifugalpumpen[1]).

Für die günstigsten Verhältnisse mit $u_1 = v$ und $\beta_1 = 90^0$ wird

$$c_0 = c_1 = \frac{v}{\cos \alpha_0}\,,$$

[1]) Es wird öfters das Stau- oder Reaktionsverhältnis dazu verwendet, eine Turbinenform zu kennzeichnen, und man geht wohl beim Entwerfen von einem bestimmten Stauverhältnis aus. Das ist indessen weder bequem noch sehr bezeichnend; denn an und für sich sagt das Stauverhältnis nichts wesentliches aus, und es kommt direkt nur etwa bei der Berechnung des Spaltverlustes in Betracht. Worauf es bei einer Turbine vor allem ankommt, das sind die Geschwindigkeiten u_1 und c_0 und (wegen der Ausgestaltung der Kanäle im Hinblick auf eine gute Wasserführung) der Ansatzwinkel β_1 der Laufradschaufeln. Wie aber diese Größen zusammenhängen, läßt sich viel besser am Eintrittsdiagramm nach Fig. 161, Abschn. 105, überblicken.

Wollte man die Kennzeichnung durch eine einzige Zahl vornehmen, so dürfte sich dazu das Verhältnis $u_1 : v$ viel besser eignen, da mit Hilfe des Eintrittsdiagramms oder der Gleichung

$$v^2 = u_1\,c_{u\,1}$$

sich alsbald alle weiteren Zusammenhänge auf einen Blick ergeben.

also wenig größer als v. Es ist aber

$$v = \sqrt{2g\,\frac{1}{2}\left(H_w - \frac{c_2^2}{2g}\right)}\,.$$

Setzt man

$$\alpha_0 = 20^\circ\,; \qquad \cos\alpha_0 = 0{,}940\,,$$

$$H_w = 0{,}85\,H\,,$$

$$\frac{c_2^2}{2g} = 0{,}05\,H\,,$$

so ist das ganze Nutzgefälle 0,8 H, das halbe also 0,4 H,

$$v = 2{,}802\,\sqrt{H}\,,$$

$$c_0 = 2{,}908\,\sqrt{H}\,,$$

$$\frac{c_0^2}{2g} = 0{,}432\,H\,,$$

und der Überdruck

$$\frac{\Delta p}{\gamma} = 0{,}418\,H\,,$$

also etwas weniger als die Hälfte des wirksamen Gefälles. Da der Druckverlust im Laufrad nicht leicht weniger als 4 bis 5 v. H. des ganzen Gefälles ausmachen wird, stellt sich der Spaltüberdruck in Wirklichkeit entsprechend höher ein und mag etwa den Wert erreichen

$$\frac{\Delta p}{\gamma} = 0{,}46\,H\,.$$

Das Stauverhältnis nimmt den Wert an

$$\sigma = \frac{0{,}46\,H}{0{,}8\,H} = 0{,}575\,.$$

117. Anpassung eines vorhandenen Modells an veränderte Verhältnisse. Häufig wird die Aufgabe gestellt, das Modell einer Turbine, das für ein gegebenes Gefälle und eine bestimmte Wassermenge entworfen wurde, unter abweichenden Umständen zu verwenden. Wenn zufällig das Verhältnis zwischen Gefällsgeschwindigkeit und Wassermenge denselben Wert behält, so ist das Modell ohne weiteres brauchbar. Würde aber die Durchflußmenge zu klein ausfallen und ist der Unterschied nicht zu bedeutend, so kann man die Anpassung ohne besondere Kosten durch Abänderung der Schaufelwinkel und der Umfangsgeschwindigkeit vollziehen. Es handelt sich darum, die meridionale Geschwindigkeit c_m, die als Maß für die Durchflußmenge dienen kann, zu vergrößern. Das Mittel dazu bietet nach Fig. 161 eine Vergrößerung des Winkels α_0, eine Verminderung der Umfangsgeschwindigkeit u_1 und im Zusammenhang damit eine Vergrößerung des Winkels β_1.

Es kommt etwa vor, daß eine ausgeführte Turbine mit festen Leitschaufeln nicht genug Wasser schluckt und darum nicht die erwartete Leistung erreicht[1]). Hier kann, wenn der Ausfall nicht zu groß ist, ein teilweiser Umbau Abhilfe bringen. Man kann z. B. unter Beibehaltung des Leitrades das Laufrad austauschen gegen eines mit schwächerer Stauung. Nach dem Eintrittsdiagramm Fig. 161 erhält man eine Steigerung der meridionalen Geschwindigkeit und so auch der Durchflußmenge durch eine Verminderung der Umfangsgeschwindigkeit, die dann zugleich einer Vergrößerung des Winkels β_1 ruft. Die Turbine nimmt hierbei eine andere Drehzahl an, der man durch eine Abänderung der

---

[1]) Bei Francis-Turbinen mit drehbaren Leitschaufeln kommt man nicht leicht in diese Verlegenheit, da man hier in der Regel die Durchflußmenge durch stärkeres Öffnen des Leitrades noch beträchtlich steigern kann.

Übersetzung Rechnung tragen muß. Wo man die frühere Umlaufzahl beibehalten soll, ist die Lösung nur möglich, wenn man auf den meridionalen Austritt verzichtet: man vergrößert die Austrittsquerschnitte im Laufrad und vermindert dadurch die Stauung. Bei der Rechnung muß man auf die Form Gl. (140) der Durchflußgleichung zurückgreifen, in der die Bedingung des meridionalen Austrittes noch nicht enthalten ist.

Will man das Laufrad beibehalten, so hat man das Leitrad gegen eines mit schwächerer Stauung, also mit größeren Schaufelwinkeln α_0 zu tauschen. Dabei könnte übrigens der stoßfreie Eintritt nicht mehr vollständig durchgeführt werden.

14. Kapitel.

Energie- und Wasserverluste in der Turbine.

118. Das Wesen der Verluste. Für die Berechnung einer neuen Turbine wurde den Druckverlusten dadurch Rechnung getragen, daß man am Gefälle von vornherein einen gewissen Abzug für dieselben machte. Dabei ist es wichtig, diesen Abzug nicht zu klein zu wählen. Es ist indessen ratsam, am fertigen Entwurf eine Nachprüfung vorzunehmen, schon um sich in dieser Beziehung zu versichern. Das erfordert eine eingehendere Behandlung, die sich schon darum empfiehlt, weil sich erst aus dem Wesen der Verluste ergibt, wie man sie nach Möglichkeit herabziehen könnte.

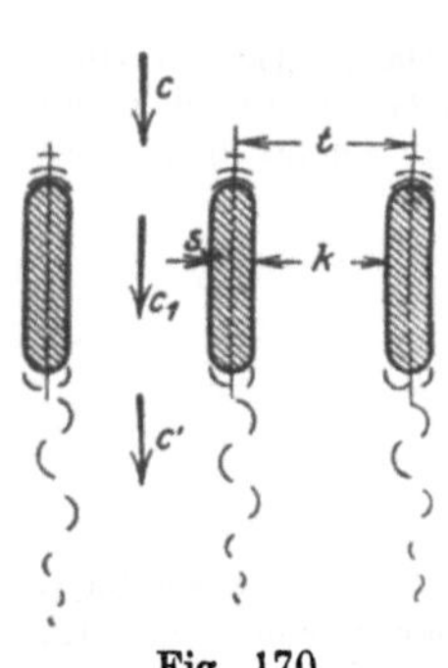

Fig. 170.

Wäre die Schaufeldicke verschwindend klein, so würden sich die Verluste zusammensetzen aus den Reibungsverlusten in den Radkanälen, aus den Wasserverlusten am Spalt und aus der Energie, die das Wasser beim Austritt aus dem Laufrad enthält, soweit dieselbe nicht im Saugrohr zurückgenommen wird.

Der Umstand, daß die Schaufeln eine gewisse Dicke haben müssen, bringt eine Reihe von weiteren Verlusten hervor, von deren Wesen man sich eine vereinfachte anschauliche Vorstellung machen kann, wenn man die Vorgänge an den in Fig. 170 angedeuteten Brückenpfeilern betrachtet. Das Wasser, das mit der Geschwindigkeit c herbeifließt, staut sich unmittelbar vor den Pfeilern und bildet dort eine Anschwellung, die der Bugwelle vor dem Schiff zu vergleichen ist. Um so größer ist dann die Geschwindigkeit c_1, mit der sich das Wasser zwischen den Pfeilern hindurchdrängt. Die getrennten Ströme schließen sich nicht gleich hinter den Pfeilern; es bildet sich vielmehr ein von Wirbeln erfüllter Zwischenraum, der sich lange hinzieht, wie das Kielwasser hinter dem Schiff. Die Energieverluste, die sich bei diesen Vorgängen einstellen, können etwa in folgender Weise überschlagen werden.

Wenn man annehmen darf, daß alles Wasser, das in gerader Linie auf den Pfeiler zuströmt. unter Verlust seiner kinetischen

Energie zur Ruhe komme, so steht der Verlust an kinetischer Energie zum ganzen Energievorrat der herbeiströmenden Wassermenge im Verhältnis von $s:t$; der Verlust ist also

$$h_{v1} = \frac{s}{t}\frac{c^2}{2g} \quad \text{. . . . . (152)}$$

Diese Rechnung dürfte etwa zutreffen, wenn der Pfeiler vorne gerade abgeschnitten wäre; ist er aber abgerundet oder zugeschärft, so gibt sie sicher den Verlust zu groß an.

Hinter den Pfeilern erweitert sich der Querschnitt im Verhältnis von k zu t und die Geschwindigkeit sinkt von c_1 auf c'. Sind die Pfeiler hinten rechteckig abgeschnitten, so geht der Übergang ohne Umsatz von Geschwindigkeit in Druck vor sich, und es entsteht nach Carnot-Borda (Abschn. 43) ein Druckhöhenverlust im Betrage von

$$h_{v2} = \frac{(c_1 - c')^2}{2g}.$$

Da

$$\frac{c_1}{c} = \frac{t}{k} = \frac{t}{t-s}$$

und $c' = c$ ist, wird

$$h_{v2} = \left(\frac{t}{t-s}\right)\frac{c^2}{2g}.$$

Sind die Pfeiler hinten abgerundet oder gar schlank ausgezogen, so wird der Verlust etwas kleiner ausfallen.

Der Verlust wird sowohl beim Eintritt als auch beim Austritt um so geringer, je kleiner die Pfeilerdicke s im Verhältnis zur mittleren Entfernung t ist.

Für die Schaufelung der Turbinen ergibt sich somit aus diesen Betrachtungen der Wink, daß man die Schaufeln nicht enger stellen soll, als für die sichere Wasserführung gerade notwendig ist[1]). Im weiteren sollen die Schaufeln vorne zugeschärft und hinten schlank ausgezogen werden. Die Zuschärfung eines Brückenpfeilers wird jedermann ohne sich zu besinnen symmetrisch zum Stromstrich anlegen; desgleichen sollte der Zuschärfungswinkel der Schaufelkante von der Richtung des eintretenden Wassers halbiert werden. Ein Ausziehen des Schaufelauslaufes ist natürlich nur bei Gußschaufeln gedenkbar. Blechschaufeln bieten indessen, weil sie dünner sind, ohnehin günstigere Verhältnisse.

In den nachfolgenden Abschnitten sollen die Verluste in der Reihenfolge rechnungsmäßig behandelt werden, in der sie in der Turbine auftreten.

119. Verluste im Leitrad. Sind die Ränder der Radkränze nach Fig. 171 scharf gehalten, so entstehen dort infolge der auftretenden

[1]) Dies steht nach Abschn. 75 im Widerspruch mit den Anforderungen bezüglich geringster Reibung!

Kontraktion Druckverluste, die etwa nach Abschn. 45 Fig. 58a zu beurteilen wären. Durch Abrunden der Kanten lassen sie sich vermeiden (vgl. Fig. 172).

Der Stoßverlust auf die Schaufelkante läßt sich nach Abschn. 118 unter Verwendung der Bezeichnung aus Fig. 173 durch den Ausdruck

$$H_{ve} = \frac{c_e^2}{2g}\frac{s}{t}$$

darstellen. Er ist übrigens nicht bedeutend.

Der Druckverlust durch Reibung in den Leitkanälen kann unter der Voraussetzung, daß c_e^2 klein gegen c_0^2 sei, wie derjenige einer

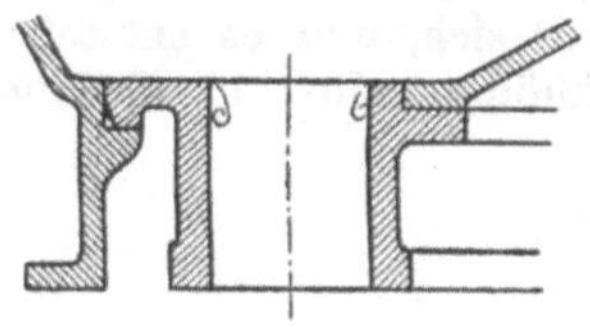

Fig. 171.

Fig. 172.

gut abgerundeten Mündung nach Abschn. 48 behandelt werden. Es wäre also

$$H_{v0} = \zeta_0 \frac{c_0^2}{2g};$$

dabei darf man für sorgfältig ausgebildete Kanäle von möglichster Kürze und mäßiger Krümmung[1]) und mit glatten Wänden etwa setzen

$$\zeta_0 = 0{,}08 \text{ bis } 0{,}10.$$

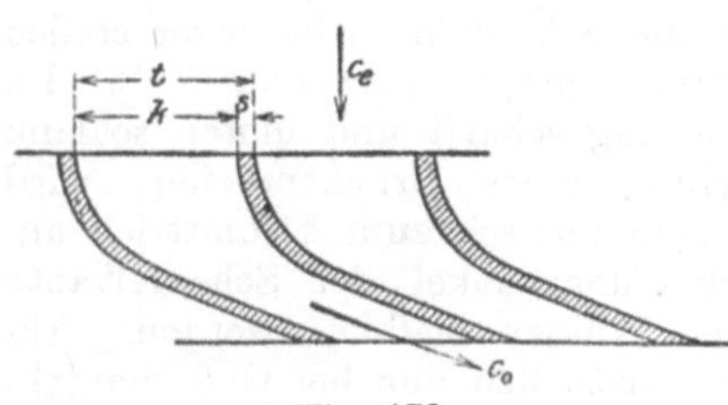

Fig. 173.

Bei innerschlächtigen Radialturbinen fällt die Reibung in den Leitkanälen größer aus; da der Eintritt auf einem kleineren Umfang als der Austritt erfolgt, ist c_e verhältnismäßig groß.

120. Wasserverlust am Spalt. Es besteht am Spalt gegenüber dem Außenraum ein Überdruck im ungefähren Betrage von

$$\frac{\Delta p}{\gamma} = \frac{p_1 - p_a}{\gamma} = H_w - \frac{c_0^2}{2g}.$$

Nach Fig. 174 ist die Fläche des Spaltes

$$F_s = 2\pi D i,$$

[2]) Das sind Anforderungen, die sich widersprechen!

wobei i die lichte Spaltbreite bedeutet. Es entweicht somit eine Wassermenge

$$Q_s = \mu F_s \sqrt{2g\frac{\Delta p}{\gamma}}.$$

Der Ausflußkoeffizient kann vielleicht gleich 0,5 bis 0,6 gesetzt werden. In der Regel wird man nicht weit fehl gehen, wenn man setzt

$$\frac{\Delta p}{\gamma} = 0{,}5\,H.$$

Die Spaltbreite muß groß genug sein, damit sich das Laufrad frei drehen könne. In Fig. 175 soll ein Laufrad dargestellt sein, das beim Aufkeilen etwas schräg zu stehen kam. Es geht sofort aus der Skizze hervor, daß der axiale Spielraum größer sein muß als der radiale, sofern der Halbmesser des Rades größer ist als die halbe

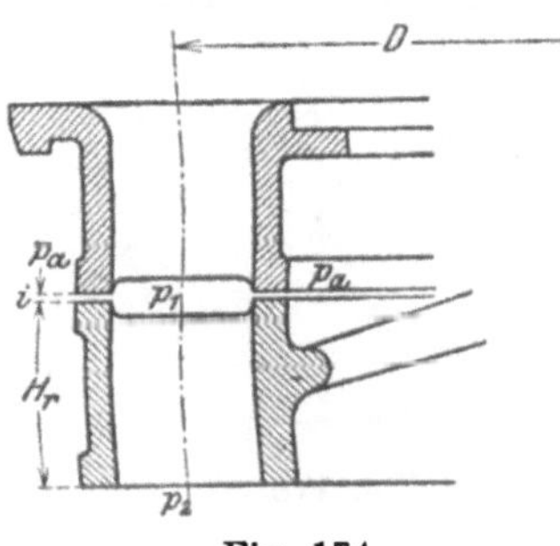

Fig. 174.

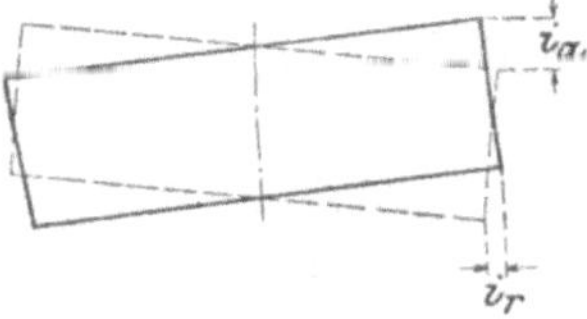

Fig. 175.

Radhöhe, und das wird wohl stets zutreffen. Es braucht somit die Axialturbine mehr Spiel als die Radialturbine. Dazu kommt noch, daß man bei jener mit der Durchbiegung von Leit- und Laufrad unter dem Drucke des Wassers zu rechnen und also noch mehr Spielraum zu geben hat. Selbst bei einer kleinen Jonval-Turbine wird die Spaltbreite kaum weniger als 2 mm betragen, während diese Breite für eine Francis-Turbine von sehr großen Abmessungen ausreicht. Bei ungenauer Einstellung und bei eintretender Abnützung des Zapfens wird der Spalt bei der Axialturbine größer, während die Radialturbine nicht davon berührt wird. Zugunsten der Francis-Turbine spricht weiter der Umstand, daß der Raum außen am Spalt in der Regel weniger direkt mit dem Saugrohr in Verbindung steht, so daß der Spaltüberdruck etwas geringer wird.

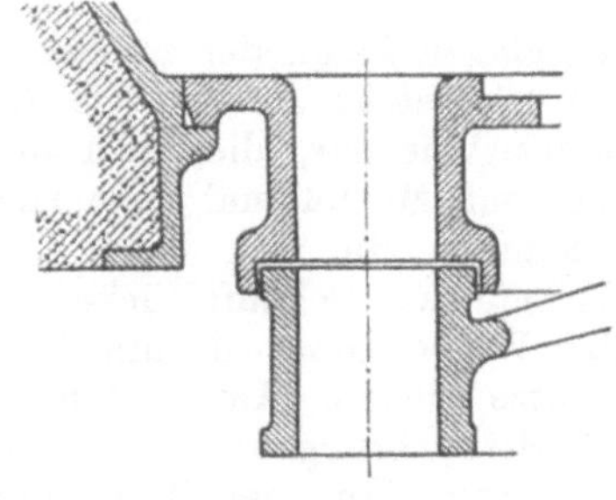

Fig. 176.

Bei einer Jonval-Turbine kann der Spaltverlust schon bei normalen Verhältnissen 4 bis 5 v.H. betragen; bei ungenauer Einstellung wächst er ins Ungemessene. Zur Verminderung der Verluste wird etwa eine Labyrinthdichtung nach Fig. 176 angewandt.

Bei sandhaltigem Wasser nützen sich die Ränder der Kränze am Spalt rasch ab. Man pflegt sie darum wohl mit austauchbaren Schleifringen zu besetzen.

Der Wasserverlust am Spalt sollte für Stauturbinen mit feststehenden Leitschaufeln bei der Bemessung der Laufradquerschnitte in die Rechnung eingestellt werden. Bei Francis-Turbinen mit beweglichen Leitschaufeln kann man sich diese Mühe sparen, da man ja hier in einfachster Weise durch Verstellen der Leitschaufeln vor- oder nachgeben kann.

121. Verlust beim Eintritt ins Laufrad. Vorausgesetzt sei, daß der Eintritt glatt vor sich gehe, d. h. daß die relative Eintritts-

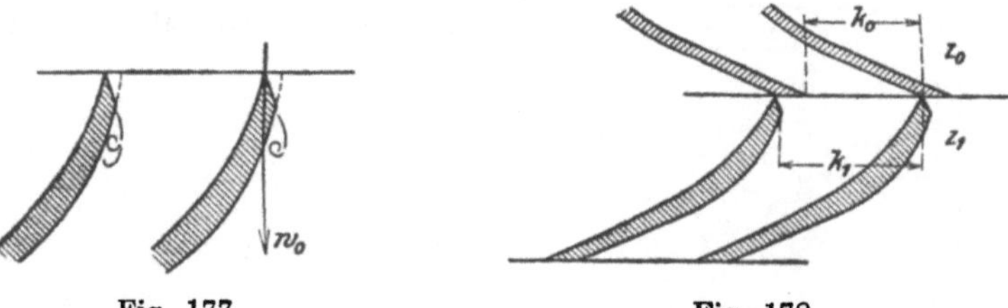

Fig. 177. Fig. 178.

geschwindigkeit w_0 in die Richtung des Schaufelansatzes falle. Beim Aufschlagen auf die Schaufelkante entsteht ein Stoßverlust, den man auf

$$H_{v1} = \frac{w_0^2}{2g} \frac{t_1 - k_1}{t_1}$$

anschlagen kann, der indessen durch die Zuschärfung gemildert wird. Fig. 177 stellt die Ansätze der gußeisernen Schaufeln einer axialen Stauturbine dar, die nach der punktierten Linie gegossen und hernach mit Meißel und Feile zugeschärft wurden. Die schädlichste Erscheinung, die sich beim Eintritt zeigen kann, ist die Bildung von Wirbeln am Schaufelrücken, wie sie in der Figur angedeutet sind. Das Wasser darf darum ja nicht von hinten her auf die Schaufelansätze treffen. Am besten dürfte der Zuschärfungswinkel durch die Eintrittsrichtung annähernd halbiert werden; nur muß dann der Ansatz etwas lang gehalten werden.

Die Verengung der Querschnitte durch die Schaufeldicken ist, wie Fig. 178 erkennen läßt, beim Austritt aus dem Leitrad verhältnismäßig stärker als beim Eintritt ins Laufrad, da dort die Schaufelausläufe flach, hier die Ansätze steil verlaufen. Darum ist auch die Austrittskomponente w_0 größer als die relative Geschwindigkeit w_1, die das Wasser am Anfang des Laufradkanals besitzt. Durch das Leitrad tritt die Wassermenge Q ein; der Durchfluß durch das Laufrad ist aber nur $Q - Q_s$. Bezeichnen z_0 und k_0 die Schaufelzahl und die lichte Kanalweite im Sinne des Umfanges gemessen für den Austritt aus dem Leitrad und ebenso z_1 und k_1 dieselben Größen für den Eintritt ins Laufrad, so besteht die Beziehung

$$\frac{Q}{Q - Q_s} = \frac{k_0 z_0 w_0}{k_1 z_1 w_1},$$

woraus

$$\frac{w_1}{w_0} = \frac{Q - Q_s}{Q} \frac{k_0 z_0}{k_1 z_1}.$$

Es ist in der Tat $w_1 < w_0$, da $Q > Q - Q_s$ und $k_1 z_1 > k_0 z_0$; somit entsteht beim Übergang ein Stoß, indem die Wassermenge $Q - Q_s$ plötzlich von der Geschwindigkeit w_0 auf w_1 verzögert wird. Es geht dabei, auf die ganze Wassermenge Q bezogen, ein Gefälle im Betrage von

$$H_{v01} = \frac{Q - Q_s}{Q} \frac{(w_0 - w_1)^2}{2g}$$

verloren. Dieser Verlust läßt sich durch keine Anordnung der Winkel umgehen; er ist unvermeidlich, und daher läßt sich, streng genommen, ein wirklich stoßfreier Übergang gar nicht erzielen. Wenn früher etwa versucht wurde, die Geschwindigkeiten w_0 und w_1 dadurch in Übereinstimmung zu bringen, daß man die Schaufelansätze am Laufrad stark verdickte, so war das ein Mißgriff. Durch den Stoß auf die verdickte Schaufelkante wurde mehr verdorben, als auf der anderen Seite zu gewinnen war; denn dieser Verlust ist recht gering.

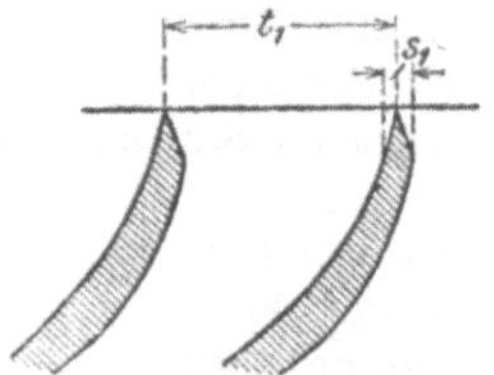

Fig. 179.

Trotz der Zuschärfung der Schaufelansätze des Laufrades erfährt der Austritt aus dem Leitrad eine merkliche Verengung durch die Laufradschaufeln, der man durch die Vergrößerung der Radbreite oder der meridionalen Kanalweite Rechnung zu tragen hat. Ist t_1 nach Fig. 179 die Schaufelteilung und s_1 die Dicke, so wäre die Vergrößerung im Verhältnis von $(t_1 - s_1) : t_1$ durchzuführen. Dabei kann man allerdings im Zweifel sein, was für ein Wert bei zugeschärften Schaufeln für s_1 einzusetzen sei; man wird sicherheitshalber nicht zu niedrig greifen.

Die Übergangsverluste werden etwas gemildert, wenn man nach Fig. 174 zwischen Leit- und Laufradschaufeln einen größeren Spielraum läßt; das Wasser hat alsdann Gelegenheit, diejenige Richtung anzunehmen, die ihm den geringsten Zwang auferlegt.

Bei Turbinen mit radialem Eintritt wird das Laufrad etwas breiter als das Leitrad gehalten, damit nicht schon eine kleine Ungenauigkeit in der axialen Einstellung den Übergang verenge.

122. Reibungsverluste im Laufrad. Wenn sich die Laufradkanäle kräftig verjüngen, so daß w_1 klein gegen w_2 ist, kann man auch für das Laufrad die Reibungsverluste ähnlich wie für gut abgerundete Mündungen behandeln und schreiben

$$H_{v2} = \zeta_2 \frac{w_2^2}{2g}.$$

Dabei wäre etwa zu setzen

$$\zeta_2 = 0{,}08 \text{ bis } 0{,}10.$$

Für lange und schlanke Kanäle, etwa wie sie das Schaufelprofil III in Fig. 111 ergäbe, wird der Verlust größer. Eine Berechnung müßte in etwas mühsamer Weise nach den Andeutungen in Abschn. 48 für eine verlängerte Düse durchgeführt werden. Daß dabei die Beschaffenheit der Schaufeln, insbesondere die Glätte, eine wichtige Rolle spielt, ist selbstverständlich.

Daß übrigens der Reibungsverlust mit der Bauart der Turbine zusammenhängt, lehrt die folgende Betrachtung. Die Durchflußgleichung (137) kann auf die Form gebracht werden

$$w_2^2 = 2\,g\,H_w - c_0^2 + w_0^2 + (u_2^2 - u_1^2).$$

Da c_0, u_1 und w_1 für gegebene Gefälls- und Winkelverhältnisse bestimmte Werte haben, hängt w_2 und damit der Reibungsverlust von u_2 ab. Somit wird der Verlust am größten für die innerschlächtige und am kleinsten für die außerschlächtige Radialturbine. Die Axialturbine hält die Mitte zwischen beiden.

Besonders ungünstige Verhältnisse zeigen die Turbinen mit schwacher Stauung, deren Schaufeln eine sackförmige Gestalt erhalten, da $\beta_1 > 90^0$ ist. Das Wasser hat schon beim Eintritt eine große Geschwindigkeit w_1, und es ergibt sich darum in den Kanälen, die der starken Ablenkung wegen verhältnismäßig lang ausfallen, ein großer Reibungsverlust. Es kommt noch dazu, daß in den stark gebogenen Kanälen sehr leicht Ablösungen entstehen, ja kaum zu vermeiden sind. Auch die Turbinen stärkster Stauung und größter Umfangsgeschwindigkeit weisen schon am Anfang der Laufradkanäle große Geschwindigkeiten auf. Wenn auch die schwache Krümmung der Kanäle günstig ist, wird doch schließlich der Reibungsverlust sehr bedeutend.

Der Verlust bezieht sich nur auf die wirklich durch das Laufrad strömende Wassermenge $Q - Q_s$; will man denselben auf die ganze Menge Q beziehen, so wäre er noch im Verhältnis von $Q : (Q - Q_s)$ zu vermindern. Bei der Unsicherheit, in der man sich hinsichtlich des Wertes ζ_2 befindet, hat indessen diese Unterscheidung nicht viel Bedeutung.

123. Austritt aus dem Laufrad. Ergießt sich das Wasser gleich in die Turbinenkammer oder schließt sich das Saugrohr mit einer starken plötzlichen Erweiterung an das Laufrad an, so verliert man die ganze Austrittsenergie, die durch die Wassersäule

$$H_{v23} = \frac{c_2^2}{2g}$$

gemessen wird. Bei Anwendung eines genau anschließenden divergenten Saugrohres dagegen kann der größte Teil der Austrittsenergie eingebracht werden. Indessen findet beim Übergang auch in diesem Falle wegen der endlichen Schaufeldicke ein gewisser Verlust statt. Das Wasser tritt mit der Geschwindigkeit c_2 aus dem Laufrad und nimmt unmittelbar nachher eine Geschwindigkeit c_2' an, und zwar besteht nach Fig. 180 die Beziehung

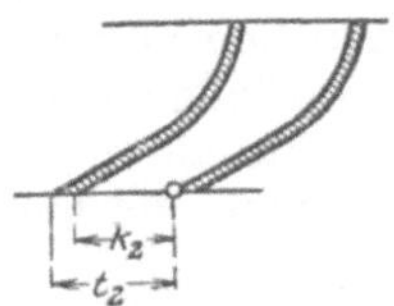

Fig. 180.

$$\frac{c_2'}{c_2} = \frac{k_2}{t_2}.$$

Beim plötzlichen Übergang von der Geschwindigkeit c_2 auf c_2' entsteht ein Verlust

$$H_{v23} = \frac{(c_2 - c_2')^2}{2\,g}\,\frac{Q - Q_s}{Q}.$$

Der Betrag ist ziemlich geringfügig und fällt kaum in Betracht.

124. Verluste im Saugrohr. Wenn das Wasser nach dem Austritt aus dem Laufrad stetig in ein konisch sich erweiterndes Saugrohr übergeht, so kann nach Abschn. 44 der größte Teil seiner kinetischen Energie wieder in Druck umgesetzt werden. Die Bedingungen für die Stetigkeit des Überganges sind etwa die folgenden.

Zunächst müssen schon die Querschnitte stetig ineinander übergehen. Diese Bedingung läßt sich bei keiner Bauart so leicht durchführen, wie bei der Francis-Turbine.

Auch die Austrittsbewegung aus dem Laufrad muß stetig sein; es muß in allen Punkten des Übergangsquerschnittes derselbe Druck und dieselbe Geschwindigkeit, und zwar in meridionaler Richtung, vorhanden sein. Im besonderen aber darf das Wasser keine Drehbewegung besitzen. Eine derartige Bewegung würde nach Abschn. 22 einer Druckverminderung in der Nähe der Achse rufen, und ist der Druck im oberen Teil des Saugrohres ohnehin schon gering, so kann das zur Bildung eines leeren Raumes führen. Wenn sich das Wasser hinter diesem leeren Raum wieder schließt, sind natürlich Stoßverluste wegen der plötzlichen Querschnittserweiterung gar nicht zu vermeiden. Verluste derselben Art erhielte man, wenn beim Übergang wegen zu starker Divergenz des Saugrohres an den Wänden Ablösungen aufträten. Jedenfalls ist das Profil des Saugrohres sehr vorsichtig zu führen. Man bemesse die Erweiterung etwa nach der Faustregel

$$L \gtreqless 6\,(D_4 - D_3),$$

wobei L die Länge, D_3 den oberen und D_4 den unteren Durchmesser bezeichnet. Es hätte wenig Sinn, den letzteren größer als $2 D_3$ zu setzen.

Die Drehung der Wassersäule im Saugrohr läßt sich keineswegs unter allen Umständen vermeiden. Es sei die Turbine derart gebaut, daß bei einer gewissen Wassermenge die Austrittsgeschwindigkeit c_2 meridional gerichtet sei. Dieser Richtung entspricht eine ganz bestimmte relative Austrittsgeschwindigkeit w_2. Diese erfährt aber eine Verminderung, wenn durch Schließen der Abschützung die Durchflußmenge verkleinert wird. Man erkennt sofort aus Fig. 181, daß die absolute Austrittsgeschwindigkeit c_2 eine Umfangskomponente annimmt, die um so größer wird, je mehr die Durchflußmenge zurückgeht.

Durch Einbauen von Längsscheidewänden kann man die Drehung gewaltsam unterdrücken und zugleich die Divergenzverhältnisse verbessern, doch nicht ohne daß die Reibung gesteigert wird.

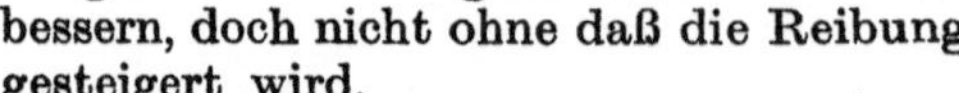

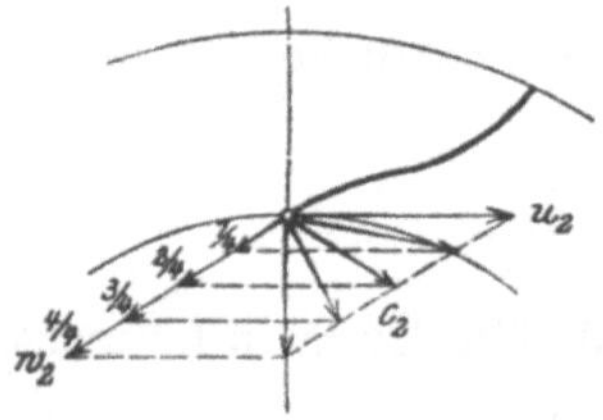

Fig. 181.

Zu diesen Verlusten, die sich indessen einer nur halbwegs zuverlässigen Berechnung entziehen, kommt noch der Austrittsverlust aus dem Saugrohr und die Rohrreibung an den Wänden, die man unter Einführung mittlerer Werte für die Geschwindigkeit und den Durchmesser leicht überschlagen kann[1]).

Turbinen mit liegender Welle werden durch einen Krümmer an das senkrechte Saugrohr angeschlossen. Das Auftreten von Störungen in dem Krümmer läßt sich kaum vermeiden, wenn man nicht den Ablenkungswinkel stark herabzieht, indem man das Saugrohr schief anlegt.

Das Saugrohr wird vielfach nach Fig. 131 und 154 im Betonfundament ausgespart und dabei in die Richtung des Unterwasserkanals nach vorne abgebogen. Der Querschnitt wird dabei allmählich erweitert und zugleich aus der Kreisform in die Rechteckform übergeführt, die sich besser in den Bau einfügt. In Fig. 154 ist gezeigt, daß man mit Hilfe der Austrittsenergie des Wassers aus dem Saugrohr noch eine kleine Depression des Unterwassers erzielen kann, deren Größe etwa nach Abschn. 43 zu ermitteln wäre.

125. Beispiel. Die nachfolgenden Ziffern, die nach den vorstehenden Abschnitten für eine Jonval-Turbine berechnet wurden,

---

[1]) Das Saugrohrprofil von Prášil (Abschn. 36) von der Form

$$z D^2 = \text{const.} = a$$

ergibt, wenn man λ als unveränderlich ansieht (Abschn. 38), für die Rohrreibung den Betrag

$$H_{v3} = \frac{1}{7} \frac{a \lambda}{g} \left(\frac{4Q}{\pi}\right)^2 \left(\frac{1}{D_3^7} - \frac{1}{D_4^7}\right).$$

mögen eine Vorstellung von der Größe der einzelnen Verluste geben. Wenn dabei der Wasserverlust am Spalt mit den Druckhöhenverlusten auf eine Linie gestellt wurde, so ist das zwar bequem, wenn auch nicht ganz einwandfrei. Man wolle sich übrigens keinen falschen Vorstellungen über die Genauigkeit derartiger Rechnungen hingeben.

Die Turbine wurde für eine Wassermenge von 2 cbm und ein Gefälle von 10 m berechnet. Es ist ein rechtwinkliger Schaufelansatz im Laufrad vorausgesetzt. Das wirksame Gefälle wurde zu 85 v. H., die Austrittsenergie zu 5 v. H. eingesetzt. Die Turbine hat einen mittleren Durchmesser von 1,100 m bei 200 mm Radbreite und bekommt in Leit- und Laufrad je 20 Blechschaufeln von 7 mm Stärke. Sie macht 164 Umläufe in der Minute.

Verluste:

Leitrad	
Stoß auf die Schaufelkanten . . .	0,17 v. H.
Reibung in den Kanälen	4,60 „
Übergang ins Laufrad	
Spaltverlust	4,25 „
Stoß auf die Schaufelkanten . . .	0,24 „
Stoß auf das Wasser in den Laufradkanälen	0,13 „
Laufrad	
Reibung in den Kanälen	4,30 „
	13,69 v. H.
Austrittsverlust	5,— „
total	18,69 v. H.

Wenn in der Rechnung die Verluste in der Turbine selbst mit 13,69 v. H. auftreten, so erscheint der für das wirksame Gefälle gewählte Ansatz $H_w = 0{,}85\,H$ angemessen, da in der Verlustrechnung gewisse Unregelmäßigkeiten keine Aufnahme gefunden haben, Unregelmäßigkeiten, die sich daraus ergeben, daß die Umfangsgeschwindigkeit des Laufrades in jedem Punkte der Schaufelkante einen anderen Wert besitzt.

Rechnet man zu den hydraulichen Verlusten und der verloren gehenden Austrittsenergie von 5 v. H. noch einen Betrag von 4 bis 5 v. H. für die Reibung der Turbine in ihren Lagerzapfen und im umgebenden Mittel hinzu, so kommt man auf einen gesamten Wirkungsgrad von 75 bis 76 v. H., was ungefähr der Erfahrung an Turbinen dieser Bauart entspricht.

15. Kapitel.

Zwanglose Übergänge.

126. Zwangloser Austritt aus dem Leitrad. Wenn auch die Turbinenschaufeln ihrer Aufgabe, alle Wasserfäden gleichmäßig zu führen, nie ganz gerecht werden können, so ist daran nicht viel gelegen, sobald nur für alle Wasserfäden die Anfangs- und die Endzustände je dieselben sind; denn nur von diesen hängt die Leistung ab. Insbesondere aber ist es wichtig, den Austritt aus den Kanälen gleichmäßig und geordnet zu erhalten, weil Unordnungen an diesem Punkte der dort herrschenden größeren Geschwindigkeiten wegen verlustreicher als an irgendwelchen anderen Stellen sind, und weil nur unter diesen Bedingungen eine zuverlässige Berechnung der Durchfluß-

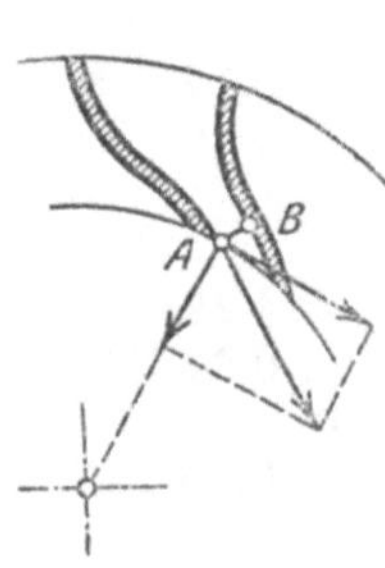

Fig. 182.

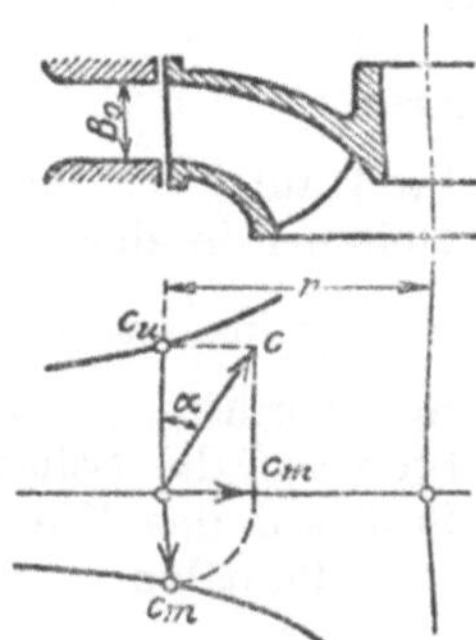

Fig. 183.

verhältnisse möglich ist. Unregelmäßigkeiten beim Austritt aus dem Laufrad würden sich im Saugrohr zum Schaden seiner Wirksamkeit fortsetzen.

Eine sichere Führung des Wassers ist nur zu erwarten, wenn dieses allseitig von den Kanalwänden eingeschlossen ist. So wird in dem in Fig. 182 dargestellten Leitkanal einer Francis-Turbine mit festen Schaufeln die Führung nur bis zum Querschnitt AB reichen. Soll die Strömung noch darüber hinaus stetig und geordnet verbleiben, so dürfen die Wasserfäden weder durch gegenseitige noch durch äußere Einwirkungen gestört werden. Damit sie sich nicht gegenseitig in den Weg kommen, müssen sie im Querschnitt AB[1]) eine kontraktionsfreie Strömung angenommen haben, und dies setzt voraus, daß die Kanalwände in A und B (annähernd) parallel zueinander verlaufen. Ferner darf der über B hinausragende Teil des Schaufelrückens keine ablenkende Einwirkung auf das Wasser ausüben; d. h. er muß sich der Bewegung anpassen, die das zwanglos austretende Wasser freiwillig annimmt.

---

1) Aber nicht früher! (vgl. Abschn. 48).

Zwanglos ist die Bewegung eines Wasserfadens, wenn dieser keinerlei mechanische Wirkungen auf die Kanalwände überträgt und sich frei denselben entlang bewegt. Nach Euler übt ein strömender Wasserfaden auf seinen drehbaren Kanal nach Gl. (107) Abschn. 57 ein Moment aus im Betrage von

$$\mathfrak{M} = M(r_1 c_{u1} - r_2 c_{u2}),$$

wobei M die in der Zeiteinheit durchfließende Wassermenge, r_1 den Halbmesser und c_{u1} die Umfangskomponente der absoluten Wassergeschwindigkeit beim Eintritt, r_2 und c_{u2} die entsprechenden Größen beim Austritt des Kanales bedeutet. Soll die Bewegung zwanglos verlaufen, so muß das Moment in allen Teilen des Kanals gleich null sein; dies ist der Fall, wenn für alle Punkte des Kanals die Beziehung besteht

$$r c_u = \text{const.} \quad \ldots \ldots \ldots \quad (152)$$

Diesen Zusammenhang zwischen r und c_u kann man nach Fig. 183 durch eine gleichseitige Hyperbel darstellen, die einen Halbmesser und die Achse zu Asymptoten hat.

Für die meridionale Geschwindigkeit c_m ergibt sich unter der Annahme, daß man die Querschnittsverengung durch die Schaufeldicken außer acht lassen dürfe, aus der Kontinuitätsbedingung die Gleichung

$$r B_0 c_m = \text{const.}, \quad \ldots \ldots \ldots \quad (153)$$

wenn unter B_0 die lichte Radhöhe verstanden wird. Stellt man den Zusammenhang zwischen c_m und r nach Fig. 183 durch eine Kurve dar, so läßt sich leicht für jeden Wert von r aus c_u und c_m die absolute Geschwindigkeit c und der Winkel α ermitteln, unter dem der Wasserfaden den betreffenden Parallelkreis schneidet. Wie man die Wasserbahn als Trajektorie zeichnen kann, geht aus dem folgenden Abschnitt hervor.

127. Das Ziehen der zwanglosen Bahn in einer außerschlächtigen Radialturbine läßt sich nach Fig. 184 folgendermaßen ausführen. Man trägt an einen Halbmesser in einer Anzahl von gleichmäßig verteilten Punkten die Winkel α an, unter denen die Parallelkreise von den Wasserfäden geschnitten werden; verdreht man die freien Schenkel dieser Winkel mit Hilfe ihrer Berührungskreise so weit um den Mittelpunkt herum, daß zwei aufeinander folgende Schenkel stetig kleiner werdender Stücke $AB, BC \ldots$ aufeinander abschneiden, so erhält man die gesuchte Bahn als Hüllkurve. Sie hat einen spiralartigen Charakter und nähert sich stetig dem Mittelpunkte. Es geht

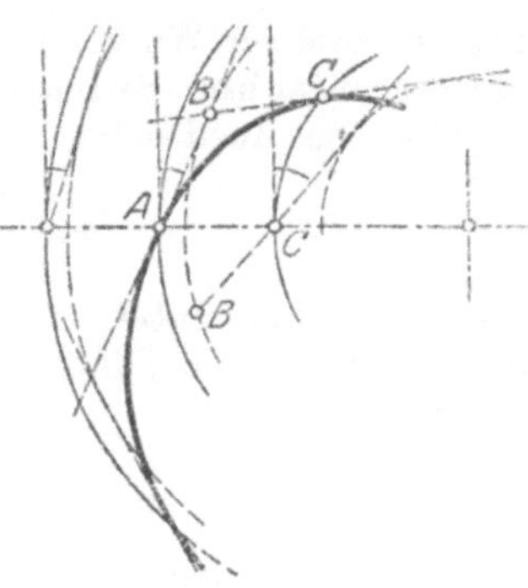

Fig. 184.

daraus hervor, daß das Leitschaufelprofil nach Fig. 182 einen Wendepunkt erhält, den man im Interesse einer kräftigen Verjüngung des Kanals dorthin legt, wo die zwanglose Strömung beginnen muß.

128. Zwangloser Austritt aus dem Leitrad bei konstanter Radbreite. Diese Bedingung, die bei Turbinen mit Finkschen Drehschaufeln stets erfüllt ist, ergibt sehr einfache Verhältnisse. Gl. (153) nimmt die Form an

$$r\,c_m = \text{const} = a,$$

die sich durch eine gleichseitige Hyperbel darstellen läßt. Dividiert man durch die Bedingung der Zwanglosigkeit nach Gl. (152)

$$r\,c_u = \text{const} = b,$$

so erhält man

$$\frac{c_m}{c_u} = \frac{a}{b} = \text{const} = \operatorname{tang}\alpha \quad \ldots\ldots\ldots \quad (154)$$

Das will sagen, daß die Bahn der zwanglosen Bewegung, der sich der Auslauf der Leitschaufel anschließen soll, alle Parallelkreise

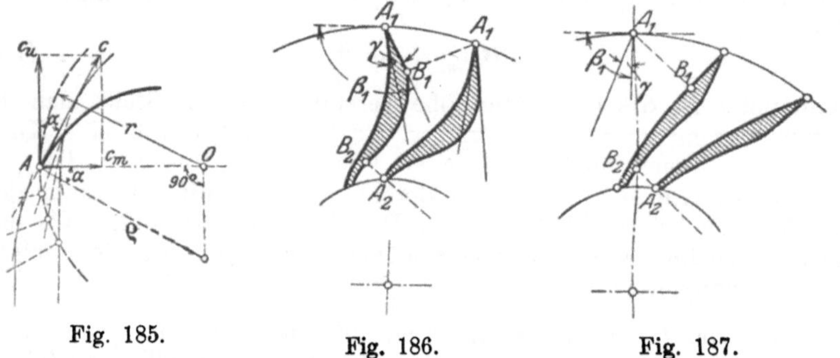

Fig. 185. Fig. 186. Fig. 187.

unter demselben Winkel α schneidet. Dies ist das Kennzeichen der logarithmischen Spirale. In der Tat ergibt sich, wenn man in Gl. (154) die Ausdrücke

$$c_m = \frac{dr}{dt} \quad \text{und} \quad c_u = r\frac{d\varphi}{dr}$$

einsetzt, wobei unter φ der vom Fahrstrahl beschriebene Winkel verstanden ist, die Differentialgleichung

$$\frac{dr}{r} = \operatorname{tang}\alpha\, d\varphi\,.$$

Zählt man den Winkel φ von dem Punkte aus, für den $\log r = 0$ oder $r = 1$ ist, so erhält man beim Integrieren für die Bahn der zwanglosen Bewegung die Gleichung der logarithmischen Spirale

$$\log r = \varphi \operatorname{tang} \alpha .$$

Fig. 185 läßt erkennen, wie sich diese Kurve bequem als Trajektorie ziehen läßt. Ihr Krümmungshalbmesser ist bekanntlich

$$\varrho = \frac{r}{\cos \alpha} \quad \ldots\ldots\ldots\ldots \quad (155)$$

129. Zwangloser Übergang ins Laufrad; Zuschärfung der Schaufeln. Ähnliche Fragen treten am Eintritt ins Laufrad auf. So sollte bei den in Fig. 186 und 187 skizzierten Laufrädern von Francis-Turbinen die Ablenkung durch die Schaufeln erst dort beginnen, wo der Eintritt des Wassers in den Kanal wirklich vollzogen ist, also vom Querschnitt $A_1 B_1$ an; es müßte also das Profil bis zum Punkte B_1 einer zwanglosen Bewegung entsprechen. Andernfalls ergäben sich Störungen, die in das Leitrad zurückgreifen könnten. Infolge der endlichen Dicke der Schaufeln läßt sich das Wasser nie wirklich

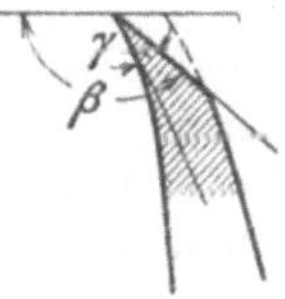

Fig. 188.

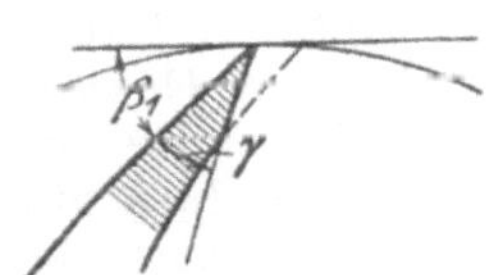

Fig. 189.

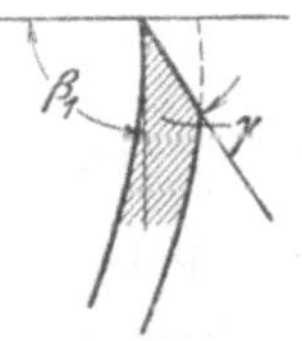

Fig. 190.

zwanglos einleiten. Bei gußeisernen Schaufeln, die im mittleren Verlauf stark verdickt werden, damit man den Auslauf um so dünner halten könne, muß man den Eintritt durch eine Zuschärfung des Schaufelrandes erleichtern. Dabei ist die Zuschärfung derart anzulegen, daß durch die plötzliche Ablenkung das Wasser in den Kanal hinein und nicht nach außen geworfen wird. Je nachdem der Ansatzwinkel $\beta_1 \gtrless 90^0$ ist, muß der Zuschärfungswinkel γ, der etwa 15 bis 20^0 betragen mag, negativ oder positiv genommen werden, so daß der Punkt B_1, der der Eintrittskante der benachbarten Schaufel gegenüber liegt, je auf das zwanglose Profil fällt. Übrigens spricht die Möglichkeit, die Zuschärfung mit Meißel und Feile ausführen zu können, auch noch ein Wort mit, vgl. Fig. 188 und 189 für Guß- und Fig. 190 für Blechschaufeln.

130. Der Ansatz der Laufradschaufel soll also bis zum Punkte B_1 in Fig. 186 und 187 das Wasser zwanglos führen. Ist die absolute Bahn der zwanglosen Bewegung bekannt, so hat man die relative Bewegung gegenüber dem Laufrad abzuleiten, und diese ist für das Profil des Ansatzes $A_1 B_1$ maßgebend.

Aus der Bedingung der zwanglosen Bewegung Gl. (152)

$$r\, c_u = \text{const}$$

findet sich der Zusammenhang zwischen c_u und r, und aus dem Turbinenprofil ergibt sich der Zusammenhang zwischen r und c_m. Trägt man diese Zusammenhänge nach Fig. 191 über einem Halbmesser der Turbine graphisch auf, so hat man die meridionale Geschwindigkeit c_m außer mit der absoluten Umfangskomponente c_u nur noch mit der negativ genommenen Umfangsgeschwindigkeit $-u$ des Laufrades zusammenzusetzen, um die relative Geschwindigkeit w nach Größe und Richtung zu erhalten, und damit läßt sich ähnlich wie in Fig. 184 die relative Bahn als Trajektorie ziehen; und so ist das Profil des Schaufelansatzes bestimmt.

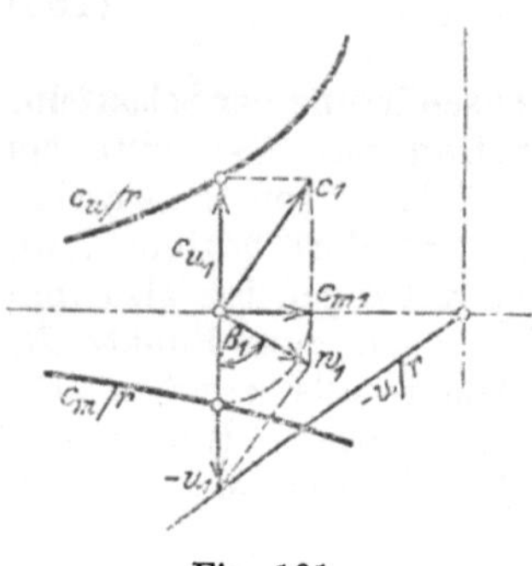

Fig. 191.

131. Der Auslauf der Laufradschaufel soll vom Punkte B_2 (Fig. 186 und 187) an das Wasser zwanglos in meridionaler Richtung austreten lassen. Hier ist also $c_u = 0$. Kennt man nach Fig. 192 die meridionale Geschwindigkeit c_m in ihrer Abhängigkeit vom Halbmesser r, so gibt die Resultante w der Geschwindigkeiten c_m und $-u$ die Geschwindigkeit und die Richtung der relativen Bewegung. Die relative Bahn, die die Gestalt des Auslaufes bestimmt, läßt sich wieder nach Fig. 184 als Trajektorie zeichnen [1]).

Die Kurven des zwanglosen Austrittes haben spiralartigen Charakter und nähern sich stetig dem Mittelpunkt. Es ergibt sich daraus, daß das Laufradschaufelprofil in Fig. 186 im Punkte

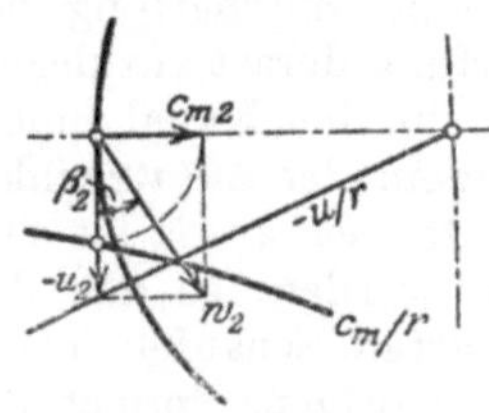

Fig. 192.

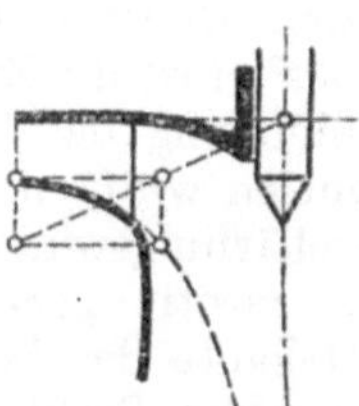

Fig. 193.

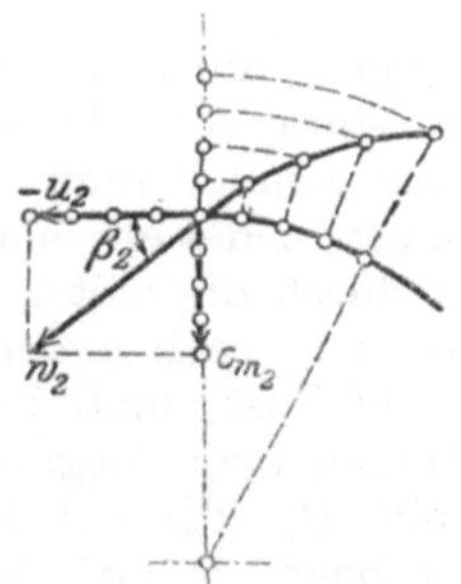

Fig. 194.

B_2 einen Wendepunkt erhält. Nur wenn man nach Fig. 187 den Ansatzwinkel β_1 sehr flach hält, läßt sich derselbe durch eine stetig gekrümmte Kurve (also ohne Wendepunkt) in den Winkel β_2 überführen.

[1]) Je stärker sich das Rad nach innen verbreitert, desto weniger stark wird das Wasser in meridionaler Richtung beschleunigt, und desto weniger stark ist die relative Bahn gekrümmt, desto größer wird also der Krümmungshalbmesser des Schaufelauslaufes.

In dem Sonderfalle, wo die meridionale Geschwindigkeit $c_m = \text{const}$ ist, wird, wenn man von der Verengung des Durchflußraumes durch die Schaufeldicken keine Notiz nimmt, die Beziehung bestehen

$$r\,B = \text{const},$$

d. h. die Turbine erhält nach Fig. 193 eine gleichseitige Hyperbel als Kranzprofil. Beim meridionalen Austritt entsteht nach Fig. 194 gegenüber dem Laufrad eine relative Bewegung, die sich als Resultante der gleichförmigen Radialbewegung und der gleichförmigen rückwärts genommenen Drehbewegung des Laufrades ergibt. Die Bahn dieser Bewegung, die das Profil des zwanglosen Auslaufes ist, stellt sich als eine Archimedische Spirale dar.

132. Doppelt gekrümmte Kanäle. Zumeist liegt die Bahn des mittleren Wasserfadens nicht in einer Ebene, sondern auf einer Drehfläche mit krummlinigem Meridian. In diesem Falle läßt sich, wie in Fig. 195 angedeutet ist, die ganze Untersuchung auf dem abgewickelten Berührungskegel vornehmen.

In dem Sonderfalle der Jonval-Turbine, wo die Kranzbreite konstant ist und wo man annimmt, daß sich die Wasserfäden auf konaxialen Zylinderflächen bewegen, nehmen alle diese Übergänge die Gestalt von Schraubenlinien an, die in der Abwicklung der Schaufelschnitte zu geraden Linien werden.

Bei der Francis-Turbine mit axialem Austritt genügt es nicht, einen mittleren Wasserfaden zu verfolgen. Man muß vielmehr den ganzen Durchflußraum in mehrere Wasserstraßen teilen und die Untersuchung für den mittleren Wasserfaden einer jeden derselben durchführen.

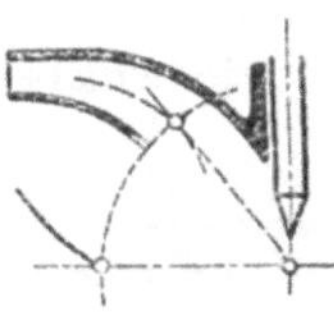

Fig. 195.

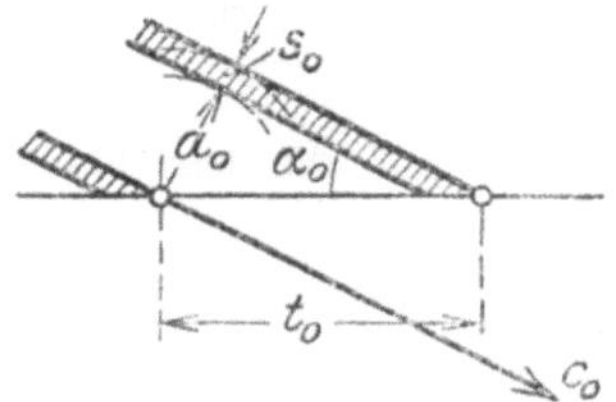

Fig. 196.

133. Einführung der Schaufeldicke; meridionale Kanalweite. Die Schaufeln müssen aus Festigkeitsgründen eine gewisse Dicke haben, und verengen daher den Durchfluß. Dieser Verlust muß wieder eingebracht werden, da die Durchflußmenge keine Verminderung erfahren darf. Maßgebend ist der Querschnitt an der engsten Stelle; in den weiteren Stellen des Kanals ist die Schaufeldicke ohne merklichen Einfluß. Bedeutet c_0 die absolute Austrittsgeschwindigkeit aus dem Leitrad, D_0 den mittleren Durchmesser, B_0 die Radbreite, z_0 die Anzahl der Schaufeln, t_0 die Schaufelteilung, a_0 die lichte Kanalweite und s_0 die Schaufeldicke, so lassen sich die Verhältnisse beim Austritt aus dem Leitrad in folgender Weise ausdrücken. Es ist nach Fig. 196

$$a_0 = t_0 \sin \alpha_0 - s_0\,,$$

$$t_0 = \frac{\pi\, D_0}{z_0}\,.$$

Zwischen a_0 und z_0 besteht der Zusammenhang

$$\frac{Q}{c_0} = z_0 B a_0 .$$

Es ist also mit den bekannten Größen D_0, c_0, z_0, s_0 und α_0 die Bestimmung der übrigen Größen möglich, entweder durch Rechnung oder durch Konstruktion.

Öfters ist es bequemer, anstatt von der Geschwindigkeit c_0 von deren Umfangskomponenten c_{u0} auszugehen, wie Fig. 197 erkennen läßt. Mißt man (vgl. Abschn. 28) die lichte Kanalweite durch die Größe m_0, die in die Richtung normal zum Umfang, also in die Richtung des Meridians der Stromfläche fällt, so kann man für die Durchflußmenge schreiben

$$Q = z_0 B_0 m_0 c_{u0} ,$$

und wenn die übrigen Größen bekannt sind, so findet man für die

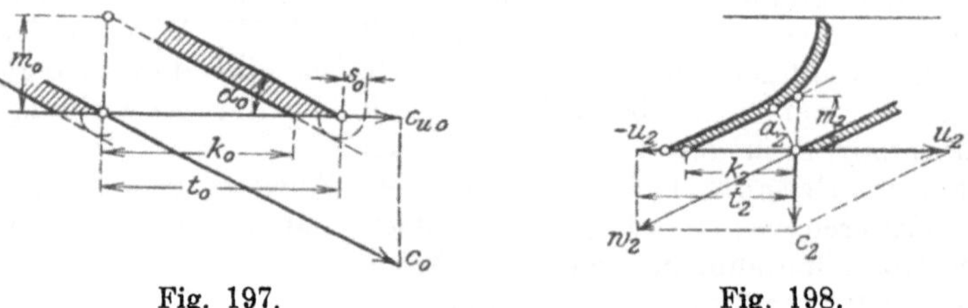

Fig. 197. Fig. 198.

Größe m_0, die wir als die meridionale Kanalweite bezeichnen wollen,

$$m_0 = \frac{Q}{z_0 B_0 c_{u0}} .$$

Diese Größe ist nicht bis auf den Schaufelrücken, sondern nur bis zur Tangente daran zu messen (vgl. Fig. 35). Wie man mit α_0, t_0 und s_0 die Größe m_0 konstruiert, geht aus Fig. 197 ohne weiteres hervor. Will man rechnen, so fände man

$$m_0 = \frac{t_0 \sin \alpha_0 - s_0}{\cos \alpha_0} .$$

Für den Fall, daß das Laufrad sich gleich ohne wesentlichen Spielraum an das Leitrad anschließt, ist indessen an der meridionalen Kanalweite m_0 noch eine kleine Korrektur anzubringen. Da bei fehlender Zuschärfung der Eintrittskanten der Austrittsquerschnitt des Leitrades im Verhältnis von $k_1 : t_1$ verkleinert wird, und dieser Verlust wieder eingebracht werden muß, hat man die Weite m_0 in demselben Verhältnis zu vergrößern.

In Wirklichkeit wird man zwar die Zuschärfung nicht unterlassen, aber der Sicherheit halber so rechnen, als ob sie fehlte.

Beim Austritt aus dem Laufrad ist nach Fig. 198 die Bedingung des meridionalen Austritts

$$w_2 \cos \beta_2 = u_2$$

zu erfüllen. Dies wird offenbar erreicht, wenn man die Konstruktion Fig. 198 gerade wie in Fig. 197 durchführt, jedoch mit einem Werte

$$m_2 = \frac{Q}{z_2 B_2 u_2} \quad \ldots\ldots\ldots \quad (156)$$

Hier ist noch eine Bemerkung beizufügen. Bei der Berechnung einer neuen Turbine wird in der Regel gleich zum Anfang die absolute Austrittsgeschwindigkeit c_2, die die Energie des austretenden Wassers mißt, nach gewissen Gesichtspunkten gewählt. Es wird nun der Wert von c_2, der sich nach Fig. 198 ergibt, im allgemeinen nicht mit dem angenommenen übereinstimmen. Man kann indessen diese Übereinstimmung durch eine Abänderung der Radbreite B_2 auf folgendem Wege herbeiführen. Mit dem gewählten Wert von c_2 konstruiert man nach Fig. 198 die Größe m_2, worauf sich die entsprechende Radbreite nach Gl. (156) findet

$$B_2 = \frac{Q}{z_2 m_2 u_2} \quad \ldots\ldots\ldots \quad (156\,\mathrm{a})$$

Soll bei der Francis-Turbine die Energie des austretenden Wassers möglichst vollständig in Druck umgesetzt werden, so muß der Übergang vom Laufrad ins Saugrohr wohl geordnet vor sich gehen. Das Wasser tritt in einzelnen Strahlen, die durch die Schaufeln voneinander getrennt sind, mit der meridional gerichteten Geschwindigkeit c_2 aus dem Laufrad. Je feiner die Schaufeln ausgezogen sind, desto eher darf man annehmen, daß sich das Wasser hinter den Schaufeln wieder zu einem gleichmäßigen Strom zusammenschließt, der seine meridionale Richtung beibehält, aber eine dem erweiterten Querschnitt entsprechend verkleinerte Geschwindigkeit c_{m2} annimmt. Es wird sich dabei das Verhältnis einstellen

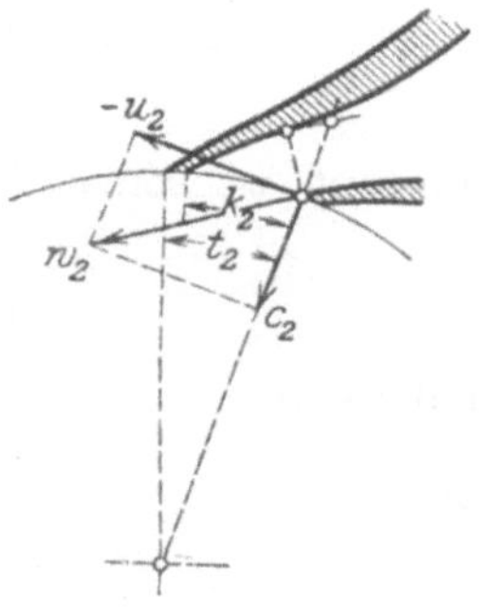

Fig. 199.

$$\frac{c_{m2}}{c_2} = \frac{k_2}{t_2}.$$

Unter Verwendung der in Fig. 199 eingetragenen Bezeichnungen ergibt sich aus der Kontinuitätsbedingung

$$\frac{m_2}{t_2} = \frac{c_{m2}}{u_2}.$$

Setzt man hierin für die Umfangsgeschwindigkeit

$$u_2 = \frac{z_2 t_2 n}{60},$$

wobei z_2 die Schaufelzahl und n die Umlaufzahl der Turbine bedeutet, so erhält man

$$m_2 = \frac{60}{z_2 n} c_{m2} \quad \ldots \ldots \ldots \quad (157)$$

Der gleichmäßige Übergang ins Saugrohr setzt voraus, daß in allen Punkten des betreffenden Querschnittes

$$c_{m2} = \text{const}.$$

Das wird nach Gl. (157) zutreffen, wenn für alle Punkte der Austrittskante die meridionale Kanalbreite konstant ist, also

$$m_2 = \text{const}, \quad \ldots \ldots \ldots \quad (158)$$

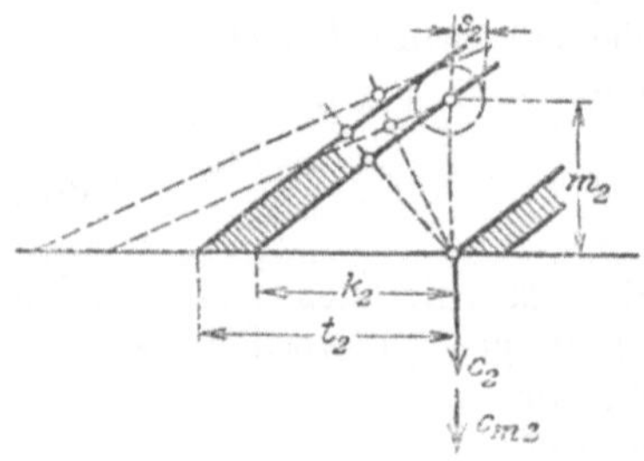

Fig. 200.

eine Annahme, die für das Entwerfen der Schaufelung große Bequemlichkeiten bietet.

Der Berechnung der Turbine vorausgehend, wurde die absolute Austrittsgeschwindigkeit c_2 gewählt, und zwar bringt es der Rechnungsgang mit sich, daß diese Geschwindigkeit für alle Wasserfäden denselben Wert haben muß. Es wird sich fragen, ob es zulässig sei, gleichzeitig sowohl c_2 als c_{m2} konstant zu setzen. Nach Fig. 200 ist

$$\frac{c_{m2}}{c_2} = \frac{k_2}{t_2},$$

und weiter

$$k_2 \sin \beta_2 = t_2 \sin \beta_2 - s_2,$$

oder

$$\frac{k_2}{t_2} = 1 - \frac{s_2}{t_2 \sin \beta_2}.$$

Mit wachsendem Halbmesser des Austrittspunktes nimmt die Teilung t_2 in demselben Verhältnis zu; dafür wird aber der Winkel β_2 kleiner, und in der Tat zeigt die Figur, daß $t_2 \sin \beta_2$ nur langsam zunimmt. In dem obenstehenden Ausdruck für $k_2 : t_2$ ist das zweite Glied gegenüber der Einheit ziemlich klein, und daher hat die geringfügige Veränderlichkeit von $t_2 \sin \beta_2$ keinen wesentlichen Einfluß auf das Verhältnis $k_2 : t_2$. Es ist daher durchaus zulässig, anzunehmen, die Verengung des Austrittsquerschnittes durch die Schaufeldicke sei unabhängig vom Halbmesser.

Man setze etwa, eine nachträgliche Korrektur vorbehaltend,

$$t_2 : k_2 = c_2 : c_{m2} = 1{,}25 \text{ bis } 1{,}2 \,, \quad \ldots \ldots \quad (159)$$

je nachdem Guß- oder Blechschaufeln zur Verwendung gelangen.

Da $c_{m2} < c_2$ ist, stellt sich beim Austritt aus dem Laufrad stets ein Wasserstoß ein, der um so größer ist, je dicker die Schaufeln sind. Die Schaufeln sollen daher so dünn als irgend möglich gewählt werden, namentlich sind bei gegossenen Schaufeln die Ausläufe so fein als irgend tunlich auszuziehen.

134. Evolventenförmige Übergänge. Da das Zeichnen der genauen Übergangskurven mit einiger Mühe verbunden ist, und da doch nur ein kleines Stück derselben gebraucht wird, ist es allgemein üblich, diese Kurven durch eine Evolvente oder gar durch einen Kreisbogen zu ersetzen.

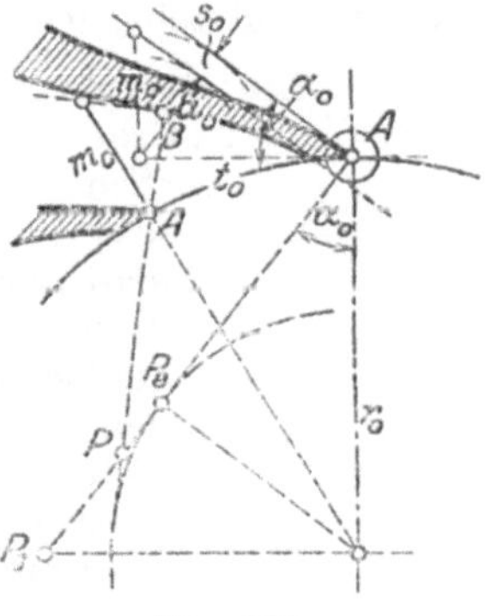

Fig. 201.

In Fig. 201 ist beispielsweise gezeigt, wie man bei einer Francis-Turbine für das mit festen Schaufeln versehene Leitrad aus den gegebenen Werten von r_0, t_0, s_0 und m_0 oder a_0 den Winkel α_0 konstruiert, indem man auf der Tangente in A mit den gegebenen Elementen das Schaufeldreieck errichtet, und wie man weiterhin den Grundkreis der Evolvente findet. Da der Krümmungshalbmesser der Evolvente den Wert

$$\varrho = r \cos \alpha \quad \ldots \ldots \ldots \quad (160)$$

besitzt, wäre P_e der Krümmungsmittelpunkt der Evolvente in A; P_s wäre der Krümmungsmittelpunkt der logarithmischen Spirale. Der Einfachheit wegen gibt man meistens dem Auslauf das Profil eines Kreisbogens aus dem Mittelpunkt P. Die meridionale Kanalweite m_0 ist bis auf die Tangente an den Schaufelrücken in B zu messen.

Eine nähere Untersuchung zeigt, daß die Unterschiede zwischen den Krümmungshalbmessern der Evolvente und der genauen Profile nicht ganz unbedeutend sind, und zwar nimmt er mit größer werdendem Winkel α_0 stark zu. Der Krümmungshalbmesser der Evolvente nimmt nach Gl. (172) im Verhältnis zum Halbmesser r bei wachsenden Werten von α immer ab, während bei der logarithmischen Spirale das Umgekehrte stattfindet. Je größer also der Winkel α ist, desto größer ist auch die Ungenauigkeit.

135. Spielräume zwischen Leit- und Laufrad. Sind die Bedingungen der zwanglosen Übergänge nicht erfüllt, so treten Stöße und

Energieverluste auf, die um so heftiger werden, je schroffer und je stärker die Ablenkungen sind, je unmittelbarer das Wasser, aus einer Führung entlassen, wieder von einer anderen Führung aufgenommen wird. Dies wird also besonders für den Übergang zwischen Leit- und Laufrad zutreffen. Bringt man zwischen beiden einen größeren Spielraum an, so werden die Übelstände gemildert, indem die Ablenkungen weniger schroff ausfallen; das Wasser kann sich im Zwischenraum seinen Weg selbst suchen, auf dem es mit einem Minimum von Energieverlusten ins Laufrad übertritt.

Der zwanglose Übergang läßt sich nur für ganz bestimmte Winkel- und Geschwindigkeitsverhältnisse erzielen. Wenn daher bei einer Francis-Turbine mit Finkschen Drehschaufeln im Leitrad die Schaufelöffnung geändert wird, so geht der zwanglose Übergang verloren, auf den man sich für die normale Wassermenge eingerichtet hat. Der Umstand, daß beim Zudrehen der Schaufeln ein größerer Spielraum entsteht, wirkt mildernd.

136. Die Übergänge bei innerschlächtigen Turbinen zeigen etwas andere Verhältnisse. Zunächst erkennt man aus Fig. 202, daß die Schaufelausläufe keine Wendepunkte aufweisen; und das kann als Vorzug gelten. Sodann findet man, daß das Wasser das Bestreben hat, sich beim Austritt aus dem Kanal vom Schaufelrücken abzulösen und sich in einzelne voneinander unabhängige Strahlen zu zerteilen. Ist das in Fig. 202 gezeichnete Schaufelsystem als Leitapparat aufzufassen, so werden allerdings die getrennten Strahlen hernach durch das Laufrad wieder zum Zusammenschluß gezwungen; dies läuft aber nicht ohne Störungen und Energieverluste ab. Die Übelstände würden hier um so größer, wenn man zwischen Leit- und Laufrad einen größeren Zwischenraum einschalten wollte.

Fig. 202.

B. Die älteren Bauarten.

16. Kapitel.

Die Jonval-Turbine.

137. Kennzeichnung; Geschwindigkeitsdiagramm. Die Turbine von Jonval ist eine vollschlächtige axiale Stauturbine mit unveränderlicher Radbreite. Sie wurde für den Einbau in ein Saugrohr ersonnen, und da das Wasser sowohl drückend als saugend wirkt, bezeichnete sie ihr Erfinder als „turbine à double effet“. Fig. 203 zeigt die Aufstellung für kleines Gefälle. Hat man das Leitrad hoch gezogen, so ist das Laufrad zugänglich, besonders wenn dasselbe dank der Anwendung eines Saugrohrs über den Unterwasserspiegel zu liegen kommt. Der Anschluß an das Saugrohr läßt viel zu wünschen übrig, da der Übergang mit einer starken Querschnittserweiterung vor sich geht, so daß die Austrittsenergie des Wassers

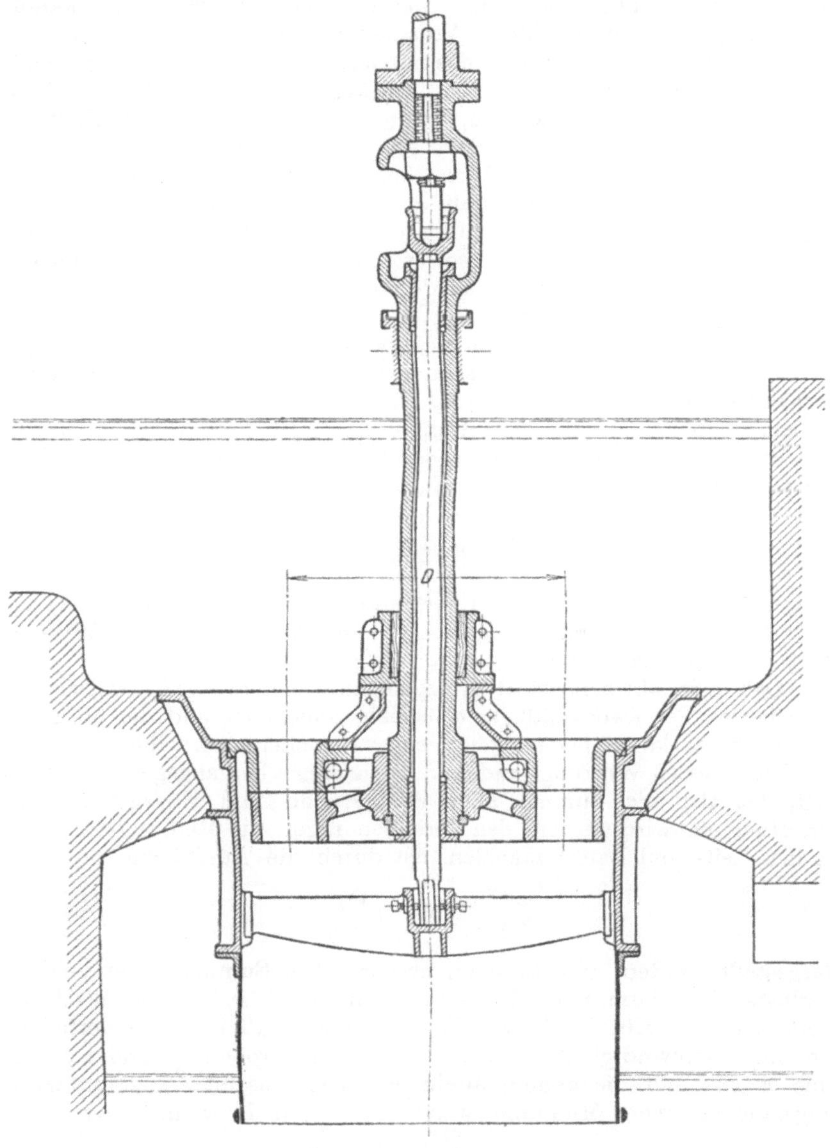

Fig. 203.

fast vollständig vernichtet wird. Es hätte darum keinen Sinn, wenn man das Saugrohr nach unten erweitern wollte.

Die Turbine bietet unter gewissen Voraussetzungen sehr einfache Verhältnisse für die Rechnung und eignet sich daher sehr gut als Beispiel zur Einführung in die Theorie der Stauturbinen. Sie soll daher hier einläßlich behandelt werden, obwohl sie zurzeit kaum mehr ausgeführt wird. Jene Voraussetzungen sind, daß die Bewegung auf der Zylinderfläche des mittleren Durchmessers maßgebend für alle übrigen Wasserfäden sei. Sie könnten als erfüllt angesehen werden, wenn die Radbreite im Verhältnis zum Durchmesser sehr klein wäre.

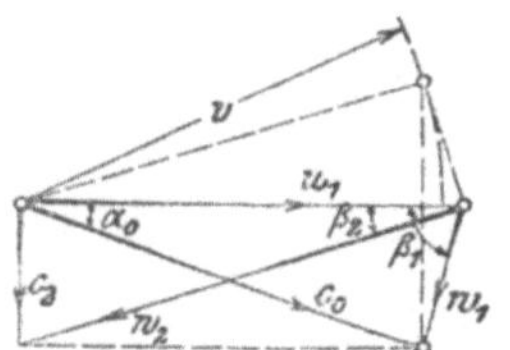

Fig. 204.

Wenn man zunächst die Dicke der Schaufeln als verschwindend klein betrachtet und vom Wasserverlust durch den Spalt absieht, so ergibt sich, daß die meridionale oder axiale Geschwindigkeit des Wassers wegen der Unveränderlichkeit der Radbreite überall dieselbe ist. Es lassen sich alsdann die gesamten Geschwindigkeits- und Winkelverhältnisse nach Abschn. 105 sehr übersichtlich durch Fig. 204 darstellen. Sobald das wirksame Gefälle H_w gegeben bzw. abgeschätzt und die absolute Austrittsgeschwindigkeit c_2 gewählt ist, ergibt sich die Geschwindigkeit des halben Nutzgefälles

$$v = \sqrt{2 g \tfrac{1}{2} \left(H_w - \frac{c_2^2}{2 g}\right)};$$

es lassen sich nunmehr mit der gewählten Umfangsgeschwindigkeit u_1 nach Fig. 204 die Geschwindigkeiten c_0, w_1 und w_2, sowie die Winkel α_0, β_1 und β_2 bestimmen.

Daß man übrigens statt u_1 irgendeine andere Größe *innerhalb* der Grenzen der Zweckmäßigkeit beliebig annehmen und die übrigen daraus finden kann, bedarf kaum einer besonderen Erwähnung.

Den besten Wirkungsgrad liefert diejenige Umfangsgeschwindigkeit, bei der die Summe aller Widerstände und Energieverluste ein Minimum wird. Unter den Verlusten ragen die Reibungsverluste in den Leit- und Laufradkanälen, die durch die Ausdrücke

$$\zeta \frac{c_0^2}{2 g} \quad \text{und} \quad \zeta \frac{w_2^2}{2 g}$$

dargestellt werden, am stärksten hervor. Die Summe dieser beiden Verluste wird dann möglichst klein, wenn $c_0^2 + w_2^2$ seinen Mindestwert erreicht. Ein Blick auf Fig. 204 zeigt, daß bei veränderlicher Umfangsgeschwindigkeit u_1 von den beiden Größen c_0 und w_2 die eine wächst und die andere abnimmt. Der Gesamtwiderstand wird ungefähr zu einem Minimum, wenn $w_2 = c_0$, d. h. wenn

$$u_1 = v \quad \text{und} \quad \beta_1 = 90^0.$$

Daß sich hierbei die Laufradkanäle beim Eintritt am weitesten öffnen, ist ein weiterer Vorteil. Übrigens werden kleine Verschiebungen in der Umfangsgeschwindigkeit keinen großen Einfluß haben.

138. Absoluter Wasserweg. Ist das Schaufelprofil gegeben, so läßt sich die absolute Wasserbahn nach Fig. 205 leicht finden, da die wagrechte Ablenkung $CP = a$ eines Wasserteilchens durch die Schaufel hinsichtlich der Richtung der absoluten Eintrittsgeschwindigkeit c gerade so groß sein muß als die Ablenkung $WS = a$, die die Schaufel hinsichtlich der Richtung der relativen Geschwindigkeit w_1 hervorruft. Man könnte übrigens gerade so gut die relative Bahn oder das Schaufelprofil aus der gegebenen absoluten Bahn ableiten.

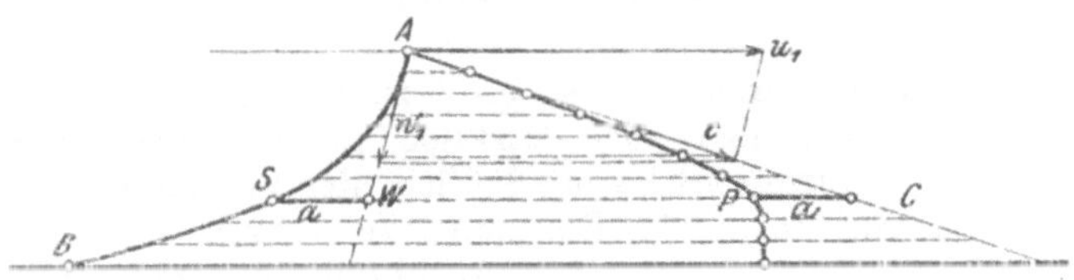

Fig. 205.

Unter der Voraussetzung, daß die Verengung durch die Dicke der Schaufeln außer acht gelassen werden dürfe, ist die senkrechte Komponente der Wassergeschwindigkeit konstant; Punkte gleicher Höhenabstände entsprechen daher gleichen Zeiträumen. Aus der Abnahme der Entfernungen zwischen den einzelnen Punkten der absoluten Bahn kann man erkennen, wie das Wasser allmählich seine Geschwindigkeit und damit auch seine Energie abgibt.

139. Berechnung einer neuen Jonval-Turbine. Als gegeben ist die Wassermenge Q und das reine Gefälle H_n anzusehen. Da die Energie, die der Zuflußgeschwindigkeit c_e entspricht, stets verloren geht, ist das der Turbine dargebotene Gefälle H mit H_n identisch. Für das wirksame Gefälle kann gesetzt werden

$$H_w = 0{,}85\,H.$$

Die Aufgabe ist aber damit noch keineswegs eindeutig umschrieben; vielmehr müssen noch einige Bedingungen oder Abmessungen mehr oder weniger willkürlich angenommen werden, wenn sie uns nicht etwa schon durch äußere Verhältnisse auferlegt sind. So könnte es vorkommen, daß man durch Rücksichten auf den verfügbaren Raum in bezug auf den Durchmesser gebunden wäre, oder daß man sich an eine bestimmte Umlaufzahl zu halten hätte, während ein anderes mal die Aufgabe gestellt sein kann, eine möglichst hohe Umlaufzahl zu erreichen. In anderen Fällen kommt es nur darauf an, die Wasserkraft ohne weitere Bedingungen möglichst vollständig auszunützen, und es bleibt dem Konstrukteur überlassen, die günstigsten Annahmen zu treffen; dagegen wird unter andern Verhältnissen mehr Wert darauf gelegt, daß die Turbine möglichst klein und billig ausfällt, selbst auf Kosten des Wirkungsgrades usw.

Wo man nicht durch äußere Rücksichten gebunden ist, sucht man einen möglichst guten Wirkungsgrad zu erreichen. Es wird daher zweckmäßig sein, bei den zu treffenden Annahmen von solchen Größen auszugehen, die zugleich einen bestimmenden und einen leicht übersehbaren Einfluß auf den Wirkungsgrad haben. Das trifft für die Winkel, von deren Wahl man gewöhnlich ausgeht, nicht zu, und es ist daher besser, einen anderen Weg einzuschlagen. Entscheidend ist vor allem die Größe der absoluten Austrittsgeschwindigkeit c_2. Für dieselbe sei nach Abschn. 97 etwa zu setzen

$$\frac{c_2^2}{2g} = 0{,}04 \text{ bis } 0{,}06\, H.$$

Die Turbine ist unbedingt so groß zu bemessen, daß die vorgeschriebene Wassermenge auch wirklich hindurchfließt oder geschluckt wird. Darum ist es unerläßlich, der Verengung der Querschnitte durch die Schaufeln Rechnung zu tragen. Da aber die Anzahl und die Dicke der Schaufeln mit den Abmessungen zusammenhängen, muß man sich zunächst durch eine vorläufige Berechnung eine zutreffende Vorstellung von der Größe der Turbine verschaffen.

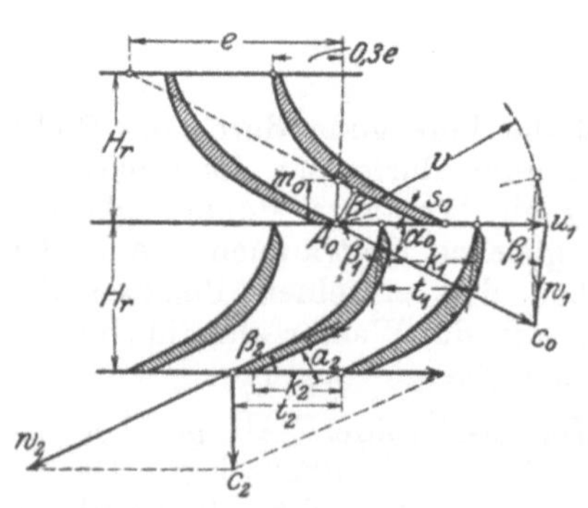

Fig. 206.

Versteht man unter F die freie oder nützliche Unterfläche des Laufrades, d. h. die Summe aller Kanalquerschnitte beim Austritt, in der Ebene normal zur Achse gemessen, so ist

$$F = \frac{Q}{c_2}.$$

Aus den Bezeichnungen der Fig. 206 ergibt sich unter Rücksichtnahme auf die Verengung durch die Schaufeldicken für diese selbe Fläche der Ausdruck

$$F = \pi D B \left(\frac{k_2}{t_2}\right),$$

und wenn man diese beiden Ausdrücke für F einander gleich setzt, erhält man

$$D = \frac{Q}{c_2} \frac{1}{\pi B} \left(\frac{t_2}{k_2}\right)$$

oder

$$D^2 = \frac{Q}{c_2} \frac{1}{\pi} \left(\frac{D}{B}\right) \left(\frac{t_2}{k_2}\right) \quad \ldots \ldots \ldots \quad (161)$$

Wenn man die Verhältnisse $D : B$ und $t_2 : k_2$ wählt oder schätzungsweise annimmt, läßt sich daraus der Durchmesser D und aus dem Verhältnis $D : B$ auch die Radbreite B berechnen.

Man setze vorläufig etwa

$$\frac{D}{B} = 3 \text{ bis } 7, \text{ im Mittel } 5^{1)} \quad \ldots\ldots\ldots \quad (162)$$

$$\left.\begin{aligned} \frac{t_2}{k_2} &= \frac{5}{6} \text{ bis } \frac{5}{4} \text{ für Schaufeln aus Blech} \\ &= \frac{5}{4} \text{ bis } \frac{4}{3} \text{ für Schaufeln aus Guß} \end{aligned}\right\} \quad \ldots\ldots \quad (163)$$

Nach dem berechneten Durchmesser D kann man die Schaufelzahl wählen, etwa mit passender Abrundung unter Benutzung der empirischen Formeln

$$\left.\begin{aligned} z_2 &= 2\sqrt{D} \\ \text{oder} \quad z_2 &= 0{,}12\,D + 6 \text{ bis } 8 \end{aligned}\right\} \quad \ldots\ldots\ldots \quad (165)$$

wobei D in cm einzusetzen ist[2]).

Die Schaufeln mögen am Austritt die Dicke besitzen

$$\left.\begin{aligned} s_2 &= 0{,}13\sqrt{B} \text{ für Blech} \\ &= 0{,}22\sqrt{B} \text{ für Guß} \end{aligned}\right\} \quad \ldots\ldots\ldots \quad (165)$$

wobei wieder B in cm auszudrücken ist.

Die Geschwindigkeit des halben Nutzgefälles ist

$$v = \sqrt{2g\,\tfrac{1}{2}\left(H_w - \frac{c_2^2}{2g}\right)},$$

und die Umfangsgeschwindigkeit soll zwischen den Grenzen liegen

$$u = v \text{ bis } 1{,}1\,v.$$

Ist dieser Wert gewählt — am besten $u = v$ — so ergibt sich daraus die Umlaufzahl

$$n = \frac{19{,}1\,u}{D}.$$

Für die **endgültige Berechnung** hat man sich an einen bestimmten Durchmesser D und eine gewisse Umlaufzahl n oder Umfangsgeschwindigkeit u zu halten, bei deren Annahme die Ergebnisse der vorläufigen Berechnung als Anhaltspunkte dienen. Die Annahmen

---

[1]) Je kleiner diese Zahl gewählt wird, desto kleiner fällt die Turbine und desto größer ihre Umlaufzahl aus; desto größere Verschiedenheiten treten aber in den Bewegungszuständen der innersten und äußersten Wasserfäden auf; desto unzuverlässiger ist die ganze Rechnung und um so geringer der Wirkungsgrad.

[2]) Derartige Formeln erhält man, indem man nach guten Ausführungen zusammengehörige Werte in einem rechtwinkligen Koordinatensystem aufträgt und mitten durch die erhaltenen Punkte eine algebraische Kurve legt.

über die Zahl und Dicke der Schaufeln können beibehalten werden; dagegen fallen alle übrigen dahin.

Man geht zunächst zur Berechnung des **Laufrades** über, wobei man der Tatsache Rechnung trägt, daß ein gewisser Bruchteil Q_s der Zuflußmenge schon vorher durch den Spalt entwichen ist und daher in Abzug zu bringen ist. Dieser Spaltverlust kann etwa nach Abschn. 120 überschlagen werden.

Beim Austritt ist die Umfangsgeschwindigkeit u_2 bekannt, die absolute Austrittsgeschwindigkeit c_2 gewählt; da das Wasser absolut in meriodionaler Richtung austreten soll, ergibt sich die relative Austrittsgeschwindigkeit w_2 aus der Gleichung

$$w_2^2 = u_2^2 + c_2^2 \qquad (166)$$

Den Austrittswinkel β_2 findet man aus

$$\sin\beta_2 = \frac{c_2}{w_2} \qquad (167)$$

Durch Konstruktion oder Rechnung findet man nach Abschn. 133 die lichten Kanalweiten a_2 oder m_2, worauf sich die lichte Radbreite B_2 aus den Beziehungen ermitteln läßt

$$\left.\begin{aligned} Q - Q_s &= m_2 B_2 z_2 u_2 \\ \text{oder} \qquad Q - Q_s &= a_2 B_2 z_2 w_2 \end{aligned}\right\} \qquad (168)$$

Damit sind für den Austritt alle Verhältnisse, bestimmt und es bleibt noch übrig, den Austritt aus dem Leitrad und den Übergang ins Laufrad zu behandeln.

Die Schaufelzahl des Leitrades sei gleich derjenigen des Laufrades[1]), also

$$z_0 = z_2 \quad \text{und} \quad t_0 = t_1 = t_2.$$

Für den Austritt aus dem Leitrad ist die ganze Wassermenge Q in Rechnung zu setzen.

Gegeben ist D, B und n oder u. Aus der Grundgleichung (143)

$$v^2 = u_1 c_{u0}$$

findet sich mit u_1 die Umfangskomponente c_{u0} der absoluten Austrittsgeschwindigkeit c_0 aus dem Leitrad. Man erhält nach Abschn. 133 die meridionale Kanalweite

$$m_0 = \frac{Q}{z_0 B c_{u0}} \frac{t_1}{k_1} \qquad (169)$$

und kann mit dieser Größe nach Fig. 206 den ganzen Schaufelaus-

[1]) Viele Konstrukteure vermeiden es, die beiden Schaufelzahlen gleich groß zu nehmen, damit die Stöße, die zu erwarten sind, wenn eine Laufradschaufel an einer Leitschaufel vorüberstreicht, nicht alle gleichzeitig auftreten. Es scheint indessen dieser Sache keine Bedeutung zuzukommen.

lauf auftragen. Mit u_1 und c_{u0} ergeben sich auch die ganzen Eintrittsverhältnisse ins Laufrad.

Die Radhöhe setze man für Leit- und Laufrad ungefähr

$$H_r = 4\,a_2 \quad \ldots\ldots\ldots\ldots (170)$$

Die Kanäle mögen etwa eine Länge gleich dem 7- bis 8fachen der lichten Weite a_2 am Austritt erhalten.

140. Zahlenbeispiel[1]**.** Es soll eine Jonval-Turbine berechnet werden, der folgende Annahmen zugrunde liegen.

$$Q = 1200 \text{ l/sek.}$$
$$H = 4{,}50 \text{ m}.$$

Das wirksame Gefälle mag etwa betragen

$$H_w = 0{,}85\,H = 3{,}825 \text{ m}.$$

Der Austrittsverlust sei

$$\frac{c_2^2}{2g} = 0{,}05\,H = 0{,}225 \text{ m};$$

also ist

$$c_2 = 2{,}10 \text{ m/sek}.$$

Als Material für die Schaufeln sei Gußeisen gewählt, so daß ungefähr zu setzen ist

$$\frac{t_2}{k_2} = \frac{5}{4}.$$

Ferner sei etwa

$$D : B = 5.$$

Die ganze Unterfläche des Rades muß eine Ausdehnung besitzen

$$\pi\,D\,B = \frac{5}{4}\,\frac{1200}{21} = 71{,}4 \text{ qdm}.$$

Für die Berechnung des Durchmessers hat man die Gleichung

$$D = \frac{71{,}4}{\pi B} \quad \text{oder} \quad D^2 = \frac{71{,}4}{\pi}\,5 = 114 \text{ qdm},$$

[1]) Bei allen technischen Rechnungen ist es wichtig, daß man sich Schritt für Schritt eine richtige Vorstellung von den Größen macht, die sich als Zwischenresultate ergeben. Geht man stets von derselben Maßeinheit aus, so gelangt man sehr oft zu Zahlen, die man sich nicht ohne weiteres anschaulich machen kann, während eine andere Maßeinheit eine Zahl ergäbe, mit der man alsbald eine deutliche Vorstellung verbinden könnte. Erhielte man z. B. die Größe 0,0085 qm als Querschnitt eines Turbinenkanales, so gibt diese Zahl keine Anschauung. Das ist aber sofort der Fall, wenn man schreibt 0,85 qdm oder (weniger gut) 85 qcm. Es erscheint daher passend, von Fall zu Fall die Einheit, mit der man rechnet, zu wechseln. Daß man dabei nicht zu gedankenlos drauflos rechnen kann, darf eher als ein Vorteil gelten.

und daraus ergibt sich für den Durchmesser

$$D = 1{,}07 \text{ m};$$

da $D:B = 5$, erhält man für die Breite

$$B = 214 \text{ mm}.$$

Die Geschwindigkeit des halben Nutzgefälles ist

$$v = \sqrt{2\,g\,\tfrac{1}{2}\,(3{,}825 - 0{,}225)} = \sqrt{35{,}32} = 5{,}94 \text{ m/sek}.$$

Nimmt man an, es sei

$$u = v = 5{,}94 \text{ m/sek},$$

so erhält die Turbine eine Umlaufzahl

$$n = \frac{19{,}1 \cdot 5{,}94}{1{,}07} = 106,$$

und damit wäre die vorläufige Berechnung erledigt.

Legt man für die endgültige Rechnung die Annahmen zugrunde

$$D = 1{,}10 \text{ m} \quad \text{und} \quad n = 110,$$

so ist die Umfangsgeschwindigkeit

$$u = 6{,}33 \text{ m/sek} = 1{,}07\,v,$$

was annehmbar erscheint.

Die Schaufelzahl in Leit- und Laufrad sei

$$z = 2\sqrt{107} = 20{,}7 \sim 20.$$

Die Schaufelteilung ist

$$t = \frac{\pi\,1100}{20} = 172{,}8 \text{ mm}.$$

Für die Dicke der gußeisernen Schaufeln am Auslauf kann man nehmen

$$s = 0{,}22\sqrt{21{,}4} = 10{,}2 \sim 10 \text{ mm}.$$

Bei 2 mm Spaltbreite ist die Spaltfläche

$$F_s = 2 \cdot 11\,\pi \cdot 0{,}02 = 1{,}38 \text{ qdm}.$$

Rechnet man mit einem Spaltüberdruck gleich dem halben wirksamen Gefälle, so wird die Austrittsgeschwindigkeit aus dem Spalt etwa sein

$$\sqrt{2\,g\,\tfrac{1}{2}\,3{,}825} = 6{,}12 \text{ m/sek}.$$

Mit einem Ausflußkoeffizienten von 0,6 berechnet sich der Spaltverlust zu

$$Q_s = 0{,}6 \cdot 1{,}38 \cdot 61{,}2 = 51 \text{ l/sek}.$$

Der Verlust beträgt also 4,2 v. H. der ganzen Wassermenge. Das Laufrad ist auf einen Durchfluß von 1149 l/sek zu berechnen; das trifft 57,45 l auf jeden Kanal.

Für die relative Austrittsgeschwindigkeit w_2 besteht die Beziehung

$$w_2^2 = 6{,}33^2 + 2{,}10^2.$$

Es ist

$$w_2 = 6{,}66 \text{ m/sek}.$$

Der Auslaufwinkel β_2 ergibt sich aus

$$\sin\beta_2 = \frac{2{,}10}{6{,}66} = 0{,}315$$

zu

$$\beta_2 = 18\tfrac{1}{2}{}^0.$$

Der lichte Austrittsquerschnitt eines Kanals ist

$$f_2 = \frac{57{,}45}{66{,}6} = 0{,}86 \text{ qdm};$$

für die lichte Kanalweite ergibt sich

$$a_2 = t_2 \sin\beta_2 - s = 172{,}8 \cdot 0{,}315 - 10 = 44{,}5 \text{ mm}.$$

Endlich erhält man für die Radbreite

$$B = \frac{86}{4{,}45} = 19{,}4 \text{ cm}.$$

Diese Breite ist also etwas kleiner als $\frac{1}{5} D$; doch kann man sich das gefallen lassen, und es liegt kein Grund vor, die Annahmen zu ändern.

Damit sind alle Größen für den Austritt aus dem Laufrad bekannt, und es bleibt nur noch der Austritt aus dem Leitrad zu bestimmen.

Aus der Durchflussgleichung

$$v^2 = u_1 c_{u1}$$

ergibt sich

$$c_{u1} = \frac{35{,}32}{6{,}33} = 5{,}58 \text{ m/sek}.$$

Da hier auf jeden Leitkanal 60 l/sek kommen, ist der Ausflußquerschnitt, rechtwinklig zum Umfang gemessen,

$$f_{m0} = \frac{60}{55{,}8} = 1{,}075 \text{ qdm}.$$

Bei einer Radbreite von 194 mm ergibt das für die meridionale Kanalweite

$$m_0 = \frac{1{,}075 \cdot 100}{19{,}4} = 5{,}54 \text{ cm}$$

Wenn man der Verengung durch die Laufradschaufeln Rechnung tragen will, und wenn die Dicke der Schaufeln an der Eintrittskante zu 8 mm gesetzt wird, so ist dieser Wert noch entsprechend zu vergrößern, und es ist schließlich

$$m_0 = \frac{172,8}{172,8 - 8} \cdot 5,54 = 5,8 \text{ cm}.$$

Die Bestimmung der Winkel α_0 und β_1 auf graphischem Wege ergibt

$$\alpha_0 = 22^0; \quad \beta_1 = 71^0.$$

Da beim Gießen die Kanäle zumeist etwas enger ausfallen als die Absicht ist, dürfte es sich empfehlen, mit der Radbreite von 194 mm mindestens auf 200 mm zu gehen.

Die Radhöhe wäre etwa 18 bis 20 cm zu nehmen.

141. Schaufelung. Für das Aufzeichnen der Schaufeln nach Fig. 206 sind etwa folgende Gesichtspunkte maßgebend. Der Auslauf des Schaufelrückens muß von B_0 bzw. B_2 an geradlinig geführt werden, damit das Wasser zwanglos austrete. Der Ansatz der Laufradschaufel darf nicht zu schroff abgebogen werden, damit er sich gut der Richtung des zwanglos eintretenden Wassers anschließe. Die Überdeckung der Leitradschaufeln sei rund etwa $0,3\,e$, wo e die Überdeckung bedeutet, die sich bei ganz geraden Schaufeln ergäbe[1]).

Das Schaufelprofil nach Fig. 206 ist als Abwicklung des Schnittes nach dem mittleren Zylinder aufzufassen. Die führende Schaufelfläche wird der Einfachheit wegen als eine Regelfläche ausgeführt, deren Erzeugende beim Verlängern die Achse unter rechtem Winkel schneiden. Der Rücken ergibt sich daraus, daß man die Schaufeldicke dem Halbmesser entlang unveränderlich hält.

Über den Drehungssinn der Turbine ist durch eine Grundrißskizze Auskunft zu geben.

142. Einfluß der Radbreite; Winkelausgleichung; mehrkränzige Turbine. Wir haben bis jetzt stillschweigend die Annahme gemacht, daß der Zustand des mittleren Wasserfadens maßgebend für alle übrigen sei. Diese Annahme kann als zutreffend gelten, wenn die Radbreite gegenüber dem mittleren Durchmesser als verschwindend

[1]) Es ist vielfach versucht worden, das Aufzeichnen der Schaufeln zu einer bestimmten geometrischen Aufgabe zu machen. Dies gelingt nur, wenn man gewisse willkürliche Annahmen trifft, z. B. solche über die absolute Wasserbahn, über die Änderung der relativen Bewegung nach Richtung und Geschwindigkeit, oder über die Verteilung der Energieabgabe längs der Schaufel usw. Bei den dynamischen Wirkungen des strömenden Wassers kommen nur der Anfangs- und der Endzustand in Betracht; wie der Übergang sich vollzieht, ist gleichgültig, sobald er nur stetig und mit möglichst wenig Reibung vor sich geht. Ob dies aber der Fall sein wird, läßt sich, zwar nicht rechnungsmäßig, aber doch dem Gefühl nach, am Schaufelprofil selbst am sichersten beurteilen. Jene Konstruktionen haben daher keinen inneren Wert und sind höchstens als brauchbare Rezepte anzusehen.

klein anzusehen ist. Sobald aber diese Bedingung nicht mehr erfüllt ist, werden bei der gewählten Schaufelform, die als Regelfläche ausgebildet ist, die Zustände in den verschiedenen Wasserfäden von denjenigen des mittleren um so mehr abweichen, je weiter die Fäden von der Mitte abliegen. Sind die Bedingungen des günstigsten Wirkungsgrades für den mittleren Faden erfüllt, so arbeiten alle übrigen Fäden unter ungünstigeren Verhältnissen, und darunter leidet der gesamte Wirkungsgrad um so mehr, je breiter die Turbine im Verhältnis zum Durchmesser ist. Es fragt sich, ob sich dieser Nachteil nicht durch eine geeignete Schaufelform vermeiden ließe.

Wir gehen von der Voraussetzung aus, daß alle Wasserfäden sich auf konaxialen Zylinderflächen bewegen. Diesen Zustand kann man sich dadurch gesichert denken, daß man die ganze Turbine, sowohl Leit- als Laufrad, durch eine große Anzahl von unendlich dünnen konaxialen zylindrischen Scheidewänden in zahlreiche äußerst schmale Teilturbinen zerlegt, in denen der Zustand des mittleren Fadens als maßgebend für alle anderen Fäden derselben Teilturbine gelten kann. Ist die Drehzahl für die ganze Turbine bekannt, so hat jede Teilturbine eine bestimmte Umfangsgeschwindigkeit u; schreibt man ferner die absolute meridionale Austrittsgeschwindigkeit c_2 vor, die für alle Wasserfäden dieselbe sein soll, so lassen sich nach Fig. 207 mit den gegebenen Größen u, c_2 und v die zugehörigen Winkel und Geschwindigkeiten für jede Teilturbine konstruieren. Vorausgesetzt ist dabei, daß die Geschwindigkeit v des halben Nutzgefälles für alle Teile dieselbe sei. Arbeitet man unter Verwendung der gefundenen Winkel α_0, β_1 und β_2 die Schaufelprofile für eine genügende Anzahl von Punkten derart aus, daß sie, nebeneinander aufgestellt, eine stetige glatte Fläche liefern, so darf man annehmen, daß die Bedingungen des richtigen Ein- und Austrittes für alle Teilturbinen erfüllt seien.

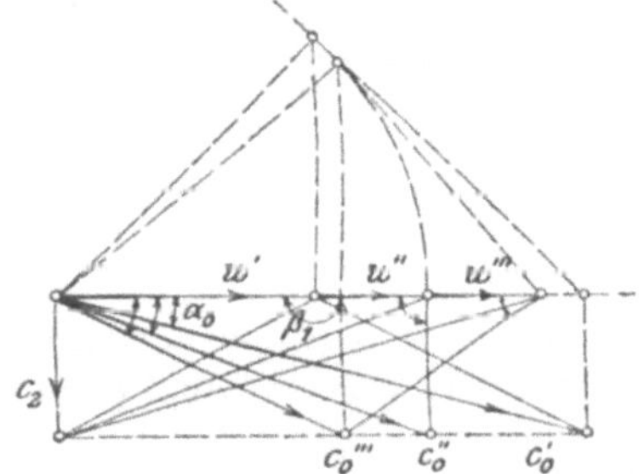

Fig. 207.

Die Aufgabe, eine Schaufel zu konstruieren, die allen und nicht nur den mittleren Wasserfäden eine korrekte Führung gibt, die unter dem Namen der Winkelausgleichung bekannt ist, wäre damit gelöst, aber nur unter einer Voraussetzung, daß die Beseitigung der gedachten Scheidewände ohne Einfluß auf die Strömung sei. Diese Annahme dürfte wohl nur angenähert zutreffen, da ja ohne Zweifel benachbarte Wasserfäden mit etwas verschiedenen Strömungszuständen einen gewissen Einfluß aufeinander ausüben werden; man hat indessen Grund zu der Annahme, daß dieser Einfluß nicht sehr bedeutend sei.

In Fig. 207 sind die Diagramme für drei Wasserfäden eingezeichnet, etwa für den innersten, den mittleren und den äußersten Faden. Man bemerkt, daß der Winkel β_1 sich sehr stark ändert, und dementsprechend wird die Schaufel innen ein sackförmiges und außen ein sehr flaches Profil erhalten. Die Austrittsgeschwindigkeit c_0 aus dem Leitrad ist in den äußeren Teilen merklich kleiner als in den inneren[1]).

Die Erfahrung hat leider gezeigt, daß die Turbinen mit ausgeglichenen Winkeln kaum einen besseren Wirkungsgrad aufweisen, was seinen Grund darin haben mag, daß der gewonnene Vorteil durch die Nachteile des innen sackförmigen und außen übermäßig gestreckten Profil wieder aufgezehrt wird.

Bei Niederdruckturbinen für große Wasermassen, die eine große Breite bekommen, wird die Winkelausgleichung wenigstens teilweise durchgeführt, indem man nach Fig. 208 Leit- und Laufrad durch wirkliche Scheidewände in zwei oder drei Kränze teilt und in jedem Kranz für den mittleren Faden die Winkel richtig bestimmt, im übrigen aber den Schaufeln die übliche *Gestalt* von Regelflächen gibt.

Fig. 208.

Bei der in Fig. 208 dargestellten dreikränzigen Turbine bekommt der innere Kranz sackförmige, der äußere flache Schaufeln, wenn der mittlere normal geschaufelt ist ($\beta_1 \sim 90^0$).

143. Abschützung. Zur Veränderung der Durchflußmenge kommt lediglich die Zellenregulierung mit allen ihren Nachteilen in Betracht (vgl. Abschn. 86). Fehlt das Saugrohr, so kann man allerdings einem wichtigen Mangel der Zellenregulierung ausweichen, indem man den zugedeckten Kanälen Luft zuführt. Man hat früher auch mit Drosselvorrichtungen (vgl. Abschn. 91) geregelt. Bei großen Turbinen mit mehreren Kränzen deckt man einzelne Kränze durch ringförmige Deckel vollständig ab, und erhält soweit eine gute Regulierung; nur gibt sie bloß eine ganz grobe Abstufung, da ein Kranz entweder ganz geöffnet oder ganz geschlossen sein muß; Zwischenstellungen haben keinen Sinn.

Die Unzulänglichkeit der Regulierung und der mittelmäßige Wirkungsgrad sind hauptsächlich daran schuld, daß diese Turbinenform verlassen wurde. Die Einfachheit und Billigkeit der Turbine bildet keinen genügenden Ersatz für ihre Nachteile.

---

[1]) Dies bedeutet, daß der Spaltdruck längs des Radhalbmessers von innen nach außen zunimmt. Daß dies in der Tat so sein muß, ist leicht einzusehen. Um ein gegebenes Wasserteilchen auf einer Zylinderfläche zu erhalten, müssen die außen anliegenden Teilchen einen radialen Druck auf dasselbe ausüben, um die entsprechende Zentripetalbeschleunigung zu erzeugen.

17. Kapitel.

Die Fourneyron-Turbine.

144. Kennzeichnung. Die Turbine von Fourneyron, deren Anordnung durch Fig. 209 gezeigt wird, ist eine voll- und innerschlächtige Stauturbine mit radialem Durchfluß und unveränderlicher Radbreite. Die Wasserfäden bewegen sich in Ebenen normal zur Achse; sie stehen alle unter denselben Bedingungen und der Spaltdruck ist überall derselbe. Bei unendlich vielen Schaufeln wären alle Wasserfäden unter sich kongruent.

Da die Umfangsgeschwindigkeit außen größer als innen ist, fällt die relative Austrittsgeschwindigkeit w_2 und somit die Reibung im Laufradkanal verhältnismäßig groß aus (vgl. Abschn. 122). Auch ist die Kanalform sowohl im Lauf- als im Leitrad mit Hinsicht auf die Reibung etwas ungünstig; da der Eintritt auf einem kleineren Umfange erfolgt, sind die Kanäle schon am Anfange ziemlich eng und die Wassergeschwindigkeiten groß. Trotz der besseren Wasserführung ist wegen der gesteigerten Reibungsverluste der Wirkungsgrad kaum höher als bei der Jonval-Turbine.

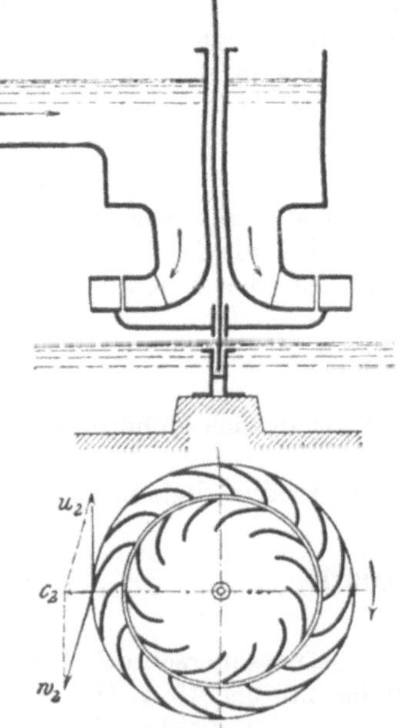

Fig. 209.

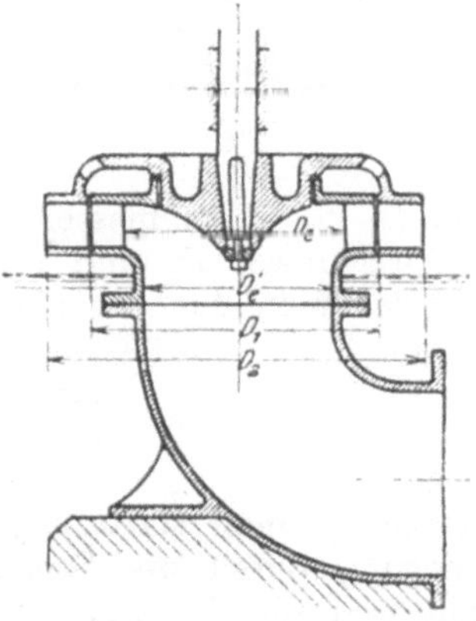

Fig. 210.

Bei der Aufstellung nach Fig. 209 liegen Lauf- und Leitrad schwer zugänglich im Unterwasser; auch die freie Aufhängung des Einlaufes bietet gewisse Schwierigkeiten. Man hat mehrfach diese Übelstände dadurch zu beseitigen versucht, daß man die ganze Anordnung nach Fig. 210 umkehrte. Das setzt indessen voraus, daß das Wasser in einem Druckrohr zugeführt werde, kommt also nur für mittlere und größere Gefälle in Betracht. Der Druck des Wassers auf die untere Seite des Radbodens entlastet den Spurzapfen. Dabei darf nicht übersehen werden, daß neben dem statischen Druck noch eine dynamische Wirkung des axial zu- und radial wegfließenden Wassers besteht, die nach Abschn. 54 zu bestimmen wäre.

Für das Anbringen eines Saugrohres ist die Turbine wenig geeignet. Man hat sie zwar hie und da in ein geschlossenes Gehäuse eingesetzt, das unten in ein Saugrohr übergeht[1]). Dabei wird aber die ganze Energie, die das Wasser beim Austritt aus dem Laufrad besitzt, vollständig verloren, und die ganze Anordnung ist schwerfällig.

145. Der **Berechnung einer neuen Turbine** seien die Bezeichnungen in Fig. 209 und 210 unterlegt. Man wählt zunächst die Geschwindigkeit c_e' im Einlauf, und zwar etwa in den Grenzen

$$\frac{c_e'^2}{2g} = 0{,}02 \text{ bis } 0{,}06\, H \quad \text{. . . . . (171)}$$

Daraus findet sich der Einlaufdurchmesser D_e; weiterhin wird der innere Leitraddurchmesser D_e etwas größer als D_e' angenommen.

Die radiale Kranzbreite mag sowohl für das Leitrad als auch für das Laufrad vorläufig gesetzt werden

$$\Delta r = 1{,}4 \text{ bis } 1{,}6 \sqrt{D_e}, \quad \text{. . . . . (172)}$$

wobei D_e in cm zu messen ist. Damit ergeben sich näherungsweise die Durchmesser D_1 und D_2.

Setzt man für die absolute Austrittsgeschwindigkeit aus dem Laufrad

$$\frac{c_2^2}{2g} = 0{,}04 \text{ bis } 0{,}06\, H \quad \text{. . . . . . . (173)}$$

und schlägt man schätzungsweise zum Austrittsquerschnitt für die Verengung durch die Schaufeln ungefähr 20 bis 25 v. H. zu, so ergibt sich für die vorläufige Berechnung der lichten Radbreite die Gleichung

$$\pi D_2 B_2 = 1{,}2 \text{ bis } 1{,}25 \frac{Q}{c_2} \quad \text{. . . . . . . (174)}$$

Drückt man B_2 in cm aus, so kann man für die Schaufeldicke etwa nehmen

$$\left.\begin{aligned} s &= 0{,}13 \sqrt{B_2} \text{ für Blech} \\ s &= 0{,}22 \sqrt{B_2} \text{ für Gußeisen} \end{aligned}\right\} \quad \text{. . . . . . (175)}$$

Die radiale Kranzbreite soll etwa sein

$$\Delta r = 4 \sqrt{B_2}, \quad \text{. . . . . (176)}$$

[1]) Turbinen von Montbovon, erbaut von J. J. Rieter & Co.; Prašil, Schweiz. Bauzeitung 1901, Bd. 37, S. 172.

wobei wie früher B_2 in cm einzusetzen ist. Stimmt dies mit der ersten Annahme für Δr nicht überein, so sind die Werte der Durchmesser D_1 und D_2 entsprechend abzuändern.

Für die Schaufelteilung am Laufradaustritt mag etwa gesetzt werden

$$t_2 = 0{,}8 \text{ bis } 0{,}9\,\Delta r. \quad (177)$$

Mit D_2 und t_2 berechnet sich die Anzahl z_2 der Laufradschaufeln; das Rechnungsergebnis ist natürlich auf eine gerade Zahl abzuändern, und danach die Größe der Teilung t_2 zu berichtigen. Im Leitrad sei die Schaufelzahl etwa

$$z_1 = 0{,}8\,z_2. \quad (178)$$

Mit dem wirksamen Gefälle

$$H_w = 0{,}85 \text{ bis } 0{,}88\,H$$

findet man die Geschwindigkeit des halben Nutzgefälles nach Gl. (142):

$$v = \sqrt{2\,g\,\tfrac{1}{2}\left(H_w - \frac{c_2^{\,2}}{2\,g}\right)}.$$

In der Durchflußgleichung

$$v^2 = u_1\,c_{u0}$$

setzt man etwa

$$u_1 = v \text{ bis } 1{,}1\,v, \quad (179)$$

und findet daraus c_{u0}. Nunmehr läßt sich für den Austritt alles bestimmen; denn es ist

$$u_2 = u_1\,\frac{D_2}{D_1} \quad (180)$$

$$w_2^{\,2} = c_2^{\,2} + u_2^{\,2}. \quad (181)$$

$$\sin\beta_2 = \frac{c_2}{w_2} \quad (182)$$

Bedeutet t_2 die äußere Schaufelteilung, so ist die lichte Kanalweite

$$a_2 = t_2 \sin\beta_2 - s_2. \quad (183)$$

Berechnet man nach Abschn. 121 den Spaltverlust Q_s, so ist das Laufrad für die Wassermenge

$$Q_2 = Q - Q_s$$

zu bemessen, und es ergibt sich für die lichte Radbreite B_2 die Beziehung

$$z_2\,a_2\,B_2 = \frac{Q_2}{w_2}. \quad (184)$$

Die lichte Breite B_0 des Leitrades ist etwas kleiner als B_2 zu wählen; andernfalls würde schon durch eine geringe axiale Verschiebung des Laufrades infolge ungenauer Montierung oder Abnützung des Spurzapfens der Übergang merklich verengt.

Für den Austritt aus dem Leitrad ist noch die meridionale Kanalweite m_0 aus der Gleichung

$$z_0 m_0 B_0 = \frac{Q}{c_{u1}} \quad \text{(185)}$$

zu berechnen (vgl. Abschn. 133).

Ob die ermittelten Abmessungen nach allen Richtungen befriedigen, wird sich erst beim Aufzeichnen der Schaufeln zeigen; je nachdem muß man auf die Annahmen zurückkommen und die Rechnung wiederholen.

146. Schaufelung. Besondere Sorgfalt ist dem Austritt aus Leit- und Laufrad zu widmen. Aus Fig. 211 läßt sich erkennen, wie man

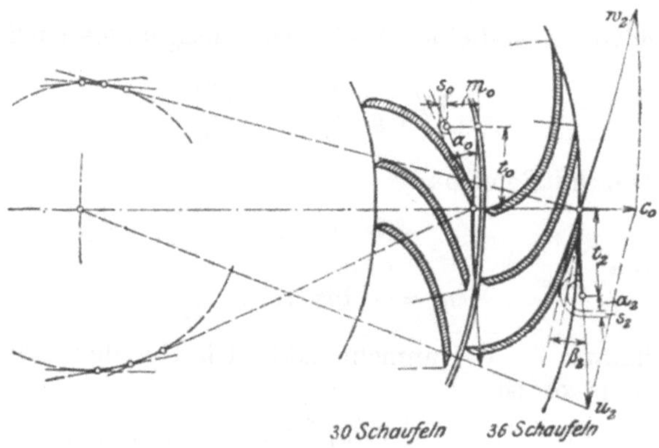

Fig. 211.

mit u_2 und c_2 die Größen β_2 und w_2, und weiter mit β_2, t_2 und s_2 die lichte Kanalweite a_2 findet. Zwangloser Austritt wird nach Abschn. 134 angenähert erhalten, indem man die Schaufelausläufe nach Evolventen ausbildet. Dabei muß die Evolvente nach Fig. 202 bis zum Punkte B reichen, der dem Endpunkte A der nächsten Schaufel gegenüber liegt. Aus der Zeichnung ergibt sich ohne weitere Erklärung, wie man den Grundkreis der Evolventen und die Mittelpunkte der Kreisbogen findet, die als bequemer Ersatz für die Evolventen dienen.

Für den Austritt aus dem Leitrad sind die Größen t_0, m_0 und s_0 bestimmend, aus denen sich nach Abschn. 134 der Austrittswinkel α_0 ergibt. Über den evolventenförmigen Auslauf der Leitschaufeln ist weiter nichts zu bemerken. Die Leitschaufeln sind in Fig. 211 etwas zurückgeschnitten, damit Platz für den Spaltschieber frei wird.

Der übrige Teil der Schaufeln wird nach dem Gefühl gezogen und so lange abgeändert und verbessert, bis man einen Kanal erhält, der bei möglichster Kürze doch dem Wasser eine bequeme Führung zu geben verspricht. Man bemerkt, daß in der Tat die Kanäle sowohl im Leit- als auch im Laufrad sehr lang und dabei schwach verjüngt geraten.

147. Abschützung. Zur Regulierung der Durchflußmenge dient eine Ringschütze, die gewöhnlich nach Abschn. 87 zwischen Leit- und Laufrad eingeschoben wird, ausnahmsweise aber auch beim Austritt aus dem Laufrad angebracht wird[1]). Über den Einfluß der Ringschütze auf den Wirkungsgrad ist nur Schlimmes zu sagen. Die einzige gute Seite ist, daß sie rasch eingreifen kann. Teilt man sowohl Leit- als Laufrad durch Zwischenkränze in mehrere Ringe, so wird allerdings der Wirkungsgrad gewahrt, wenn man durch die Ringschütze je einen ganzen Kranz abschließt; doch läßt sich auf diesem Wege nur eine grobe Abstufung erreichen. Der Vorschlag, durch bewegliche Zwischenkränze in Leit- und Laufrad die sämtlichen Kanäle gleichzeitig zu verändern, bietet in der Ausführung sehr große Schwierigkeiten. Die Finksche Drehschaufel ist nicht wohl anwendbar; da der Umfang nach innen stets enger wird, bleibt kein Platz für die Verdickung der Leitschaufeln, die der Drehbolzen wegen nicht wohl zu entbehren ist.

148. Nachteile. Die Gründe, die zum Aufgeben dieser Bauart geführt haben, dürften in erster Linie in dem geringen Wirkungsgrad liegen, der bei voller Wassermenge nicht leicht über 75 v. H. hinausging, aber bei sinkendem Zufluß (und vorgeschobenem Spaltschieber) sehr stark abnahm. Beim Betrieb wurde ihre Lage im Unterwasser als große Unannehmlichkeit empfunden; sie wurde darum sehr bald durch die Jouval-Turbine verdrängt, die man mittels eines Saugrohres in die Höhe verlegen konnte; zur Anwendung eines Saugrohres aber war die Turbine von Fourneyron ungeeignet. Es kamen zum Überfluß noch Schwierigkeiten konstruktiver Art dazu, so z. B. hinsichtlich der Aufhängung des Leitrades über dem Laufrad u. a. Die Bauart kam daher später nur noch ganz vereinzelt und in besonderen Fällen zur Ausführung.

C. Die Francis-Turbine.

18. Kapitel.

Wesen und Berechnung der Francis-Turbine.

149. Kennzeichnung; Vorzüge. Die Francis-Turbine ist eine außerschlächtige Turbine mit radialem Eintritt und axialer Ableitung durch ein Saugrohr, das sich mit stetigem Übergang an den Austritt aus dem Laufrad anschließt.

---

[1]) Turbinen von Chèvres, erbaut von Escher, Wyss & Co.; Zeitschrift des Vereins deutscher Ingenieure, 1901, S. 1190.

Bei der ursprünglichen Form, wie sie etwa durch Fig. 212 dargestellt wird, liegen die Schaufeln zwischen zwei flachen Radkränzen, von denen der eine sich als Radboden nach innen fortsetzt und die Verbindung mit der Welle herstellt, während der andere sich an das Saugrohr anschließt. Das Wasser strömt in einer Ebene normal zur Achse durch das Laufrad; Ein- und Austritt liegen in derselben Ebene, und erst nachdem das Wasser die Radkanäle verlassen hat, wird es längs des entsprechend gestalteten Radbodens axial abgelenkt. Der Eintrittsdurchmesser ist gegenüber dem Austrittsdurchmesser um so viel größer, als für die Entwicklung der Radkanäle erforderlich ist. Der Austrittsdurchmesser übertrifft den oberen Durchmesser des Saugrohres nur um so viel, daß sich ein milder Übergang ergibt. Durch eine stetige schlanke Erweiterung des Saugrohres gewinnt man einen großen Teil der Energie zurück, mit der das Wasser das Laufrad verläßt.

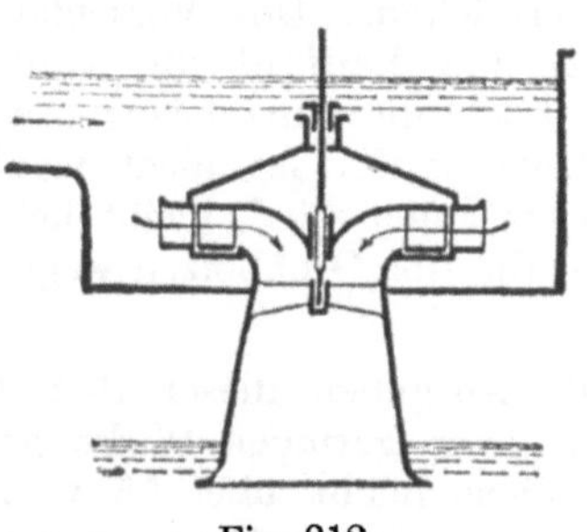

Fig. 212.

Amerikanische Konstrukteure haben in der Absicht, eine gedrungene und daher billige Turbine von großer Leistungsfähigkeit und hoher Umlaufszahl auf den Markt zu werfen, zuerst die ursprüngliche Form mit rein radialem Durchfluß verlassen und die Laufradkanäle bis in den Raum verlängert, in welchem sich die axiale Ablenkung vollzieht. Dadurch kam der Austritt außerhalb der Eintrittsebene zu liegen; Ein- und Austritt wurden unabhängig voneinander, und dies benützten sie dazu, den Eintrittsdurchmesser so stark zusammenzudrängen, daß er die Austrittsweite nur mehr um ein Geringes übertraf oder gar um ein Erhebliches darunter blieb (vgl. Fig. 216, 217, 218). Dabei mußte durch eine starke Steigerung der Radbreite die Möglichkeit aufrecht erhalten werden, trotz der Verminderung des Eintrittsdurchmessers eine große Wassermenge durchzusetzen. Gab man noch den Schaufeln einen flachen Ansatzwinkel, so erzielte man damit nach Abschn. 105 eine große Umfangsgeschwindigkeit, die in Verbindung mit der Verminderung des Durchmessers zu verhältnismäßig hohen Umlaufszahlen führte. Freilich kam bei dieser oft recht gewaltsam vollzogenen Umgestaltung des Laufrades der Wirkungsgrad vielfach zu Schaden.

In Europa wurde die Aufmerksamkeit hauptsächlich durch die Bedürfnisse der hydroelektrischen Niederdruckzentralen auf diese schnellaufenden amerikanischen Turbinen gelenkt. Aus den großen Wassermengen und den kleinen Gefällen der großen Ströme ergaben sich nach den damals üblichen Verhältnissen Turbinen von bedeutenden Abmessungen und langsamem Gange, während doch zum direkten Antrieb der Generatoren eine möglichst hohe Drehzahl erwünscht gewesen wäre. Anfangs behalf man sich damit, die Generatoren durch Winkelradvorgelege mit Übersetzung ins Schnelle anzutreiben

Diese versperrten aber sehr viel Platz und störten die Zugänglichkeit in hohem Grade. Später ging man zur direkten Kupplung zwischen Turbine und Generator über, indem man durch Parallelschaltung mehrerer Turbinen auf ein und derselben Welle die Umlaufzahl steigerte. Die ersten Anlagen dieser Art erhielten senkrechte Wellen (Etagenturbinen). Doch ergab dies einen ziemlich verwickelten Einbau, und man ging darum später auf die wagrechte Anordnung über, die indessen im Grundriß viel Platz erfordert. Indem man sich den amerikanischen Vorbildern anschloß und dieselben kühn und zugleich vorsichtig weiter entwickelte, ist man in den modernen Expreßläufern dabei angelangt, unter Wahrung eines annehmbaren Wirkungsgrades einfache Turbinen unter Verhältnissen aufzustellen, wo man noch vor kurzem die vierfache Turbine gewählt hätte. Die Vereinfachung des Einbaues, die sich dabei ergab, benützte man, um zur senkrechten Anordnung zurückzukehren, die den Vorteil bietet, nur eine kleinere Grundfläche in Anspruch zu nehmen (Wasserwerk Eglisau).

Geht man bei kleinen Gefällen auf die tunlichste Erhöhung der Geschwindigkeit aus, so hat man umgekehrt bei hohen Gefällen vielfach Veranlassung genug, eine Verminderung der Umlaufzahl anzustreben. Hat es keine Schwierigkeit, den Eintritt zusammenzudrängen, so ist es erst recht leicht, ihn zu erweitern, und so erreicht man das vorgesetzte Ziel durch eine Vergrößerung des Durchmessers bei gleichzeitiger Anwendung sackförmiger Schaufeln und geringer Radbreite.

Dank der Unabhängigkeit zwischen Ein- und Austritt ist man heute imstande, für ein bestimmtes Gefälle und eine gegebene Wassermenge Turbinen zu bauen, deren Umlaufzahlen zwischen dem Ein- und dem Zehnfachen liegen[1]).

Auf Grund ihrer Eigentümlichkeiten lassen sich für die Francis-Turbine folgende Vorzüge geltend machen, die sich zwar zum Teil auch bei anderen Bauarten finden, jedoch nirgends so vollständig beieinander.

Vermöge des radialen Eintrittes:

1. Alle Wasserfäden stehen beim Austritt aus dem Leitrad unter denselben Bedingungen; dies gibt klare und übersichtliche Strömungsvorgänge und erleichtert die Herbeiführung eines korrekten Ein- und Austrittes.
2. Die Spalte kann eng sein, und daher fällt der Wasserverlust klein aus (vgl. Abschn. 120).

Die Außenlage des Eintrittes ergibt die folgenden Vorteile:

3. Die Kanäle konvergieren stark nach innen; man erhält daher selbst für flache Ansatzwinkel eine sichere Wasserführung.

---

[1]) Dies darf nicht dahin mißverstanden werden, als ob man ein und dieselbe Turbine mit so stark veränderlichen Geschwindigkeiten betreiben könnte; es muß vielmehr für jede Geschwindigkeit wieder eine andere Turbine mit anderen Verhältnissen entworfen werden.

4. Die relative Geschwindigkeit in den innersten Teilen der Laufradkanäle und somit auch der Reibungsverlust fällt gering aus (vgl. Abschn. 122).
5. Bei spiralförmigem Gehäuse wird die Energie des zuströmenden Wassers ohne Verlust der Turbine zugeführt.
6. Durch die Anwendung der Finkschen Drehschaufeln läßt sich auch eine verminderte Zuflußmenge günstig ausnützen und die Leistung sehr rasch einem wechselnden Kraftbedarf anpassen.

Die Innenlage des Austrittes führt von selbst

7. zur Anlage eines Saugrohres, das sich mit stetigem verlustfreiem Übergang an die Turbine anschließt. Wird dasselbe nach unten konisch erweitert, so gewinnt man den größten Teil der Energie zurück, mit der das Wasser aus dem Laufrad austritt.

Die Summe dieser Vorzüge kommt in einem hohen Wirkungsgrad zum Ausdruck, der unter günstigen Umständen 85 v. H. überschreiten kann.

Aus der Freiheit in der Wahl des Durchmessers, wie sie sich aus der Unabhängigkeit zwischen Aus- und Eintritt ergibt, und aus der Möglichkeit, den Ansatzwinkel innerhalb weiter Grenzen beliebig annehmen zu können, geht

8. der Vorteil hervor, daß man die Umlaufzahl für gegebene Verhältnisse sehr verschieden wählen darf.

Bei der Vereinigung so vieler Vorzüge erscheint es in hohem Maße begreiflich, daß die Francis-Turbine die sämtlichen übrigen Bauarten in allen Fällen, wo überhaupt eine vollschlächtige Turbine in Betracht kommt, innerhalb weniger Jahre gänzlich aus dem Felde geschlagen hat.

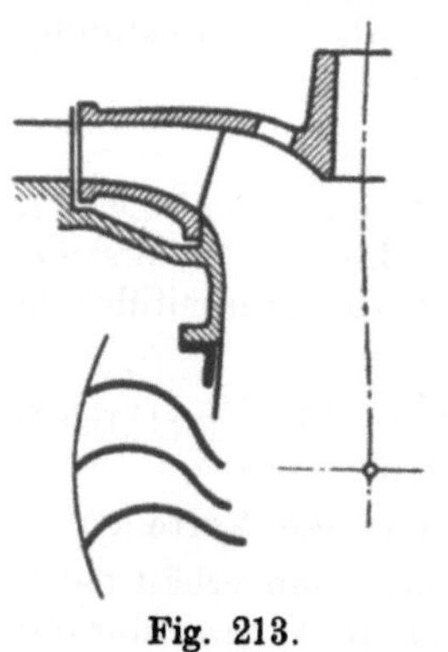

Fig. 213.

Wenn man die Mittel zur Erhöhung der Umlaufzahl, also die Verminderung des Eintrittsdurchmessers und des Ansatzwinkels, nebeneinander in stetig zunehmendem Grade zur Anwendung bringt, so erhält man für eine gegebene Wassermenge und ein bestimmtes Gefälle eine fortlaufende Reihe von der langsamsten bis zur schnellsten Turbine, in der keine Sprünge auftreten. Indessen lassen sich aus dieser Reihe doch einige Hauptformen herausheben, die gewisse Eigentümlichkeiten verkörpern. Von diesen Formen soll in den nächsten Abschnitten die Rede sein.

150. Langsamläufer. Bei hohem Gefälle und mäßigen Wassermengen ergeben sich Drehzahlen, die leicht unbequem hoch ausfallen. Dem läßt sich dadurch begegnen, daß man den Raddurchmesser D_1 auf Kosten der Radbreite B_1 vergrößert. Indem man zugleich den Ansatzwinkel β_1 über 90^0 hinaustreibt, zieht man die Umfangsgeschwindigkeit herab (vgl. Abschn. 105). Es ergibt sich nach Fig. 213 ein flaches Rad. Die Breite läßt man nach innen zunehmen, damit die meridionale Durchflußgeschwindigkeit (annähernd) konstant bleibt. Die axiale Ablenkung erfolgt in der Hauptsache erst nach dem Austritt aus dem Laufrad. Um Platz

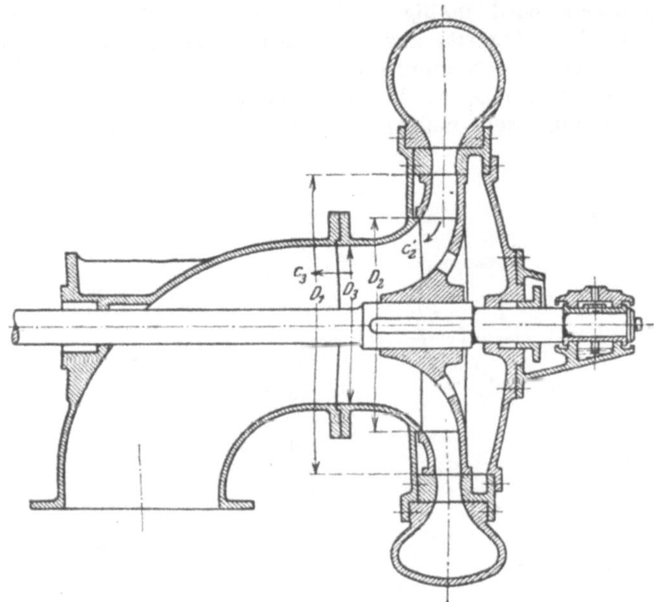

Fig. 214.

für den Übergang ins Saugrohr zu bekommen, bemißt man den Austrittsdurchmesser D_2 erheblich größer als die obere Weite D_3 des Saugrohres. Die Kranzbreite Δr muß ziemlich groß gewählt werden, da sie genügenden Raum für die sanfte Entwicklung der stark gekrümmten Kanäle bieten soll. Man bekommt ziemlich lange Kanäle mit großem benetztem Umfange; daraus ergibt sich ein erheblicher Reibungsverlust, und der Wirkungsgrad fällt daher nur mäßig aus.

Fig. 215.

Diese Turbinenform ist unter dem Namen **Langsamläufer** bekannt. Sie kommt bei größeren Gefällen zur Anwendung, da nur hier ein Bedürfnis besteht, die Umlaufzahl möglichst herabzudrücken. Man setzt sie darum in ein geschlossenes Gehäuse ein, wie aus Fig. 214 zu ersehen ist. Dieses bekommt eine spiralförmige Gestalt, und das führt zu der hier allgemein üblichen wagrechten Lage der Achse.

Fig. 215 zeigt ein Rad von etwas weniger langsamem Gang. Der Eintrittsdurchmesser ist kleiner und der Kranz schmaler; man ist daher gezwungen, die Kanäle bis in den Raum hinabzuziehen, in welchem die axiale Ablenkung vor sich geht.

151. Normalform. Hat man in bezug auf die Umlaufzahl freie Hand, so wird man bei aller Rücksicht auf sparsame Bemessung der Turbine doch sein Augenmerk in erster Linie auf einen guten Wirkungsgrad richten. Man geht allen Extremen aus dem Weg und hält sich an mittlere Verhältnisse. Die meridionale Durchflußgeschwindigkeit wird mäßig hoch angesetzt und überall gleich angenommen. Der Austritt aus dem Laufrad ist zylindrisch, und das Saugrohr schließt sich unmittelbar an; es ist also $D_3 = D_2$. Der Eintrittsdurchmesser D_1 erhält gegenüber dem Austrittsdurchmesser D_2 einen Überschuß, den man aus Sparsamkeitsgründen nur so groß

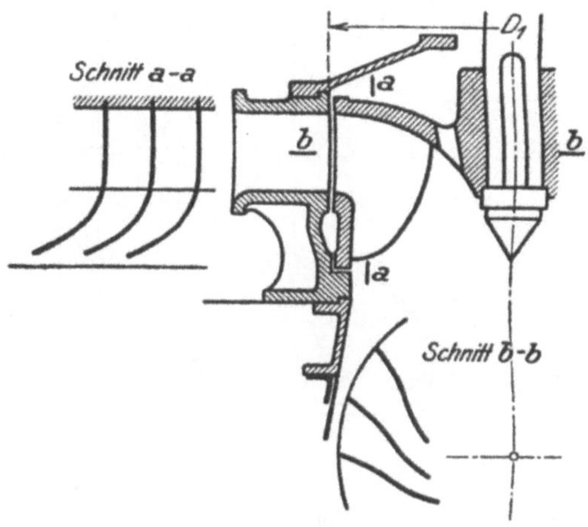

Fig. 216.

macht, daß die äußersten Wasserfäden noch leidlich sanft aus dem Leit- ins Laufrad übergehen. Aus der Gleichheit der Ein- und Austrittsquerschnitte des Laufrades ergibt sich, daß ungefähr die Radbreite

$$B_1 \cong \tfrac{1}{4} D_1$$

wird. Die Austrittskante der Schaufeln wird am Boden stark zurückgedrängt, damit die Wasserwege in jener Gegend nicht unnötig lang werden. Den Ansatzwinkel β_1 wählt man gleich 90^0 oder etwas kleiner. Dies entspricht einer mäßigen Umfangsgeschwindigkeit und verhältnismäßig geringen Geschwindigkeiten in den Laufradkanälen. Es werden daher auch die Reibungsverluste so klein als immer möglich.

Fig. 216 gibt eine Vorstellung von der Gestalt des Laufrades und der Schaufeln. Fig. 217 zeigt den ganzen Einbau einer kleinen Normalturbine in einen offenen Schacht, also für niedriges Gefälle.

Die axiale Ablenkung des Wassers vollzieht sich zum größten Teil innerhalb des Laufrades.

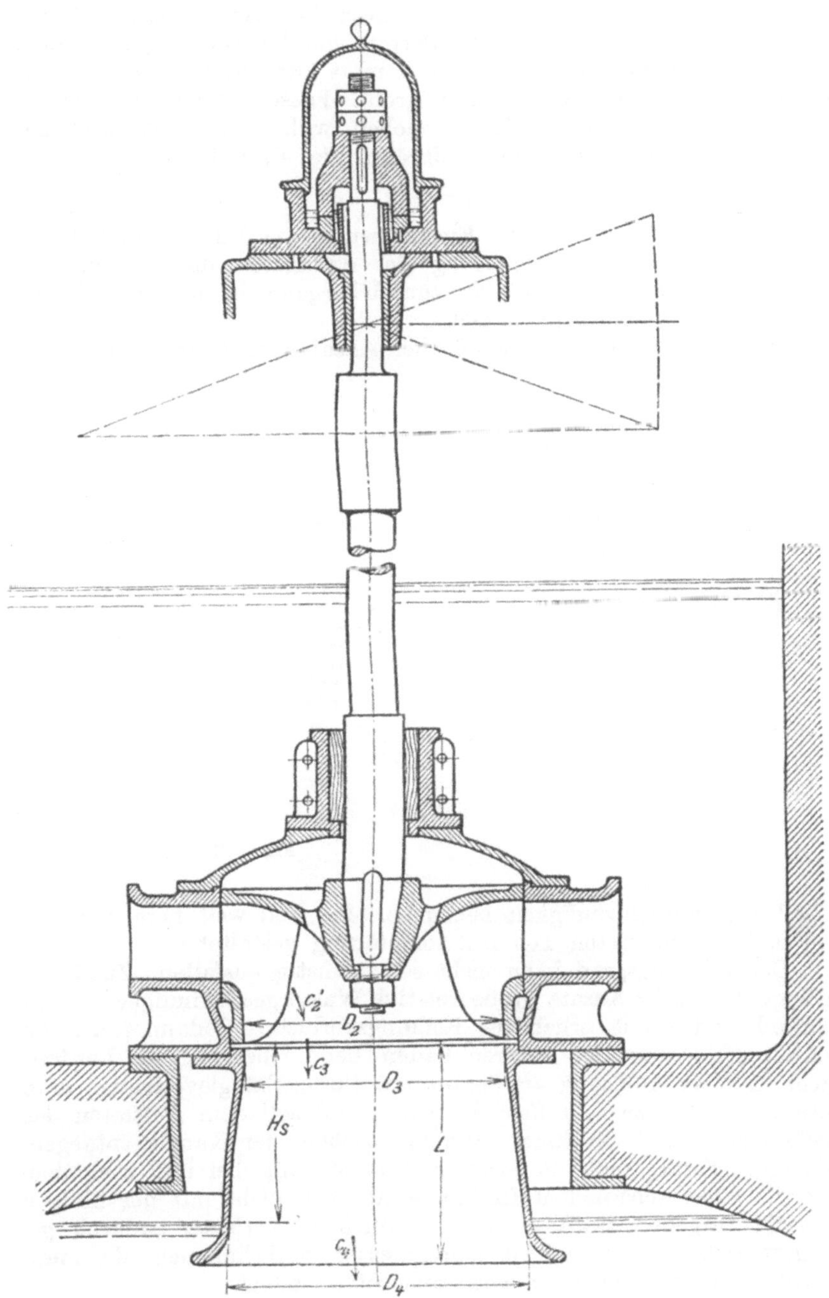

Fig. 217.

152. Der **Schnelläufer,** wie er durch Fig. 218 dargestellt wird, ist aus den in Abschn. 149 geschilderten, von Amerika ausgegangenen Bestrebungen herausgewachsen. Er kommt zur Anwendung, wo man bei mäßigen oder kleinen Gefällen große Wassermengen durchsetzen und dabei hohe Umlaufzahlen erreichen will. Das Profil wird gekennzeichnet durch die große Radbreite, die bis auf

$$B_0 = \tfrac{1}{2} D_1$$

hinaufgeht, durch die starke Einschnürung am Eintritt und durch die kräftige konische Erweiterung des Austrittes, die sich im Gehäuse noch ein Stück weit bis zum Übergang in das nur schlank sich erweiternde Saugrohr fortsetzt.

Die Schaufeln haben einen flachen Ansatzwinkel, damit man eine

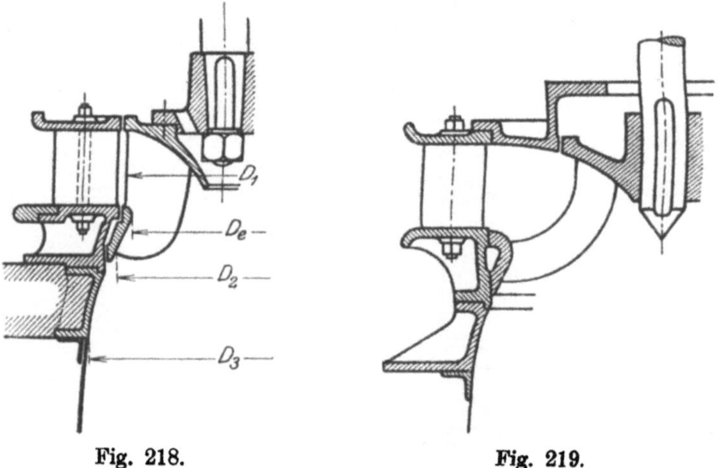

Fig. 218. Fig. 219.

hohe Umfangsgeschwindigkeit bekomme. Sie sind weit herabgezogen und in ihrem untersten Teil fast löffelförmig gestaltet.

Der Wirkungsgrad kann nicht sehr günstig ausfallen. Zunächst bedingt der flache Ansatz große relative Wassergeschwindigkeiten im Laufrad und somit erhebliche Reibungsverluste. Sodann führt die schroffe Ablenkung der äußeren Fäden beim Übergang ins Laufrad leicht zu einer Ablösung am Kranz mit ihren Energieverlusten; man hüte sich vor allzu schroffem Vorgehen und soll dem Auftreten der Ablösungen durch kräftiges Zusammenziehen der Kanäle entgegenarbeiten. Ferner hat die konische Erweiterung bei und nach dem Austritt einen schädlichen Einfluß, wenn man nicht mit der nötigen Vorsicht vorgeht. Endlich werden sämtliche Verluste dadurch gesteigert, daß man, um kleine Durchmesser zu bekommen, die meridionalen Geschwindigkeiten hoch anzusetzen pflegt.

Da man dank der Anwendung großer meridionaler Geschwindigkeitskomponenten durch derartige Turbinen verhältnismäßig große

Wassermengen durchsetzen kann, hat man ihnen wohl auch den Namen Vielschlucker gegeben. Es ist übrigens leicht einzusehen, daß die Schluckfähigkeit und die Schnelläufigkeit eigentlich nicht unmittelbar zusammenhängen; denn es wäre leicht, bei einem gegebenen Turbinenprofil durch Vergrößerung des Ansatzwinkels die Umfangsgeschwindigkeit herabzuziehen, ohne daß die Durchflußmenge sich zu verändern braucht. Es hätte indessen keinen Sinn, die Nachteile des Vielschluckerprofils auf sich zu nehmen, wenn man nicht darauf ausgeht, das Mögliche an Geschwindigkeit herauszuschlagen.

153. Expreßläufer mit geschweifter Eintrittskante. Seit man Turbinen baut, galt es als selbstverständlicher, wenn auch unausgesprochener Grundsatz, daß die Leitschaufeln möglichst dicht an das Laufrad heranreichen müßten. Man beachtete nicht, daß beim allmählichen Schließen der Finkschen Drehschaufeln ein immer größer werdender Spielraum um das Laufrad herum entstand, ohne daß sich Nachteile daraus ergaben; man hielt diesen Umstand wohl für ein unvermeidliches Übel. Erst durch die Befreiung von diesen Vorstellungen wurde der Boden für die beiden folgenden Turbinenformen geebnet, die im Streben nach Steigerung der Geschwindigkeit der Niederdruckturbinen in jüngster Zeit zu neuen Fortschritten geführt haben. Wie man im Eisenbahnbetrieb die Expreßzüge von den Schnellzügen unterscheidet, kann man diesen Formen den Namen Expreßläufer beilegen. Der unmittelbare Anschluß an das Leitrad wird aufgegeben; man führt die Eintrittskante nach Fig. 219 in einem stark geschweiften Bogen nach dem Radboden hinauf, etwa äquidistant zur Austrittskante, und erzielt damit eine sehr bedeutende Verminderung des mittleren Eintrittsdurchmessers. Da die übrigen Mittel zur Steigerung der Geschwindigkeit nach wie vor beibehalten werden, gelangt man zu einer weiteren Vermehrung der Umlaufzahl.

Das Wasser durchströmt den großen Spielraum zwischen Leit- und Laufrad in zwanglosem Zustande und mit geringen Widerständen. Wenn es auch dabei sich selbst überlassen bleibt, so nimmt es doch eine ganz bestimmte Bewegung an, und es lassen sich im Laufrad die Verhältnisse derart regeln, daß die Bedingungen des stoßfreien Eintrittes und des meridionalen Austrittes erfüllt werden. Die Kanäle, die bei dem flachen Ansatzwinkel ein nur schwach gekrümmtes Profil erhalten, können sehr kurz sein und die Schaufelprofile fallen überaus flach aus; sie erzeugen daher trotz der großen relativen Geschwindigkeit wenig Reibung; der Wirkungsgrad fällt daher noch recht befriedigend aus[1]).

Der größere Teil der axialen Ablenkung hat sich schon vor dem Eintritt ins Laufrad vollzogen.

154. Expreßläufer mit axialem Durchfluß. Geht man in der eingeschlagenen Richtung noch weiter und führt man die axiale

---

[1]) Prašil, Schweiz. Bauzeitung 1915, Bd. 66, S. 287 u. 299. Das Turbinenprofil ist auf S. 59, Bd. 68 derselben Zeitschrift abgebildet. Siehe auch Zeitschr. f. d. ges. Turbinenwesen 1916, S. 265.

Ablenkung vor dem Eintritt ins Laufrad ganz zu Ende, so kommt man fast von selbst auf die in Fig. 220 skizzierte Turbinenform[1]). Der Durchfluß im Laufrad ist rein axial gerichtet, und dieses erhält eine Gestalt, die an die Jonval-Turbine erinnert. Doch unterscheidet es sich in einigen wesentlichen Punkten. So ist der innere Durchmesser sehr klein gehalten, was zu einer wesentlichen Einschränkung des mittleren Durchmessers führt und die Bedingung für eine starke Steigerung der Geschwindigkeit ist. In Verbindung mit der Verbreiterung am Austritt wird durch die Kleinheit des inneren Durchmessers die Möglichkeit geschaffen, unter günstigen Bedingungen, d. h. mit stetigem Übergang ein konisch sich erweiterndes Saugrohr anzuschließen, mit dem man den größten Teil der Austrittsenergie zurückgewinnt.

155. Die Durchflußverhältnisse des Expreßläufers lassen sich trotz des großen Spielraumes zwischen Leit- und Laufrad an diejenigen der älteren Formen anknüpfen; man braucht sich bloß die Laufradkanäle rückwärts bis zum Leitrad verlängert zu denken, und zwar derart, daß sich diese Verlängerung an die Bahn der zwanglosen Bewegung des Wassers anschmiegt, daß also das Wasser längs dieser Ergänzung Energie weder abgibt noch aufnimmt. Es ist somit in Wirklichkeit nichts geändert; doch erkennt man, daß man statt vom wirklichen Eintrittsdurchmesser D_1 des Laufrades ebenso gut vom fiktiven, d. h. vom Austrittsdurchmesser D_0 des Leitrades ausgehen kann. Deutet man dies durch die Verwendung des betreffenden Zeigers an, so wäre die Durchflußgl. (141) für den Austritt aus dem Leitrad zu schreiben

$$2\,u_0\,c_{u0} = 2\,g\,H_w - c_2^2,$$

wobei

$$u_0 = 2\,\pi\,\frac{n\,D_0}{60}.$$

Für den Eintritt ins Laufrad gilt nach wie vor die Gleichung

$$2\,u_1\,c_{u1} = 2\,g\,H_w - c_2^2$$ [2]).

Die Bedingung des zwanglosen Durchflusses ist nach Gl. (152)

$$r\,c_u = \text{const} = a$$

oder

$$c_u = \frac{a}{r} \quad \ldots\ldots\ldots\ldots \quad (186)$$

Geht die axiale Ablenkung schon im Zwischenraum zu Ende, wie beim Expreßläufer mit Axialrad, so ergeben sich für den betreffenden Teil des Zwischenraumes sehr einfache Verhältnisse.

---

[1]) Der Verfasser, Zeitschr. f. d. ges. Turbinenwesen 1918, S. 237.

[2]) Hier werden die Geschwindigkeiten c_{u0} und c_{u1} voneinander verschieden sein.

Ist das Leitrad nach Fig. 221 außerschlächtig angelegt, so darf man annehmen, daß alle Wasserfäden beim Verlassen desselben unter den nämlichen Bedingungen stehen, und daher gilt Gl. (186) nicht nur für alle Punkte eines und desselben Wasserfadens, sondern überhaupt für alle Punkte des Zwischenraumes. Im zylindrischen Teil, wo das Wasser seine axiale Ablenkung abgeschlossen hat, kommt nur die Zentripetalbeschleunigung zur

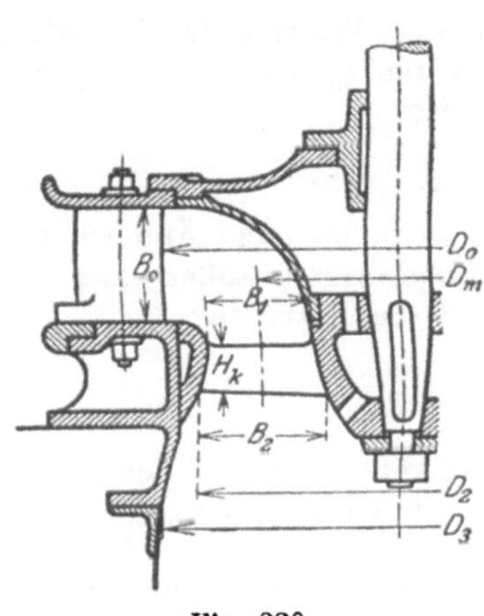

Fig. 220.

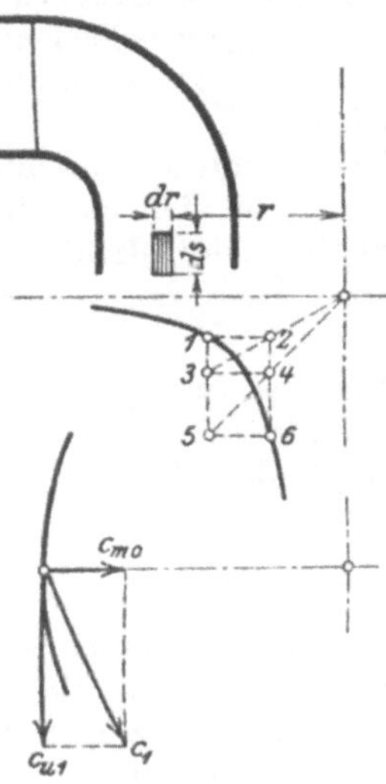

Fig. 221.

Verrechnung. Das durch die Schraffur markierte ringförmige Wasserteilchen von der Masse

$$dm = \frac{\gamma}{g} 2\pi r\, dr\, ds$$

muß von dem außen anliegenden Element einen nach innen gerichteten Druck im Betrage von

$$dP = \frac{c_u^2}{r} dm$$

erfahren, und da sich dieser auf eine Fläche

$$df = 2\pi r\, ds$$

verteilt, ergibt sich eine von innen nach außen verlaufende Zunahme des spezifischen Druckes um

$$dp = \frac{dP}{df}.$$

Setzt man die Ausdrücke für dm, dP und df ein, indem man zugleich auf Gl. (186) Rücksicht nimmt, so findet sich

$$dp = \frac{a^2 \gamma}{g} \cdot \frac{dr}{r}.$$

Die Integration ergibt für den Druck im Abstande r von der Achse

$$p = C - \frac{1}{2}\frac{a^2\gamma}{g}\frac{1}{r^2} \quad . \; . \; . \; . \; . \; . \; . \quad (187)$$

Dabei bedeutet die Integrationskonstante C den Druck für $r = \infty$. Der Verlauf des Druckes längs eines Halbmessers wird durch eine Kurve von hyperbolischem Charakter dargestellt, die den Halbmesser und die Achse zu Asymptoten hat; ihre Konstruktion ist in Fig. 219 angegeben.

Die absolute Geschwindigkeit c des Wassers in irgendeinem Punkte ergibt sich aus ihren Komponenten c_u und c_m in tangentialer und meridionaler Richtung, und zwar ist

$$c^2 = c_u^2 + c_m^2 \quad . \; . \; . \; . \; . \; . \; . \; . \; . \; . \quad (188)$$

Für das zwanglose Strömen gilt, wenn man die Änderungen in der Energie der Lage und die Reibungsverluste außer acht lassen darf, nach dem Prinzip von Bernoulli die Beziehung

$$\frac{c^2}{2g} + \frac{p}{\gamma} = \text{const}.$$

Da man annehmen kann, daß die Größen c und p beim Austritt aus dem Leitrad für alle Wasserfäden dieselben Werte besitzen, gilt dieser Zusammenhang für den ganzen Zwischenraum. Unter Beachtung der Gl. (186), (187) und (188) findet sich schließlich durch eine einfache Rechnung für den zylindrischen Teil des Zwischenraumes

$$c_m = \text{const}; \quad . \; . \; . \; . \; . \; . \; . \; . \; . \quad (189)$$

d. h. von dem Augenblicke an, wo die axiale Ablenkung vollendet ist, besteht überall dieselbe meridionale Geschwindigkeitskomponente; das Wasser verteilt sich gleichmäßig über den vorhandenen Raum. Da dies auch für den Austritt aus dem Leitrad zutrifft, wird man wohl nicht sehr stark fehlgehen, wenn man diesen Zustand auch für die übrigen Teile des Zwischenraumes voraussetzt.

Wenn beim Austritt aus dem Laufrad und beim Übergang ins Saugrohr keine axiale Ablenkung vorhanden ist und jede Bewegungskomponente in der Umfangsrichtung fehlt, so ist kein Grund vorhanden, warum im Druck und in der Geschwindigkeit irgendwelche Ungleichförmigkeit bestehen sollte. Erfolgt aber der Austritt nicht meridional und verbleibt dem Wasser noch eine gewisse Geschwindigkeit in der Umfangsrichtung, wie dies z. B. zutrifft, wenn man die Turbine mit einer verminderten Wassermenge betreibt, so kann sich der Druck in der Nähe der Achse soweit senken, daß dort ein leerer Raum entsteht. Diese Möglichkeit liegt besonders nahe, wenn der Druck im Saugrohr ohnehin sehr niedrig ist. Da die Durchflußverhältnisse durch derartige Zustände arge Störungen erfahren können, hat man alle Ursache, das Auftreten einer größeren Umfangskomponente beim Verlassen des Laufrades zu vermeiden.

Beim Expreßläufer mit geschweifter Eintrittskante sind die Durchflußverhältnisse insofern etwas weniger klar, als man keine genaue Rechenschaft über die Verteilung der Geschwindigkeit längs der Eintrittskante abzulegen vermag. Nimmt man indessen an, daß auch hier die meridionale Eintrittsgeschwindigkeit überall dieselbe sei, so wird man kaum sehr stark fehlgehen.

156. Die spezifischen Drehzahlen[1]) der verschiedenen Radformen liegen ungefähr in folgenden Grenzen:

Langsamläufer	$n_s =$	50	bis	100
Normalräder		130	„	200
Schnelläufer		220	„	350
Expreßläufer		350	„	550 und mehr.

Zwischenwerte lassen sich leicht durch Veränderung des Ansatzwinkels und damit der Umfangsgeschwindigkeit gewinnen[2]).

Besteht ein Bedürfnis, die Geschwindigkeiten noch höher zu treiben, so bietet dazu die Verteilung des Wassers auf zwei bis vier parallel geschalteten kongruenten Turbinen (auf ein und derselben Welle) ein viel gebrauchtes Mittel. Bei a parallel geschalteten Turbinen gleicher Größe nimmt der Querschnitt mit der ersten Potenz der Anzahl ab; der Durchmesser sinkt mit der zweiten Wurzel, und in demselben Verhältnis wie der Durchmesser kleiner wird, steigt die Drehzahl. Die Drehzahl bei vier parallel geschalteten Turbinen wird also doppelt so groß. Die Verdoppelung des Austrittes nach Fig. 126 wirkt in ähnlichem Sinne dadurch, daß der Eintrittsdurchmesser kleiner gewählt werden kann.

Wird dagegen eine Verminderung der Drehzahl unter die angegebenen Grenzen angestrebt, so läßt sich dies nach dem Vorgehen von Pfarr erreichen, das auf einem alten Vorschlag von Redtenbacher beruht: es werden zwei (oder mehrere) Turbinen hintereinander geschaltet. Es vermindern sich bei zwei kongruenten Turbinen die sämtlichen Geschwindigkeiten im Verhältnis von $\sqrt{2}:1$; somit hat man die Querschnitte $\sqrt{2}$ mal und die Abmessungen $\sqrt[4]{2}$ mal größer zu nehmen. Daraus ergibt sich, daß die Drehzahl

$$2^{\frac{1}{2}} \cdot 2^{\frac{1}{4}} = 2^{\frac{3}{4}} = 1{,}68$$

mal kleiner wird. Da diese Verminderung der Drehzahl sinngemäß nur bei Hochdruckturbinen in Frage kommt, wird es sich hier stets um geschlossene Turbinen handeln. Derartige Turbinen können

---

[1]) Nach Abschnitt 99 ist die spezifische Drehzahl einer Turbine

$$n_s = n\, N^{\frac{1}{2}}\, H^{-\frac{5}{4}}.$$

[2]) Eine noch weitergehende Steigerung hat Prof. Dr. Viktor Kaplan in Brünn erzielt. Nach Versuchen von Prof. Budau in Wien ergaben sich an einer Kaplan-Turbine spezifische Drehzahlen von 712 bis 766 bei Wirkungsgraden von 82 bis 80 v. H. Die Beschaffenheit der Kaplan-Turbine ist nicht bekannt.

nebeneinander in demselben Raum untergebracht werden; der Ausguß der ersten Turbine wird unmittelbar mit dem Eintritt der zweiten verbunden. Die Anlage wird immerhin ziemlich verwickelt und teuer, und man wird lieber auf eine andere Verabredung über die Drehzahl oder auf eine teilschlächtige Turbine greifen.

157. Normale Wassermenge. Hat man auf Grund der in Abschn. 95 angedeuteten Untersuchungen und Überlegungen die Wassermenge angenommen, auf die eine Turbinenanlage zuzuschneiden ist, so taucht, sobald es sich um eine Francis-Turbine handelt, unabhängig davon die Frage auf, welche Wassermenge der Berechnung der Turbine unterzulegen sei.

Jede Turbine wird so berechnet, daß sie unter einem gegebenen Gefälle und einer angenommenen Geschwindigkeit bei stoßfreiem Eintritt und meridionalem Austritt eine gewisse Wassermenge schluckt, die mit Q bezeichnet sein möge und die normale Wassermenge genannt werden soll. Bei diesem Durchfluß erreicht der Wirkungsgrad seinen besten Wert. Besitzt die Turbine einen Leitapparat mit Finkschen Drehschaufeln, so kann man — wenigstens bei Normalrädern — durch stärkeres Öffnen des Leitrades, also durch Vergrößern des Eintrittswinkels α_0, den Durchfluß auf einen Betrag Q_{max} steigern, wobei auch die Leistung erhöht wird; man spricht von einer Überfüllung der Turbine, weil dabei die Ein- und Austrittsverhältnisse in ungünstigem Sinne verändert werden. Die Stoßfreiheit geht verloren; der Austritt erfolgt nicht mehr meridional, sondern er ist etwas nach hinten geneigt und der Wirkungsgrad wird schlechter. Eine Abnahme desselben tritt aber auch ein, wenn durch *Schließen* der Schaufeln die Wassermenge unter die normale herabgedrückt wird.

Ist zur Ausnützung einer Wasserkraft mit veränderlichem Zufluß nur eine einzige Turbine aufgestellt, so wird man gut tun, dieselbe für die größte Wassermenge, die sie noch aufnehmen soll, mit etwas Überfüllung arbeiten zu lassen und die normale Wassermenge etwas niedriger anzusetzen. Wenn man auch für die größte Leistung nicht den besten erreichbaren Wirkungsgrad erhält, so geht dieser bei vermindertem Zufluß, wenn die Kraft ohnehin knapp wird, dafür etwas weniger stark zurück. Nun läßt sich die Überfüllung bei Normalrädern ungefähr bis auf den dritten Teil der normalen Wassermenge, aber kaum höher treiben; daraus ergäbe sich etwa

$$Q = \tfrac{3}{4}\, Q_{max}\,.$$

In den Fällen, wo Wasser genug für die Turbine vorhanden ist, hätte eine Überfüllung keinen Sinn; hier nimmt man

$$Q = Q_{max}\,.$$

Dieser Fall trifft u. a. auch dann zu, wenn man zur Ausnutzung einer Wasserkraft über mehrere Turbinen verfügt. Geht der Zufluß zurück, so bricht man vorerst nur an einer Turbine ab; nimmt die Wassermenge weiter ab, so wird die erste Turbine ganz ausgeschaltet usw. Die übrigen Turbinen arbeiten immer voll.

Bei Schnell- und Expreßläufern, wo der Eintrittswinkel α_0 ohnehin schon sehr groß wird, kann von einem stärkeren Öffnen der Drehschaufeln und daher auch von einer Überfüllung nicht wohl die Rede sein; hier wäre also wieder

$$Q = Q_{max}.$$

158. Die meridionalen Durchflußgeschwindigkeiten und die Durchmesserverhältnisse. Für die Zustände in einer neu zu entwerfenden Turbine ist in erster Linie die Hauptgleichung (140)

$$2\,g\,H_w - c_2^2 = 2\,u_1\,c_{u1}$$

maßgebend, die auf der Annahme des stoßfreien Eintrittes und des meridionalen Austrittes beruht. Hat man an Hand der Erfahrung das wirksame Gefälle H_w sachgemäß eingeschätzt und die absolute Austrittsgeschwindigkeit c_2 den Umständen entsprechend gewählt, so kann man von den beiden Geschwindigkeiten u_1 und c_{u1} je eine beliebig annehmen und die andere berechnen, oder man kann zwischen den beiden Größen irgendeine Beziehung frei wählen.

Diese Hauptgleichung läßt indessen dem Konstrukteur beim Entwerfen des Turbinenprofils noch sehr viel Spielraum; er muß eine Reihe von Größen frei wählen, ehe er das Turbinenprofil aufzeichnen kann, und zwar müssen diese Wahlen sachgemäß getroffen werden, wenn die Turbine ihren Zweck unter den gerade vorliegenden Verhältnissen erfüllen soll. In der Regel wird es sich darum handeln, gewisse Vorschriften hinsichtlich der Schnelläufigkeit einzuhalten, und so wird man z. B. für höhere Grade der Schnelläufigkeit darauf ausgehen, die Raddurchmesser möglichst knapp zu bemessen. Es würde aber nicht zweckmäßig sein, wollte man gleich diese Durchmesser wählen, da man sich nicht ohne weiteres eine Vorstellung von dem Einflusse dieser Wahlen machen könnte. Übersichtlicher und bequemer ist es, von der meridionalen Komponente der Geschwindigkeit des Wassers in dem betreffenden Querschnitt auszugehen, die man im Verhältnis zur Gefällsgeschwindigkeit um so höher ansetzt, je größer die Schnelläufigkeit ausfallen soll. Aus den gewählten Geschwindigkeiten und der Wassermenge finden sich die Querschnitte und aus diesen die betreffenden Durchmesser. Sind die einen Durchmesser bestimmt worden, darf man andere in ein bestimmtes Verhältnis dazu setzen. Bei den Francis-Turbinen höherer Schnelläufigkeit liegen indessen die Dinge etwas verwickelt, so daß man hier nicht mit einigen wenigen Vorschriften auskommt.

In Fig. 222 sind eine Anzahl von Geschwindigkeiten und Durchmesserverhältnissen als Funktionen der Schnelläufigkeit vorschlagsweise aufgetragen. Um diese graphische Tabelle benützen zu können, muß man sich zunächst eine zutreffende Vorstellung von der Schnelläufigkeit der zu entwerfenden Turbine bilden.

Als gegeben für eine neu zu bauende Turbine ist das Gefälle H, die Wassermenge Q oder die Leistung N und ferner zumeist noch die Drehzahl n anzusehen. Setzt man den Wirkungsgrad vorläufig zu $e = 0{,}80$ an, so findet sich zu der gegebenen Wassermenge Q die zu erwartende Leistung N. Damit ergibt sich nach Abschn. 99 die spezifische Drehzahl

$$n_s = n\, N^{\frac{1}{2}}\, H^{-\frac{5}{4}},$$

woraus sich nach Abschn. 156 erkennen läßt, was für eine Radform in Betracht kommt.

In der Tabelle Fig. 222 sind in ihrer Abhängigkeit von der spezifischen Drehzahl folgende Geschwindigkeiten für ein Gefälle von 1 m aufgetragen:

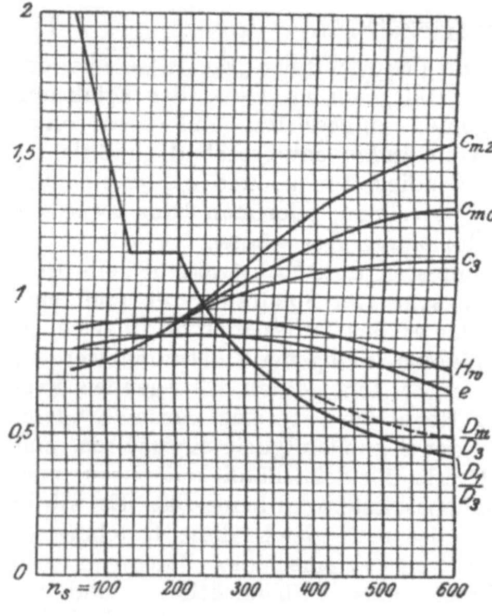

Fig. 222.

c_{m0} die meridionale Geschwindigkeit beim Austritt aus dem Leitrad,

c_{m2} die meridionale Geschwindigkeit unmittelbar nach dem Verlassen des Laufrades, und

c_3 die meridionale Geschwindigkeit beim Übergang ins Saugrohr.

Bedeutet a eine Ablesung aus der Tabelle, so hat die betreffende Geschwindigkeit bei einem Gefälle von H m die Größe

$$c = a\sqrt{H} \quad . \quad . \quad . \quad . \quad . \quad . \quad . \quad . \quad . \quad . \quad (190)$$

Die in der Geschwindigkeit c verkörperte kinetische Energie in Bruchteilen der ganzen erhält man, indem man den Ausdruck bildet

$$\frac{c^2}{2g} = \frac{a^2 H}{2g} = 0{,}051\, a^2 H.$$

Es ist dann

$$b = 0{,}051\, a^2 \quad . \quad . \quad . \quad . \quad . \quad . \quad . \quad . \quad . \quad . \quad (191)$$

der betreffende Bruchteil. Wäre dieser Bruchteil b vorgeschrieben oder gewählt, so erhält man für die entsprechende Geschwindigkeit

$$c = a\sqrt{H},$$

wobei

$$a = 4{,}42\sqrt{b} \quad . \quad . \quad . \quad . \quad . \quad . \quad . \quad . \quad . \quad . \quad (192)$$

Die drei Linienzüge für c_{m0}, c_{m2} und c_3 fallen in den Gebieten des Langsamläufers und des Normalrades zusammen; d. h. für diese Radformen sei die meridionale Geschwindigkeit in allen Querschnitten dieselbe, also

$$c_{m0} = c_{m2} = c_3 \quad . \; . \; . \; . \; . \; . \; . \; . \; . \quad (193)$$

Dagegen ist für Turbinen höherer Schnelläufigkeit

$$c_{m0} < c_{m2} > c_3 \quad . \; . \; . \; . \; . \; . \; . \; . \quad (194)$$

Der Wert von c_{m2} wird größer als die übrigen gewählt, damit der Laufraddurchmesser im Hinblick auf eine möglichst hohe Drehzahl recht klein werde; dagegen werden zur Ersparnis von Wasserreibung die Geschwindigkeiten vorher und nachher wesentlich kleiner gewählt. Damit hängt die große Breite des Leitrades und die starke Erweiterung gegen den Übergang ins Saugrohr zusammen.

Fig. 222 enthält ferner noch Angaben über die Größe des wirksamen Gefälles H_w, des Wirkungsgrades e und über das Verhältnis zwischen dem Eintrittsdurchmesser D_1 und dem oberen Saugrohrdurchmesser D_3. Für Expreßläufer mit Axialrad stellt noch ein kurzes punktiertes Kurvenstück das Verhältnis zwischen dem mittleren Durchmesser D_m und dem Übergangsdurchmesser D_3 ins Saugrohr dar.

Es mag nicht überflüssig sein, nochmals zu betonen, daß die Angaben in Fig. 222 nur die Bedeutung von Vorschlägen haben, von denen man weiterhin abgeht, wenn sich ein Bedürfnis danach bemerkbar macht.

159. Bei der **Bestimmung der Hauptabmessungen** beginnt man am besten mit dem Übergangsquerschnitt ins Saugrohr, der von der Schnelläufigkeit noch am wenigsten berührt wird; denn er ist ja für die Größe der Austrittsenergie maßgebend, die man stets in gewissen Grenzen zu halten hat. Derselbe ergibt sich aus dem Tabellenwert von c_3 und aus der Wassermenge in einfachster Weise unter der Annahme, daß man ihn als ebene Kreisfläche betrachten dürfe. Liegt zwischen dem Laufrad und dem Saugrohr ein sich stark erweiternder Übergang, so trifft diese Annahme nicht mehr ganz zu; man muß sich vorbehalten, später, wenn die Flußlinien entworfen sind, den Querschnitt als eine Drehfläche zu behandeln, deren Meridian dieselben rechtwinklig schneidet[1]). Aus dem Durchmesser D_3 beim Übergang ins Saugrohr nimmt man nach der Tabelle Fig. 222 den Eintrittsdurchmesser D_1 und findet nach den Tabellenangaben die meridionalen Wassergeschwindigkeiten c_{m0} und c_{m2} und aus der Kontinuitätsbedingung die weiteren Abmessungen des Laufrades, indem man fehlende Größen jeweilen schätzungsweise annimmt.

Die gefundenen oder gewählten Abmessungen stellt man sofort in einer maßstäblichen Zeichnung zusammen, die man gefühlsmäßig ergänzt, wo die Angaben fehlen. Diese Zeichnung wird öfters Aufschluß über die Brauchbarkeit der getroffenen Annahmen erteilen

---

[1]) Vorhandene Querschnittsverengungen, wie z. B. bei durchlaufenden Wellen u. dgl., sind hier mit in Rechnung zu ziehen.

und Winke für deren Abänderung oder für die schätzungsweise Wahl der fehlenden Abmessungen geben.

Beim Ausarbeiten des Profils erinnere man sich daran, daß das Wasser Querschnittserweiterungen, d. h. Verzögerungen, nicht leicht erträgt, ohne daß die Stetigkeit der Strömung darunter leidet. Die Erweiterung des Laufrades bei schnelläufigen Turbinen ist unschädlich, solange das Wasser noch zwischen den Schaufeln strömt und die Radkanäle sich stetig zusammenziehen. Dagegen muß ein sich erweiternder Übergang vom Laufrad zum Saugrohr sehr vorsichtig behandelt werden, wenn man der Bildung von Wirbeln und Ablösungen aus dem Wege gehen will.

Für das Turbinenprofil in hohem Grade maßgebend ist die Kranzbreite, die so reichlich zu wählen ist, daß sie genügenden (aber keinen überflüssigen) Raum für die Entwicklung der Radkanäle bietet. Dieser Platzbedarf läßt sich auf die Schaufelteilung und auf die Größe des Ansatzwinkels bzw. auf die Schnelläufigkeit der Turbine beziehen. Man wird daher an Hand der Angaben in Abschn. 161 gleich die Anzahl der Schaufeln wählen müssen. Übrigens wird sich eine zuverlässige Bestimmung der Kranzbreite erst im Zusammenhang mit dem Studium der Schaufelung durchführen lassen[1]).

Um das Entwerfen des Radprofiles zu erleichtern, seien hier noch einige Bemerkungen über das Vorgehen bei den verschiedenen Radformen beigefügt.

Der Langsamläufer (Fig. 213). Nachdem mit Hilfe des Tabellenwertes c_3 der Übergangsdurchmesser D_3 ins Saugrohr gefunden worden ist, entnehme man der graphischen Tabelle Fig. 222 das Verhältnis $D_1 : D_3$, aus dem sich der Eintrittsdurchmesser D_1 des Laufrades ergibt. Der Austrittsdurchmesser D_0 des *Leitrades* ist wenig größer. Aus D_0 und dem in der Tabelle enthaltenen Werte der meridionalen Austrittsgeschwindigkeit c_{m0} aus dem Leitrad findet sich die Radbreite B_0 nach der Kontinuitätsbedingung. Die Eintrittsbreite ins Laufrad wird etwas größer gewählt, damit nicht schon eine kleine axiale Verschiebung durch die Abnützung des Spurzapfens oder infolge einer Ungenauigkeit der Montierung eine Verengung des Überganges hervorrufe[2]). Für eine konstante meridionale Geschwindigkeit erhält das Laufrad nach Abschn. 131 ein Profil von der Gestalt einer gleichseitigen Hyperbel. Die meridionale Kranzbreite $\varDelta r$, die für die Entwicklung der Kanalprofile genügenden Raum bieten muß und sich daher erst beim Ausarbeiten der Schaufelung genauer ermitteln läßt, nehme man vorläufig

$$\varDelta r = 1{,}2 \text{ bis } 1{,}7\, t_2\,,$$

---

[1]) Ist die Turbine mit Finkschen Drehschaufeln ausgerüstet, so kann man sich die Rechnung in einer Beziehung etwas bequem machen. Da man durch stärkeres Öffnen der Drehschaufeln die Durchflußmenge immer noch etwas steigern kann, darf man die Verengung des Austrittsquerschnittes aus dem Leitrad durch die endliche Dicke der Schaufeln außer acht lassen, und ebenso ist es kaum nötig, den Spaltverlust in die Rechnung einzuführen.

[2]) Diese Bemerkung gilt sinngemäß für alle Turbinen mit radialem Eintritt.

wenn t_2 die Schaufelteilung des Laufrades am Umfang bedeutet[1]). Durch die Kranzbreite wird der Austrittsdurchmesser D_2 bestimmt.

Das Normalrad (Fig. 216). Der Durchmesser D_3 des Überganges ins Saugrohr, wie er sich aus dem Tabellenwert der betreffenden Geschwindigkeit c_3 ergibt, bestimmt zugleich den ebenso großen Austrittsdurchmesser D_2 aus dem Laufrad. Der Eintrittsdurchmesser D_1 wird nur um soviel größer angenommen, als für die Kranzstärke und für einen leidlich milden Übergang nötig ist. Dazu genügt ein bestimmter Bruchteil des Durchmessers, und zwar nehme man etwa

$$D_1 = 1{,}15\,D_2 \quad . \quad . \quad . \quad . \quad . \quad . \quad . \quad . \quad . \quad . \quad (195)$$

Der Linienzug, der das Verhältnis $D_1 : D_3$ darstellt, verläuft darum im Gebiete des Normalrades wagrecht.

Die Größen c_{m0}, D_1 und Q liefern die Radbreite B_0. Da die meridionale Austrittsgeschwindigkeit c_{m0} aus dem Leitrad gleich c_{m2} ist und der entsprechende Durchmesser wenig von D_1 bzw. D_2 abweicht, wird die Leitradbreite nahezu

$$B_0 = \tfrac{1}{4}\,D_2 \, .$$

Die Kranzbreite H_k nehme man, bis die Schaufelung endgültig entworfen ist, vorläufig etwa

$$H_k = 1{,}4 \text{ bis } 1{,}5\; t_2 \, , \quad . \quad . \quad . \quad . \quad . \quad . \quad . \quad . \quad . \quad (196)$$

wenn t_2 die Schaufelteilung beim Eintritt ins Laufrad bedeutet.

Der Schnelläufer (Fig. 218). Auch hier beginnt man damit, den Durchmesser D_3 des Saugrohreintrittes mit Hilfe der aus der Tabelle Fig. 222 gezogenen Größe von c_3 zu berechnen, worauf sich aus dem Tabellenwert von $D_1 : D_3$ sofort der Eintrittsdurchmesser D_1 des Laufrades findet. Der wenig größer zu wählende Austrittsdurchmesser D_0 des Leitrades ergibt mit der meridionalen Austrittsgeschwindigkeit c_{m0} nach der Kontinuitätsbedingung die Radbreite B_0. Ebenso wird der Austrittsdurchmesser D_2 des Laufrades durch die betreffende Geschwindigkeit c_{m2} bestimmt. Setzt man für die Kranzbreite vorläufig

$$H_k = 1 \text{ bis } 1{,}2\; t_2 \, , \quad . \quad . \quad . \quad . \quad . \quad . \quad . \quad . \quad . \quad (197)$$

so kann man nach den Größen D_1, H_k, D_2 und D_3 das Radprofil ziemlich sicher entwerfen. Der Durchmesser D_e an der Stelle der stärksten Einschnürung wird wenig verschieden vom Eintrittsdurchmesser D_1 ausfallen. Die Leitradbreite kann den Wert

$$B_0 = \tfrac{1}{2}\,D_1$$

erreichen.

Der Expreßläufer mit geschweifter Eintrittskante (Fig. 219). Zuerst wird wieder in der mehrfach beschriebenen Weise der Durchmesser D_3 und weiter der Eintrittsdurchmesser D_1 bestimmt; dabei ist der letztere auf den Eintritt am Radboden zu be-

[1]) Der kleinere Wert gilt für größere Schnelläufigkeit (mit flacherem Ansatzwinkel β_1) und umgekehrt.

ziehen. Aus c_{m2} erhält man den Durchmesser D_2 des Laufradaustrittes; nimmt man noch etwas für die Kranzbreite

$$H_k = 0{,}5 \text{ bis } 0{,}6\, t_2 , \quad \ldots \ldots \ldots \quad (198)$$

so läßt sich mit den nunmehr bekannten oder ferner angenommenen Größen das äußere Radprofil ziemlich sicher entwerfen. Aus der Maßskizze findet sich der Durchmesser D_e an der engsten Stelle, weiterhin der Eintrittsdurchmesser des Laufrades am Kranz und endlich der Austrittsdurchmesser D_0 des Leitrades; dieser aber ergibt zusammen mit c_{m0} die Leitradhöhe B_0. Man bekommt ungefähr

$$D_1 : D_2 = \tfrac{1}{2}.$$

Der Expreßläufer mit Axialrad (Fig. 220). Nach Bestimmung des Übergangsdurchmessers D_8 ins Saugrohr entnehme man das Verhältnis $D_1 : D_8$ dem kurzen punktierten Kurvenstück in der Tabelle. Der mit demselben gefundene Wert von D_1 ist als mittlerer Eintrittsdurchmesser des Laufrades zu verstehen. Durch c_{m2} ist der rohe Austrittsquerschnitt F_2 aus dem Laufrad bestimmt, und mit D_1 ergibt sich aus der Beziehung

$$F_2 = \pi\, D_1\, B_2$$

die Austrittbreite B_2 des Laufrades. Setzt man die Kranzhöhe ungefähr

$$H_k = 0{,}5 \text{ bis } 0{,}6\, t_2 \quad \ldots \ldots \ldots \quad (199)$$

und nimmt man den Kranz wegen des festen Eingießens der Blechschaufeln und zur Erzielung eines milden Überganges etwas stark in der Fleischdicke an[1]), so besitzt man Anhaltspunkte genug, um den äußeren Teil des Radprofils zu entwerfen, so daß sich nun die Größen B_1 und D_0 abschätzen lassen. Der Austrittsdurchmesser D_0 des Leitrades liefert die Leitradbreite B_0, und nun bietet die Ergänzung des Radprofiles keinerlei Schwierigkeiten mehr. Der innere Eintrittsdurchmesser soll etwa gleich der Hälfte des mittleren werden[2]).

---

[1]) Dies ist auch für den Expreßläufer mit geschweifter Eintrittskante zu empfehlen.

[2]) Die kinetische Energie, die das Wasser beim Austritt aus dem Schnell- oder Expreßläufer wegführt, ist sehr bedeutend. So zeigt z. B. für einen Expreßläufer mit $n_s = 550$ die Tabelle eine meridionale Austrittsgeschwindigkeit aus dem Laufrad

$$c_{m2} = 1{,}55\,\sqrt{H}.$$

Die absolute Austrittsgeschwindigkeit c_2 ist wegen der Verengung des Querschnittes durch die Schaufeln noch erheblich größer und mag etwa

$$c_2 = 1{,}2\, c_{m2} = 1{,}86\,\sqrt{H}$$

betragen; somit wäre die entsprechende Geschwindigkeitshöhe

$$\frac{c_2^2}{2g} = 0{,}177\, H.$$

Das würde also bedeuten, daß die weggeführte Energie 17,7 v. H. der dargebotenen ausmacht. Einen so hohen Preis für die Schnelläufigkeit auszulegen, darf man sich nur gestatten, wenn man darauf zählen kann, den größten Teil davon in einem gut angelegten Saugrohr zurückzugewinnen.

Turbinen mit zweiseitigem Ausguß denkt man sich durch eine Mittelebene normal zur Achse in zwei symmetrische Hälften zerlegt, die je auf die halbe Wassermenge und die halbe Leistung berechnet werden.

160. Die Schaufelwinkel. Ist hinsichtlich der meridionalen Geschwindigkeiten alles der Willkür oder dem Gutfinden überlassen, so müssen dagegen die Geschwindigkeiten in der Umfangsrichtung der Bedingung der Durchflußgleichung

$$2\,u_1\,c_{u1} = 2\,g\,H_w - c_2^2$$

genügen, wenn der Eintritt stoßfrei und der Austritt meridional vor sich gehen soll. Diese Bedingung wird aber erst durch die Kenntnis des wirksamen Gefälles H_w und der absoluten Austrittsgeschwindigkeit c_2 aus dem Laufrad genau umschrieben.

Das wirksame Gefälle hängt ebenso wie der Wirkungsgrad e mit der Schnelläufigkeit in dem Sinne zusammen, daß beide Größen beim Normalrad die höchsten Werte erreichen und sowohl bei zu- als auch bei abnehmender Schnelläufigkeit kleiner werden. Die graphische Tabelle Fig. 222 gibt durch zwei ähnlich verlaufende Kurven ungefähr Auskunft über diese Zusammenhänge. Dazu ist aber noch zu bemerken, daß auch die Größe der Turbine von Einfluß ist; große Turbinen zeigen unter ähnlichen Verhältnissen höhere Werte. Die Angaben der Tabelle beziehen sich auf Turbinen von mäßigen Leistungen; wenn man mit diesen Zahlen rechnet, wird man nicht Gefahr laufen, daß die Turbinen zu knapp werden und die vorgeschriebene Wassermenge nicht ganz schlucken[1]).

Die Größe der absoluten Austrittsgeschwindigkeit c_2 hängt von dem reinen Austrittsquerschnitt ab. Dieser ist aber vorläufig noch nicht genau bekannt; er ergäbe sich, wenn man vom rohen Austrittsquerschnitt die Verengung durch die Schaufeln in Abzug brächte. Diese Verengung läßt sich aber erst bestimmen, nachdem die Schaufelung vollständig durchgearbeitet wurde, und so bleibt nichts anderes übrig, als sich mit einer vorläufigen Annahme zu behelfen. Bedeutet c_{m2} die meridionale Geschwindigkeit, die das Wasser dem vorhandenen Querschnitt entsprechend unmittelbar nach dem Austritt aus dem Laufrad besitzt, so nehme man etwa

$$c_2 = 1{,}2\,c_{m2}$$

für Blechschaufeln, für Gußschaufeln etwas mehr.

Wo zwischen Leit- und Laufrad ein Spielraum besteht, sind der Austritt aus dem Leitrad und der Eintritt ins Laufrad besonders zu behandeln. Für den ersteren ist nach Abschn. 155 die Gleichung

$$2\,u_0\,c_{u0} = 2\,g\,H_w - c_2^2 \quad . \; . \; . \; . \; . \; . \; . \quad (200)$$

---

[1]) Nach den Angaben über den Wirkungsgrad e kann man die Annahme über die Leistung berichtigen, die man anfangs zur Ermittlung der Schnelläufigkeit benutzte, wenn man von einer vorgeschriebenen Wassermenge ausging.

anzuwenden, wobei

$$u_0 = \frac{D_0 n}{19,1}$$

die auf den Austrittsdurchmesser D_0 des Leitrades reduzierte Umfangsgeschwindigkeit der Turbine bedeutet. Da diese für alle Punkte des Austrittes denselben Wert hat, ist auch c_{u0} konstant. Die gleichfalls konstante Meridiangeschwindigkeit c_{m0} ergibt nach Fig. 223 den Austrittswinkel α_0.

Für den Eintritt ins Laufrad lautet die Durchflußgleichung in entsprechender Form

$$2\,u_1\,c_{u1} = 2\,g\,H_w - c_2^2 \quad . \; . \; . \; . \; . \; . \; . \; . \quad (201)$$

Liegt die Eintrittskante nicht auf einer Zylinderfläche, so ist u_1 und somit auch c_{u1} für jeden Punkt verschieden; es muß also das nach Fig. 224 zu entwerfende Diagramm für eine genügende Anzahl von Punkten je besonders gezeichnet werden. Dabei ist die

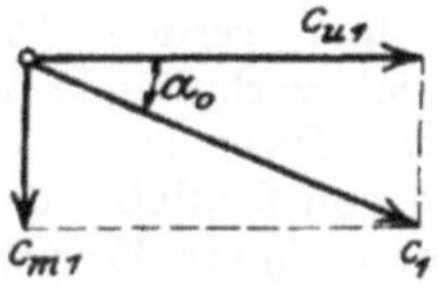

Fig. 223.

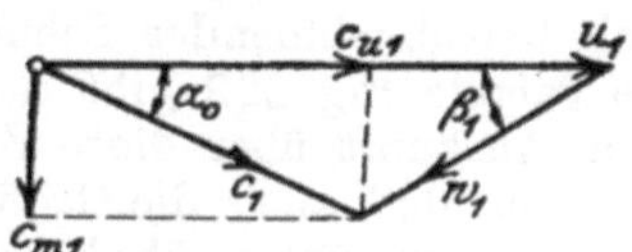

Fig. 224.

meridionale Geschwindigkeit c_{m1} nach Abschn. 153 konstant, wenn die axiale Ablenkung des Wassers schon vor dem Eintritt vollzogen ist, wie beim Expreßläufer mit Axialrad. Beim Expreßläufer mit geschweifter Eintrittskante darf diese Konstanz wenigstens als angenähert vorhanden vorausgesetzt werden.

Schließen Leit- und Laufrad unmittelbar aneinander an, so ist natürlich $u_1 = u_0$, $c_{u1} = c_{u0}$ und $c_{m1} = c_{m0}$ zu setzen.

Die Austrittswinkel werden am bequemsten mit der meridionalen Kanalweite bestimmt (siehe Abschn. 133).

161. Anzahl und Stärke der Laufradschaufeln. Die Zahl der Schaufeln nimmt mit dem Durchmesser langsam zu. Bei wachsender Radbreite könnte sie wieder etwas abnehmen; da aber gelegentlich dasselbe Modell für verschiedene Radbreiten dienen muß, erscheint es zweckmäßiger, die Schaufelzahl bloß auf den Durchmesser zu beziehen. Für die Schaufelzahl der Turbinen von kleiner und mittlerer Geschwindigkeit mögen die folgenden empirischen Formeln einen Anhalt geben:

$$\left.\begin{array}{l} z_2 = 12 + 0,05\,D_1 \\ \text{oder} \\ z_2 = 1,5 \text{ bis } 1,7\,\sqrt{D_1}\ ^{1)} \end{array}\right\} \quad . \; . \; . \; . \; . \; . \quad (202)$$

[1]) Für kleine Räder nehme man eher etwas mehr Schaufeln an.

Darin bedeutet D_1 den äußeren Durchmesser der Turbine in cm. Die Zahl ist auf ein ganzes Vielfaches von 2, 4 oder 6 abzurunden.

Die Dicke der Schaufeln am Austrittsrand mag bei Turbinen mit mehr radialem Ausfluß etwa gewählt werden

$$\text{für Blech} \quad s_2 = 0{,}12 \text{ bis } 0{,}15 \sqrt{B_2}, \quad \ldots \ldots \quad (203)$$

$$\text{für Guß} \quad s_2 = 0{,}16 \text{ bis } 0{,}22 \sqrt{B_2}, \quad \ldots \ldots \quad (204)$$

wenn unter B_2 die Radbreite am Austritt in cm verstanden wird.

Bei Laufrädern mit mehr axialem Austritt nehme man ungefähr

$$\text{für Blech} \quad s_2 = 0{,}10 \text{ bis } 0{,}12 \sqrt{L_2}, \quad \ldots \ldots \quad (205)$$

$$\text{für Guß} \quad s_2 = 0{,}16 \sqrt{L_2}, \quad \ldots \ldots \ldots \ldots \quad (206)$$

worin L_2 die Länge der Austrittskante in cm bedeutet[1]). Übrigens ist bei gußeisernen Schaufeln stets die Regel zu beobachten, daß man den Austrittsrand so fein auszieht, als es die Gießerei gestattet; durch Verstärkung der Mittelpartie läßt sich ja die Festigkeit der Schaufeln beliebig erhöhen.

Bei Expreßturbinen wird die Zahl der Schaufeln auf den mittleren Eintrittsdurchmesser bezogen. An der Verbindungsstelle mit dem Boden oder der Nabe treten an den Schaufeln sehr starke Biegungskräfte auf; hier wird man eine Berechnung der Schaufeldicke auf Festigkeit nicht umgehen dürfen, und es sind die Schaufeln aus sehr dickem Blech herzustellen, wenn nicht etwa das ganze Rad in Stahlguß ausgeführt wird.

Der Kranz und der Boden bzw. die Nabe erhalten eine große Fleischstärke, damit man die (schwalbenschwanzförmig ausgezackten und verzinnten) Schaufelränder tief und fest genug eingießen könne.

162. Die Wellenstärke. Da man etwa in den Fall kommt, bei der Bestimmung des Austrittsquerschnittes auf die Verengung durch die Welle Rücksicht nehmen zu müssen, sei hier die Berechnung derselben notiert. Darf man davon ausgehen, daß die Welle wesentlich nur auf Verdrehung in Anspruch genommen werde, und bedeutet $\mathfrak{M}$ das zu übertragende Drehmoment, so wäre die Beziehung

$$\mathfrak{M} = \frac{\pi d^3}{16} \sigma$$

einzuhalten. Daraus ergibt sich die Wellenstärke in cm

$$d = \sqrt[3]{\frac{365\,000}{\sigma} \frac{N}{n}} \quad \ldots \ldots \ldots \quad (207)$$

Die Spannung σ darf selbst bei Stahl als Material für die Welle nicht über $\sigma = 200$ kg/qcm gehen, wenn man ein Erzittern vermeiden

[1]) Diese Länge kann allerdings erst überschlagen werden, wenn das Profil der Turbine bereits genauer ausgearbeitet ist.

will; es würde somit die Welle einen Durchmesser erhalten von

$$d \geqq 12{,}3 \sqrt[3]{\frac{N}{n}} \; . \; . \; . \; . \; . \; . \; . \; . \; . \quad (208)$$

163. Erstes Zahlenbeispiel: Langsamläufer. Es sei eine Turbine für

$$H = 125\,\mathrm{m}, \qquad N = 800\,\mathrm{PS}, \qquad n = 1200$$

zu entwerfen. Der hohe Druck verlangt eine geschlossene Aufstellung (mit Spiralgehäuse). Wegen der sorgfältigen Ausgleichung der Axialschübe wird man eine vollständig symmetrische Turbine mit zweiseitigem Ausguß wählen; die Rechnung wird also für die halbe Turbine auf Grund der halben Wassermenge und der halben Leistung durchgeführt.

Für die spezifische Umlaufzahl findet sich

$$n_s = n\,N^{\frac{1}{2}}\,H^{-\frac{5}{4}} = 1200 \cdot 400^{\frac{1}{2}} : (125 \cdot 3{,}34) = \; . \; . \; 57{,}5,$$

wobei $3{,}34 = H^{\frac{1}{4}}$ ist. Es handelt sich hier in der Tat um einen ausgesprochenen Langsamläufer.

Nach der Tabelle Fig. 222 wäre der Wirkungsgrad etwa mit $e = 0{,}82$ einzuschätzen; es bedarf daher für die **halbe** Turbine einer Wassermenge

$$Q = 400 \cdot 75 : (125 \cdot 0{,}82) = 293\,\mathrm{l/sek}, \text{ rund } 300\,\mathrm{l/sek}.$$

Nach der Tabelle wäre etwa zu wählen:

$$c_3 = c_{m2} = c_{m0} = 0{,}78\sqrt{H} = \; . \; . \; . \; 8{,}72\,\mathrm{m/sek}.$$

Dies ergibt für die betreffenden Querschnitte

$$F_1 = F_2 = F_0 \; . \; . \; . \; . \; . \; . \; 3{,}44\,\mathrm{qdm}.$$

Die Welle bekommt für einseitige Ableitung der ganzen Leistung etwa 100 mm, ihr Querschnitt mißt also . . . . 0,79 qdm;
daher mißt der rohe Austrittsquerschnitt . . . . 4,23 qdm;
daraus findet sich der Durchmesser beim Übergang ins Saugrohr $D_3 =$ . . . . 232 mm,
oder abgerundet . . . . 240 mm.

Nach der Tabelle ist $D_1 : D_3 = 2$, also erhält man für den Durchmesser D_1 beim Eintritt ins Laufrad . . . . 480 mm.

Die **ganze** Leitradbreite wird

$$B_0 = 2 \cdot 300 : (87{,}2 \cdot 4{,}8\,\pi) = 0{,}46\,\mathrm{dm} = \; . \; . \; 46\,\mathrm{mm}.$$

Die Eintrittsbreite des Laufrades mag ungefähr einen Wert haben $B_1 =$ . . . . 54 mm.

Die Durchflußgleichung

$$2\,u_1\,c_{u1} = 2\,g\,H_w - c_2^{\,2}$$

erhält man mit der schätzungsweise angenommenen Größe $c_2 = 1,2\,c_0 = 10,46$ m/sek und mit dem Tabellenwerte

$$H_w = 0,88\,H = \;.\;.\;.\;.\;.\;.\;.\;.\;.\; 110 \text{ m}$$

Die rechte Seite wird

$$\begin{aligned} 2\,g\,H_w &= 2158,2 \\ c_2^2 &= 109,4 \\ \hline & \,2267,6 : 2, \end{aligned}$$

also ist

$$u_1\,c_{u1} = 1133,8.$$

Die Umfangsgeschwindigkeit für 1200 Umdrehungen bei 480 mm Durchmesser ist $u_1 = \;.\;.\;.\;.\;.\;.\;.\;.\;.\;.\;.\;.\;.\;.\;$ 30,16 m/sek oder

$$u_1 = 2,70\,\sqrt{H}.$$

Man erhält somit für die Umfangskomponente des eintretenden Wassers

$$c_{u1} = 1133,8 : 30,16 = \;.\;.\;.\;.\; 37,6 \text{ m/sek}$$

oder

$$c_{u1} = 3,36\,\sqrt{H}.$$

Die drei Geschwindigkeitskomponenten u_1, c_{u1} und c_{m0} bestimmen zusammen nach Fig. 225 das Eintrittsdiagramm.

Wollte man den Eintrittswinkel α_0 größer haben, so müßte man die Radbreite B_0 etwas herabdrücken, damit die meridionale Eintrittsgeschwindigkeit c_{m0} etwas größer werde.

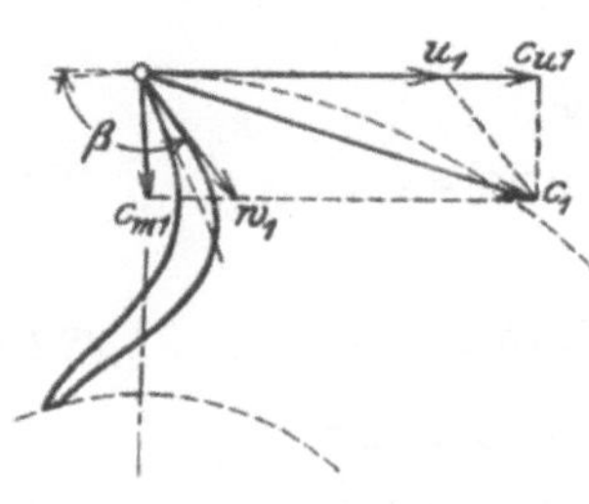

Fig. 225.

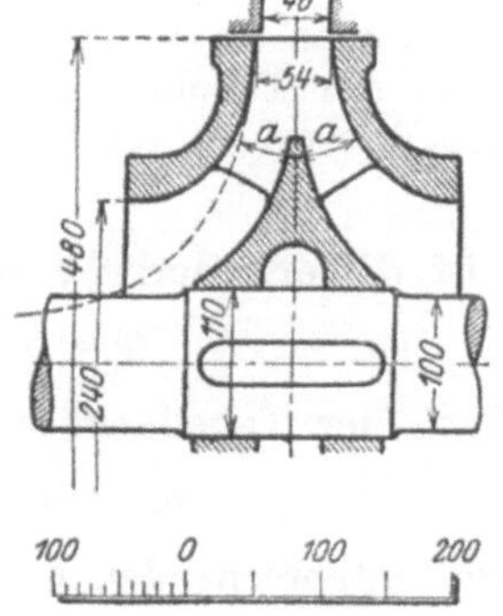

Fig. 226.

Die Zahl der Laufradschaufeln wird

$$z_2 = 1,7\,\sqrt{48} \cong \;.\;.\;.\;.\;.\;.\;.\;.\;.\;.\; 12.$$

Daraus findet sich die Teilung $t_2 = \;.\;.\;.\;.\;.\;.\;.\;.\;$ 125,7 mm.
Die Kranzbreite mag etwa werden

$$\varDelta\,r = 1,6\,t_2 = \;.\;.\;.\;.\;.\;.\;.\; 200 \text{ mm}.$$

Das Radprofil ist in Fig. 226 dargestellt. Die punktiert eingezeichnete gleichseitige Hyperbel bestimmt das Profil der Seitenkränze; dasselbe wird indessen, wie sich aus der Figur ergibt, mit Rücksicht auf die scheibenförmige Nabe stark nach außen gedrängt.

Da es sich hier um eine Turbine mit Spiralgehäuse handelt, ist auch noch für dieses die grundlegende Abmessung, die Weite beim Eintritt, zu wählen. Setzt man die im zuströmenden Wasser enthaltene Energie auf 5 v. H. der totalen an, also auf

$$\frac{c_e^2}{2g} = 0{,}05\,H,$$

so ergibt sich für die Eintrittsgeschwindigkeit ins Gehäuse

$$c_c = \sqrt{0{,}05 \cdot 2\,g \cdot 125} = \;.\;.\;.\;.\;\; 11{,}1\ \text{m/sek.}$$

Der Eintrittsstutzen hat also beim Übergang ins Gehäuse einen Querschnitt

$$F_e = 2 \cdot 300 : 111 = \;.\;.\;.\;.\;.\;.\;\; 5{,}4\ \text{qdm},$$

und es ist der Durchmesser derselben $D_e = \;.\;.\;.\;.\;.\;.\;\; 262$ mm

oder aufgerundet . . . . 270 mm.

164. Zweites Zahlenbeispiel: Normalrad. Es soll eine Turbine für ein Gefälle $H = 5{,}5$ m und eine Leistung $N = 60$ PS berechnet werden.

Die spezifische Drehzahl ist

$$n_s = 60^{\frac{1}{2}} : (5{,}5 \cdot 1{,}53) = 0{,}922\,n.$$

Wählt man $n_s = 130$, so wird $n = \;.\;.\;.\;.\;.\;.\;.\;.\;.\;.\;\; 140.$

Nach der Tabelle Fig. 222 ist für die angeführte spezifische Umlaufzahl etwa zu setzen

$$e = 0{,}84;$$

daher ist die erforderliche Wassermenge

$$Q = 60 \cdot 75 : (5{,}5 \cdot 0{,}84) = \;.\;.\;.\;.\;.\;\; 970\ \text{l/sek.}$$

Nach der Tabelle wäre etwa

$$c_{m2} = c_{m0} = c_3 = 0{,}82\sqrt{H} = \;.\;.\;\; 1{,}922\ \text{m/sek.}$$

Die entsprechenden Querschnitte sind somit

$$F_2 = F_0 = F_3 = 970 : 19{,}22 = \;.\;.\;.\;.\;\; 50{,}5\ \text{qdm.}$$

Damit findet sich der Austrittsdurchmesser

$$D_2 = D_3 \cong \;.\;.\;.\;.\;.\;.\;.\;.\;.\;\; 800\ \text{mm.}$$

Wählt man ferner

$$D_1 = 1{,}15\,D_3 = \;.\;.\;.\;.\;.\;.\;.\;.\;\; 920\ \text{mm},$$

so erhält man für die Leitradbreite

$$B_0 = 50{,}5 : 0{,}92\,\pi = 175 \cong \;.\;.\;.\;.\;\; 180\ \text{mm.}$$

Schätzt man

$$c_2 = 1{,}2\, c_{m0} = \ldots\ldots\ldots \quad 2{,}31 \text{ m/sek}$$

und nimmt man nach der Tabelle

$$H_w = 0{,}9\, H = \ldots\ldots\ldots \quad 4{,}95 \text{ m},$$

so ist

$$2\,g\,H\,w = 97{,}12$$

$$c_2^2 = 5{,}34$$

$$91{,}78 : 2$$

und daher ist

$$u_1\, c_{u1} = 45{,}89$$

die Durchflußgleichung der Turbine.

Die Umfangsgeschwindigkeit ist

$$u_1 = 140 \cdot 0{,}92 : 19{,}1 = \ldots\ldots \quad 6{,}75 \text{ m/sek.}$$

Daher wird

$$c_{u1} = 45{,}89 : 6{,}75 = \ldots\ldots \quad 6{,}80 \text{ m/sek.}$$

Diese beiden Geschwindigkeitskomponenten in Verbindung mit $c_{m0} = 1{,}922$ m bestimmen das Eintrittsdiagramm. Da u_1 und c_{u1} nahezu gleich groß sind, fällt der Ansatzwinkel nahezu gleich 90° aus.

Die Zahl der Schaufeln im Laufrad mag etwa betragen

$$z_2 = 1{,}7 \sqrt{92} \cong 16 \ldots\ldots\ldots \quad 16.$$

Somit wird die Teilung am äußeren Umfang $t_2 = 180{,}6$ mm. Die Kranzbreite sei etwa

$$H_k = 1{,}4 \cdot t_2 = \ldots\ldots\ldots \quad 250 \text{ mm.}$$

Fig. 257 läßt die Gestalt des Laufrades erkennen.

165. Drittes Zahlenbeispiel: Expreßläufer mit geschweifter Eintrittskante. Man hat eine Turbine für folgende Verhältnisse zu entwerfen:

$$H = 9{,}8 \text{ m}; \quad Q = 12 \text{ cbm/sek}; \quad n = 200 \text{ /min.}$$

Rechnet man vorläufig mit einem Wirkungsgrad von $e = 0{,}8$, so hätte man eine Leistung von

$$N = 12 \cdot 1000 \cdot 9{,}8 \cdot 0{,}8 : 75 = \ldots\ldots \quad 1254 \text{ PS}$$

zu erwarten. Mit dieser Zahl findet man nach Gl. (134) für die spezifische Umlaufzahl

$$n_s = 200 \cdot 1254^{\frac{1}{2}} : 9{,}8^{\frac{5}{4}} = \ldots\ldots \quad 410 \text{ /min.}$$

Die Turbine wird somit ein ausgesprochener Expreßläufer. Für die spezifische Drehzahl von 410 wäre nach der graphischen Tabelle Fig. 222 der Wirkungsgrad etwa $e = 0{,}81$; demnach darf man eine etwas höhere Leistung erwarten.

Nach der Tabelle hätte man ungefähr folgende Wassergeschwindigkeiten zu wählen:

$$c_3 = 1{,}09\sqrt{H} = \;\ldots\ldots\; 3{,}41 \text{ m/sek}$$
$$c_{m0} = 1{,}20\sqrt{H} = \;\ldots\ldots\; 3{,}76 \;\text{„}$$
$$c_{m2} = 1{,}32\sqrt{H} = \;\ldots\ldots\; 4{,}13 \;\text{„}\;.$$

Mit $c_3 = 3{,}41$ m/sek ergäbe sich der Übergangsquerschnitt ins Saugrohr

$$F_3 = 12 : 3{,}41 = \;\ldots\ldots\; 3{,}52 \text{ qm}.$$

Darf man diesen Querschnitt als ebene Kreisfläche betrachten, so ist der betreffende Durchmesser

$$D_3 = \;\ldots\ldots\; 2{,}12 \text{ m}.$$

Mit der meridionalen Austrittgeschwindigkeit aus dem Laufrad $c_{m2} = 4{,}13$ m/sek erhält man einen Querschnitt

$$F_{m2} = 12 : 4{,}13 = \;\ldots\ldots\; 2{,}9 \text{ qm};$$

und wenn man annimmt, daß derselbe gleich dem Flächeninhalt eines ebenen Kreises von dem betreffenden Durchmesser sei, so erhält man für den größten Austrittsdurchmesser

$$D_2 = \;\ldots\ldots\; 1{,}92 \text{ m}.$$

Der kleinste Eintrittsdurchmesser sei nach der graphischen Tabelle

$$D_{1i} = 0{,}509\, D_3 = \;\ldots\ldots\; 1{,}16 \text{ m}.$$

Mit den Durchmessern D_3 und D_2 besitzt man Anhaltspunkte genug, um das Kranzprofil zu entwerfen und wird dabei für den Außendurchmesser des Laufrades und den Innendurchmesser des Leitrades etwa die Größen 2,00 und 2,06 m als passend finden. Mit dem letzteren Durchmesser und der meridionalen Geschwindigkeit

$$c_{m0} = 3{,}76 \text{ m/sek}$$

findet man die Leitradbreite

$$B_0 = \frac{12}{3{,}76 \cdot 2{,}06 \cdot \pi} \simeq \;\ldots\ldots\; 0{,}5 \text{ m}.$$

Die Maßskizze wird für den äußeren Eintrittsdurchmesser etwa ergeben

$$D_{1a} = \;\ldots\ldots\; 1{,}80 \text{ m}.$$

Der mittlere Eintrittsdurchmesser mag daher etwa sein

$$D_{1m} = \tfrac{1}{2}(1{,}06 + 1{,}80) = \;\ldots\ldots\; 1{,}43 \text{ m},$$

und demnach wäre die Anzahl der Laufradschaufeln etwa

$$z = 1{,}5\sqrt{D_{1m}} = \;\ldots\ldots\; 18.$$

Die Teilung am Außendurchmesser wird also

$$t = \frac{1920\,\pi}{18} = \,.\,.\,.\,.\,.\,.\,.\,.\,.\ 325\ \mathrm{mm},$$

und die Kranzhöhe würde etwa

$$H_k = 0{,}5 \text{ bis } 0{,}6\, t \cong \,.\,.\,.\,.\,.\,.\,.\ 150\ \mathrm{mm}.$$

Unter Korrektur früherer Annahmen kann man das Turbinenprofil nunmehr vollständig aufzeichnen (vgl. Fig. 258).

166. Die Reihe der Einheitsturbinen. Wo sich die Aufgabe, Turbinen zu berechnen, häufig wiederholt, kann man sich die Arbeit dadurch erleichtern, daß man ein für allemal eine fortlaufende Reihe von Einheitsturbinen[1]) aufstellt, die nach den spezifischen Drehzahlen geordnet ist. Man erhält eine derartige Reihe dadurch, daß man für eine kleinere Anzahl von passend abgestuften spezifischen Drehzahlen die Turbine berechnet und dann die Zwischenwerte durch (graphische) Interpolation ermittelt. Die Reihe wird am besten graphisch dargestellt, indem man die Abmessungen der Turbinen als Ordinaten über den spezifischen Umlaufzahlen als Abszissen aufträgt.

Soll mit Hilfe dieser Tabelle eine Turbine für einen bestimmten Fall ausgemittelt werden, so berechnet man zuerst ihre spezifische Drehzahl n_s nach der Formel

$$n_s = n\, N^{\frac{1}{2}}\, H^{-\frac{5}{4}}.$$

Die aus der Tabelle sich ergebenden Abmessungen der entsprechenden Einheitsturbine werden sodann nach Abschn. 99 im Verhältnis von

$$\frac{D}{D_s} = N^{\frac{1}{2}}\, H^{-\frac{3}{4}}$$

vergrößert. Damit wäre die Aufgabe für den entwerfenden Ingenieur in der Hauptsache gelöst. Für die Ausführung kommt indessen noch ein anderer Gesichtspunkt in Betracht, der im folgenden Abschnitt erörtert wird.

167. Modellreihen. Im Interesse einer billigen Fabrikation muß man sich bestreben, allen Anforderungen in Beziehung auf Gefälle, Leistung und Geschwindigkeit mit einer tunlichst kleinen Anzahl von Modellen oder Nummern zu genügen. Ein gegebenes Modell läßt sich schon durch die Einstellung der Finkschen Regulierung verschieden großen Wassermengen bei einem gegebenen Gefälle anpassen, und in der Ausführung kann man durch die bloße Abänderung der Schaufelwinkel beträchtliche Verschiebungen in der Geschwindigkeit hervorrufen, so daß sich für eine gegebene Nummer schon ein ziemlich weites Anwendungsgebiet ergibt. Eine Einschränkung liegt aller-

[1]) d. h. von Turbinen, die bei einem Gefälle von 1 m eine Leistung von 1 PS ergeben (vgl. Abschn. 99).

dings darin, daß, abgesehen von einzelnen Teilen (Laufrad u. a.), ein Modell nur für diejenige Anordnung verwendbar ist, für die es geschaffen wurde. So ist es z. B. ausgeschlossen, daß das Modell einer Niederdruckturbine mit senkrechter Achse für eine Anlage mit wagrechter Achse oder gar für eine Hochdruckturbine Verwendung finde. Stellt man aber für eine gegebene Anordnung eine Reihe von Modellen auf, deren Verwendungsbereiche lückenlos aneinander stoßen, so kann man wenigstens für die betreffende Anordnung allen Bedürfnissen entsprechen. Für jede andere Anordnung wäre wieder eine besondere Reihe aufzustellen.

Als maßgebende Größe einer Nummer innerhalb einer Modellreihe ist in erster Linie der Raddurchmesser zu betrachten. Sodann ist anzunehmen, daß man eine Turbine mit Finkscher Regulierung recht wohl für Fälle gebrauchen könne, bei denen die Durchflußmenge für dasselbe Gefälle um 30 v. H. kleiner ist, als diejenige, auf die die Turbine ursprünglich berechnet wurde, und zwar ohne daß man beim Zurückgehen der Wassermenge Gefahr läuft, in Gebiete zu geraten, wo der Wirkungsgrad stark abfällt. Demnach erschiene es als zulässig, die maximale Durchflußmenge bei unverändertem Gefälle von einer Nummer zur andern um 30 v. H. abzustufen; dies ergäbe für die Durchmesser geometrisch ähnlicher Turbinen eine Abstufung von rund 15 v. H.

Hat man auf Grund dieser oder einer ähnlichen Annahme die Reihe der Durchmesser gewählt, und entwirft man für jeden Durchmesser eine Modellreihe, die in passenden Stufen alle Grade der Schnelläufigkeit[1]) umfaßt, so ist man damit allen möglichen Bedürfnissen gewachsen. Innerhalb der einzelnen Stufen der Schnelläufigkeit kann man durch Abänderung der Schaufelwinkel ziemlich stark variieren, so daß man diese Stufen groß wählen kann. Es bedarf hier zur Anpassung an andere Verhältnisse nur eines anderen Paares von Preßklötzen oder einer neuen Kernbüchse für die Schaufeln. Bei Teilen, die mit der Schablone geformt werden, sind übrigens die Modellkosten so gering, daß man sich keinen Zwang aufzulegen braucht.

Da eine solche Modellreihe nur für eine Bauart anwendbar ist, müßte für jede andere Anordnung eine neue Reihe aufgestellt werden. Daraus scheint sich eine unabsehbare Zahl von Nummern zu ergeben; in Wirklichkeit ist die Sache nicht so schlimm, da je nach der Anordnung gewisse Grade der Schnelläufigkeit ausgeschlossen sind. So kommen bei Niederdruckturbinen keine Langsamläufer und umgekehrt bei Hochdruckanlagen keine Schnelläufer in Betracht.

Es ist auch nicht nötig, die Gießereimodelle für sämtliche Nummern zum voraus anzuschaffen. Ist die Reihe auf dem Papier aufgestellt, so fügt man derselben jedes neu anzufertigende Modell ein und kommt so nach und nach zur vollen Reihe.

Die Auswahl aus der Modellreihe gestaltet sich folgendermaßen. Der Bereich für die Anwendbarkeit einer Nummer wird durch die

---

[1]) Durch die spezifische Umlaufzahl ausgedrückt.

Wassermenge Q_1, die Leistung N_1 und die Drehzahl n_1 umschrieben, die dem betreffenden Modell bei 1 m Gefälle entsprechen würden; es mögen daher diese Größen als die Kennzahlen des betreffenden Modells bezeichnet werden. Entsprechen dieser Nummer bei einem Gefälle H die Größen Q, H und n, so sind die Kennzahlen nach Abschn. 98

$$\left.\begin{aligned} n_1 &= n H^{-\frac{1}{2}} \\ Q_1 &= Q H^{-\frac{1}{2}} \\ N_1 &= N H^{-\frac{3}{2}} \end{aligned}\right\} \quad \ldots \ldots \ldots \ldots (209)$$

Diese Kennzahlen werden für alle vorhandenen Modelle in einer Liste zusammengetragen. Hat man für gegebene Größen H, Q und n eine passende Turbine auszusuchen, so rechnet man die Kennzahlen aus und sucht aus der Tabelle dasjenige Modell aus, das sich diesen Kennzahlen so nahe anschließt, daß man die Übereinstimmung mit geringen Abänderungen des Modelles herbeiführen kann.

Bei Turbinen mit gegossenem Spiralgehäuse ist als maßgebendes Stück das Modell des Gehäuses anzusehen[1]). Als Kennzahlen einer Nummer haben daher vor allem die Weite des Eintrittsstutzens und der Raddurchmesser zu gelten. Die Weite des Eintrittsstutzens wird durch die Wassermenge und die als zulässig erachtete Eintrittsgeschwindigkeit bestimmt. Die letztere wird etwa so hoch angesetzt, daß ihre Geschwindigkeitshöhe 4 bis 6 v. H. des Gefälles ausmacht. Bei großen Wassermengen geht man im Bestreben nach Ersparnissen bis auf 8 v. H. und selbst noch höher.

Als Rad der größten Schluckfähigkeit wird man hier das Normalrand mit zweiseitigem Austritt ansehen können; denn da es sich in der Regel um größere Gefälle handelt, ist kaum ein Bedürfnis nach Schnelläufern vorhanden. Eine Verminderung der Schluckfähigkeit führt unter Verkleinerung der Radbreite in die Richtung der Langsamläufer und weiterhin zum einseitigen Ausguß.

Die Aufstellung einer guten Modellreihe ist eine Aufgabe, die viel Erfahrung, Umsicht und Sorgfalt erfordert.

Anhang.

168. Die Diagonalturbine. Bei der Francis-Turbine für Niederdruck ergibt sich ein sehr großer Platzbedarf im Durchmesser aus dem Umstand, daß der Leitapparat das Laufrad von außen umgibt und daß am Umfange überdies noch Raum für den Zufluß frei bleiben muß. W. Zuppinger[2]) erzielt nach Fig. 227 eine bedeutende Platzersparnis dadurch, daß er dem Leitapparat die Grundform eines abgestumpften Kegels gibt und das Wasser an der Basis in angenähert axialer Richtung zuführt. Derjenige Teil der parallelen

---

[1]) Die Gehäuse werden übrigens zur Ersparung der Modelle oft mittels Schablonen geformt.

[2]) Schweiz. Bauzeitung, 1915, Bd. 66.

Leitradwände, zwischen den die Finkschen Drehschaufeln eingebaut wird, erhält, um den Schaufeln die Drehbarkeit zu sichern, die Gestalt von schmalen Kugelzonen, und die Drehzapfen sind nach deren Mittelpunkt gerichtet.

Die Durchflußrichtung hält die Mitte zwischen der axialen und der radialen; daher mag sie als diagonal bezeichnet werden.

Die Austrittsverhältnisse lassen sich völlig klarlegen, sobald man das Wasser nach dem Austritt aus dem Leitrad zwischen parallelen Kegelflächen weiterführt. Unter dieser Voraussetzung hat man nur mit einer Ablenkung des Wassers in der Umfangsrichtung zu rechnen. Das in Fig. 228 hervorgehobene ringförmige Wasserelement, das eben aus dem Leitrad getreten ist, besitzt bei den eingeschriebenen Abmessungen eine Masse

$$dm = 2\pi r \frac{\gamma}{g} db\, ds\,.$$

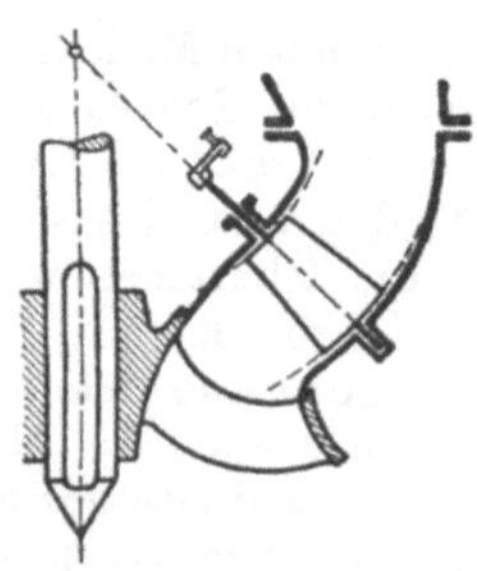

Fig. 227.

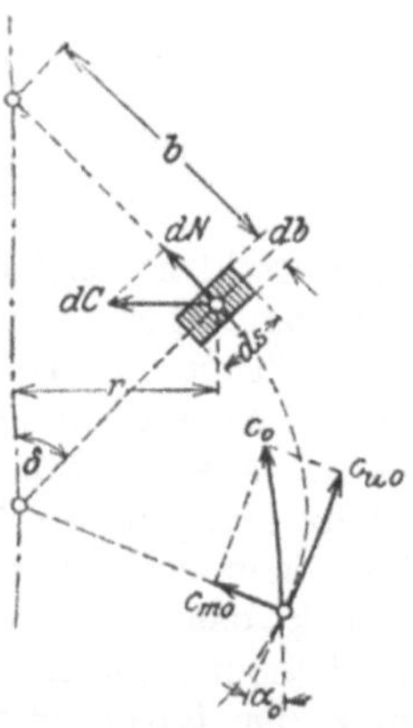

Fig. 228.

Seine Umfangsgeschwindigkeit c_{u0} erheischt eine Zentripetalkraft in radialer Richtung

$$dC = \frac{c_{u0}^2}{r} dm\,.$$

Diese wird hervorgebracht durch den Überdruck des außen anliegenden Wassers. Die Komponente von dC in der Richtung normal zu den Kegelflächen ist

$$dN = dC \cos\delta\,,$$

und dieser Druck muß von dem außen anliegenden Wasser auf das Element in der betreffenden Richtung ausgeübt werden. Da sich derselbe über eine Fläche

$$df = 2\pi r\, ds$$

gleichförmig verteilt, besteht in dem außen anliegenden Element in der Richtung der Schaufelkante eine nach außen gerichtete Zunahme des Flächendruckes im Betrage von

$$dp = \frac{dN}{df}\,.$$

Nimmt man noch Rücksicht darauf, daß

$$b \cos\delta = r, \quad \text{also } db \cos\delta = dr,$$

so erhält man nach einfacher Rechnung

$$dp = \frac{\gamma}{g} c_{u0}^2 \frac{dr}{r}$$

oder

$$dp = \frac{\gamma}{g} c_{u0}^2 \frac{db}{b} \qquad \text{(210)}$$

Eine zweite Beziehung für die Druckverteilung längs der Austrittskante des Leitrades ergibt sich aus der ohne Zweifel ziemlich zutreffenden Annahme, daß das wirksame Gefälle H_{w0} bis zur Schaufelkante für alle Punkte der letzteren denselben Wert

$$H_{w0} = \frac{c_0^2}{2g} + \frac{p_0}{\gamma}$$

besitze.

Differentiiert man diese Gleichung, so erhält man, gültig für alle Punkte der Schaufelkante,

$$d\,p_0 = -\frac{\gamma}{g}\,c_0\,d\,c_0.$$

Setzt man diesen Ausdruck gleich demjenigen unter (210), so erhält man, da nach Fig. 229

$$c_{u0} = c_0 \cos \alpha_0,$$

nach einfacher Rechnung

$$\cos^2 \alpha_0 \frac{d\,b}{b} = -\frac{d\,c_0}{c_0},$$

oder

$$\frac{d\,c_0}{d\,b} = -\frac{c_0 \cos^2 \alpha_0}{b}.$$

Die Austrittsgeschwindigkeit c_0 nimmt längs der Schaufelkante von außen nach innen zu, gleichwie der Druck in derselben Richtung kleiner wird.

Die Verteilung der Geschwindigkeit

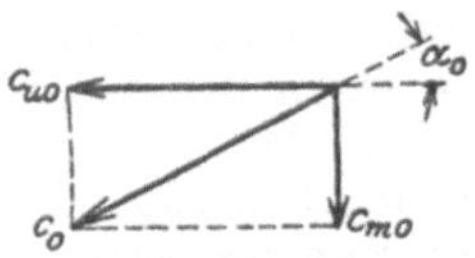

Fig. 229.

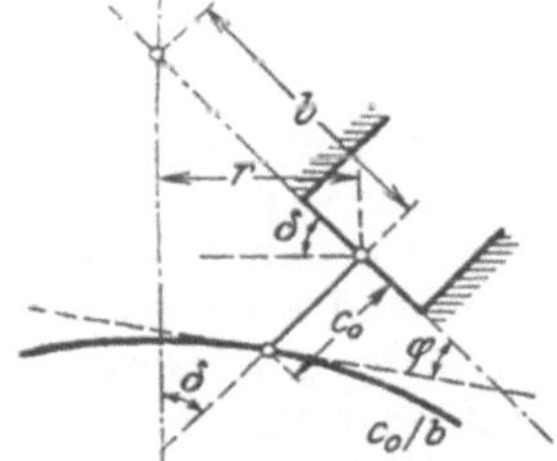

Fig. 230.

über die Schaufelkante läßt sich nach Fig. 230 durch eine Kurve zur Anschauung bringen, deren Tangente mit der Kante den Winkel φ einschließt, für den

$$\operatorname{tang} \varphi = \frac{d\,c_0}{d\,b} = -\frac{c_0 \cos^2 \alpha_0}{b}.$$

Wenn daher die Gestalt der Leitschaufel gegeben und somit der Winkel α als Funktion von b bekannt ist, so läßt sich die Kurve c_0/b tastend als Trajektorie ziehen, sobald ein Punkt bekannt oder angenommen ist. Diese Kurve besitzt zwei rechtwinklig zueinander stehende Asymptoten, von denen die Schaufelkante die eine ist; die andere geht durch den Punkt $b = 0$.

Aus der Kurve c_0/b läßt sich die Verteilung der meridionalen Geschwindigkeit c_{m0}, für die sich nach Fig. 229 die Beziehung ergibt

$$c_{m0} = c_0 \sin \alpha_0,$$

punktweise ausrechnen und in ähnlicher Weise durch eine Kurve c_{m0}/b darstellen. Multipliziert man jede einzelne Ordinate mit

$$2\pi r = 2\pi b \cos \delta,$$

so hat das Produkt

$$q = (2\pi b \cos \delta)\, c_m \quad \ldots \ldots \ldots \ldots \quad (211)$$

die Bedeutung der pro Einheit der Kantenlänge durchfließenden Wassermenge, vorausgesetzt, daß man die Verengung der Durchflußquerschnitte durch die Schaufeldicken außer acht lassen dürfe. Durch das Auftragen dieser Werte für einzelne Punkte gewinnt man endlich nach Fig. 231 Aufschluß über die Verteilung der Durchflußmenge längs der Schaufelkante. Die von der Kurve q/b abgeschlossene Fläche Fig. 231 mißt die ganze Durchflußmenge, und wenn man diese durch Probieren in schmale Streifen von gleichem Inhalt zerlegt, so ersieht man daraus, wie sich die Durchflußmenge längs der Kante verteilt.

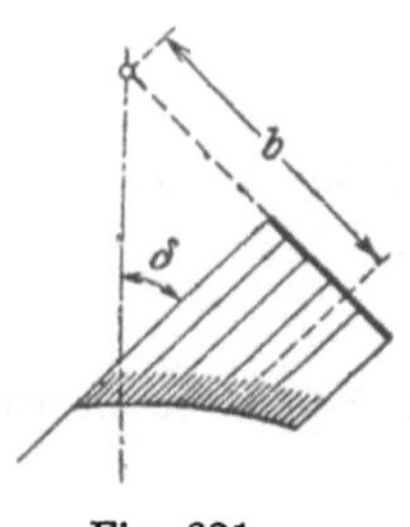

Fig. 231.

Die Maßstäbe, in denen die Ordinaten der Kurven q/b, $c_{m\,0}/b$ und c_0/b zu messen sind, müssen daraus ermittelt werden, daß die Fläche in Fig. 231 eine bestimmte Durchflußmenge bedeutet.

Kennt man die Verteilung des Wassers längs der Schaufelkante, so ist auch die meridionale Geschwindigkeit für jeden Punkt der Kante bestimmbar, und dies bietet die Möglichkeit, für jeden Punkt der Kante das Eintrittsdiagramm zu konstruieren.

Das Laufrad hat ungefähr die Gestalt eines Expreßläufers. Zwischen Leit- und Laufrad befindet sich ein großer Zwischenraum.

19. Kapitel.

Die Schaufelung des Leitrades.

169. Zutritt des Wassers zum Leitrad. Setzt man die Turbine mitten in einen weiteren Raum, Schacht oder Kessel, so strömt ihr das Wasser von allen Seiten in annähernd radialer Richtung zu. Dementsprechend erhalten die Leitschaufeln einen Ansatzwinkel von annähernd 90°. Die Geschwindigkeit, mit der das Wasser aus dem Zuflußkanal oder aus der Druckleitung in den Schacht oder Kessel tritt, geht dabei vollständig verloren. Will man sie retten, so muß man das zuströmende Wasser mittels eines Spiralgehäuses *stetig*, also ohne plötzliche Geschwindigkeits- und Richtungsänderungen dem Leitrad zuführen. Dabei ergibt sich von selbst eine mehr oder weniger tangentiale Zutrittsrichtung, der sich die Ansätze der Leitschaufeln anzupassen haben.

Das Spiralgehäuse baut man bei liegender Turbinenwelle vollständig symmetrisch zu einer Ebene normal zur Achse, und da dies die einfachste Gestalt des Gehäuses ergibt, ist bei der Spiralturbine die wagrechte Achsenlage die Regel. Doch kommt in neuerer Zeit für den direkten Antrieb von Elektrogeneratoren nicht selten die senkrechte Anordnung in Gebrauch, die eine bessere Ausnutzung des Raumes im Grundriß ermöglicht. Für niederen Druck führt man das Spiralgehäuse in Blech aus, und zwar mit Rücksicht auf die leichtere Herstellbarkeit in rechteckigem Querschnitt; desgleichen die im Betonfundament ausgesparten Spiralgehäuse großer Niederdruckturbinen mit senkrechter Achse. Bei höheren Gefällen wird das Gehäuse mit kreisförmigem Querschnitt in Gußeisen oder (für sehr große Drücke) in Stahlguß hergestellt.

Die Geschwindigkeit c_e des Wassers im Eintrittsstutzen wird etwa so hoch gewählt, daß die entsprechende Geschwindigkeitshöhe

4 bis 6 v. H. des Gefälles ausmacht, also

$$\left.\begin{array}{l} \frac{c_e^2}{2g} = 0{,}04 \text{ bis } 0{,}06\,H \\ c_e = 0{,}80 \text{ bis } 1{,}1\,\sqrt{H} \end{array}\right\} \quad \ldots\ldots \quad (212)$$

Vom Eintritt an läßt man den Gehäusequerschnitt stetig abnehmen, so daß die Geschwindigkeit im Gehäuse konstant bleibt.

Wird das Wasser durch eine Druckleitung zugeführt, so schließt man die Turbine mit einer kegelförmigen Röhre an das Spiralgehäuse an. Öfters wird der Eintrittsstutzen des Gehäuses selbst konisch gestaltet; dann sind die Angaben über die Eintrittsgeschwindigkeit auf den Übergang in den spiralförmigen Teil des Gehäuses zu beziehen.

Bei der Diagonalturbine läßt sich die Zuflußgeschwindigkeit im Druckrohr durch einen axialen Anschluß nützlich verwenden.

170. Die **Zahl der Leitschaufeln** soll mit dem Raddurchmesser langsam zunehmen; bei wachsender Breite müßte sie eher wieder etwas abnehmen, damit die Kanäle verhältnismäßig weniger schmal ausfallen. Da man aber dasselbe Modell für verschiedene Radbreiten zu verwenden pflegt, dürfte es zweckmäßiger sein, die Schaufelzahl nur auf den Durchmesser allein zu beziehen. Als Anhaltspunkt mag die Formel dienen

$$z_0 = 1{,}3 \text{ bis } 2\sqrt{D_0}, \quad \ldots\ldots\ldots \quad (213)$$

wobei D_0 den inneren Leitraddurchmesser in cm bedeutet. Die Zahl ist auf ein ganzes Vielfaches von 2, 4 oder 6 abzurunden.

Da bei Anwendung eines Spiralgehäuses das Wasser bereits mit einer tangentialen Richtung zutritt, kann hier die Zahl der Leitschaufeln etwas kleiner gewählt werden.

171. Der Auslauf der Leitschaufeln soll einen zwanglosen Austritt des Wassers ergeben (vgl. Kap. 15). Da das Leitrad beidseitig von flachen Kränzen begrenzt wird, muß der Schaufelrücken vom Punkte B an, der der Kante der nächsten Schaufel gegenüber liegt, nach einer logarithmischen Spirale gekrümmt sein und die Vorderseite soll wenigstens an eine logarithmische Spirale anlaufen (vgl. Fig. 232). Die Spirale kann durch ihren Krümmungskreis ersetzt werden, dessen Halbmesser die Größe hat

$$\varrho = \frac{r}{\cos\alpha_0} \quad \ldots\ldots\ldots\ldots \quad (214)$$

172. Feststehende Leitschaufeln kommen zwar wohl nicht mehr zur Anwendung; da sie indessen den einfachsten Fall darstellen, mögen sie einleitungsweise dennoch behandelt werden.

Als gegeben ist vor allem der innere Leitraddurchmesser D_0 anzusehen, der um einen angemessenen Spielraum größer als der Eintrittsdurchmesser D_1 des Laufrades zu wählen ist. Ferner ist bekannt die Radbreite B_0 und die Zahl z_0 der Leitschaufeln und der Auslaufwinkel α_0 oder die lichte Kanalweite a_0 bzw. die meridionale Kanalweite m_0 (vgl. Abschn. 133). Nach Fig. 232 wird zunächst der Auslauf entworfen. Dessen Dicke s_0 wird so fein gehalten, als es die Rücksichten auf die Festigkeit und die Herstellung erlauben. Bei gegossenen Schaufeln läßt man zur Steigerung der Festigkeit nach rückwärts eine beträchtliche Verdickung eintreten. Die Ausgestaltung des übrigen Teiles der Schaufel hängt von der Richtung ab, in der das Wasser dem Leitrad zufließt. Bei radialem

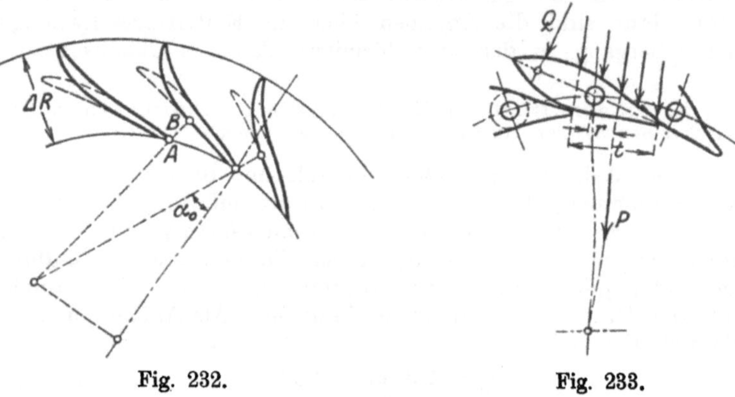

Fig. 232. Fig. 233.

Zutritt ist ein radialer Ansatz erforderlich. Für eine sanfte Entwicklung des Kanals bedarf es etwa einer Kranzbreite

$$\Delta R = 3{,}5 \text{ bis } 4\,a_0,$$

wenn man mit a_0 die lichte Weite des Kanales an der engsten Stelle bezeichnet.

Besitzt die Turbine ein Spiralgehäuse, so wären die Schaufeln etwa wie punktiert gezeichnet zu gestalten; die Kanallänge und die Kranzbreite fallen bedeutend kürzer aus; dagegen werden die Konvergenzverhältnisse um so ungünstiger, Grund genug, um die Kanallänge möglichst zu verkürzen.

Mit Rücksicht auf die Dicke s_0 der Schaufeln am Auslauf wäre die errechnete Radbreite B_0 im Verhältnis von $(a_0 + s) : a_0$ zu vergrößern. Bei feststehenden Leitschaufeln darf diese Korrektur nicht unterbleiben, da sonst die vorgeschriebene Wassermenge nicht durchgesetzt würde.

Für das Aufzeichnen sei auf Abschn. 133 und 134 verwiesen.

173. Die Finkschen Drehschaufeln müssen in der Mitte zur Aufnahme des Drehbolzens stark verdickt werden. Da dies aber die Ausgestaltung des Leitkanals wesentlich erschwert, darf die Verdickung nicht stärker gehalten werden, als wegen der Festigkeit der

Bolzen durchaus nötig ist; ihre Stärke muß also vorgängig bestimmt werden wie folgt.

Nach Fig. 233 liefert der Wasserdruck bei völlig geschlossenen Schaufeln eine größte Belastung

$$P = t B_0 H \gamma;$$

der Hebelarm, an dem seine Resultante angreift, ist

$$r \gtreqless \tfrac{1}{2} t.$$

Hat man den Angriffspunkt und die Richtung der drehenden Kraft Q gewählt, so ist die Belastung des Drehbolzens bestimmbar, und zwar wird sie nicht leicht größer als $2P$ werden. Rechnet man mit diesem Werte und betrachtet man den Drehbolzen als gleichförmig belasteten, an beiden Enden fest eingespannten Träger, so kann man sich zur Berechnung seiner Stärke der Formel bedienen

$$d = \sqrt[3]{\frac{B_0^2 t H}{4800}}, \quad \ldots \ldots \ldots \quad (215)$$

worin das Gefälle H in m, alle übrigen Abmessungen dagegen in cm einzusetzen sind. Der zum Drehbolzen konzentrische Zylinder, der sich in das Schaufelprofil einschreiben läßt und den man als **Schaufelnabe** bezeichnen mag, würde ungefähr einen doppelt so großen Durchmesser erhalten.

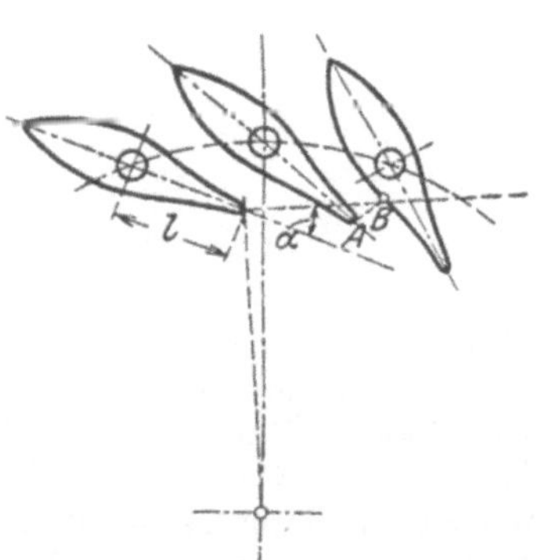

Fig. 234.

Es sei die Zahl der Schaufeln und der Kreis gegeben, auf dem die Drehbolzen stehen. Nach Fig. 234 soll die Seite der Schaufel, die dem Laufrade zugekehrt ist, vom Punkte B an der Bedingung des zwanglosen Austrittes genügen (vgl. Abschn. 128), d. h. im vorliegenden Falle (bei unveränderlicher Radhöhe) nach einer logarithmischen Spirale oder wenigstens nach deren Krümmungskreis profiliert werden. Dabei ist der Punkt B für die kleinste Öffnung zu bestimmen, für die man noch auf kontraktionsfreies Ausströmen rechnet. Soll diese Bedingung auch noch für die Öffnung null erfüllt werden, so kommt B auf die Schaufelnabe zu liegen; der von der Schaufelspitze beschriebene Kreis muß daher in seiner Verlängerung durch das Mittel des nächsten Drehbolzens gehen und es wird $l = t$. Nimmt man als kleinste Öffnung einen Wert an, der größer als null ist, so rückt der Punkt B nach außen, und indem man mit der Nabe nachrückt, kann man die Schaufel kürzen. Da dieses eine Verminderung des vom Wasserdrucke erzeugten Drehmomentes auf die Schaufel und durch Abkürzen des engsten Kanalteiles eine Verbesserung in

Hinsicht auf die Reibungsverluste bedeutet, pflegt man in der Regel $l < t$ zu nehmen, und zwar etwa

$$l = 0{,}7\,t \qquad (216)$$

Gewöhnlich wird die Schaufel in ihrem vorderen Teil symmetrisch gestaltet; somit ist dieser nunmehr festgestellt. Daß die Schaufel am vorderen Ende der Festigkeit wegen nicht in eine scharfe Schneide auslaufen darf, sondern noch eine gewisse Dicke haben muß, versteht sich von selbst.

Nunmehr wird der hintere Teil der Schaufel unter Rücksichtnahme auf die Richtung des Zuströmens nach dem Gefühl ergänzt. Dabei kann (auch bei radialem Zutritt) in der Regel die Symmetrie

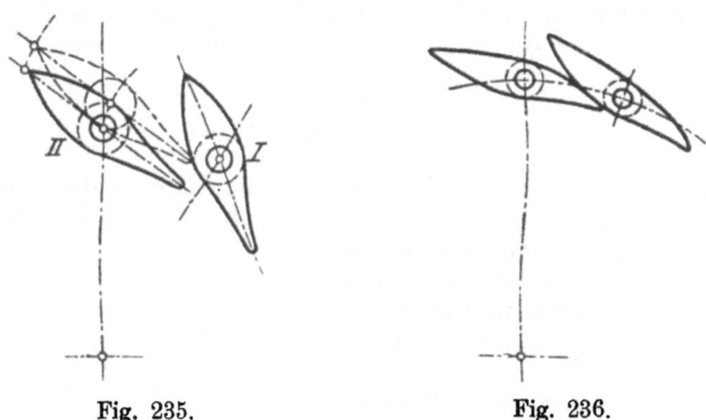

Fig. 235. Fig. 236.

beibehalten werden, wie in Fig. 234 gezeigt ist. Um ein Bild des Kanales zu bekommen, muß man unbedingt zwei benachbarte Schaufeln bei größter Öffnung aufzeichnen. Das Kanalprofil ist namentlich darauf zu prüfen, ob die engste Partie nicht zu lange ausfalle. Mängel in dieser Hinsicht lassen sich dadurch verbessern, daß man die Länge l des vorderen Teils kürzt, oder indem man das Verhältnis zwischen Bolzenabstand und Nabendicke vergrößert, was sich durch eine Verminderung der Schaufelzahl und durch eine Erweiterung des Bolzenkreises erreichen läßt.

Beim Entwerfen des Leitrades bildet der Außendurchmesser des Laufrades den Ausgangspunkt. Unter Annahme eines angemessenen Spielraumes wählt man den Kreis, auf dem bei größter Öffnung die Schaufelkanten liegen, also den inneren Leitraddurchmesser. Hat man ferner den größten Wert des Austrittswinkels α_0 gewählt, der wohl selten über 45^0 hinausgehen wird, so ist es leicht, den Bolzenkreis durch Probieren zu finden, sobald man die äußere Schaufellänge l gewählt hat.

Es empfiehlt sich, die Prüfung des Kanalprofiles auf die Schaufelstellung bei der kleinsten Öffnung bzw. bei gänzlichem Schluß auszudehnen. Dabei leistet das Verfahren von E. Braun[1]) gute Dienste. Denkt man sich in Fig. 235 die Schaufel I festgehalten und schwenkt man den ganzen Leitapparat um den Bolzen I herum, so verschieben sich alle übrigen Leitschaufeln parallel zu sich selbst, und zwar auf Kreisbogen, deren Halbmesser gleich dem Bolzenabstand I—II sind.

Recht bequem lassen sich die Leitschaufeln nach Fig. 233 und 236 in ganz geschlossener Stellung entwerfen. Dabei legen sich die Schaufeln mit ihrer inneren Seite angenähert an einen Kreis aus dem Mittelpunkt der Turbine. Nur darf man nicht unterlassen, die Gestalt des Kanales für die vollständige Öffnung zu prüfen.

Bei tangentialem Zutritt des Wassers, wie er sich bei Spiralturbinen bildet, läßt sich die Symmetrie der Schaufeln nicht mehr beibehalten; vielmehr muß der äußere Teil nach Fig. 236 in der Richtung der Tangente abgebogen werden.

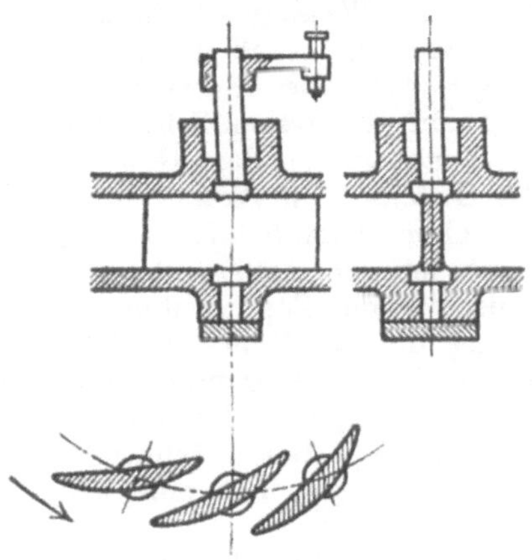

Fig. 237.

Man wird finden, daß es namentlich bei tangentialem Zutritt um so schwieriger wird, ein gutes Profil zu entwerfen, je dicker die Nabe ist. Wo man aus diesem Grunde in Verlegenheit kommt, empfiehlt sich eine andere Form der Drehachse, die gerade bei Spiralturbinen für Hochdruck allgemein gebräuchlich geworden ist. Anstatt daß man die Schaufeln sich lose um feste Bolzen drehen läßt, gibt man ihnen zwei angegossene Zapfen, wobei Stahlguß als Material vorausgesetzt ist. Der eine verlängerte Zapfen wird durch eine abgedichtete Öffnung im einen Kranz ins Freie geführt und dort mittels eines aufgekeilten Hebels von einem gemeinsamen zentralen Ringe aus durch eine kurze Schubstange bewegt. Da die Schaufel, wie sich aus Fig. 237 ergibt, in der Mitte nicht wesentlich verdickt zu werden braucht, ist man in der Formgebung viel freier und es ist nicht schwer, der Schaufel ein Profil zu geben, bei dem der Kanal in allen Schaufelstellungen günstige Konvergenzverhältnisse zeigt.

Der Umstand, daß der Mechanismus zum Drehen der Schaufeln von außen zugänglich ist und jederzeit geschmiert werden kann, bildet einen großen Vorteil.

Da hier die Drehbolzen, durch die sonst die Verbindung zwischen den beiden Kränzen des Leitrades hergestellt wird, in Wegfall gekommen sind, bringt man als Ersatz einige besondere Stehbolzen oder einige leitschaufelartigen Stege an, die außerhalb des Leitschaufelsystems liegen.

[1]) Zeitschr. f. d. ges. Turbinenwesen 1905, S. 220.

174. Das Moment zum Drehen der Schaufeln sollte bekannt sein, wenn man den Mechanismus zur Bewegung der Finkschen Regulierung entwerfen will. Die Widerstände, die zu überwinden sind, setzen sich zusammen aus dem Wasserdruck auf die Schaufeln, aus der Zapfenreibung und aus den Reibungen im Gestänge.

Bei geöffneten Schaufeln hängt der Wasserdruck nach Größe und Angriffslinie vom Kanalprofil und von den Geschwindigkeiten des Wassers ab, und zwar in einer so verwickelten Weise, daß im allgemeinen nur der Versuch Aufschluß geben kann. In dem Sonderfalle, wo die Schaufeln ganz oder nahezu geschlossen sind, ist es indessen leicht, einen Einblick zu gewinnen, und da in diesem Augenblick der Widerstand des Wasserdruckes einen Größtwert annimmt, genügt es für praktische Zwecke, diesen Fall zu betrachten. Solange die Wassergeschwindigkeiten verschwindend klein sind, darf man annehmen, daß die Druckverhältnisse dem statischen Zustande entsprechen, wie er bei völlig geschlossenen Schaufeln besteht; es liegt auf der freien Schaufelfläche von der Länge t (vgl. Fig. 233) ein Druck gleich dem Gewicht einer Wassersäule von der Höhe H des Gefälles. Die Kraft Q zum Drehen der Schaufel greift auf einer gewählten Angriffslinie an; sie soll ein Drehmoment ausüben, das gleich ist der Summe des Drehmomentes des Wasserdruckes und desjenigen der Zapfenreibung. Diese hängt von der Zapfenbelastung ab, die die Resultante des Wasserdruckes, der erst noch zu bestimmenden Drehkraft Q und der einstweilen ebenfalls noch unbekannten Zapfenreibung ist. Da überdies der Reibungskoeffizient der Zapfen je nach deren Beschaffenheit und Zustand recht verschiedene Werte annehmen kann, hat man allerhand Schwierigkeiten und Unsicherheiten vor sich.

Von den Einzelkräften Q ausgehend, läßt sich schließlich auch die ganze Drehkraft ermitteln, sobald der kinematische Zusammenhang des Mechanismus gewählt worden ist; immerhin bereitet auch hier die Rücksichtnahme auf die Reibung in den verschiedenen Zapfen des Gestänges noch mancherlei Schwierigkeiten.

Man erkennt, daß die Aufgabe keine allgemeine Behandlung zuläßt; es muß jeder Fall besonders durchgerechnet werden. Damit man sich immerhin eine Vorstellung von der Größenordnung der vorkommenden Kräfte bilden könne, soll wenigstens das durch den Wasserdruck erzeugte Drehmoment berechnet werden, das immerhin den größten Teil des zu überwindenden Widerstandes ausmacht.

Unter Anwendung der Bezeichnung aus Fig. 233 erhält man bei z_0 Schaufeln und bei einem Gefälle H ein totales Drehmoment

$$\mathfrak{M} = z_0 \, r \, t \, B_0 \, H \gamma ,$$

wenn B_0 die Leitradbreite bezeichnet.

Die Schaufelteilung ist

$$t = \frac{\pi D_0}{z_0},$$

und der Hebelarm r, an dem die Resultierende des Wasserdruckes angreift, stehe zur Teilung in einem Verhältnis

$$\varphi = \frac{r}{t}.$$

Führt man diese Ausdrücke oben ein, so ergibt sich für das Drehmoment

$$\mathfrak{M} = \frac{\pi^2}{z_0}\varphi\gamma B_0 H D^2 \quad \ldots\ldots\ldots \quad (217)$$

Der ungünstigste Fall, der noch vorkommen kann, ist der, wo $l = t$ und $r = \frac{1}{2}t$, also $\varphi = 0{,}5$. Unter diesen Annahmen erhält man beispielsweise für $B_0 = 0{,}8$ m, $D = 2$ m, $H = 10$ m und $z = 30$ mit $\gamma = 1000$ ein Drehmoment des Wasserdruckes von

$$\mathfrak{M} = 5264 \text{ mkg}.$$

Kürzt man aber den vorstehenden Teil der Schaufel auf $l = 0{,}7\,t$, so geht der Hebelarm zurück auf $r = 0{,}2\,t$; es wird also $\varphi = 0{,}2$, und das Moment sinkt auf

$$\mathfrak{M} = 2106 \text{ mkg}$$ [1]).

Nach Abschn. 170 soll die Schaufelzahl etwa betragen

$$z_0 = a\sqrt{D}.$$

Setzt man diese Beziehung unter der Annahme, daß sie streng erfüllt sei, in Gl. 217 ein, so nimmt diese die Form an

$$\mathfrak{M} = \frac{\pi^2}{a}\varphi\gamma B_0 H D^{\frac{3}{2}}.$$

Für den m als Einheit ist $a = 20$ und $\gamma = 1000$ zu setzen, und es wird alsdann

$$\mathfrak{M} = 493{,}5\,\varphi B H D^{\frac{3}{2}} \quad \ldots\ldots\ldots \quad (218)$$

A. Strickler[2]) findet auf Grund von Versuchen an ausgeführten Turbinen, daß sich in der Tat die Öffnungsarbeit der Finkschen Regulierung durch einen Ausdruck von der Form

$$A = k B H D^{\frac{3}{2}} \quad \ldots\ldots\ldots \quad (219)$$

darstellen lasse. Die Zahl k ändert sich von einer Turbine zur andern wenig, sobald der zur Bewegung der Schaufeln benützte Mechanismus ähnlich bleibt. Verschiedenartige Mechanismen aber rufen auch stark verschiedenen Werten von k. Es muß also angenommen werden, daß die Art des Bewegungsmechanismus einen starken Einfluß auf den Kraftaufwand ausübe.

[1]) Die Kürzung des vorderen Teiles der Schaufel führt also eine ganz bedeutende Erleichterung des Reguliermechanismus herbei.

[2]) Dissertation d. eidgen. Techn. Hochschule, Zürich 1916.

20. Kapitel.

Die Schaufelung des Laufrades mit radialem Austritt.

175. Radprofil, Ansatz und Auslauf der Schaufeln. Das Laufrad mit radialem Durchfluß zeigt die einfachsten Verhältnisse und eignet sich daher gut zur Einführung in das Studium der Schaufelung der Francis-Turbinen. Genau genommen gibt es heute keine Turbinnen mit rein radialem Durchfluß mehr, da man alle Laufräder, wie Fig. 238 zeigt, nach innen zu erweitern pflegt. Der eine Kranz, der als Radboden die Verbindung mit der Nabe herstellt, ist allerdings innerhalb des Bereiches der Schaufeln meistens ganz flach; dagegen hat der andere Kranz, der den Anschluß an das Saugrohr vermittelt, ein gleich von Anfang an axial ausweichendes Profil. Daher

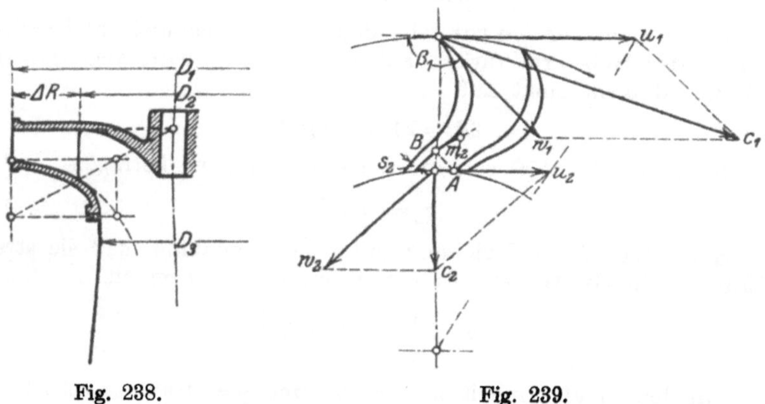

Fig. 238. Fig. 239.

vollzieht sich für alle Wasserfäden mit Ausnahme derjenigen, die dem Radboden entlang fließen, schon innerhalb des Laufrades eine axiale Ablenkung. Diese ist indessen so gering, daß der Unterschied zwischen der wirklichen Bewegung und ihrer Projektion auf die Radebene unbedeutend genug ist, um außer acht gelassen zu werden. Die Schaufeln erhalten die Gestalt von Zylinderflächen, deren Erzeugenden parallel zur Achse verlaufen; die Schaufel ist somit durch ihre Leitlinie oder ihr Profil bestimmt.

Die Kranzbreite ΔR ist so groß zu wählen, daß sie genügenden Raum für eine sanfte Ablenkung der Kanäle bietet. Je stärker diese gekrümmt sind, also je größer der Ansatzwinkel β_1 ist, desto breiter muß der Kranz sein. Bezeichnet t_1 die Schaufelteilung am äußeren Umfang, so nehme man vorläufig etwa

$$\Delta R : t_1 = 1{,}2 \qquad 1{,}45 \qquad 1{,}7$$

für

$$\beta_1 = 60^0 \qquad 90^0 \qquad 120^0.$$

Sollte sich ergeben, daß zwischen den Durchmessern D_1 und D_2 nicht genügend Platz für die Entwicklung der Schaufeln bleibt, so kann man entweder die Schaufeln in den Raum des axialen Austrittes hinabziehen oder ihre Zahl vermehren, also die Teilung verkleinern.

Das Kranzprofil wird derart angenommen, daß das Wasser stetig ins Saugrohr übergeleitet wird; es dürfen dabei keine Wirbel und Ablösungen auftreten, und daher vermeidet man, das Wasser zu verzögern oder den Durchflußquerschnitt zu erweitern. Da es auf der andern Seite unzweckmäßig wäre, den Ausfluß zu beschleunigen und das Wasser mit größerer Geschwindigkeit ins Saugrohr eintreten zu lassen, wird man am besten tun, die meridionale Übergangsgeschwindigkeit ins Saugrohr konstant zu halten, und indem man diese Bedingung auch für das Gebiet der Laufradkanäle erfüllt, ergibt sich für das Profil des ganzen Laufrades eine Zunahme der Radbreite, die dem Halbmesser umgekehrt proportional ist: das Profil wird nach Fig. 238 durch eine gleichseitige Hyperbel gebildet; die absolute Bahn der zwanglosen Bewegung wird nach Abschn. 131 eine Archimedische Spirale.

Beim Entwerfen der Schaufelprofile hat man wie immer besondere Sorgfalt auf die Durchbildung des Ansatzes und des Auslaufes zu verwenden. Beim Ansatz hat man zunächst die Bedingung des stoßfreien Eintrittes zu erfüllen; sodann soll die Schaufel bis zum Punkte B_1, der der Eintrittskante A_1 der benachbarten Schaufel gegenüberliegt, dem Wasser die zwanglose Bewegung gestatten (vgl. Kap. 15, Fig. 186 und 187).

Der Auslauf muß das Wasser in meridionaler Richtung entlassen und sich vom Punkte B_2 an der zwanglosen Bewegung des Wassers anpassen; er erhält also das Profil einer Archimedischen Spirale. Zieht man nach Fig. 239 im Punkte B_2 die Tangente an das Profil des zwanglosen Austrittes, so muß sie auf dem Halbmesser durch A_2 die meridionale Kanalweite

$$m_2 = \frac{60}{z_2 n} c_{m2}$$

abschneiden (vgl. Abschn. 133).

Ist die Schaufeldicke s_2 gewählt, so kann man ihren Einfluß an Hand der Fig. 239 genauer verfolgen. Das Verhältnis zwischen der absoluten Austrittsgeschwindigkeit c_2 und der Geschwindigkeit c_{m2} unmittelbar nach dem Verlassen des Laufrades ist offenbar

$$\frac{c_2}{c_{m2}} = \frac{t_2}{k_2}.$$

Da sich c_{m2} aus dem rohen Austrittsquerschnitt findet, bekommt man aus dieser Beziehung die absolute Austrittsgeschwindigkeit c_2, die man nach einer vorläufigen Annahme in die Grundgleichung (141)

$$2\, u_1\, c_{u1} = 2\, g\, H_w - c_2^2$$

eingesetzt hat, um die Rechnung beginnen zu können. Es wird sich nun erweisen, ob der schätzungsweise angenommene Wert

$$\frac{c_2}{c_{m2}} = 1{,}2 \text{ bis } 1{,}25$$

ungefähr stimmt, oder ob man mit einem berichtigten Werte die Berechnung wiederholen muß.

Da selbstverständlich $c_2 > c_{m2}$ ist, tritt unvermeidlich ein Stoß auf. Dabei geht eine Druckhöhe verloren im Betrage von

$$H_{v2} = \frac{(c_2 - c_{m2})^2}{2g}.$$

Mit den angebenen Verhältniszahlen $c_2 : c_{m2} = 1{,}2$ bis $1{,}25$ findet sich die verlorene Druckhöhe

$$H_{v2} = 0{,}04 \text{ bis } 0{,}0625 \frac{c_2^2}{2g},$$

und da die Höhe, die der absoluten Austrittsgeschwindigkeit c_2 entspricht, nur ausnahmsweise 10 v. H. des ganzen

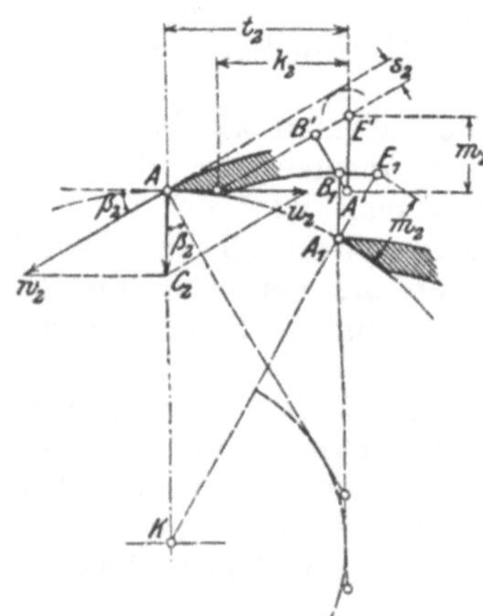

Fig. 240.

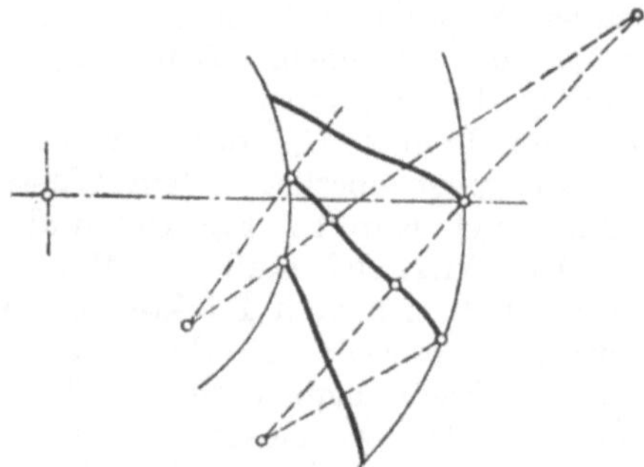

Fig. 241.

Gefälles überschreitet, fällt dieser Stromverlust nicht leicht größer als 4 bis 6,25 v. T. aus; er ist also unbedeutend.

Unter der Voraussetzung, daß man die Bahn des zwanglosen Austrittes als Evolvente ansehen dürfe, zeigt Fig. 240 die Konstruktion des Schaufelauslaufes. Macht man AA' gleich der Schaufelteilung $t_2 = AA_1$, und zieht man in B_1 die Tangente an die Evolvente, so wird durch dieselbe auf den Halbmesser durch A_1 die meridionale Kanalweite

$$m_2 = \frac{60}{z_2 n} c_{m2}$$

abgeschnitten (vgl. Abschn. 138).

176. Das Aufzeichnen der Schaufelung beginnt man damit, daß man den Ansatz und den Auslauf der Schaufeln ganz unabhängig voneinander entwirft. Hernach verdreht man die beiden Teile, etwa mit Hilfe eines Stückes Pauspapier, so weit gegeneinander, daß sie sich durch ein sanft gekrümmtes Zwischenstück miteinander verbinden lassen.

Hinsichtlich der Zuschärfung der Eintrittskante sei auf Abschn. 129 verwiesen.

Solange der Ansatzwinkel β_1 größer oder nicht viel kleiner als 90^0 ist, wird man auf keine Schwierigkeiten stoßen; man erhält nach Fig. 239 ein Profil mit einem Wendepunkt. Wenn aber β_1 unter einem gewissen Minimalwert bleibt und wenn man die Schaufel nicht zu sehr in die Länge ziehen will, so erhält man nach Fig. 241 ein Profil mit zwei Wendepunkten[1]. Ob nicht durch die vermehrten Widerstände des welligen Profils die Vorteile einer genaueren Durchführung des zwanglosen Eintrittes aufgewogen werden, muß dahingestellt bleiben.

177. Verwendungsbereich. Der radiale Durchfluß bedingt einen großen äußeren Durchmesser und kommt daher in Verbindung mit einer verhältnismäßig geringen Radbreite vor allem für Langsamläufer zur Anwendung. Sinngemäß wird man somit in der Regel einen Ansatzwinkel $\beta_1 > 90^0$ benützen, weil dieser eine kleine Umfangsgeschwindigkeit ergibt. Gelegentlich wählt man indessen $\beta_1 < 90^0$, wenn man vorhandene Modelle von Langsamläufern für größere Geschwindigkeiten verwenden will.

21. Kapitel.

Die Schaufelung des Laufrades mit axialer Ablenkung.

178. Voraussetzungen. Das Entwerfen der Schaufelung einer Francis-Turbine mit axialer Ablenkung ist keine ganz einfache Sache. Schon die doppelte Krümmung der Kanäle erschwert sowohl die Übersicht als auch die Darstellung. Die Verhältnisse in den verschiedenen Punkten eines und desselben Querschnittes weichen so stark voneinander ab, daß man nicht mehr von einem mittleren Wasserfaden ausgehen kann, der als maßgebend für den ganzen Durchfluß gelten darf. Um die Aufgabe an die Hand nehmen zu können, muß man zumeist einige mehr oder minder willkürliche Annahmen treffen, über deren Zweckmäßigkeit sich erst im Laufe der Arbeit ein Urteil gewinnen läßt und auf die man daher unter Umständen zurückkommen muß. Es läßt sich darum kein Verfahren angeben, das Schritt für Schritt sicher zum Ziele führt. Eine brauchbare Lösung wird nur derjenige liefern können, der mit einer guten geometrischen Schulung und den erforderlichen hydraulischen Kenntnissen noch ein feines Empfinden für das verbindet, was man dem Wasser an Änderungen seines Bewegungszustandes noch zumuten darf, ohne die Regelmäßigkeit der Strömung zu stören.

---

[1] Honold und Albrecht, Francis-Turbinen, Mittweida, 1908.

Vor allem wird auch hier wieder eine vollkommene Stetigkeit der Strömung vorausgesetzt, wie sie sich ergäbe, wenn man sich die Turbine mit einer unendlich großen Zahl von unendlich dünnen Schaufeln ausgerüstet denkt[1]). Es wird angenommen, daß alle Wasserfäden, die einen gegebenen Parallelkreis schneiden, unter sich völlig kongruent seien, so daß in allen Punkten eines Parallelkreises derselbe Zustand bestehe. Diese Fäden bilden in ihrer Gesamtheit eine Drehfläche, die wir als Stromfläche bezeichnen. Ihre Meridianlinien mögen Strom- oder Flußlinien genannt werden. Die Schnitte der Stromflächen mit den Schaufeln sollen den Namen Schaufelprofile erhalten. Man kann sich den ganzen Durchflußraum durch eine Anzahl von Stromflächen derart unterteilt denken, daß die so entstehenden Zwischenräume oder Wasserstraßen gleiche Bruchteile der gesamten Wassermenge durchlassen.

Führte man diese Stromflächen als feste Scheidewände aus, so würde die ganze Turbine in eine Anzahl von Teilturbinen zerlegt, innerhalb deren die Verschiedenheit zwischen den einzelnen Wasserfäden klein genug wäre, daß man das Verhalten des Wassers von einem mittleren Faden aus beurteilen könnte.

Man wird wohl keinen großen Fehler begehen, wenn man annimmt, daß für jede dieser Teilturbinen das wirksame Gefälle H_w denselben Wert besitzt, und da bei jeder der Eintritt stoßfrei und der Austritt mit derselben meridionalen Geschwindigkeit c_2 vor sich gehen soll, wird die Grundgleichung (141)

$$2\,g\,H_w - c_2^2 = 2\,u_1\,c_{u1}$$

gleichmäßig für alle Teilturbinen Geltung besitzen; es steht daher der Berechnung der einzelnen Teilturbinen nichts im Wege.

Die Durchflußgeschwindigkeiten in benachbarten Wasserstraßen werden sich nicht stark voneinander unterscheiden, und wenn man sich daher die eingebauten Scheidewände wieder beseitigt denkt, ist wohl anzunehmen, daß die nebeneinander verlaufenden Fäden benachbarter Straßen keinen merklichen Einfluß aufeinander ausüben und daher die Strömung dieselbe bleiben wird, wie zuvor. Die Ergebnisse der Berechnung der einzelnen Teilturbinen dürfen somit ohne weiteres auf die Wasserstraßen übertragen werden; demnach bildet die Kenntnis der Wasserstraßen die Grundlage für die Bestimmung der Schaufelung.

179. Die Wasserstraßen zu bestimmen, böte sich folgende Möglichkeit. Gegeben sei die Turbine mit ihrer Schaufelung, das Gefälle und die Umlaufzahl. In jedem Punkte des Durchflußraumes besteht ein ganz bestimmter Zustand des Wassers hinsichtlich der Größe und der Richtung der Geschwindigkeit. Zieht man versuchsweise

---

[1]) Daß in Wirklichkeit auf diesem Wege, d. h. durch eine übermäßige Vermehrung der Schaufelzahl, nichts zu erreichen ist, liegt auf der Hand; denn dies würde zu einer starken Steigerung der Reibungsverluste durch die Vergrößerung der benetzten Schaufelfläche führen.

die Wasserstraßen nach dem Augenmaß, so kann mit ihrer Hilfe der Geschwindigkeitszustand des Wassers punktweise bestimmt werden. Ob die Wasserstraßen richtig gewählt wurden, ergäbe sich daraus, daß sich das Wasser gleichförmig auf die einzelnen Straßen verteilte. Gegebenen Falles müssen die Straßen so lange abgeändert werden, bis diese Verteilung erreicht ist. Das wäre aber eine so mühsame und langwierige Arbeit, daß die Durchführung zur praktischen Unmöglichkeit würde, und damit stünde das ganze Problem in der Luft!

Nun gibt es aber in der Regel bei jeder Turbine zwei Stellen, wo sich die Straßenbreiten ziemlich sicher angeben lassen, so daß man sich für die dazwischen liegende Partie des Durchflußraumes mit einer gefühlsmäßigen Ergänzung der Stromlinien behelfen kann. Die eine dieser Stellen ist das außerschlächtige Leitrad, soweit darin der Durchfluß in Parallelkreisebenen vor sich geht, also die axiale Ablenkung noch nicht eingesetzt hat. Die zweite Stelle liegt beim Übergang ins Saugrohr, wo die axiale Ablenkung vollendet und die Umfangsgeschwindigkeit verschwunden ist. Man darf annehmen, daß an beiden Stellen alle Wasserfäden je unter denselben Bedingungen stehen und daher je die nämliche meridionale Geschwindigkeit c_m besitzen, und so läuft die Bestimmung der Straßenbreiten darauf hinaus, die betreffenden Querschnitte in inhaltsgleiche Ringflächen zu teilen[1]).

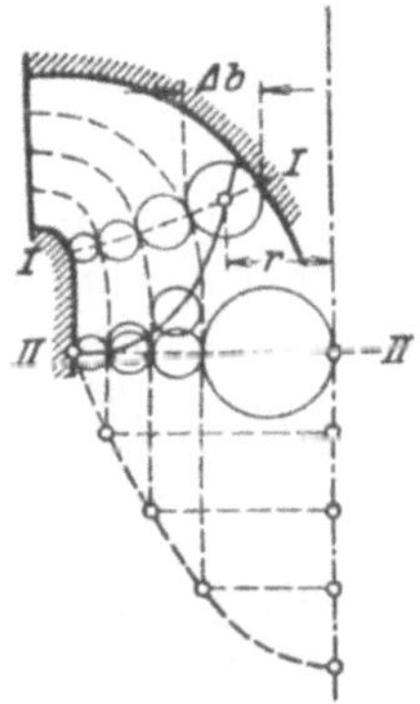

Fig. 242.

Um die Ergänzung vorzunehmen, zieht man zunächst die Stromlinien unter Verwendung der so erhaltenen Anhaltspunkte beim Ein- und beim Austritt nach dem Augenmaß und legt eine Anzahl von Normaltrajektorien hindurch. Die von diesen beschriebenen Drehflächen sind als die Turbinenquerschnitte aufzufassen[2]). Indem man von der Verengerung des Durchflußraumes durch die endliche Dicke der Schaufeln absieht und von der (willkürlichen) Annahme ausgeht, es sei die Geschwindigkeit c_m in allen Punkten eines Querschnittes dieselbe, kann man die Wasserstraßen dadurch bestimmen, daß man die Stromlinien so lange hin und her schiebt, bis die Stromflächen aus jedem Querschnitt lauter inhaltsgleiche Ringflächen herausschneiden, oder daß nach Fig. 242 längs einer jeden Trajektorie die Bedingung erfüllt ist

$$r \Delta b = \text{const}.$$

Damit auf jede Teilturbine die Gleichung

$$2 g H_w - c_2^2 = 2 u_1 c_{u1}$$

[1]) Für ebene oder nahezu ebene Kreisflächen leistet beim Einteilen eine konaxiale Parabel gute Dienste, wie aus Fig. 242 zu ersehen ist.

[2]) Man bezeichnet sie, übrigens ohne innere Berechtigung, gewöhnlich als Niveauflächen.

anwendbar sei, muß c_2 für alle Punkte der Austrittskante denselben Wert besitzen; somit muß die Bedingung $r \Delta b =$ konst innerhalb der ganzen Zone $I - I$, $II - II$ erfüllt sein, und es ergibt sich, daß das Bodenprofil nicht frei gewählt werden darf; es muß vielmehr den Kreis berühren, der beim Austritt in die innerste Wasserstraße eingeschrieben ist[1]).

Bei der Durchführung der Einteilung einer Querschnittsfläche in x flächengleiche Ringe ist folgendes Vorgehen zu empfehlen. Hat man die Stromlinien und die Trajektorien nach dem Augenmaße gezogen, so bildet man für die betreffende Trajektorie die Summe aller Werte $r \Delta b$, die das Maß für den ganzen Querschnitt abgibt. Von dieser Summe soll es auf jeder Straße den $x$ten Teil treffen. Schätzt man, zuerst für die äußerste Straße, den mittleren Halbmesser r ab, der sich zuverlässiger feststellen läßt als die zugehörige Straßenbreite Δb, so ist diese

$$\Delta b = \frac{1}{r} \frac{\sum (r \Delta b)}{x}.$$

Indem man die anliegende Stromlinie dem Ergebnis gemäß verbessert und das Verfahren für die übrigen Straßen wiederholt, erhält man mit wenig Tasten die gewünschte Einteilung.

Die Größe des Querschnittes ist

$$F = 2\pi \sum (r \Delta b).$$

180. Druckverteilung im Laufradkanal. Solange das Wasser im Leitrad sich auf Parallelkreisebenen bewegt, laufen alle Fäden unter sich kongruent, und in jedem Punkte einer konzentrischen Zylinderfläche besteht derselbe Zustand, also auch derselbe Druck. Erfährt das Wasser beim Austritt aus dem Leitrad eine starke axiale Ablenkung, so setzt sich deren Einfluß rückwärts ein Stück weit ins Leitrad fort und die Straßenbreite nimmt am Austritt nach dem Kranz hin ab; die meridionale Wassergeschwindigkeit wächst und der Druck sinkt in der Richtung parallel zur Achse, was durch die Erfahrung bestätigt wird.

Wie sich der Druck auf einer beliebigen Querschnittsfläche verteilt, davon gibt folgende Betrachtung eine Vorstellung.

Die absolute Bewegung eines Wasserteilchens m, das sich nach Fig. 243 durch einen Turbinenkanal bewegt, kann in zwei Bewegungskomponenten zerlegt werden, auf die beide das Prinzip von d'Alembert sich anwenden läßt. Die eine Bewegungskomponente sei in einer Parallelkreisebene enthalten; die zweite sei die meridionale Bewegung, also die Bewegung in der Richtung des Meridians der Stromfläche. Für die erste Komponente ergibt sich als Massen- oder Trägheitskraft die radial nach außen gerichtete Zentrifugalkraft

$$(C_1) = \frac{m c_u^2}{r},$$

und diese muß durch einen ebenso großen aber entgegengesetzt gerichteten Überdruck im Gleichgewicht gehalten werden. Eine zweite Trägheitskraft

$$(m q) = -\frac{m \, d c_u}{dt}$$

[1]) Bei Rädern mit erweitertem Austritt ist die Bedingung, daß c_2 längs der ganzen Austrittskante konstant sei, nur dann erfüllbar, wenn die Austrittskante in einen Querschnitt der Turbine fällt.

fällt in die Umfangsrichtung; sie kommt aber für den Flüssigkeitsdruck nicht in Betracht, da sie nach unseren Voraussetzungen (unendlich viele Schaufeln und daher konstanter Druck längs eines Parallelkreises) gleich unmittelbar durch die Schaufeln aufgenommen wird.

Sieht man zur Vereinfachung vom Einfluß des Eigengewichtes ab, so fallen außer dem einseitigen Flüssigkeitsdruck nur noch zwei Massenkräfte für die zweite Bewegungskomponente in die Rechnung. Die eine im Betrage von

$$(C_2) = \frac{m\, c_m^2}{\varrho},$$

wobei ϱ den Krümmungshalbmesser der betreffenden Stromlinie bedeutet, liegt in einer Axialebene und hat die Richtung vom Krümmungsmittelpunkt weg. Die zweite,

$$(m\, q_2) = -\frac{m\, d c_m}{dt},$$

liegt in der Richtung der Tangente an die Stromlinie nach hinten. Nach dem Prinzip von d'Alembert müssen die beiden Kräfte durch eine entsprechende

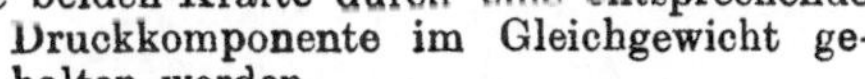
Druckkomponente im Gleichgewicht gehalten werden.

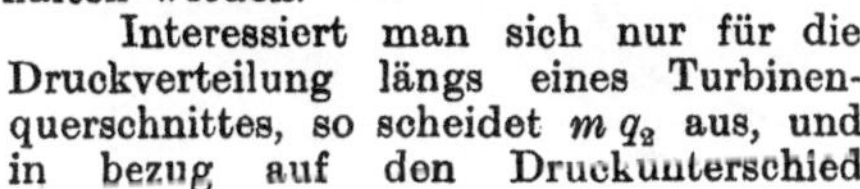
Interessiert man sich nur für die Druckverteilung längs eines Turbinenquerschnittes, so scheidet $m\, q_2$ aus, und in bezug auf den Druckunterschied

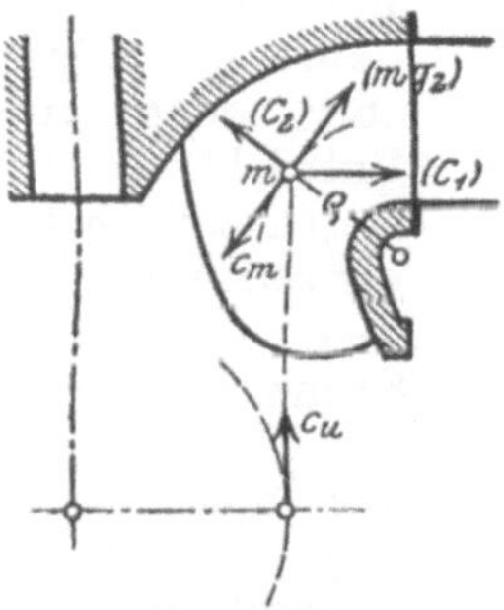

Fig. 243.

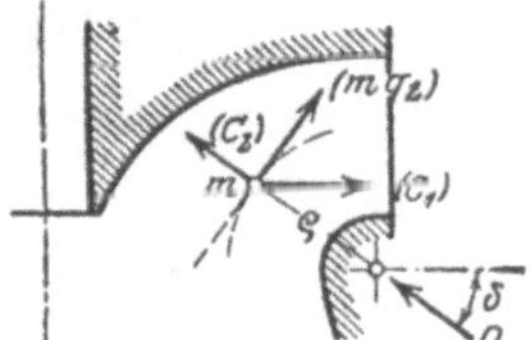

Fig. 244.

zwischen den auf demselben Querschnitt nebeneinander liegenden Punkten zweier benachbarten Wasserstraßen kommt es nur auf die Massenkräfte (C_1) und (C_2) an. Nach Fig. 244 ergibt sich für denselben

$$D = -(C_1)\cos\delta + (C_2).$$

Man bemerkt, daß sich die Wirkungen von (C_1) und (C_2) teilweise aufheben.

Wird die Stromlinie geradlinig, bewegt sich das Wasser also auf Kegel- bzw. Zylinderflächen, so wird $(C_2) = 0$ und man erhält zwischen zwei benachbarten Wasserstrassen einen einwärts gerichteten Überdruck in der Querschnittsfläche, der die Massenkraft $(C_1)\cos\delta$ im Gleichgewicht halten muß.

Nimmt der Druck infolge der überwiegenden Wirkung von $(C_1)\cos\delta$ von außen nach innen ab, so wird dafür die meridionale Geschwindigkeit innen größer und die Wasserstraßen werden schmaler. Die Querschnitte der Wasserstraßen können in diesem Falle nicht konstant sein und die Stromlinien müßten eine entsprechende Korrektur erfahren; sie wären nach innen etwas zusammen zu schieben und nach außen etwas auseinander zu rücken. Unsere Annahme, daß die Querschnitte der Wasserstraßen längs einer Trajektorie konstant seien, entspricht also keineswegs genau der Wirklichkeit; es kommt ihr lediglich die Bedeutung einer Verlegenheitshypothese zu.

181. Ausgangspunkte. Beim Entwerfen der Schaufelung ist das nach Kap. 18 bestimmte Turbinenprofil und die Drehzahl sowie die Anzahl der Laufradschaufeln als gegeben oder gewählt anzusehen.

Darauf werden nach Abschn. 179 die Wasserstraßen gezogen, wobei man sich vorbehalten muß, am Turbinenprofil Änderungen vorzunehmen, um die Bedingungen für eine gleichmäßige meridionale Austrittsgeschwindigkeit zu erfüllen. Durch die Wasserstraßen sind die meridionalen Geschwindigkeiten in allen Punkten des Durchflußraumes festgelegt[1]); man ist daher unter Umständen gezwungen, die ursprünglich getroffenen Annahmen über die meridionalen Wassergeschwindigkeiten in den verschiedenen Turbinenquerschnitten preiszugeben.

182. Das äußerste Schaufelprofil. Zur endgültigen Festlegung des Profils der Turbine bedarf es der Kenntnis der Kranzbreite. Da diese mit der Länge der Kanäle in Zusammenhang steht und gerade genügenden Raum für eine knappe, aber doch ausreichende Entwicklung der Kanäle bieten soll, hat man sich vor allem mit dem äußersten Schaufelprofil am Kranz zu beschäftigen.

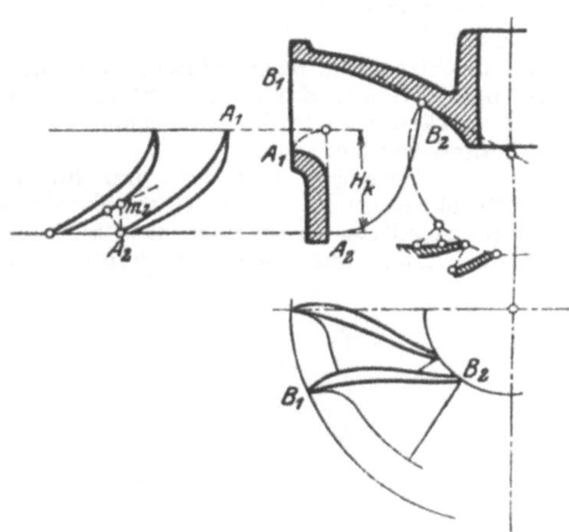

Fig. 245.

Der Ansatz ergibt sich aus dem Eintrittsdiagramm, das durch die Hauptgleichung (141):

$$2\,g\,H_w - c_2^2 = 2\,u_1\,c_{u1}$$

und die meridionale Eintrittsgeschwindigkeit festgelegt ist. Der Auslauf wird durch die meridionale Kanalweite

$$m_2 = \frac{60}{z_2\,n}\,c_{m2}$$

nach Abschn. 133 bedingt. Es würde sich sodann darum handeln, Ansatz und Auslauf flüssig miteinander zu verbinden. Die Lösung dieser Aufgabe setzt einen guten Überblick voraus. Beim Normalrad liegt das Schaufelprofil nach Fig. 245 mit Ausnahme des Ansatzes auf einer Zylinderfläche und kann mit dieser abgewickelt werden, so daß es leicht fällt, sich ein Bild von der Beschaffenheit des Kanals zu machen und je nachdem die Kranzbreite H_k passend abzuändern.

[1]) Sofern man von dem Einfluß der Verengung durch die Schaufeldicke absieht. Diesen mit in Rechnung zu ziehen, muß wohl oder übel auf die Ausgestaltung des Schaufelauslaufes beschränkt bleiben, wo man allerdings nicht darüber hinwegkommt.

Ist dagegen, wie bei Schnell- und Expreßläufern, das äußerste Profil nach Fig. 246 in einer Fläche mit gekrümmtem Meridian enthalten, so erhält man auf folgendem Wege eine längen- und winkeltreue Abwicklung. Man legt einen treppenförmigen Linienzug, der aus abwechselnden Stücken von Parallelkreisen und Meridianen zusammengesetzt ist, möglichst gleichmäßig verteilt über das Schaufelprofil, und zwar etwa derart, daß das Profil die Stufenhöhe halbiert. Biegt man diese Linienstücke gerade, ohne dabei die rechten Winkel, unter denen dieselben aneinander stoßen, zu stören, und hat man die Stufen nicht zu groß gewählt, so erhält man die gewünschte Abbildung, aus der sich ein Urteil über das Schaufelprofil gewinnen läßt. Man kann beim Aufzeichnen ebenso gut von der Axialprojektion ins Abbild als auch umgekehrt übergehen und daher seine Annahmen in demjenigen System treffen, in welchem sie am deutlichsten erscheinen[1]).

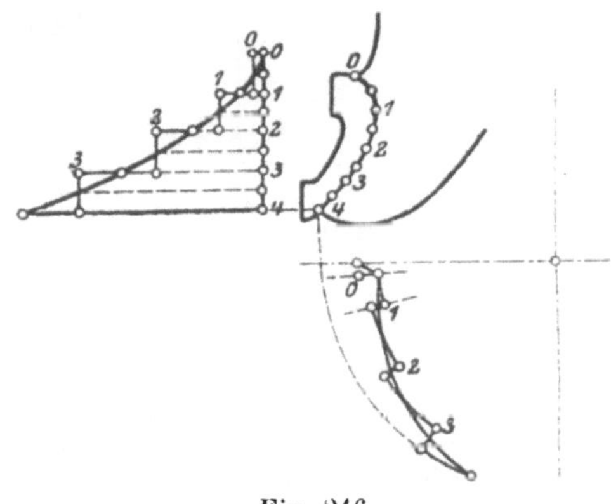

Fig. 246.

183. Das innerste Schaufelprofil am Boden der Turbine erscheint in der Regel in der Axialprojektion so wenig verzerrt, daß man seinen Lauf nach dieser beurteilen kann. Um den Schaufelauslauf zu entwerfen, verwendet man nach Fig. 245 den abgewickelten Kegel, der das Bodenprofil in B_2 berührt. Der Auslauf läßt sich mit der Schaufelteilung, der meridionalen Kanalweite und der Schaufeldicke nach Abschn. 133 in bekannter Weise entwerfen, worauf die Übertragung in die Axialprojektion mit Hilfe einiger Polarkoordinaten sich leicht durchführen läßt. Sollte der Ansatz nicht in einer Parallelkreisebene enthalten sein, so wäre für diesen ein entsprechendes Verfahren anzuwenden.

184. Von der **Austrittskante** sind nunmehr zwei Punkte bekannt, nämlich je der letzte Punkt der beiden äußersten Schaufelprofile; zwischen diesen Punkten kann die Kante ziemlich willkürlich gezogen werden. Es ist indessen sowohl für das Entwerfen als auch für die Ausführung bequem, ihr die Gestalt einer ebenen Kurve zu geben, die in einer Axialebene enthalten ist. In diesem Falle müssen die letzten Punkte der beiden äußersten Schaufelprofile am Kranz und am Boden in ein und dieselbe Axialebene fallen, und um diese Übereinstimmung zu erzielen, ist man genötigt, die beiden Profile

[1]) Für die Beurteilung des zwanglosen Austrittes ist der Umstand bequem, daß die logarithmische Spirale in der Abbildung als gerade Linie auftritt.

etwas hin und her zu ziehen. Im Grunde steht aber nichts im Wege, der Austrittskante die Gestalt einer doppelt gekrümmten Kurve zu geben; man wird in diesem Falle zunächst nicht die Kante selbst, sondern den Meridian der Drehfläche wählen, auf der sie enthalten ist.

Innerhalb der Kante muß am Boden noch Platz für die Löcher frei bleiben, durch die sich der Druck über dem Radboden nach dem Saugraum hin ausgleichen kann. In Fig. 247 ist gezeigt, wie man sich helfen kann, wenn der Platz knapp ist, was bei Schnellläufern meistens der Fall ist.

Die Ausgestaltung der Austrittskante zwischen den beiden gegebenen Punkten bleibt im übrigen ziemlich vollständig der Willkür überlassen. Wesentlich ist, daß im Hinblick auf die Reibung alle Wasserwege längs der Schaufel so kurz als möglich ausfallen. Einen ferneren leitenden Gesichtspunkt ergibt folgende Betrachtung.

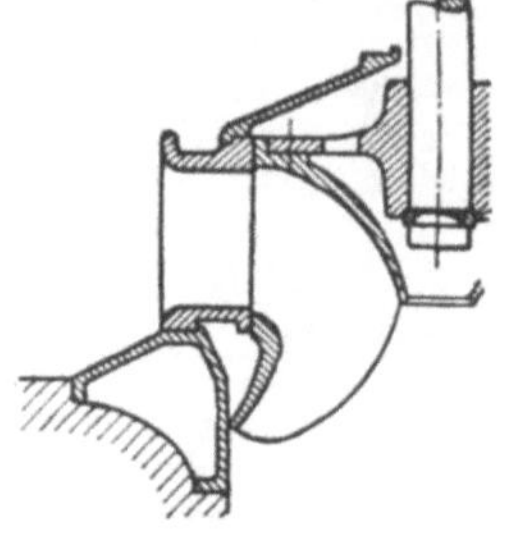

Fig. 247.

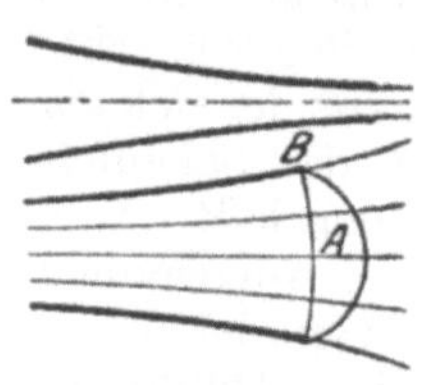

Fig. 248.

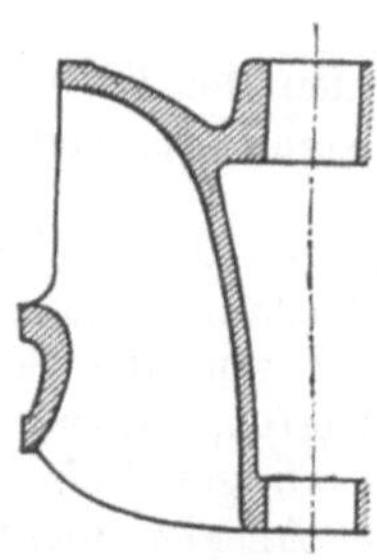

Fig. 249.

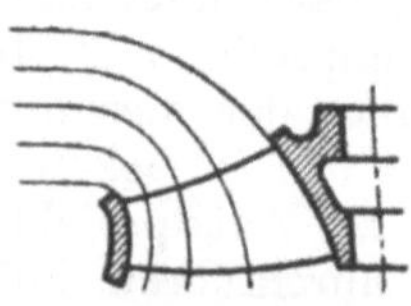

Fig. 250.

Wenn man in der in Fig. 248 dargestellten flachen Düse die Verjüngung im Längenschnitt über die Trajektorie normal zu den Stromlinien hinaus fortsetzt, so ist der Druck in A größer als in B, und es wird dieser Überdruck eine störende, zerstreuende Wirkung auf die seitlichen Wasserfäden ausüben. Hört die Verjüngung in A auf, so kommt dieser Überdruck allerdings nicht zustande; es bleibt aber die Reibung, die von der über A hinausragenden Wandung erzeugt wird. Man erhält somit die günstigsten Ausflußverhältnisse, wenn man die Mündung nach der Trajektorie abschneidet.

Daraus ergäbe sich, daß die Austrittskante der Schaufeln die Stromlinien unter rechtem Winkel schneiden sollte. Diese Bedingung erfüllt der in Fig. 249 gezeichnete Schnelläufer, und zwar unter Verwendung einer in der Axialebene enthaltenen Austrittskante. Die Verbesserung des Austrittes dürfte freilich mit der übermäßigen Verlängerung der Wasserwege für die inneren Fäden zu teuer bezahlt sein.

Fig. 250 zeigt, wie sich die Aufgabe bei Expreßläufern und ähnlichen Formen lösen läßt, ohne daß die einen Wasserwege ungehörig lang werden. Es dürfte darin ein wesentlichen Vorteil dieser Turbinenformen zu erblicken sein.

In den Fällen, wo die Austrittskante am Radboden stark zurückgeschnitten ist, sollte sie derart gezogen werden, daß sie wenigstens die äußersten Stromlinien annähernd rechtwinklig schneidet.

185. Die Konstruktion der Austrittskante als Normaltrajektorie zu den Schaufelprofilen bei beliebig gewählter Austrittsfläche ließe sich an Hand von Fig 251 auf folgendem Wege ausführen. Es sei P ein Punkt der Austrittskante, der in der Axialebene parallel zur Aufrißebene angenommen wurde, p die Tangente an das Schaufelprofil und k die Tangente an die Austrittskante in eben jenem Punkte P. Der Aufriß von p ist eine Tangente an die Stromlinie und derjenige von k berührt den Meridian der Austrittsfläche im Aufriß von P. Die Tangente p schließt mit der Umfangstangente im Punkte P den aus dem Austrittsdiagramm bekannten Winkel β_2 ein, und es ist somit die Lage von p gegenüber der Achse bestimmt. Ferner soll die Tangente k mit p einen Winkel von 90° einschließen, und daher ist auch die Lage von k gegenüber der Achse bestimmbar. Wiederholt man die Bestimmung von k für eine genügende Anzahl von Punkten P, so erhält man die gesuchte Schaufelkante als Hüllkurve, indem man die Tangenten k durch Verdrehen um die Achse der Reihe nach zum Schnitt unter sich bringt. Die Arbeit ist etwas mühsam, und das Ergebnis entspricht namentlich für die inneren Profile keineswegs der Bedingung der kürzesten Wasserbahnen. Daher entschließt man sich lieber zu einfacheren Annahmen. Immerhin pflegt man die Kante so zu wählen, daß sie wenigstens die äußeren Wasserstraßen rechtwinklig schneidet, während man sich für die inneren stark schiefwinklige Schnitte gefallen läßt.

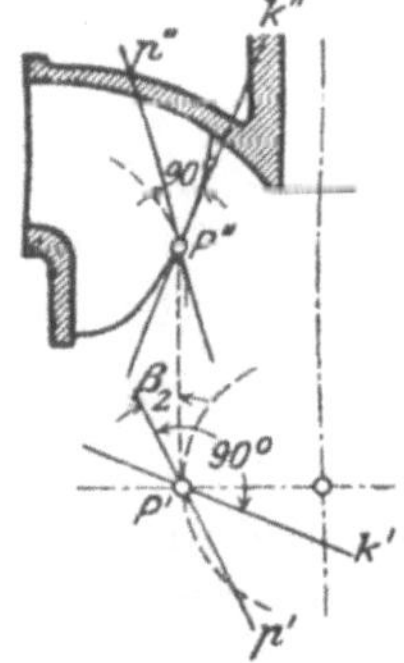

Fig. 251.

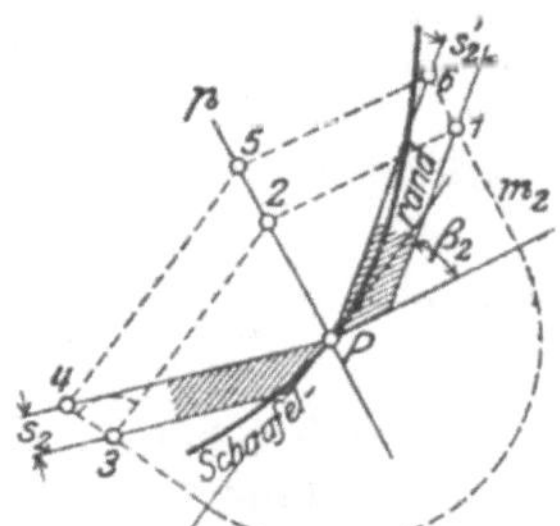

Fig. 252.

186. Der Schaufelauslauf, der im Hinblick auf den zwanglosen Austritt sehr sorgfältig auszuarbeiten ist, kann erst aufgezeichnet werden, wenn der Austrittswinkel β_2 bekannt ist. Dessen Bestimmung kann bei Turbinen ohne Erweiterung des Austrittes recht bequem mit Hilfe des für alle Wasserstraßen konstanten Wertes der meridionalen Kanalweite m_2 (vgl. Abschn. 133) vorgenommen werden.

Dabei ist aber für die Schaufeldicke nicht die Größe s_2 einzuführen, die normal zur Schaufelfläche gemessen wird, sondern die scheinbare Dicke s_2', wie sie sich aus dem schiefen Schnitt mit der Stromfläche ergibt. Unter der Annahme, daß die Austrittskante in einer Axialebene enthalten sei, läßt sich der Austrittswinkel β_2 nach Fig. 252 konstruieren. In dieser Figur bedeutet p die Tangente an die Stromlinie. Die Konstruktion beruht auf der Umklappung des rechtwinkligen Dreieckes, das der Schnitt durch die Schaufel mit der Umfangstangente und der meridionalen Kanalweite einschließt, und auf der Umklappung der Projektion eben dieses Dreieckes auf die Normalebene zur Kante.

Wesentlich unbequemer wird die Arbeit, wenn die Austrittskante nicht in einer Axialebene enthalten ist; doch soll darauf nicht näher eingetreten werden.

Die Ausarbeitung des Schaufelauslaufes für zwanglosen Austritt ist in bekannter Weise (vgl. Abschn. 133 und 134) auf den abgewickelten Kegeln vorzunehmen, die die Tangente p an die Strom-

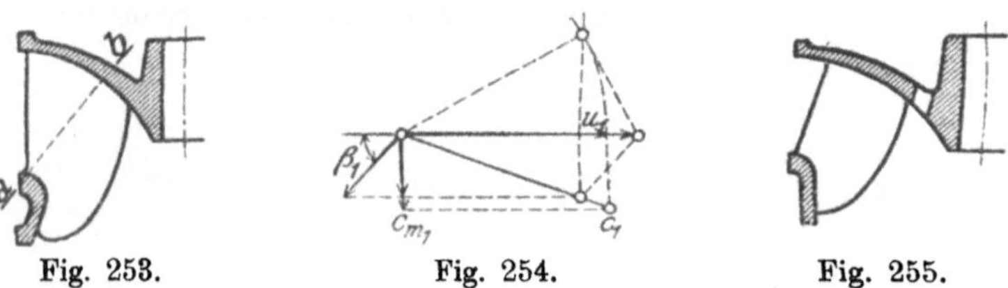

Fig. 253. Fig. 254. Fig. 255.

linie zur Erzeugenden haben. Fällt die Kegelspitze über die Zeichenfläche hinaus, so muß man sich der Abwicklung nach *Fig. 246* bedienen, die freilich viel mühsamer ist.

187. Der Schaufelansatz. Die Eintrittskante wird gewöhnlich als gerade Linie parallel zur Achse ausgeführt. Man findet sie indessen öfters auch schrägstehend, und zwar der Art, daß sie am Boden voreilt. Dies wird dadurch erreicht, daß man die Eingangspartie der Schaufel außerhalb der Linie a—b in Fig. 253 allmählich nach vorne abbiegt. Man erzielt hierbei eine flachere, weniger stark abgebogene Schaufel. Die Schrägstellung kann aber noch einen anderen Sinn haben:

Bei scharfer axialer Ablenkung der äußeren Wasserfäden am Eintritt ins Laufrad beginnt dieselbe bereits im Leitrad. Die Breite der Wasserstraßen wird am Kranz etwas kleiner, die meridionale Geschwindigkeit größer und der Druck geringer als am Boden, und es ergibt sich eine stetige Veränderung des Geschwindigkeitsdiagrammes längs der Kante. Bei abnehmender Größe von c_{m1} soll, wie ein Blick auf Fig. 254 lehrt, der Ansatzwinkel β_1 gegen den Boden hin abnehmen, was ja durch die beschriebene Abbiegung der Schaufel auch tatsächlich erreicht wird. Nur ist zu beachten, daß die Bedingungen für den stoßfreien Eintritt und den meridionalen Austritt gegen den Boden hin immer schlechter erfüllt werden, wenn sie für die Fäden am Kranz zutreffen.

Zur Verbesserung der Eintrittsverhältnisse am Radboden wird nicht selten die Eintrittskante an jener Stelle nach Fig. 255 ziemlich stark zurückgeschnitten. Das hat unmittelbar eine Verminderung des Eintrittshalbmessers r_1, der Umfangsgeschwindigkeit u_1 und des Ansatzwinkels β_1 zur Folge. Das Eintrittsdiagramm gibt darüber Auskunft, daß mit abnehmender Umfangsgeschwindigkeit u_1 die Umfangskomponente c_{u1} des eintretenden Wassers etwas größer wird, und dies entspricht der Bedingung des zwanglosen Durchgangs durch den Spielraum, die besagt, daß

$$r\,c_{u1} = \text{const}\,.$$

Gleichzeitig soll nach dem Diagramm der Winkel β_1 kleiner werden, was ja in der Tat durch das Zurückschneiden der Kante erreicht wird. Allerdings ergibt sich aus dem Diagramm eine Verminderung der meridionalen Geschwindigkeit c_{m1} als Folge, so daß die Verteilung des Wassers noch etwas ungleicher würde. Im ganzen dürfte sich aber wirklich eine gewisse Verbesserung ergeben.

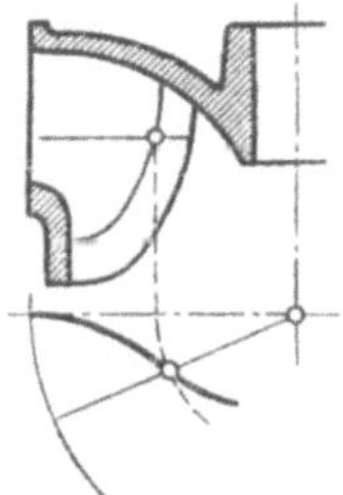
Fig. 256.

188. Darstellung der Schaufelfläche. Es sind nun von der Schaufelfläche folgende Elemente teils gewählt, teils bestimmt: die beiden äußersten Profile am Kranz und am Boden, sodann der Ansatz und der Auslauf für die verschiedenen Stromflächen. In diesen Rahmen hinein ist die ganze Schaufel als stetige Fläche zu entwerfen. Das könnte durch Ergänzen der Schaufelprofile längs der Stromflächen geschehen; doch eignen sich diese wegen ihrer doppelten Krümmung wenig für die zeichnerische Behandlung. Vorteilhafter ist die Verwendung zweier Scharen von ebenen Schnitten. Die eine wird durch eine Anzahl gleichverteilter Ebenen normal zur Achse gebildet, die die Schichtlinien der Schaufelflächen liefern. Die zweite Schar erhält man durch ein gleichförmiges Büschel von Axialebenen. Die Schichtlinien erscheinen im Grundriß in wahrer Größe; indem man die Axialschnitte umklappt, erhält man auch diese im Aufriß in ihrer wirklichen Gestalt. Den Anfang macht man am besten mit den Schichtlinien, indem man die Schnitte der Ebenen normal zur Achse mit den bekannten Elementen bestimmt und nach dem Augenmaß ergänzt. Darauf geht man zum Konstruieren der Axialschnitte über, und benutzt die dabei zutage tretenden Unstetigkeiten zur Verbesserung der Schichtlinien. Die beiden Kurvenscharen werden solange gegeneinander verschoben und abgeändert, bis nach Fig. 256 der Nachweis geleistet ist, daß die Schnittpunkte der Projektionen zweier Kurven der beiden Scharen wirklich ein und demselben Punkte im Raum entsprechen.

Bei gegossenen Schaufeln (mit ungleicher Dicke) muß die Bestimmung für den Schaufelrücken wiederholt werden.

Eine wertvolle Ergänzung erhält man, wenn man im Grundriß die einzelnen Schaufelprofile, also die Schnitte der Schaufelfläche mit den Stromflächen, einzeichnet.

Der Schaufelriß wird in einem möglichst großen Maßstab entworfen.

189. Beispiel eines Normalrades. In Fig. 257 ist die Bestimmung der Schaufelung für das in Abschn. 186 berechnete Normalrad durchgeführt. Die Annahmen sind dabei möglichst einfach getroffen: die Eintrittskante läuft parallel zur Achse; die Austrittskante ist in einer Axialebene enthalten, und ihr innerster Teil verläuft ebenfalls axial. So nimmt der innere Teil der Schaufelfläche die Gestalt einer Zylinderfläche mit axial verlaufenden Erzeugenden an. Da die Schaufeln mit dem Rad aus einem Stück gegossen sind, benützt man die Möglichkeit, sie im mittleren Laufe zu verstärken, um sie im Auslaufe um so feiner ausziehen zu können. Die Rückfläche der Schaufel ist somit nicht äquidistant zur Vorderfläche, und so gelangt man zu der Notwendigkeit, die Rückfläche besonders aufzureißen, was indessen in Fig. 257 der besseren Übersichtlichkeit wegen unterlassen wurde.

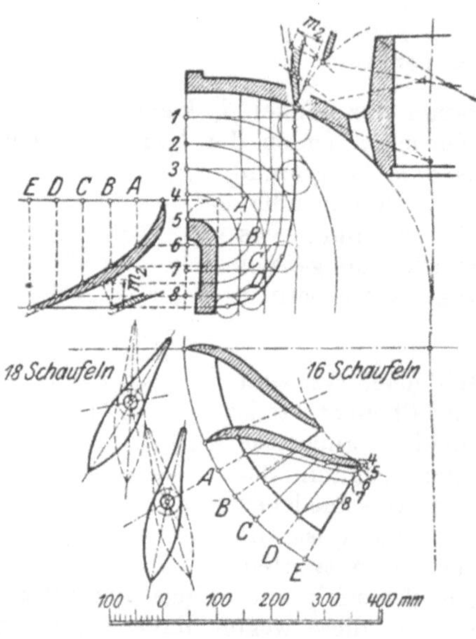

Fig. 257.

190. Vereinfachtes Verfahren. Hat man das Radprofil und die beiden Schaufelprofile am Kranz und am Radboden entworfen und die Austrittskante gewählt, so kann man sich bei einiger Übung die Arbeit wesentlich vereinfachen. Man begnügt sich damit, das Auslaufprofil der Schaufel noch für einen dritten Punkt der Schaufelkante zu bestimmen und wählt dazu den Schnitt mit dem Zylinder, der die Austrittsfläche in zwei ungefähr inhaltsgleiche Teile zerlegt. Die Abweichung dieses Schnittes von demjenigen mit dem Berührungskegel an die betreffende Stromfläche in bezug auf die meridionale Kanalweite und die scheinbare Schaufeldicke kann nicht von Bedeutung sein; dafür ist die Abwicklung sehr bequem und leicht durchzuführen. Freilich ist die Bestimmung der ganzen Schaufelfläche durch Interpolation auf Grund von bloß drei Profilen etwas unsicher, wenn der Entwerfende dabei nicht durch eine nur durch Übung zu erwerbende genauere Kenntnis der Eigentümlichkeiten der Schaufelflächen geleitet wird.

191. Turbinen mit großem Spaltraum. Wo sich der Laufradeintritt nicht unmittelbar an das Leitrad anschließt, wie bei den Expreßläufern, und wo infolgedessen ein großer Zwischenraum entsteht, hat man nach Abschn. 155 als Grundlage der Schaufelkonstruktion die beiden Gleichungen zu benützen

$$2\,u_0\,c_{u0} = 2\,g\,H_w - c_2^2$$

und

$$2\,u_1\,c_{u1} = 2\,g\,H_w - c_2^2,$$

von denen die erste sich auf den zylindrischen Austritt aus dem Leitrad bezieht, so daß $u_0 = \frac{1}{2}\,\omega\,D_0$ ist. Die zweite gilt in gewohnter Weise für den Eintritt ins Laufrad; nur ist dabei Rücksicht darauf zu nehmen, daß die Eintrittskante nicht auf einer Zylinderfläche liegt; es nimmt also u_1 für jeden Punkt der Eintrittskante wieder einen andern Wert an. Für das Rad mit axialem Durchfluß ist die meridionale Eintrittsgeschwindigkeit c_{m1} konstant. Beim Rad mit geschweifter Eintrittskante muß sie aus den Breiten der Wasserstraßen abgeleitet werden; daher können hier die Stromlinien nicht wohl entbehrt werden.

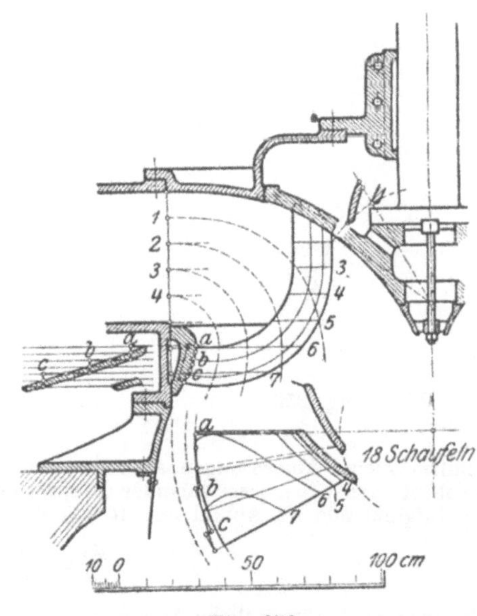

Fig. 258.

Für beide Radformen hat man das Eintrittsdiagramm für eine genügende Anzahl von Punkten der Eintrittskante zu entwerfen, um daraus den ganzen Ansatz durch Interpolation ergänzen zu können. Im übrigen ist nichts Besonderes zu bemerken.

In Fig. 258 ist die Schaufelung eines Expreßläufers mit geschweifter Eintrittskante (vgl. Abschn. 165) zur Darstellung gebracht.

192. Konforme Abbildungen. Die Abwicklung mittels des treppenförmigen Linienzuges nach Abschn. 182 liefert wohl ein längen- und winkeltreues Bild eines einzelnen Schaufelprofiles, nicht aber eines ganzen Kanalprofiles. Selbst wenn man zwei aufeinander folgende Schaufelprofile nebeneinander aufzeichnet, erhält man keinen getreuen Aufschluß z. B. über die Konvergenzverhältnisse des Kanals, was schon daraus hervorgeht, daß die beiden Profile in der Abwicklung parallel zueinander verlaufen. Prašil[1]) verwendet daher zur Darstellung der Kanalprofile konforme (d. h. in den kleinsten Teilen ähnliche) Abbildungen auf abwickelbaren Drehflächen (Kegel, Zylindern oder Ebenen), die sich mitsamt den Abbildungen in die Zeichenebene ausbreiten lassen.

Es seien mit r und R die Halbmesser der Parallelkreise bezeichnet, auf denen zwei einander zugeordnete Punkte a und A des Originales und des Abbildes enthalten sind. Die Ähnlichkeit verlangt für Original und Bild Gleichheit der Zentriwinkel; daher verhalten sich die Abmessungen in der Umfangsrichtung wie die Halbmesser der entsprechenden Parallelkreise. Damit das Abbild in den kleinsten Teilen ähnlich ausfalle, muß dieses Verhältnis für un-

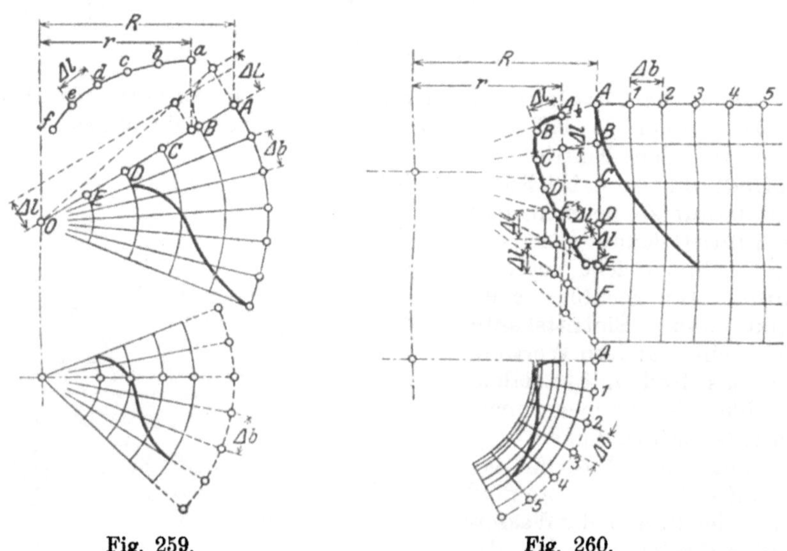

Fig. 259. Fig. 260.

endlich kleine Abmessungen auch in allen andern Richtungen bestehen. Bezeichnet man daher zwei einander entsprechende unendlich kleine Abmessungen im Original und im Abbild mit dl und dL, so besteht die Beziehung

$$\frac{dl}{r} = \frac{dL}{R},$$

die man auch für endliche Abmessungen Δl und ΔL gelten lassen kann, sobald diese im Verhältnis zu den Halbmessern klein genug sind. Mittels dieser Beziehung läßt sich ein aus Parallelkreisen und Meridianen gebildetes Netz aus dem Original ins Bild übertragen, und wenn das Netz eng genug angelegt ist, kann man mit seiner Hilfe ohne Schwierigkeit beliebige Figuren aus dem einen System ins andere eintragen. Das Verfahren entspricht demjenigen, das beim Kartenzeichnen üblich ist.

In Fig. 259 ist ein bequemes zeichnerisches Verfahren zum Übertragen des Netzes aus dem Original ins Bild gezeigt. Auf dem Meridian $a-f$ des Originals sind eine Anzahl von Punkten $a, b, c, d \ldots$ in gleichen Abständen Δl aufgetragen. Das Netz, das durch die betreffenden Parallel-

[1]) Schweiz. Bauzeitung 1906, Bd. 48, S. 289 und 1908, Bd. 52, S. 85.

kreise gebildet wird, soll auf einen konaxialen Kegel übertragen werden, der durch seine Erzeugende OA bestimmt ist; die Punkte a und A sollen in Original und Bild einander entsprechen; r und R seien die betreffenden Halbmesser. Man zieht zur Erzeugenden des Kegels eine Parallele im Abstand Δl und sucht auf derselben, von a ausgehend, durch Herab- und Hinüberloten den Punkt $1'$ auf. Der Strahl $O\,1'$ schneidet, wie sich aus der Ähnlichkeit der Dreiecke über $O\,1$ und OA ergibt, auf der in A errichteten Normalen zur Kegelerzeugenden die Länge ΔL_1 ab, die man also nur herabzuschlagen braucht, um in B einen Punkt desjenigen Parallelkreises im Bild zu erhalten, der demjenigen durch b im Original entspricht. In ganz ähnlicher Weise ergeben sich der Reihe nach die Punkte C, D . . .

Im Hinblick auf die Ausgestaltung des Austrittsrandes ist die Bemerkung von Bedeutung, daß eine logarithmische Spirale im Original beim Abbilden wieder eine solche ergibt.

Die Abbildung auf einer Ebene stellt einen Sonderfall der vorigen dar und bedarf keiner besonderen Erläuterung. Dagegen ist in Fig. 260 noch gezeigt, wie man das Netz für eine zylindrische Abbildung[1]) entwerfen kann. Die Zeichnung dürfte im übrigen für sich selbst sprechen. Die logarithmische Spirale im Original oder richtiger die Kurve, die sämtliche Parallelkreise unter demselben Winkel schneidet, geht im Abbild in eine Schraubenlinie und in dessen Abwicklung in eine Gerade über.

Die nach vorstehenden Methoden gewonnenen Abbildungen sind wohl in den kleinsten Teilen ähnlich und daher vollständig winkeltreu; dagegen fehlt ihnen die Längentreue, da der Maßstab wohl längs eines Parallelkreises derselbe bleibt, längs des Meridians aber sich stetig ändert. Dadurch wird der praktische Wert dieser Methoden etwas herabgedrückt.

VI. Die staufreien Turbinen.

22. Kapitel.

Die Girard-Turbine.

193. Das Geschwindigkeitsdiagramm der Axialturbine. Kennzeichnend für die Girard-Turbine sind die sackförmigen Schaufeln in Verbindung mit der starken Verbreiterung des Laufrades am Austritt. Die sackartige Schaufelform ergibt sich nach Abschn. 105 als Folge des staufreien Ausflusses aus dem Leitrad; die Verbreiterung am Laufrad sichert den ungestauten Durchfluß.

Der Zusammenhang zwischen dem Gefälle, den verschiedenen Geschwindigkeiten und den Schaufelwinkeln ließe sich auch hier nach Abschn. 102 aus der Grundgleichung in den Formen (141) oder (143)

$$2\,g\,H_w - c_2^2 = 2\,u_1\,c_{u1}$$

oder

$$v^2 = u_1\,c_{u1}$$

ableiten. Hier ist indessen dieser Weg nicht zu empfehlen. Bei der Francis-Turbine hatte man in bezug auf die Annahme der einen

[1]) Diese ist namentlich für die äußeren Profile am Kranz geeignet.

oder der andern der beiden Geschwindigkeiten u_1 und c_{u1} freie Hand, und es wurde von dieser Freiheit ausgiebiger Gebrauch gemacht, um die Umlaufzahl den gerade vorliegenden Bedürfnissen anzupassen. Bei den staufreien Turbinen aber hat man davon auszugehen, daß die Austrittsgeschwindigkeit c_0 aus dem Leitrad einen bestimmten Wert besitzt; sie ist nämlich gleich der dem Gefälle entsprechenden freien Ausflußgeschwindigkeit, und damit ist man auch mit Bezug auf die Umfangsgeschwindigkeit u_1 an sehr enge Grenzen gebunden. Es ist daher besser, gleich von eben dieser Geschwindigkeit c_0 auszugehen, zumal dieser Weg einfacher und übersichtlicher ans Ziel führt.

Bezeichnet man mit H'' das verfügbare Gefälle bis Unterkante des Leitrades, so beträgt das wirksame Gefälle bis zu jenem Punkte, das die Ausflußgeschwindigkeit c_0 erzeugt, etwa

$$H_w = 0{,}9\,H'', \quad \ldots \ldots \ldots \quad (220)$$

d. h. man hat damit zu rechnen, daß die Widerstände im Leitrad etwa 10 v. H. des dargebotenen Gefälles in Anspruch nehmen. Es wäre somit die Ausflußgeschwindigkeit aus dem Leitapparate

$$c_0 = \sqrt{0{,}9 \cdot 2\,g\,H''} = \sqrt{17{,}7\,H''} \quad \ldots \ldots \quad (221)$$

Wählt man noch den Austrittswinkel aus dem Leitrad etwa

$$\alpha_0 = 20 \text{ bis } 25^0, \quad \ldots \ldots \ldots \quad (222)$$

so kann man gleich das Eintrittsdiagramm aufzeichnen, sobald man noch eine Annahme über die Umfangsgeschwindigkeit u_1 oder über den Ansatzwinkel β_1 der Laufradschaufeln getroffen hat.

Um das Diagramm für den Austritt entwerfen zu können, sollte die relative Austrittsgeschwindigkeit w_2 aus dem Laufrad bekannt sein. Während des Durchflusses durch die Radkanäle erfährt das Wasser eine Beschleunigung durch die Schwerkraft und eine Verzögerung durch die Reibung. Bezeichnet man die Radhöhe mit H_r, so ergäbe sich für die Wirkung der Schwerkraft allein die Beziehung

$$\frac{w_2^2 - w_1^2}{2\,g} = H_r.$$

Diese Beschleunigung wird nur dann eine gewisse Bedeutung erreichen, wenn H_r einen beträchtlichen Teil des Gefälles ausmacht, also bei ganz niedrigen Gefällen.

Die Größe der Reibungswiderstände im Laufrad ist schwer abzuschätzen. Nimmt man der Einfachheit wegen an, es hielten sich Beschleunigung und Reibung gerade das Gleichgewicht, so bewegt sich das Wasser längs der Schaufel mit unveränderlicher Geschwindigkeit, und es wird $w_2 = w_1$. Hat man noch die absolute Austrittsgeschwindigkeit c_2 derart gewählt, daß etwa

$$\frac{c_2^2}{2\,g} = 0{,}05\,H'', \quad \ldots \ldots \ldots \quad (223)$$

so läßt Fig. 261 ohne weitere Erklärung verstehen, wie man mit c_0, α_0 und c_2 das Ein- und das Austrittsdiagramm im Zusammenhange derart zeichnen kann, daß $w_2 = w_1$ wird.

Dieses Diagramm ist insofern unvollständig, als es keine Rücksicht auf einen unvermeidlichen Verlust nimmt, der sich nach Fig. 262 beim Aufschlagen des Wassers auf die Schaufelkante abspielt. Der in der Richtung von w_0 eintretende Strahl wird an der Schaufel gleich

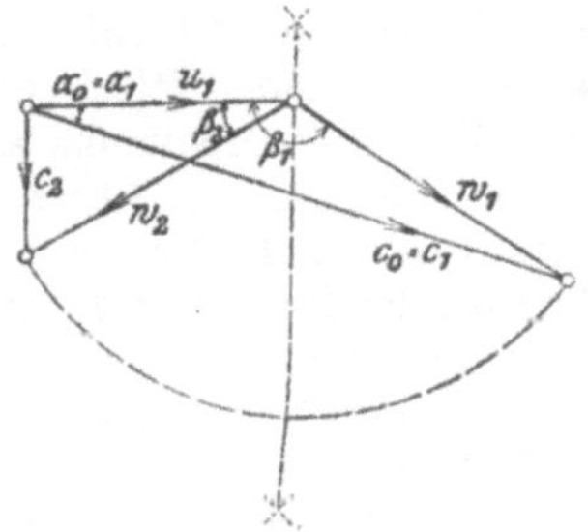

Fig. 261.

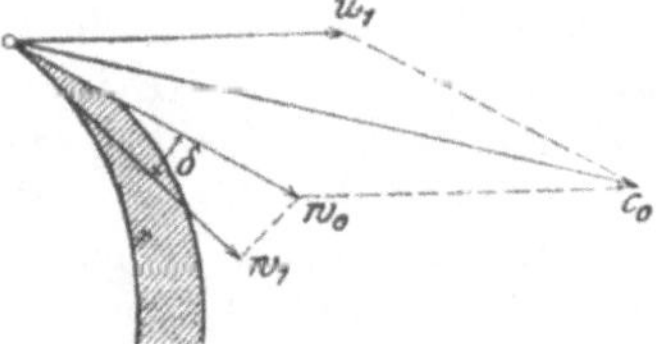

Fig. 262.

um den Zuschärfungswinkel δ plötzlich abgelenkt. Nach den üblichen Anschauungen[1]) geht dabei die ganze Geschwindigkeitskomponente

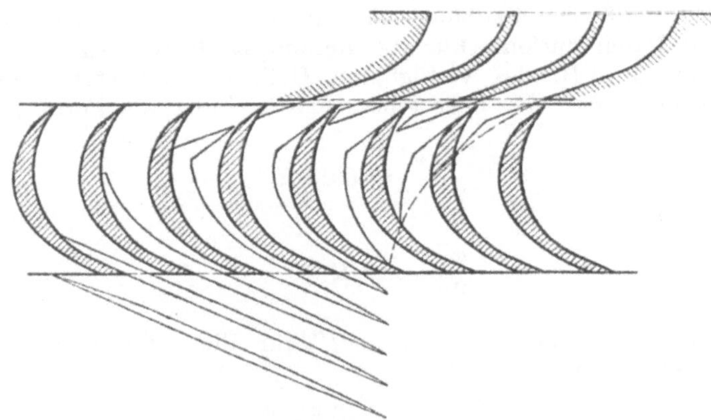

Fig. 263.

normal zur ablenkenden Fläche verloren, und der Energieverlust wird daher durch

$$H_{ve} = \frac{w_0^2 \sin^2 \delta}{2g}$$

ausgedrückt. Für $\delta = 15^0$ würde

$$H_{ve} = 0{,}067 \frac{w_0^2}{2g}.$$

[1]) Die allerdings keineswegs einwandfrei sind.

Wo das Wasser nicht auf dem ganzen Umfang des Rades eintritt, dürfte der Verlust wegen der starken Zersplitterung noch größer sein, die nach Fig. 263 sich einstellt, wenn ein Laufradkanal aus dem offenen Teil des Leitapparates in den geschlossenen oder umgekehrt übergeht; doch läßt sich derselbe nicht rechnen.

Die Durchflußverhältnisse im Laufrad sind ziemlich verwickelt. Bei der Bewegung längs der Schaufeln breitet sich der Strahl aus; mit Ausnahme der mittleren weichen alle Wasserfäden seitlich aus und nehmen eine seitlich gerichtete Geschwindigkeitskomponente an, die um so größer wird, je näher die Fäden am Rande des Strahles liegen. Dazu kommen noch die Beschleunigungen durch die Schwerkraft und durch die Coriolisschen Ergänzungskräfte. Wohl oder übel muß man sich auf die Verhältnisse beschränken, wie sie die mittleren Wasserfäden bieten. Bezeichnet man mit w_1 und w_2 die Wassergeschwindigkeiten längs der Schaufel beim Ein- und beim Austritt und bedeutet H_r die Radhöhe, drückt man ferner den Einfluß der Widerstände längs der Schaufel durch die verlorene Gefällshöhe H_{vr} aus, so lautet die Energiebilanz für den Durchfluß

$$\frac{w_1^2}{2g} + H_r = H_{vr} + \frac{w_2^2}{2g}.$$

Den Einfluß der Radhöhe wird man in den meisten Fällen außer acht lassen dürfen. Für die Reibungsverluste mag etwa ein Betrag von 8 v. H. des verfügbaren Gefälles eingesetzt werden. Demnach kann man der obenstehenden Gleichung die Form geben

$$\frac{w_1^2 - w^2}{2g} = 0{,}08\,H'',$$

und da

$$\frac{c_0^2}{2g} = 0{,}9\,H'',$$

erhält man durch Elimination von H'' für die relative Austrittsgeschwindigkeit den Ausdruck

$$w_2^2 = w_1^2 - (0{,}3\,c_0)^2 \quad \ldots\ldots\ldots \quad (224)$$

Fig. 264 zeigt, wie das Geschwindigkeitsdiagramm für eine Axialturbine konstruiert werden kann. Als gegeben hat man zu betrachten die Austrittsgeschwindigkeit c_0 aus dem Leitrad und als gewählt den Winkel $\alpha_0 = 20$ bis 25^0, die absolute Austrittsgeschwindigkeit c_2, und zwar so, daß die betreffende Energie etwa 5 v. H. der dargebotenen beträgt, also

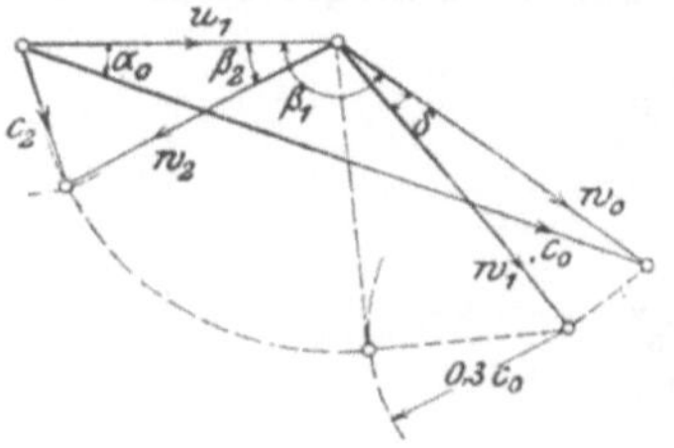

$$\frac{c_0^2}{2g} = 0{,}05\,H'',$$

Fig. 264.

sowie den Zuschärfungswinkel δ. Man wählt versuchsweise die Umfangsgeschwindigkeit u_1, und muß diese Annahme ändern, wenn das Austrittsdiagramm ungeschickt ausfallen sollte[1]).

Damit die Ausbreitung des Strahls derjenigen des Laufrades folgen könne, darf die Radhöhe H_r im Verhältnis zur Breite nicht zu gering sein; es genügt etwa

$$H_r = 1{,}3 \text{ bis } 1{,}4\, B_0, \quad \ldots \ldots \quad (225)$$

wobei B_0 die Breite des Leitrades bedeutet.

194. Faustregeln. Man bekommt befriedigende Verhältnisse, wenn man von folgenden Annahmen ausgeht:

$$\left.\begin{aligned} c_0 &= \sqrt{17{,}7\, H'} \\ \alpha_0 &= 20 \text{ bis } 25^0 \\ u_1 &= \tfrac{1}{2} c_0 \\ \beta_2 &= 25 \text{ bis } 30^0 \end{aligned}\right\} \quad \ldots \ldots \quad (226)$$

Der Winkel β_1 beim Schaufelansatz ergibt sich aus dem Geschwindigkeitsdiagramm beim Eintritt; er wird etwa $180^0 - 2\,\alpha_0$. Der Winkel der Zuschärfung sei etwa

$$\delta = 15^0.$$

195. Verbreiterung des Laufrades beim Austritt. Über das Gesetz, nach welchem sich der Strahl an der Laufradschaufel ausbreitet, sind wir völlig im Unklaren. Nach der Erfahrung genügt es zur

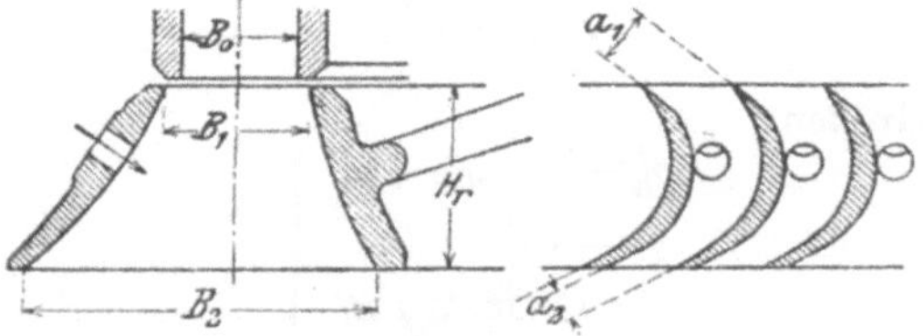

Fig. 265.

Erzielung eines ungehemmten und ungestauten Durchflusses, wenn man den Austrittsquerschnitt des Kanals um den dritten Teil größer macht als den Querschnitt des eintretenden Strahls. Da für diesen die Breite gleich B_0 ist, erhält man unter Verwendung der Bezeichnung aus Fig. 265 die Beziehung

$$a_2\, B_2 \gtreqless 1{,}33\, a_1\, B_0, \quad \ldots \ldots \quad (227)$$

[1]) In Fig. 264 weicht c_2 von der meridionalen Richtung nach vorne ab; man müßte die Konstruktion mit einem etwas kleineren Werte von u_1 wiederholen.

aus der man, sobald a_2 bestimmt ist, die Austrittsbreite B_2 ermitteln kann.

Die obere Breite B_1 des Laufrades wird erheblich größer als die Breite des Leitrades gewählt, damit das Wasser um so freier eintreten und zugleich die Luft um so leichter zuströmen könne. Häufig gibt man den Laufradkanälen seitlich noch besondere Luftlöcher, wie in Fig. 265 angegeben. Wiederum zur Erleichterung des Luftzutrittes ist es zweckmäßig, die Spaltbreite ziemlich weit einzustellen; der Wasserverlust (durch Zersplitterung an den Schaufelkanten des Laufrades) bleibt trotzdem recht gering.

196. Die Berechnung einer neuen vollschlächtigen Axialturbine nimmt ihren Ausgangspunkt am besten beim Leitrad. Als gegeben ist das dargebotene Gefälle H und die Wassermenge Q anzusehen. Um das Gefälle H' bis zur Unterkante des Leitrades zu bekommen, hat man vom Gefälle H das Freihängen und die Radhöhe abzuziehen. Wenn der Unterwasserspiegel annähernd konstant bleibt, so genügt ein Freihängen von 10 bis 15 cm; ist der Wasserspiegel veränderlich, so muß man die Turbine entsprechend höher hängen, damit sie ja nie eintaucht, oder es ist ein Saugrohr mit Lufteinlaß nach Abschn. 80 anzuwenden. Die Radhöhe wird nur ausnahmsweise über 30 bis 40 cm hinausgehen.

Die Austrittsgeschwindigkeit aus dem Leitrad ist nach Gl. (221) etwa zu setzen

$$c_0 = \sqrt{17{,}7\,H'}.$$

Daraus ergibt sich der reine Austrittsquerschnitt, wenn man sicherheitshalber noch $10^0/_0$ zuschlägt,

$$F_0 = 1{,}1\,\frac{Q}{c_0} \quad . \quad . \quad . \quad . \quad . \quad . \quad . \quad . \quad . \quad . \quad (228)$$

Mit den Größen

$$\left.\begin{aligned} \alpha_0 &= 20 \text{ bis } 25^0 \\ \delta &= 15^0 \\ c_2^2 &= 0{,}05 \cdot 2\,g\,H' \end{aligned}\right\} \quad . \quad . \quad . \quad . \quad . \quad . \quad . \quad (229)$$

läßt sich nach Fig. 264 das Geschwindigkeitsdiagramm für den Eintritt ins Laufrad entwerfen.

Mit Rücksicht auf die Dicke der Leitschaufeln mache man, um den rohen Austrittsquerschnitt F_0' aus dem Leitrad zu erhalten, vorläufig zum reinen Querschnitt F_0 noch einen Zuschlag von 20 v. H. für Blechschaufeln und von 25 v. H. für Gußschaufeln, so daß also

$$F_0' = 1{,}2 \text{ bis } 1{,}25\,F_0$$

zu setzen wäre. Die untere Ansichtsfläche des Leitrades ist

$$\pi\,D\,B_0 = \frac{F_0'}{\sin \alpha_0},$$

und daraus ergibt sich

$$D^2 = \frac{1}{\pi}\left(\frac{D}{B_0}\right)\frac{F_0'}{\sin\alpha_0}.$$

Für das Verhältnis zwischen mittlerem Raddurchmesser und Leitradbreite pflegt man ungefähr zu wählen

$$\left(\frac{D}{B_0}\right) = 8 \text{ bis } 10 \,, \quad \ldots \ldots \ldots \quad (230)$$

und damit ergibt sich der mittere Durchmesser D. Aus dem Geschwindigkeitsdiagramm ist die Umfangsgeschwindigkeit u zu ersehen, und daraus findet sich die Umlaufzahl n, wobei nach Bedarf die Größen n und D gegeneinander abgestimmt werden.

Die genauere Bestimmung der Radbreite B_0 setzt voraus, daß man zunächst über die Schaufelzahl verfüge; es sei diese etwa

$$\left.\begin{aligned} z_0 &= 2{,}8 \text{ bis } 3{,}2\sqrt{D} \\ \text{oder} \quad z_0 &= 20 \text{ bis } 24 + \frac{1}{10}D \end{aligned}\right\} \quad \ldots \ldots \quad (231)$$

wobei der Raddurchmesser D in cm einzusetzen ist. Ferner nehme man die Schaufeldicke an, und zwar ungefähr

$$\left.\begin{aligned} s_0 &= 0{,}22\sqrt{B_0} \text{ für Guß} \\ s_0 &= 0{,}13\sqrt{B_0} \text{ für Blech} \end{aligned}\right\} \quad \ldots \ldots \quad (232)$$

Darin ist B_0 die in cm einzusetzende Radbreite, wie sie sich aus dem vorläufig gewählten Verhältnis $D:B_0$ ergibt. Der Ausdruck für den reinen Austrittsquerschnitt

$$(\pi D \sin\alpha_0 - z_0 s_0) B_0 = F_0 \quad \ldots \ldots \quad (233)$$

ergibt endlich den genauen Wert der Radbreite B_0.

Für das Laufrad wähle man die Schaufelzahl etwa

$$z_1 = 1{,}3 \text{ bis } 1{,}4\, z_0 \,,$$

woraus sich mit dem mittleren Raddurchmesser die Teilung t_1 ergibt. Die lichte Kanalweite beim Eintritt ist

$$a_1 = t_1 \sin\beta_1 \,;$$

für die lichte Kanalweite beim Austritt hat man den Ausdruck

$$a_2 = t_2 \sin\beta_2 - s_2 \,,$$

worin $t_2 = t_1$ und (für Guß)

$$s_2 = 0{,}5 \text{ cm} + \frac{1}{30} B_0 \quad \ldots \ldots \quad (234)$$

einzusetzen ist, während β_2 dem Geschwindigkeitsdiagramm für den Austritt zu entnehmen ist.

Die Radbreite beim Austritt findet sich aus Gl. (227) Abschn. 195. Endlich sei noch die Radhöhe angenommen

$$H_r = 1{,}3 \text{ bis } 1{,}4\, B_0 \; . \; . \; . \; . \; . \; . \; . \; . \quad (235)$$

Sollte sich ergeben, daß mit Rücksichtnahme auf diesen Wert für die Radhöhe das Gefälle bis Unterkante Leitrad wesentlich anders wird als ursprünglich angenommen wurde, so müßte man auf den Anfang der Rechnung zurückkommen; das wird indessen nur selten nötig sein.

197. Schaufelung. Die führende Fläche der Schaufeln wird gewöhnlich als Regelfläche gestaltet, wobei die Erzeugenden die Achse rechtwinklig schneiden; sie ist daher durch die Abwicklung des zylindrischen Mittelschnittes bestimmt.

Die Leitschaufeln können nach Fig. 266 unter Benützung der Größen t_0, a_0, s_0 und H_{r0} leicht aufgezeichnet werden. Der Betrag, um den sich die Schaufeln überdecken, sei etwa 0,25 bis 0,3 mal die Überdeckung, die entstünde, wenn man die Schaufeln geradlinig rückwärts verlängerte. Der Rücken ist bis zum Punkte B, der der Kante A der nachfolgenden Schaufel gegenüberliegt, geradlinig zu führen, damit die Wasserfäden parallel zueinander austreten (vgl. Abschn. 133, Kap. 15). Gußeiserne Schaufeln werden zweckmäßig in der Mitte verstärkt; die Vorderseite geht dann erst am untern Rande in den Winkel α_0 über.

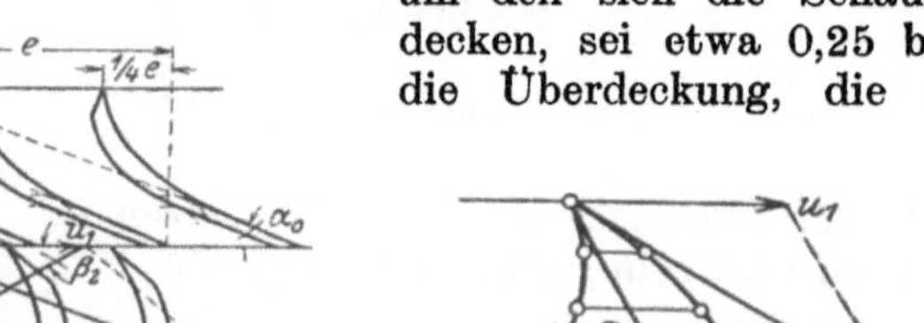

Fig. 266. Fig. 267.

Für die Schaufeln des Laufrades, längs deren sich das Wasser mit annähernd gleichbleibender Geschwindigkeit bewegt, erscheint eine gleichförmige Krümmung am angemessensten. Der Krümmungshalbmesser wird (durch Probieren) derart bestimmt, daß oben Platz für einen kurzen geradlinigen Ansatz und unten für einen schwächer gekrümmten Auslauf mit geradlinigem Fortsatz übrigbleibt

198. Die absolute Bahn wird nach Fig. 267 erhalten, indem man die wagrecht gemessene Abweichung der relativen Bahn oder des Schaufelprofiles gegenüber der relativen Eintrittsrichtung w_1 von der absoluten Eintrittsrichtung c_1 rückwärts anträgt. Darf man annehmen, daß die Geschwindigkeit längs der Schaufel konstant sei, und trägt man auf dem Schaufelprofil Strecken gleicher Länge auf, so entsprechen die betreffenden Punkte auf der absoluten Bahn gleichen Zeitintervallen. In dem Maße, wie die Entfernung von einem Punkt zum andern kürzer wird, nimmt die absolute Geschwindigkeit und damit auch die kinetische Energie des Wassers ab.

199. Unterschied zwischen Ein- und Austrittshalbmessern. Man pflegt häufig den Radquerschnitt nach Fig. 268 unsymmetrisch zu gestalten. Darf man voraussetzen, daß der mittlere Wasserfaden beim Durchfluß durch das Laufrad seine Eintrittsebene beibehalte, und stellt AB die absolute Bahn vor, so liegt der Austrittspunkt B um die Strecke e weiter von der Achse ab als der Eintrittspunkt A, und um ebensoviel muß der ganze Anstritt nach außen verschoben werden. Die Voraussetzung trifft aber keineswegs genau zu.

200. Innerschlächtige Vollturbine. Bevor man zum Aufzeichnen des Geschwindigkeitsdiagrammes schreiten kann, muß man die Raddurchmesser bestimmt oder angenommen haben. Unter Hinweis auf Fig. 269 wird zunächst die

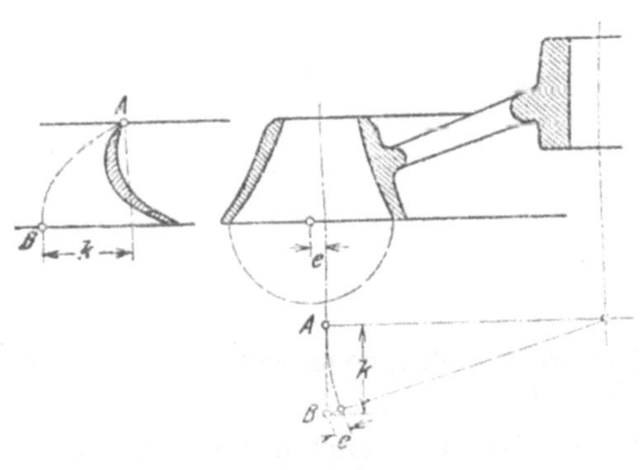

Fig. 268.

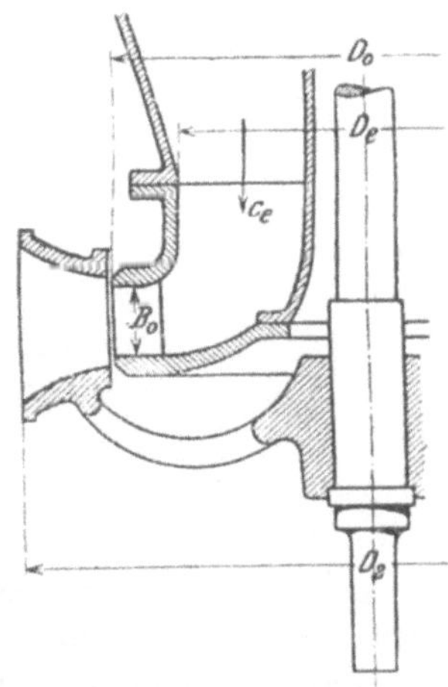

Fig. 269.

Eintrittsgeschwindigkeit c_e derart gewählt, daß sie etwa 10 bis 15 v. H. des verfügbaren Gefälles bis Mitte Austritt in Anspruch nimmt, also

$$\frac{c_e^2}{2g} = 0{,}10 \text{ bis } 0{,}15\, H \quad . \; . \; . \; . \; . \; . \; . \quad (236)$$

Daraus ergibt sich der Eintrittsdurchmesser D_e; man kann nunmehr den Durchmesser D_0 des Austrittes aus dem Leitrad ohne Gefahr eines großen Mißgriffes schätzungsweise annehmen. Die Rechnung geht im übrigen in engem Anschluß an Abschn. 196 vor sich. Mit der Austrittsgeschwindigkeit aus dem Leitrad und der Wassermenge berechnet sich der freie Austrittsquerschnitt. Unter Rücksichtnahme auf die Schaufeldicke und auf die Größe des Winkels α_0 findet man die lichte Radbreite B_0. Die radiale Abmessung des Laufrades sei etwa 1,3 bis 1,4 B_0 usw.

Für den Durchfluß durch das Laufrad hat man nach Gl. (102) mit Rücksicht darauf, daß $p_1 = p_2$, und beim Einführen eines Gliedes für die Reibungsverluste im Laufrad wie in Gl. (224) die Beziehung

$$w_2^2 = w_1^2 - (0{,}3\, c_0)^2 + u_2^2 - u_1^2 \quad \ldots \ldots \quad (237)$$

Diese Gleichung läßt sich nach Fig. 270 mit rechtwinkligen Dreiecken lösen, sobald man u_1 versuchsweise gewählt hat. Auf diese

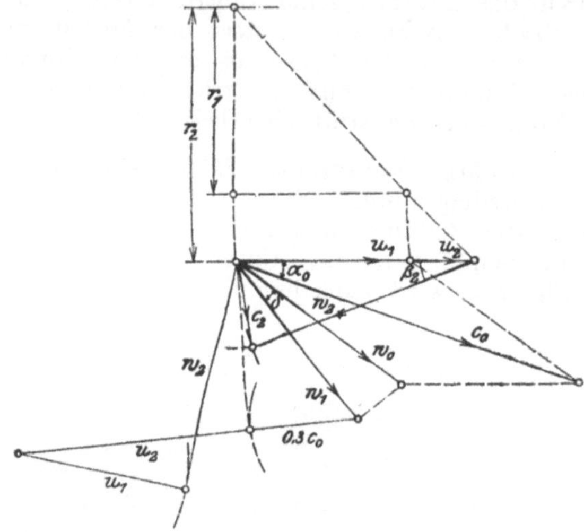

Fig. 270.

Annahme muß man nötigenfalls zurückgreifen, wenn sich ein unbrauchbares Austrittsdiagramm ergeben sollte.

201. Die teilschlächtige Girard-Turbine kommt in Betracht, wenn die vollschlächtige Turbine zu klein ausfiele oder eine zu große Umlaufzahl erhielte, also bei größeren Gefällen und kleinen Wassermengen.

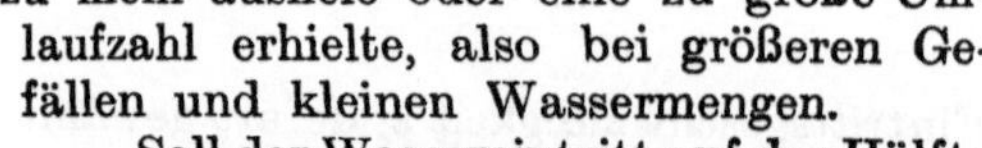

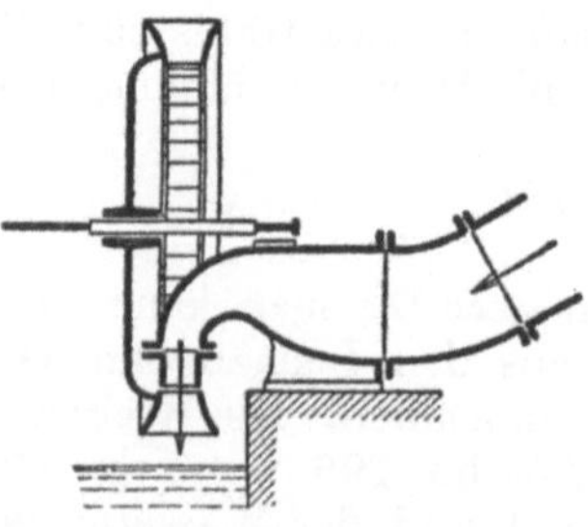

Fig. 271.

Soll der Wassereintritt auf der Hälfte oder auf dem dritten Teil usw. des Umfanges erfolgen, so kann man die Berechnung wie für eine vollschlächtige Turbine durchführen, indem man die doppelte, dreifache Wassermenge usw. einsetzt. Damit die Turbine symmetrisch belastet werde, zerlegt man den Eintrittsbogen in zwei gleiche Teile, die man einander diametral gegenüber anordnet.

Etwas anders würde die Aufgabe an die Hand genommen, wenn der Eintrittsbogen gegenüber dem ganzen Umfang klein ausfällt. Hier wird man lieber die Anzahl der Leitkanäle wählen, wobei Rücksichten auf die Abstufung der Wassermenge beim Regulieren und auf die Größe der Kanäle maßgebend sein werden. Ist der Querschnitt f_0 eines Leitkanales festgesetzt, so bestimme man die lichten Abmessungen derart, daß

$$a_0 = \sqrt{B_0}, \quad \ldots \ldots \ldots \ldots (238)$$

wobei a_0 die lichte Weite und B_0 die Breite in cm bedeutet. Wird also f_0 in qcm gemessen, so wäre

$$B_0 = \sqrt[3]{f_0^2}. \quad \ldots \ldots \ldots \ldots (239)$$

Wählt man nach früheren Vorschriften den Austrittswinkel α_0 aus dem Leitapparat und die Schaufeldicke s_0, so ergibt sich daraus mit a_0 die Teilung t_0. Diejenige des Laufrades sei etwa

$$t_2 = 0{,}7 \text{ bis } 0{,}8\, t_0. \quad \ldots \ldots \ldots \ldots (240)$$

Aus dem Geschwindigkeitsdiagramm ergibt sich die Umfangsgeschwindigkeit u_1, und indem man den Durchmesser des Laufrades nach der einzuhaltenden Umlaufzahl oder nach dem vorhandenen Platz usw. bemißt, wären die Hauptabmessungen ermittelt. Das Weitere wird auf bekannten Wegen gefunden.

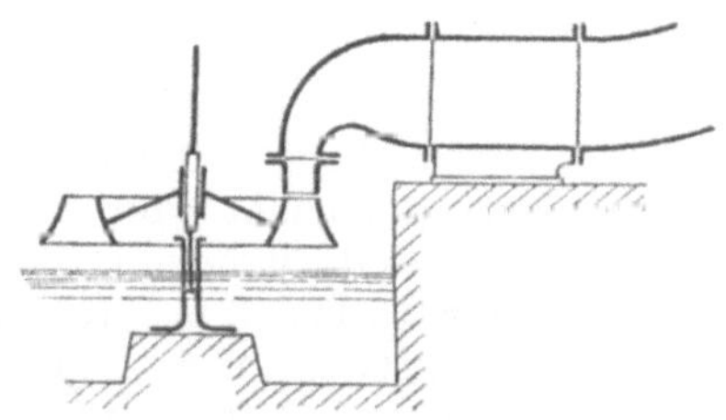

Fig. 272.

Fig. 119 zeigt die teilschlächtige Turbine mit liegender Achse und innerem Eintritt in der Anordnung von Schwammkrug. Fig. 272 stellt eine Axialturbine mit senkrechter Achse dar.

202. Der Wirkungsgrad der Girard-Turbinen übersteigt nicht leicht 75 v. H. Wenn man die Zuflußmenge durch Schließen einzelner Leitkanäle (Zellenregulierung) vermindert, so geht der Wirkungsgrad nicht stark zurück. Immerhin wird dabei vorausgesetzt, daß die Kanäle der Reihe nach geschlossen werden, damit die Zahl der Übergänge vom offenen zum geschlossenen Teil des Leitappartes und umgekehrt nicht unnötig vergrößert werde.

203. Die Grenzturbinen von Haenel (Fig. 273) und Knop (Fig. 274) verfolgen den Zweck, das Freihängen zu ersparen, da sie auch eingetaucht befriedigend arbeiten sollen. Die Radkanäle haben überall denselben Querschnitt $a \times b$; sie werden also vom Wasser vollständig

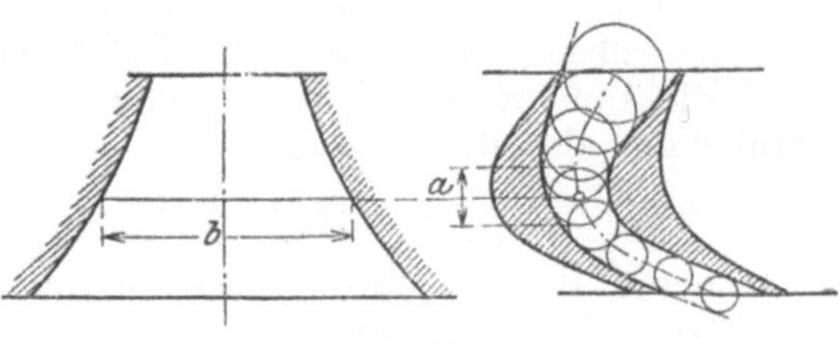

Fig. 273.

ausgefüllt, so daß kein Luftzutritt nötig wird. Sie haben ihren Namen daher, daß sie unter den Stauturbinen den Grenzfall mit $p_1 = p_2$ darstellen, für den die Stauung gerade verschwindet.

Das Kanalprofil fällt ungünstig aus, so daß Ablösungen nicht zu vermeiden sind. Eine starke Vermehrung der Reibung ergibt sich daraus, daß der Wasserstrahl ringsum an den Wänden anliegt. Der Wirkungsgrad kann unmöglich gut sein. Es handelte sich hier um offenbare Mißgriffe.

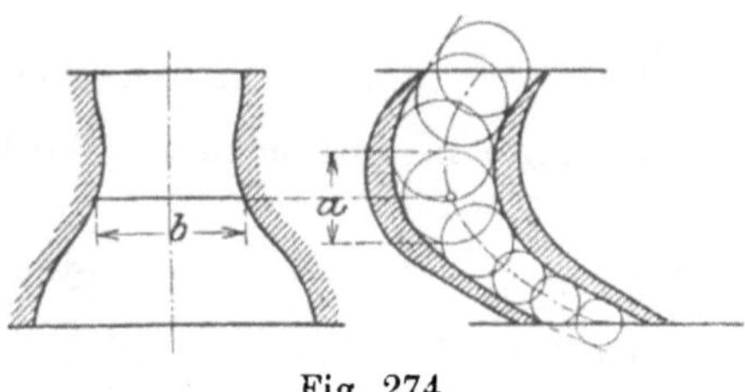

Fig. 274.

23. Kapitel.
Das Tangentialrad.

204. Anwendungsbereich und Wirkungsgrad. Die Tangentialräder sind für Wasserkräfte mit hohem Gefälle und verhältnismäßig kleinen Wassermengen erdacht worden, für die die Vollturbinen zu kleine Abmessungen und zu hohe Umlaufzahlen erhielten. Sie kommen für Gefälle unter 15 bis 20 m kaum in Betracht, da sie hierbei im Verhältnis zur Leistung zu groß und zu teuer ausfielen. Wie weit man aber in bezug auf Gefälle und Wassermenge heutzutage hinaufgeht, zeigen folgende zwei Beispiele[1]). Die Turbinen der Anlage in Fully (Kt. Wallis), von Piccard, Pictet & Co. in Genf erbaut, arbeiten unter einem Gefälle von 1650 m; der Raddurchmesser beträgt 3,55 m, die Umlaufzahl 500 und die Leistung 3000 PS. Für das Elektrizitätswerk von Borgne im Wallis wurden von Escher, *Wyß & Co.* ein Paar Zwilligsturbinen geliefert, die bei 340 m Gefälle in einem einzigen Rundstrahl von 20 cm Stärke je eine Wassermenge von 2,25 cbm verarbeiten und bei einer Umlaufzahl von 300 je eine Leistung von 8250 PS hervorbringen.

Die spezifische Umlaufzahl, also die Zahl der Umläufe, die eine Turbine von 1 PS bei einem Gefälle von 1 m in der Minute macht, kann im Notfalle bis auf 37,7 hinaufgetrieben werden, wenn es gilt, eine möglichst hohe Geschwindigkeit herauszuschlagen, sei es auch auf Kosten des guten Wirkungsgrades.

Bei einer Zwillingsturbine, d. h. bei zwei gleichen Rädern auf derselben Achse, sind die Raddurchmesser um $\sqrt{2}$ mal kleiner und die Umlaufzahlen entsprechend größer. Die spezifische Umlaufzahl kann also den Betrag

$$n_s = 37{,}7\sqrt{2} = 53{,}3$$

[1]) Prášil: „Die Wasserturbinen und deren Regulatoren an der Schweiz. Landesaustellung in Bern 1914". Schweizer. Bauzeitung 1914, Bd. 64 und 1915, Bd. 65.

erreichen. Damit schließt sich der Anwendungsbereich des Tangentialrades demjenigen der Francis-Turbine an, deren kleinste spezifische Umlaufzahl sich bis auf etwa $n_s = 50$ hinabdrücken läßt. Es kann also, da sich die spezifische Umlaufzahl des Tangentialrades durch Vergrößerung des Durchmessers beliebig vermindern läßt, mit diesen beiden Bauarten allen Bedürfnissen hinsichtlich der Geschwindigkeit genügt werden.

Der Wirkungsgrad des Zuppingerschen Tangentialrades ging kaum über 65 v. H. Beim Löffelrad erreicht der Wirkungsgrad schon bei ganz kleinen Ausführungen 75 bis 80 v. H. und geht bei großen Abmessungen bis 85 v. H. und selbst höher.

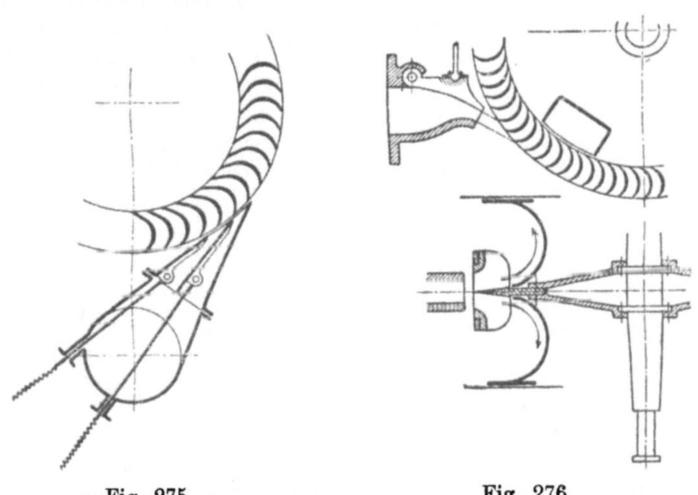

Fig. 275. Fig. 276.

205. Tangentialrad mit enggestellten Schaufeln. Fig. 275 stellt das alte Zuppingersche Tangentialrad im Grundriß dar. Die nahe zusammengerückten Schaufeln liegen zwischen zwei flachen Kränzen eingeschlossen und bilden mit diesen eigentliche Kanäle, in denen jeder Wasserfaden annähernd gleichartig geführt wird. Die Achse steht senkrecht. Das Rad hat entweder einen einzigen oder zwei einander gegenüberstehende Leitapparate, von denen jeder höchstens drei langgestreckte Kanäle enthält, die das Wasser in fast tangentialer Richtung an den Radumfang heranführen.

Da die relative Wassergeschwindigkeit längs der Schaufeln nach innen abnimmt (vgl. Abschn. 13), erhält man einen freien Austritt nur dann, wenn man das Laufrad innen stark verbreitert. Ein derartiges Rad mit wagrechter Achse ist in Fig. 276 gezeichnet[1]). Dasselbe ist mit einem einzigen Einlauf versehen, der nur einen Leit-

[1]) Turbinen des Elektrizitätswerkes Luzern-Engelberg, erbaut von Bell & Co. in Luzern. Das Gefälle beträgt 300 m und die volle Leistung 2500 PS. Schweiz. Bauzeitung 1906, Bd. 48, S. 54.

kanal besitzt und dem Rade das Wasser in Gestalt eines freien Strahles aus einiger Enfernung zusendet. Damit das Wasser nicht dem Austritt gegenüber wieder ins Rad hineinfalle, wird es durch besondere Fangvorrichtungen nach beiden Seiten abgelenkt.

Beim Rade, das in Fig. 277 dargestellt ist, wird der freie Austritt durch Weglassen der beiden Seitenkränze erzielt; die Schaufeln stehen frei auf dem Umfange einer Radscheibe. Dieser Umstand in Verbindung mit der Aufbiegung der beiden seitlichen Enden gibt der Schaufel eine gewisse äußerliche Ähnlichkeit mit derjenigen der in den nächsten Abschnitten zu behandelnden Löffelräder, von der sie sich indessen durch die Art der Wasserführung wesentlich unterscheidet. Das Wasser bewegt sich in der Hauptsache in einer Ebene normal zur Achse, und durch die ziemlich enge Schaufelstellung wird eine gleichartige Führung sämtlicher Wasserfäden angestrebt.

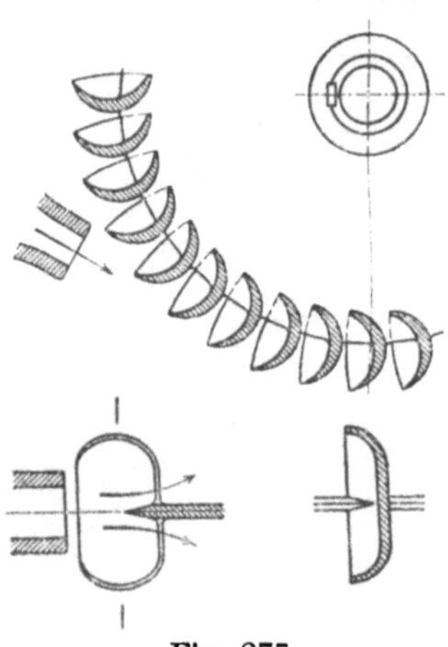

Fig. 277.

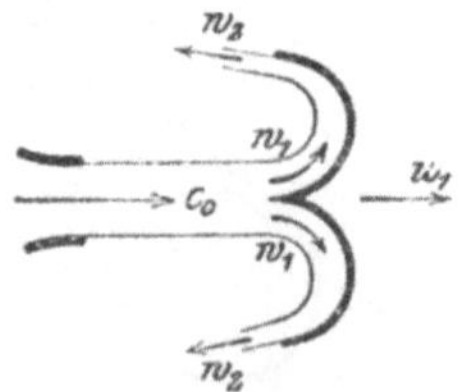

Fig. 278.

206. Das Löffelrad[1]). Jede Schaufel gibt sowohl beim Eintritt in den Strahl als auch beim Austritt aus demselben Anlaß zu einer gewissen Zersplitterung des Wassers, und daraus entstehen nicht unwesentliche Energieverluste. Um diese einzuschränken, sucht man jede einzelne Schaufel möglichst lange im Bereich des Strahles zu belassen. Dabei muß die Schaufel derart gestaltet sein, daß sie das Wasser die ganze Zeit über unter günstigen Bedingungen, d. h. annähernd stoßfrei auffängt und ebenso unter den denkbar besten Verhältnissen mit sehr kleiner absoluten Geschwindigkeit wieder auswirft.

Der Gedanke, auf dem die Lösung dieser Aufgabe beruht, wird in idealer Form durch Fig. 278 dargestellt[2]). Die Schaufel hat die Gestalt einer Drehfläche, die dem axial zufließenden runden Strahl eine schlanke Spitze darbietet, mit der sie ihn annähernd stoßfrei empfängt. Die Fläche lenkt das Wasser gleichförmig nach allen Seiten ab, bis es überall am Rande mit derselben Geschwindigkeit w_2

[1]) Der Verfasser, „Die Schaufelung des Löffelrades“, Schweiz. Bauzeitung 1905, Bd. 45, S. 207; ferner L. Hartwagner, „Theoretische Untersuchungen am Peltonrade“, Zeitschr. f. d. gesamte Turbinenwesen 1905, 1. April.

[2]) Vgl. Abschn. 68.

in einer Richtung austritt, die nahezu derjenigen des Zuflusses entgegengesetzt ist. Weicht die Schaufel in axialer Richtung zurück, so gibt das in der Ablenkung begriffene Wasser einen großen Teil seiner Energie an die Schaufel ab, und zwar erreicht dieser nach Abschn. 68 den Größtwert, wenn die Geschwindigkeit w_2, mit der das Wasser den Schaufelrand verläßt, annähernd gleich, aber entgegengesetzt der Geschwindigkeit u des Zurückweichens ist.

Man sieht indessen sofort ein, daß diese Schaufelform für ein Rad von endlichem Halbmesser unbrauchbar wäre. Da sich die Schaufel mit dem Rade unter dem Strahl wegdreht, trifft dieser in jedem Augenblick an einem andern Punkte und in einer anderen Richtung auf; dabei würde die Schaufel das Wasser nur in dem Zeitpunkte richtig empfangen, wo sie dem Strahl die Spitze bietet. Zieht man aber diese Spitze in der Radebene zu einer Schneide auseinander, die sich über die ganze Länge der Schaufel erstreckt, so stellt sich die Schneide dem Strahl, solange sie überhaupt in seinem Bereiche liegt, derart entgegen, daß sie ihn fast stoßfrei aufnimmt, mitten durch spaltet und die beiden Teile symmetrisch nach beiden Seiten ablenkt.

Infolge der Drehung des Rades entzieht sich die Schaufel doch nach einiger Zeit dem Wirkungsbereich des Strahles. Bevor dies geschieht, muß die nachfolgende Schaufel bereits in den Bereich eingetreten sein, damit kein Unterbruch in der Arbeitsübertragung stattfinde, und daraus ergibt sich die Notwendigkeit, die Entfernung der Schaufeln in gewissen Grenzen zu halten.

Mit dem stetigen Wechsel in bezug auf den Ort und die Richtung des Aufschlages fällt jeder Beharrungszustand in der Bewegung des Wassers längs der Schaufel völlig dahin; jedes Teilchen eines herbeiströmenden Wasserfadens beschreibt seine eigene Bahn, und es ist also auch der Punkt des Austrittes einem fortwährenden Wechsel unterworfen. Für die Schaufelfläche ergibt sich die Bedingung, daß sie zu beiden Seiten der Schneide bei völlig symmetrischem Verlaufe nach allen Richtungen flüssige Linien zeigen muß, daß man den Rand ringsum freizuhalten und dabei überall stark aufzubiegen hat, damit er das Wasser, wo auch der Austritt gerade stattfinden möge, annähernd auf die Richtung des Radumfanges zurücklenke. Die seitlichen Radkränze, die den freien Austritt beschränken würden, müssen wegbleiben, so daß die Schaufeln frei auf dem Umfang des Rades stehen. Von der Stelle, wo sie am Radkörper befestigt sind und wo daher der Austritt nicht frei wäre, wird das Wasser durch die Mittelschneide vorübergelenkt. Damit die Wege, die das Wasser längs der Schaufel zurückzulegen hat, nach keiner Richtung zu lang ausfallen, gibt man der Schaufel einen rundlichen Umriß. Ein Ausschnitt im vorderen Rande macht es ihr möglich, stoßfrei in den Strahl einzutauchen.

Als wesentliche Merkmale dieser löffelförmigen Schaufel, die dem Rade seinen Namen eingetragen hat, sind das Empfangen des Strahles mit der mittleren Schneide und die symmetrische Ablenkung nach beiden Seiten anzusehen. Die Symmetrie des Austrittes hat von selbst auf die wagrechte Lage der Achse geführt, die sich überdies für die Übertragung der Leistung durch Riemen und für die direkte Kupplung mit Elektrogeneratoren besser eignet und dazu noch das Auftreten von Axialschüben ausschließt[1]).

Die beschriebene „ellipsoidische“ Schaufelform, die heute allgemein in Gebrauch steht, wurde von W. Abner Doble in San Francisco eingeführt[2]). Von den älteren kalifornischen Löffelrädern wurde dasjenige von Pelton zuerst in Europa bekannt[3]). Dessen Schaufelform weicht aber in wesentlichen Punkten von der heute gebräuchlichen ab. Sie besitzt einen rechteckigen Umriß und ist nur auf den seitlichen Austritt zugeschnitten; der Ausschnitt im vorderen Rande fehlt. Es ist daher unzutreffend, wenn man die Löffelräder ohne Unterschied als Pelton-Turbinen bezeichnet.

207. Der Einlauf oder Leitapparat hat die Aufgabe, das Wasser in Gestalt eines freien Strahls von möglichst hoher Energie auf das Rad zu richten. Man hat nicht nur die Widerstände im Einlauf auf das Mindestmaß zu beschränken; es ist außerdem noch sehr wichtig, daß der Strahl möglichst wenig Energie durch die Reibung in der Luft verliere, ehe er ins Rad tritt, und dies ist um so wichtiger, als unter Umständen, z. B. bei größeren Raddurchmessern, die Entfernung zwischen Einlauf und Radschaufel ziemlich beträchtlich ausfallen kann.

Die erste Bedingung für einen kleinen Luftwiderstand ist die Glätte der Strahloberfläche. Bestehen schon in der Mündung kleinere oder größere Unterschiede zwischen den Geschwindigkeiten der einzelnen Wasserfäden, so führt dies alsbald zu turbulenten Vorgängen mit divergierenden Bewegungen, unter deren Einfluß die zähe Oberhaut des Strahles gesprengt wird; die Oberfläche wird rauh und reißt die umgebende Luft in immer steigendem Grade mit. Luft und Wasser mischen sich; das Wasser löst sich in einzelne Tropfen auf, und der Strahl geht besenförmig auseinander[4]). Indem er seine Energie zum Teil an die mitgerissene Luft abgibt, verliert er an Wucht, und die Leistung geht zurück. Unter allen möglichen Formen bietet

---

[1]) Bei direktem Antrieb von Elektrogeneratoren wird heute vielfach das Löffelrad fliegend auf die verlängerte Welle des Generators gesetzt. Es erfordert dies ein gutes Zusammenarbeiten des Turbinenbauers mit dem Elektroingenieur.

In neuerer Zeit wurden mehrfach große Löffelräder mit senkrechter Welle zum unmittelbaren Antrieb von Generatoren gebaut. Sie besitzen vier gleichmäßig auf den Umfang verteilte Einläufe. Der nach oben austretende Teil des Wassers muß durch besondere Schirme aus dem Bereiche des Rades weggelenkt werden.

[2]) H. Homberger, Z. d. V. d. Ing. 1904, S. 1901.

[3]) F. Releaux, Z. d. V. d. Ing. 1892, S. 1181. Vgl. auch die vom Verf. in der Zeitschr. f. d. gesamte Turbinenwesen 1907, S. 133 beschriebene Schaufel von U. Boßhard.

[4]) Bei rechteckigen Mündungen nimmt die Auflösung des Strahles ihren Anfang in den Ecken der Mündung, wo die Reibung im Verhältnis zur vorüberfließenden Wassermenge am größten ist.

die kegelförmige Düse die günstigsten Bedingungen. Sie läßt sich auf der Drehbank in größter Genauigkeit und Glätte herstellen; sie zeigt im Verhältnis zum Querschnitt den geringsten benetzten Umfang, und es wird die Reibung auf einen kleinsten Wert vermindert. Vermöge der vollständigen Symmetrie und der starken Konvergenz drängen sich alle Wasserfäden nach der Mitte zusammen, und indem sie sich parallel aneinanderlegen, bilden sie einen geschlossenen glatten Strahl, in welchem keine divergierenden Bewegungen auftreten, und der darum seine Geschlossenheit auf eine größere Länge beibehält, so daß er den Eindruck einer Glasstange macht. Es ist keineswegs erforderlich, daß man den Parallelismus der Wasserfäden schon in der Düse herbeiführt; bei der völligen Symmetrie kann man die Parallelisierung dem Wasser nach dem Austritt aus der Düse selbst überlassen und erspart dabei noch wesentlich an Reibung. Durch den Gebrauch der zentrischen Reguliernadel wird allerdings eine Vermehrung des benetzten Umfanges und somit auch der Reibung unvermeidlich; allein da die Symmetrie nicht gestört wird, bleibt auch der Strahl, der sich trotz der Nadel dank der Konvergenz nach der Mitte zusammenschließt, glatt und zusammenhängend.

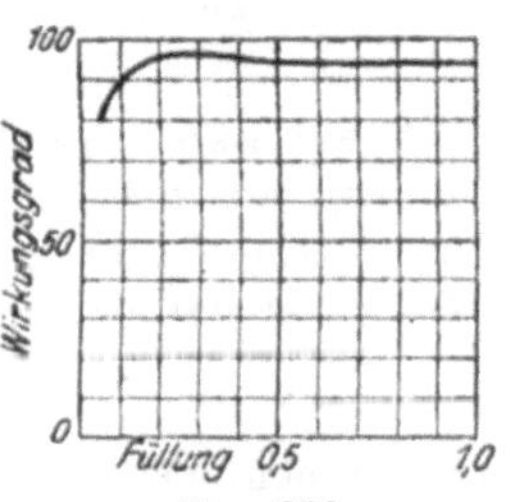

Fig. 279.

Die naheliegende Befürchtung, es möchte unter dem Einflusse der Reibung an der Nadel die Energie des Strahles stark leiden, wird durch die Erfahrung nicht durchaus bestätigt; sie trifft nur für ganz kleine Bruchteile der vollen Ausflußmenge in erheblichem Maße zu. In einer sehr eingehenden experimentellen Untersuchung über die Düsen und Schaufeln der Löffelräder fanden Reichel und Wagenbach[1]) für den Zusammenhang zwischen Ausflußmenge und Wirkungsgrad an der Düse Nr. 4 mit der Nadel Nr. 4 den in Fig. 279 dargestellten Verlauf. Demnach steigt der Wirkungsgrad der Düse schon beim zehnten Teil der vollen Wassermenge auf 90 v. H.; der höchste Wert wird erreicht, wenn die Wassermenge auf den dritten Teil angestiegen ist. Daß der Wirkungsgrad weiterhin wieder etwas sinkt, findet seine Erklärung darin, daß mit wachsender Ausflußmenge die Geschwindigkeit und damit auch der Reibungsverlust im hinteren Teil des Einlaufes zunimmt.

Dank ihren großen Vorteilen hat die konische Düse mit Reguliernadel alle übrigen Einlaufformen in ganz kurzer Zeit völlig verdrängt, so daß sie heute ganz ausschließlich im Gebrauche steht.

Da schließlich jeder Strahl sich nach und nach auflöst, ist die Vorschrift so weit als irgend möglich zu erfüllen, den Einlauf dem Rade soviel als tunlich zu nähern.

Wichtig ist ferner, daß die Nadel gut zentriert werde. Läge

[1]) Z. d. V. d. Ing. 1913, S. 441.

sie etwas exzentrisch, so ergäbe sich namentlich in stärker vorgeschobenem Zustande ein unsymmetrischer, schlecht ausgebildeter Strahl. Die Nadel kann z. B. nach Fig. 280 durch ein Lager am vorderen Teil ihres Schaftes dicht hinter dem zwiebelförmigen Kopfe geführt werden. Doch haben die (drei) Stege, die das Lager tragen, den Fehler, daß bei unreinem Wasser leicht Fremdkörper, wie Gras und Laub, daran hängen bleiben. Man zieht es daher zumeist vor, den Schaft nach Fig. 281 durch eine von hinten heranreichende Büchse zu führen.

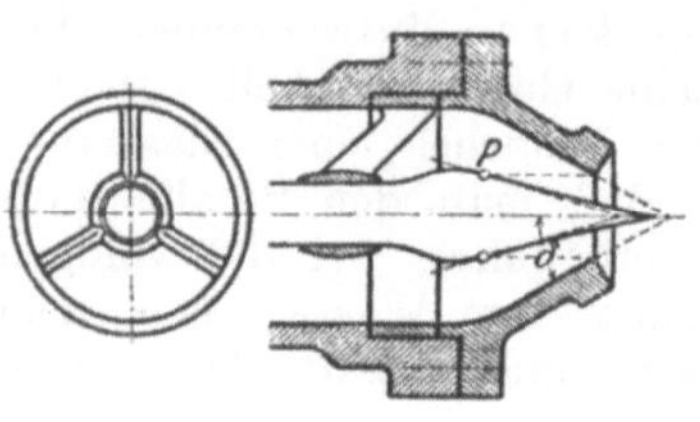

Fig. 280.

Dieselbe Skizze läßt erkennen, daß man zum Zwecke des Anbringens und des Handhabens der Nadel gezwungen ist, dem Einlauf eine stark gebogene Gestalt zu geben.

Die Düse schließt sich nach Fig. 280 mit einem abgerundeten Übergang an den Einlauf an; man gibt ihr schon wegen der leichteren Ausführbarkeit in ihrem vorderen Teil eine kegelförmige Gestalt, deren halber Konvergenzwinkel ungefähr

$$\delta = 35 \text{ bis } 40^0 \quad . \; . \; . \; . \; . \; . \; . \; . \; . \; . \quad (241)$$

angenommen wird.

Das Nadelprofil ist derart auszubilden, daß auch in der hintersten Stellung der Durchflußquerschnitt bis zur Mündung stetig abnimmt und nirgends Verzögerungen des Wassers auftreten. Den Kopf nimmt man so dick, daß er die Mündung vollständig abzuschließen vermag. Damit selbst in beinahe geschlossenem Zustande der Düse an der Nadel keine Ablösungen mit ihren Energieverlusten und Korrosionen auftreten, muß der Wendepunkt des Nadelprofiles etwas hinter dem Punkte P (Fig. 280) liegen, der dem Rande der Mündung entspricht, oder, anders ausgedrückt, der vordere Teil des Nadelprofils muß sich in stetiger konkaver Krümmung außerhalb der Tangente in P entwickeln. Dabei soll die Nadelspitze um so schlanker verlaufen, je höher das Gefälle

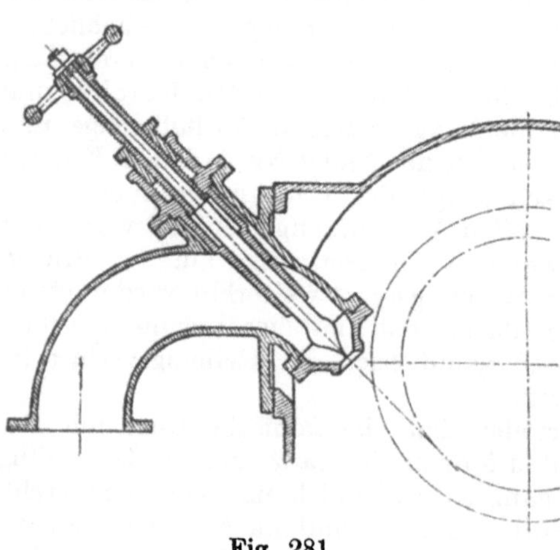
Fig. 281.

ist[1]); das wäre so zu erklären, daß die Energie zum Sprengen der zähen Strahloberhaut einen um so kleineren Bruchteil der ganzen Ausflußenergie ausmacht, je größer diese selbst ist. Im hinteren Teil des Profils, der stets innerhalb der Düse bleibt, braucht man bei der Formgebung nicht sehr ängstlich zu sein, weil dort das Wasser eine kräftige Beschleunigung erfährt und daher gegen Krümmungen wenig empfindlich ist.

208. Die Berechnung der Düse ist nach den Betrachtungen in Abschn. 49 durchzuführen. Die Ausflußgeschwindigkeit nach vollendeter Kontraktion, also im Strahl, wird geschrieben

$$c_0 = \varphi \sqrt{2gH},$$

wobei φ den Geschwindigkeitskoeffizienten bedeutet. Aus der Form

$$\frac{c_0^2}{2g} = \varphi^2 H$$

läßt sich sofort erkennen, daß φ^2 den Wirkungsgrad der Düse darstellt. Man kann etwa setzen

$$\varphi = 0{,}95 \text{ bis } 0{,}97; \quad \ldots\ldots\ldots \quad (242)$$

dem entspricht

$$\frac{c_0^2}{2g} = 0{,}90 \text{ bis } 0{,}94\, H,$$

und somit wäre der Wirkungsgrad der Düse auf 90 bis 94 v. H. anzuschlagen. Man erhält daher

$$\left.\begin{aligned} c_0 &= 0{,}95 \text{ bis } 0{,}97 \sqrt{2gH} \\ &= 4{,}21 \text{ bis } 4{,}3 \sqrt{H} \\ &= \sqrt{17{,}6\, H} \text{ bis } \sqrt{18{,}4\, H}\,^{2)} \end{aligned}\right\} \quad \ldots\ldots \quad (243)$$

Rechnet man sicherheitshalber mit dem Werte

$$c_0 = 4{,}2 \sqrt{H},$$

der noch etwas unterhalb der niedrigsten Grenze liegt, und drückt man die Wassermenge Q in l/sek und die Strahldicke s in cm aus, so erhält man aus der Kontinuitätsgleichung

$$\frac{\pi}{4} s^2 = \frac{Q}{c_0}$$

---

[1]) Reichel und Wagenbach (a. a. O.) erhielten mit einer ziemlich kurzen Nadel bei 60 m Druck noch einen gut geschlossenen Strahl; bei 100 m Gefälle fuhr das Wasser besenförmig auseinander.

[2]) Nach Fig. 279 darf man den Wirkungsgrad der Düse auf 94 v. H. anschlagen; es wäre somit $\varphi = 0{,}970$;

$$c_0 = \sqrt{18{,}4\, H} = 4{,}3 \sqrt{H}.$$

für die Strahldicke den Ausdruck

$$s = 1{,}74\, Q^{\frac{1}{2}}\, H^{-\frac{1}{4}}$$

Ist der halbe Konvergenzwinkel der Düse

$$\delta = 40^0,$$

so kann man nach Abschn. 49 für den Kontraktionskoeffizienten annehmen

$$\alpha = 0{,}815\,.$$

Daher bekäme man für die Düsenweite selbst

$$d = \frac{s}{\sqrt{0{,}815}} \cong 1{,}1\, s \quad \ldots\ldots\ldots \quad (244)$$

209. Die Weite des Einlaufes ist so groß zu bemessen, daß die Wassergeschwindigkeit c_e in demselben ein gewisses Maß nicht übersteigt. Man könnte die kinetische Energie im einlaufenden Wasser in ein bestimmtes Verhältnis zur verfügbaren Energie setzen und beispielsweise schreiben

$$\frac{c_e^2}{2g} = 0{,}015 \text{ bis } 0{,}02\, H,$$

so daß die Eintrittsenergie 1,5 bis 2 v. H. der totalen ausmachen würde; die Eintrittsgeschwindigkeit wüchse also mit der Quadratwurzel aus dem Gefälle. Da man aber nach diesen Angaben für größere Druckhöhen sehr bedeutende Werte von c_e erhält, erscheint es angemessen, eine langsamer ansteigende Funktion zu wählen und beispielsweise zu schreiben

$$c_e = 1{,}0 \text{ bis } 1{,}2\, \sqrt[4]{H} \quad \ldots\ldots\ldots \quad (245)$$

Die errechnete Einlaufweite soll auf einen gebräuchlichen Durchmesser für Gußröhren abgerundet werden.

Öfters wird der Einlauf von der Eintrittsflansche bis zur Düse stetig verjüngt. Dies hat im gekrümmten Teil den Nutzen, daß das Auftreten von Ablösungen verhindert wird, deren störende Wirkungen sich noch im Strahl geltend machen könnten. Im vorderen geraden Teil des Einlaufes hätte eine Verjüngung nur eine Vermehrung der Reibung zur Folge, und wenn es sich nicht um eine Platzersparnis handelt, etwa um die Düse näher ans Rad zu bringen, wird man den Durchmesser lieber konstant lassen.

210. Der **Zusammenhang zwischen Nadelstellung und Austrittsquerschnitt** läßt sich unter einigen vereinfachenden Voraussetzungen leicht berechnen. Es sei angenommen, daß die Nadelspitze die Gestalt eines Kegels besitze; ferner soll als Mündungsquerschnitt die in der Mündungsebene gelegene freie Kreisringfläche gelten[1]. Der

[1] Genau genommen ist als Mündungsquerschnitt die Drehfläche anzusehen, deren Meridian eine Normaltrajektorie zu den Wasserfäden ist.

Querschnitt der Nadel, der von der Mündungsfläche in Abzug zu bringen ist, wächst mit dem Quadrate des Abstandes von der Spitze, und daher läßt sich der freie Austrittsquerschnitt durch die Ordinate einer Parabel darstellen, deren Scheitel nach Fig. 282 in der Mündungsebene liegt. Die Austrittsmenge kann angenähert als dem Querschnitt proportional angenommen werden, und daher messen die Ordinaten der Parabel zugleich die ausströmenden Wassermengen.

Wegen der Schweifung des Nadelprofiles, wie sie tatsächlich stets zur Anwendung kommt, und wegen anderen Umständen verläuft die Ausflußkurve im Scheitel etwas stumpfer als nach Fig. 282; sie entspricht in Wirklichkeit eher der in Fig. 283 gezeichneten kubischen Parabel. Wird die Nadelstellung x von der Mündungsebene aus gemessen, bedeutet a den größten Nadelvorschub und Q_{max} die größte Ausflußmenge, so ergäbe sich die Ausflußmenge Q für irgendeine Nadelstellung x

$$Q = Q_{max}\left(1 - \frac{x^3}{a^3}\right). \quad \quad (246)$$

Man bemerkt, daß bei vorgeschrittenem Rückzug der Nadel die Ausflußmenge nur noch ganz langsam wächst. Es hat daher wenig Sinn, die Nadelspitze ganz zurückzuziehen; öfters ist man froh, am Nadelhub etwas sparen zu können.

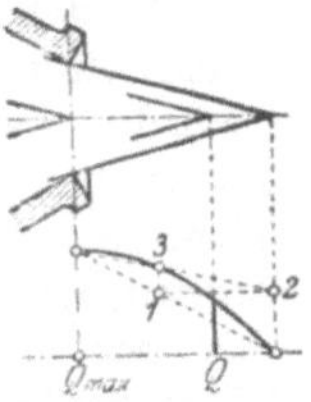

Fig. 282.

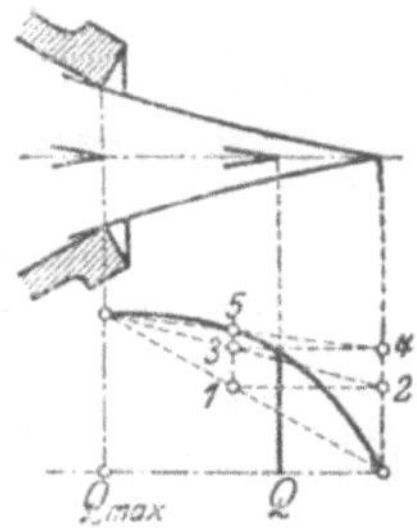

Fig. 283.

211. Die Kraft zum Verschieben der Nadel wechselt je nach der augenblicklichen Stellung ziemlich stark. Sie ist am größten beim Öffnen der vollständig geschlossenen Mündung. Bedeutet p_s den statischen Druck im Einlauf, f_0 den Mündungsquerschnitt und f den Querschnitt des Schaftes der Nadel in der rückwärtigen Stoffbüchse, so ist, abgesehen von der Reibung, die Kraft zum Zurückziehen der Nadel

$$P = p_s(f_0 - f).$$

Wird die Nadel mehr und mehr zurückgezogen, so nimmt der Druck im Einlauf etwas ab; dagegen wächst der Druck auf die vordere Seite des Nadelkopfes, und es stellt sich schließlich ein rückwärts gerichteter Überdruck ein. Unter der Voraussetzung, daß bei ganz zurückgezogener Nadel der Druck p auf den vorderen Teil des Kopfes ebenso groß wie in allen übrigen Teilen des Einlaufes sei, würde dieser rückwärts gerichtete Druck einen Wert

$$P = p f$$

als Grenzwert erreichen können.

Eine vollständigere Untersuchung wäre etwa derart anzufassen, daß man für einige Nadelstellungen in der Nähe des Kopfes die Querschnitte bestimmt, daraus die Wassergeschwindigkeiten und aus diesen nach dem Prinzip von Bernoulli die Drücke berechnet und schließlich die Resultante dieser Drücke auf den Nadelkopf ermittelt. Das wäre indessen eine ziemlich mühsame Arbeit, deren praktische Bedeutung recht gering wäre.

212. Der Radhalbmesser, den man auf die Achse des eintretenden Strahles zu beziehen pflegt, kann in weiten Grenzen beliebig gewählt werden. Das Mindestmaß wird durch den Platzbedarf für die Radnabe und für die Schaufeln und ihre Befestigung auf dem Rade bedingt. Da die Abmessungen der Schaufeln von der Strahldicke s abhängen, erscheint es als zweckmäßig, den Radhalbmesser ebenfalls durch die Strahldicke auszudrücken. Der kleinste Wert des Halbmessers beträgt etwa

$$R = 3 \text{ bis } 3{,}2\, s\,.$$

Er kommt zur Anwendung, wenn es sich darum handelt, die Umlaufzahl, selbst auf Kosten des Wirkungsgrades, soweit als möglich zu steigern. Für normale Verhältnisse sei etwa

$$R = 5 \text{ bis } 6\, s \quad \dots\dots\dots \quad (247)$$

Größere Halbmesser kommen nur in Betracht, wenn man die Umlaufzahl herabziehen will; denn die Turbine fällt entsprechend teurer aus, ohne daß etwa der Wirkungsgrad verbessert würde. Zwar kann man, wie in Abschn. 215 gezeigt wird, bei wachsendem Halbmesser die Schaufeln weiter auseinander rücken und dadurch den Zersplitterungsverlust etwas vermindern. Zugleich wird aber der mittlere Abstand zwischen Düse und Schaufel vergrößert, da man nach Fig. 284 gezwungen wird, mit zunehmendem Halbmesser den Einlauf immer weiter zurückzuschieben, und da geht denn, was man etwa an der Zersplitterung an den Schaufeln erspart, an der Reibung des Strahles in der Luft wieder verloren.

Fig. 284.

213. Die Umfangsgeschwindigkeit soll derart gewählt werden, daß das Wasser mit der kleinsten absoluten Geschwindigkeit austritt. Da aber jedes Wasserteilchen die Schaufel wieder an einem andern Punkt des Randes verläßt, wechselt die absolute Austrittsgeschwindigkeit von einem Teilchen zum andern; es kann sich also nur um Mittelwerte handeln. Darf man annehmen, daß der mittlere Austrittshalbmesser gleich dem mittleren Eintrittshalbmesser sei, bezeichnet ferner u die Umfangsgeschwindigkeit im mittleren Eintrittshalbmesser, so wäre unter Hinweis auf Fig. 285 annähernd die Bedingung

$$u_1 = w_2$$

zu erfüllen. Schreibt man

$$w_2 = k\, w_1\,,$$

wobei in der Zahl k, die stets kleiner als eins ist, der Einfluß der Reibung längs der Schaufel zum Ausdruck kommt, und nimmt man Rücksicht darauf, daß

$$w_1 = c_0 - u_1,$$

so erhält man

$$w_2 = k(c_0 - u_1)$$

und endlich

$$u_1 = \frac{k\,c_0}{1+k}.$$

Nur ist damit nicht viel gewonnen, da k nicht direkt bestimmbar ist.

Nach dem Versuch ist die günstigste Umfangsgeschwindigkeit, bei der die Leistung und der Wirkungsgrad den Größtwert erreichen, ungefähr

$$u = 0{,}45 \text{ bis } 0{,}46\,c_0 \quad \ldots \ldots \ldots \quad (248)$$

Beispielsweise findet sich für $u = 0{,}46\,c_0$ ein Wert von $k = 0{,}852$. Das würde also bedeuten, daß rund 15 v. H. der Geschwindigkeit w_1, mit der das Wasser relativ zur Schaufel eintritt, längs der Schaufelfläche durch die Reibung verloren gehen. Da sich das Wasser auf der Schaufel sehr stark ausbreitet und eine geringe Schichtdicke annimmt, spielt die Klebrigkeit eine große Rolle, und es liegt in der Höhe des Geschwindigkeitsverlustes nichts Unwahrscheinliches. Daß die Glätte der Oberfläche von wesentlichem Einfluß sein muß, ist selbstverständlich; die Schaufeln werden darum bei guten Ausführungen sorgfältig bearbeitet[1]).

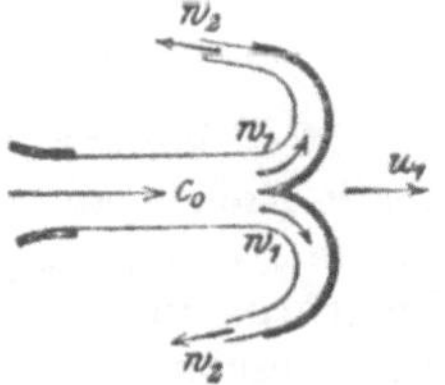

Fig. 285.

214. Spezifische Umlaufzahl. Rechnet man mit einem Wirkungsgrad von 80 v. H., so wäre zur Erzielung einer Leistung von 1 PS bei 1 m Gefälle eine Wassermenge

$$Q = \frac{75}{0{,}8} = 93{,}75 \text{ l/sek}$$

erforderlich. Bei einem Ausflußkoeffizienten $\varphi = 0{,}97$ wäre die Ausflußgeschwindigkeit aus der Düse etwa

$$c_0 = 0{,}97\sqrt{2\,g} = 4{,}29 \text{ m/sek},$$

und der Strahlquerschnitt

$$f = \frac{93{,}75 \cdot 1000}{4{,}29 \cdot 100} = 218 \text{ qcm},$$

[1]) und zwar aus freier Hand mit Schaber und Schmirgelscheibe; denn es handelt sich hier nicht um einfache geometrische Flächen, deren Bearbeitung auf Werkzeugmaschinen möglich wäre. Wichtig ist übrigens auch die Schärfe der Eintrittskante im Ausschnitt und an der Mittelschneide.

also die Strahldicke

$$s = 167 \text{ mm}.$$

Beträgt die Umfangsgeschwindigkeit

$$u = 0{,}46\, c_0 = 1{,}978 \text{ m/sek},$$

so findet sich für die spezifische Umlaufzahl

$$n_s = \frac{19{,}1\, u}{2\, R} = \frac{19{,}1 \cdot 1{,}978}{2\, s}\left(\frac{s}{R}\right) = 113\left(\frac{s}{R}\right).$$

Mit einem Werte von $R = 3\, s$ für den kleinsten möglichen Halbmesser erhält man für die größte spezifische Umlaufzahl

$$n_{s\,max} = 37{,}7.$$

Die spezifische Umlaufzahl für die Zwillingsturbine vom kleinsten Durchmesser wird somit

$$n_{s\,max} = 37{,}7\sqrt{2} = 53{,}4.$$

Für die einfache Turbine mit dem normalen Halbmesser $R = 6$ bis $7{,}5\, s$ erhält man die spezifische Umlaufzahl

$$n_s = 18{,}8 \text{ bis } 15{,}1.$$

Man könnte wohl daran denken, die spezifische Umlaufzahl durch Anbringen von zwei oder mehr Einläufen zu erhöhen. Doch ist der Erfolg dieses Mittels nicht durchschlagend, da man zum Unterbringen mehrerer Düsen eines größeren Radhalbmessers bedarf (vgl. Abschn. 226).

215. Die Schaufelteilung. In Fig. 286 sind zwei aufeinanderfolgende Schaufeln S_1 und S_2 im richtigen gegenseitigen Abstand

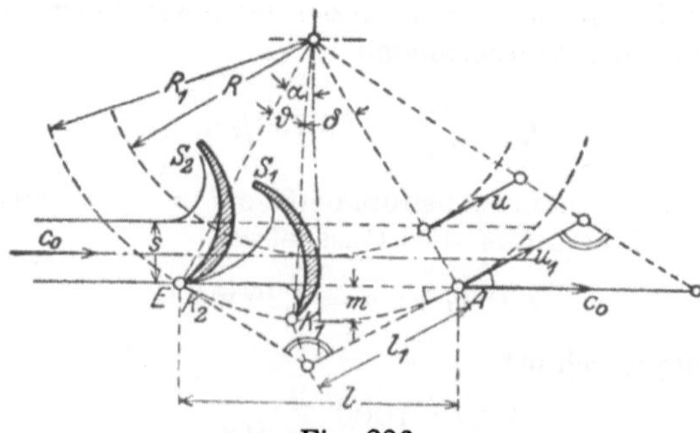

Fig. 286.

voneinander gezeichnet. In der tiefsten Stellung ragt die Schaufelkante über den Strahl um einen Betrag m vor, der als der Schaufelvorstand bezeichnet werden mag.

Von dem Augenblick an, wo die Eintrittskante K_2 der Schaufel S_2 den Strahl ganz durchschnitten hat, tritt offenbar kein Wasser mehr hinter jene Schaufel. Der abgeschnittene vordere Teil des Strahles aber bewegt sich so lange unverändert weiter, bis er mit der vorangehenden Schaufel S_1 in Berührung kommt und von derselben abgelenkt wird. Es ist von der größten Wichtigkeit, daß alles Wasser, das hinter die Schaufel S_2 getreten ist, auf die vorderen Schaufeln trifft und bei der Ablenkung an denselben seine Bewegungsenergie abgibt. Das letzte Teilchen, das eben noch bei E eintreten konnte, verließe im Punkte A den Bereich des Rades, wenn es nicht schon vorher von der Schaufel S_1 aufgefangen wird. Bezeichnet l die Strecke EA und c_0 die Geschwindigkeit des Strahles, so brauchte das zuletzt eingetretene Teilchen eine Zeit

$$t_1 = \frac{l}{c_0},$$

um von E nach A zu gelangen. Bis die Schaufel S_1 mit ihrer Kante K_1 in A eintrifft, vergeht eine Zeit

$$t_2 = \frac{l_1}{u_1},$$

wenn l_1 gleich dem Bogen $K_1 A$ ist und u_1 die Umfangsgeschwindigkeit des Kreises über die Kanten bedeutet. Soll das letzte Teilchen gerade noch abgefangen werden, so wäre die Bedingung hierfür

$$t_2 = t_1,$$

d. h. die Schaufelkante K_1 soll gleichzeitig mit dem zuletzt eingetretenen Wasserteilchen im Punkte A ankommen. Würde die Kante K_1 den Punkt A schon früher passieren, ehe das Wasserteilchen dort anlangt, so entwiche dieses, ohne die Schaufel S_1 berührt und seine Energie abgegeben zu haben.

Setzt man die beiden Ausdrücke für t_1 und t_2 einander gleich, so erhält man als Bedingung dafür, daß das letzte Teilchen eben noch abgefangen wird,

$$\frac{l}{c_0} = \frac{l_1}{u_1} \quad \ldots\ldots\ldots\ldots \quad (249)$$

Sind die Abmessungen R, s und m und die Geschwindigkeiten $u = R\,\omega$ und c_0 gegeben, so läßt sich zunächst zeichnerisch

$$u_1 = \frac{R_1}{R}\,u$$

finden, und weiterhin kann man nach Fig. 286 mit Hilfe ähnlicher Dreiecke die Länge l_1 konstruieren. Trägt man diese von A rückwärts auf dem Kreisbogen ab, so erhält man in K_1 die augenblickliche Stellung der Kante von S_1; d. h. es ist der Bogen $K_1 K_2$ die Schaufelteilung auf dem Kreise über die Kanten gemessen.

Es genügt indessen nicht, daß das zuletzt eingetretene Wasserteilchen nur gerade noch mit der Schaufel S_1 in Berührung komme. Soll es wirklich seine Energie an dieselbe abgeben, so muß es sie noch etwas innerhalb der Kante treffen, und zu diesem Zwecke hat man die Teilung noch um soviel zu verkleinern, daß die Zahl der Schaufeln um ungefähr 10 bis 20 v. H. größer wird.

216. Rechnerische Bestimmung der Schaufelzahl. Anstatt durch Konstruktion läßt sich die Schaufelzahl auch auf dem Wege der Rechnung ermitteln. Es ist nach Fig. 286

$$l = 2\,R_1 \sin\alpha\,,$$

$$l_1 = R_1\,\delta\,.$$

Setzt man diese beiden Ausdrücke in Gl. (249) ein, so erhält man

$$\frac{2\sin\alpha}{c_0} = \frac{\delta}{u_1}$$

und daraus

$$\delta = 2\,\frac{u_1}{c_0}\sin\alpha$$

oder, da

$$u_1 = \frac{R_1}{R}\,u\,,$$

$$\left.\begin{aligned} \delta &= 2\,\frac{R_1}{R}\,\frac{u}{c_0}\sin\alpha\,, \\ \text{wobei}\quad \alpha &= \arc\cos\frac{R+\frac{1}{2}s}{R_1} \\ \text{und}\quad R_1 &= R + \tfrac{1}{2}s + m\,. \end{aligned}\right\} \quad \ldots\ldots \quad (250)$$

Der Teilwinkel ist nach Fig. 286

$$\vartheta = 2\,\alpha - \delta \quad \ldots\ldots\ldots \quad (251)$$

und somit die Schaufelzahl

$$z = \frac{2\,\pi}{\vartheta} \quad \ldots\ldots\ldots \quad (252)$$

Auf Grund der Erfahrung ist etwa $u = 0{,}46\,c_0$ zu setzen. Führt man die Rechnung für angenommene Werte des Verhältnisses $m:s$ durch, so erhält man beim Auftragen im rechtwinkligen Koordinatensystem den Zusammenhang zwischen der Schaufelzahl z und dem Verhältnis $R:s$ durch langgestreckte Kurven dargestellt, die sich innerhalb des Raumes, für den sie in Frage kommen, durch gerade Linien von der Gleichung

$$z = \frac{0{,}42}{m}(R + 3\,s) + 10 \quad \ldots\ldots \quad (253)$$

ersetzen lassen. Man ersieht daraus, daß die Schaufelzahl mit dem Halbmesser wächst, jedoch langsamer als dieser; es wird also mit wachsendem Halbmesser die Teilung größer. Es ergibt sich ferner, daß die Schaufelzahl mit zunehmendem Schaufelvorstand m abnimmt oder die Schaufelteilung größer wird. Da erfahrungsgemäß die Größe m nicht viel über 0,6 s hinausgehen soll, kann man diesen Wert in obiger Gleichung einsetzen, wobei sie die Gestalt annimmt

$$z = 0{,}7\frac{R}{s} + 12 \quad \text{. . . . .} \quad (254)$$

Streckt man die Schaufelteilung möglichst lang, so treffen die zuletzt eintretenden Wasserteilchen sehr schräg von innen nach außen auf die Schaufel, werden dabei nur schwach abgelenkt und geben daher nur einen kleinen Teil ihrer Energie ab. Es ist daher geboten, die nach vorstehenden Rechnungen ermittelten Schaufelzahlen wesentlich aufzurunden. Unter normalen Verhältnissen geht man bis auf das 1,2fache. Bei stark überfüllten Schaufeln, d. h. wenn die Abmessungen der Schaufeln im Verhältnis zur Strahldicke gering sind, steigt man bis auf das 1,5fache, weil hier die Verhältnisse für das zuletzt aufschlagende Wasser noch ungünstiger werden.

Folgende kleine Zahlentabelle gibt eine ungefähre Vorstellung von den nach Gl. (254) ausgerechneten und aufgerundeten Schaufelzahlen:

$\frac{R}{s}$ =	z =
3	17 bis 21
4	18 „ 22
5	19 „ 23
6	20 „ 24
8	31 „ 26
10	23 „ 29
12	25 „ 31

217. Relative Bahn des eintretenden Wasserstrahles. Die Schaufel hat die Aufgabe zu lösen, das Wasser unter den günstigsten Bedingungen zu empfangen und wieder zu entlassen. Um die Eintrittsbedingungen erkennen zu können, benützt man am besten die relative Bahn des eintretenden Strahles gegenüber der Radebene. Es soll z. B. nach Fig. 287 die Bahn konstruiert werden, die das Teilchen O des äußersten Wasserfadens relativ zur Radebene beschreibt. Man trägt auf der absoluten Bahn und auf dem Radumfang, der der Achse des Strahles entspricht, zwei gleichförmige Punktreihen von der Beschaffenheit auf, daß

$$\frac{O, I, II, \ldots}{0, 1, 2, \ldots} = \frac{c_0}{u}.$$

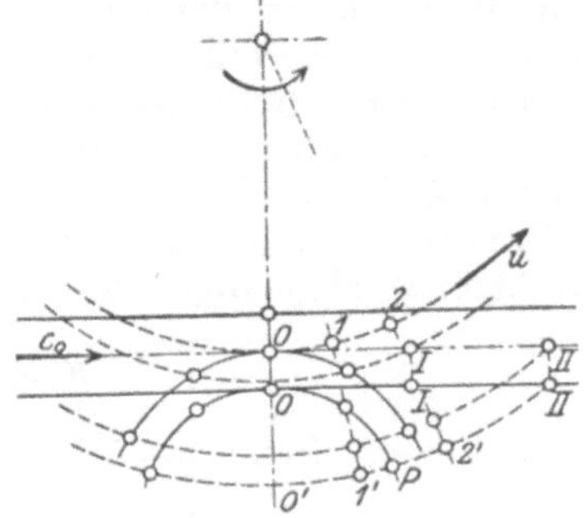

Fig. 287.

Trifft das Teilchen 0 nach einiger Zeit in II ein, so gehört offenbar derjenige Punkt P der Radebene, der gleichzeitig in II ankommt, der gesuchten relativen Bahn an. Überträgt man die Punktreihe $0, 1, 2, \ldots$ durch Strahlen aus dem Mittelpunkte auf den durch II geschlagenen Kreis, so ist $0' 2'$ der Bogen, um den sich das Rad dreht, während 0 bis II gelangt; man hat also nur diesen Bogen $0' 2'$ von II aus rückwärts aufzutragen, um den gesuchten Punkt P der relativen Bahn zu erhalten. Am bequemsten nimmt man den Bogen $2' II$ in den Zirkel; trägt man ihn von $0'$ aus nach beiden Seiten auf, so erhält man von der relativen Bahn gleich noch den symmetrischen Punkt.

Die relative Bahn ist eine verlängerte Evolvente, für deren Grundkreis $r\,\omega = c_0$ ist.

Wiederholt man die Konstruktion für den *innersten* Wasserfaden, so lassen sich mit den beiden relativen Bahnen *alle* Fragen betreffend den Eintritt des Wassers beantworten. Dreht man die Schaufel in die relative Bahn, so ergibt sich aus dem Schnitt der letzteren mit dem Schaufelprofil der Ort und die Richtung des Aufschlages. Im Anfang strömt das Wasser nach Fig. 288 schräg von außen nach innen auf die Schaufel; später trifft es sie voll, und gegen das Ende ist der Aufschlag schräg von innen nach außen gerichtet. Will man wissen, in welcher Schaufelstellung der betreffende Aufschlag eintritt, so hat man nur die Schaufel so weit zu drehen, daß der Aufschlagpunkt auf die absolute Wasserbahn zu liegen kommt.

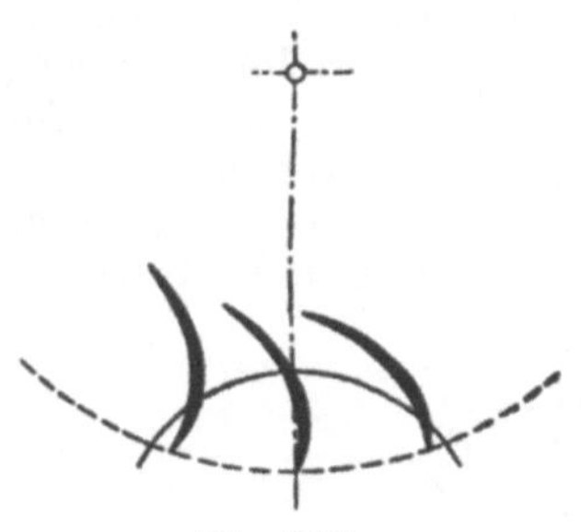

Fig. 288.

Je langsamer sich das Rad dreht, desto mehr nähert sich die relative Bahn der absoluten, bis schließlich bei stillstehendem Rade die relative mit der absoluten Bahn zusammenfällt.

218. Bestimmung der Schaufelteilung mittels der relativen Bahn. Die relative Bahn des äußersten Wasserfadens kann nach Fig. 289 zur Bestimmung der Schaufelteilung dienen. In der Zeit, in der sich das Wasserteilchen O bei ungehinderter Bewegung nach A begeben würde, dreht sich das Rad um den Bogen $A'A$. Der Bewegung des Wasserteilchens über die ganze Strecke EA entspricht eine Drehung des Rades um den Bogen $EE' + A'A$. Damit das letzte Wasserteilchen, das noch hinter der Schaufel S_2 ins Rad tritt, noch rechtzeitig abgefangen werde, ist die Bedingung

$$K_1 A > E E' + A'A$$

zu erfüllen. Zieht man diese Ungleichung von der Identität

$$K_2 M A = E M A$$

ab, so ergibt sich für die Teilung

$$K_2 K_1 < E'A';$$

d. h. die Teilung muß kleiner sein als der Bogen, den die relative Bahn des äußersten Wasserfadens auf dem Kreise über die Eintrittskanten ausschneidet.

Dreht man zwei aufeinanderfolgende Schaufeln S_1 und S_2 nach Fig. 290 so weit herum, daß die Eintrittskante der hinteren Schaufel

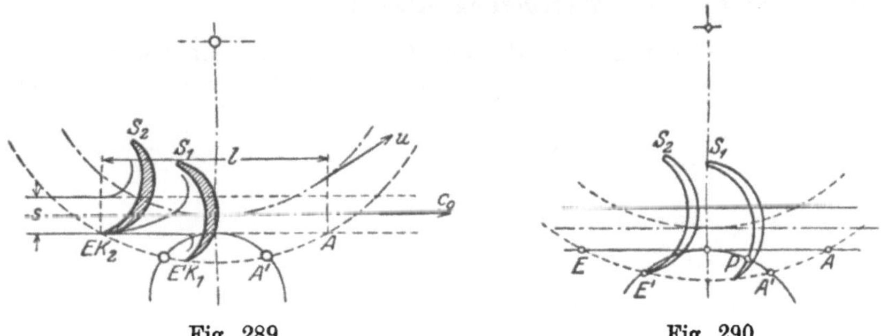

Fig. 289. Fig. 290.

in den Punkt E' der relativen Bahn des äußersten Wasserfadens zu liegen kommt, so erhält die vordere Schaufel im Punkte P, in dem sie von derselben relativen Bahn geschnitten wird, das letzte Wasser. Man könnte auf diesem Wege die Schaufelteilung bestimmen, wenn der Punkt P gewählt wurde.

219. Ein- und Austrittswinkel. Den Eintrittswinkel oder den halben Zuschärfungswinkel der Mittelkante nehme man nach Fig. 291 etwa

$$\beta_1 = 5 \text{ bis } 10^0 \quad . \; . \; . \; . \; . \; . \; . \; . \; . \quad (255)$$

Von der Kante weg, die messerscharf sein soll, führe man das

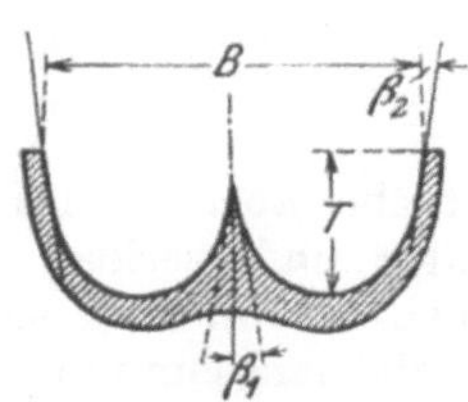

Fig. 291.

Fig. 292.

Profil zuerst ein Stück weit geradlinig weiter, damit die Ablenkung des Wassers nicht zu schroff einsetze.

Mit dem Austrittswinkel kann man recht gut bis auf

$$\beta_2 = 4 \text{ bis } 5^0 \quad . \; . \; . \; . \; . \; . \; . \; . \; . \quad (256)$$

herabgehen, ohne daß man Gefahr läuft, daß das austretende Wasser den Rücken der folgenden Schaufel streife; denn wie ein Blick auf Fig. 292 lehrt, hat das Wasser ohnehin eine Richtung, vermöge der es in der Hauptsache über die nachfolgende Schaufel hinweggeht. Die Gefahr des Streifens ist um so geringer, als das Wasser sich bei der starken Verteilung des Austrittes zu einer sehr dünnen Schicht ausbreitet und überdies diese Schicht eine Abbiegung nach außen erfährt, indem die der Schaufel anliegende Seite infolge der Klebrigkeit des Wassers eine Verzögerung erleidet.

220. Schaufelform. Mit Rücksicht darauf, daß der Austritt sich über den ganzen Umfang der Schaufel verschiebt, sollte der Rand

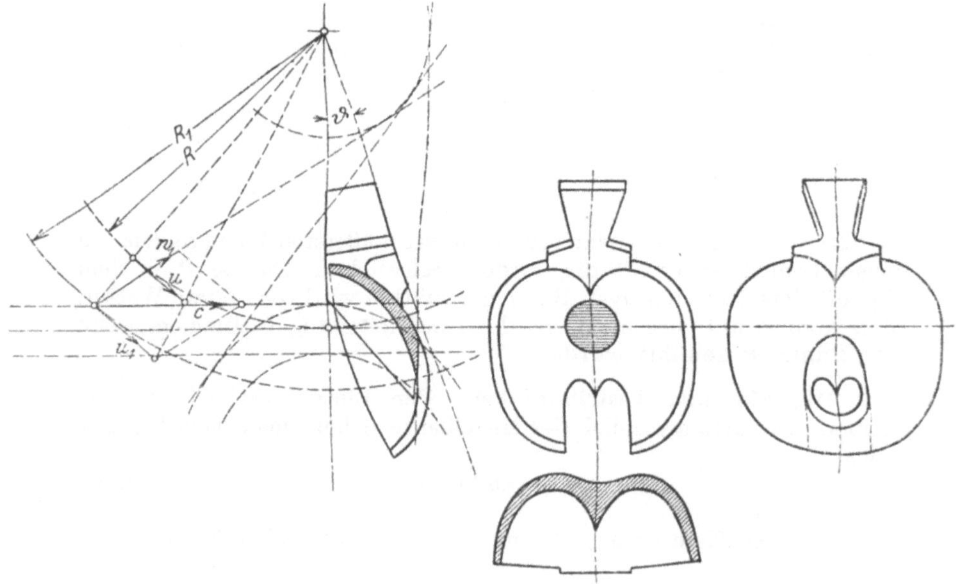

Fig. 293.

überall stark emporgezogen sein. Das ergäbe aber beim Eintreten der Schaufel in den Strahl eine fehlerhafte und verlustreiche Berührung zwischen Strahl und Schaufelrücken, wovon man sich leicht überzeugen kann, wenn man sich die Schaufel langsam in die relative Bahn des Strahles hineingedreht denkt. Ein Blick auf Fig. 293 zeigt indessen sofort, daß man diesen Fehler dadurch vermeiden kann, daß man den Schaufelrücken hinten rinnenförmig ausschneidet. Die Richtung dieser Rinne ist durch die Tangente an die relative Bahn des innersten Wasserfadens gegeben. Legt man die Hinterschneidung nach Fig. 293 derart an, daß die hohle Schaufelfläche nur schwach gestreift wird, und schneidet man den mittleren Teil des vorderen

Randes auf eine Breite b weg, die etwas größer als die Strahldicke s ist, so wird die Schaufel annähernd stoßfrei in den Strahl eintreten.

Der Randausschnitt darf nicht zu weit in die Schaufelfläche hineinreichen, damit die zuletzt aufschlagenden Wasserteilchen, die etwa die Bahn der Pfeile 3 in Fig. 294 beschreiben, keinen zu großen Weg zurücklegen müssen. Dies führt von selbst dazu, die ganze Schaufel und insbesondere die mittlere Kante ziemlich stark zurückzuneigen[1]). Daß hierbei die letztere in der Mittellage nicht mehr rechtwinklig zum Strahl steht, was ja augenscheinlich das Angemessenste wäre, ist ein Umstand, den man in den Kauf nehmen muß.

221. Die relative Bewegung längs der Schaufel steht unter dem Einflusse der Schaufelform, der relativen Richtung und Geschwindigkeit des eintretenden Wassers, der Reibung an der Schaufel und der Coriolisschen Ergänzungskräfte, wogegen man das Eigengewicht füglich außer acht lassen darf, da es gegenüber den übrigen Kräften stark zurücktritt.

Da der Anfangszustand in bezug auf den Ort, die Richtung und die Geschwindigkeit des Eintrittes nicht nur für jeden Wasserfaden, sondern auch für jeden Augenblick wieder ein anderer ist, werden die Vorgänge ungemein verwickelt; jedes Wasserteilchen beschreibt wieder eine andere Bahn, und die Teilchen eines eintretenden Fadens werden vollständig über die Fläche zerstreut[2]). Zuerst tritt das Wasser beim Ausschnitt des vorderen Schaufelrandes ein, und da der Eintritt nach innen gerichtet ist, nimmt es etwa den Verlauf der Pfeile 1 in Fig. 294 an. Allmählich rückt der Aufschlagspunkt weiter nach innen; der Strahl fällt steiler auf und wird durch die mittlere Schneide nach beiden Seiten abgelenkt, etwa den Pfeilen 2 entsprechend. Gegen das Ende verschiebt sich der Ort des Aufschlages wieder mehr nach außen, und da die Bewegung des relativen Eintrittes von innen nach außen gerichtet ist, geht die Strömung längs der Schaufel etwa den Pfeilen 3 gemäß vor sich. Selbst wenn die Bahnen sich kreuzen, kommen die Wasserteilchen einander nicht in den Weg, da diese Bewegungen sich nicht gleichzeitig, sondern nacheinander vollziehen.

Es ist darauf zu sehen, daß die zuletzt aufschlagenden Teilchen ihren Ausweg nicht durch den Ausschnitt, sondern über den Rand der Schaufel nehmen, da ihnen die Energie nur auf diesem Wege vollständig entzogen wird; sie müssen also tief genug ins Rad ein-

---

[1]) Bei kleinem Verhältnis $R:s$ fällt diese Rückwärtsneigung übermäßig groß aus. Man verzichtet dann darauf, den Eintritt völlig stoßfrei zu gestalten und legt die Hinterschneidung etwas flacher an, so daß man die Schaufel etwas aufrechter stellen kann. Der Verzicht auf völlig stoßfreien Eintritt erscheint um so eher zulässig, als sich die Eintrittsverhältnisse vom ersten Augenblick an immer besser gestalten.

[2]) Man gewinnt daher durch Versuche an stillstehenden Schaufeln keinen richtigen Einblick in diese Verhältnisse; einen solchen könnte nur das Stroboskop am laufenden Rade geben.

treten, und der Schaufelvorstand m soll eine gewisse Größe besitzen; auch darf die Schaufelteilung nicht zu weitläufig sein[1]).

An eine rechnerische Untersuchung dieser Vorgänge ist nicht zu denken.

222. Die Abmessungen der Schaufel stehen in einem gewissen Verhältnis zur Strahldicke; denn es ist einleuchtend, daß sich das Wasser auf einer zu großen Schaufel übermäßig stark ausbreitet und daher verhältnismäßig größere Reibungs- und Adhäsionsverluste erleidet, und daß andererseits bei zu knapp bemessenen Schaufeln infolge der schroffen Ablenkung größere Energieverluste entstehen. Über das richtige Maß kann aber nur die Erfahrung entscheiden.

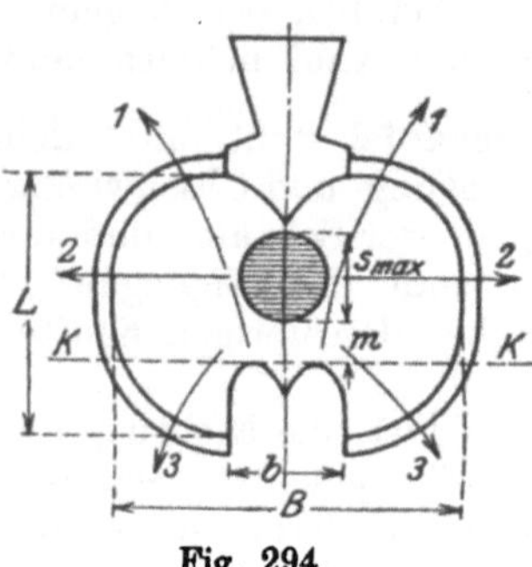

Fig. 294.

In bezug auf die Strahldicke hat man zwischen dem Werte für die größte und demjenigen für die meist gebrauchte oder normale Leistung zu unterscheiden. Man wird die Schaufel in der Regel nach der normalen Strahldicke bemessen, immerhin in dem Sinne, daß man sie etwas größer wählt, wenn die maximale Stärke weit über die normale hinausgeht. Bedeutet s die normale Strahldicke, so sei die Schaufelbreite nach Fig. 294 etwa

$$B = 3{,}2\,s \text{ bis } 3{,}6\,s \quad \ldots\ldots\ldots \quad (257)$$

Bezeichnet s_{max} die größte Strahldicke, so soll man nicht unter

$$B = 3\,s_{max} \quad \ldots\ldots\ldots \quad (257\text{a})$$

hinabgehen, damit die Schaufel in keinem Falle zu stark überfüllt werde.

Die radiale Abmessung oder die Schaufellänge L ergibt sich fast von selbst. Nach Fig. 294 soll der dickste Strahl innen noch auf der Schneide Platz finden. Gilt die Linie KK, die den Grund des Ausschnittes im vorderen Rand berührt, als Eintrittskante, so sei der Schaufelvorstand etwa

$$m = 0{,}5 \text{ bis } 0{,}7\,s_{max}, \quad \ldots\ldots\ldots \quad (257)$$

wobei der kleinere Wert anzuwenden wäre, wenn s_{max} wesentlich über die normale Stärke hinausgeht, damit der normale Strahl nicht zu weit ins Rad hineinfalle. Über die Linie KK soll die Schaufel

[1]) Reichel und Wagenbach (a. a. O.) haben gefunden, daß bei einer gegebenen Schaufel für den Vorstand m ein günstigster Wert besteht, der von der Strahldicke unabhängig ist. Bei veränderlicher Strahldicke sollte also die Lage des äußersten Wasserfadens unverändert beibehalten werden. Dies gibt sich bei Zungen- und Schieberregulierungen ganz von selbst, ist aber bei der Nadelregulierung praktisch nicht erreichbar.

nur noch um soviel hinausreichen, als zur guten Entwicklung der Schaufelfläche nötig ist; davon kann man sich erst beim Aufzeichnen des Längenschnittes Rechenschaft geben.

Die Schaufellänge mag etwa sein

$$L = 2{,}5 \text{ bis } 2{,}6\ s_{max} \quad . \ . \ . \ . \ . \ . \ . \quad (258)$$

Auch über die Tiefe T gibt erst das Aufzeichnen des Querprofiles zutreffenden Aufschluß. Sie betrage etwa

$$T = 0{,}35 \text{ bis } 0{,}4\ B \quad . \ . \ . \ . \ . \ . \ . \ . \quad (259)$$

223. Das Aufzeichnen. Es ist kaum möglich, für das Entwerfen der Schaufeln feste Regeln aufzustellen. Hat man einige Elemente angenommen, so sucht man die übrigen aus diesen zu bestimmen, und wenn man hierbei auf Unzweckmäßigkeiten stößt, muß man auf die Annahmen zurückgreifen.

Als Projektionsebene wird neben derjenigen normal zur Achse am besten die Axialebene verwendet, die den Schaufelrand am innersten Punkt berührt. Die Schaufelfläche wird am zweckmäßigsten durch ebene Querschnitte normal zu den Projektionsebenen dargestellt.

Zuerst wird man wohl meistens den Umriß der Schaufel in der Vorderansicht wählen und im Anschluß daran den Querschnitt über die größte Breite ziehen. Sodann legt man die Hinterschneidung fest, deren Richtung sich übrigens auch ohne Zuhilfenahme der relativen Bahn des eintretenden Wassers einfach aus dem Eintrittsparallelogramm ergibt. Ferner entwirft man den Längenschnitt über die größte Tiefe; sodann wählt man die Seitenprojektion der Mittelschneide und des Schaufelrandes usw. In Fig. 293 ist diese Arbeit durchgeführt.

Das Modell zur Schaufel erhält man am besten auf folgendem Wege. Man stellt zunächst die Gegenform zur führenden Schaufelfläche her, indem man die Hauptprofile in Pappe ausschneidet und auf einem Brettchen zusammenstellt und darauf die Zwischenräume mit magerem Lehm ausfüllt. Das Ausgleichen läßt sich beim Modellieren noch leichter als auf dem Reißbrett durchführen. Ein Gipsabguß von dieser Gegenform, der durch die Vorsprünge und Lappen ergänzt wird, die zur Befestigung der Schaufeln nötig sind, dient als erstes Modell, und ein von diesem in Messing abgenommener und sorgfältig bearbeiteter Abguß liefert das endgültige Modell. Dabei darf man nicht versäumen, auf das doppelte Schwindmaß Rücksicht zu nehmen.

Als Baustoffe für die Schaufeln kommen Gußeisen und Stahlguß in Betracht. Die Düse besteht aus Bronze oder aus Stahlguß, die Nadel aus Bronze oder Stahl (Nickelstahl).

224. Befestigung der Löffel. Das früher etwa üblich gewesene Zusammengießen mit dem Rad ist allgemein aufgegeben worden, da sowohl das Gießen als auch das Bearbeiten der einzeln hergestellten Schaufeln viel leichter ist.

Bei der Verbindung mit dem Rad hat man darauf zu achten, daß der Austritt nach hinten nicht unzulässig beschränkt wird. Viel gebraucht wird die in Fig. 295 dargestellte Verbindung mit zwei Lappen und zwei nebeneinander liegenden Schraubenbolzen, die von Doble eingeführt wurde. Bei enger Schaufelstellung, also bei verhältnismäßig kleinem Radhalbmesser, stellt man die beiden Bolzen nach Fig. 296 hintereinander. Selbst für die gedrungensten Räder läßt sich die vom Verfasser entworfene Verbindung mit festgeklemmtem Schwalbenschwanz nach Fig. 297 anwenden.

Bei großen Gefällen und Kräften ist zu untersuchen, ob die Festigkeit der Schaufel und ihrer Befestigung der Inanspruchnahme durch die Zentrifugalkraft und den Wasserdruck genügt.

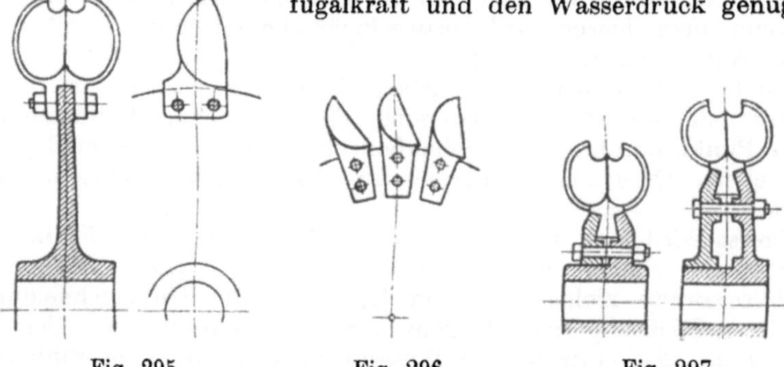

Fig. 295. Fig. 296. Fig. 297.

225. Gehäuse. Die Löffelräder mit liegender Achse werden in einem Gehäuse eingeschlossen, das das Umherspritzen von Wasser verhindert. Damit das austretende Wasser, das von den Wänden abprallt, nicht wieder ins Rad zurückfalle, soll das Gehäuse im Bereiche des Austrittes etwa 2,5 bis 3 mal so breit sein als die Schaufel. Die Lage des Einlaufes gegenüber dem Rade ist so zu wählen, daß das austretende Wasser möglichst frei herabfallen kann; der Strahl soll also schräg abwärts oder wagrecht auf den unteren Teil des Rades gerichtet sein.

Das Wasser fegt in seiner starken Verteilung die Luft sehr lebhaft aus dem Gehäuse fort, und wenn man nicht für Erneuerung sorgt, kann es vorkommen, daß das Unterwasser infolge der eintretenden Luftverdünnung bis zum Rade emporsteigt. Sitzen die Lager dicht am Gehäuse, so wird bei ungenügender Lufterneuerung das Schmieröl in kürzester Zeit abgesaugt.

Beim Austritt der Welle versieht man das Gehäuse am besten mit einer Labyrinthdichtung. Lederstulpen erzeugen starke Reibung und greifen die Welle an.

226. Löffelrad mit mehreren Düsen. Zur Vermehrung der Leistung, ohne die Umlaufzahl gleichzeitig stark zu vermindern, versieht man öfters die Löffelräder mit zwei und (ausnahmsweise auch) mit mehr Düsen. Dabei darf man aber nicht übersehen, daß dies in der Regel einer Vergrößerung des Durchmessers ruft, da die aufeinander folgenden Einläufe einen gewissen Abstand voneinander halten müssen: Keine Schaufel darf neuerdings Wasser bekommen, bevor sie sich nicht ganz entleert hat. Es wächst darum die spezifische Umlaufzahl nicht nach Gl. (134) mit der Quadratwurzel aus der Leistung oder aus der Zahl der Einläufe, sondern langsamer.

Über die Entfernung zweier aufeinander folgenden Düsen gibt folgende Betrachtung Auskunft. Es sollen in Fig. 298 durch S_1 und S_2 zwei aufeinander folgende Schaufeln im richtigen gegenseitigen Abstand angedeutet sein. Dabei ist die Schaufel S_2 in der Stellung gezeichnet, in der ihre Eintrittskante auf der relativen Bahn des äußersten Wasserfadens liegt. Dann ist nach Abschn. 218, Fig. 290

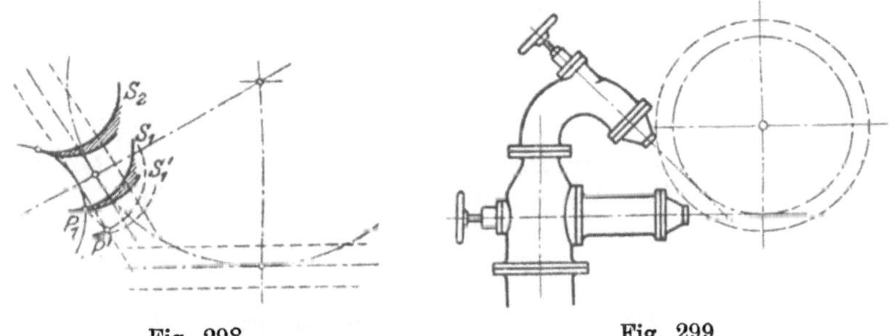

Fig. 298. Fig. 299.

P_1 der Punkt der vorangehenden Schaufel, der noch zuletzt von dem hinter der Schaufel S_2 eingetretenen Wasser getroffen wird. Die Stellung S_1', in der dies geschieht, wird gefunden, indem man die Schaufel S_1 soweit herumdreht, daß P_1 nach P' in der absoluten Bahn gelangt. In dieser Stellung empfängt die vordere Schaufel den letzten Tropfen aus der ersten Düse, und der nächste Einlauf ist um soviel vorwärts zu schieben, daß das soeben noch eingetretene Wasser aus der ersten Düse Zeit findet, die Schaufel zu verlassen, ehe der Eintritt aus der zweiten Düse seinen Anfang nimmt. Dieser Zeitraum ist allerdings nicht näher bestimmbar; man wird sich damit begnügen müssen, den Spielraum bis zur zweiten Düse schätzungsweise anzunehmen.

In Fig. 299 ist ein Löffelrad mit zwei Einläufen gezeichnet. Diese sind derart angelegt, daß das Wasser einen guten Austritt aus dem Rade findet. Der obere Einlauf erhält das Wasser durch eine sehr stark gekrümmte Zuleitung, deren Formgebung einer sorgfältigen Behandlung bedarf, wenn das Auftreten von Ablösungen verhindert werden soll.

227. Verteilung des Wasserstrahles auf die einzelnen Schaufeln. Auf jede Schaufel fällt ein ganz bestimmter Abschnitt des Strahls. Man findet diese Stücke, indem man nach Fig. 300 die relativen

Bahnen der Schaufelkanten gegenüber dem Wasserstrahl bestimmt. Einzelne Punkte P der relativen Bahn, die die Kante K beschreibt, ergeben sich, wenn man die Kante um einen Bogen σ nach dem Punkte K' dreht, und diesen um eine Strecke $K'P = s$ in der Richtung des Strahls zurückschiebt, die gleich dem Wege ist, den

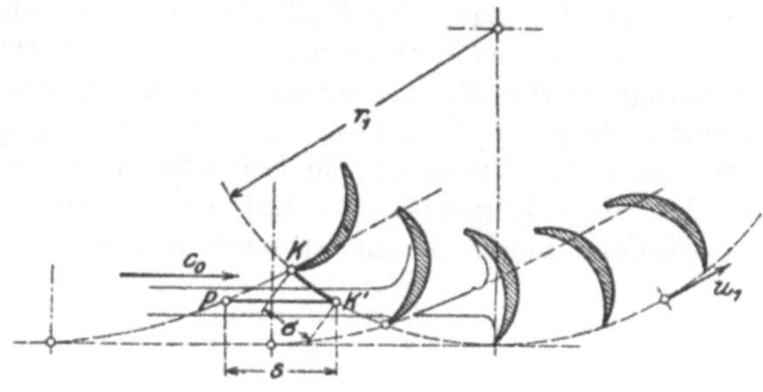

Fig. 300.

das Wasser in der Zeit zurücklegt, während der sich das Rad von K nach K' dreht, für die sich somit der Ausdruck ergibt

$$s = \frac{\sigma}{u_1} c_0 .$$

Der Punkt P trifft offenbar mit K gleichzeitig in K' ein und ist somit ein Punkt der gesuchten relativen Bahn. Diese ist eine

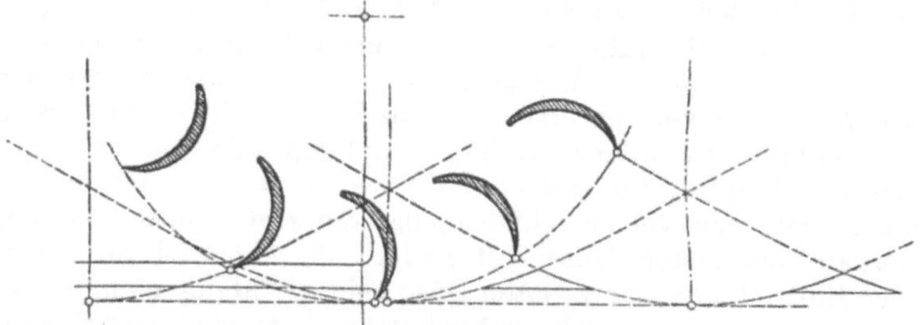
Fig. 301.

verlängerte gemeine Zykloide, deren Rollkreis durch die Beziehung $r\,\omega = c_0$ bestimmt wird.

Der Strahl wird durch die von den einzelnen Kanten beschriebenen Bahnen in lauter schräg abgeschnittene Stücke zerlegt. Der Aufschlag beginnt mit dem innersten Faden, wächst bis zum vollen Strahl und hört mit dem letzten Zipfel des äußersten Fadens auf.

Will man vermeiden, daß Wasser unbenützt zwischen den Schaufeln entweicht, so dürfen sich die relativen Bahnen der Kanten zweier benachbarten Schaufeln nicht innerhalb des Bereiches des

Strahles schneiden. Fig. 301 läßt erkennen, wie ein Teil des Wassers verloren geht, wenn die Schaufeln zu weit auseinander stehen[1]). Ähnliche Erscheinungen treten auf, wenn die Umfangsgeschwindigkeit des Rades zu groß ist.

228. Modellreihe. Unter den Modellen für die verschiedenen Gußstücke eines Löffelrades ist dasjenige für das Gehäuse das größte und teuerste. Dessen Abmessungen werden in erster Linie durch den Raddurchmesser bedingt, und so wird sich wohl diese Größe am besten als Kennzahl einer Nummer eignen. Es stehen aber auch alle übrigen Abmessungen in einer gewissen, wenn auch etwas lockeren Abhängigkeit voneinander, so daß die Wahl der einen Größe sofort gewisse Anhaltspunkte für die Annahme der übrigen gibt.

Setzt man nach Abschn. 209 für die Geschwindigkeit c_e im Einlauf

$$c_e = 1{,}2\sqrt[4]{H}$$

und für die Geschwindigkeit c_0 im Strahl

$$c_0 = 0{,}97\sqrt{2\,g\,H} = 4{,}3\sqrt{H},$$

bezeichnet ferner d_e die Weite des Einlaufes und s die Strahldicke, so ist

$$\frac{d_e}{s} = \sqrt{\frac{c_0}{c_e}}.$$

Führt man für c_0 und c_e die obigen Werte ein, so erhält man

$$\frac{d_e}{s} = 1{,}89\sqrt[8]{H}.$$

Die meisten Gefälle, die hier in Betracht fallen, dürften etwa zwischen 30 und 300 m liegen, und demnach würde sich das Verhältnis $d_e : s$ zwischen den Grenzen bewegen

$$\frac{d_e}{s} = 2{,}91 \text{ bis } 3{,}86\,.$$

Zieht man noch das Verhältnis heran

$$\frac{s}{R} = \frac{1}{5} \text{ bis } \frac{1}{6},$$

wobei unter R der Radhalbmesser, bis auf die Strahlachse bezogen, zu verstehen ist, so erhält man schließlich

$$\frac{d_e}{R} = 0{,}48 \text{ bis } 0{,}77 \quad \text{. . . . . (260)}$$

---

[1]) Man kann daher die relativen Bahnen der Schaufelkanten gegenüber dem Strahl ebenfalls zur Bestimmung der Schaufelteilung verwenden.

Stellt man eine Reihe von Einlaufmodellen auf, die nach den gebräuchlichen Rohrweiten abgestuft ist, und richtet man sich derart ein, daß zwei bis höchstens drei aufeinander folgende Einlaufmodelle sich je an derselben Nummer anbringen lassen, so wird man so ziemlich allen Bedürfnissen entsprechen können.

Zu jedem Einlauf gehört ein einziges Düsenmodell, dem man ja durch Ausdrehen verschiedene Lichtweiten geben kann.

Eine Anzahl verschiedener Schaufelmodelle, die man nach der Reihe der Strahldicken abstuft, lassen sich, wenn man die Befestigungsweise etwa nach Fig. 296 oder 298 gewählt hat, für verschiedene Raddurchmesser oder Nummern verwenden.

Für jede Nummer genügt ein einziges Radscheibenmodell. Dieses wird für die kleinste in Frage kommende Schaufel eingerichtet. Sollen größere Schaufeln aufgesetzt werden, so wird der Rand stärker abgedreht, bis der richtige Durchmesser erreicht ist, der ja auf die Achse des Wasserstrahles bezogen wird.

Den verschiedenen Leistungen und Geschwindigkeiten entsprechend fällt die Wellenstärke und somit auch die Lagerbohrung sehr verschieden aus. Es ergibt sich die Notwendigkeit, eine Reihe von Lagern aufzustellen, die sich innerhalb nicht zu weiter Grenzen mit jeder Gehäusenummer kombinieren lassen.

Der Anfang einer Modellreihe würde etwa folgendes Aussehen zeigen:

Nr.	Raddurchmesser	Umläufe für 1 m Gefälle	Strahldicke	Einlaufweite	Lagerbohrung
1	180	215	15—18	40·50	20·30
2	240	150	20—24	50·75	30·40
3	300	122	26—30	75·100	40·50
4	400	92,5	32—40	100·125	50·60·70
5	500	74	42—50	125·135·175	60·75·90

usw.

Fertigt man sich eine Tabelle an, in der für alle möglichen Werte des Gefälles die Ausflußmengen für die verschiedenen Strahldicken und die Werte für

$$\frac{d_e}{s} = 1{,}89 \sqrt[8]{H}$$

zusammengestellt sind, so kann man sich aus der Modellreihe sofort die Nummer und den Einlauf aussuchen, wenn man für gegebene Werte des Gefälles und der Wassermenge ein Löffelrad zu bauen hat.

Man wird sich übrigens stets daran erinnern, wie elastisch die Zusammenhänge zwischen den einzelnen Abmessungen sind, und gegebenenfalls von der Freiheit, der man gegenübersteht, gerne Gebrauch machen.

229. Zahlenbeispiel. Es sei ein Löffelrad für folgende Verhältnisse zu berechnen:

Wassermenge $Q =$ . . . . 165 l/sek,
Gefälle $H_n =$ . . . . 116,5 m,
Länge der Druckleitung . . . . 420 m.

An Hand der graphischen Tabelle Fig. 48 wird zunächst die lichte Weite der Druckleitung derart gewählt, daß der Druckverlust nicht zu groß und doch die Leitung nicht zu teuer ausfällt. Für eine Lichtweite der Leitung von . . . . 300 m wird der Druckverlust 20 v. T. der Länge, im ganzen also 8,4 m. Rundet man im Hinblick auf die Widerstände in den Krümmern, im Schieber usw. auf 10 m auf, so bleibt zur Verfügung ein Gefälle $H =$ . . . . 106,5 m.

Rechnet man mit einem Wirkungsgrad von 80 v. H., so ist die zu erwartende Leistung

$$N = \frac{165 \cdot 106{,}5}{75} \cdot 0{,}8 = \quad . \; . \; . \; . \; . \quad 187{,}4 \text{ PS}.$$

Die Ausflußgeschwindigkeit aus der Düse ist

$$c_0 = 0{,}97 \sqrt{2\,g \cdot 106{,}5} = \quad . \; . \; . \; . \quad 44{,}34 \text{ m/sek}.$$

Daraus findet sich der Strahlquerschnitt

$$f_0 = \frac{165 \cdot 1000}{44{,}34 \cdot 100} = \quad . \; . \; . \; . \; . \; . \quad 37{,}2 \text{ qcm}$$

und die Strahldicke

$$s = \quad . \; . \; . \; . \; . \; . \; . \; . \; . \; . \; . \; . \quad 68{,}9 \text{ mm}.$$

Die Düsenweite ist

$$d_e = \frac{s}{0{,}9} = 76 \text{ mm} \sim \; . \; . \; . \; . \; . \; . \; . \; . \quad 80 \text{ mm}.$$

Der Radhalbmesser wird etwa

$$R = 5 \text{ bis } 6\,s \sim \; . \; . \; . \; . \; . \; . \; . \; . \quad 400 \text{ mm}.$$

Die Umfangsgeschwindigkeit sei

$$u = 0{,}46\,c_0 = 20{,}4 \text{ m/sek},$$

was einer Umlaufzahl von

$$n = \frac{19{,}1\,u}{2\,R} = 487$$

entspricht. Rundet man diese auf

$$n = \quad . \; . \; . \; . \; . \; . \; . \; . \; . \; . \; . \quad 480$$

ab, so ergibt sich eine Umfangsgeschwindigkeit

$$u = \quad . \; . \; . \; . \; . \; . \; . \quad 20{,}106 \text{ m/sek}.$$

Der Berechnung der Schaufelzahl sind etwa folgende Größen unterzulegen:

$$s = 70\,\text{mm}\,,$$
$$m = 0{,}6\,s = 42\,\text{mm}\,,$$
$$R = 400\,\text{mm}\,,$$
$$R_1 = R + \tfrac{1}{2}s + m = 477\,\text{mm}\,,$$
$$n = 480,$$
$$u = 20{,}106\,\text{m/sek}\,,$$
$$c_0 = 44{,}34\,\text{m/sek}\,.$$

Es wird nach Gl. (250)

$$\cos\alpha = \frac{R + \frac{1}{2}s}{R_1} = \frac{435}{477} = 0{,}912\,,$$
$$\alpha = 24^0\,13\tfrac{1}{2}' = 0{,}1346\,\pi\,,$$
$$\sin\alpha = 0{,}4103\,,$$
$$\delta = 2\,\frac{R_1}{R}\,\frac{u}{c_0}\sin\alpha = 0{,}1413\,\pi\,,$$
$$\vartheta = 2\,\alpha - \delta = 0{,}1278\,\pi\,;$$

daher die Schaufelzahl

$$z = \frac{2\,\pi}{\vartheta} = 15{,}6\,.$$

Mit einem Zuschlag von 10 bis 20 v. H. erhält man schließlich die Schaufelzahl

$z =$ . . . . 18 bis 20.

Die empirische Formel ergäbe

$$z = \frac{0{,}42}{42}(400 + 210) + 10 = 16{,}1\,.$$

Die Aufrundung um 10 bis 20 v. H. liefert dieselben Schaufelzahlen wie vorhin.

Die Geschwindigkeit im Einlauf sei etwa

$$c_e = 1{,}2\sqrt[4]{116{,}5} = 3{,}9\,\text{m/sek}$$

oder

$$c_e = \sqrt[4]{116{,}5} + 2 = 5{,}28\,\text{m/sek}\,.$$

Dies entspräche einer lichten Weite des Einlaufes $d_e = 234$ bis 200 mm. Wählt man

$d_e =$ . . . . 225 mm,

so wird

$c_e =$ . . . . 4,15 m/sek

Setzte man die lichte Einlaufweite auf $d_e = 200$ mm herab, so erhielte man die entsprechende Geschwindigkeit

$$c_e = 5{,}25 \text{ m/sek},$$

was allenfalls auch noch anginge.

Für die Schaufelbreite wäre etwa zu nehmen

$$B = 3{,}5\, s \sim \ldots\ldots\ldots \; 240 \text{ mm}.$$

VII. Verhalten der Turbinen unter veränderten Betriebsverhältnissen.

24. Kapitel.

Verhalten einer gegebenen Turbine unter veränderten Bedingungen.

230. Bedeutung der Frage. Es ist von Wichtigkeit, das Verhalten einer neu entworfenen Turbine bei den verschiedenen Arbeitsbedingungen, unter denen sie stehen wird, zum voraus zu kennen. Im besonderen muß der Turbinenbauer schon beim Abschluß des Lieferungsvertrages wissen, welche Leistungen und Wirkungsgrade zu erwarten sind, wenn der Zufluß von seinem vollen Werte auf bestimmte Bruchteile (etwa $^3/_4$, $^1/_2$ und $^1/_4$) zurückgeht. Dabei wird stets eine gewisse Geschwindigkeit vorausgesetzt, die ein für allemal als normale Betriebsgeschwindigkeit festgesetzt wurde und genau einzuhalten ist. Am sichersten lassen sich derartige Fragen auf Grund der Erfahrungen beantworten, die man bei der experimentellen Untersuchung von ausgeführten Turbinen derselben oder ähnlicher Bauart gewonnen hat. Wo aber solche Erfahrungen nicht zur Verfügung stehen, bleibt nichts anderes übrig als der Versuch, die Aufgabe auf dem Wege der Rechnung zu lösen, und wenn man sich dabei wohl oder übel mit Vereinfachungen und Annäherungen behelfen muß, die notwendigerweise einen ungünstigen Einfluß auf die Zuverlässigkeit der Rechnungsergebnisse haben, so bietet dieses Vorgehen andererseits den Vorteil, daß es nicht nur über die Erscheinungen als solche, sondern auch noch über die Ursachen Aufschluß gibt; es verlohnt sich daher schon aus diesem Grunde, etwas Zeit und Mühe auf diese Rechnungen zu verwenden.

Zwischen den zahlreichen Größen, auf die sich die Untersuchung einer Turbine erstreckt, bestehen entsprechend zahlreiche Beziehungen. Will man den Zusammenhang zwischen zwei Größen verfolgen, so setzt man alle übrigen als unveränderlich an und stellt den gesuchten Zusammenhang durch eine Kurve im rechtwinkligen Koordinatensystem dar. Welche von den zwei Variablen als Urvariable gewählt wird, hängt wesentlich von der Bequemlichkeit ab, d. h. davon, welche Wahl die leichtere Rechnung gibt, bzw. welche Größe sich bei der experimentellen Untersuchung leichter verändern und einstellen läßt. Die ganze Aufgabe wird dadurch stark verwickelt, daß die Veränderung einer Größe öfters gleichzeitig mehrere anderen Größen in Mitleidenschaft zieht. So hat bei Niederdruckanlagen eine Veränderung der Wassermenge einen starken Einfluß auf das Gefälle, und zwar in dem Sinne, daß bei zunehmender Wassermenge das Gefälle kleiner wird; diese Änderung kommt also bei der Leistung, bei der Geschwindigkeit und beim Wirkungsgrad zur Geltung. Die Steigerung der Geschwindigkeit hat z. B. bei der normalen Francis-Turbine eine Verminderung der Durchflußmenge zur Folge usw.

Die einzige Größe, die beim Betriebe einer Turbine nicht wechseln darf, ist die Umlaufzahl, und doch ist es gerade die Geschwindigkeit, die man sowohl bei der experimentellen Untersuchung als auch bei der rechnerischen Analyse gerne als Urvariable zu wählen pflegt. Man hat dazu etwa folgende Gründe. Bei der experimentellen Untersuchung läßt sich die Geschwindigkeit durch Änderung der Belastung leicht zwischen den weitesten Grenzen, d. h. zwischen Leerlauf und Stillstand, beliebig einstellen. Indem man die Versuchsgrenzen so bedeutend erweitert, gewinnt man eine wertvolle Vertiefung des Einblickes in die Natur der Turbine; man wird dabei z. B. unfehlbar die günstigste Geschwindigkeit kennen lernen. Von den übrigen Größen sind viele als unabhängige Variable nicht zu gebrauchen, weil sie in der Tat nicht unabhängig sind: man muß sie nehmen, wie sie eben sind, so z. B. das Gefälle. Um Vergleiche ziehen zu können, muß man allerdings hernach die Versuchsresultate auf dieselbe Grundlage umrechnen, was z. B. für das Gefälle nach Abschn. 98 keine Schwierigkeiten bereitet.

Solange als es sich um ähnliche Zustände handelt, d. h. solange als die Geschwindigkeiten der Turbine und des Wassers darin in demselben Verhältnis zueinander stehen, bietet die Untersuchung keine Schwierigkeiten; diese Aufgabe hat bereits in Abschn. 98 ihre Lösung gefunden. In der Regel aber liegt die Frage weniger einfach; man wünscht z. B. das Verhalten der Turbine zu kennen, wenn sich die Öffnung der Abschützung oder das Verhältnis der Drehzahl zum Gefälle ändert.

Wo nicht ausdrücklich etwas anderes bemerkt ist, beziehen sich die nachstehenden Untersuchungen auf die Francis-Turbine mit Normalrad. Übrigens sollen die anderen Bauarten, soweit sie Besonderheiten bieten, ebenfalls herangezogen werden.

231. Stoß beim Eintritt ins Laufrad. Die größte Schwierigkeit bei der rechnerischen Untersuchung über den Gang einer Turbine mit veränderlicher Geschwindigkeit bereitet die Einführung der Stoßverluste, die beim Übergang ins Laufrad auftreten, sobald die Geschwindigkeit von der normalen abweicht. Man nimmt dabei gewöhnlich an, daß die Komponente w_n, die die relative Eintrittsgeschwindigkeit w_0 nach Fig. 302 in der Richtung normal zur Schaufel besitzt, infolge des Stoßes verloren gehe. Das gibt allerdings eine leidlich bequeme Rechnung, aber viel zu große Verluste. Das letztere erscheint ohne weiteres glaublich, wenn man bedenkt, daß nur die der Schaufel entlang fließenden Wasserfäden unter der schroffen Ablenkung zu leiden haben; die übrigen werden um so sanfter abgelenkt, je weiter sie von der Schaufel abliegen. Jedenfalls wächst der Stoßverlust mit der Größe des Ablenkwinkels; er ist offenbar größer, wenn das Wasser bei zu geringer Radgeschwindigkeit nach Fig. 303 wie bei *a* von hinten auf die Schaufel schlägt; dagegen nimmt er ab, wenn der Aufschlag nach *b* in einer Richtung erfolgt, die mit der mittleren Flucht des Kanales ziemlich gut übereinstimmt; eine stark gekrümmte Schaufel wird einen größeren Verlust hervorrufen als eine von gestrecktem Profil; besteht zwischen Leit- und Laufrad ein größerer Zwischenraum, so vollzieht sich die Ablenkung

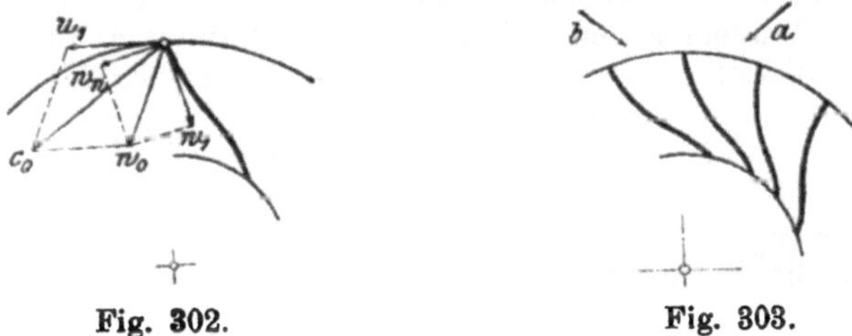

Fig. 302. Fig. 303.

milder und der Stoß wird sanfter. Die Schwierigkeiten, alle diese Einflüsse in die Rechnung einzubeziehen, sind so groß, daß man besser tut, sich gar nicht auf die Berechnung der Stoßverluste einzulassen. Die Erfahrung zeigt, daß der Fehler, den man beim Außerachtlassen der Stoßverluste begeht, bei Geschwindigkeiten über der normalen recht unbedeutend ist[1]); dagegen nimmt er allerdings mit abnehmender Radgeschwindigkeit rasch zu, und es bedarf einer starken Korrektur des Rechnungsergebnisses (vgl. Abschn. 234).

232. Allgemeine Durchflußgleichung der Stauturbine. Bezeichnet man mit ζ_1 und ζ_2 die Widerstandskoeffizienten für den Durchfluß durch das Leit- und durch das Laufrad, so gestaltet sich die Energiebilanz für die Vorgänge im Laufrad bei stoßfreiem Eintritt wie folgt.

Beim Eintritt steht, auf die doppelte Masseneinheit des durchfließenden Wassers bezogen, zur Verfügung:

an potentieller Energie . . . . $2gH - (1+\zeta_1)\,c_0^2$,
an kinetischer Energie . . . . w_1^2.

[1]) Zu diesem Umstande trägt bei der Francis-Turbine die Tatsache viel bei, daß bei zunehmender Radgeschwindigkeit der Durchfluß stark zurückgeht, da ein großer Teil des Gefälles zur Erzeugung der Zentripetalbeschleunigung verbraucht wird. Die verminderte Wassermenge aber findet einen leichteren Übergang.

Daraus ist zu bestreiten

die kinetische Energie beim Austritt und die Reibung im Laufrad . . . . $(1+\zeta_2)\,w_2^2$,

die Energie für die Zentripetalbeschleunigung . $u_1^2-u_2^2$.

Einige Posten, die hier nicht namentlich aufgeführt sind, wie z. B. der Stoß gegen die Schaufelkanten u. a., können durch passende Ansätze für ζ_1 und ζ_2 berücksichtigt werden. Es ergibt sich eine gute Übereinstimmung für mittlere Verhältnisse, wenn man setzt

$$\zeta_1=\zeta_2=0{,}08 \text{ bis } 0{,}10\,.$$

Die Bilanz liefert die Gleichung

$$2\,g\,H=(1+\zeta_1)\,c_0^2-w_1^2+(1+\zeta_2)\,w_2^2+u_1^2-u_2^2\,.\;.\;(261)$$

Es mögen die gesamten Kanalquerschnitte beim Austritt aus dem Leitrad, beim Eingang ins Laufrad und beim Austritt daraus mit F_0, F_1 und F_2 bezeichnet werden. Die verschiedenen Geschwindigkeiten des Wassers lassen sich dann folgendermaßen auf die Austrittsgeschwindigkeit c_0 aus dem Leitrad beziehen. Es ist

$$w_1=\frac{F_0}{F_1}\,c_0, \qquad w_2=\frac{F_0}{F_2}\,c_0\,.$$

Ferner ist $u_1=0{,}1047\,n\,R_1$ und $u_2=0{,}1047\,n\,R_2$; die Gleichung nimmt damit die Form an

$$2\,g\,H=\left[1+\zeta_1+(1+\zeta_2)\left(\frac{F_0}{F_2}\right)^2-\left(\frac{F_0}{F_1}\right)^2\right]c_0^2 + \frac{n^2}{91{,}2}\,(R_1^2-R_2^2)\,.\;(262)$$

Als Bedingung für den stoßfreien Eintritt findet sich aus Fig. 158, Abschn. 101

$$u_1=c_0\cos\alpha_0+w_1\cos\beta_1$$

oder

$$n=\frac{9{,}55}{R_1}\left(\cos\alpha_0+\frac{F_0}{F_1}\cos\beta_1\right)c_0\,.\;.\;.\;.\;.\;.\;(263)$$

Drückt man die Geschwindigkeit c_0 durch die Wassermenge Q und den Querschnitt F_0 aus, so erhält man

$$2\,g\,H=\left[\frac{1+\zeta_1}{F_0^2}+\frac{1+\zeta_2}{F_2^2}-\frac{1}{F_1^2}\right]Q^2+\frac{n^2}{91{,}2}\,(R_1^2-R_2^2)\;.\;(264)$$

und

$$n=\frac{9{,}55}{R_1}\left(\frac{\cos\alpha_0}{F_0}+\frac{\cos\beta_1}{F_2}\right)Q\,.\;.\;.\;.\;.\;.\;.\;(265)$$

Die Gleichung (264) setzt eigentlich stoßfreien Eintritt voraus und gilt also genau genommen nur für die durch Gl. (265) bestimmte

Umlaufzahl. Sind indessen die Stoßverluste nicht beträchtlich, was bei allen Bauarten für die Nähe des normalen Ganges zutrifft und bei der Francis-Turbine noch ein gut Stück darüber hinaus, so läßt sich Gl. (264) dazu benützen, den Einfluß der Umlaufzahl auf die Durchflußmenge darzustellen. Bei der Francis-Turbine gibt Gl. (264) überdies noch Aufschluß darüber, wie sich die Durchflußmenge mit dem Ausflußquerschnitt F_0, also mit der Stellung der Drehschaufeln ändert. Diese Gleichung mag als die allgemeine Durchflußgleichung bezeichnet werden.

233. Rechnungsmäßige Halbmesser. Bevor man zur Anwendung der allgemeinen Durchflußgleichung schreiten kann, hat man sich Rechenschaft davon zu geben, was für Werte für die Halbmesser R_1 und R_2 und für die Querschnitte F_0, F_1 und F_2 einzusetzen sind.

Dem Wesen der Sache nach wird man den Halbmesser bis dorthin zu rechnen haben, wo die Ablenkung des Wassers in den Turbinenkanälen beginnt, bzw. aufhört. Da bei der endlichen Ausdehnung der Kanalquerschnitte diese Punkte im allgemeinen nicht für alle Wasserfäden in demselben Achsabstande liegen, kann es sich nur um Mittelwerte handeln. Man könnte sagen, daß die Ablenkung erst dann ihren Anfang nehme, wenn das Wasserteilchen zwischen zwei benachbarte Schaufeln eingetreten sei. Dann wäre nach Fig. 304 der mittlere Eintrittshalbmesser R_1 bis auf die Mitte des Eintrittsquerschnittes zu beziehen, und ähnlich wäre der Austrittshalbmesser R_2 zu messen. Indessen zeigen Versuche von Camerer, daß man für beide Halbmesser die bessere Übereinstimmung mit der Wirklichkeit bekommt, wenn man sie bis auf die Schaufelkante mißt. Ist der Ansatzwinkel β nicht sehr verschieden von 90^0, so fallen beim Eintritt sowieso die Kreise über die Kanten und durch die Querschnittsmitten so ziemlich zusammen; allein es scheint, daß auch für den Austritt die Messung über die Kanten vorzuziehen sei. Es dürfte das wohl damit zusammenhängen, daß beim Verlassen der Kanäle ein Wasserstoß als Folge der plötzlichen Erweiterungen eintritt.

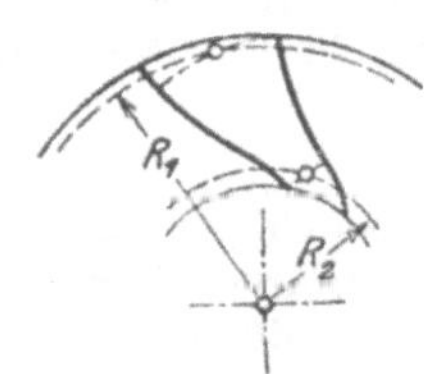

Fig. 304.

Liegt der Austritt nicht auf einer Zylinderfläche, was z. B. bei einer Francis-Turbine mit axialer Ablenkung stets zutrifft, so bedarf es noch einer besonderen Rechnung für die Bestimmung des Austrittshalbmessers R_2. Hat man die Wasserstraßen gezogen, und bedeutet r_2 den mittleren Halbmesser einer Straße an der Austrittskante und Δb_2 die Breite der Straße, so wäre nach Camerer zu setzen

$$R_2 = \frac{\sum (r_2 \Delta b_2)}{\sum (\Delta b_2)}; \quad \ldots \ldots \ldots \ldots (266)$$

d. h. der Austrittshalbmesser ist gleich dem Abstande des Schwerpunktes der Austrittskante von der Achse. Die Bestimmung läßt sich bequem auf graphostatischem Wege durchführen.

Zu einem etwas anderen Ergebnis führt folgende Betrachtung. In der allgemeinen Durchflußgleichung kommen sowohl die Querschnitte als die Geschwindigkeiten nur in der zweiten Potenz vor, da in der Energiebilanz die Geschwindigkeiten nur im Quadrat auftreten. Dementsprechend wäre nicht das Mittel der Einzelwerte, sondern das Mittel der Quadrate der Einzelwerte maßgebend, und man sollte schreiben

$$R_2^2 = \frac{\sum(r_2^2 \varDelta b_2)}{\sum(\varDelta b_2)} \quad \text{. . . . . (267)}$$

Über die Art, wie die Querschnitte zu messen sind, wäre etwa folgendes zu bemerken. Besteht zwischen Leit- und Laufradschaufeln ein gewisser Spielraum wie bei der Francis-Turbine mit Finkschen Drehschaufeln, so ist mit Rücksicht auf den zwanglosen Übergang der Querschnitt F_0 auf den Außendurchmesser des Laufrades zu beziehen, wobei der Winkel α_0 gleich demjenigen ist, unter dem die Leitschaufeln beim Ausgange den Parallelkreis schneiden; man erhält also für F_0 den Ausdruck

$$F_0 = 2\pi R_1 B_0 \sin\alpha_0, \quad \text{. . . . . (268)}$$

wobei B_0 die Leitradbreite bedeutet. Ein Abzug für die Dicke der Leitradschaufeln braucht nicht in Rechnung gesetzt zu werden. Dagegen dürfte dies für den Eintrittsquerschnitt F_1 ins Laufrad angemessen sein.

Liegt der Austritt nicht auf einer Zylinderfläche, so bedarf es wieder einer besonderen Rechnung für die Bestimmung der Austrittsfläche F_2. Es seien die Wasserstraßen in der Anzahl x gezogen; f_2 sei der Austrittsquerschnitt einer Wasserstraße und q die Durchflußmenge, die sie führt, a_2 die lichte Kanalweite und $\varDelta b_2$ die Breite der Straße beim Austritt, so wäre, wenn z_2 die Anzahl der Schaufeln bedeutet,

$$f_2 = z_2 a_2 \varDelta b_2 \quad \text{und} \quad q = \frac{Q}{x}.$$

Nach früherem hat man man mit der zweiten Potenz der Geschwindigkeiten zu rechnen, und wenn daher v_2 die relative Austrittsgeschwindigkeit der einzelnen Wasserstraßen bezeichnet, so erhielte man für die mittlere relative Austrittsgeschwindigkeit

$$w_2^2 = \frac{\sum(v_2^2)}{x}.$$

Für den ganzen Austrittsquerschnitt hat man

$$F_2^2 = \frac{Q^2}{w_2^2} = \frac{x\,Q^2}{\sum(v_2^2)},$$

und da

$$v_2 = \frac{q}{f_2} = \frac{Q}{x\,z_2\,a_2\,\varDelta b_2},$$

bekommt man schließlich

$$F_2^2 = \frac{x^3 z_2^2}{\sum\left(\frac{1}{a_2^2 \Delta b_2^2}\right)} \quad \ldots \ldots \ldots \ldots (269)$$

234. Umlaufgeschwindigkeit und Durchflußmenge. Wo die Zentripetalbeschleunigungen für Ein- und Austritt verschieden sind, d. h. wo Ein- und Austritt auf verschiedenen Halbmessern liegen, ändert sich die Durchflußmenge mit der Umlaufzahl der Turbine, wie sich aus Gl. (264)

$$2\,g\,H = \left[\frac{1+\zeta_1}{F_0^2} + \frac{1+\zeta_2}{F_2^2} - \frac{1}{F_1^2}\right] Q^2 + 0{,}011\, n^2 (R_1^2 - R_2^2)$$

erkennen läßt. Diese ist hinsichtlich der Größen n und Q vom zweiten Grad, und da beide nur in der zweiten Potenz auftreten, kann sie als die Achsengleichung eines Kegelschnittes aufgefaßt werden. Da das erste Glied rechts stets positiv ist, indem $F_2 < F_1$ ist, entscheidet das Vorzeichen des zweiten über die Natur des Kegelschnittes. Für die normale Francis-Turbine ist $R_1 > R_2$, das Vorzeichen ist positiv, und die Gleichung stellt eine Ellipse dar.

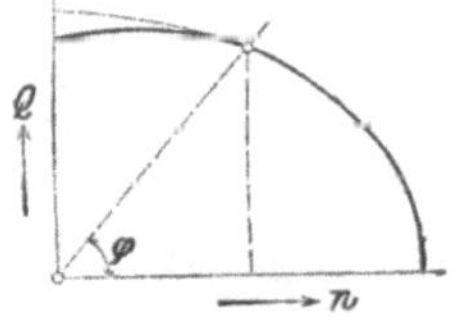

Fig. 305.

Bei Geschwindigkeiten unter der normalen erleidet das Wasser beim Übergang vom Leit- ins Laufrad einen starken Stoßverlust; daher gibt die Gleichung eine zu große Durchflußmenge, und es wäre daher in dieser Partie der Ellipse eine kräftige Korrektur anzubringen, wie in Fig. 305 angedeutet ist. Für Geschwindigkeiten über derjenigen des stoßfreien Ganges kann es bei der Gl. (264) sein Bewenden haben.

Es werde die Turbine durch einen genügend großen Widerstand festgehalten. Die Wassermenge, die in diesem Zustand durch die Turbine fließt, wird erhalten, wenn man in der obigen Gleichung $n = 0$ einsetzt. Dies gibt für den Stillstand den (zu großen) Wert

$$Q_s = \sqrt{\frac{2\,g\,H}{\frac{1+\zeta_1}{F_0^2} + \frac{1+\zeta_2}{F_2^2} - \frac{1}{F_1^2}}} \quad \ldots \ldots (270)$$

Wird die Turbine nach und nach entlastet, so setzt sie sich mit immer wachsender Geschwindigkeit in Bewegung, und zwar nimmt die Geschwindigkeit für eine gegebene Belastung einen ganz bestimmten Wert an. Mit zunehmender Geschwindigkeit sinkt die Durchflußmenge, da die Zentripetalbeschleunigung einen immer größer werdenden Teil des Gefälles in Anspruch nimmt. Wird die Belastung ganz aufgehoben, so läuft die Turbine leer; es wird das ganze Gefälle dazu verbraucht, das Wasser durch die Turbine hindurch und diese selbst in ihren Zapfen und im umgebenden Mittel herumzutreiben. Gäbe man der Turbine einen äußeren Antrieb, so nähme bei immer wachsender Geschwindigkeit die Wassermenge mehr und mehr ab, bis schließlich der Durchfluß ganz aufhörte. Man erhält die betreffende Umlaufzahl, wenn man in Gl. (264) für Q den Wert null einsetzt. Man findet für dieselbe

$$n' = 9{,}55 \sqrt{\frac{2\,g\,H}{R_1^2 - R_2^2}} \quad \ldots \ldots \quad (271)$$

In diesem Zustand wird das Gefälle gänzlich zur Erzeugung der Zentripetalbeschleunigung aufgebraucht; das Wasser wird durch die Drehung gerade **in der Schwebe gehalten.** Steigert man die Geschwindigkeit der Turbine noch weiter, so setzt sich das Wasser im umgekehrten Sinne in Bewegung; die Turbine wirkt als Pumpe.

Ein ruhiges Schweben ist nur denkbar, wenn der Wert $R_1^2 - R_2^2$ für alle Wasserfäden derselbe ist. Bei der Turbine Fig. 306 wird bei einer gewissen Geschwindigkeit das Wasser am Boden schon auswärts fließen, während es am Kranz noch seine ursprüngliche Bewegungsrichtung hat. Es gibt also auch für diese Turbinenform eine Geschwindigkeit, bei der der Durchfluß aufhört; nur ist dies kein Zustand der Ruhe, sondern der eines stetigen Kreislaufes.

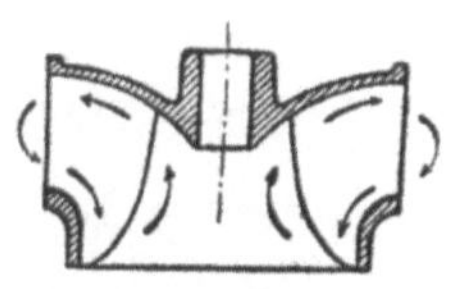

Fig. 306.

Die beiden Größen Q_s und n' ergeben die Halbachsen der Ellipse in Fig. 305, die sich mit deren Hilfe nun ohne weiteres zeichnen läßt. Die Geschwindigkeit des stoßfreien Eintrittes erhielte man, indem man Q aus den beiden Gl. (264) und (265) eliminiert. Bequemer findet man sie, indem man die durch den Anfangspunkt gehende Gerade, für die

$$\operatorname{cotg} \varphi = \frac{n}{Q} = \frac{9{,}55}{R_1}\left(\frac{\cos \alpha_0}{F_0} + \frac{\cos \beta_1}{F_1}\right) \quad \ldots \ldots \quad (272)$$

nach Fig. 305 zum Schnitt mit der Durchflußkurve bringt[1]).

235. Drehmoment und Umlaufzahl. Kennt man für eine Turbine den Zusammenhang zwischen Durchflußmenge und Geschwindigkeit, so fällt es leicht, das Drehmoment, das vom Wasser auf die Turbine übertragen wird, in seiner Abhängigkeit von der Geschwindigkeit der Turbine darzustellen. In der Eulerschen Gleichung (107), Abschn. 57

$$\mathfrak{M} = M(R_1 c_{u1} - R_2 c_{u2})$$

bedeutet $\mathfrak{M}$ das Moment, M die sekundlich durchfließende Wasser-

[1]) Handelt es sich um eine im Entwurfe vorliegende Turbine, für die die Umlaufzahl und die Durchflußmenge des stoßfreien Ganges von vorneherein angenommen worden ist, so braucht man zur Bestimmung der Ellipse nur noch einen Punkt; man wird am einfachsten noch die Geschwindigkeit des Schwebens berechnen.

masse, ferner nach Fig. 307 R_1 und c_{u1} den Halbmesser und die Umfangskomponente der absoluten Geschwindigkeit des Wassers am Eingang, und R_2 und c_{u2} die entsprechenden Größen am Ausgang des Turbinenkanals. Dabei zählen c_{u1} und c_{u2} als positiv, wenn sie im Sinne der Drehung gerichtet sind. Die Gleichung gilt ohne Rücksicht auf vorhandene Widerstände, solange beim Eintritt kein Stoß und weder am Ein- noch am Ausgang infolge des Flüssigkeitsdruckes ein Drehmoment auftritt. Das letztere trifft bei Turbinenkanälen zu; die Betrachtung des Stoßes aber kann man dadurch aus der Rechnung fernhalten, daß als Ausgangspunkt der Zustand unmittelbar vor dem Eintritt in den Kanal gewählt wird. Bezeichnet c_{u0} die Umfangskomponente der absoluten Geschwindigkeit, mit der das Wasser aus dem Leitrad in den Bereich des Laufrades tritt, so hätte man für das Moment den Ausdruck

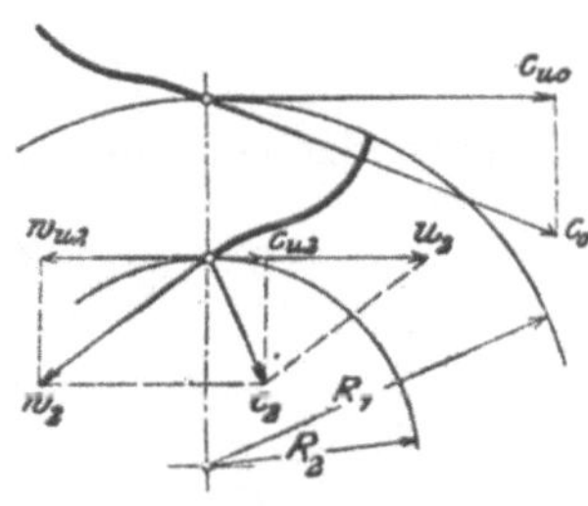

Fig. 307.

$$\mathfrak{M} = M(R_1 c_{u0} - R_2 c_{u2}) \ldots \ldots \quad (273)$$

Nach Fig. 307 ist

$$c_{u2} = u_2 - w_{u2},$$

und daher ist

$$\mathfrak{M} = M(R_1 c_{u0} + R_2 w_{u2} - R_2 u_2) \ldots \quad (273\,a)$$

Werden die Summen der Durchflußquerschnitte normal zum Umfange mit F_{m0} und F_{m2} bezeichnet, so ist

$$c_{u0} = \frac{Q}{F_{m0}} \quad \text{und} \quad w_{u2} = \frac{Q}{F_{m2}}.$$

Da ferner

$$M = Q\frac{\gamma}{g} \quad \text{und} \quad u_2 = 0{,}1047\, R_2\, n,$$

kann man die Gleichung in der Form schreiben

$$\mathfrak{M} = \frac{\gamma}{g} Q\left[Q\left(\frac{R_1}{F_{m0}} + \frac{R_2}{F_{m2}}\right) - 0{,}1047\, R_2^2\, n\right] \ldots \quad (273\,b)$$

Dabei sind die Ausdrücke, die sich auf den Austritt beziehen, als Mittelwerte aufzufassen, sobald die Austrittskanten nicht auf einer Zylinderfläche liegen. Es ist im einzelnen

$$F_{m0} = 2\pi B_0 R_1 \operatorname{tang} \alpha_0;$$

ferner bei x Wasserstraßen und z_2 Schaufeln im Laufrad

$$\frac{R_2}{F_{m2}} = \frac{1}{x} \sum \left(\frac{R_2}{x z_2 m_2 \Delta b_2}\right) = \frac{1}{x^2 z_2} \sum \left(\frac{R}{m_2 \Delta b_2}\right),$$

wobei R_2 den mittleren Austrittshalbmesser, m_2 die meridionale Kanalweite und Δb_2 die Breite der Wasserstraße bedeutet. Endlich ist

$$R_2^2 = \frac{1}{x} \sum (R_2^2).$$

Schreibt man zur Abkürzung

$$\frac{R_1}{F_{m0}} + \frac{R_2}{F_{m2}} = k,$$

so nimmt die Gleichung (273) die Form an

$$\mathfrak{M} = \frac{\gamma}{g} k Q \left(Q - \frac{0{,}1047 R_2^2 n}{k}\right), \quad \ldots \ldots \quad (274)$$

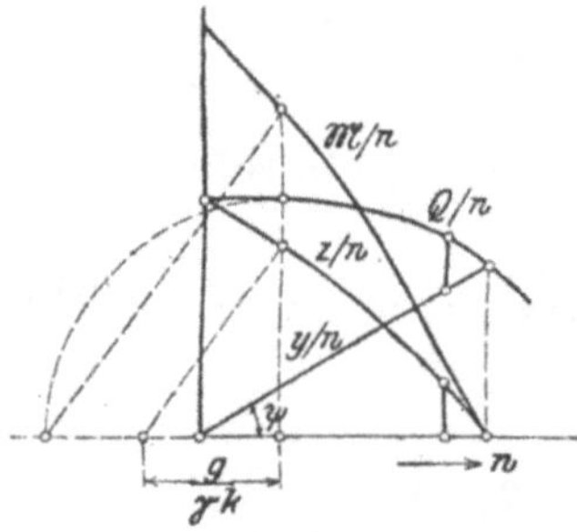

Fig. 308.

die sich nach Fig. 308 zeichnerisch darstellen läßt wie folgt. Zieht man durch den Anfangspunkt die Gerade

$$y = \frac{0{,}1047 R_2^2}{k} n,$$

für die

$$\operatorname{tang} \psi = \frac{0{,}1047 R_2^2}{k},$$

und vermindert man die Ordinaten der Q/n-Kurve um diejenigen dieser Geraden, so erhält man eine Kurve von der Gleichung

$$z = Q - \frac{0{,}1047 R_2^2}{k}.$$

Führt man z in die Momentengleichung ein, so nimmt diese die Form an

$$\frac{\mathfrak{M}}{Q} = \frac{z}{\left(\frac{g}{\gamma k}\right)}.$$

Es lassen sich für beliebige Werte von n aus der z/n-Kurve mit Hilfe von ähnlichen Dreiecken einzelne Punkte der $\mathfrak{M}/n$-Kurve finden.

Der Maßstab, mit dem die Größen $\mathfrak{M}$ zu messen sind, hängt mit den Maßstäben zusammen, in denen die übrigen Größen aufgetragen wurden; er findet sich aber am sichersten, indem man z. B. für $n = 0$ die Berechnung von $\mathfrak{M}$ durchführt. Man hat dabei den Vorteil, daß man für die Größe $g : \gamma k$ eine Strecke auftragen kann, die man beliebig unter dem Gesichtspunkt wählt, daß die Ordinaten der $\mathfrak{M}/n$-Kurve ausreichend groß ausfallen. Man könnte auch umgekehrt derart vorgehen, daß für die berechnete Ordinate der Maßstab gewählt und rückwärts die Größe $g:\gamma k$ konstruiert wird.

Die Momentenkurve der Francis-Turbine zeigt in der Hauptsache eine auswärts gerichtete Krümmung, die erst bei der Annäherung an die Leerlaufgeschwindigkeit in eine leichte Gegenkrümmung übergeht, wie durch die Erfahrung bestätigt wird.

Der Schnittpunkt der Geraden y/n mit der Q/n-Kurve entspricht dem Zustande, wo das Wasser kein Moment mehr auf das Rad überträgt. Hätte die Turbine keine Eigenreibung, so würde dadurch die Leerlaufgeschwindigkeit bestimmt. Das an der Turbinenwelle erhältliche Drehmoment ist um dasjenige der Eigenreibung niedriger und dementsprechend auch die Leerlaufgeschwindigkeit etwas kleiner als nach der Konstruktion.

Von dem Moment der Eigenreibung darf man annehmen, daß es sich aus einem angenähert unveränderlichen Gliede für die Zapfenreibung und einem veränderlichen Teil für die Reibung im umgebenden Mittel zusammensetzt, der mit dem Quadrate der Geschwindigkeit wächst, so daß sich das ganze Reibungsmoment durch eine Funktion von der Form

$$\mathfrak{M}_r = a + b\,n^2$$

ausdrücken ließe. Die Berechnung läßt sich aber im allgemeinen nicht durchführen, und man ist auf die Schätzung, bzw. auf die Erfahrung angewiesen. Man darf in der Regel annehmen, daß die Reibung nicht mehr als etwa 2 bis 4 v. H. der vom Wasser verrichteten Arbeit verbraucht.

Wie sich aus der Momentengl. (274) deutlich ersehen läßt, nimmt das Drehmoment bei unveränderlicher Durchflußmenge mit der wachsenden Umlaufzahl linear ab[1]).

236. Leistung und Geschwindigkeit. Ist das Drehmoment in seiner Abhängigkeit von der Umlaufgeschwindigkeit bekannt, so läßt sich sofort auch die Leistung bestimmen; es ist

$$L = \mathfrak{M}\,\omega = \frac{\mathfrak{M}\,n}{9{,}55},$$

oder

$$\frac{L}{n} = \frac{\mathfrak{M}}{9{,}55}, \qquad (275)$$

und man kann daraus nach Fig. 309 die L/n-Kurve punktweise mit ähnlichen Dreiecken konstruieren.

Die Umlaufgeschwindigkeit, für die die Leistung einen Größtwert erreicht, läßt sich schon aus der Momentenkurve bestimmen. Die

---

[1]) Prášil fand, als er eine Francis-Turbine mit einer konstanten Wassermenge betrieb, wobei das Gefälle sich frei einstellen konnte, diesen Satz bestätigt (a. a. O.).

Leistung wird ein Maximum, wenn

$$\frac{d(\mathfrak{M}\,n)}{dn} = 0$$

oder wenn

$$\mathfrak{M}\frac{dn}{d\mathfrak{M}} = -n;$$

d. h. die Subtangente für den betreffenden Punkt der Momentenkurve muß gleich der zugehörigen Umlaufzahl n'' sein. Man findet diese, indem man durch Probieren denjenigen Punkt der Momentenkurve aufsucht, dessen Tangente auf der Abszissenachse die Strecke $2\,n''$ abschneidet.

Der absteigende Ast der Momentenkurve bei der Francis-Turbine ist steiler als der aufsteigende, weil die Durchflußmenge mit wachsender Geschwindigkeit sinkt. Daher ist die Geschwindigkeit der größten Leistung höher als die halbe Leerlaufgeschwindigkeit.

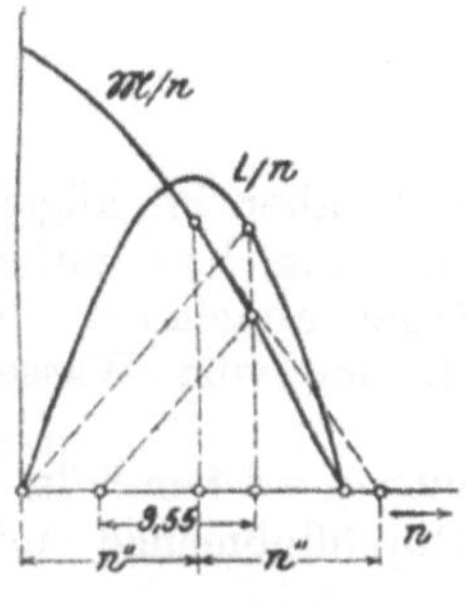

Fig. 309.

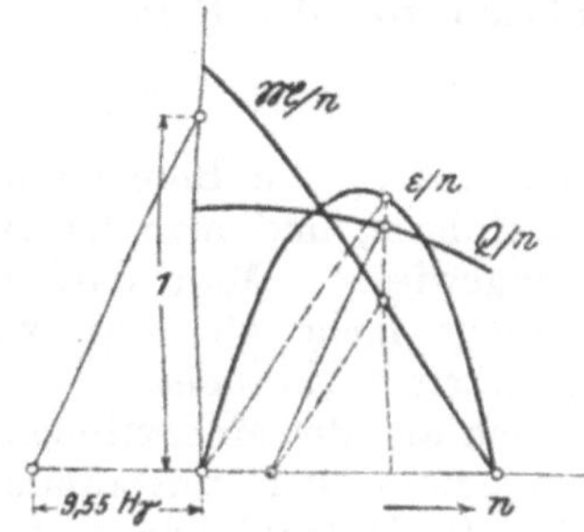

Fig. 310.

237. Wirkungsgrad und Geschwindigkeit. Auf ähnlichem Wege läßt sich noch der Zusammenhang zwischen dem hydraulischen Wirkungsgrad ε und der Umlaufgeschwindigkeit n finden, wenn einerseits die Durchflußkurve und andererseits die Leistungs- oder die Momentenkurve bekannt ist. Es soll hier nur die Ableitung aus der Momentenkurve gegeben werden.

Die hydraulische Leistung ist

$$L = \frac{\mathfrak{M}\,n}{9{,}55}$$

und der hydraulische Wirkungsgrad

$$\varepsilon = \frac{L}{Q\,\gamma\,H};$$

also ist

$$\frac{\varepsilon}{n} = \frac{1}{9{,}55\,H\gamma}\,\frac{\mathfrak{M}}{Q} \quad \ldots\ldots\ldots \quad (276)$$

Wie sich diese Gleichung punktweise mit Hilfe von ähnlichen Dreiecken konstruieren läßt, ist aus Fig. 310 ohne weitere Erklärung zu ersehen.

Auch bei der Wirkungsgradkurve der Francis-Turbine verläuft der absteigende Ast steiler als der aufsteigende; die Geschwindigkeit des besten Wirkungsgrades liegt also über der halben Leerlaufgeschwindigkeit.

Die Geschwindigkeiten der größten Leistung und des besten Wirkungsgrades sind übrigens keineswegs identisch, was sich schon daraus ergibt, daß nach Gl. (274) und (276) L und ε verschiedenartige Funktionen von Q sind. Bei der Francis-Turbine liegt die Geschwindigkeit des besten Wirkungsgrades etwas höher als diejenige der größten Leistung.

238. Öffnungs- und Füllungsgrad. Bei der Francis-Turbine mit Anwendung der Finkschen Regulierung wird gewöhnlich verlangt, daß man durch ein stärkeres Öffnen eine gewisse Überfüllung der Turbine herbeiführen könne. Man muß also wissen, wie weit der Leitapparat zu öffnen ist, um eine vorgeschriebene Überschreitung der normalen Ausflußmenge zu ermöglichen. Das führt auf die Frage, wie unter Voraussetzung normaler Geschwindigkeit die Durchflußmenge mit der Öffnung des Leitapparates zusammenhänge.

Aus der Durchflußgleichung (264) erhält man durch eine einfache Rechnung

$$F_0^2 = \frac{(1+\zeta_1)\,Q^2}{2\,g\,H - \dfrac{n^2}{91{,}2}\,(R_1^2 - R_2^2) - \left(\dfrac{1+\zeta_2}{F_2^2} - \dfrac{1}{F_1^2}\right)Q^2}\,. \qquad (277)$$

Diese Gleichung gibt den Zusammenhang zwischen der Durchflußmenge Q und der Größe des Austrittsquerschnittes F_0 aus dem Leitapparat. Sie ist hinsichtlich dieser beiden Größen vom vierten Grad. Stellt man sie durch eine Kurve dar, so geht diese durch den Anfangspunkt, da F_0 und Q gleichzeitig null werden. Da F_2 wesentlich kleiner als F_1 ist, behält das dritte Glied im Nenner stets das negative Vorzeichen; daher muß der Ausflußquerschnitt in demselben Sinne wachsen wie die Wassermenge, jedoch, wie eine nähere Prüfung erkennen läßt, verhältnismäßig stärker als die Durchflußmenge.

Bezeichnet F_{0n} den normalen Ausflußquerschnitt und Q_n die entsprechende normale Durchflußmenge, bedeuten ferner F_0 und Q zwei beliebige zusammengehörige Werte des Ausflußquerschnittes und der Durchflußmenge, so mögen die Verhältnisse

$$\frac{F_0}{F_{0n}} = ö \quad \text{und} \quad \frac{Q}{Q_n} = f$$

als Öffnungs- bzw. Füllungsgrad bezeichnet werden. In Fig. 311 sind die zusammengehörigen Werte von $ö$ und f für eine bestimmte Turbine (Normalläufer) aufgetragen. Man sieht, wie der Füllungsgrad bei zunehmendem Öffnungsgrad immer langsamer ansteigt, so daß für $f=1{,}28$ der Öffnungsgrad $ö=1{,}5$ wird, und daß daher die Möglichkeit, den Füllungsgrad zu steigern, ziemlich stark beschränkt ist.

Es ist leicht, sich von diesem Zusammenhang Rechenschaft zu geben. Wird der Leitapparat stärker geöffnet, so daß der Durchfluß zunimmt, so wächst auch die Stauung im Laufrad; der Spaltdruck wird größer und die Ausflußgeschwindigkeit c_0 aus dem Leitrad sinkt, so daß die Ausflußmenge nicht in demselben Verhältnis wie der Querschnitt wachsen kann. Aus Gl. (262) erhält man den Ausdruck

$$c_0^2 = \frac{2\,g\,H - \dfrac{n^2}{91{,}2}\left(R_1^2 - R_2^2\right)}{(1+\zeta_1) + (1+\zeta_2)\left(\dfrac{F_0}{F_2}\right)^2 - \left(\dfrac{F_0}{F_1}\right)^2} \quad . \; . \; . \quad (278)$$

Da $F_2 < F_1$, muß das zweite Glied des Nenners größer als das dritte sein; mit wachsendem Ausflußquerschnitt F_0 wird der ganze Nenner größer, und die Ausflußgeschwindigkeit c_0 nimmt in der Tat ab.

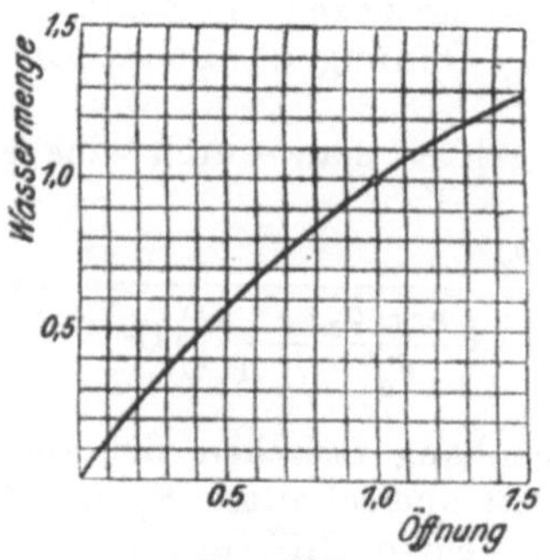

Fig. 311.

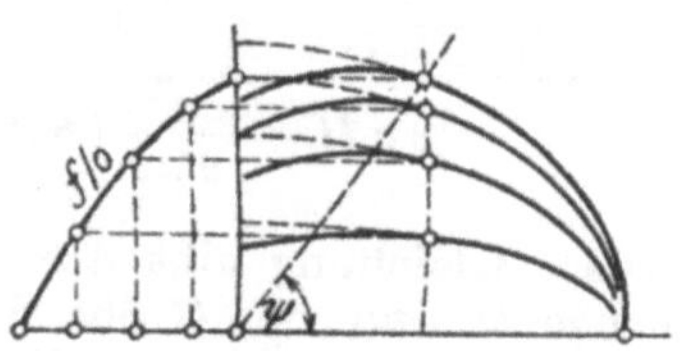

Fig. 312.

Kennt man für irgendeine Geschwindigkeit, z. B. für diejenige des stoßfreien Ganges, die Durchflußmengen für verschiedene Öffnungsgrade, so lassen sich die verschiedenen Durchflußkurven als affine Ellipsen leicht bestimmen, da ja die Geschwindigkeit des Schwebens für alle Öffnungszustände dieselbe sein muß. Die Korrekturen, die im Bereich der niedrigen Geschwindigkeiten anzubringen sind, werden nach Fig. 312 um so geringer, je kleiner die Füllungen sind, da sich die verminderte Wassermenge leichter in dem vorhandenen Querschnitt zurechtfindet.

Aus den verschiedenen Durchflußkurven lassen sich der Reihe nach die Kurven der Momente, der Leistungen und der Wirkungsgrade ableiten, und so erhält man ein sehr vollständiges Bild von dem Verhalten der Turbine bei verschiedenen Öffnungsgraden und Geschwindigkeiten.

Fig. 313 gibt das Bild wieder, das auf diesem Wege für das von Prášil[1]) untersuchte Rad I gewonnen wurde. Die Ergebnisse sind auf das Gefälle umgerechnet, für das

$$\sqrt{2\,g\,H} = 1 \text{ m/sek}.$$

239. Empirische Formeln. An Hand zahlreicher Bremsversuche an sehr verschiedenartigen Francis-Turbinen weist Bachmeteff nach[2]), daß sich die Leistung einer gegebenen Turbine bei unveränderlicher Geschwindigkeit linear mit dem Gefälle ändere, so daß

$$N = \alpha H - \beta,$$

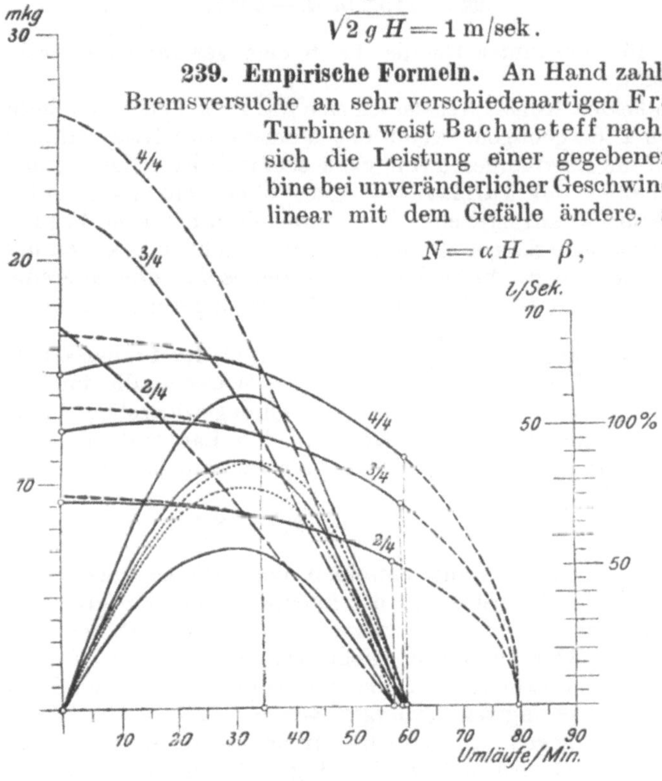

Fig. 313.

wo α und β Konstanten sind. Scheuer zeigt[3]), daß sich aus dieser Gleichung die Beziehung ableiten lasse

$$N = a\,H\,n - b\,n^3 \quad . \; . \; . \quad (279)$$

Eine nähere Prüfung ergibt, daß die Konstanten a und b nur von der betreffenden Turbine abhängen. Setzt man das Gefälle als unveränderlich an, so läßt sich die Leistung nach Fig. 314 bequem durch die Subtraktion der Ordinaten einer Geraden und einer kubischen Parabel konstruieren.

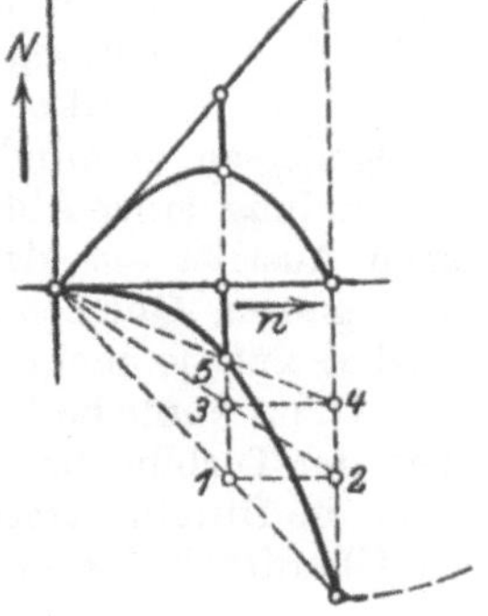

Fig. 314.

[1]) a. a. O.

[2]) Zeitschr. f. d. ges. Turbinenwesen 1911, S. 9.

[3]) Zeitschr. f. d. ges. Turbinenwesen 1911, S. 417.

Drückt man die Leistung in mkg aus und dividiert man durch die Winkelgeschwindigkeit, so erhält man für das Moment den Ausdruck

$$\mathfrak{M} = 716{,}2\,(a\,H - b\,n^2), \quad \ldots \ldots \quad (280)$$

der sich für konstantes Gefälle durch eine gewöhnliche Parabel darstellen läßt.

Die beiden Konstanten lassen sich aus zwei Versuchen berechnen; es würde z. B. genügen, wenn das Moment der festgehaltenen Turbine und die Leerlaufgeschwindigkeit ermittelt ist. Man könnte dann das Verhalten der Turbine verfolgen, ohne daß man nötig hätte, Bremsversuche anzustellen. Das wäre allerdings sehr bequem; nur ist leider zu bemerken, daß Gl. (280) für Geschwindigkeiten unterhalb der normalen nicht befriedigend mit der Erfahrung übereinstimmt; daher kann auch Gl. (279) nur als Näherungsformel gelten.

240. Verteilung des Wassers im Laufrad der Francis-Turbine bei abnehmender Füllung. Die Energie des Wassers, die im Spalt vorhanden ist, wird, abgesehen von den Reibungswiderständen, zur relativen Beschleunigung des Wassers in den Laufradkanälen und zur Erzeugung der Zentripetalbeschleunigung verbraucht. Die letztere wird durch die Größe

$$u_1^2 - u_2^2 = \omega^2 (R_1^2 - R_2^2)$$

gemessen. Sie ist für die einzelnen Wasserfäden verschieden, und zwar ist sie am kleinsten für die äußersten und am größten für die innersten Fäden, wo R_2 den kleinsten Wert hat. Daher erfolgt der Durchfluß am leichtesten für die äußeren und am schwersten für die innersten Fäden. Dem Prinzip des geringsten Zwanges gemäß suchen die Wasserfäden gegen den Austritt hin möglichst weit von der Achse abzurücken, wie in Fig. 315 angedeutet ist. Solange die normale Füllung vorhanden ist, wird der äußere Teil des Durchflußraumes durch die äußeren Fäden in Anspruch genommen, und den innersten Wasserfäden bleibt nichts anderes übrig, als ihren Weg dem Boden entlang zu nehmen. Sobald aber die Drehschaufeln stärker geschlossen werden und die Durchflußmenge infolgedessen vermindert wird, bietet sich am Boden die Möglickeit zur Bildung einer Ablösung. Die Folge ist ein starker Energieverlust beim Austritt aus dem Laufrad, wenn sich das Wasser wieder über den ganzen Querschnitt ausbreitet. Die Erscheinung tritt um so stärker auf, je mehr die Durchflußmenge zurückgeht.

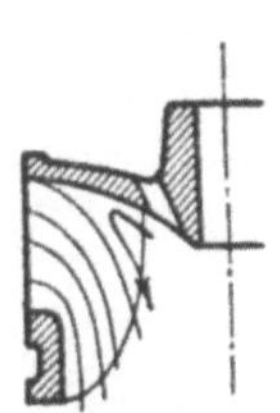

Fig. 315.

Ganz ähnliche Vorgänge stellen sich ein, wenn die Geschwindigkeit der Turbine bei unveränderter Öffnung wächst, da hierbei einerseits die Durchflußmenge sich vermindert und andererseits der Bedarf an Überdruck für die Zentripetalbeschleunigung größer wird[1]). Die

[1]) Vgl. Abschn. 234.

rückläufige Bewegung am Radboden wird als das **Pumpen** der Turbine bezeichnet.

Das Wasser, das aus dem Saugraum wieder ins Laufrad zurückfließt, nachdem es seine Energie bereits abgegeben hat, wird in den Turbinenkanälen neuerdings beschleunigt, wozu ein gewisser Aufwand an Energie verbraucht wird. Man hat versucht, das Pumpen dadurch zu verhindern, daß man durch eine besondere Leitung Luft in den Raum zwischen Leit- und Laufrad einführt.

241. Unstetigkeiten. Man beobachtet nicht selten im Verhalten der Francis-Turbine eine Unstetigkeit, die bei Geschwindigkeiten jenseits derjenigen des stoßfreien Ganges auftritt. Sie zeigt sich in einer Einstülpung der verschiedenen Kurven, wie sie in Fig. 316 für die Durchflußkurve angedeutet ist, die sich aber weiterhin bei höheren Geschwindigkeiten wieder mehr oder minder vollständig verliert. Die Erscheinung ist stärker ausgeprägt, wenn der Spielraum zwischen Leit- und Laufradschaufeln gering ist, und desgleichen, wenn die Durchfluß-

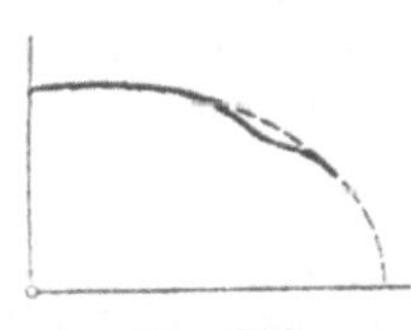

Fig. 316.

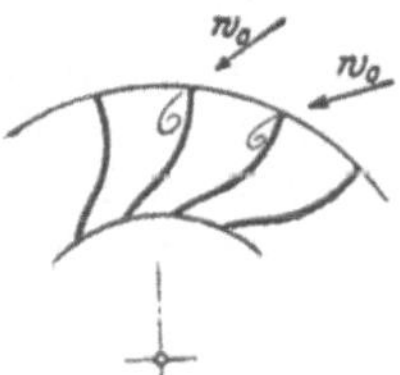

Fig. 317.

öffnung des Leitrades durch Schließen der Leitschaufeln schon stark vermindert ist; sie verschwindet aber, wenn die Öffnung und damit auch die Durchflußmenge noch mehr zurückgeht.

Die Ursache ist in den Ablösungen des Wassers im Laufrad zu suchen, die unter den angeführten Umständen besonders leicht entstehen. Dabei handelt es sich um zwei verschiedene Arten von Ablösungen. Die einen zeigen sich nach Fig. 317 bei übermäßigen Geschwindigkeiten am Eintritt, und zwar um so eher, wenn die Leitschaufeln bis hart ans Laufrad heranreichen, und dem Wasser keine Gelegenheit gelassen ist, sich selbst einen angenähert stoßfreien Übergang zu suchen. Die Ablösungen der zweiten Art sind diejenigen, die sich nach dem vorigen Abschnitt beim Radboden am inneren Umfang bilden, und zwar um so leichter, je größer die Umlaufzahl und je kleiner die Wassermenge ist.

Solange die Ablösungen noch klein sind, erleidet das Wasser nach jeder derselben bei der nachfolgenden Ausbreitung einen Stoßverlust; die Summe dieser beiden Verluste kommt in der Einstülpung der beiden Kurven zum Ausdruck. Bei wachsender Geschwindigkeit dehnen sich die Ablösungen der ersten Art von außen nach innen aus, und diejenigen der zweiten Art von innen nach außen, bis sie sich zuletzt in der Mitte vereinigen. Damit stellt sich aber ein neuer Zustand ein; das Wasser fließt **ungestaut** durch die Laufradkanäle, der Stoßverlust tritt nur einmal auf, und die Zustandskurven kehren in die ursprüngliche Flucht zurück.

Wird die Turbine zuerst mit wachsender und hernach wieder mit abnehmender Geschwindigkeit betrieben, so tritt der Zustandswechsel nicht immer bei derselben Geschwindigkeit ein; es kann vielmehr vokommen, daß er sich infolge des Beharrungsvermögens merklich verspätet. Das hätte zur Folge, daß bei derselben Geschwindigkeit der eine oder der andere Zustand bestehen kann, je nachdem die betreffende Geschwindigkeit im Steigen oder im Sinken erreicht wurde. Gelegentlich macht sich bei einer bestimmten Geschwindigkeit ein rasch aufeinander folgender flatternder Wechsel von einem Zustand zum andern bemerkbar. Derartige unruhige Erscheinungen sind namentlich bei Schleuderpumpen öfters beobachtet worden.

242. Verhalten der Fourneyron-Turbine. Hier ist $R_1 < R_2$; das letzte Glied in der allgemeinen Durchflußgleichung (264) wird negativ, d. h. die Kurve der Durchflußmenge Q wird eine Hyperbel. Die Durchflußmenge ist ein Minimum für die festgehaltene Turbine. Bei zunehmender Geschwindigkeit wächst sie, bis sie beim Leergang ihren Größtwert erreicht. In Fig. 318 ist dargestellt, wie sich die Wassermenge, das Drehmoment und die Leistung mit der Geschwindigkeit ändern.

Steigert man die Geschwindigkeit durch einen äußeren Antrieb über die Leerlaufgeschwindigkeit hinaus, so wächst die Durchflußmenge immerzu. Bei genügender Geschwindigkeit kann die Turbine ein negatives Gefälle überwinden, d. h. sie wirkt als Pumpe. Ein Wechsel der Durchflußrichtung tritt hierbei nicht ein.

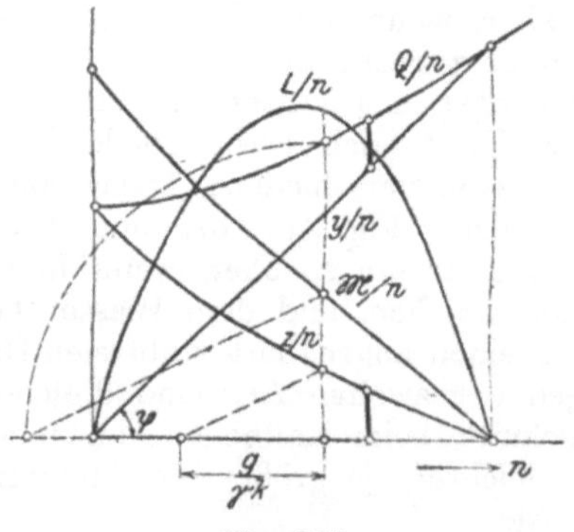

Fig. 318.

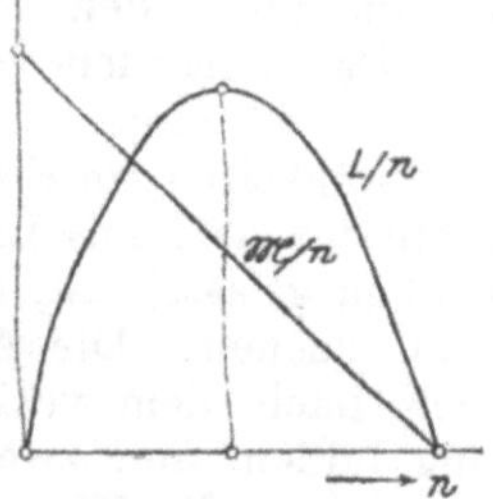

Fig. 319.

243. Die Jonval-Turbine nimmt zwischen der Francis- und der Fourneyron-Turbine eine Mittelstellung ein, indem hier $R_1 = R_2$ ist. Das letzte Glied in der allgemeinen Durchflußgleichung (264) wird gleich null; wenn also der Eintrittsstoß unbeachtet bleiben darf, so wäre die Durchflußmenge konstant, und der Zusammenhang zwischen dem Moment und der Geschwindigkeit kann durch eine lineare Gleichung von der Form

$$\mathfrak{M} = a_1 - b_1 n$$

ausgedrückt werden; für die Leistung ergibt sich somit eine Funktion von der Gestalt

$$L = a_2 n - b_2 n^2,$$

die sich nach Fig. 319 durch eine Parabel darstellen läßt. Einen ähnlichen Verlauf nimmt auch der Wirkungsgrad. Die Geschwindigkeiten der größten Leistung und des besten Wirkungsgrades fallen zusammen und sind halb so groß als die Leerlaufgeschwindigkeit. Die Erfahrung bestätigt, daß sich der Verlauf innerhalb ziemlich weiter Grenzen in der beschriebenen Weise abspielt, und dies darf umgekehrt als Beweis dafür angesehen werden, daß der Einfluß des Eintrittsstoßes innerhalb jener Grenzen von geringer Bedeutung ist.

244. Schnell- und Expreßläufer. Bei allen Laufrädern mit erweitertem Austritt zeigt die Durchflußmenge infolge der pumpenden Wirkung bei zunehmender Geschwindigkeit ein ausgesprochenes Wachstum. Daher ist die Leergangsgeschwindigkeit größer als das Doppelte der Geschwindigkeit des besten Ganges.

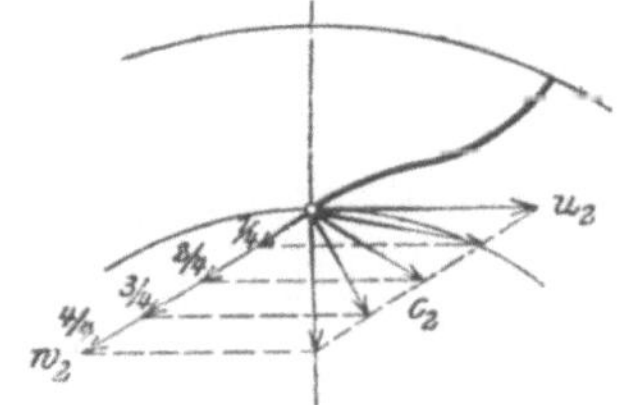

Fig. 320.

Von Bedeutung ist diese Zunahme der Durchflußmenge für die Turbinen der Niederdruckanlagen, bei denen das Gefälle abnimmt, wenn der Fluß Hochwasser führt. Da die Geschwindigkeit beizubehalten ist, laufen die Turbinen im Verhältnis zum vorhandenen Gefälle zu schnell. Der Umstand, daß die Durchflußmenge relativ größer wird, bewirkt eine gewisse Ausgleichung der Leistung[1]).

Die schnellaufenden Turbinen mit erweitertem Radaustritt sind nicht sehr geeignet für die Ausnutzung von Bruchteilen der normalen Wassermenge. In der Eulerschen Arbeitsgleichung

$$L = M\,\omega\,(R_1\,c_{u1} - R_2\,c_{u2})$$

gewinnt das zweite Glied in der Klammer einen um so größeren Einfluß, je mehr c_{u2} bei Beschränkung des Zuflusses wächst (vgl. Fig. 320), da R_2 relativ groß ist. Die Leistung nimmt also rascher ab als die Durchflußmenge; der Wirkungsgrad wird schlechter.

245. Verhalten der staufreien Turbinen. Auch hier ist die Durchflußmenge unabhängig von der Geschwindigkeit; denn da beim Übergang ins Laufrad überschüssiger Platz vorhanden ist, hat ein allfälliger Stoß keine stauende Wirkung auf den Austritt aus dem

[1]) Der Expreßläufer mit Axialrad zeigt ähnliche Verhältnisse wie die Jonval-Turbine; d. h. die Durchflußmenge ändert sich mit der Geschwindigkeit kaum.

Leitrad. Allein es darf daraus nicht etwa ohne weiteres gefolgert werden, daß das Moment linear verlaufe. Dies würde voraussetzen, daß w_{u2} in Gl. (273a), Abschn. 235 ebenfalls konstant sei. Da aber der Strahl den Kanal nicht ausfüllt, braucht dies trotz der Konstanz der Wassermenge keineswegs zuzutreffen. Immerhin zeigt die Erfahrung, daß für die Girard-Turbine das Moment einen geradlinigen Verlauf besitzt. Es ergibt sich daraus wiederum ein parabolischer Verlauf der Leistungs- und der Wirkungsgradkurve und das Zusammenfallen der größten Leistung und des besten Wirkungsgrades mit der Geschwindigkeit des halben Leerganges.

Eine Abweichung zeigt nach Fig. 321 die Momentenkurve des Löffelrades. Sie verläuft zwar auch hier innerhalb gewisser Grenzen linear, zeigt aber bei einer gewissen höheren Geschwindigkeit plötzlich einen Bruch in dem Sinne, daß das Moment auf einmal schneller sinkt. Dieser ist darauf zurückzuführen, daß das Wasser bei zunehmender Umlaufzahl mehr und mehr zwischen den Schaufeln durchschlüpft, ohne mit ihnen in Berührung zu kommen, gerade wie wenn das Rad zu weitläufig geschaufelt wäre. Auch bei niedrigen Geschwindigkeiten geht die Momentenkurve unter die gerade Linie hinab.

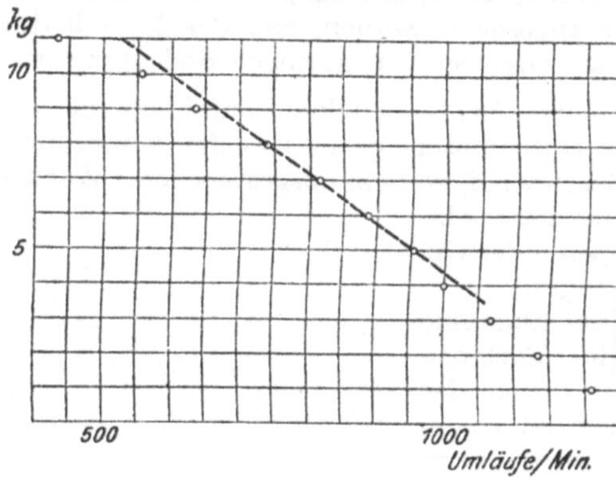

Fig. 321.

Die in Fig. 321 aufgetragenen Werte rühren von einem Löffelrad von Boßhard, Steiner & Co. in Zürich her, das nach Zeichnungen des Verfassers ausgeführt war. Die Hauptabmessungen sind

Düsenweite	40 mm,
halber Konvergenzwinkel der Düse . .	36°,
Eintrittshalbmesser (bis zur Strahlachse)	150 mm,
Schaufelzahl	18,
Schaufelbreite	113 mm.

Die Versuche wurden mit teilweise geschlossener Düse erhalten; die Wassermenge betrug 14,5 l/sek bei einem Drucke von 35 m. Die ganz geöffnete Düse ließ 27 l/sek austreten. Die Ordinaten in Fig. 321 bedeuten die Gewichte auf der Wage. Der Bremshebel hatte eine Länge von $l = 4 : 2\pi = 0{,}637$ m, so daß sich die Leistung durch die Formel

$$L = \frac{Pn}{15}\,\text{mkg}$$

ausdrücken läßt (vgl. Abschn. 294). Die günstigste Geschwindigkeit war bei 740 Umläufen. Diese war vorgeschrieben; darum mußte der Radhalbmesser und die Schaufelbreite etwas knapp bemessen werden, so daß das Rad bei ganz geöffneter Düse stark überfüllt war.

246. Einfluß des Füllungsgrades bei normaler Geschwindigkeit. Da es von großer praktischer Wichtigkeit ist, zu wissen, wie sich die Leistung bzw. der Wirkungsgrad bei normaler Geschwindigkeit mit der Füllung ändert, sollen hier noch einige Erfahrungen mitgeteilt werden.

Wenn bei einer Änderung des Füllungsgrades, d. h. des Verhältnisses zwischen der tatsächlichen und der normalen Durchflußmenge, die Geschwindigkeiten des Wassers in den Laufradkanälen sich nicht ändern, so muß das Drehmoment mit der Durchflußmenge proportional wachsen; es läßt sich also durch einen linearen Ausdruck von der Form

$$\mathfrak{M} = a\,Q - b$$

darstellen. Diese Voraussetzung trifft nach Fig. 322 für die staufreie Turbine mit Zellenregulierung zu, desgleichen nach Fig. 323 für

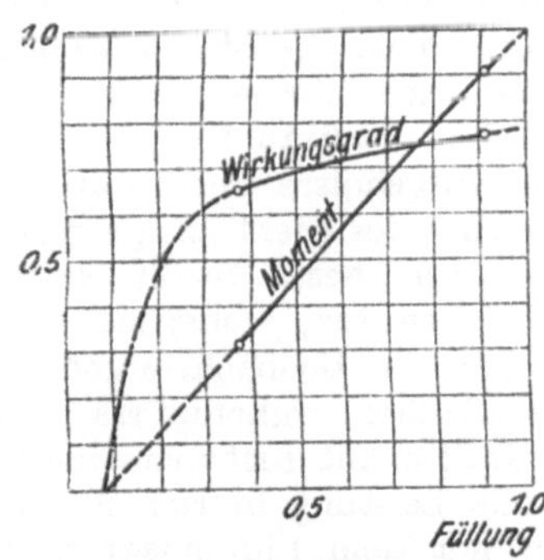

Fig. 322.
Schwammkrug-Turbine.

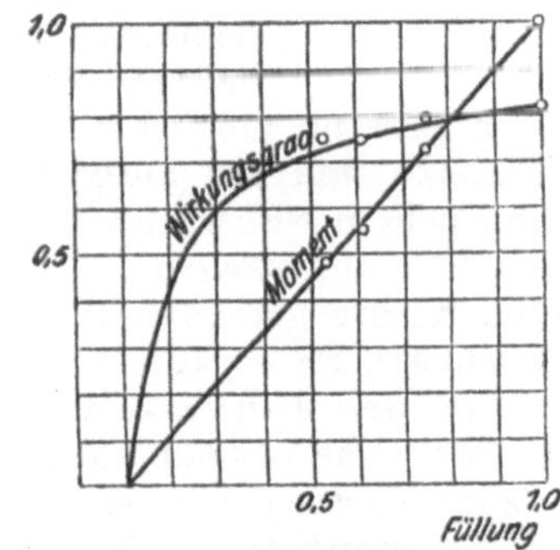

Fig. 323.
Jonval-Turbine.

die Jonval-Turbine, falls die zugedeckten Leitkanäle Luft zugeführt bekommen, so daß sich die darunter liegenden Laufradkanäle entleeren können. Beim linearen Verlauf des Drehmomentes lassen sich die Verhältnisse auf dem Wege der Rechnung verfolgen.

Für den unbelasteten Zustand der Turbine wird $\mathfrak{M} = 0$, und es bedeutet

$$Q_0 = \frac{b}{a}$$

die Wassermenge, die die unbelastete Turbine braucht, um die normale Geschwindigkeit anzunehmen.

Die Leistung ist

$$L = \mathfrak{M}\,\omega = (a\,Q - b)\,\omega\,.$$

Beim Einsetzen dieses Wertes nimmt der Ausdruck für den Wirkungsgrad

$$e = \frac{L}{Q \gamma H}$$

die Form an

$$e = \frac{\omega}{\gamma H} \frac{a Q - b}{Q}.$$

Trägt man den Wirkungsgrad e als Ordinate über der Wassermenge Q, bzw. über dem Füllungsgrad f als Abszisse auf, so erhält man eine gleichseitige Hyperbel, deren eine Asymptote die e-Achse ist, deren andere also in der Richtung der f-Achse liegt. Kennt man den Wert f_0 für den Leergang und z. B. den Wirkungsgrad für die Füllung $f = 1$, so läßt sich die Momentenkurve nach Fig. 324 konstruieren.

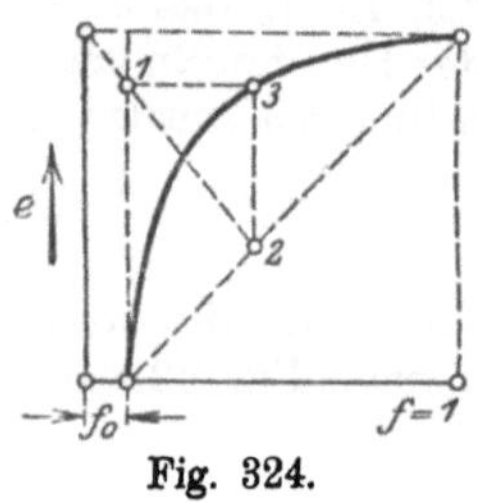

Fig. 324.

Je kleiner der Wert f_0 ist, desto näher schließt sich die Hyperbel den Asymptoten an, und desto flacher verläuft der obere Teil, oder desto langsamer geht der Wirkungsgrad bei abnehmender Füllung zurück. Es ist also wichtig, daß die Turbine für den normalen Gang im unbelasteten Zustand möglichst wenig Wasser verbrauche.

In Fig. 322 sind die (ausgeglichenen) Ergebnisse der vom Verfasser untersuchten Schwammkrug-Turbine des Elektrizitätswerkes der Stadt Chur aufgetragen. Der Leitapparat besaß zwölf Zellen. Die Bremse reichte gerade noch für elf Zellen aus, wobei sich eine Leistung von 410 PS ergab. Fig. 323 gibt die Beobachtungen von Schröter an der Jonval-Turbine der Nähmaschinenfabrik Göppingen wieder. Das Leitrad konnte zur Hälfte mit sechs ventilierten Deckeln abgeschlossen werden. Die volle Leistung betrug 270 PS.

Beim Tangentialrad ändert sich mit dem Füllungsgrad die Wassermenge, die auf eine Schaufel entfällt; daher wird auch die Füllung der Schaufeln etwas anders, und das Moment verläuft nicht mehr linear; die Erfahrung zeigt, daß das Moment mit zunehmender Füllung etwas langsamer wächst.

Fig. 325 wurde mit dem Tangentialrad des Elektrizitätswerkes Luzern-Engelberg erhalten, das bei voller Öffnung eine (elektrisch gemessene) Leistung von 2569 PS ergab[1]). Das in Abschn. 245 erwähnte Löffelrad lieferte die in Fig. 326 wiedergegebenen Kurven. Die Schaufeln sind für die volle Öffnung etwas zu knapp; der größte Wirkungsgrad stellt sich daher erst bei wesentlich verminderter Füllung ein; er bleibt dann aber selbst für kleine Bruchteile der ganzen Füllung ziemlich hoch, was vor allem der geringen Leergangsfüllung zu danken ist.

[1]) Erbaut von Th. Bell & Co., Luzern. Siehe Kilchmann, Schweiz. Bauzeitung 1906, Bd. 48, S. 13.

Die Kurven in Fig. 327 erhielt der Verfasser an der Francis-Turbine der Spinnerei und Weberei Glattfelden[1]). Die Turbine hat eine liegende Achse, Spiralgehäuse und zweiseitigen Austritt. Sie arbeitet bei voller Öffnung mit starker Überfüllung und gibt daher den besten Wirkungsgrad erst bei wesentlich vermindertem Zufluß.

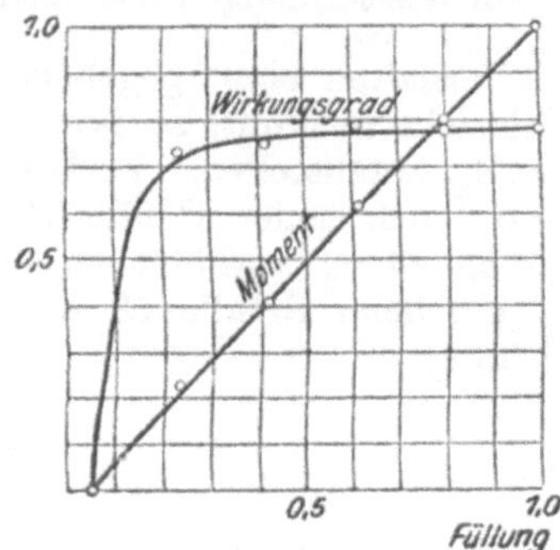

Fig. 325.
Tangentialrad.

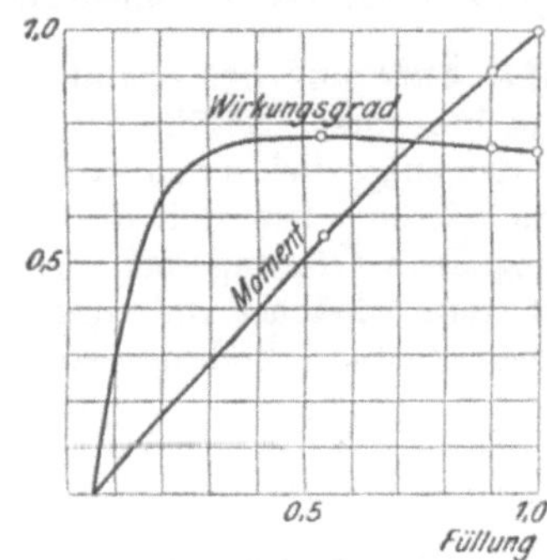

Fig. 326.
Überfülltes Löffelrad.

Die Momentenkurve ist in ihrem oberen Teil stark vornüber gebeugt. Die Leistung bei voller Öffnung wurde zu 293 PS gebremst. Die Wassermenge wurde mittels eines Überfalles mit Seitenkontraktion gemessen. Da die Überfallsbreite nur wenig kleiner als die Kanal-

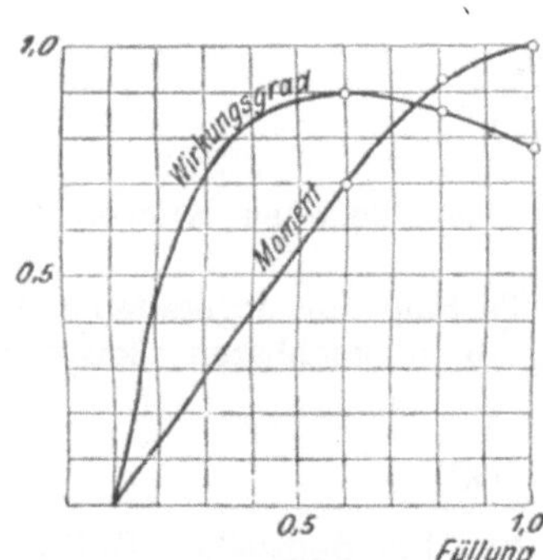

Fig. 327.
Überfüllte Francis-Turbine.

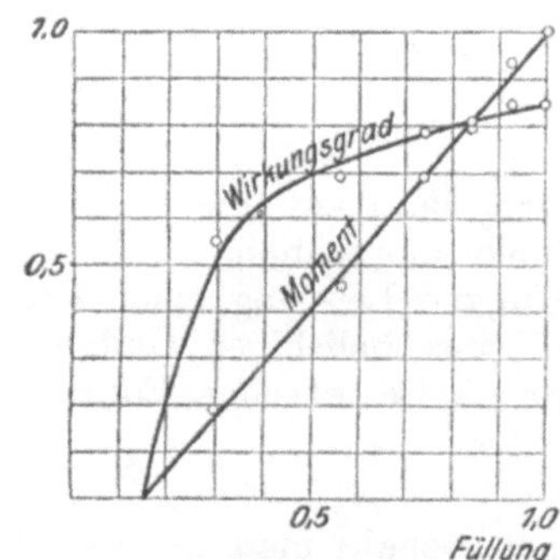

Fig. 328.
Francis-Turbine.

breite war, liegt die Vermutung nahe, daß die berechneten Wassermengen und Wirkungsgrade etwas zu groß sind.

Das Verhalten einer nicht überfüllten Francis-Turbine zeigt Fig. 328, die nach Prášil für das Rad I der Turbine im Maschinenlaboratorium in Zürich aufgetragen wurde. Das Moment verläuft genau linear.

---

[1]) Von Escher Wyß & Co. erbaut.

Hervorzuheben wäre noch, daß die Leergangsfüllung f_0 nach Fig. 322, 325 und 326 für die teilschlächtigen Turbinen bedeutend kleiner ausfällt als nach Fig. 323, 327 und 328 für die Vollturbinen. Das hängt augenscheinlich damit zusammen, daß in den wassergefüllten Laufradkanälen der letzteren viel ungünstigere Durchflußbedingungen für die verhältnismäßig kleinen Wassermengen bestehen.

247. Änderung des Gefälles. Ist das Verhalten einer gegebenen Turbine bei einem Gefälle H_1 in jeder Hinsicht bekannt, so fällt es leicht, dasjenige bei einem andern Gefälle H_2 festzustellen. Verlangt man zu wissen, wie sich die Turbine unter dem neuen Gefälle für eine gegebene Öffnung bei der Geschwindigkeit n_2 verhält, so ermittelt man zunächst die Umlaufzahl n_1, die beim Gefälle H_1 einen ähnlichen Zustand bedingt, aus der Gleichung

$$\frac{n_1}{n_2} = \left(\frac{H_1}{H_2}\right)^{\frac{1}{2}}.$$

Wenn für n_1 und H_1 die Größen Q_1, $\mathfrak{M}_1$ und L_1 bekannt sind, so findet man die zugeordneten Größen für das neue Gefälle H_2 nach Abschn. 88 aus den Beziehungen

$$\frac{Q_2}{Q_1} = \left(\frac{H_2}{H_1}\right)^{\frac{1}{2}},$$

$$\frac{\mathfrak{M}_2}{\mathfrak{M}_1} = \frac{H_2}{H_1},$$

$$\frac{L_2}{L_1} = \left(\frac{H_2}{H_1}\right)^{\frac{3}{2}}.$$

Man kann auf diesem Wege die verschiedenen Kurven Punkt für Punkt umrechnen.

Um die Leistung einer Francis-Turbine für irgendein Gefälle H_2 bei einer beliebigen Umlaufzahl n_2 zu überschlagen, kann man sich der Scheuerschen Formel

$$N = a\,H\,n - b\,n^3$$

bedienen, sobald man aus zwei Versuchen bei demselben Gefälle die beiden Konstanten a und b berechnet hat.

248. Niederdruckturbinen an größeren Flüssen leiden daran, daß bei Hochwasser das Gefälle bedeutend zurückgeht, während die Drehzahl natürlich unverändert bleiben muß; die Turbine arbeitet daher mit einer größeren Geschwindigkeit, als dem Gefälle entspräche. Soll bei dem verminderten Gefälle nicht auch die Leistung stark zurückgehen, so muß die Turbine eine starke Überfüllung zulassen; an Wasser fehlt es ja nicht. Hat die Turbine die Eigenschaft, bei zunehmender Geschwindigkeit mehr Wasser zu schlucken, so ergibt sich schon daraus ein gewisser Ausgleich.

Ist das Verhalten der Turbine bei einerlei Gefälle und verschiedenen Geschwindigkeiten und Füllungen bekannt, so bietet die Durchführung der beim vorliegenden Problem vorkommenden Rechnungen keine Schwierigkeiten.

Geht man z. B. vom Niederwasserstande aus, der durch die Größen H_1, n_1 und N_1 gekennzeichnet ist, so sollte sich bei Hochwasser ein Zustand erreichen lassen, der durch die Größen n_1, N_1 und H_2 umschrieben wird. Einen ähnlichen Zustand beim Niederwassergefälle H_1 erhielte man nach Abschn. 247 für

$$n_x = n_1 \left(\frac{H_1}{H_2}\right)^{\frac{1}{2}}$$

und

$$N_x = N_1 \left(\frac{H_2}{H_1}\right)^{\frac{3}{2}}.$$

Kennt man das Verhalten der Turbine beim Gefälle H_1 in jeder Hinsicht, so wird es sich bald zeigen, ob die Turbine beim Gefälle H_1 und bei der Drehzahl n_x durch Vermehrung der Füllung eine Leistung N_x aufzubringen vermag. Sollte dies nicht der Fall sein, so müßte man damit rechnen, daß bei Hochwasser die Leistung zurückgeht.

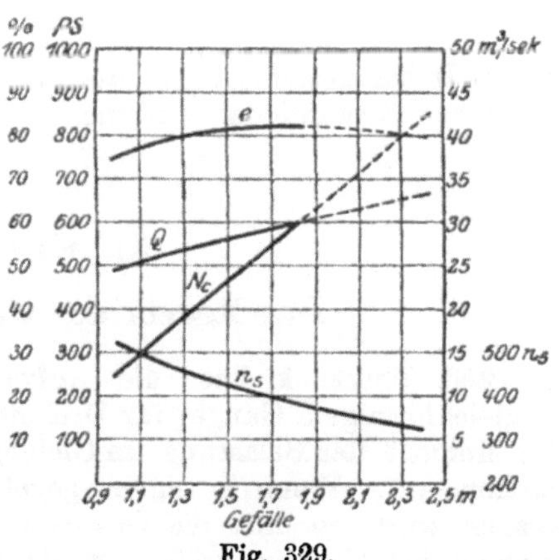

Fig. 329.

Fig. 329 läßt das Verhalten eines Expreßläufers mit geschweifter Eintrittskante der drei identischen Main-Kraftwerke bei Hanau erkennen[1]). Ihr Gefälle verändert sich zwischen 0,94 und 2,44 m; der Konstruktion ist ein Gefälle von 1,8 m unterlegt.

Man bemerkt, daß mit abnehmendem Gefälle die Durchflußmenge nicht mit der Quadratwurzel aus dem Gefälle, sondern wesentlich langsamer sinkt. Indem bei vermindertem Gefälle die Turbine (bei unveränderter Drehzahl) verhältnismäßig zu schnell läuft, ruft sie durch ihre pumpende Wirkung eine relative Erhöhung der Durchflußmenge hervor, und daher geht auch die Leistung nicht mit der $\frac{3}{2}$-Potenz des Gefälles zurück, sondern langsamer. Die Wirkung bei Hochwasser wird also etwas weniger ungünstig.

---

[1]) Erbaut von Escher Wyß & Co. A. Huguenin, Schweiz. Bauzeitung 1919, Bd. 74, S. 268.

249. Geschwindigkeit, Füllung und Wirkungsgrad. Wie sich der Zusammenhang zwischen zwei Variabeln durch eine ebene Kurve darstellen läßt, so kann man gleichzeitig mittels einer krummen Fläche drei verschiedene Veränderlichen aufeinander beziehen und auf diesem Wege einen erweiterten Überblick gewinnen. So sind z. B. in Fig. 330 die Drehzahlen n und die Füllungsgrade f bei einem bestimmten Gefälle für eine gegebene Turbine auf der Horizontalebene als rechtwinklige Koordinaten aufgetragen, während die Wirkungsgrade als Höhenkoordinaten durch Schichtlinien sichtbar gemacht werden.

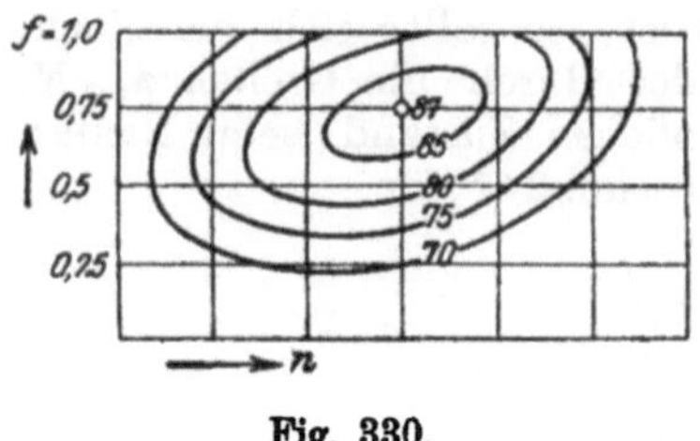

Fig. 330.

Man zieht es zu Vergleichszwecken häufig vor, statt der wirklichen Drehzahl n die spezifische Drehzahl n_s einzuführen, für die man nach Abschn. 99 den Ausdruck

$$n_s = n N^{\frac{1}{2}} H^{-\frac{5}{4}}$$

fand. Dabei beziehen sich die drei Größen n, N und H auf den wirklichen Zustand der Turbine.

25. Kapitel.

Das Regeln der Geschwindigkeit.

250. Überblick über die Aufgabe. Eine Turbine befinde sich in gleichförmigem Gange; ihr Drehmoment ist mit dem widerstehenden Moment der Belastung im Gleichgewicht und die Geschwindigkeit ist konstant. Wenn in einem gegebenen Augenblick die Belastung kleiner wird, so muß die Geschwindigkeit wachsen, da das Drehmoment der Turbine größer ist als dasjenige der Belastung. Doch dauert dieses Wachstum nicht unbegrenzt an. An der Turbine treten infolge der vermehrten Geschwindigkeit gewisse Energieverluste auf, wie z. B. Stoßverluste beim Eintritt ins Laufrad, gesteigerte Austrittsverluste, vermehrte Reibung im umgebenden Mittel usw., während sich gleichzeitig die Energie, die zur Überwindung des Widerstandes erforderlich ist, wegen der Zunahme der Geschwindigkeit steigert, und so stellt sich binnen kurzem ein neues Gleichgewicht ein. *Jeder Belastung entspricht eine ganz bestimmte Geschwindigkeit* (vgl. Kap. 11, Abschn. 96); die Turbine reguliert sich bis zu einem gewissen Grade selbst.

Diese Selbstausgleichung kann, namentlich wenn man durch freihändiges Verstellen der Abschützung etwas nachhilft, in solchen Fällen genügen, wo die Belastung wenig und selten schwankt und wo man geringe Anforderungen an die Gleichförmigkeit des Ganges stellt.

In allen anderen Fällen ist die Aufgabe zu lösen, nach jeder Änderung der Belastung sofort automatisch das Gleichgewicht zwischen Leistung und Widerstand wieder herzustellen. Wenn also die Belastung größer wird, muß die Leistung der Turbine entsprechend gesteigert werden, ehe sich die Geschwindigkeit merklich vermindert hat. Dies geschieht dadurch, daß man eine Vermehrung des Wasserzuflusses einleitet, indem man die Abschützung etwas öffnet. Dies setzt aber voraus, daß der vorhandene Zufluß hierfür ausreiche. Im andern Falle würde ein Sinken des Oberwasserspiegels eintreten, und das Gleichgewicht würde erst recht gestört. Daraus geht hervor, daß die Lösung der Aufgabe nur solange möglich ist, als ein genügender Überschuß an Wasser vorhanden ist, um einen augenblicklichen Mehrbedarf decken zu können. Tritt Wassermangel ein, so muß man am Betrieb soviel abbrechen, daß der Überschuß wieder hergestellt wird.

Man hat Vorrichtungen ersonnen, durch die bei sinkendem Stand des Oberwassers automatisch der Durchfluß durch die Turbine vermindert wird, damit das Übel nicht noch größer werde. Andere derartigen Apparate wirken mit Geschwindigkeitsreglern so zusammen, daß sie bei sinkender Geschwindigkeit deren Eingreifen im Sinne der Vermehrung des Durchflusses solange verhindern, als der Spiegel des Oberwassers zu tief steht. Von einem Regeln der Geschwindigkeit kann dabei erst die Rede sein, wenn die Betriebslast ausreichend erleichtert wird.

Zur Erhaltung der Geschwindigkeit kann man zwei Wege einschlagen. Entweder paßt man die Leistung der Turbine der wechselnden Belastung an oder man bringt durch Hinzufügen einer veränderlichen zusätzlichen Belastung den Widerstand mit der unveränderlichen Leistung der Turbine in Einklang. Diese Zusatzbelastung wird durch einen Bremsregler hervorgebracht, d. i. eine Vorrichtung, in der mechanische Arbeit durch veränderliche Widerstände aufgezehrt und in Wärme umgewandelt wird. Meist sind es Pumpen nach Art der Kapselräder, die die geförderte Flüssigkeit immer wieder ansaugen, wobei durch eine in den Kreislauf eingeschaltete Drosselvorrichtung von einem Tachometer[1]) aus der Widerstand selbsttätig geregelt wird. Zur Aufnahme größerer Energiemengen eignen sie sich nicht, da die umgetriebene Flüssigkeit sich stark erhitzt. Man wendet sie gelegentlich an, um nachträglich den Gang von Turbinen auszugleichen, die nicht von Anfang an andere Reguliervorrichtungen erhalten haben.

Der gebräuchliche Weg ist die Veränderung der Turbinenleistung nach Maßgabe des augenblicklichen Widerstandes. Da die Leistung sich aus der Wassermenge und aus dem Gefälle zusammensetzt, ergeben sich zwei Möglichkeiten, um die Leistung zu ändern. Baut

[1]) Vgl. Abschn. 252.

man z. B. in das Zuleitungsrohr eine Drosselklappe ein oder versieht man das Saugrohr am unteren Ende mit einer Ringschütze, so kann man damit das wirksame Gefälle vermindern, nicht ohne zugleich die Durchflußmenge zu verkleinern. Diese beiden Vorrichtungen haben den Fehler, daß ihre Wirkung nicht dem zurückgelegten Weg proportional ist; sie ist im Beginn kaum spürbar, steigt dafür gegen das Ende der Bewegung ungemein rapid an.

Weitaus am häufigsten verändert man die Durchflußmenge, indem man die Abschützung des Leitapparates mehr oder weniger öffnet oder schließt. Dieser Weg hat den prinzipiellen Vorzug, daß das Gefälle in der Hauptsache unverändert bleibt und daß somit bei einer Verminderung der Leistung eine entsprechende Wassermenge erspart wird. Freilich kommt dieser Vorteil nur dort zur Geltung, wo die Möglichkeit gegeben ist, das nicht verbrauchte Wasser in einem Sammler aufzuspeichern. In allen anderen Fällen kommt es im Grunde auf dasselbe hinaus, ob die ganze Wassermenge verbraucht und der Leistungsüberschuß abgebremst wird, oder ob das Wasser gespart wird und beim Wehr überfließt.

Bei Tangentialrädern mit langer Druckleitung ist man genötigt, den Austritt aus dem Leitapparat nur ganz langsam zu verändern, um das Auftreten von unliebsamen Massenwirkungen in der Zuleitung zu vermeiden[1]). Eine schnelle Einwirkung auf die Leistung läßt sich dadurch erzielen, daß man einen Teil des Wassers am Eintritt ins Laufrad hindert. So kann z. B. der Strahl mit einer beweglichen Düse mehr oder minder weit ausgeschwenkt werden, oder man bringt einen Ablenker an, der das Wasser teilweise nach außen ablenkt, oder endlich man läßt bei einer Verminderung der Mündung des Leitapparates den Überschuß an Wasser durch einen entsprechend geöffneten Freilauf entweichen.

Arbeitet die Turbine mit einer Dampfmaschine zusammen, so wird die Turbine auf die vorhandene Wassermenge fest eingestellt und die Regelung der Geschwindigkeit der Dampfmaschine überlassen; es ist natürlich mehr daran gelegen, Kohlen als Wasser zu sparen.

Die Handregulierung, bei der die Abschützvorrichtung freihändig betätigt wird, kann in denjenigen Fällen genügen, wo der Kraftbedarf nicht zu stark und nicht zu häufig wechselt und wo keine großen Anforderungen an die Gleichförmigkeit des Ganges gestellt werden. In allen anderen Fällen muß zur automatischen Regulierung gegriffen werden.

Es sollen hier unter Ausschluß der Bremsregler nur die mit der Abschützung arbeitenden Reguliervorrichtungen behandelt werden. Nicht jede Abschützung eignet sich für den automatischen Betrieb. Unerläßliche Bedingungen sind, daß sie sich überhaupt mechanisch antreiben lasse und mit einem kleinen Weg große Veränderungen der Leistung bewirke, also rasch arbeite und leicht gehe. Ferner soll

[1]) Vgl. Abschn. 277.

sich die Leistung mit dem zurückgelegten Weg ungefähr proportional ändern.

Die Anforderungen an die Schnelligkeit und Genauigkeit der Regulierung sind besonders durch die Elektrotechnik ganz bedeutend gesteigert worden, und manche Vorrichtung, die genügte, solange es sich um den Betrieb von Fabriken handelte, mußte aufgegeben werden, weil sie den großen Schwankungen des elektrischen Betriebes nicht rasch und genau genug zu folgen vermochte. Hierher gehören die sämtlichen Zellenregulierungen. Weitaus am besten entspricht allen Bedingungen die Finksche Regulierung für Francis-Turbinen und die Zungen- und die Nadelregulierung für die Tangentialräder. Auch die vor oder hinter dem Laufrad eingeschaltete Ringschütze bei Radialturbinen kann in denjenigen Fällen Verwendung finden, wo es nicht darauf ankommt, daß Bruchteile der vollen Wassermenge noch günstig ausgenutzt werden. Immerhin ist die Ringschütze wegen der Wirbel und Ausfressungen, zu denen sie Anlaß gibt, ein etwas bedenkliches Mittel.

251. Ausgangspunkt für das Regulieren. Die Aufgabe der selbsttätigen Regulierung der Geschwindigkeit bietet sich bei allen Motoren in ähnlicher Weise dar und ist von großer praktischer Bedeutung. Da sie eine unerschöpfliche Quelle für mathematische Untersuchungen bildet, hat sie von jeher die Aufmerksamkeit der Theoretiker auf sich gezogen. Bei der verwickelten Natur des Gegenstandes müssen wir uns auf eine vereinfachte Darstellung der wichtigsten Punkte beschränken.

Es handelt sich zu allererst darum, die Abschützung im richtigen Augenblick, d. h. sobald sich der Widerstand der Turbine ändert, in Bewegung zu setzen, und zwar soll im weiteren der Ausschlag genau der Änderung der Belastung entsprechen, damit alsbald wieder Gleichgewicht eintrete. Folgerichtigerweise wäre somit die Ingangsetzung der Abschützung von der Veränderung der Belastung selbst abzuleiten. Das könnte etwa in der Weise geschehen, daß man die Leistung der Turbine durch eine Feder überträgt, deren Durchbiegung sich alsbald ändert, wenn die Belastung größer oder kleiner wird. Es wäre dann die Änderung der Feder dazu zu benützen, den Bewegungsmechanismus der Abschützung einzurücken. Dieser Weg bietet indessen große Schwierigkeiten und ist wohl darum noch nie ernstlich versucht worden.

Der einzig gebräuchliche Weg ist, das Einsetzen des Reguliervorganges von der Geschwindigkeitsänderung abzuleiten, die sich infolge der Störung des Gleichgewichtes einstellt. Daraus geht sofort hervor, daß sich auf diesem Wege die Aufgabe in voller Strenge gar nicht lösen läßt; denn es muß ja bereits eine Geschwindigkeitsänderung eingetreten sein, bevor die Abschützung in Bewegung gesetzt wird. Da man es aber in der Gewalt hat, diese Bewegung schon durch eine sehr kleine Geschwindigkeitsänderung einleiten zu lassen, gelangt man dennoch dazu, allen Bedürfnissen der Praxis zu genügen.

Der ganze Reguliervorgang wird von einer Vorrichtung abgeleitet, die bei jeder Geschwindigkeit eine bestimmte Stellung einnimmt und dadurch die augenblickliche Geschwindigkeit anzeigt. Sie wird darum das Tachometer (von griech. tachos = Geschwindigkeit) genannt. Man nennt sie gewöhnlich schlechtweg den Regulator.

Der Ausschlag des Tachometers muß durch einen Zwischenmechanismus, das Stellzeug genannt, auf die Abschützung übertragen werden. Die ganze Reguliervorrichtung setzt sich aus dem Tachometer, dem Stellzeug und der Abschützung zusammen.

252. Als **Tachometer** verwendet man mit seltenen Ausnahmen das konische Pendel mit Federbelastung, von dem Fig. 331 eine viel gebrauchte Ausführungsform darstellt. Der Einfachheit wegen sei angenommen, daß die Pendelarme in der Mittellage, d. h. bei normaler Geschwindigkeit, senkrecht stünden. Bei zunehmender Geschwindigkeit gehen die Kugeln auseinander, und indem die Feder zusammengedrückt wird, verschiebt sich das Gehäuse mit der Hülse nach unten. Die gesamte Masse der Kugeln, deren Anzahl mit m bezeichnet werden möge, sei M. Gewöhnlich ist $m = 2$.

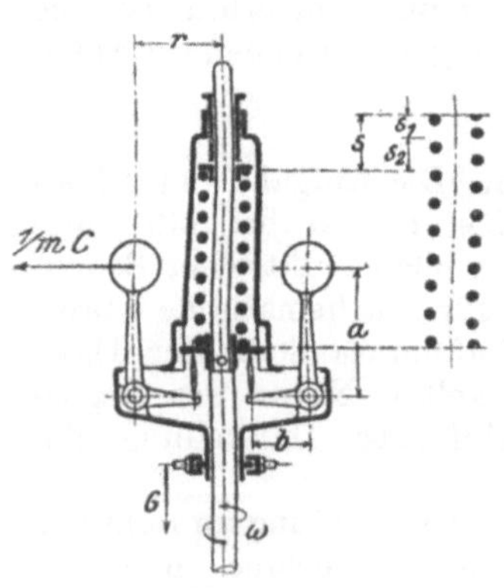

Fig. 331.

Um die Kugeln bei einer Winkelgeschwindigkeit ω im Abstande r von der Achse zu erhalten, bedarf es einer Zentripetalkraft von der Größe

$$C = M \omega^2 r.$$

An der Hülse ist für diesen Zweck ein Druck

$$P = \frac{a}{b} C$$

auszuüben. Hierfür wird die Feder in Anspruch genommen, die überdies noch das Eigenwicht G der sämtlichen Teile zu tragen hat, die sich mit der Hülse gemeinsam auf und nieder bewegen.

Die Feder kann als vollkommen elastisch angesehen werden, so daß ihre Längenänderung der Belastung proportional zu setzen ist. Es möge einer Belastung p eine Durchdrückung um eine Längeneinheit entsprechen. Das Eigengewicht G des Gehäuses usw. erzeugt alsdann eine Verkürzung um

$$s_1 = \frac{G}{p}.$$

Zur Erzeugung einer weiteren Federkraft S, durch die die Zentrifugalkraft der Kugeln im Gleichgewicht gehalten wird, muß die Feder noch um die Länge

$$s_2 = \frac{S}{p}$$

stärker zusammengedrückt werden. Die ganze Durchdrückung, auf, die die Feder zu berechnen ist, wäre somit

$$s = s_1 + s_2 .$$

Damit das Tachometer im Gleichgewicht verharre, ist die Bedingung zu erfüllen

$$S = P .$$

Durch eine einfache Rechnung kann man schließlich der Gleichgewichtsbedingung die Form geben

$$s_2 = \frac{a}{b} \frac{M \omega^2 r}{p}, \quad \ldots \ldots \ldots \quad (281)$$

oder

$$\omega^2 = \frac{b}{a} \frac{p s_2}{M r} \quad \ldots \ldots \ldots \ldots \quad (282)$$

Zwischen der Durchdrückung der Feder und der Winkelgeschwindigkeit besteht ein eindeutiger Zusammenhang. Jeder Federspannung oder Hülsenstellung entspricht eine gewisse Winkelgeschwindigkeit und umgekehrt. Man kann daher durch Spannen und Entlasten der Feder oder durch Austausch derselben gegen eine andere das Tachometer jeder Winkelgeschwindigkeit anpassen[1]).

Wird an dem im Beharrungszustande befindlichen Tachometer nach Fig. 331 das Gleichgewicht dadurch gestört, daß man die Hülse um einen unendlich kleinen Betrag ds z. B. nach unten verschiebt, so gehen die Kugeln auseinander und ihre Zentrifugalkraft nimmt um einen gewissen Betrag dC zu. Gleichzeitig wird die Feder um die Länge ds stärker zusammengedrückt und ihr Widerstand wächst um eine Größe dS. Die Vermehrung der Zentrifugalkraft der Kugeln

---

[1]) Bedeutet P die ganze Belastung der Feder in kg,
d die Drahtdicke in cm,
D den mittleren Durchmesser der Feder in cm,
σ die zulässige Spannung (für gehärteten Federstahl 4000 bis 5000 kg/qcm),
γ den Elastizitätsmodul der Schubfestigkeit (750000 für kg und cm),
a die Anzahl der spielenden Windungen der Feder,

so lassen sich ihre Abmessungen aus der Gleichung berechnen

$$\frac{P D}{2} = \frac{\pi}{16} d^3 \sigma .$$

Die Belastung, die eine Durchdrückung von 1 cm bewirkt, ist

$$p = \frac{\gamma}{8} \frac{d^4}{a D} .$$

bringt auf die Hülse eine Erhöhung des Druckes um dP hervor. Hinsichtlich der relativen Größe der Veränderungen dP und dS sind nur drei Fälle möglich; es ist

$$dP \gtreqless dS.$$

Ist $dP > dS$, so bedeutet das, daß die Vermehrung des Federdruckes derjenigen der Zentrifugalkraft nicht mehr das Gleichgewicht zu halten vermag; die Kugeln fliegen soweit auseinander als sie können. Das Gleichgewicht, das vor der Störung bestand, war labil; das Tachometer ist unbrauchbar.

Im zweiten Falle, wo $dP = dS$ ist, hält die Vermehrung des Federdruckes derjenigen der Zentrifugalkraft gerade die Wage. Das Tachometer bleibt auch nach der Verschiebung der Hülse im Gleichgewicht. Tritt aber eine Änderung der Winkelgeschwindigkeit ein, so klappt entweder das Tachometer zusammen oder die Kugeln fliegen bis an die Grenze der Möglichkeit auseinander, je nachdem die Änderung der Winkelgeschwindigkeit negativ oder positiv ist. Das Tachometer kann nur bei einer ganz bestimmten Geschwindigkeit im Gleichgewicht stehen. Dieses Gleichgewicht wird durch eine Verschiebung der Hülse nicht gestört; es ist indifferent; das Tachometer befindet sich im Zustande der Astasie; es ist astatisch[1]). Auch in dieser Form ist dasselbe unverwendbar.

Im dritten Falle endlich, wo $dP < dS$ ist, überwiegt der Einfluß der wachsenden Federkraft; das Pendel kehrt in die Gleichgewichtslage zurück: es ist stabil. Nur der Zustand der Stabilität ist verwendbar, da hier jeder Winkelgeschwindigkeit ein Gleichgewichtszustand bei einer bestimmten Hülsenstellung entspricht. Die Bedingung für die Stabilität ist also:

$$dP < dS.$$

Für das ursprüngliche Gleichgewicht hatte man

$$P = S.$$

Durch Division erhält man

$$\frac{dP}{P} < \frac{dS}{S},$$

und da P dem Abstand r der Kugeln von der Achse, S der Zusammendrückung s_2 der Feder direkt proportional ist, kann man auch schreiben

$$\frac{dr}{r} < \frac{ds}{s_2}.$$

---

[1]) Man hat sich früher vielfach mit den astatischen Tachometern befaßt, und es hat recht lange gedauert, bis man sich von ihrer Unbrauchbarkeit überzeugte.

Nimmt man Rücksicht darauf, daß

$$\frac{ds}{dr} = \frac{b}{a}$$

ist, so erhält man die Stabilitätsbedingung in der Form

$$s_2 > \frac{b}{a} r \ldots \ldots \ldots \ldots (283)$$

Durch Vergrößern von s_2, d. h. durch stärkeres Spannen der Feder, läßt sich der Zustand des Tachometers der Astasie nähern; das Tachometer schlägt stärker aus. Umgekehrt kann man durch Entspannung der Feder ein Tachometer beruhigen, d. h. stabilisieren. Nur darf dabei nicht übersehen werden, daß nach Gl. 282 zu jeder Federspannung wieder eine andere Winkelgeschwindigkeit gehört.

Der astatische Zustand wird durch die Gleichung

$$s_2 = \frac{b}{a} r \ldots \ldots \ldots \ldots (284)$$

gekennzeichnet.

253. Stellkraft. Die Bewegung der Hülse beim Auftreten einer Geschwindigkeitsänderung muß dazu verwendet werden, das Stellzeug in Gang zu setzen. Es ist darum von Bedeutung, zu wissen, welchen Widerstand das Tachometer zu überwinden vermag, wenn sich die Geschwindigkeit um einen gewissen Betrag geändert hat.

Um die Hülse des stillstehenden Tachometers in die Stellung zu bringen, die sie bei normalem Gange einnimmt, hat man einen gewissen Druck S auf dieselbe auszuüben, den man als den Hülsen- oder Muffendruck bezeichnet. Bei normaler Geschwindigkeit ist es die Zentrifugalkraft der Pendel, die die Hülse in ihre Stellung bringt und den hierzu erforderlichen Muffendruck S hervorruft. Es besteht somit Proportionalität zwischen der Zentrifugalkraft und dem Muffendruck, der nichts anderes ist, als die zum Ausgleichen der Zentrifugalkraft nötige Federkraft $S = p\,s_2$, und da die Zentrifugalkraft sich mit der zweiten Potenz der Geschwindigkeit ändert, hat man die Beziehung

$$S = \varphi\, n^2, \ldots \ldots \ldots \ldots (285)$$

wo φ eine Größe ist, die von den Massen und Abmessungen des Tachometers und von der augenblicklichen Hülsenstellung abhängt. Wird die Umlaufzahl um dn geändert, so hat man an der Hülse einen gewissen zusätzlichen Widerstand dS anzubringen, wenn die Hülse in ihrer Stellung verharren soll. Ändert sich also die Geschwindigkeit um dn, so ist die Hülse, indem sie aus ihrer Lage herausstrebt, imstande, einen Widerstand dS zu überwinden, der sich ihrem Ausschlag entgegensetzt. Sieht man von der inneren Reibung des Tachometers ab, so würde die ganze Kraft dS zur Bewegung des Stellzeuges verfügbar sein; man nennt sie daher die

Stellkraft. Durch Differenzieren erhält man aus obenstehender Gleichung

$$dS = 2\varphi n\, dn,$$

und beim Dividieren durch Gl. (285) ergibt sich

$$\frac{dS}{S} = 2\frac{dn}{n} \quad \ldots\ldots\ldots\ldots (286)$$

Die Stellkraft ist im Verhältnis zum Muffendruck doppelt so groß als die verhältnismäßige Geschwindigkeitsänderung. Dieser Satz gilt für alle Zentrifugaltachometer und darf auch auf nicht zu große endliche Änderungen übertragen werden.

254. Geschwindigkeit und Hülsenweg. Einen deutlichen Einblick in die Eigenschaften eines Tachometers gibt die Kurve, die man erhält, wenn man nach Fig. 332 den Hülsenweg als Ordinate über der Umlaufzahl als Abszisse aufträgt. Je steiler die Kurve verläuft, desto mehr nähert sich der Zustand dem indifferenten Gleichgewicht oder der Astasie.

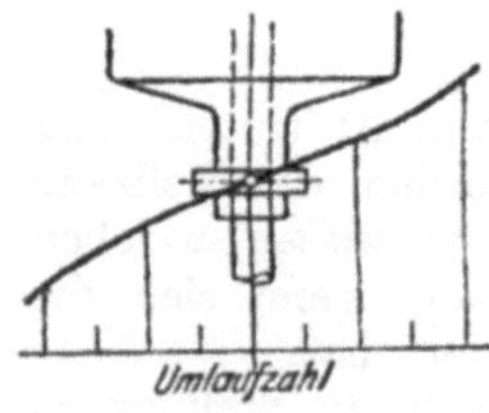

Fig. 332.

Es bedeute P den Teil des Federdruckes, der zur Erzeugung der Zentripetalkraft gebraucht wird. Als Gleichgewichtsbedingung wurde gefunden:

$$\frac{dP}{P} = \frac{dC}{C}.$$

Es ist aber

$$P = p\, s_2 \qquad C = M\omega^2 r$$

$$dP = p\, ds \qquad dC = M(2r\omega\, d\omega + \omega^2 dr).$$

Führt man diese Ausdrücke oben ein, so ergibt sich:

$$\frac{ds}{s_2} = 2\frac{d\omega}{\omega} + \frac{dr}{r}$$

oder, da nach den Bezeichnungen in Fig. 331 $a\, ds = b\, dr$ ist, und wenn man zugleich statt der Winkelgeschwindigkeit ω die Umlaufzahl n einführt,

$$\frac{ds}{s_2} = 2\frac{dn}{n} + \frac{s_2}{r}\frac{a}{b}\frac{ds}{s_2}.$$

Löst man diese Gleichung nach $ds : s_2$, so erhält man

$$\frac{ds}{s_2} = 2\frac{dn}{n}\,\frac{r}{r - \frac{a}{b}s_2}.$$

Aus dieser Beziehung, die man auch für nicht zu große endlichen Änderungen gelten lassen darf, läßt sich der Satz herauslesen, daß die verhältnismäßige Änderung der Hülsenstellung doppelt so groß als die verhältnismäßige Änderung der Umlaufzahl ist. Dabei wäre der Hülsenweg von dem Punkte aus zu messen, der der Verkürzung der Feder unter dem Einflusse des Eigengewichtes des Tachometers entspricht.

Für den Richtungskoeffizienten der Tangente an die Kurve erhält man aus obenstehender Gleichung

$$\frac{ds}{dn} = 2\frac{r\,s_2}{n\left(r - \frac{a}{b}s_2\right)} \qquad \ldots\ldots\ldots (287)$$

Dieser Wert wird unendlich groß, wenn der Nenner rechts gleich null wird, also wenn

$$s_2 = \frac{b}{a}r.$$

Dies ist die im vorigen Abschnitt aufgestellte Bedingung der Astasie[1]).

255. Unempfindlichkeit. Ändert sich die Umlaufzahl n des Tachometers, so muß, bevor ein Ausschlag eintritt, die Stellkraft einen Betrag erreichen, der den vorhandenen Widerständen mindestens gleich ist. Bezeichnet R die innere Reibung des Tachometers und W den Widerstand des Stellzeuges, beides auf die Hülse bezogen, so beginnt die Bewegung, wenn die Stellkraft den Betrag

$$\varDelta S = R + W$$

überschreitet. Versteht man unter $\varDelta n$ die hierzu nötige Änderung der Umlaufzahl, so wäre nach dem vorigen Abschnitt

$$\varDelta S = R + W \doteq 2S\frac{\varDelta n}{n}, \qquad \ldots\ldots\ldots (288)$$

und daraus findet sich

$$\frac{\varDelta n}{n} = \frac{R + W}{2S}.$$

Nun darf man wohl immer annehmen, daß die Größen R und W sowohl für positive als auch für negative Ausschläge dieselben absoluten Werte besitzen. Daher muß, ehe das Tachometer ausschlägt, die Umlaufzahl sowohl in dem einen als in dem anderen Sinne um denselben Betrag $\varDelta n$ zu- oder abnehmen. Zwischen den

[1]) Es gibt Tachometer, die bei stetig sich ändernder Umlaufzahl ihren Charakter in dem Sinne wechseln, daß sie aus dem stabilen Zustand durch die Astasie hindurch in den labilen Zustand übergehen. Sie sind natürlich nur innerhalb des stabilen Bereiches brauchbar.

Grenzen $n + \Delta n$ und $n - \Delta n$ wird somit das Tachometer keinen Ausschlag zeigen und unempfindlich bleiben. Als Maß für die Unempfindlichkeit verwendet man die Zahl

$$\varepsilon = \frac{(n + \Delta n) - (n - \Delta n)}{n} = \frac{2 \Delta n}{n} \quad . \quad . \quad . \quad . \quad . \quad (289)$$

Daraus ergibt sich mit Rücksicht auf Gl. (288)

$$\varepsilon = \frac{R + W}{S} \quad . \quad . \quad . \quad . \quad . \quad . \quad . \quad . \quad . \quad . \quad . \quad (290)$$

Um die Unempfindliehkeit einzuschränken, hat man vor allem auf ein Tachometer mit großem Muffendruck und kleiner innerer Reibung zu sehen. Die Größen R und W lassen sich nicht leicht zum voraus berechnen; namentlich ist die innere Reibung R stark von den Zufälligkeiten der Ausführung abhängig und kann bei Tachometern nach demselben Modell recht verschieden ausfallen. Zur Verminderung der inneren Reibung ist es allgemein üblich, die Pendelgelenke als Schneiden statt als Zapfen auszuführen. Man sehe darauf daß die Feder genau zentrisch drückt.

256. Indirekt wirkendes Stellzeug. Bei der Dampfmaschine genügt ein einfaches, aus Stangen und Hebeln zusammengesetztes Stellzeug, um von der Tachometerhülse aus die Abschützung direkt in Bewegung zu setzen, da man hier diese Organe äußerst leicht beweglich bauen kann, so daß sie nur sehr geringe Widerstände bieten. Bei den Turbinen ist es ganz ausgeschlcssen, daß das Tachometer kräftig genug sei, die Abschützung unmittelbar in Gang zu setzen, da sie selbst unter den günstigsten Umständen viel zu schwer geht. Man hilft sich damit, daß man zur Bewegung der Abschützung eine besondere motorische Kraft benützt, die allerdings unter der Kontrolle des Tachometers steht; dieses hat aber nichts anderes zu tun, als diese Hilfskraft ein- und auszuschalten, und dazu kann eine Stellkraft von recht mäßigem Betrage genügen. Man kann als Hilfskraft die Turbine selbst benutzen, indem man die ganze Vorrichtung von der Turbinenwelle aus antreibt. Fig. 333 zeigt eine Vorrichtung

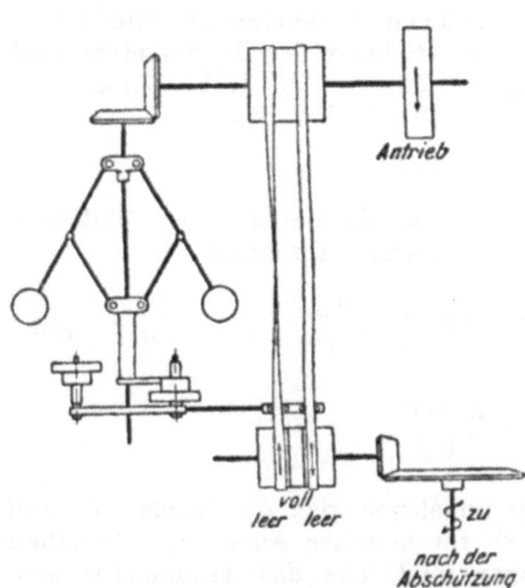

Fig. 333.

dieser Art in vereinfachter Gestalt. Die Hülse trägt am unteren Ende eine Daumenscheibe, die mittels zweier abgestuften Rollen die Riemengabel eines Wechseltriebes verschiebt. In der gezeichneten Mittelstellung liegen beide Riemen auf ihren Leerscheiben. Nimmt die Geschwindigkeit zu, so steigt die Hülse; die Riemengabel wird nach links verschoben; der offene Riemen gelangt zur Herrschaft und setzt die Abschützung im Sinne des Schließens in Gang. Sobald die normale Geschwindigkeit wieder hergestellt ist, kehren sämtliche Organe in ihre Mittelstellung zuzück, und die Bewegung der Abschützung wird unterbrochen. Sinkt die Geschwindigkeit und damit auch die Hülse, so wird umgekehrt der gekreuzte Riemen eingerückt; die Abschützung fängt an, zu öffnen usw. Jedesmal, wenn wieder die normale Geschwindigkeit erreicht ist, hört die weitere Einwirkung auf; es scheint also die Aufgabe richtig gelöst zu sein. Indessen zeigt eine nähere Prüfung, daß dem nicht so ist.

Man erkennt leicht, daß bei der beschriebenen Anordnung zwischen der Stellung des Tachometers und derjenigen der Abschützung kein bestimmter Zusammenhang besteht; man spricht darum von einem indirekt wirkenden Stellzeug.

Warum diese oder ähnliche Vorrichtungen ihren Zweck nicht erfüllen können, zeigt folgende Betrachtung. Der Vorgang läßt sich deutlich verfolgen, wenn man über dem Weg der Turbine als Abszisse das Kraft- und Lastmoment, sowie die Geschwindigkeit als Ordinaten aufträgt. Bis zum Punkt A in Fig. 334 möge Beharrungszustand geherrscht haben; d. h. Kraft- und Lastmoment waren einander gleich und die Geschwindigkeit konstant. In A trete eine plötzliche Entlastung ein; es sinke also das Lastmoment um einen gewissen Betrag. Die Geschwindigkeit steigt und die Abschützung setzt sich im Sinne des Schließens in Bewegung; das Kraftmoment nimmt ab. Im Punkte B sei dasselbe auf den Betrag des Lastmomentes zurückgegangen. Es könnte jetzt wieder Gleichgewicht eintreten; der Mechanismus erlaubt es aber nicht. Solange nämlich das Kraftmoment einen Überschuß zeigt, wächst die Geschwindigkeit immer mehr; sie steht somit im Punkte B höher als normal, und das Tachometer hält daher die Abschützung noch immer in Tätigkeit, so daß das Kraftmoment noch weiter sinkt. Nun nimmt allerdings die Geschwindigkeit ab. Hat sie endlich in C ihren normalen Stand erreicht, so ist inzwischen das Kraftmoment erheblich unter das Lastmoment gesunken; also kann wiederum kein Gleichgewicht eintreten. Die Abschützung wird allerdings vom Tachometer ausgerückt; allein da wegen des andauernden Ausfalles am Kraftmoment die Geschwindigkeit zu sinken fortfährt, wird das Stellzeug alsbald wieder im Sinne des Öffnens

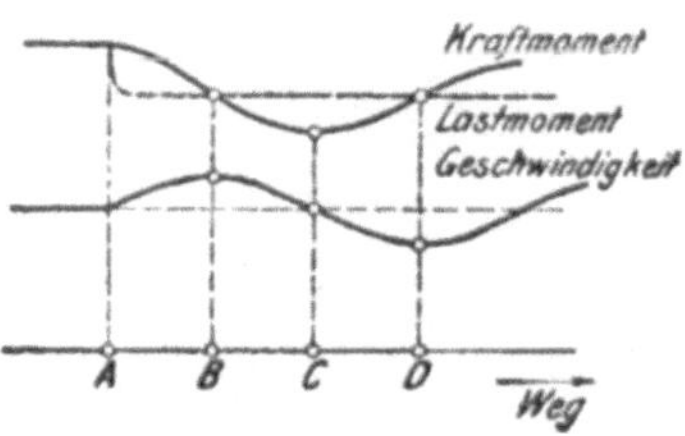

Fig. 334.

eingerückt, das Kraftmoment nimmt zu, die Geschwindigkeit nimmt langsamer und langsamer ab, um weiterhin wieder zu wachsen, sobald im Punkte D das Kraftmoment die Höhe des Lastmomentes wieder erreicht hat usw.

Jedesmal, wenn die Geschwindigkeit ihren normalen Wert erreicht und das Stellzeug ausgerückt wird, steht das Kraftmoment abwechselnd in einem Minimum oder in einem Maximum; das System führt eine pendelnde Bewegung um eine Gleichgewichtslage aus. Ob diese Schwankungen zu- oder abnehmen oder in gleicher Stärke unbegrenzt fortdauern, hängt von den besonderen Umständen des Falles ab. Die im Tachometer und im Stellzeug stets vorhandenen Reibungswiderstände wirken allerdings dämpfend und beruhigend, und darin liegt der Grund, warum derartige Vorrichtungen trotz ihrer prinzipiellen Fehlerhaftigkeit befriedigen konnten, solange es sich nicht um große und rasche Schwankungen in der Belastung handelte. Dies ist beim Fabrikbetrieb zumeist der Fall; für elektrische Anlagen ist der indirekt wirkende Regulator unbrauchbar.

257. Direkt wirkendes Stellzeug. Wesentlich anders verhält sich eine Regulierung, bei der die Abschützung mit dem Tachometer eindeutig zusammenhängt, wo also jeder Muffenstellung eine ganz be-

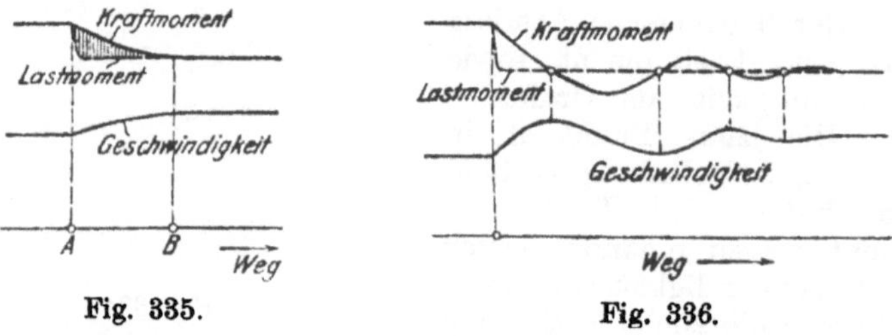

Fig. 335. Fig. 336.

stimmte Stellung der Abschützung und somit auch ein bestimmtes Kraftmoment entspricht.

Unter der Annahme, daß die Reibung in der Abschützung, im Stellzeug und im Tachometer verschwindend klein sei und ebenso die Masse der Tachometerteile, die sich mit der Hülse auf und nieder bewegen, ließe sich die Aufgabe durch ein unnachgiebiges starres Stellzeug erfüllen.

Während bis zum Punkte A in Fig. 335 Beharrungszustand vorlag, möge dort das Lastmoment plötzlich um einen gewissen Betrag sinken. Die Geschwindigkeit wächst, weil ein Kraftüberschuß vorliegt; das Tachometer schlägt aus und beginnt die Abschützung zu schließen, so daß das Kraftmoment abnimmt. Sobald dieses auf den Betrag des Lastmomentes zurückgegangen ist, hört jeder Anlaß zu einer weiteren Beschleunigung auf; Tachometer und Abschützung gehen in Ruhe über, und indem sie in der erlangten Stellung verharren, tritt neuerdings Gleichgewicht ein. Freilich ist dieses nicht mit dem anfänglichen identisch; die neue Geschwindigkeit ist größer als die frühere. Die Lösung ist nicht vollkommen; es ist aber diese bleibende Zunahme an Geschwindigkeit viel weniger lästig als die periodischen Schwankungen, die beim indirekten Stellzeug auftreten. Man hat überdies Mittel und Wege, die Geschwindigkeitsänderung in weitgehendem Maße einzuschränken und schließlich sogar völlig zum Verschwinden zu bringen.

Die Fläche zwischen Kraft- und Lastmoment hat eine bestimmte Bedeutung; sie stellt die Mehrarbeit vor, die in den Teilen vorhanden ist, die sich mit der Turbine drehen. Durch Vermehrung der Masse derselben (Schwungräder) kann man die Übergänge mildern, d. h. in die Länge ziehen.

Das Bild, wie es die Wirklichkeit zeigt, sieht allerdings nach Fig. 336 etwas anders aus. Wegen der stets vorhandenen Reibung greift das Tachometer verspätet ein. Hat es sich endlich in Bewegung gesetzt, so schießt es vermöge der Trägheit seiner Massen über die neue Gleichgewichtslage hinaus, um gleich darauf wieder zurückzupendeln usw., bis zuletzt die Schwingungen durch die innere Reibung gedämpft werden. Diese Eigenschwingungen des Tachometers sind um so stärker, je schwerer die mit der Hülse ausschlagenden Massen sind. Da aber zur Erzielung einer großen Stellkraft ein entsprechender Muffendruck erforderlich ist, pflegte man früher die Hülse mit großen Gewichten zu beschweren. Heute ersetzt man die Gewichte zur Verminderung der Massenwirkungen durch Federn; die Eigenschwingungen werden um so milder, je kleiner die Massen im Verhältnis zum Federdruck sind.

Die Unempfindlichkeit und die Eigenschwingungen des Tachometers haben zur Folge, daß die jeweilige Muffenstellung nicht genau der herrschenden Geschwindigkeit entspricht. Daraus ergibt sich ein unrichtiges Eingreifen in den Reguliervorgang, das sich nach Fig. 336 in wellenförmigen Geschwindigkeitsschwankungen beim Übergang in die neue Gleichgewichtsstellung ausspricht. Wenn auch in der Regel diese Schwankungen bald verschwinden, können sich unter ungünstigen Umständen, besonders bei zu großer Unempfindlichkeit des Tachometers, stehende Schwankungen von einer Größe einstellen, die einen geordneten Betrieb unmöglich machen.

258. Servomotor mit Rückführung. Es ist schon früher darauf hingewiesen worden, daß es der großen Reibung wegen unmöglich ist, die Abschützung unmittelbar vom Tachometer bewegen zu lassen. Daher bleibt doch nichts anderes übrig, als einen besonderen Motor zu Hilfe zu nehmen und dem Tachometer nur die Steuerung desselben zu überbinden.

Der Fehler der in Fig. 333 dargestellten Einrichtung liegt darin, daß das Tachometer die Hilfskraft zu lange in Tätigkeit erhält; dadurch wird der richtige Augenblick für das Ausrücken verpaßt, nämlich der Augenblick, wo Kraft- und Lastmoment einander gleich geworden sind. Sie muß derart abgeändert werden, daß das Tachometer zwar wie zuvor den Hilfsmotor einrückt, sobald die Geschwindigkeit sich geändert hat. Das Ausrücken aber wird von der Abschützung aus bewirkt, sobald diese den Stand erreicht hat, der dem jeweiligen Hülsenausschlag entspricht. Die Abschützung geht nur so weit, als die Hülse ihr vorschreibt. Zwischen Abschützung und Hülse besteht somit ein eindeutiger Zusammenhang, der völlig unabhängig von der Reibung ist, da diese vom Hilfsmotor bewältigt wird. Dieser Art gibt das Tachometer nur die Anweisung zu der Bewegung, die der Hilfsmotor als starker und gehorsamer Diener ausführt. Die Vorrichtung hat daher den Namen Servomotor erhalten. Die Abschützung führt eine Bewegung aus, als ob sie mit dem Tachometer direkt zusammenhinge.

Fig. 337 stellt den Servomotor für Dampf in einer der Formen vor, in der er von Farcot erdacht worden ist. Wird der Handgriff H des Hebels um ein Stück nach unten gedrückt und dann in dieser Lage festgehalten, so bewirkt dies zunächst nur eine Hebung des Muschelschiebers; infolgedessen tritt der Dampf unter den Kolben, so daß dieser in die Höhe steigt. Diese Bewegung aber zwingt den Schieber durch die Vermittlung des Hebels R wieder nach unten zu gehen; der Dampfzufluß und damit die aufwärts gehende Bewegung des Kolbens kommt zum Stehen. Eine Fortsetzung der Bewegung tritt erst ein, wenn der Handgriff neuerdings herabgedrückt wird. Führt man den Handhebel langsamer oder schneller auf und ab, so bewegt sich auch der Kolben in demselben Tempo auf und nieder. Während aber die Hand nur die verhältnismäßig kleine Schieberreibung zu überwinden hat, kann man mit dem Dampfkolben eine Kraft hervorrufen, die ausreicht, um das Steuerruder des größten Fahrzeuges zu regieren. Man erkennt, daß das Zusammenspielen der drei Organe Handhebel, Muschelschieber und Dampfkolben durch den Hebel R gesichert wird, der jedesmal den Schieber in die Ruhelage zurückführt, sobald der Kolben denjenigen Ausschlag vollzogen hat, der der Verstellung des Handhebels entspricht. Dieser Hebel wird darum als die Rückführung bezeichnet.

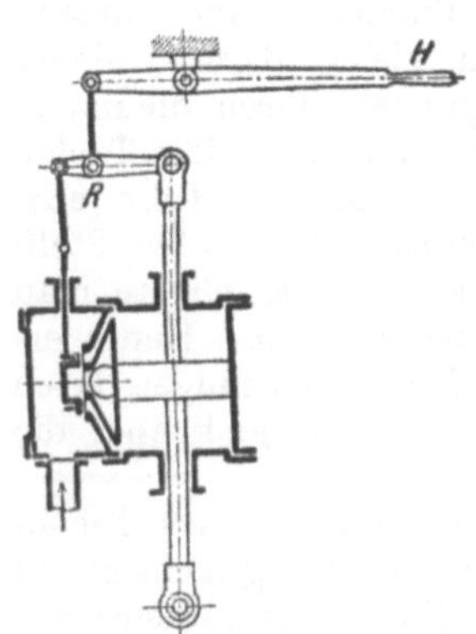

Fig. 337.

Wie dieser Gedanke auf die Regulierung der Turbine übertragen werden kann, ist leicht einzusehen. An die Stelle des Dampfes tritt irgendeine gespannte Flüssigkeit; bei Hochdruckturbinen kann man das Wasser aus dem Druckrohr nehmen; bei Niederdruckanlagen wird durch ein besonderes kleines Pumpwerk Öl auf hohen Druck gebracht. Das Tachometer tritt an die Stelle der Hand, und vom Kolben aus wird die Abschützung bewegt.

Die vom Verfasser entworfene Schieberregulierung für Löffelräder (Fig. 338) mag als Beispiel dienen. Der Servomotor, der unmittelbar an der Stange des Regulierschiebers anfaßt, besitzt einen Differentialkolben, dessen untere Fläche fortwährend mit dem Druckwasser in Verbindung steht. Gebohrte Kanäle, die man durch Schrauben nach Bedürfnis abdrosseln kann, führen das Druckwasser

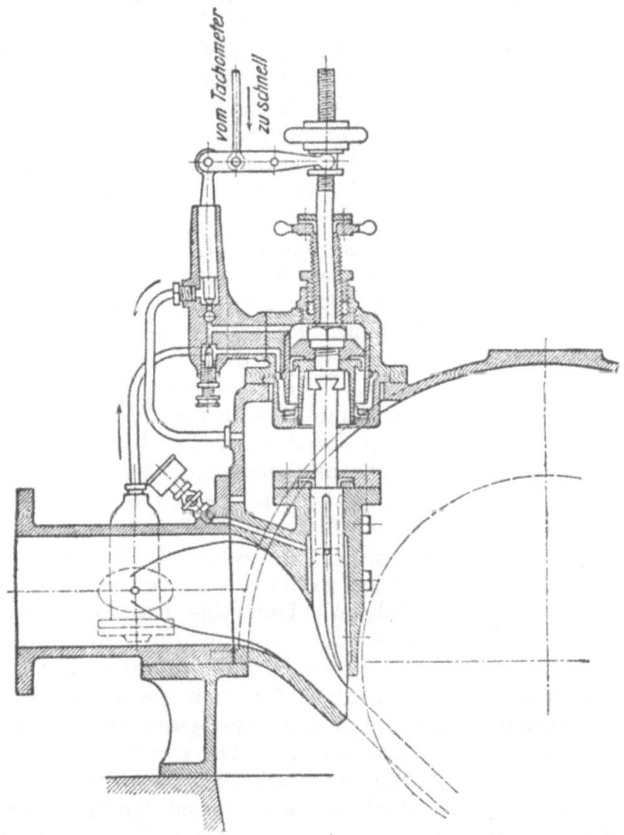

Fig. 338.

auf die obere Seite des Kolbens und wieder fort. Der Austritt steht unter der Herrschaft des Regulierventiles. Wird dieses niedergedrückt und dadurch der Austritt gedrosselt, so steigt der Druck auf die obere Kolbenfläche und der Schieber geht abwärts. Tritt umgekehrt eine Entlastung des Regulierventiles und somit eine Erleichterung des Austrittes ein, so sinkt der Oberdruck; der Unterdruck wird Meister und der Schieber steigt. Die Anordnung der Rückführung entspricht genau derjenigen in Fig. 337 und bedarf keiner weiteren Erklärung.

Den geometrischen Zusammenhang zwischen Servomotor und Tachometer läßt Fig. 339 erkennen. Geht die Turbine zu langsam und kommt der Tachometerhebel in die Stellung A, so wird das Steuerventil gelüftet; der Kolben des Servomotors steigt und öffnet den Schieber. Sobald er aber den Rückführhebel in die Stellung CD gebracht hat, ist das Steuerventil in die Gleichgewichtsstellung C zurückgekehrt; der Kolben kann nicht weiter steigen, als ihm durch den Ausschlag des Tachometers gestattet wird.

Bei einer Änderung der Belastung, also auch der Leistung der Turbine, entspricht dem neuen Gleichgewicht eine ganz bestimmte Muffenstellung, also eine gewisse Geschwindigkeit, die von der ursprünglichen verschieden ist. Wünscht man diese für den neuen Gleichgewichtszustand bzw. für die neue Leistung wieder herzustellen, so ist nach Fig. 339 folgende Aufgabe zu lösen. Die veränderte Leistung möge der Kolbenstellung D entsprechen. Es ist dann nur dafür zu sorgen, daß die Rückführung bei der ursprünglichen Tachometerstellung die Lage CD einnehmen könne. Das geschieht durch eine entsprechende Verkürzung der Verbindungsstange oder auch durch Heraufschrauben des Handrädchens auf der Kolbenstange in Fig. 338. Eine derartige Einstellung wird am einfachsten freihändig vorgenommen. Es sind indessen auch Einrichtungen ersonnen worden, um sie selbsttätig durchzuführen. Derartige Reguliervorrichtungen bezeichnet man als isodrom (von griech. isos = gleich und dromos = Lauf).

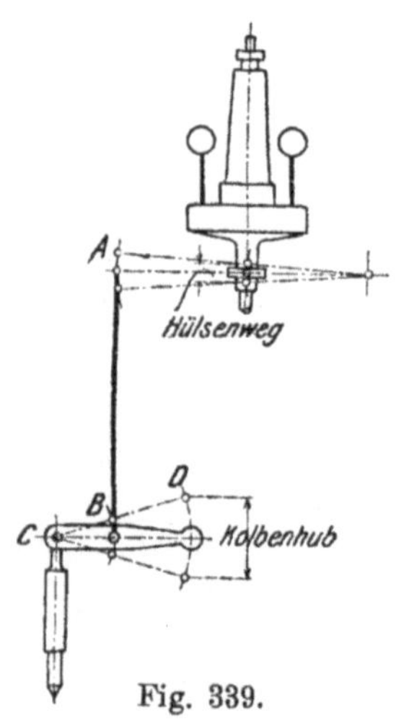

Fig. 339.

Der Servomotor ist wohl auch für rein mechanischen Betrieb eingerichtet worden, indem man zur Bewegung der Abschützung einen Riemenwechseltrieb irgendwelcher Art verwendete, der unter Mitwirkung einer Rückführung ein- und ausgerückt wird.

Bei plötzlichen und starken Belastungsänderungen kann der Servomotor dem Tachometer nicht immer schnell genug folgen. Da dieses wegen der inneren Reibung bereits etwas hinter der Geschwindigkeitsänderung zurückbleiben wird, muß sich der Übergang in den neuen Gleichgewichtszustand um so eher unter periodischen Schwankungen vollziehen.

259. Ungleichfömigkeit. Unter der Voraussetzung, daß zwischen der Abschützung und dem Tachometer ein eindeutiger Zusammenhang bestehe und daß das Tachometer frei von innerer Reibung sei und nur verschwindend kleine äußeren Widerstände zu überwinden habe, entsprechen den Gleichgewichtszuständen bei der größten möglichen Leistung und beim Leergang zwei ganz bestimmte Geschwindigkeiten n_{min} und n_{max}. Versteht man unter n die mittlere Geschwindigkeit, die ungefähr dem arithmetischen Mittel aus den beiden Grenzwerten gleichzusetzen ist, so wird die Größe

$$\delta = \frac{n_{max} - n_{min}}{n} \quad \text{. . . . . (291)}$$

als der Ungleichförmigkeitsgrad bezeichnet. Da man stets noch mit inneren und äußeren Widerständen zu rechnen hat, werden jene Grenzwerte noch um einen Betrag Δn überschritten, und zwar ist Δn diejenige Geschwindigkeitsänderung, die eine Stellkraft auszulösen vermag, die zur Überwindung der inneren Reibung und des äußeren Widerstandes ausreicht. Der wirkliche Ungleichförmigkeitsgrad hat also die Größe

$$i = \frac{(n_{max} + \Delta n) - (n_{min} - \Delta n)}{n}$$

oder

$$i = \frac{n_{max} - n_{min}}{n} + 2\frac{\Delta n}{n} \quad \text{. . . . . (292)}$$

Das erste Glied rechts ist gleich δ, das zweitet bedeutet nach Abschn. 289 nichts anderes als den Unempfindlichkeitsgrad ε, und somit wäre

$$i = \delta + \varepsilon \quad \text{. . . . . (293)}$$

Der wirkliche Ungleichförmigkeitsgrad ist also gleich der Summe des Ungleichförmigkeitsgrades der Gleichgewichtszustände und des Unempfindlichkeitsgrades. Die Größe δ hängt nur von dem kinematischen Zusammenhang zwischen Tachometer und Abschützung ab; in der Größe ε kommen die Reibungen und Widerstände des ganzen Systems des Tachometers und des Stellzeuges zum Ausdruck, soweit sie nicht durch den Servomotor übernommen werden.

Man pflegt etwa folgende Werte zuzulassen:

$$\delta = 0{,}02 \text{ bis } 0{,}03\,,$$

$$\varepsilon = 0{,}005 \text{ bis } 0{,}02\,,$$

$$i = 0{,}025 \text{ bis } 0{,}05\,.$$

Diese Zahlen gelten für die Ruhezustände und (angenähert) auch für langsame Übergänge. Bei schnell eintretendem Wechsel fallen die wirklich vorkommenden Werte erheblich größer aus, weil die rasch bewegten Massen über die Gleichgewichtslagen hinausschießen. Da sie hernach wieder zurückpendeln, treten dabei stets wellenförmige Schwankungen der Geschwindigkeit auf, die indessen in der Regel durch die Reibung bald gedämpft werden und verschwinden.

Die Änderungen in der Belastung eines Turbinenbetriebes können innerhalb kürzester Zeit sehr hohe Werte annehmen. Wenn z. B.

die Transmissionswelle bricht, der Triebriemen reißt oder abfällt, oder wenn bei einem elektrischen Betriebe ein Kurzschluß eintritt, so verschwindet die Belastung von einem Augenblick zum andern vollständig. In solchen Fällen muß die Regulierung äußerst rasch eingreifen, wenn sie das Auftreten gefährlicher Beschleunigungen verhindern soll; man verlangt von ihr, daß sie in ganz kurzer Zeit den Wasserzutritt völlig abschließen und damit die Leistung der Turbine von ihrem größten Wert auf null zurückführen könne. Diese Zeit, die man die Schließzeit nennt, darf bei elektrischen Betrieben 3 bis 4 Sekunden nicht überschreiten. Weniger gefährlich sind plötzliche starke Vermehrungen des Widerstandes, wie sie etwa vorkommen, wenn ein stark belasteter Stromkreis schnell eingeschaltet wird.

260. Ölbremse. Um die Eigenschwingungen des Tachometers zu mildern und zu dämpfen, verbindet man mit der Muffe mittel- oder unmittelbar einen Widerstand, der mit der Ausschlagsgeschwindigkeit der Muffe wächst und auch wieder verschwindet. Er verhindert daher wohl das Auftreten größerer Geschwindigkeiten, setzt sich jedoch einem langsamen Übergang in eine neue Gleichgewichtslage nicht entgegen und stört die Empfindlichkeit nicht. Diese Vorrichtung, die in Fig. 340 gezeichnet ist, besteht aus einem mit Öl gefüllten Zylinder und wird daher Ölbremse genannt. Will die Muffe ausschlagen, so muß der Kolben das Öl von einer Seite des Zylinders durch einen engen Überführungskanal, der zudem mittels einer Schraube gedrosselt werden kann, auf die andere Seite hinüber drängen.

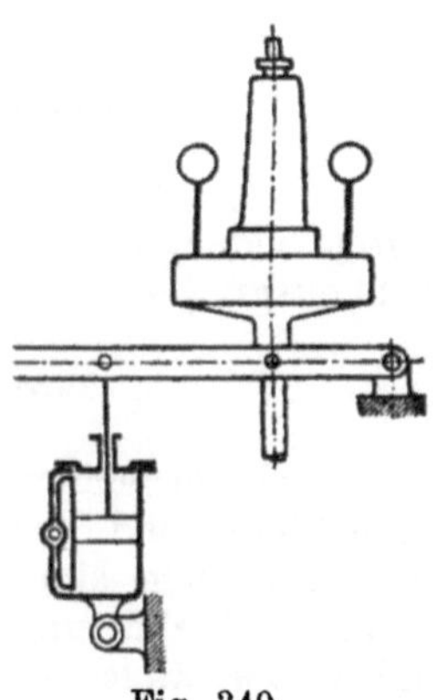
Fig. 340.

261. Schwungrad. Von besonderer Wirksamkeit für die Ausgleichung von Geschwindigkeitsschwankungen schnellaufender Turbinen sind die Schwungräder, das sind mit der Turbinenwelle verbundene schwere Massen mit hoher Umfangsgeschwindigkeit. Diese sind imstande, größere Mengen von kinetischer Energie anzusammeln oder abzugeben, ohne daß sich die Geschwindigkeit um mehr als um einen gewissen Betrag zu ändern braucht. Tritt z. B. eine Entlastung der Turbine ein, so veranlaßt der freigewordene Leistungsüberschuß eine Beschleunigung des ganzen Systems. Dieser Überschuß wird vorzugsweise zur Beschleunigung der Schwungmasse verbraucht, und je schwerer diese ist, desto langsamer nimmt die Geschwindigkeit zu. Daher wird der Übergang zur neuen Gleichgewichtslage in die Länge gezogen und die Regulierung erhält Zeit, ihre Aufgabe langsam und ruhig durchzuführen. Würde umgekehrt die Turbine stärker belastet, so gäbe das Schwungrad bei mäßiger Verzögerung einen Teil seiner kinetischer Energie zur Deckung des

Kraftausfalles ab, bis die Regulierung die Abschützung so weit geöffnet hat, daß die Kraft wieder gleich der Last geworden ist.

Da ein Überschreiten der normalen Geschwindigkeit große Übelstände im Gefolge haben kann, ist als ungünstigster Fall derjenige anzusehen, wo die Belastung der Turbine plötzlich vollständig aufgehoben wird. Es muß alsdann die ganze Arbeit A', die die Turbine während der Schließzeit T noch liefert, vom Schwungrad aufgenommen werden, und dabei darf die Geschwindigkeit einen gewissen Wert ω_2 nicht überschreiten. Um diese Aufgabe zu erfüllen, muß das Schwungrad eine bestimmte Größe haben.

Geht man von der (nicht genau zutreffenden) Annahme aus, daß die Leistung der Turbine während der Einwirkung der Regulierung linear mit der Schließzeit auf null zurückgehe, so wäre die Durchschnittsleistung während des Reguliervorganges gleich der halben Anfangsleistung zu setzen. Bedeutet daher L die anfängliche (normale) Leistung und T die Schließzeit für vollständige Entlastung, so ist

$$A' = \tfrac{1}{2} L T$$

die vom Schwungrad aufzunehmende Arbeit.

Nach Abschn. 6 ist die kinetische Energie einer Masse M, die sich mit der Winkelgeschwindigkeit ω um eine Achse dreht,

$$A = \frac{J\omega^2}{2},$$

wobei

$$J = \Sigma(M r^2)$$

das Trägheitsmoment dieser Masse hinsichtlich der Drehachse bedeutet.

Wenn die Winkelgeschwindigkeit von ihrem normalen Wert ω auf ω_2 gestiegen ist, hat die kinetische Energie der Schwungmasse eine Zunahme

$$A = \tfrac{1}{2} J (\omega_2^2 - \omega^2)$$

erfahren. Da diese gleich der Arbeit sein soll, die die Turbine während der Schließzeit noch geleistet hat, erhält man durch Gleichsetzen der Ausdrücke für A und A' die Beziehung

$$J(\omega_2^2 - \omega^2) = L T.$$

Schreibt man $\omega_2 = \omega + \Delta\omega$, so wird

$$\omega_2^2 = \omega^2 + 2\,\omega\,\Delta\omega + (\Delta\omega)^2.$$

Da $\Delta\omega$ verhältnismäßig klein sein soll, darf man das letzte Glied als unbeträchtlich fallen lassen; daher wird

$$2 J \omega^2 \frac{\Delta\omega}{\omega} = L T.$$

Das Verhältnis $\Delta\omega:\omega$, das mit α bezeichnet werden mag, ist nichts anderes, als die verhältnismäßige Geschwindigkeitszunahme, die man noch zulassen will. Man erhält schließlich für das Trägheitsmoment der Schwungmasse den Ausdruck

$$J = \frac{1}{2\alpha} \frac{LT}{\omega^2} \quad \ldots\ldots\ldots\ldots \quad (294)$$

Ist die Schwungmasse in einem Ring von verhältnismäßig kleinem Querschnitt vereinigt, und bedeutet G das Gewicht und D den mittleren Durchmesser des Ringes, so ist

$$J = \frac{G}{g} \frac{D^2}{4},$$

und somit

$$G D^2 = 2 g \frac{LT}{\alpha \omega^2}.$$

Führt man für die Winkelgeschwindigkeit die Umlaufzahl n ein und drückt man die Leistung in Pferdestärken N aus, so erhält man für die Bemessung des Schwungringes die Gleichung

$$G D^2 = 134\,200 \frac{NT}{\alpha n^2} \quad \ldots\ldots\ldots \quad (295)$$

Das Schwungradgewicht ist somit umgekehrt proportional der zweiten Potenz des Durchmessers und der Umlaufzahl und der ersten Potenz der zulässigen Geschwindigkeitsänderung; es wächst dagegen direkt mit der Leistung und der Schließzeit.

Mit Rücksicht auf die Festigkeit des Schwungrades darf die Umfangsgeschwindigkeit für Gußeisen einen Wert von 30 bis 40 m/sek nicht viel überschreiten; denn beim Durchbrennen der Turbine steigt die Geschwindigkeit nahezu auf das Doppelte an, und bei einer Umfangsgeschwindigkeit von 60 bis 80 m/sek ist die Sicherheit eines gußeisernen Schwungringes gegen das Auseinanderfliegen schon recht gering. Übrigens kommt dabei noch viel auf die Gestalt des Schwungrades und namentlich auf die Verteilung der Gußspannungen an. So ist es vorzuziehen, den Schwungrädern nach Fig. 341 statt einzelner Arme eine volle Scheibe zu geben. Man erzielt dabei, vorausgesetzt, daß man die einspringenden Ecken gut abrundet, gleichförmig verteilte Gußspannungen, namentlich dann, wenn man die Scheibe wölbt, wie punktiert angedeutet. Auch wird der Luftwiderstand bei der vollen Scheibe merklich kleiner, besonders wenn das ganze Schwungrad überdreht wird.

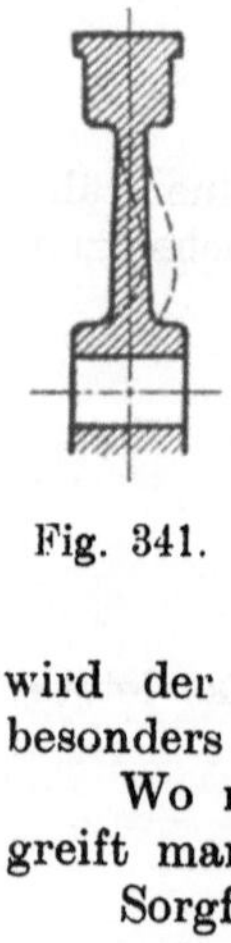

Fig. 341.

Wo man der Festigkeit des Gußeisens nicht mehr trauen darf, greift man zum Stahlguß.

Sorgfältiges Auswuchten der Schwungräder ist unerläßlich.

Bei direkt gekuppelten Elektrogeneratoren zählen die Massen des rotierenden Ankers natürlich mit.

Da eine plötzliche vollständige Entlastung doch nur ganz ausnahmsweise eintritt, kann man sich in diesem Falle schon größere vorübergehende Geschwindigkeitsänderungen gefallen lassen und mit Werten von

$$\alpha = 0{,}20 \text{ bis } 0{,}30$$

rechnen. Führt man in Gl. (295) die Umfangsgeschwindigkeit

$$u = \frac{\pi}{60} D n$$

ein, so nimmt sie die Form an

$$G = 368 \frac{N T}{\alpha u^2}.$$

Setzt man beispielsweise die Werte ein

$$T = 2{,}5 \text{ sek},$$

$$\alpha = 0{,}30,$$

$$u = 40 \text{ m/sek},$$

so findet man für das Gewicht des Schwungringes

$$G = 1{,}92\, N \text{ kg},$$

d. h. bei einer Umfangsgeschwindigkeit des Schwungringes von 40 m/sek und bei einer Schließzeit von 2,5 sek für den vollständigen Abschluß muß man dem Ring für jede Pferdestärke der größten Leistung ein Gewicht von ungefähr 2 kg geben, wenn die Geschwindigkeit bei vollständiger Entlastung nicht um mehr als 30 v. H. wachsen soll.

Wird die Turbine um den a^{ten} Teil entlastet, und darf man voraussetzen, daß die Verminderung der Zuflußmenge nach wie vor in derselben konstanten Geschwindigkeit vor sich gehe, daß also die Herstellung des Gleichgewichtes sich im a^{ten} Teil der Schließzeit vollzöge, so würde Geschwindigkeitszunahme bei demselben Schwungrad im Verhältnis von $1 : a^2$ kleiner werden. Begnügt man sich damit, die Turbine nur um den vierten Teil zu entlasten, so würde die Geschwindigkeitszunahme nicht über den sechzehnten Teil, also rund 0,02 oder 2 v. H. hinausgehen, was allen billigen Anforderungen genügen dürfte.

Die genauere Untersuchung dieser Dinge ist übrigens sehr schwierig und umständlich. So ist der Verlauf der Leistungskurve während des Reguliervorganges in recht verwickelter Weise von der Beschaffenheit des Tachometers, des Servomotors und der Rückführung abhängig; es hat schon seine Schwierigkeiten, die Schließzeit zum voraus zu bestimmen, und so tappt man stets mehr oder weniger im Dunkeln. Es kann sich hier nicht um mehr als eine ungefähre Orientierung unter vereinfachten Voraussetzungen handeln.

Besonders wichtig und notwendig sind ausreichende Schwungmassen bei Hochdruckturbinen mit längeren Rohrleitungen, wo infolge der Massenwirkungen des Wassers im Zuflußrohr bei Störungen des Gleichgewichtes sehr bedeutende Druckschwankungen auftreten (siehe Kap. 28). Auch hier ist jener Fall der ungünstigste, wo die voll belastete Turbine plötzlich ganz entlastet wird. Wenn die Regulierung abzuschließen beginnt, springt der Druck in die Höhe, und es kann dieser Sprung so groß werden, daß die Turbine im ersten Augenblick trotz der Verminderung der Einlaßöffnung mehr Energie zugeführt bekommt als zuvor; es wird also durch die Betätigung der Regulierung gerade das Gegenteil von dem erreicht, was beabsichtigt war. Unter solchen Umständen wird das Regulieren zur Unmöglichkeit, und die einzige Rettung liegt darin, der Reguliervorrichtung durch künstliche Verzögerung des Vorganges soviel Zeit zu verschaffen, daß sie die nötige Änderung des Ausflußquerschnittes vollziehen kann, ohne daß merkliche Druckzunahmen auftreten. Das prinzipiell einfachste Mittel hierzu sind die Schwungräder, deren Massen indessen bedeutend größer ausfallen, als bei unveränderlichem Drucke, weil die aufzunehmenden Leistungsüberschüsse beträchtlicher sind. Die mathematische Behandlung dieses Problems setzt die Kenntnis der Druckschwingungen in langen Rohrleitungen voraus, von denen erst in Kap. 28 das Wichtigste mitgeteilt werden kann. Die Aufgabe ist indessen so verwickelt, daß sie über den Rahmen dieses Buches hinausfällt.

262. Ablenker. Es zeigt sich, daß man bei sehr langen Druckleitungen das Auftreten von ungemein großen Druckschwankungen nur durch Anwendung von außerordentlich schweren Schwungmassen vermeiden kann, falls man das etwa durch eine Entlastung der Turbine gestörte Gleichgewicht mittels Verminderung der Öffnung des Leitapparates wieder herstellen will. Nun gibt es aber (vgl. Abschn. 250) noch ein anderes Mittel, um bei Löffelrädern die Leistung mit der Belastung in Einklang zu bringen, das von diesem Fehler frei ist. Man kann zwischen Einlauf und Rad einen Schirm oder Ablenker einschalten, der das Wasser mehr oder minder vollständig seitlich ablenkt und am Eintritt ins Rad hindert. Dabei geht freilich der abgelenkte Teil des Wassers verloren; da aber der Austritt aus der Druckleitung unverändert bleibt, kommen keine Schwankungen des Druckes zustande, und die Regulierung geht wunschgemäß vor sich, sobald der Ablenker korrekt und schnell eingreift. Der Wasserverschwendung aber läßt sich dadurch ein Ende setzen, ohne daß man sich der Gefahr größerer Druckschwankungen in der Leitung aussetzt, daß man den Ablenker langsam genug zurückzieht und in demselben Maße die Nadelregulierung an seine Stelle treten läßt, bis die Wassermenge auf den augenblicklichen Bedarf vermindert worden ist. Die Wasservergeudung bleibt auf diese Zeit beschränkt. Der Rückzug des Ablenkers erfolgt durch eine Feder, die beim Vorschieben desselben gespannt wurde; die Rückzugsgeschwindigkeit wird durch einen Katarakt nach Bedarf verzögert[1]).

Der zurückgezogene Ablenker muß stets hart am Strahl anliegen, damit er jederzeit zum Eingreifen bereit sei und nicht erst einen größeren toten Weg zurücklegen muß.

VIII. Die Verwendung der verschiedenen Bauarten.

26. Kapitel.

Eignung der verschiedenen Bauarten für gegebene Verhältnisse.

263. Gesichtspunkte für die Wahl der Bauart. Soll eine Turbine für bestimmte Verhältnisse entworfen werden, so hat man sich zuerst über die zu wählende Bauart schlüssig zu machen. Die Entscheidung ist heute einfacher als noch vor wenigen Jahren, da in verhältnismäßig kurzer Zeit zwei Bauarten alle anderen verdrängt haben, so daß man nur noch zwischen den verschiedenen Formen der Francis-Turbine einerseits und dem Tangentialrad mit Löffelschaufeln und Nadeldüse andererseits zu wählen hat. Es ist immerhin der Mühe wert, sich im Zusammenhange Rechenschaft davon zu geben, welchen Umständen diese beiden Bauarten ihre Bedeutung verdanken und warum die übrigen vom Schauplatz abtreten mußten.

Einen entscheidenden Einfluß bei der Wahl der Bauart haben vor allem

1. das Gefälle und die Wassermenge.

Eine selbstverständliche Anforderung ist

2. ein hoher Wirkungsgrad. Es muß also die Wassermenge selbst bei starkem Rückgang gut ausgenutzt werden und am Gefälle sind Verluste möglichst zu vermeiden.

3. Öfters wird eine bestimmte Umlaufzahl verlangt.

4. Genaues Einhalten der gewählten Geschwindigkeit ist meistens eine wesentliche Bedingung.

---

[1]) Früher pflegte man die Aufgabe mittels eines Nebenauslasses oder Freilaufes zu lösen. Trat z. B. eine Entlastung ein und wurde die Mündung automatisch mehr oder weniger geschlossen, so öffnete der Mechanismus gleichzeitig den Freilauf um soviel, daß die gesamte Ausflußmenge unverändert blieb. Hernach aber wurde der Nebenauslaß durch eine gespannte Feder so langsam wieder geschlossen, daß keine Stöße in der Leitung entstehen konnten. Auch hier besorgte ein Katarakt die unentbehrliche Verzögerung des Rückganges.

5. Die gute Zugänglichkeit aller Teile erleichtert die Wartung.

6. Die Lage der Achse im Raum kann vielfach von Bedeutung sein.

7. Der Platzbedarf soll im Hinblick auf die Kosten der baulichen Teile möglichst gering sein.

8. Endlich kommt verständlicherweise der Preis in Betracht.

264. Gefälle und Wassermenge. Da die vollschlächtige Turbine immer gedrungener und daher billiger ausfällt als die teilschlächtige, wird man ihr immer den Vorzug geben, wo keine Gegengründe vorliegen. Bei hohen Gefällen ergibt sie aber sehr bedeutende Umlaufzahlen. Zwar hat man sich schon in der Jugendzeit des Turbinenbaues in aller Unbefangenheit an diese hohen Umlaufzahlen herangewagt[1]); unangenehme Erfahrungen in bezug auf die Lagerung, auf die Übertragung der Arbeit durch Zahnräder und anderes mahnten indessen bald zur Vorsicht, und die Erfindung des Zuppingerschen Tangentialrades mit seinen verhältnismäßig geringen Umlaufzahlen wurde seinerzeit als eine wahre Erlösung empfunden. Seither hat sich freilich vieles geändert; man hat gelernt, rasch laufende schwere Massen dauerhaft zu lagern; zur Übertragung selbst großer Leistungen mit hohen Geschwindigkeiten besitzen wir im Riemen- und im Seiltrieb oder auch im elektrischen Strom geeignete Mittel, und so bereiten die großen Geschwindigkeiten bei weitem nicht mehr dieselben Schwierigkeiten wie früher. Es steht daher zu erwarten, daß die vollschlächtige Turbine in der Zukunft vielfach in Fällen zur Anwendung gelangen wird, wo man heute noch eine teilschlächtige Turbine aufstellen würde.

Zurzeit kommt das Tangentialrad ausschließlich für Gefälle von über 20 m in Betracht, sofern die Wassermenge einen Betrag von 2 bis 2,5 l in der Sekunde für 1 m Gefälle nicht überschreitet. Bei kleinen Gefällen wird es zu groß und zu teuer; auch wird der Verlust am Gefälle, der durch das Freihängen veranlaßt wird, verhältnismäßig zu groß.

Für mittlere Gefälle und etwas größere Wassermenge griff man bis vor kurzem zur teilschlächtigen Girard-Turbine; heute kommt nur noch die Francis-Turbine in Frage, sobald die Wassermenge über 5 bis 6 l auf je 1 m Gefälle beträgt. Für kleine Gefälle und große Wassermengen wird man stets die Francis-Turbine wählen.

Liegt der Oberwasserspiegel um mehr als 3 bis 4 m über der Turbine, so muß die geschlossene Aufstellung gewählt werden. Da das Sauggefälle 7 bis 8 m nicht überschreiten darf, hätte das größte Gefälle, bei dem man noch an eine offene Aufstellung denken darf, eine Höhe von etwa 10 bis 12 m.

[1]) Die seinerzeit berühmt gewesene Turbine von St. Blasien im badischen Schwarzwald, die Fourneyron noch selbst aufgestellt hatte, lief bei 108 m Gefälle nach Rühlmanns Angaben mit 2200 bis 2300 Umdrehungen in der Minute.

Wenn bei offener Aufstellung die Höhe des Wasserspiegels über der Turbine zu klein wird, so stellen sich trichterförmige Wirbel ein, durch die Luft in größeren Mengen in die Turbine gesaugt wird. Da hierdurch die Wirkung des Saugrohres und der ganzen Turbine gestört und die Gefahr von Korrosionen nahe gerückt wird, muß die Bildung eines freien Wasserspiegels unmittelbar über der Turbine vermieden werden, indem man z. B. den Zufluß heberartig ausbildet. Man gibt ihm wohl bei Francis-Turbinen mit liegender Achse die Gestalt eines Spiralgehäuses.

265. Wirkungsgrad. Den besten Wirkungsgrad weisen diejenigen Turbinen auf, bei denen die kleinsten Verluste auftreten. Man hat dabei die Zustände bei normaler Füllung von denjenigen zu unterscheiden, die sich einstellen, wenn die Abschützung behufs Anpassung an eine Verminderung des Zuflusses mehr oder minder geschlossen wird. Im normalen Zustande liegen die wichtigsten Verlustquellen

1. beim Eintritt in den Leitapparat,
2. in der Reibung in den Leitkanälen,
3. beim Übergang ins Laufrad,
4. im Laufrad selber und
5. beim Austritt aus dem Laufrad.

Zu 1. Die kinetische Energie in der Zuleitung für die Turbine zu retten, ist um so wichtiger, je höher man die Zuflußgeschwindigkeit ansetzt, um z. B. bei langen Druckleitungen an den Anlagekosten zu sparen. Die Aufgabe wird dadurch gelöst, daß man die Zuleitung stetig und namentlich ohne plötzliche Querschnittserweiterung in den Leitapparat übergehen läßt. Dies ist bei den älteren vollschlächtigen Turbinenformen meistens entweder gar nicht oder nur mit Umständlichkeiten möglich; dagegen ergibt sich der stetige Übergang sehr gut bei der Francis-Turbine mit Spiralgehäuse, bei der Fourneyron-Turbine in der umgekehrten Aufstellung, bei der Girard-Turbine in der Schwammkrugschen Anordnung und beim Tangentialrad mit Nadeldüse.

Zu 2. Im Leitapparat spart man dadurch an Reibungsverlusten, daß man die Leitkanäle so kurz hält und so rasch zusammenzieht, als es die Sicherheit der Wasserführung gestattet. Diese Bedingung erfüllt das Leitrad der Francis-Turbine am besten; auch die Nadeldüse des Tangentialrades gibt eine vortreffliche Lösung. Die ungünstigsten Verhältnisse weist die Fourneyron-Turbine auf; da hier das Leitrad innen liegt, fallen die Kanäle schon beim Eintritt enge und die Geschwindigkeit groß aus.

Die staufreien Turbinen haben alle den Nachteil miteinander gemein, daß die Austrittsgeschwindigkeit aus dem Leitapparat und somit auch die betreffenden Verluste größer sind als bei den Stauturbinen.

Zu 3. Da man bei der radialen Anordnung die Spaltbreite kleiner halten kann als bei der axialen, fällt auch der bei gestautem Durchfluß unvermeidliche Wasserverlust kleiner aus. Die staufreien

Turbinen sind gegen die Breite des Spaltes unempfindlich. Immerhin soll beim Tangentialrad der Einlauf so hart als möglich ans Laufrad herangerückt werden, damit der Strahl sich nicht länger als durchaus nötig an der Luft reibe.

Eine ungünstige und mit Verlusten verbundene Form nimmt der Übergang ins Laufrad bei den teilschlächtigen Turbinen an den Punkten an, wo die Radkanäle in den offenen Teil des Leitapparates eintreten oder denselben wieder verlassen. Die Verluste sind wesentlich größer, wenn jene Übergänge sich unter Wasser vollziehen müssen, als wenn die Luft zutreten kann. Beim Tangentialrad gibt man den Löffelschaufeln eine derartige Gestalt, daß sie den Wasserstrahl in jeder Lage günstig empfangen können.

Zu 4. Die Reibung in den Laufrädern der Stauturbinen sucht man dadurch möglichst klein zu halten, daß man den Kanälen unter Wahrung der sicheren Wasserführung tunlichst geringe Länge und stärkste Verjüngung bei kleiner relativer Austrittsgeschwindigkeit gibt, Bedingungen, die sich bei der außerschlächtigen Anordnung sehr gut erfüllen lassen, während sie für die innerschlächtige Anordnung unmöglich sind. Die axiale Turbine hält die Mitte, leidet aber unter dem Fehler, daß nur der mittlere Faden korrekt geführt wird. Dies trifft übrigens auch bei der Girard-Turbine zu, deren Durchflußverhältnisse wegen der Ausbreitung des Strahls und wegen der Unsicherheit der Wasserführung in den nur teilweise gefüllten Kanälen sehr unübersichtlich und namentlich für die äußersten Wasserfäden ungünstig werden. Noch unsicherer ist die Wasserführung beim Tangentialrad; es ist aber hier zu beachten, daß durch die hohlen Formen der Löffelschaufeln das Wasser zusammengehalten und an einer übermäßigen Ausbreitung verhindert wird. Günstig ist ferner der Umstand, daß man die Löffel leicht (durch Schàben und Schleifen) bearbeiten kann.

Zu 5. Die Größe der absoluten Austrittsgeschwindigkeit aus dem Laufrad hängt, abgesehen von den schnellaufenden Francis-Turbinen, nicht von der Bauart ab. Es ist aber nur bei der Francis-Turbine möglich, diese Austrittsgeschwindigkeit mittels eines sich stetig anschließenden, konisch sich erweiternden Saugrohres wieder in Druck umzusetzen und dadurch für die Turbine zu retten. Bei den übrigen Formen ist man also darauf angewiesen, sie möglichst niedrig anzusetzen, und dies hat eine Vergrößerung der Abmessungen zur Folge.

Ein weiterer Verlust tritt bei allen staufreien Turbinen in Gestalt des Freihängens hinzu. Dieses wird absolut genommen um so größer, je höher man die Turbine hinaufnehmen muß, um sie den Schwankungen des Unterwassers völlig zu entziehen[1]). Die relative Bedeutung des Verlustes sinkt, je höher das totale Gefälle ist.

[1]) Die Anwendung eines Saugrohres, in das man mittels eines Schwimmerventiles soviel Luft eintreten läßt, daß sich darin ein künstlich erhöhter konstanter Unterwasserspiegel bildet, ist eine Umständlichkeit. der man gerne aus dem Wege geht.

Von großer Wichtigkeit ist, wie stark der Wirkungsgrad abnimmt, wenn die Turbine mit vermindertem Zufluß arbeiten soll und die Abschützung teilweise geschlossen wird.

Die Zellenregulierung zeigt bei der Girard-Turbine annehmbare Verhältnisse; bei der Jonval-Turbine ist sie mit größeren Verlusten verbunden, wenn man die abgeschlossenen Zellen nicht ventiliert.

Der Spaltschieber, der nur für Radialturbinen in Betracht kommt, und zwar sowohl für inner- als für außerschlächtige, gibt absolut genommen um so größere Verluste, je geringer die Durchflußmenge ist; er muß daher ausscheiden. Die beste Einrichtung bei vollschlächtigen Radialturbinen ist die Drehschaufelregulierung von Fink; sie ist aber für innerschlächtige Turbinen nicht anwendbar, weil hier der Platz im Innern des Laufrades fehlt. Der Vorsprung der Francis-Turbine gegenüber den älteren Bauarten ist zum größten Teil in der Anwendbarkeit der Finkschen Regulierung begründet. Da bei normalem Gang der Wirkungsgrad hoch ist, fällt eine Abnahme desselben beim teilweisen Schließen der Regulierung etwas weniger ins Gewicht.

Beim Tangentialrad hat die Verminderung des Zuflusses eine Abnahme des Wirkungsgrades zur Folge, die ihre Ursache darin hat, daß sich das Wasser dünner ausbreitet; es adhäriert daher stärker an der Schaufel und verläßt das Rad mit größerer absoluter Geschwindigkeit. Auch hier hilft der hohe Wirkungsgrad bei normaler Füllung dazu, die Verluste bei abnehmendem Zufluß erträglicher zu machen.

Wenn man bei den beiden Turbinenformen in die Lage kommt, andauernd mit schwacher Füllung arbeiten zu müssen, wird man gut tun, die Turbinen so zu bemessen, daß sie bei der maximalen Wassermenge überfüllt sind.

266. Die Umlaufzahl ist in vielen Fällen ziemlich gleichgültig, und zwar dort, wo die Leistung der Turbine durch Zahnräder-, Riemen- oder Seiltrieb übertragen wird. Für den direkten Antrieb von Arbeitsmaschinen, insbesondere von Dynamomaschinen, werden bestimmte Umlaufzahlen verlangt.

Die Drehzahl einer Turbine hängt außer von ihrer Bauart auch noch vom Gefälle und der durchzusetzenden Wassermenge bzw. von der zu erzeugenden Leistung ab. Dieser Einfluß kommt in der spezifischen Umlaufzahl n_s zum Ausdruck (vgl. Abschn. 99).

Für die älteren vollschlächtigen Turbinen bewegt sich diese Zahl in ziemlich engen Grenzen; man kann etwa mit folgenden Größen rechnen:

Fourneyron-Turbine . . . . $n_s =$ 85 bis 100,
Jonval-Turbine . . . . $n_s =$ 117 bis 152,
Girard-Turbine . . . . $n_s =$ 64 bis 72.

Bei der Francis-Turbine läßt sich dank der Unabhängigkeit zwischen Ein- und Austrittsdurchmessern und anderen Möglichkeiten die spezifische Umlaufzahl zwischen den Grenzen 50 und 500 beliebig wählen; die älteren vollschlächtigen Formen fallen also ganz in den Bereich der Francis-Turbine und bieten in dieser Hinsicht keinerlei Vorteile. Eine Verminderung der spezifischen Umlaufzahl läßt sich bei der Girard-Turbine erzielen, indem man sie teilschlächtig ausführt. Da man den Eintritt mindestens auf die Hälfte des Umfanges beschränken muß, geht dabei die spezifische Umlaufzahl mindestens auf die Hälfte, also auf 32 bis 36 zurück. Da man indessen beim Tangentialrad die spezifische Umlaufzahl auf 35 bis 37,5 hinauftreiben kann, erkennt man, daß auch in dieser Form die Girard-Turbine keine besondere Berechtigung mehr hat. Dies ist auch der Fall, wo man die Geschwindigkeit weiter herabzuziehen wünscht, da dies ebensogut durch eine Vergrößerung des Durchmessers des Tangentialrades erreicht wird.

Zwischen dem Bereich der Francis-Turbine und dem Tangentialrad klafft allerdings eine Lücke. Diese wird am einfachsten durch Parallelschalten zweier Tangentialräder ausgefüllt[1]), wobei man eine Steigerung der Geschwindigkeit auf das 1,41fache erzielt. Eine andere Lösung besteht im Hintereinanderschalten zweier Francis-Turbinen, die eine Steigung der Geschwindigkeit auf das 1,68fache herbeiführt (vgl. Abschn. 156).

267. Das Einhalten der gewählten Geschwindigkeit. Die Anforderungen an die Regulierfähigkeit der Turbinen sind seit einer Reihe von Jahren durch die Bedürfnisse der Elektrotechnik sehr hoch gesteigert worden. Es kommen bei elektrischen Betrieben äußerst starke und plötzliche Schwankungen vor, denen sich die Turbine sofort anpassen muß; man verlangt daher, daß die Leistung in Zeit von zwei bis vier Sekunden von ihrem Vollwert auf null zurückgeführt werden könne. Dies ist nur mittels derjenigen Abschützungen möglich, bei denen sämtliche Leitkanäle zugleich verengt werden, so daß eine verhältnismäßig kleine Bewegung den völligen Abschluß herbeiführt. Bei vollschlächtigen Radialturbinen läßt sich die Ringschütze anwenden, freilich nur auf Kosten des Wirkungsgrades. Bei der Francis-Turbine ergibt die Finksche Regulierung die beste Lösung; weniger gut sind die Regulierungen von Schaad und von Zodel. Das Tagentialrad besitzt in der Nadeldüse eine Vorrichtung, die nichts zu wünschen übrig läßt.

Als gänzlich ungenügend gegenüber den heutigen Anforderungen sind die Zellenregulierungen anzusehen, die nur einen Kanal nach dem andern abschließen und darum viel zu langsam wirken. Damit scheiden die Jonval- und die Girard-Turbinen aus dem Wettbewerb aus.

Bei langen Druckleitungen bereiten die in derselben auftretenden Druckschwankungen der Regulierung der Geschwindigkeit besondere

[1]) Für das Anbringen einer zweiten Düse an einem Tangentialrad kleinsten Durchmessers fehlt der Platz.

Schwierigkeiten. Ob aber eine Druckleitung nötig ist, hängt nicht von der Bauart der Turbine ab, sondern von den äußeren Verhältnissen der Wasserkraftanlage, insbesondere vom Gefälle.

268. Zugänglichkeit. Am schlechtesten zugänglich sind Turbinen, die ganz oder teilweise im Unterwasser liegen, so daß dieses zuerst abgedämmt und ausgepumpt werden muß. Will man die Turbine über dem Unterwasser aufstellen, so muß man einen entsprechenden Teil des Gefälles als Freihängen opfern oder die Turbine mit einem Saugrohr versehen. Bei der einfachen Francis-Turbine mit senkrechter Welle ist das Laufrad in der Regel zugänglich, sobald man den Deckel auf dem Leitrad abgehoben hat. Bei starker Erweiterung am Austritt kommt es vor, daß man zuvor noch das Leitrad abheben muß. Dies ist bei den Axialturbinen stets der Fall. Besonders schlecht zugänglich ist das Laufrad bei den innerschlächtigen Turbinen, es wäre denn, man hätte nach Fig. 210 die umgekehrte Aufstellung gewählt. Die wagrechte Lage der Welle ergibt in der Regel eine bessere Zugänglichkeit als die senkrechte. Dies trifft besonders auch bei mehrfachen Francis-Turbinen zu. Bei diesen pflegt man die Lager der Welle durch besondere Einsteigschächte von unten her derart zugänglich zu machen, daß man sie während des Betriebes überwachen kann.

Beim Entwerfen größerer Turbinen ist sorgfältig darauf zu sehen, daß sich die Demontierung ohne zu große Schwierigkeiten durchführen läßt; das Gehäuse wird zweiteilig gebaut, und lange Wellen müssen mittels passend angelegter Kupplungen aus einzelnen Stücken zusammengesetzt werden. Zum Befestigen der Hebevorrichtungen (Flaschenzüge u. dgl.) sind die nötigen festen Aufhängepunkte sowie die Angriffspunkte an den zu hebenden Stücken anzubringen. Bei größeren Zentralanlagen erhält die Maschinenhalle einen durchgehenden Laufkrahn.

269. Lage der Welle im Raum. Zu der Zeit, als die Turbinen noch ausschließlich für den Fabrikbetrieb verwendet wurden und der Zahnrädertrieb das gebräuchliche Übertragungsmittel war, pflegte man die Turbinenwelle stets senkrecht zu stellen. Seither ist die wagrechte Lage sehr gebräuchlich geworden, weil diese sich für die Kraftübertragung mit Seilen und Riemen besser eignet und auch für den direkten Antrieb von Dynamomaschinen Vorteile bietet.

Mit Rücksicht auf die Verhältnisse beim Austritt aus dem Laufrad ist die senkrechte Lage für die Fourneyron- und für die vollschlächtige Girard-Turbine als gegeben anzusehen. Sie gibt den bequemsten Anschluß an das Saugrohr und die einfachste Aufstellung für Jonval- und Francis-Turbine. In den großen Niederdruckzentralen wird sie vielfach gebraucht, weil sie einen gedrängten Grundriß gibt. Neuerdings wird der Ringspurzapfen endständig ausgeführt und das Spurlager auf die Dynamomaschine gesetzt; man spart damit ein Stockwerk des Unterbaues.

Als das Natürlichste und Selbstverständlichste ist die wagrechte Lage der Welle beim Löffelrad anzusehen, da sich hierbei der Austritt nach beiden Seiten unter denselben Bedingungen vollzieht. Wo ausnahmsweise (für direkten Antrieb von Dynamomaschinen) die Welle senkrecht steht, hat man besondere Schirme anzubringen, die das nach oben austretende Wasser derart nach außen ablenken, daß es nicht auf das Rad zurückfällt. Selbstverständlich ist mit Rücksicht auf den Austritt aus dem Laufrad die wagrechte Lage bei der Girard-Turbine in der Anordnung nach Schwammkrug. Das Bequemste ist sie für Francis-Turbinen mit Spiralgehäuse, und gar nicht zu umgehen, wenn dabei zweiseitiger Ausguß angeordnet wird. Daneben kommt sie nach freier Wahl auch für offen aufgestellte einfache sowie für mehrfache Francis-Turbinen zur Anwendung.

Turbinen mit schrägliegender Welle kommen nur ganz ausnahmsweise vor.

270. Als Niederdruckturbine an großen Gewässern kommt heute nur die Francis-Turbine in der Form des Schnell- und Expreßläufers in Betracht. Zu dem Umstande, daß sie wegen ihres geringen Durchmessers am sparsamsten sind und eine verhältnismäßig große Drehzahl aufweisen, kommt noch der Vorteil hinzu, daß ihre Leistung weniger stark abnimmt, wenn das Gefälle bei steigendem Zufluß zurückgeht.

271. Platzbedarf. Es ist einleuchtend, daß vollschlächtige Turbinen weniger Raum in Anspruch nehmen als teilschlächtige, und daß unter den ersteren diejenigen mit axialem Eintritt eines kleineren Raumes bedürfen als die außer- oder innerschlächtigen, bei denen die Lage des Leitrades in der Ebene des Laufrades eine Vergrößerung des Durchmessers bewirkt. Verhältnismäßig große Ansprüche in der Breite machen die außerschlächtigen Niederdruckturbinen mit im Fundament ausgespartem Spiralgehäuse. Den gedrängtesten Bau zeigt die Jonval-Turbine. Die Girard-Turbine braucht schon wegen der Verbreiterung des Laufrades einen größeren Durchmesser. Die Diagonalturbine verfolgt den Zweck, am Durchmesser des Leitrades zu sparen.

Bei der Bemessung der Turbinenkammer ist übrigens der folgende Punkt oft wichtiger als der unmittelbare Platzbedarf. Man begeht oft den Fehler, die Turbinen in engen, schlecht beleuchteten Kammern aufzustellen. Es müssen dann allfällige Reparaturen, die immer sehr dringlich sind, da ja das ganze Werk oder wenigstens ein Teil desselben feiern muß, unter ungünstigen Verhältnissen, also mit größeren Zeitverlusten durchgeführt werden. Bemißt man den Raum etwas reichlicher, so wird allerdings zwischen den verschiedenen Bauarten kein großer Unterschied mehr bestehen. Bei den großen mehrfachen Francis-Turbinen umfangreicher Zentralen verlangt die liegende Anordnung im Grundriß etwas mehr Raum als die Etagenturbine, die dafür einen höheren, komplizierteren und deshalb teureren Aufbau der Turbinenkammern bedingt.

272. Preis. Man darf im allgemeinen annehmen, daß die vollschlächtigen Turbinen gegenüber den teilschlächtigen gedrungener, leichter und daher billiger ausfallen. Dabei kann sich indessen infolge einer teueren Gehäusekonstruktion (Spiralgehäuse) das Verhältnis verschieben. Auch die Wahl der Regulierung wird von Einfluß sein; so ist die Finksche Regulierung verhältnismäßig teuer usw.

Eine große Rolle spielt der Preis bei der Wahl der Bauart nicht, da diese in den meisten Fällen durch die besonderen Verhältnisse der Anlage zum voraus mehr oder weniger bedingt ist. Es kommt noch dazu, daß die Kosten der Turbine stets nur einen kleinen Bruchteil des Kapitalaufwandes für die ganze Anlage ausmachen. Jedenfalls ist es nicht gerechtfertigt, eines verhältnismäßig geringen Preisunterschiedes wegen irgendwelche Nachteile in den Kauf zu nehmen.

273. Schlußfolgerungen. Es ergibt sich aus den vorstehenden Betrachtungen, daß die Francis-Turbine und das Löffelrad, jedes in seinem Bereich, allen übrigen Bauarten gegenüber stark im Vorsprunge sind. Mit diesen beiden Formen kann man allen vorkommenden Bedürfnissen genügen, und so haben die älteren Bauarten ihre Bedeutung soweit verloren, daß sie seit einer Reihe von Jahren überhaupt nicht mehr neu gebaut werden. Wo ältere Turbinen in Abgang kommen, werden sie durch eine der beiden neuen Formen ersetzt. Daß hierbei der Francis-Turbine der Löwenanteil zufällt, hat seinen Grund darin, daß das Löffelrad nur für hohe Gefälle und ziemlich kleine Wassermengen in Betracht kommt, Bedingungen, wie sie nur im Gebirge, dagegen nie im Mittel- und Tiefland erfüllt sind.

IX. Die Druckleitung.

27. Kapitel.

Die Druckleitung im Beharrungszustande.

274. Wandspannungen an Gefäßen mit innerem Druck. In der Wand einer Kugel vom Durchmesser d und der Wandstärke s, die unter einem inneren Drucke p steht, tritt eine Spannung auf vom Betrage

$$\sigma = \frac{\pi}{4}\frac{d^2 p}{s \pi d} = \frac{1}{4}\frac{p d}{s}.$$

Ein gerader zylindrischer Rohrstrang (von unendlich großer Länge) mit einem lichten Durchmesser d erleidet in der Richtung des Umfanges eine Wandspannung

$$\sigma = \frac{1}{2}\frac{p d}{s}, \qquad (296)$$

die also doppelt so groß ist als diejenige in der Wand einer Kugel von demselben Durchmesser und derselben Wandstärke. Daneben besteht noch in der Längsrichtung eine Spannung, die von den Drücken auf die Endflächen herrührt (vgl. Fig. 342). Bedeutet F den Querschnitt, so sind diese Drücke

$$P = F p .$$

Daraus ergeben sich die Längsspannungen

$$\sigma_1 = \frac{1}{4} \frac{p d}{s} ;$$

diese sind also gleich den Wandspannungen in der Kugel von gleichem Durchmesser und gleicher Wandstärke. Diese Längsspan-

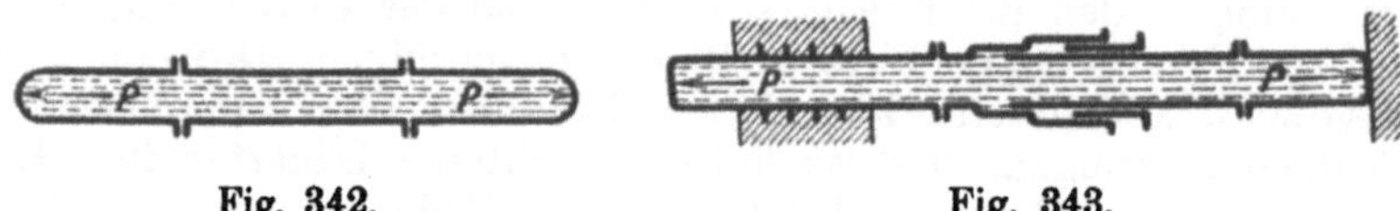

Fig. 342. Fig. 343.

nungen müssen auch durch die Flanschenverbindungen übertragen werden.

Sind zwei Teile eines geraden Rohrstranges nach Fig. 343 durch eine Ausdehnungskupplung verbschiebbar miteinander verbunden, so müssen die Kräfte P durch die Verankerungen aufgenommen werden. In den Rohrwänden und Flanschenverbindungen zwischen den Verankerungen treten keine Zugspannungen in der Längsrichtung auf[1]).

Ein schlauchförmiges Gebilde sucht unter dem Einflusse eines inneren Druckes einen kreisförmigen Querschnitt anzunehmen und sich zu strecken; letzten Endes strebt ein irgendwie gestaltetes Gefäß, das unter innerem Drucke steht, der Kugelform zu, weil dabei der Inhalt im Verhältnis zur Oberfläche am größten wird. Indem die Gefäßwände vermöge ihrer Steifigkeit diesen Bestrebungen entgegentreten, entstehen bei allen Gefäßen von nicht kugelförmiger Gestalt in den Wänden noch besondere Spannungen und Formveränderungen, deren Berechnung indessen größere Schwierigkeiten bietet. Bei Röhren von kreisförmigem Querschnitt sind sie verhältnismäßig klein und dürfen darum vernachlässigt werden. Größere Spannungen treten z. B. in einer gebogenen Röhre von abgeflachtem Querschnitt auf; liegt die kleine Abmessung in der Biegungsebene, so streckt sich die Röhre bei zunehmendem Drucke (Manometer von Bourdon, Abschn. 18).

Ist eine gebogene Röhre von kreisförmigem Querschnitt nach Fig. 344 am einen Ende offen, d. h. mit einer Ausdehnungskupplung

[1]) Für die Flanschenverbindungen trifft dies nur insoweit zu, als der Druck nicht zwischen die Flanschen treten kann.

an die Fortsetzung angeschlossen, so entsteht in der Richtung des Pfeiles ein Druck im Betrage von

$$P = Fp,$$

der entweder durch die Verankerung oder durch die Steifigkeit des oberen Rohrteiles aufgenommen werden muß (vgl. Fig. 345, die zeigt, wie durch eine nachgiebige angeschlossene Abzweigung der Hauptstrang auf Biegung in Anspruch genommen wird).

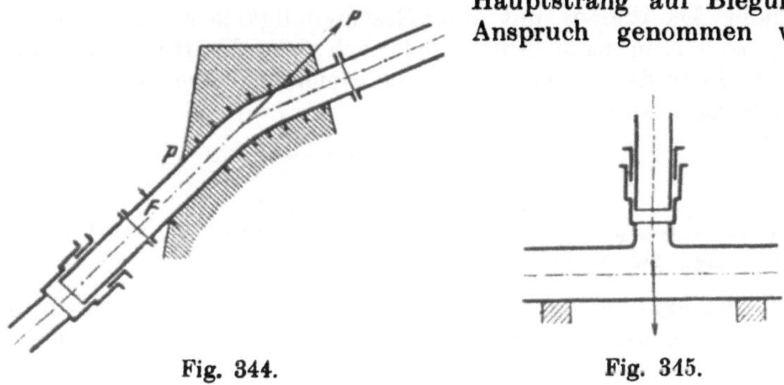

Fig. 344. Fig. 345.

Ist der in Fig. 346 im Aufriß dargestellte Rohrstrang an beiden Enden offen, so lassen sich die auf die Verankerung B wirkenden

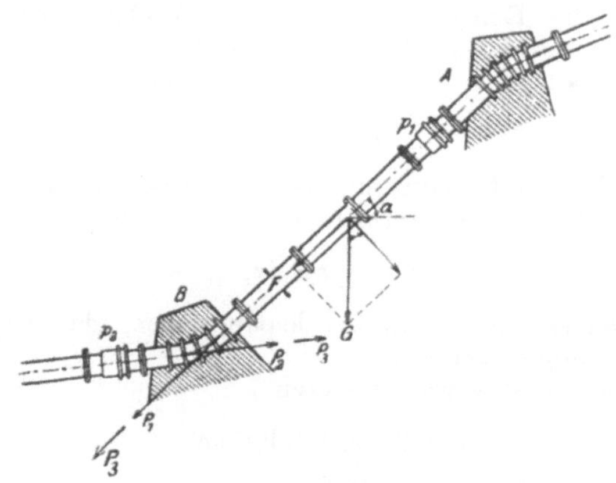

Fig. 346.

Kräfte folgendermaßen bestimmen. Es ist

$$P_1 = F p_1 + G (\sin \alpha \pm \mu \cos \alpha),$$

wobei p_1 den Druck an der oberen Ausdehnungsmuffe, G das Gewicht des Rohrstranges mit Einrechnung der Wasserfüllung, α seinen Neigungswinkel gegen den Horizont und μ den Reibungskoeffizient zwischen Rohr und Rohrlagern bedeutet. Das positive Vorzeichen in der Klammer gilt, wenn sich die Röhre bei steigender Temperatur ausdehnt, und das negative für sinkende Temperatur. Die Verankerung ist für den Fall zu berechnen, der die größte Beanspruchung gibt. Ferner ist

$$P_2 = F p_2,$$

wo p_2 den Druck am unteren Ende des betrachteten Stranges bedeutet.

Fließt das Wasser mit einer Geschwindigkeit c durch die Rohrleitung, so treten nach Abschn. 54 noch zwei Kräfte P_3 hinzu, die, wenn M die in der Zeiteinheit durchströmende Wassermasse bedeutet, einen Betrag besitzen

$$P_3 = M c = 2 F \gamma \frac{c^2}{2g}.$$

Sie sind übrigens in Vergleich mit den übrigen Kräften so gering, daß man sie außer acht lassen darf.

275. Spannungen in einem an beiden Enden verankerten Rohrstrang. Die Röhre sei bei einer Temperatur t verlegt worden; bedeutet α den linearen Ausdehnungskoeffizienten des Rohrmaterials, so würde sich die Länge des Stranges bei einer Temperatur $t \pm \Delta t$ um den Betrag

$$\lambda = \pm \alpha \Delta t$$

ändern. Wird die Röhre aber an beiden Enden durch die Verankerungen gewaltsam festgehalten, so setzt sich die Ausdehnung in Spannung um, und zwar erreicht diese den Wert

$$\sigma = \varepsilon \lambda,$$

wenn ε den Elastizitätsmodul des Rohrmaterials bedeutet. Es ergibt sich somit für die auftretende Längsspannung der Ausdruck

$$\sigma = \pm \varepsilon \alpha \Delta t,$$

wobei das positive Vorzeichen Druckspannungen, das negative hingegen Zugspannungen bedeutet.

Für Flußeisen ist etwa zu setzen

$$\varepsilon = 2\,120\,000 \text{ kg/cm},$$

$$\alpha = \frac{1}{85\,000}$$

Mit diesen Zahlen erhält man

$$\sigma = \pm 25 \Delta t.$$

Bei einer Abweichung um $\pm 20^0$ von der Temperatur des spannungslosen Zustandes ergeben sich somit Spannungen von ± 500 kg/qcm, die als unbedenklich anzusehen sind. Die Verankerungen haben aber sehr bedeutende Kräfte auszuhalten. Solange die Röhre vom Wasser durchströmt ist, werden die größten Temperaturschwankungen den Betrag von 20° wohl nie überschreiten.

276. Die Anlage der Druckleitung. bildet einen sehr wichtigen Teil größerer Hochdruckturbinenanlagen. Sie muß nach verschiedenen Richtungen, sowohl in bezug auf die hydraulichen Verhältnisse als auch hinsichtlich des Kostenpunktes durchgerechnet werden, ehe man einen endgültigen Entschluß fassen darf.

Bei größeren Anlagen mit mehreren Turbinen findet man vielfach mehrere Druckleitungen nebeneinander angeordnet, selten in dem Sinne, daß jede Turbine ihre besondere Druckleitung erhält, sondern meist derart, daß man sowohl die Turbinen als auch die Rohrstränge einzeln für sich aus- und einschalten kann. Es wird dadurch die Sicherheit des Betriebes erhöht.

Bedeutet d die lichte Weite und s die Wandstärke der Röhre, σ die zulässige Spannung in der Rohrwand und p den Druck, so hat man zur Berechnung der Wandstärke nach Gl. (296)

$$s = \frac{1}{2}\frac{p\,d}{\sigma}\ ^{1)}.$$

Für Flußeisen kann man je nach der Art, wie die Röhren hergestellt sind, etwa setzen

für genietete Röhren[2])

überlappte Längsnähte . . $\sigma = 800$ kg/qcm,

gelaschte Längsnähte . . . $\sigma = 1000$ „

für geschweißte Röhren . . . . . $\sigma = 1400$ „

Nach oben nimmt man die Wandstärke entsprechend der Druckabnahme immer kleiner.

Das Gewicht der laufenden Längeneinheit ist

$$G = \pi\, d\, s\, \gamma = \frac{\pi}{2}\frac{p\,d^2}{\sigma}\gamma,$$

wenn mit γ das spezifische Gewicht des Rohrmaterials bezeichnet wird. Die Geschwindigkeit, mit der eine Wassermenge Q durchströmt, ist

$$w = \frac{4}{\pi}\frac{Q}{d^2}.$$

Durch Multiplikation ergibt sich

$$G\,w = \text{const}.$$

---

[1]) Häufig fügt man noch eine Additionalkonstante bei, damit die Wandstärke für kleine Drücke nicht zu gering werde; man schreibt also

$$s = \frac{1}{2}\frac{p\,d}{\sigma} + s_0.$$

[2]) Gußeiserne Muffenröhren werden wohl nur für kleinere Verhältnisse in Frage kommen.

Das Röhrengewicht ist also der Geschwindigkeit umgekehrt proportional; daher hat man alle Ursache, große Geschwindigkeiten zuzulassen, um billigere Druckleitungen zu bekommen. Mit zunehmender Geschwindigkeit steigt der Druckverlust in der zweiten Potenz. Man muß also die Ersparnis an den Anlagekosten mit einer Minderleistung bezahlen, und es wird in jedem einzelnen Falle zu prüfen sein, wie weit man gehen darf.

Wird eine gegebene Wassermenge bei unveränderter Durchflußgeschwindigkeit auf a gleichweite Rohrstränge verteilt, so werden die Querschnitte der einzelnen Röhren im Verhältnis $1:a$, die Durchmesser aber im Verhältnis von $1:\sqrt{a}$ kleiner. Das laufende Gewicht der einzelnen Röhre, das mit der zweiten Potenz des Durchmessers wächst, sinkt somit im Verhältnis $1:a$, und daher bliebe das Gesamtgewicht aller Stränge dasselbe. Durch die Verteilung auf mehrere parallel geschaltete Rohrstränge erreicht man indessen neben der Erhöhung der Betriebssicherheit den großen Vorteil, daß man die Wandstärke in zweckmäßigen Grenzen halten kann. Als Nachteil ergibt sich aber ein größer Druckverlust durch Reibung, da die benetzte Umfläche im Verhältnis von $1:a$ größer wird.

Grundlegend für die Bestimmung der Rohrweite ist die Wahl der Geschwindigkeit w. Man könnte bei dieser so vorgehen, daß der Druckverlust

$$H_v = \lambda \frac{l}{d} \frac{w^2}{2g}$$

einen bestimmten Bruchteil des ganzen verfügbaren Gefälles ausmacht. Setzt man diesen Bruchteil oben ein und drückt man den Rohrdurchmesser d durch Q und w aus, so erhält man schließlich

$$w = \left(\frac{20{,}8\,Q}{\lambda} \frac{H_v}{l}\right)^{\frac{2}{5}};$$

d. h. die Geschwindigkeit in der Rohrleitung würde mit der 0,4ten Potenz des ganzen Gefälles wachsen, vorausgesetzt, daß λ konstant wäre. Es ergäben sich aber auf diesem Wege für hohe Gefälle zu große Geschwindigkeiten oder für kleine Gefälle zu geringe Geschwindigkeiten; man wird daher die Geschwindigkeit mit dem Gefälle langsamer wachsen lassen. Für einen ersten Überschlag nehme man vielleicht

$$w = 0{,}8 \text{ bis } 1{,}0\sqrt[4]{H} \quad \text{. . . . . (297)}$$

Daß bei diesen Untersuchungen die Länge l der Druckleitung ein wichtiges Wort mitspricht, ist ohne weiteres verständlich. Beim Überschlagen der Druckverluste wird die graphische Tabelle Fig. 48 mit Vorteil Verwendung finden.

Zum Schutz gegen Überschwemmungen infolge von Rohrbrüchen pflegt man im obersten Teil der Druckleitung sogenannte Rohrbruchventile einzubauen, die sich selbsttätig schließen, sobald die Geschwindigkeit des Wassers einen gewissen Betrag überschreitet. Hinter diesem Ventil ist ein Lufteinlaß anzubringen, der das Zustandekommen von negativen Pressungen verhindert, unter deren Einfluß der äußere Luftdruck ein Zusammenklappen der Rohrleitung herbeiführen könnte.

Die Drücke, wie sie sich im Beharrungszustand einstellen, können bei Störungen des letzteren sehr bedeutende Veränderungen erfahren. Solche Störungen treten im regelmäßigen Betriebe auf, wenn beim Regulieren der Turbine eine Änderung des Ausflusses erfolgt. Es sollen in den folgenden Abschnitten diese Erscheinungen einer Besprechung unterzogen werden.

28. Kapitel.

Dynamische Wirkungen in der Druckleitung bei gestörtem Durchfluß.

277. Unter **Wasserschlag** versteht man die Druckzunahme, die in einer Wasserleitung auftritt, wenn man die Ausflußmündung rasch verengt[1]). Da diese Druckzunahme unter Umständen sehr beträchtlich wird, darf sie beim Entwerfen von Druckleitungen für Turbinen nicht außer acht gelassen werden.

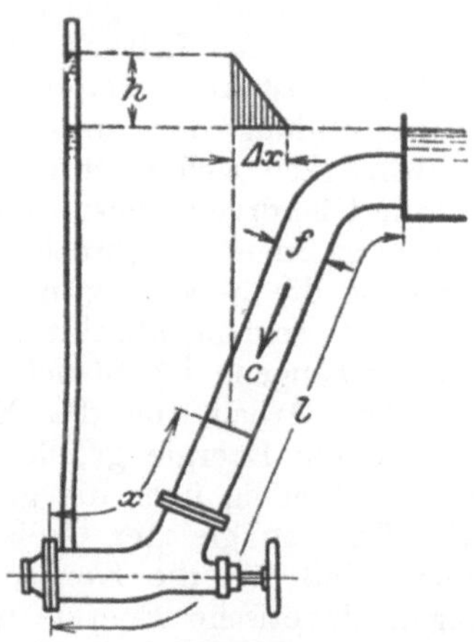

Fig. 347.

Die hier zu besprechenden Erscheinungen beruhen auf der Elastizität des Wassers und der Rohrleitung. Zur Erleichterung der Vorstellung sei angenommen, daß die ganze Elastizität im Wasser allein liege, während die Rohrleitung selbst völlig starr sei. Die Rohrreibung möge als verschwindend klein angesehen werden.

Die Mündung der in Fig. 347 dargestellten Leitung werde plötzlich vollständig geschlossen. Die vordersten Wasserteilchen rennen am Verschluß an; es entsteht eine Erhöhung des Druckes und die Teilchen werden elastisch zusammengedrückt. Die nachfolgenden Wasserteilchen prallen auf die vorderen; dabei

---

[1]) Allievi, Atti della Società degli Ingegneri ed Architetti in Torino, 1903, unter dem Titel „Allgemeine Theorie über die veränderliche Bewegung des Wassers" übersetzt und erweitert von Dubs und Battaillard, Berlin, Julius Springer, 1909. Eine einfache Darstellung gab der Verfasser in der „Turbine" 1910, Heft 1.

werden sie ihrerseits ebenfalls unter höheren Druck treten und verdichtet werden. So pflanzt sich der infolge des Anpralles entstehende Überdruck wie eine Welle von konstanter Höhe rückwärts fort. In dem Augenblick, wo diese Welle innen am Behälter anlangt, befindet sich der ganze Inhalt der Leitung in Ruhe; da er aber unter einem erhöhten Drucke steht, ist der Zustand nicht stabil. In der Tat weichen die hintersten Wasserteilchen alsbald rückwärts aus, bis sie unter dem Drucke stehen, wie er im Reservoir vorhanden ist; dabei setzt sich die Kompressionsarbeit, die sie vorher aufgenommen haben, in Geschwindigkeit um und die Teilchen nehmen eine Geschwindigkeit an, die der ursprünglichen gleich, aber entgegengesetzt ist. Die unmittelbar davor liegenden Teilchen werden durch dieses Zurückweichen alsbald entlastet und schließen sich der rückläufigen Bewegung an. Die Entlastung oder Entspannung schreitet so von Teilchen zu Teilchen wie eine Welle fort, und wenn sie nach einiger Zeit außen anlangt, besteht in der ganzen Leitung wieder der normale Druck. Dabei befindet sich aber die ganze Wassermenge in einer rückläufigen Bewegung. Vermöge der Massenwirkung entsteht am äußeren Ende eine elastische Verdünnung in Begleit eines entsprechenden Unterdruckes. Dieser setzt sich, wie vorhin der Überdruck, als Welle konstanter Größe nach innen fort. Wenn sie beim Behälter anlangt, setzt wieder die Ausgleichung ein, indem wieder Wasser aus dem Behälter in die Leitung tritt. Diese Ausgleichung hat zur Folge, daß zunächst am inneren Ende und dann fortschreitend durch die ganze Füllung der ursprüngliche Druck und die anfängliche Geschwindigkeit sich einstellt. Das Spiel beginnt von vorne, und so folgen Überdruck, Ausgleichung, Unterdruck und abermalige Ausgleichung in ununterbrochenem Wechsel aufeinander, bis durch die Reibung die Bewegung nach und nach gedämpft wird. Der Unterdruck ist seinem absoluten Werte nach gerade so groß, wie der vorangegangene Überdruck.

Die Arbeit für die Kompression des Wassers wird von der kinetischen Energie geliefert, die ihm anfänglich innewohnte. Diese ist gleichmäßig über die ganze Wassermasse verteilt; ferner bedürfen alle Teilchen gleicher Größe derselben Kompressionsarbeit. Daraus folgt, daß für die Kompression eines Teilchens gerade nur seine eigene kinetische Energie und weder mehr noch weniger zur Verfügung steht, daß also der Energieumsatz sich innerhalb eines jeden Teilchens restlos vollzieht.

Ferner leuchtet ein, daß die Summe der Arbeiten, die erforderlich sind, um die einzelnen Teilchen nacheinander zu verdichten, gerade so groß ist wie die Arbeit, die aufzuwenden wäre, um die ganze Wassermasse auf einmal zu komprimieren.

In einem gegebenen Augenblick habe sich der erste Anprall beim Schließen der Mündung über die Länge x nach innen ausgebreitet; der Druck ist um die Höhe h der Wassersäule im Piezometer gestiegen. Dabei hat die Säule in der Rohrleitung eine Verkürzung erfahren im Betrage von

$$\Delta x = h \gamma \frac{x}{\varepsilon};$$

hierin bedeutet ε den Elastizitätsmodul des Wassers. Während der Kompression steigt der Druck gleichförmig mit der Verkürzung an. Daher ist die Kompressionsarbeit, die auf die Wassersäule von der Länge x entfällt,

$$A_1 = \frac{1}{2} F h \gamma \Delta x = \frac{1}{2} F h^2 \gamma^2 \frac{x}{\varepsilon},$$

wenn man mit F den Querschnitt der Leitung bezeichnet. Die ursprüngliche kinetische Energie der betrachteten Wassersäule ist

$$A_2 = \frac{F x \gamma}{g} \frac{c^2}{2},$$

wenn man unter c die anfängliche Geschwindigkeit des Wassers in der Leitung versteht.

Setzt man diese beiden Arbeiten einander gleich, so erhält man als Ausdruck für die Höhe der Wassersäule, die den Schlag mißt:

$$h = c \sqrt{\frac{\varepsilon}{g \gamma}} \quad \ldots \ldots \ldots \ldots \quad (297)$$

Dieser Schlag breitet sich als plötzlich ansteigende Druckwelle mit unverminderter Heftigkeit über die ganze Rohrlänge bis zum Behälter aus.

Man kann für den Elastizitätsmodul des Wassers, wenn man kg und m als Einheiten wählt, etwa einsetzen

$$\varepsilon = 10200 \cdot 10^4$$

und erhält für den Wasserschlag bei plötzlichem Schließen der Mündung

$$h = 102\, c;$$

d. h. für jeden m der anfänglichen Geschwindigkeit springt der Druck um eine Wassersäule von etwas über 100 m oder um etwas über 10 atm. hinauf. Dabei kommt es durchaus nicht auf die Länge der Leitung an. Derartige Zahlen müssen Bedenken erregen, und es macht sich die Frage geltend, ob sich der Druck nicht durch langsames Schließen einschränken lasse.

Wenn der Abschluß über eine gewisse Zeit τ, die als Schließzeit bezeichnet werden möge, verteilt wird, so erhält die Länge der Rohrleitung einen wesentlichen Einfluß auf die Stärke des Wasserschlages.

Zunächst mag angenommen werden, die Länge der Leitung sei unendlich groß. Da sich auch hier der Ausgleich zwischen Bewegungs- und Kompressionsenergie innerhalb derselben Wassermasse abspielt, wird der Druck, der durch den Anprall entsteht, im Augenblick des vollendeten Schlusses denselben Wert wie vorhin erreichen; der ganze Unterschied besteht darin, daß er sich nur allmählich entwickelt. Wenn die Abnahme des Mündungsquerschnittes gleichmäßig erfolgt, so darf annähernd auch ein gleichmäßiges Wachstum des Druckes angenommen werden. Die nach innen laufende Überdruckwelle geht also in eine Spitze aus.

Etwas anders verlaufen die Erscheinungen, wenn die Rohrlänge einen endlichen Wert hat. In dem Augenblick, wo die Spitze der Überdruckwelle beim Behälter anlangt, beginnt auch schon die Entlastung durch Bildung einer allmählich anhebenden Entlastungswelle, die verhindert, daß der maximale Überdruck sich dem Behälter über eine gewisse Entfernung nähere.

Ist die Leitung kurz genug, daß die Spitze der Entlastungswelle außen ankommt, ehe die Mündung vollständig geschlossen ist, so kann von diesem Augenblick an der Druck nicht weiter zunehmen; er bleibt also auf dem Werte stehen, den er in diesem Augenblick erreicht hat; denn das Wachsen des Druckes wird durch die zunehmende Entlastung im Gleichgewicht gehalten. Somit hängt in diesem Falle die Größe des Wasserschlages von der Schließzeit τ und von der Zeit T ab, die die Druckwelle braucht, um einmal längs der Leitung hin und her zu laufen, die als Laufzeit bezeichnet werden mag.

Ist aber

$$T > \tau,$$

so kommt der Wasserschlag zur vollen Entwicklung und erreicht die aus Gl. (297) sich ergebende Höhe. Ist jedoch

$$T < \tau$$

und setzt man gleichförmiges Wachstum des Druckes voraus, so erhält man für den höchsten Druck des Wasserschlages, dessen Bildung durch das Eintreffen der Entlastungswelle unterbrochen wird,

$$h_0 = h\frac{T}{\tau} \quad \ldots \ldots \ldots \ldots \quad (298)$$

Die Newtonsche Formel

$$a = \sqrt{\frac{g\,\varepsilon}{\gamma}} \quad \ldots \ldots \ldots \ldots \quad (299)$$

für die Geschwindigkeit des Schalles in einem elastischen Körper vom Elastizitätsmodul ε und vom spezifischen Gewicht γ gilt für die Fortpflanzungsgeschwindigkeit irgendeiner Druckänderung und ist auch für die Bewegung der Druckwellen maßgebend. Für offenes Wasser wurde von Colladon und Sturm die Schallgeschwindigkeit zu 1435 m/sek ermittelt. Für die mit Wasser gefüllte Röhre ist die Geschwindigkeit etwas kleiner, da hier der Elastizitätsmodul niedriger anzusetzen ist; denn offenbar ist wegen der Dehnbarkeit der Röhre die Verkürzung der Wassersäule bei einer Druckzunahme größer als in der Wassersäule von unveränderlichem Querschnitt. Man darf im Mittel etwa einsetzen

$$a = 1000 \text{ m/sek}^{1)}.$$

Verbindet man die Gl. (297) und (299) miteinander, so erhält man für den voll entwickelten Wasserschlag den Ausdruck

$$h = \frac{a c}{g \gamma} \quad \ldots\ldots\ldots\ldots \quad (300)$$

Setzt man diesen Wert in Gl. (298) ein, indem man gleichzeitig Rücksicht darauf nimmt, daß

$$T = \frac{2 l}{a}$$

ist, so erhält man für die Höhe des vorzeitig unterbrochenen Wasserschlages

$$h_v = \frac{2 c l}{g \tau} \quad \ldots\ldots\ldots\ldots \quad (301)$$

Dieser Ausdruck ist unabhängig von der Geschwindigkeit der Druckwellen; er gilt aber nur für den Fall, daß die Schließzeit länger als die Laufzeit sei. Die Stärke des Wasserschlages ist direkt mit der anfänglichen Geschwindigkeit und der Rohrlänge und indirekt mit der Schließzeit proportional.

Beispielsweise erhielte man für eine Leitung von 500 m Länge, in der das Wasser eine normale Geschwindigkeit von 2 m besitzt, bei einer Schließzeit von 2,5 Sekunden einen Wasserschlag von 81,6 m. Es entsteht also unter Verhältnissen, wie sie in der Wirklichkeit vorkommen, ein sehr bedeutender Überdruck.

Die berechneten Wasserschläge gelten für das äußerste Ende der Leitung. Es ist noch die Frage von Interesse, wie sich der Überdruck längs der Leitung verteile. Während sich bei plötzlichem Abschluß der Schlag in voller Wucht über die ganze Länge erstreckt, ist dies bei einer endlichen Schließzeit nicht mehr der Fall, da ja beim allmählichen Steigen des Druckes innen sofort nach dem Reservoir hin eine Entlastung eintritt, so daß dort überhaupt kein Schlag auftreten kann. Unter der Annahme, daß die Leitung kurz genug sei, um die völlige Entwicklung des Wasserschlages zu verhindern,

---

[1]) Auf Grund einer Rechnung, auf die hier nicht eingetreten wird, findet man für eine Temperatur von 12° in m/sek

$$a = \frac{9907}{\sqrt{48{,}1 + \varphi \frac{d}{s}}},$$

wobei d die lichte Weite und s die Wandstärke der Röhre bedeutet. Ferner ist

$$\varphi = 0{,}5 \text{ für Blech},$$
$$= 1{,}0 \text{ „ Gußeisen}.$$

darf angenommen worden, daß der Überdruck von außen nach innen stetig auf null auslaufe; die oberen Teile der Leitung haben somit unter der Wirkung des Wasserschlages weniger zu leiden.

Nachdem der Abschluß vollendet ist, stellt sich in der Leitung ein ziemlich verwickeltes Wellenspiel ein, bei dem sich Überdruck, Entlastung, Unterdruck und abermalige Entlastung in entgegengesetztem Sinne abwechselnd aufeinander folgen. Der Druck schwingt um eine Gleichgewichtslage, die dem Ruhezustand entspricht; Unter- und Überdrücke zeigen also gleichgroße Abweichungen. Jedes Spiel umfaßt zwei hin- und zwei hergehende Druckwellen; die Schwingungsdauer ist somit

$$T_s = 2\,T = \frac{4\,l}{a}.$$

Die Schwingungen werden nach und nach durch die Rohrreibung gedämpft; da aber die hin und her gehende Bewegung des Wassers bei der abwechselnden Kompression und Expansion eine recht geringe ist, geht die Dämpfung nur langsam vor sich.

Wird die Mündung nur teilweise geschlossen, so hat dies eine entsprechende Verminderung des Schlages zur Folge.

Beim Öffnen des Ausflusses treten ähnliche Erscheinungen auf wie beim Schließen, nur daß sie mit einer Unterdruckwelle beginnen. Man spricht hier von einem negativen Wasserschlag. Die Entstehung des Unterdruckes erklärt sich leicht. Die zuvorderst liegenden Wasserteilchen benützen die Erleichterung des Ausflusses zuerst; bis sich die rückwärts liegenden Teile anschließen, vergeht wegen ihrer Trägheit eine gewisse Zeit, und unterdessen sinkt der Druck hinter der Mündung um einen gewissen Betrag.

Der größte negative Wasserschlag ist seinem absoluten Werte nach etwas kleiner als der größte positive. Setzt man ihn daher diesem gleich, so geht man sicher. Der Druck darf bei einem negativen Schlag an keinem Punkte der Leitung unter eine Atmosphäre hinabgehen; anderenfalls läuft man Gefahr, daß die Leitung zusammengedrückt wird.

Immer, wenn die Bewegung des Abschlußorganes nicht bis zum vollständigen Schließen fortgeführt wird, beobachtet man eine rasche Dämpfung der nachfolgenden Schwingungen; die Druckwellen werden durch das fortdauernd ausströmende Wasser hinweggespült und durch das neu eintretende Wasser gestört.

278. Als Gegenmittel hat man früher etwa Windkessel auf das untere Ende der Druckleitung gesetzt. Bei der bedeutenden kinetischen Energie, die sie aufzunehmen haben, fallen sie sehr groß aus. Unter ungünstigen Verhältnissen können sie durch Resonanzerscheinungen das Übel ins Unerträgliche steigern. Federbelastete Sicherheitsventile haben den prinzipiellen Fehler, durch ihre Wirksamkeit Wasserverluste herbeizuführen. Ihre Schließbewegung muß durch einen Katarakt künstlich verzögert werden, wenn man dem Auftreten von gefährlichen Resonanzvorgängen ausweichen will. Der Ausdruck

$$h_0 = \frac{2\,c\,l}{g\,\tau}$$

für die Höhe des Wasserschlages läßt erkennen, daß man in der Verlängerung der Schließzeit τ ein sehr ausgiebiges Mittel besitzt, dieselben einzuschränken. Eine Verlängerung der Schließzeit aber läßt sich dadurch herbeiführen, daß man die bei Gleichgewichtsstörungen auftretenden Geschwindigkeitsschwankungen durch die in Kap. 25, Abschn. 261 und 262 angegebenen Mittel verzögert, nämlich durch Schwungräder, Ablenker und Freiläufe.

279. Gefällsbruch. Es kommt sehr oft vor, daß eine Druckleitung, wie in Fig. 348 gezeigt, in ihrem oberen Teil ziemlich flach liegt und erst weiter unten eine stärkere Neigung annimmt. In

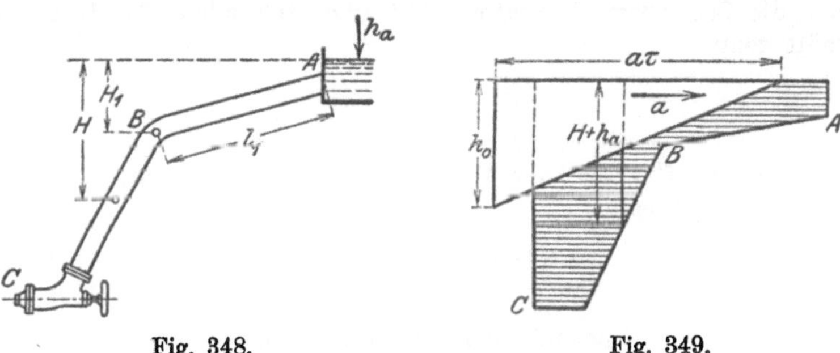

Fig. 348. Fig. 349.

diesem Falle hat man dem Punkte B, wo das Gefälle bricht, besondere Aufmerksamkeit zu schenken.

In Fig. 349 sind unterhalb der Rohrlänge als Abszissen die Piezometerstände H als Ordinaten aufgetragen. Ferner ist eine Unterdruckwelle eingezeichnet, die infolge eines negativen Wasserschlages entstanden ist und mit der Geschwindigkeit a dem inneren Ende der Leitung zueilt. Die schraffierte Fläche gibt offenbar den augenblicklich in jedem Punkte herrschenden Druck an. Schreitet die Unterdruckwelle weiter, so bringt sie zuerst im Punkte B den Druck in der Röhre zum Verschwinden, und es kann der äußere Überdruck der Atmosphäre für die unter schwachem Druck liegende und daher dünnwandig gehaltene Partie der Leitung verhängnisvoll werden. Bei wachsender Druckabnahme kann im Punkte B eine Luftleere entstehen, und die Wassersäule reißt ab. Bei der nächsten Druckschwankung in entgegengesetztem Sinne prallen die getrennten Teile wieder zusammen und es tritt dabei ein Schlag von außerordentlicher Heftigkeit auf, der die Leitung in die größte Gefahr bringt.

Die Bedingungen, unter denen das Abreißen vermieden wird, lassen sich aus Fig. 350 leicht ableiten. Nach Gl. (349) ist der größte positive Schlag, der bei ungestörter Entwicklung am unteren Ende auftritt,

$$h_0 = \frac{a\,c}{g\,\gamma},$$

worin a die Fortpflanzungsgeschwindigkeit der Druckwelle und c die normale Wassergeschwindigkeit in der Leitung bedeutet. Der größte negative Schlag kann seinem absoluten Zahlenwerte nach ebenso hoch angesetzt werden. Wenn man ferner annehmen darf, daß die Druckwellen linear mit der Rohrlänge auslaufen, so ist in dem Augenblick, wo die Spitze der Welle in A ankommt, der Unterdruck im Punkte B offenbar

$$h_1 = \frac{l_1}{a\,\tau} h_0,$$

wobei τ die Schließzeit bedeutet. Mit obenstehendem Ausdruck für h_0 erhält man

$$h_1 = \frac{1}{g\,\gamma} \frac{l_1 c}{\tau};$$

und wenn kein Abreißen der Wassersäule eintreten soll, muß die Bedingung erfüllt sein

$$H_1 + h_a > \frac{1}{g\,\gamma} \frac{l_1 c}{\tau},$$

wobei h_a die dem atmosphärischen Druck entsprechende Wassersäule bedeutet. Damit überhaupt kein Unterdruck auftrete, wäre dafür zu sorgen, daß

$$H_1 > \frac{1}{g\,\gamma} \frac{l_1 c}{\tau}.$$

Eine Gefahr liegt also um so näher, je größer die Länge l_1 des oberen, flacher liegenden Teiles der Leitung und die ursprüngliche Wassergeschwindigkeit c in der Leitung und je kürzer die Schließzeit τ ist.

280. Standrohr. Man kann das Auftreten von Unterdrücken oder überhaupt von Druckschwankungen im Gefällsbruch dadurch sehr bedeutend einschränken, daß man nach Fig. 350 in jenem Punkte oder möglichst nahe dabei ein Standrohr auf die Leitung setzt[1]). Wenn beim Auftreten eines negativen Wasserschlages der Unterdruck bis zum Gefällsbruch B gelangt ist, beginnt er sowohl auf die Wassermasse des Standrohres als auch auf diejenige im oberen Teil der Leitung beschleunigend einzuwirken. Da die Masse im Standrohr verhältnismäßig klein ist, nimmt sie alsbald eine

[1]) Das Standrohr braucht nicht senkrecht zu stehen; oft ist es bequemer und billiger, dasselbe an einem Bergabhang schräg hinaufzuführen.

größere Geschwindigkeit an, ergießt sich in die Druckleitung und beginnt, die Depression auszufüllen; es wird dadurch die Ausbildung des Unterdruckes beschränkt. Inzwischen setzt sich aber auch die Wassersäule im Leitungstrumm A—B in eine raschere Bewegung; der Zufluß zum Punkte B wächst und erreicht nach einiger Zeit den Betrag des Abflusses. In diesem Augenblick hat der Wasserspiegel im Standrohr seinen tiefsten Stand erreicht. Die Beschleunigung der Wassermasse in der oberen Partie der Leitung dauert an; der Zufluß wächst weiter und der Wasserspiegel im Standrohr steigt wieder an. Dabei geht er aber vermöge der Trägheit der Massen über die Gleichgewichtslage hinaus; dies hat eine Verzögerung im Zufluß zur Folge usw. Es stellt sich daher im oberen Teil der Leitung und im Standrohr eine (langsame) pendelnde Bewegung der Wassermasse ein, die erst nach und nach durch die Reibung gedämpft wird.

Die Schwankungen im Standrohr sind, wenn dasselbe weit genug bemessen wurde, im Vergleich mit denjenigen der Wasserschläge gering; man darf also annehmen, daß das Standrohr die Wasserschläge vom oberen Teil der Leitung fernhalte. Seine Wirkung ist mit derjenigen eines Loches in der Wand einer tönenden Pfeife zu vergleichen.

Bei der Berechnung der Wasserschläge ist nur die Länge des unteren Teiles der Druckleitung einzusetzen.

Der Hals des Standrohres muß weit genug sein, um bei plötzlichem Öffnen der Mündung den ganzen normalen Zufluß ohne erheblichen Widerstand liefern zu können.

281. Schwankungen des Wasserspiegels im Standrohr[1]. Erfährt der Ausfluß am unteren Ende der Druckleitung eine Verminderung, so wird der Wasserspiegel im Standrohr durch die kinetische Energie des Wassers in der oberen Zuleitung in die Höhe getrieben. Das Standrohr muß so hoch hinaufgeführt werden, daß es unter keinen Umständen überfließt. Die größte Sprunghöhe tritt offenbar ein, wenn der Ausfluß plötzlich ganz geschlossen wird.

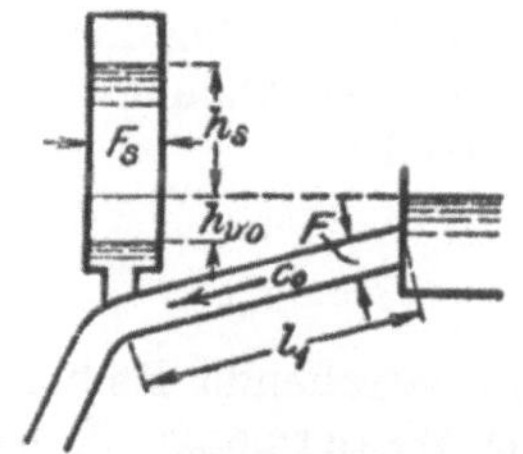

Fig. 350.

Bei geöffnetem Ausfluß steht nach Fig. 350 im Beharrungszustande das Wasser im Standrohr wegen des Reibungsverlustes in der Zuleitung um den Betrag h_{v0} tiefer als im Reservoir[2]. Wird die Mündung plötzlich abgeschlossen, so steht für die Hebung des Wasserspiegels im Standrohr die ganze kinetische Energie des Wassers in der Zuleitung zur Verfügung.

[1] Vgl. Prášil, Wasserschloßprobleme, Schweiz. Bauzeitung 1908, Bd. 52, S. 271; Dubs und Battaillard, a. a. O.

[2] Es soll hier von der Druckhöhe, die zur Erzeugung der Geschwindigkeit c_0 verbraucht wird, abgesehen werden.

Diese ist bei Benützung der aus Fig. 350 sich ergebenden Bezeichnungen

$$E_1 = F l_1 \gamma \frac{c_0^2}{2g}.$$

Ferner wird zu demselben Zwecke der Gefällsverlust h_{v0} frei. Bis zur Erreichung der Gleichgewichtslage steigt das Wasser im Standrohr um den Betrag h_{v0} empor. Die mittlere Hebung der Wassermasse ist gleich der Hälfte dieser Höhe; dem entspricht eine Energiemenge

$$E_2 = \tfrac{1}{2} F_s h_{v0}^2 \gamma.$$

Auf Kosten dieser beiden Energiemengen wird das Wasser über die Gleichgewichtslage hinaus um den Betrag h_s oder die Sprunghöhe hinaufgepreßt. Da die mittlere Hebung der ganzen Wassermasse wieder gleich der halben Hebung des Wasserspiegels ist, wird hierfür eine Energiemenge gebraucht im Betrage von

$$E_3 = \tfrac{1}{2} F_s h_s^2 \gamma.$$

Nach vollendetem Abschluß muß im ganzen ein Wasservolumen

$$V_s = F_s (h_{v0} + h_s)$$

durch die Zuleitung hindurchgetrieben werden, was eine gewisse Reibungsarbeit R kostet. Sieht man von der sehr unbedeutenden kinetischen Energie des steigenden Wassers im Standrohr ab, so ergibt sich die Energiebilanz

$$E_1 + E_2 = E_3 + R \quad \ldots\ldots\ldots \quad (302)$$

Die drei ersten Posten sind bereits festgestellt, und es bleibt nur noch übrig, die Reibungsarbeit R zu ermitteln. Versteht man unter V die Zunahme des Wasservolumens im Standrohr und unter h_v den Druckhöhenverlust wegen Reibung in irgendeinem Augenblick, so stellt

$$R = \gamma \int_0^{V_s} h_v \, dV$$

die betreffende Reibungsarbeit dar, die noch aufzuwenden ist, um die Wassermenge V_s nachzuliefern.

Wäre keine Reibung vorhanden, so bestände in dem Augenblick, wo die Geschwindigkeit in der Zuleitung von c_0 auf w zurückgegangen ist und die Sprunghöhe den Wert h erreicht hat, die Beziehung

$$\tfrac{1}{2} M (c_0^2 - w^2) = \tfrac{1}{2} F_s h^2 \gamma,$$

wenn unter M die Wassermasse in der Zuleitung verstanden wird. Daraus ergäbe sich zwischen der verminderten Geschwindigkeit w und der Zunahme V des Wasserinhaltes des Standrohres eine Funktion von der Form

$$c_0^2 - w^2 = a V^2,$$

wo a eine Konstante bedeutet. Man darf wohl ohne wesentlichen Fehler annehmen, daß sich der Zusammenhang zwischen w und V beim Vorhandensein von Reibung durch eine ähnliche Funktion

$$c_0^2 - w^2 = b\,V^2$$

darstellen lasse. Setzt man ferner voraus, daß der Rohrreibungskoeffizient λ (vgl. Abschn. 38) unabhängig von der Wassergeschwindigkeit w sei, so wäre der Druckverlust dem Quadrate der Geschwindigkeit proportional. Man erhält dann für die Abhängigkeit des Druckverlustes h_v von der Vermehrung V des Wasserinhaltes im Standrohr die Beziehung

$$h_{v0} - h_v = \alpha\,V^2,$$

worin α eine Konstante bedeutet. Diese Beziehung läßt sich nach Fig. 351 durch eine Parabel darstellen, die dadurch bestimmt wird, daß für den Beginn

$$V = 0 \quad \text{und} \quad h_v = h_{v0}$$

und für den Endzustand

$$V = V_s \quad \text{und} \quad h_v = 0$$

ist. Die von der Parabel umschlossene Fläche stellt das gesuchte Integral dar, und da diese Fläche zwei Drittel des umschriebenen Rechtecks mißt, erhält man für die Reibungsarbeit

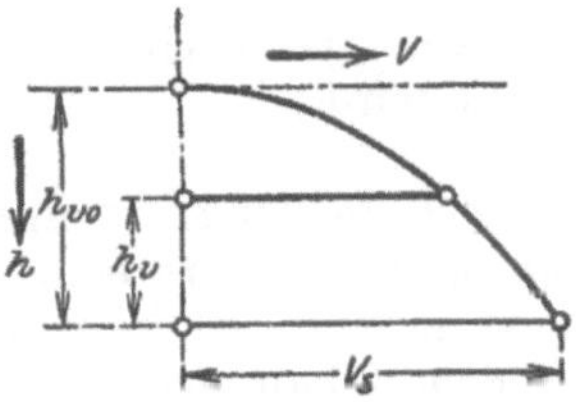

Fig. 351.

$$R = \tfrac{2}{3}\,\gamma\,h_{v0}\,V_s,$$

oder

$$R = \tfrac{2}{3}\,\gamma\,F_s\,(h_{v0} + h_s)\,h_{v0},$$

wobei also unter h_s die Sprunghöhe vom Gleichgewichtszustande aus zu verstehen ist.

Setzt man die verschiedenen Posten in die Bilanzgleichung (302) ein, so erhält man für die Sprunghöhe h_s die quadratische Gleichung

$$h_s^2 + \frac{4}{3}\,h_{v0}\,h_s + \frac{1}{3}\,h_{v0}^2 - 2\,\frac{F\,l_1}{F_s}\,\frac{c_0^2}{2g} = 0, \quad \ldots \quad (303)$$

und endlich für die Sprunghöhe selbst

$$h_s = -\frac{2}{3}\,h_{v0} + \sqrt{\frac{1}{9}\,h_{v0}^2 + 2\,\frac{F\,l_1}{F_s}\,\frac{c_0^2}{2g}} \quad \ldots \quad (304)$$

Da die Sprunghöhe positiv ist, kann nur das positive Vorzeichen der Wurzel gelten.

Löst man die Gl. (303) nach F_s, so kann man für eine gegebene Sprunghöhe h_s den entsprechenden Standrohrquerschnitt F_s berechnen; es ist

$$F_s = 2\,\frac{F\,l_1}{h_s^2 + \frac{4}{3}\,h_{v0}\,h_s + \frac{1}{3}\,h_{v0}}\,\frac{c_0^2}{2g} \quad \ldots \quad (305)$$

Es kommt öfters vor, daß der flachliegende Teil der Leitung als vollaufender Stollen ausgeführt wird. Da ein solcher keine größeren Drücke aufzunehmen vermag, sind größere Sprunghöhen dadurch zu vermeiden, daß man dem Standrohr nach Fig. 352 die Form eines Schachtes von größerem (beliebig gestaltetem) Querschnitt gibt. In dieser Ausführung wird er als Wasserschloß bezeichnet. Das Ansteigen des Wassers wird etwa durch einen Überfall begrenzt.

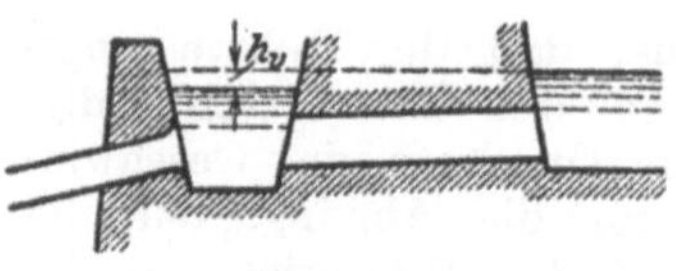

Fig. 352.

Wenn der Sprung seine größte Höhe erreicht hat, so ist damit das Gleichgewicht noch nicht hergestellt. Da das Wasser im Standrohr zu hoch hinaufgegangen ist, wird der Inhalt der Zuleitung zurückgetrieben, und es entsteht so eine schwingende Bewegung, die erst nach und nach durch die Wasserreibung in der Zuleitung gedämpft wird.

282. Negativer Sprung. Wird die Mündung an der Druckleitung vergrößert, so tritt eine Vermehrung des Durchflusses ein, die sich zuerst im unteren Teil der Leitung bemerkbar macht und solange aus dem Inhalt des Standrohres bestritten wird, bis auch der Inhalt der flachliegenden Zuleitung sich beschleunigt hat. Es erfolgt also im Standrohr eine Senkung oder ein negativer Sprung. Ein neuer Beharrungszustand wird sich erst nach längerem Hin- und Herpendeln der Wassermasse in der Zuleitung einstellen; dabei kommt der neue Wasserspiegel wegen der Vermehrung der Reibung in der Zuleitung tiefer zu liegen als vorher. Die stärkste Wirkung erhält man augenscheinlich, wenn die anfänglich geschlossene Ausflußmündung plötzlich vollständig geöffnet wird.

Die Berechnung der größten negativen Sprunghöhe wäre in ähnlicher Weise wie für den stärksten positiven Sprung durchzuführen. Es ergeben sich für die Energiebilanz dieselben Posten, und daher fällt die negative Sprunghöhe, bezogen auf den nachherigen Beharrungszustand, ihrem Zahlwert nach ebenso groß aus wie die positive.

Das Standrohr darf sich nie völlig entleeren, damit keine Luft in die Druckleitung eintreten kann.

283. Schwingungsdauer. Von der pendelnden Bewegung, die das Wasser in der Zuleitung nach einem Sprunge ausführt, kann man sich durch eine vereinfachte Rechnung eine Vorstellung verschaffen. Es werde von der Reibung des Wassers in der Zuleitung abgesehen, und der Wasserspiegel im Behälter soll unveränderlich sein. Ferner sei die Wassermasse im Standrohr gegen diejenige in der Zuleitung verschwindend klein. Wurde die Mündung am unteren Ende der Druckleitung plötzlich geschlossen, so führt das Wasser im Standrohr einen Sprung von der Höhe h_s über die Mittellage aus. Die Kraft, die nunmehr die ganze Wassermasse rückwärts treibt, ist offenbar

$$P = F_s h \gamma,$$

wenn F_s den Querschnitt des Standrohres und h die augenblickliche Überhöhung des Wasserstandes über die Gleichgewichtslage bedeutet. Ist dieser in seine Mittellage zurückgekehrt, so hat sich das Wasser in der Zuleitung von der Beendigung des Sprunges an gerechnet um den Betrag

$$r = \frac{F_s h_s}{F}$$

verschoben. Diese Strecke stellt somit den größeren Ausschlag dieser Wassermasse aus der Mittelstellung dar. Kraft und Ausschlag sind beide der größten Sprunghöhe h_s und daher auch unter sich proportional: man hat es also mit einer harmonischen Schwingung zu tun. Diese läßt sich als die Projektion einer kreisförmigen Zentralbewegung auffassen; denn in der Tat besteht für diese die Proportionalität, da sich nach Fig. 353 für die Projektion der konstanten Zentripetalkraft

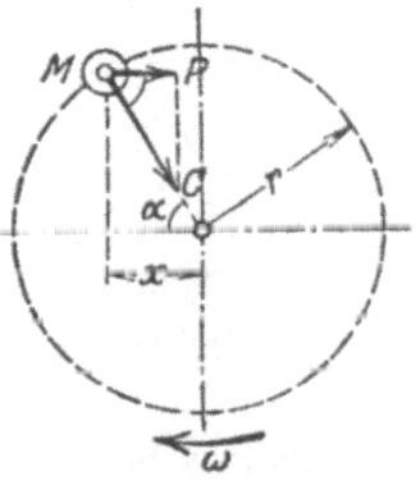

$$P = C \cos \alpha$$

und für den Ausschlag

$$x = r \cos \alpha$$

Fig. 353.

ergibt. Versteht man unter M die schwingende Masse, so ist die Zentripetalkraft

$$C = M \omega^2 r,$$

wenn man unter ω die Winkelgeschwindigkeit der kreisförmigen Bewegung und unter r ihren Halbmesser versteht.

Für die äußerste Stellung, also beim höchsten Sprung h_s, ist die Kraft, die das Wasser zurücktreibt,

$$P_s = C = F h_s \gamma,$$

und der größte Ausschlag

$$r = \frac{F_s h_s}{F},$$

wenn man mit F_s den Querschnitt des Standrohres und mit F denjenigen der Zuleitung bezeichnet. Die hin und her schwingende Masse ist

$$M = \frac{F l_1 \gamma}{g},$$

wobei l_1 die Länge der Zuleitung bezeichnet.

Aus der Verbindung dieser Beziehungen erhält man

$$\omega^2 = \frac{F}{F_s} \frac{g}{l_1};$$

die Schwingungsdauer aber ist

$$T = \frac{2\pi}{\omega} = 2\pi \sqrt{\frac{F_s}{F} \frac{l_1}{g}} \quad \ldots \ldots \ldots \quad (306)$$

284. Zahlenbeispiel. Beim Albulawerk der Stadt Zürich bestehen folgende Verhältnisse[1]):

Länge des Zuleitungsstollens $l =$ . . . . 2760 m,
Querschnitt $F =$ . . . . 7,44 qm,
Normale Wassergeschwindigkeit $c_0 =$ . . . . 2,02 m/sek,
Querschnitt des zylindrischen schachtförmigen Standrohres $F_s =$ . . . . 500 qm,
Druckverlust im Stollen $h_{v0} =$ . . . . 2,92 m.

Daraus berechnet sich nach vorstehenden Formeln:

Positive Sprunghöhe (über dem Wasserstand der Ruhe) $h_s =$ 2,31 m,
Negative Sprunghöhe (unter dem normalen Wasserstand) $-h_s =$ . . . . 2,31 m,
Größte Schwankung $h_{v0} + h_s + h_s =$ . . . . 7,54 m,
Schwingungsdauer $T =$ . . . . 864 sek
$= 14$ min 24 sek.

Daß es bei so langsamen Schwingungen nicht darauf ankommt, ob die Veränderung an der Mündung etwas schneller oder langsamer vollzogen werde, liegt auf der Hand.

X. Der Spurzapfen.

29. Kapitel.

Die Belastung und Bemessung des Spurzapfens.

285. Zusammensetzung der Zapfenbelastung. Der Spurzapfen bildet bei Turbinen mit senkrechten Wellen einen sehr wichtigen Bestandteil. Die Betriebssicherheit hängt in hohem Grade von seinem guten Verhalten ab; Heißlaufen und Anfressen rufen die schwersten Störungen hervor. Damit der Zapfen dauernd betriebssicher verbleibe, muß seine Tragfläche der Belastung und Geschwindigkeit angepaßt werden, und überdies ist für eine ausgiebige Schmierung zu sorgen. Zapfen oder Lager müssen eine axiale Verstellung gestatten, damit man das Laufrad gegenüber dem Leitrad in die richtige Lage bringen könne.

---

[1]) Prášil, a. a. O.

Ursprünglich pflegte man den Zapfen wie überall bei senkrechten Wellen am unteren Ende anzubringen. Man fand aber bald, daß diese Stellung bei Turbinen mit großen Nachteilen verbunden ist. Der Zapfen ist schwer zugänglich und es ist daher schwierig, ihn zu überwachen. Der Zutritt des Wassers mit den darin enthaltenen Verunreinigungen läßt sich nur schwierig verhindern, und auch die Zuführung des Schmieröls wird leicht mangelhaft. Man hat daher sinnreiche Einrichtungen erdacht, durch die die Tragfläche in die Mitte oder an das obere Ende der Welle verlegt wird (mittel- oder oberständige Zapfen, die entweder nach Fig. 203 als Laternenzapfen [1]) oder nach Fig. 217 als Ringzapfen ausgeführt werden).

Für die Bestimmung der Zapfenpfläche ist die Kenntnis der ganzen Belastung erforderlich. Diese setzt sich aus folgenden Posten zusammen.

1. Das Eigengewicht des Laufrades, der Welle und aller übrigen Teile, die fest damit verbunden sind, das Eigengewicht des im Laufrad enthaltenen Wassers.
2. Der statische Druck des Wassers auf das Laufrad, der übrigens nur bei Turbinen mit gestautem Durchfluß auftreten kann.
3. Die dynamische Rückwirkung des durch das Laufrad strömenden Wassers.
4. Die axiale Komponente des Zahndruckes bei Anwendung von Zahnrädertrieb für die Arbeitsübertragung. Sie ist übrigens in der Regel unbedeutend.

286. Das **Eigengewicht** setzt sich zusammen aus demjenigen des Wassers im Laufrad und aus demjenigen des Laufrades selber mit allen damit fest verbundenen Teilen, als Welle, Kupplungen, Zahnrädern, Rotoren von direkt gekuppelten Dynamomaschinen usw. Die Berechnung der einzelnen Posten ist an Hand der Zeichnung vorzunehmen, und da die Abmessung der Welle öfters mit dem erst noch zu ermittelnden Zapfendurchmesser zusammenhängt, bleibt nichts anderes übrig, als die Wellenstärke vorläufig anzunehmen mit dem Vorbehalt, je nach dem Ausfall der Bestimmung des Zapfendurchmessers darauf zurückzukommen.

Faustregeln, die aus bekannten Ausführungen abgeleitet sind, kürzen die vorläufige Gewichtsbestimmung ab, sind aber mit Vorsicht anzuwenden, da sie nicht allen Umständen Rechnung tragen können. Reiffer[2]) gibt für das Gewicht in kg von Laufrädern für Axialturbinen die Formel

$$G = k D^2 \sqrt[3]{Q},$$

[1]) Der Laternenzapfen setzt eine hohle Welle voraus, die am einfachsten aus Gußeisen angefertigt wird. Mit Rücksicht auf die geringere Festigkeit des Gußeisens greift man lieber zur massiven schmiedeisernen Welle, bei der sich die Anwendung eines Ringzapfens von selbst ergibt. Der Laternenzapfen kommt daher heute kaum mehr zur Ausführung.

[2]) Einfache Berechnung der Turbinen, Zürich 1896.

worin D den mittleren Durchmesser in m und Q die Wassermenge in l/sek bedeutet. Darin wäre etwa einzusetzen:

$$k = 30 \text{ für Gußschaufeln,}$$
$$= 40 \text{ für Blechschaufeln}^{1}).$$

Eine andere Faustregel für die Laufräder von Francis-Turbinen lautet

$$G = 3000 \text{ bis } 3500\, D^2 B,$$

wobei D den Eintrittsdurchmesser und B die Eintrittsbreite in m bedeutet.

Für das Gewicht der Zahnräder mag etwa die Formel benützt werden

$$G = 0{,}06 \text{ bis } 0{,}08\, a^2 b z,$$

wenn man unter a die Zahnstärke, unter b die Zahnbreite in cm und unter z die Zähnezahl versteht.

Bei ganz eingetauchten Laufrädern kommt der Auftrieb in Abzug; das Gewicht des Wassers im Laufrad fällt aus der Rechnung.

287. Wasserdruck. Man hat den Druck auf die Spaltfläche und den Druck auf die Seitenflächen der Radkränze zu unterscheiden. Beide treten nur bei gestautem Durchfluß durch das Laufrad auf, also wenn $p_1 > p_2$ ist.

Die Bestimmung des Druckunterschiedes $p_1 - p_2$ bietet nach Abschn. 100 keine Schwierigkeiten. Übrigens kann man meistens genau genug annehmen, daß derselbe dem halben Gefälle entspreche. Bedeutet F_s die ganze Spaltfläche und F_s' ihre Projektion auf eine Ebene normal zur Achse, so ist der Druck auf den Spalt

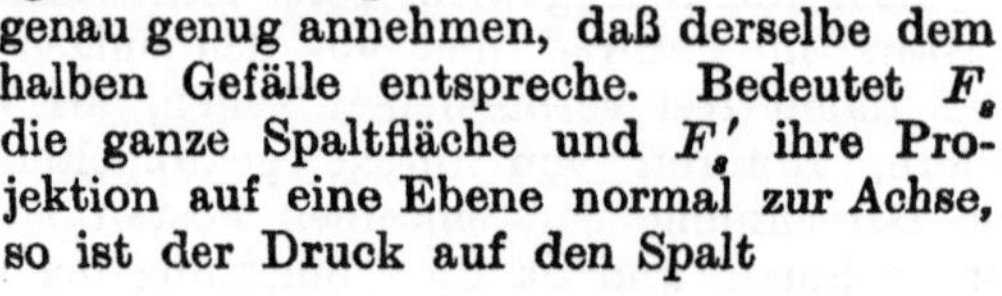

$$P_s = F_s'(p_1 - p_2).$$

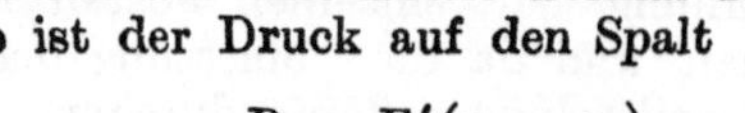

Fig. 354.

Der Druck auf die Seitenflächen der Radkränze liefert nur dann einen Beitrag zum Axialschub, wenn diese Seitenflächen eine Projektion von endlicher Ausdehnung auf eine Ebene normal zur Achse ergeben, wie dies z. B. bei der Francis-Turbine nach Fig. 354 der Fall ist. Über die Größe der Drücke p_0 und p_u über und unter dem Laufrad läßt sich freilich nichts anderes aussagen, als daß sie zwischen p_1 und p_2 liegen müssen. Ihre Größe hängt ab von der Menge des Wassers, das durch den Spalt austritt, also von der Weite des Spaltes und von den Widerständen beim Austritt am

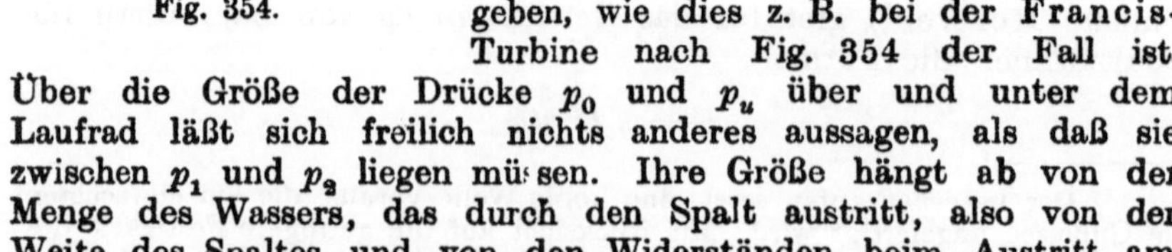

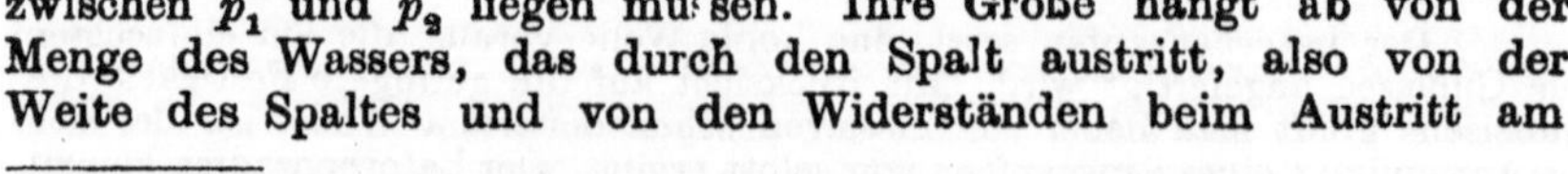

[1]) Da bei eingegossenen Blechschaufeln die Kränze dicker sein müssen, fällt das Gewicht größer aus.

Spalt und beim Übergang in den Saugraum. Auch die Geschwindigkeit der Rotationsbewegung, die das Wasser durch die Berührung mit dem Laufrad annimmt, ist von Einfluß. Daraus ergäbe sich eine überaus verwickelte Untersuchung, die nicht ohne eine ganze Reihe von mehr oder weniger willkürlichen Annahmen durchführbar ist[1]). Den Druck p_0 auf die obere Fläche des Laufrades, der einen verhältnismäßig starken Beitrag zur Zapfenbelastung liefern kann, sucht man dadurch möglichst herabzuziehen, daß man den oberen Raum ausgiebig mit dem Saugraum verbindet.

288. Dynamische Rückwirkung. Für die Bestimmung der dynamischen Rückwirkung der durch das Laufrad strömenden Wassermasse geben die Untersuchungen in Abschn. 54 die nötigen Anhaltspunkte. Bezeichnet man mit c_{1z} und c_{2z} die axialen Komponenten der absoluten Geschwindigkeiten beim Eintritt ins Laufrad und beim Austritt, und bedeutet M die in der Zeiteinheit durchströmende Wassermasse, so erhält man für die dynamische Rückwirkung den Ausdruck

$$P_d = M(c_{1z} - c_{2z}).$$

Dabei hat als positiv die Wirkung zu gelten, die mit c_{2z} denselben Richtungssinn besitzt. Bei der gewöhnlichen Anordnung der Francis-Turbine mit senkrechter Achse bewirkt P_d also eine Entlastung.

Bei der Jonval-Turbine wäre für unendlich dünne Schaufeln

$$c_{1z} = c_{2z},$$
$$P_d = 0.$$

Für endliche Schaufeldicken wird dies wenigstens annähernd zutreffen.

Bei der staufreien Axialturbine ist der Unterschied zwischen c_{1z} und c_{2z} sehr gering und somit auch die dynamische Rückwirkung.

Für ganz radialen Durchfluß wird $c_{1z} = c_{2z} = 0$ und daher auch $P_d = 0$; bei der Francis-Turbine mit axialem Austritt erhält man, da hier $c_{1z} = 0$ ist, eine Entlastung im Betrage von

$$P_d = M c_{2z}.$$

Bei normaler Füllung kann man

$$c_{2z} = c_3$$

oder gleich der Geschwindigkeit beim Übergang ins Saugrohr setzen. Man darf nicht übersehen, daß c_{2z} bei abnehmender Füllung, also beim Schließen des Leitrades, kleiner wird. Da auch die Durchflußmenge in demselben Verhältnis zurückgeht, sinkt die Entlastung mit der zweiten Potenz der Geschwindigkeit oder der Durchflußmenge.

[1]) Kobes, Der Druck auf den Spurzapfen. Leipzig und Wien 1906.

289. Entlastung. Eine völlige Entlastung von allen statischen und dynamischen Drücken ergibt sich, wenn die Turbine streng symmetrisch zu einer Ebene normal zur Achse gebaut ist. Diese Symmetrie ist beim Löffelrad und bei der Francis-Turbine mit zweiseitigem Austritt vorhanden. Sie läßt sich auch bei Turbinen mit mehreren Laufrädern auf ein und derselben Welle erzielen. Wenn die Welle wagrecht liegt, so treten bei vollkommener Symmetrie überhaupt keine axialen Schübe auf.

Die Entlastung kann auch durch Einbauen von Entlastungskolben, die man dem Drucke des Triebwassers unterstellt, herbeigeführt werden. Doch ist dabei eine völlige Entlastung kaum zu erreichen, da der Axialschub mit dem Füllungsgrad sich ändert. Eine teilweise Entlastung läßt sich ferner erzielen, indem man das Schmieröl mit Druck unter den Spurzapfen preßt. Man erreicht damit zugleich den Vorteil einer sehr reichlichen und sicheren Schmierung.

290. Größe der tragenden Zapfenfläche. Bei der Bemessung des Spurzapfens hat man im Auge zu behalten, daß die spezifische Zapfenbelastung nirgends ein gewisses Maß überschreiten darf, damit das Schmieröl nicht zu leicht ausgequetscht werde. Sodann darf die pro Flächeneinheit entwickelte Wärmemenge denjenigen Betrag nicht übertreffen, der noch schnell genug abgeleitet wird, um das Zustandekommen stärkerer Erwärmungen zu verhindern.

Bei einem gut eingelaufenen Zapfen geht die Abnützung in allen Punkten gleichmäßig vonstatten. Dies berechtigt zu der Annahme, daß die Reibungsarbeit pro Flächenheit überall dieselbe sei. Für diese läßt sich der Ausdruck aufstellen

$$\frac{dL}{dF} = p\,u\,\mu,$$

wenn unter p der spezifische Zapfendruck, unter u die Umfangsgeschwindigkeit und unter μ der Reibungskoeffizient verstanden wird. Da der Wert von μ sich von einem Punkt zum andern kaum stark ändern wird, besonders wenn man annehmen darf, daß die Wärme überall gleich gut abgeleitet werde, ergibt sich daraus für jeden beliebigen Punkt der Zapfenfläche die Beziehung

$$p\,u = \text{const} = c \quad . \quad . \quad . \quad . \quad . \quad . \quad . \quad . \quad . \quad (307)$$

Die Umfangsgeschwindigkeit u aber ist dem Halbmesser r proportional, also wäre $p\,r = \text{const}$. Daraus ist der Schluß zu ziehen, daß die Verteilung des spezifischen Zapfendruckes p längs eines Halbmessers durch eine gleichseitige Hyperbel dargestellt wird, deren eine Asymptote in die Achse fällt[1]).

[1]) Bei scheibenförmigen Zapfenflächen ergäbe sich für den Mittelpunkt eine unendlich große Belastung, was natürlich unzulässig wäre. Man sieht sich daher veranlaßt, die Fläche in der Mitte etwas auszunehmen, und wenn es auch nur durch ein eingebohrtes Loch wäre. Die Zapfenflächen haben also stets eine ringförmige Gestalt.

Rechnet man bei einer **ringförmigen Zapfenfläche** der Einfachheit wegen mit Mittelwerten, und bedeutet d_m den mittleren Durchmesser und b die Breite der Ringfläche, so kann man schreiben

$$p = \frac{P}{\pi\, d_m\, b},$$

und

$$u = \frac{\pi\, d_m\, n}{60}.$$

Setzt man diese Werte in Gl. (307) ein, so erhält man schließlich für die Breite der Ringfläche

$$b = \frac{P\,n}{60\,c} \qquad (308)$$

Dabei bedeutet P die ganze Belastung und c eine Erfahrungszahl. Wird alles auf kg und cm bezogen, so erhält man brauchbare Abmessungen, wenn man setzt

$$c = 1330 \qquad (309)$$

Bei sehr sorgfältiger Ausführung, zwangsweiser Einführung des Schmieröles und künstlicher Abkühlung kann man allenfalls bis auf das Doppelte dieses Wertes gehen.

Die Tragfläche, die durch Abrundungen und Schmiernuten verloren geht, soll der rohen Tragfläche zugeschlagen werden.

Bei scheibenförmigen Zapfen darf man trotz des Loches in der Mitte für die Breite einsetzen

$$b = \tfrac{1}{2}\, d,$$

wenn d den Außendurchmesser bezeichnet. Es ist daher

$$d = 2\,b = \frac{P\,n}{30\,c}.$$

Die tragende Spurplatte ist unten kugelig zu gestalten, damit sie sich frei einstellen kann.

Als Baustoffe für die Zapfenflächen kommt feinkörniges Gußeisen, Bronze und gehärteter und geschliffener Gußstahl zur Anwendung; doch soll nie Bronze auf Bronze und noch weniger Stahl auf Stahl laufen.

XI. Die experimentelle Untersuchung.

30. Kapitel.

Prüfung auf die Betriebseigenschaften.

291. Ziel der Untersuchung. Die vollständige experimentelle Untersuchung stellt sich die Aufgabe, die Eigenschaften einer bestehenden Turbine in dem Umfange zu ergründen, daß man bei einem gegebenen Gefälle für jeden Öffnungsgrad der Abschützung und für jede Umlaufzahl die Leistung und den Wirkungsgrad angeben kann. In dieser Vollständigkeit erfordert die Untersuchung mehr Zeit, als der regelmäßige Betrieb einzuräumen in der Lage ist; daher wird man sich zumeist darauf beschränken müssen zu prüfen, ob die vertraglichen Garantien erfüllt sind, und diese beziehen sich in der Regel darauf, daß die Turbine bei einem bestimmten Gefälle und einer vorgeschriebenen Umlaufzahl für eine festgesetzte größte Wassermenge und deren Bruchteile gewisse Leistungen mit vorgeschriebenen Wirkungsgraden erzielt.

Es ist häufig nicht möglich, die Untersuchung genau unter den vertraglich festgesetzten Bedingungen durchzuführen. So kann je nach den Wasserverhältnissen infolge von Rückstau im Unterwasser usw. das Gefälle nicht unerheblich von dem vertraglich vorausgesetzten abweichen, oder es will nicht gelingen, die vorgeschriebene Umlaufzahl bei der Prüfung einzuhalten usw. Dann bleibt nichts anderes übrig, als aus den Beobachtungen auf dem Wege der Rechnung abzuleiten, wie sich die Turbine unter den vertraglich vorausgesetzten Umständen verhalten würde. Das ist aber mit einiger Zuverlässigkeit nur möglich, wenn man das Verhalten der Turbine innerhalb eines gewissen Spielraumes kennt; man darf sich also nicht zu enge an die normale Geschwindigkeit halten, sondern es soll die Untersuchung auf möglichst verschiedene Geschwindigkeiten ausgedehnt werden. Das ist auch aus einem anderen Grunde zu empfehlen. Es stellt sich hierbei nicht selten heraus, daß die angenommene Betriebsgeschwindigkeit nicht zusammenfällt mit der Geschwindigkeit des besten Wirkungsgrades. In solchen Fällen kann man durch eine Änderung der Übersetzung, etwa durch den Austausch einer Riemenscheibe u. dgl. die Turbine dahin bringen, daß sie mit der günstigsten Geschwindigkeit läuft und damit den vertraglichen Wirkungsgrad erreicht.

Die Größen, die bei der Untersuchung unmittelbar bestimmt werden, sind: das Gefälle, die Umlaufzahl, das Drehmoment und die Wassermenge. Durch eine einfache Rechnung ergeben sich daraus die Leistung und der Wirkungsgrad.

292. Das **Gefälle** ist meistens einem fortwährenden Wechsel unterworfen und muß daher in regelmäßigen Zwischenräumen von wenigen Minuten notiert werden. Man rechnet dann mit dem arithmetischen Mittel.

Wo der Oberwasserspiegel leicht zugänglich ist, also wo das Zuleitungsrohr kurz ist oder ganz fehlt, wird er unmittelbar mit einem Schiebepegel abgestochen. Eine scharfe Einstellung gestattet die auftauchende Spitze nach Fig. 355, sofern der Wasserspiegel gut beleuchtet und ruhig ist. Der Unterwasserspiegel läßt in dieser Hinsicht meistens alles zu wünschen übrig. Hier leistet ein handgroßes, stumpf auf das untere Ende des Pegels aufgenageltes Brettchen gute Dienste. Der Pegel wird derart eingestellt, daß die Oberfläche des Brettchens ungefähr die halbe Zeit überschwemmt und die halbe Zeit außer Wasser ist, was sich von oben recht gut beobachten läßt.

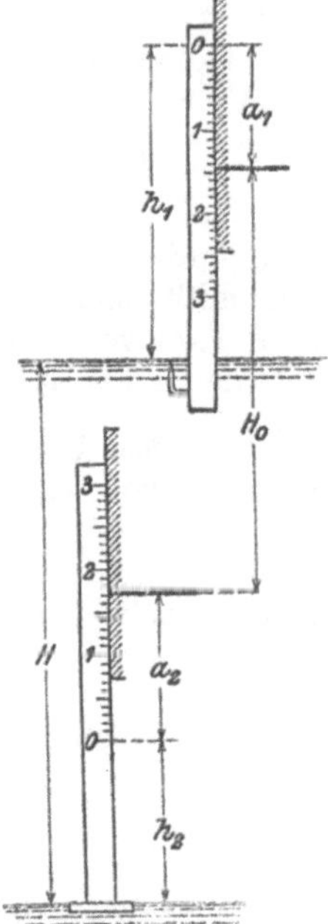

Fig. 355.

Bei der in Fig. 355 gewählten Anordnung der Skalennullpunkte ist das Gefälle

$$H = (H_0 - h_1 + h_2) + a_1 + a_2 .$$

Der Klammerausdruck ist unveränderlich und wird zu Beginn des Versuches genau ausgemittelt; man hat alsdann nur noch die beiden Pegelablesungen a_1 und a_2 hinzuzuzählen.

Bei langen Zuleitungsrohren muß der Oberwasserstand mittels eines Manometers abgelesen werden, damit nicht die Druckverluste in der Zuleitung ungerechterweise der Turbine zur Last geschrieben werden. Das Manometer soll an einem geraden Teil der Zuleitung aufgesetzt werden, so daß man annehmen darf, der abgelesene Druck herrsche in allen Punkten des betreffenden Querschnittes. Die unerläßliche Kontrolle des Manometers läßt sich bei abgestellter Turbine leicht durchführen, indem man seine Angaben mit dem Gefälle vergleicht, wie es durch ein Nivellement ermittelt wurde. Zuverlässiger als das Manometer ist das Piezometer, das bei mäßigen Gefällen öfters gute Dienste leistet. Die Geschwindigkeitshöhe des zuströmenden Wassers sollte streng genommen zum Gefälle hinzugeschlagen werden (vgl. Abschn. 92).

293. Die **Umlaufzahl** kann bei mäßigen Geschwindigkeiten direkt abgezählt werden, besonders dann, wenn jeder Umlauf ein hörbares Zeichen gibt. Man kann dieses leicht dadurch hervorrufen, daß man eine hölzerne Feder anbringt, gegen die ein Keil oder ein anderer Vorsprung auf der Welle anschlägt. Das hörbare Zeichen ist deutlicher als das sichtbare, weil das Ohr rhythmisch besser geschult ist als das Auge; dieses ist dann auch für die Beobachtung der Sekundenuhr frei. Wenn man drei oder vier Schläge zu einem Takt zusammenfaßt, kann man ganz gut bis 300 Umläufe in der Minute abzählen. Hört die Minute mit einem schlechten Taktteil auf, so liegt, wie Fig. 356 erkennen läßt, für den Anfänger die Gefahr nahe, sich um eine Umdrehung zu verzählen. Am sichersten und für größere Geschwindigkeiten nicht zu entbehren ist der mechanische Umlaufzähler, dessen Anwendung allerdings voraussetzt, daß das eine Wellenende zugänglich sei. Der Antrieb sollte durch einen Mitnehmer und nicht durch die dreikantige Spitze bewirkt werden, die beim Ein- und Ausrücken leicht Fehler ergibt. Besser ist es, den Umlaufzähler dauernd im Antrieb zu belassen und nur das Zählwerk ein- und auszurücken. Wo dies nicht geht, mißt man mit der Stechuhr die Zeit, die auf eine größere runde Zahl von Umläufen entfällt, und rechnet daraus die Zahl der Umläufe in der Minute aus.

Fig. 356.

294. Das **Drehmoment** wird mittels des Pronyschen Zaums gemessen, von dessen Einrichtung Fig. 357 eine Vorstellung gibt. Es ist hier angenommen, daß die Welle wagrecht liege. Diese trägt eine Rolle mit zylindrischem Kranz aufgekeilt. Ein darum gelegter mit Holz garnierter Zaum kann durch Schrauben nach Bedarf mehr

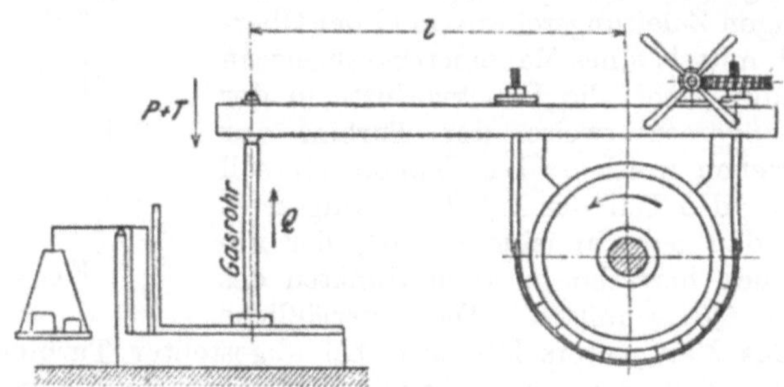

Fig. 357.

oder weniger stark angezogen werden. Durch die Reibung, die hierbei entsteht, überträgt die Rolle das Drehmoment der Turbine auf den Zaum. Dieser ist mit einem längeren Hebel verbunden, und die an dessen Ende auftretende Kraft wird mittels einer Brückenwage gemessen. Es bedeute T den Druck, den der Hebel des Bremszaumes vermöge seines Eigengewichtes auf die Wage ausübt, oder die Tara; mit Q werde die Rückwirkung der Brückenwage bezeichnet. Dann bedeutet

$$P = Q - T$$

den Druck, den die Reibung am Umfange der Rolle auf die Wage überträgt, und es wird durch

$$\mathfrak{M} = Pl$$

das Moment der Reibung ausgedrückt, das dem von der Turbine

erzeugten Drehmoment gleich ist. Bedeutet n die Umlaufzahl in der Minute, so ergibt sich für die Leistung

$$\left.\begin{aligned} L &= \frac{\dfrac{P n}{9{,}55}}{l} \text{ m/kg} \\ N &= \frac{\dfrac{P n}{716{,}21}}{l} \text{ PS} \end{aligned}\right\}, \quad \ldots\ldots \quad (309)$$

wobei P und l in kg und m einzusetzen sind.

Die Bestimmung der Tara kann in der Weise vorgenommen werden, daß man den Zaum lockert und oben zwischen Backen und Rolle ein dünnes Rundeisen parallel zur Achse genau senkrecht über dem Mittel einschiebt[1]). Das Ergebnis wird aber leicht ungenau, da der Zaum meistens an den Rändern streift. Bequem, aber nicht sehr genau findet man die Tara, indem man bei gelockertem Zaum die Wage je bis zum Ausschlagen belastet und wieder entlastet und das arithmethische Mittel nimmt. Der sicherste Weg ist folgender. Nachdem die Rolle abgenommen wurde, stellt man den Zaum wieder darüber zusammen und lagert die Rolle auf einem in die Nabe eingelegten Rundeisenstab. Gibt man dem Hebel dieselbe Neigung gegen den Horizont, die er während des Versuches einnahm, so kann man die Tara abwägen.

Die ganze Leistung der Turbine wird durch die Reibung aufgezehrt und in Wärme übergeführt. Zur Erhaltung eines gleichförmigen Reibungszustandes und um die Bremse vor schneller Zerstörung zu schützen, hat man durch Anwendung einer ausgiebigen Kühlung für rasche Ableitung der entwickelten Wärme zu sorgen. Man leitet zu diesem Zwecke Wasser auf die Bremse. Am besten ist Seifenwasser, das zugleich kühlt und schmiert; man hat aber bei größeren Kräften Mühe, genügende Mengen davon zu beschaffen.

Für eine Pferdestärke ist in der Minute eine Wärmemenge von

$$\frac{75 \cdot 60}{427} = 10{,}5 \text{ Cal.}$$

abzuleiten. Läßt man eine Erwärmung des Wassers um 30^0 zu, so bedarf es für jede Pferdestärke einer Wassermenge von $10{,}5 : 30 = 0{,}35$ l in der Minute. Möglichst viel Kühlwasser ist die erste Bedingung für eine sichere Bremsung. Das aufgeleitete Wasser soll aber auch

[1]) Hierbei sind die vorspringenden Ränder, mit denen man den Umfang der Rolle zu versehen pflegt, sehr hinderlich. Man kann sich dadurch helfen, daß man sie durchbohrt und die Welle so dreht, daß die Löcher senkrecht über dem Mittel stehen. Anstatt die Rolle mit vorspringenden Rändern zu versehen, täte man besser, den Kranz völlig glatt zu machen und den Zaum übergreifen zu lassen. Das hätte den weiteren Vorteil, daß das Kühlwasser besser zusammengehalten würde.

wirklich zum Kühlen der Reibungsflächen benutzt werden und darf nicht gleich wieder abfließen. Am besten erreicht man dies, wenn man das Wasser stetig durch den hohlgegossenen Kranz der Bremsrolle hindurchführt, wobei besondere Vorrichtungen für die Zu- und Ableitung anzubringen sind. Bei dem schlechten Wärmeleitungsvermögen des Holzes ist indessen noch immer eine Außenkühlung in mäßigem Betrage erforderlich, die zugleich schmierend wirken soll. Man kann hierzu Seifenwasser in kleineren Mengen verwenden oder noch besser einen Tropföler zum Schmieren und einen Wasserstrahl zum Kühlen nebeneinander. Die Holzbekleidung soll reichlich mit Nuten versehen sein, damit das Kühlmittel an alle Punkte des Rollenumfanges gelangen könne.

Von der größten Wichtigkeit ist, daß die Rollenumfläche eine genügende Ausdehnung besitze. Dieselbe hängt von der abzuleitenden Wärmemenge, also von der Leistung ab; hauptsächlich aber kommt es darauf an, daß der Schmierung wegen die spezifische Pressung zwischen der Holzgarnitur und dem Rollenkranz ein gewisses Maß nicht überschreite, und demnach wäre also die Größe des Momentes maßgebend[1]). Dabei kommt es aber noch sehr stark auf die Art der Kühlung und auf das angewandte Kühlmittel an.

Bezeichnet B die Kranzbreite und D den Durchmesser der Bremsrolle in m, so sei für reichliche Innenkühlung und für Außenkühlung mit Seifenwasser

$$B\,D = 0{,}15\,\frac{N}{n},$$

wobei sich N und n auf die normale Geschwindigkeit beziehen; es bleibt dabei noch Spiel genug für die Ausdehnung des Versuches auf kleinere Geschwindigkeiten. Ist nur Außenkühlung vorhanden, so hat man selbst bei sehr beträchtlichen Wassermengen die Umfläche der Bremsrolle etwa anderthalbmal so groß zu wählen.

Die Anordnung der Bremse kann sehr verschiedenartig getroffen werden; zwei Punkte sind dabei stets im Auge zu behalten: erstens soll das Moment der Rückwirkung der Wage zunehmen, wenn der Hebel im Sinne der Drehung ausschlägt, ansonst kein stabiler Gleichgewichtszustand eintreten könnte, und zweitens ist die Bewegung des Hebels durch starke Anschläge derart zu begrenzen, daß jede Gefahr für die Bedienungsmannschaft ausgeschlossen ist.

Die Genauigkeit der Bremsung hängt davon ab, ob es dem Bremsführer gelingt, die Wage dauernd in der Schwebe zu halten. Die erste Voraussetzung hierzu ist die genügende Bemessung der Bremsrolle und reichliche Kühlung. Es ist aber noch von seiten desjenigen, der die Bremse bedient, viel Geschick und Übung erforder-

---

[1]) Damit steht die Tatsache im Einklang, daß man um so mehr Mühe hat, die Bremse in der Schwebe zu erhalten, je mehr die Geschwindigkeit infolge der Steigerung der Belastung abnimmt, obwohl die Leistung dabei kleiner wird.

lich. Der Holzbelag des Zaumes nützt sich fortwährend ab, und daher muß die Bremse immer wieder angezogen werden, sobald das Moment eine Abnahme zeigen will. Die Schwierigkeit liegt darin, sofort einzugreifen und dabei nicht über das Ziel hinauszuschießen. Der Bremsführer soll jede Zunahme der Geschwindigkeit sofort wahrnehmen und ebensosehr mit dem Gehör als mit dem Gesicht aufmerken. Damit er nicht die ganze Zeit die Hand am Griffrad habe und dabei einen ungewollten falschen Druck auf die Wage hervorbringe, empfiehlt es sich, das Griffrad durch leichte Schläge (mit einem Holzhammer) anzutreiben. Dicke Kautschukunterlagen unter den Muttern erleichtern die Führung sehr, da sie einen elastischen Druck ergeben.

Die Bremsung auf der senkrechten Welle ist umständlicher als auf der liegenden. Der Hebel der Bremse muß aufgehängt werden; der Druck wird durch einen Winkelhebel auf die Brückenwage übertragen.

Öfters ist man durch örtliche Verhältnisse gezwungen, die Bremse auf dem Vorgelege aufzusetzen. Es müssen dann die Reibungsverluste, die zwischen der Turbinenwelle und der Bremse in den Zahnrädern und Lagern auftreten, so gut als möglich berechnet und der Turbine gutgeschrieben werden.

295. Die **Wassermenge** ist diejenige Größe, deren Bestimmung in der Regel am meisten Schwierigkeiten bereitet und am unsichersten ist. Ob man den Zu- oder Abfluß mißt, ist gleichgültig, sofern zwischen diesen keine Verluste stattfinden können.

Die sicherste Methode ist die direkte Messung mit großen Gefäßen. Ihre Anwendung ist aber auf kleine Mengen beschränkt und an die Bedingung gebunden, daß man über das nötige Gefälle verfüge, um das Wasser in das Gefäß hineinlaufen zu lassen. In der Regel wird es sich um Bottiche von höchstens einigen hundert Liter handeln. Eine bewegliche Blechrinne leitet das Wasser zu und ist derart angeordnet, daß man den Eintritt in den Bottich genau im gewollten Augenblick einleiten und wieder unterbrechen kann. Je länger die Füllungszeit dauert, desto weniger kommen die Fehler beim Ein- und Ausrücken zur Geltung. Die im Bottich aufgefangene Wassermenge kann durch Eichung oder durch Wägung gemessen werden; die letztere ist zuverlässiger. Sehr große Bottiche kann man (mit Walzenunterlagen) auf zwei Brückenwagen aufstellen.

Gibt sich die Möglichkeit, in den Zu- oder Abfluß einen Überfall einzubauen, so ist dieses weitaus das bequemste Mittel für die Bestimmung mittlerer Wassermengen. Die ganze Beobachtung beschränkt sich auf das Abstechen der Überfallshöhe, und man kann daher in der kürzesten Zeit sehr viele Messungen durchführen. Das Wasser soll dem Überfall möglichst ruhig und namentlich ganz blasenfrei zuströmen; nötigenfalls muß es durch eingesetzte Hindernisse vorher beruhigt werden. Der Pegel zum Abstechen der Überfallhöhe ist an einer Stelle anzubringen, die so weit hinter dem Überfall liegt, daß der Wasserspiegel noch keine Senkung zeigt. Der Nullpunkt ist direkt auf die Überfallkante einzunivellieren; der Wasserspiegel der Hinterfüllung des Überfalls steht wegen der Zähigkeit der Wasseroberfläche merklich höher als die Kante und darf daher nicht zum Einstellen des Pegels benutzt werden.

Wo sich der Überfall nicht anwenden läßt, bleibt die Messung mit dem hydrometrischen Flügel übrig. Sie erfordert ziemlich viel Zeit; ihre Zuverlässigkeit hängt in erster Linie vom benutzten Instrumente ab. Die Prüfung desselben erfordert besondere Einrichtungen, über die in der Regel nur staatliche Institute verfügen. Für die Durchführung der Messung wählt man ein Querprofil in einem möglichst regelmäßig verlaufenden Teil des Ober- oder des Unterwasserkanals. In einer Anzahl von gleichmäßig verteilten Punkten des Profils bestimmt man die Geschwindigkeit, indem man die Zeit mißt, die der Flügel braucht, um eine gewisse Anzahl von Umläufen zu machen. Durch Interpolation (auf graphischem Wege) findet man die mittlere Geschwindigkeit und mit dieser ergibt sich aus dem bekannten Inhalt des Querprofiles die Wassermenge. Die Dauer einer Einzelbeobachtung muß groß genug sein, daß die Fehler in der Zeitmessung kein zu großes Gewicht annehmen können.

Vorzügliche Ergebnisse erhält man mit einem ebenen Schirm, den man senkrecht in einen geraden, rechteckigen Teil des Zu- oder des Abflußkanales einsenkt und vom Wasser treiben läßt. Diese Einrichtungen sind aber etwas umständlich und kommen nur für Versuchsstationen in Betracht.

296. Durchführung der Versuche. Nachdem man sich durch einen Vorversuch davon überzeugt hat, daß die Bremse gut spielt, geht man am besten in der Weise vor, daß man die Turbine bei normaler Öffnung durchbremst, d. h. eine größere Anzahl von Versuchen bei unveränderter Öffnung vornimmt, die sich annähernd gleichmäßig über den ganzen Raum zwischen Leergang und Stillstand verteilen. Dabei wird die Belastung der Bremse als Urvariable zur Grundlage genommen. Die verschiedenen Beobachter notieren sich nach gleichgestellten Uhren die Bremsbelastung, die Umlaufzahl und das Gefälle, so daß man hernach sofort die zusammengehörigen Größen herausfindet. Die Bestimmung des Bremsdruckes beim Stillstand hat ihre Schwierigkeiten, da die Wage bei ruhender Welle wegen der Lagerreibung nicht mehr frei spielt; man findet ihn als Mittelwert der Belastungen, bei denen die Wage steigt oder fällt. Bei Tangentialrädern ist die Bestimmung überhaupt nicht durchführbar, weil je nach der zufälligen Stellung der Schaufel zum Strahl der Druck sehr verschieden sein kann[1]). Die Leerlaufgeschwindigkeit wird man in der Regel erst am Schlusse der sämtlichen Versuche nach Abnahme des Bremszaumes ermitteln können. Ist die Durch-

[1]) Man macht daher die Erfahrung, daß bei dieser Turbinenform die Bremse bei kleinen Geschwindigkeiten nicht mehr recht spielen will.

bremsung für die normale Öffnung vollendet, so wiederholt man sie für andere Öffnungsgrade.

Kann zur Wassermessung ein Überfall benutzt werden, so sticht man für jeden Versuch gleich die Überfallshöhe ab und erhält so eine sehr große Zahl von vollständigen Einzelversuchen, die ein übersichtliches Bild von dem Verhalten der Turbine unter den verschiedensten Umständen liefern.

Wenn das Wasser jedoch mit dem Flügel gemessen werden muß, so ist mit Rücksicht auf die zur Verfügung stehende Zeit meistens eine Einschränkung des Programmes notwendig. Beim Durchbremsen verzichtet man auf das Messen der Durchflußmenge. Hernach belastet man die Turbine bei normaler Öffnung so stark, daß sie möglichst genau die Geschwindigkeit annimmt, die dem gerade vorhandenen Gefälle als normal entspricht, und während man diesen Zustand dauernd zu erhalten sich bemüht, nimmt man die Wassermessung mit dem Flügel vor. Sofern es die Zeit erlaubt, wird diese Dauerbremsung mit anderen Öffnungsgraden wiederholt. Dagegen wird es der Zeit wegen nur ausnahmsweise möglich sein, die Messung auf verschiedene Geschwindigkeiten auszudehnen.

Beim Auswerten der Versuchsergebnisse werden die erhaltenen Werte zunächst nach Abschn. 98 auf einerlei Gefälle umgerechnet und im rechtwinkligen Koordinatensystem über den Umlaufzahlen als Abszissen aufgetragen.

Die Werte für die Leistungen müssen dadurch korrigiert werden, daß man die zusätzliche Lagerreibung, die durch die Bremse erzeugt wird, der Turbine gutschreibt. Es kommt dabei das Eigengewicht der Rolle und des Zaumes samt Hebel sowie die Reaktion der Wage in Betracht. Man pflegt mit einem Werte von 0,05 für den Koeffizienten der Lagerreibung zu rechnen.

Wenn man darauf angewiesen ist, das Wasser mit dem Flügel zu messen, so wird man bei dem großen Zeitbedarf für eine solche Messung sich öfters darauf beschränken müssen, eine einzige Dauerbremsung vorzunehmen, und zwar etwa für den normalen Öffnungsgrad bei normaler Geschwindigkeit. Hat man noch für denselben Öffnungsgrad die Turbine durchgebremst, so läßt sich auf Grund des einen Versuches durch Extrapolation ein Bild aufbauen, das über das Verhalten der Turbine bei den verschiedensten Verhältnissen Aufschluß gibt, wenn auch hinsichtlich seiner Treue keine absolute Sicherheit, aber immerhin eine gewisse Wahrscheinlichkeit besteht.

Nach Abschn. 234 wissen wir, daß z. B. bei einer Francis-Turbine der Zusammenhang zwischen der Drehzahl und der Durchflußmenge durch eine Ellipse dargestellt wird. Hat man nach Gl. (271) die Geschwindigkeit des Schwebens berechnet, so wird durch diese die Halbachse der Ellipse in der Richtung der n-Achse bestimmt, und die Ellipse läßt sich aus einem Punkte konstruieren und damit ist die Kurve Q/n bekannt. Wir können ferner nach Abschn. 238 für normale Verhältnisse den Zusammenhang zwischen dem Öffnungs- und dem Füllungsgrad abschätzen, und man erhält weiterhin die Durchflußkurven für verschiedene Öffnungsgrade als affine Ellipsen, wie in Fig. 312 angegeben ist. Nach Abschn. 235 lassen sich die Momentenkurven ableiten und nach Abschn. 236 weiterhin die Leistungskurven usw. Beim Aufzeichnen kann man den Umstand heranziehen, daß die gleichartigen Kurven für verschiedene Öffnungsgrade hinsichtlich der n-Achse affin zueinander sein müssen.

Öfters kann man sich ohne große Opfer an Zeit und Mühe noch gewisse Kontrollpunkte verschaffen, so z. B. die Leerlaufgeschwindigkeit für normale Öffnung. Hat man Zeit, die betreffende Wassermenge zu messen, so ist deren Kenntnis von Wert (vgl. Abschn. 246).

Es empfiehlt sich, schon während der Versuche die Beobachtungen sofort graphisch aufzutragen, damit man, wenn ein Punkt aus der Reihe fällt, alsbald auf den betreffenden Versuch zurückkommen könne. Nachträglich würde dies in den meisten Fällen nicht möglich sein, da der Betrieb nicht mehr gestört werden darf.